WILEY

GPS 卫星测量
(技术篇)

〔美〕阿尔弗雷德·莱克(Alfred Leick)
〔俄罗斯〕列夫·拉波波特(Lev Rapoport) 著
〔俄罗斯〕德米特里·塔塔尼科夫(Dmitry Tatarnikov)
李 亮 杨福鑫 姚 曜 译著

哈爾濱工程大學出版社
Harbin Engineering University Press

黑版贸登字 08-2024-007 号

GPS Satellite Surveying
ISBN:978-1-118-67557-1

图书在版编目(CIP)数据

GPS 卫星测量. 技术篇 / 李亮, 杨福鑫, 姚曜译著 ; (美) 阿尔弗雷德·莱克 (Alfred Leick), (俄罗斯) 列夫·拉波波特 (Lev Rapoport), (俄罗斯) 德米特里·塔塔尼科夫 (Dmitry Tatarnikov) 著. —哈尔滨 : 哈尔滨工程大学出版社, 2024. 3
书名原文: GPS Satellite Surveying
ISBN 978-7-5661-4271-9

Ⅰ. ①G… Ⅱ. ①李… ②杨… ③姚… ④阿… ⑤列… ⑥德… Ⅲ. ①全球定位系统-测量技术 Ⅳ. ①P228.4

中国国家版本馆 CIP 数据核字(2024)第 045227 号

GPS 卫星测量(技术篇)
GPS WEIXING CELIANG (JISHUPIAN)

选题策划 张志雯
责任编辑 张志雯
封面设计 李海波

出版发行 哈尔滨工程大学出版社
社　　址 哈尔滨市南岗区南通大街 145 号
邮政编码 150001
发行电话 0451-82519328
传　　真 0451-82519699
经　　销 新华书店
印　　刷 哈尔滨市海德利商务印刷有限公司
开　　本 787 mm×1 092 mm　1/16
印　　张 23.75
字　　数 603 千字
版　　次 2024 年 3 月第 1 版
印　　次 2024 年 3 月第 1 次印刷
书　　号 ISBN 978-7-5661-4271-9
定　　价 118.00 元
http://www.hrbeupress.com
E-mail:heupress@hrbeu.edu.cn

前　　言

为了跟上全球导航卫星系统的发展步伐,同时保持对测地学和测量领域的关注,我们对《GPS 卫星测量》一书做了重大修订。所有的章节都以更合理的方式重新进行组织。自本书的上一版出版以来,全球导航卫星系统(GNSS)已经有了显著的发展,因此我们增加了关于格洛纳斯系统(GLONASS)、北斗卫星航系统和伽利略系统以及正在现代化进程中的全球定位系统(GPS)的新材料。我们单独设置了一章用来介绍递归最小二乘法。另外增加了一章用于介绍实时动态(RTK)载波相位差分技术的实现,其使用递归最小二乘法来处理跨接收机观测值差异,并且能够接收来自所有 GNSS 的观测数据。章节内的实例由实际数据支持。第三个新的章节增加了有关 GNSS 用户天线的内容,这一章节由天线专家提供必要的背景信息和细节,以便让工程师在实际工程项目中能够选择正确的天线。在 GNSS 处理方法方面,还增加了关于精密单点定位(PPP)-RTK 和 TCAR 的重要章节。本书还为喜欢严谨数学分析的读者增加了 3 个附录,以提供足够深度的数学理论补充。

《GPS 卫星测量》的原作者 Alfred Leick 感谢 Lev Rapoport 和 Dmitry Tatarnikov 的贡献,并最热诚地欢迎这些人来作为合著者。他们三人都非常感谢他们的家人,感谢家人在他们职业生涯中给予的支持。Lev Papoport 感谢 Javad GNSS 允许使用他们的接收机 Triumph-1、Delta TRE-G3T 以及 Delta Duo-G2D 来进行数据收集。感谢 Javad Ashjaee 博士让他们有机会通过公司员工的视角了解 GNSS 技术并观察其历史。Dmitry Tatarnikov 感谢他在莫斯科 Topcon 技术中心的同事在包括这项技术的研究、发展,以及天线生产和 Topcon 公司管理等方面所做的贡献。Alfred Leick 对任何为《GPS 卫星测量》一书做出贡献的人表示诚挚的感谢。他们感谢 Tamrah Brown 在如此短的时间内协助编辑草案。

Alfred Leick 于 1977 年获得俄亥俄州立大学大地科学系博士学位。他是同行评审期刊 *GPS Solution*(Springer)的主编,并撰写了许多技术出版物。他在缅因大学从事 GPS、大地测量和估计学的教学工作长达 34 年,其他教学任务包括摄影测量和遥感、数字图像处理、线性代数和微分方程。他是缅因大学在线 GPS-GAP(GPS, Geodesy and Application Program)项目的创始人,该项目现在仍可通过密歇根理工大学网站(www. onlineGNSS. edu)进行修改。1982 年,Leick 博士在麻省理工学院测试测距卫星接收机原型时开始了 GPS 研究。他在后来的学术生涯中继续进行着 GPS 研究,包括 1984 年在空军地球物理实验室休假期间、1996 年在加利福尼亚州尔湾 3S 导航所期间、2002 年在加利福尼亚州帕萨迪纳喷气推进实验室期间、1985 年作为斯图加特大学洪堡学者研究期间、1991 年和 1992 年夏天在圣保罗大学作为富布赖特学者研究期间,1990 年春天作为 GPS 项目专家代表世界银行和国家研究委员会(NRC)在中国武汉测绘科学与技术学院(现武汉大学测绘学院)参加活动期间。他是美国测绘协会(ACSM)的成员。

Dmitry Tatarnikov 于 1983 年获得电子工程硕士学位,1990 年获得博士学位,2009 年获科学博士学位(俄罗斯最高科学学位),毕业于俄罗斯莫斯科航空学院(МАИ)应用电磁学和天线理论与技术专业。他于 1979 年加入 МАИ 天线和微波研究部门,目前是 МАИ 辐射物理学、天线和微波系教授。1979—1994 年,他参与微带相控阵天线的研究与开发。1994 年,他加入莫斯科 Ashtech 研发中心,担任高精度 GNSS 领域的天线研究员。1997—2001 年,他在 Javad 定位系统公司担任天线领域的资深科学家。自 2001 年以来,他一直在俄罗斯莫斯科的 Topcon 技术中心领导天线设计工作。Tatarnikov 教授在这一领域拥有 70 多项出版物和 12 项专利,包括一本著作,若干研究论文、会议报告。他开发了应用电磁学、数值电磁学和接收机 GNSS 天线的学生课程。他是电气与电子工程师学会(IEEE)和美国导航学会(ION)的成员。

Lev Papoport 于 1976 年在斯维尔德洛夫的乌拉尔理工学院无线电技术系获得电气工程硕士学位。1982 年,他在莫斯科俄罗斯科学院(RAS)系统分析研究所自动控制方向获得博士学位。1995 年,他在 RAS 控制科学研究所获得控制科学理学博士学位。2003 年以来,他一直担任该研究所"非线性系统控制"实验室的负责人。从 1993 年到 1998 年,他在莫斯科的 Ashtech 研发中心担任兼职研究员。从 1998 年到 2001 年,他在 Javad 定位系统公司担任实时运动学(RTK)团队负责人。从 2001 年到 2005 年,他为 Topcon 定位系统工作,负责 RTK 和机器控制。从 2005 年到 2011 年,他在 Javad GNSS 担任 RTK 团队负责人。Rapoport 博士自 2011 年起担任莫斯科华为技术研发中心的顾问。Rapoport 博士是莫斯科物理技术学院控制课题系的教授。他发表了 90 余篇科学论文、若干专利和会议报告。他是 IEEE 和 ION 的成员,研究领域包括导航和控制。

目　录

第1章　GNSS定位方法

新的GNSS定位和授时技术不断地被开发和完善。尽管在形成阶段GNSS定位以惊人的速度突飞猛进地发展,但从本质上讲它的发展仍是渐进式的。无论如何,GNSS定位仍得到了显著的改进,例如缩短了观测时间、提高了精度和可靠性,这归功于GPS现代化的建设,GLONASS的复苏以及新加入的北斗、伽利略和QZSS卫星导航系统。对于持续改进GNSS定位而言,众多科研工作者和工程师专注于数据收集、评估和用户服务的基础内容也同样重要。例如,国际GNSS服务组织(IGS)提供各种星历产品、天线校准服务、精确的电离层和对流层信息服务以及接收用户观测值和在所需的坐标系中传输最终坐标的处理服务。

1.1节总结了单站和单星之间的非差伪距和载波相位表达式。其中包括三频表达式,包含两个站的单差表达式(包括站间差分、星间差分和历元间差分),以及双差和三差表达式。

1.2节介绍了处理细节,例如卫星时钟校正、群延时和信号间校正、周跳、相位缠绕校正、多路径、相位中心偏移和相位中心变化。本节最后讨论了用户可使用的各类服务,特别是国际全球导航卫星系统(IGS)服务。

1.3节介绍了导航解算方法,包括利用伪距观测量和广播星历为单个用户生成位置和时间;给出了精度因子和基于Bancroft的封闭式导航解决方案。

1.4节涉及在勘测和大地测量学中广泛应用的技术,例如使用载波相位观测值进行基线测定来确定站点之间的相对位置。虽然本节简要介绍了等效的非差表达式,但重点仍是双差表达式。尽管模糊度技术没有让双差表达式更加流行,但双差下的模糊度表达式的处理仍将在下一节讨论。最后本节对GLONASS载波相位处理做了简要介绍。

1.5节专门讲解了双差模糊度固定问题,详细介绍了常用的去除模糊度相关性的最小二乘模糊去相关调整(LAMBDA)算法,并引用了一些关键参考文献来记录该技术的各种统计特性。由于模糊度固定在精密基线测定中起着核心作用,因此我们扩大了技术范围,并讨论了通用的网格简化内容。

1.6节重点介绍了网络对精密定位的支持。首先介绍了传统基于全球网络的精密单点定位(PPP)技术,其次是国家层面搭建的连续运行参考站(CORS)网络辅助的PPP技术,最后展示了来自参考站的差分校正数据,并将其传输给用户。本节的主要内容是PPP-RTK及其使用的各种网络校正信息。PPP-RTK近年来受到了广泛关注。

1.7节介绍了三频定位方法。考虑到现阶段多数GNSS卫星传输三个或更多频率的信号,多频的求解方法变得越来越重要。与“经典”双频方法相比,三频定位方法能够提供额外的性能。

1.1 观 测 量

伪距和载波相位是用于定位和授时的基本 GNSS 观测值(观测量)。载波相位常应用于厘米级的定位精度。获得这些观测值需要先进的电子和数字信号处理技术。我们通过将接收机下载的观测结果处理为所需的形式来讨论伪距和载波相位方程。在此处不讨论接收机将卫星天线发射的信号转为伪距和载波相位的处理过程。读者可以通过查阅有关接收机处理的专业文献了解。

从本节开始,首先给出伪距和载波相位方程的推导,并用不同的参数表示,然后将这些观测量组合成不同的线性函数。例如,有些函数不包含一阶电离层项,有些函数不包含接收机位置,有些函数两者都不包含。另外也有一些函数可以进行接收机间、卫星间以及接收机和卫星间差分。后者通常被称为双差。三差是基于时间差分的双差模型。考虑到 GNSS,本节也会包含相关的三频函数。

所有的函数基本上都会以列表的形式列于书中。由于这些函数为大众所熟知,因此仅提供了很少的解释。但是,每个函数都是按照原始观测量直接给出的,只需替换原始观测量表达式,就可以轻松验证函数。

本节为了便于阅读,将从解释统一的符号开始。首先概述符号内容。考虑以下函数:

$$\gamma_{ij}=\frac{f_i^2}{f_j^2} \tag{1.1.1}$$

$$\lambda_{ij}=\frac{c}{f_i-f_j} \tag{1.1.2}$$

下标是标识卫星频率 f 的整数。需要注意的是,在这种特定情况下,等式左侧的下标 i 和 j 之间没有逗号,并且 γ_{ij} 中的下标顺序反映着各个频率平方的特定比率。同样,λ_{ij} 表示频率 f_i-f_j 的波长。

与在上面的特殊情况下使用不带逗号的双下标相比,还可以用下式表示差分运算:

$$(\cdot)_{ij}=(\cdot)_{(i)}-(\cdot)_j \tag{1.1.3}$$

例如 $P_{ij}=P_i-P_j$,通常可以理解为两个伪距观测值之差,但对于式(1.1.1)和式(1.1.2)是例外的,不带逗号的双下标不表示差分运算。

有时,表明观测量所参考的特定观测站和卫星是有利的。正如 $P_{k,1}^p$ 中采用的 pk 表示法。此处,下标 k 表示观测站;上标 p 表示卫星;逗号后的数值表示频率。因此,$P_{k,1}^p$ 是 f_1 频段上 k 观测站到第 p 颗卫星之间的伪距观测量。该表示法可以通过添加另一个逗号和下标来推广。例如,$I_{k,1,\mathrm{P}}^p$ 表示在 f_1 频段上 k 观测站到第 p 颗卫星之间伪距观测量中的电离层延迟。将 pk 表示法应用于式(1.1.3)可得出站间差分,即

$$(\cdot)_{km}^p=(\cdot)_k^p-(\cdot)_m^p \tag{1.1.4}$$

式(1.1.4)代表 k 观测站和 m 观测站与卫星 p 之间同一时刻的观测值进行差分运算。式子 $P_{km,1}^p=P_{k,1}^p-P_{m,1}^p$ 和 $P_{km,2}^p=P_{k,2}^p-P_{m,2}^p$ 则包含了频率编号。在公式上标应用相同的差分

编号，可以获得星间差分，即

$$(\cdot)_k^{pq}=(\cdot)_k^p-(\cdot)_k^q \tag{1.1.5}$$

此时表示 k 观测站分别与卫星 p 和卫星 q 之间在同一时刻观测值进行差分运算。例如，$P_{k,1}^{pq}=P_{k,1}^p-P_{k,1}^q$。历元间差分为

$$\Delta(\cdot)_k^p=(\cdot)_k^p(t_2)-(\cdot)_k^p(t_1) \tag{1.1.6}$$

差分算子 Δ 表示历元间差分运算，t_1 和 t_2 表示指定的历元时刻。例如 $\Delta P_k^p=P_k^p(t_2)-P_k^p(t_1)$ 和 $\Delta P_k^{pq}=P_{k,1}^{pq}(t_2)-P_{k,1}^{pq}(t_1)$，后者表示 f_1 频段上伪距观测量的历元间和星间差分。双差公式可表示为

$$(\cdot)_{km}^{pq}=(\cdot)_{km}^p-(\cdot)_{km}^q=(\cdot)_k^{pq}-(\cdot)_m^{pq} \tag{1.1.7}$$

式(1.1.7)代表先站间后星间差分或者先星间后站间差分。例如 $P_{km,1}^{pq}=P_{km,1}^p-P_{km,1}^q=P_{k,1}^{pq}-P_{m,1}^{pq}$，或 f_1 频段伪距双差电离层延时 $I_{km,1,\mathrm{P}}^{pq}$。最后，三差公式可表示为

$$\Delta(\cdot)_{km}^{pq}=(\cdot)_{km}^{pq}(t_2)-(\cdot)_{km}^{pq}(t_1) \tag{1.1.8}$$

式(1.1.8)代表双差的历元间差分。

伪距和载波相位观测量及其函数的完整描述需要表示信号通过电离层所产生的伪距电离层延时和载波相位电离层超前的关系。电离层和对流层的详细信息将在第 3 章中介绍，此处不加证明地给出以下必要关系式：

$$I_{j,\mathrm{P}}=\gamma_{1j}I_{1,\mathrm{P}}=\frac{f_1^2}{f_j^2}I_{1,\mathrm{P}} \tag{1.1.9}$$

$$I_{j,\varphi}=\sqrt{\gamma_{1j}}I_{1,\varphi}=\frac{f_1}{f_j}I_{1,\varphi} \tag{1.1.10}$$

$$I_{i,\Phi}=\lambda_i I_{i,\varphi}=\frac{c}{f_i}I_{i,\varphi} \tag{1.1.11}$$

$$I_{i,\mathrm{P}}=-I_{i,\Phi} \tag{1.1.12}$$

等式(1.1.9)说明了 f_1 频段和 f_j 频段伪距观测量中的电离层延时关系。γ_{1j} 在式(1.1.1)中已给出。等式(1.1.10)和(1.1.11)分别表明了不同频段载波相位的电离层超前关系。下标 φ 和 Φ 的含义在推导载波相位等式时已给出，φ 表示以弧度为单位的载波相位，Φ 表示以米为单位的载波相位。λ_i 代表 f_i 频段的载波波长。等式(1.1.12)表明电离层对伪距和标量载波相位的幅值大小相同，符号相反。

下面将给出伪距和载波相位的基本公式。本章简要地提到了如何修正载波相位的卫星时钟误差、群波延时和信号间误差。这些修正信息都可从广播导航电文中获得。

1.1.1　非差观测量

首先推导伪距和载波相位的基本方程。如上所述，基本观测量是从用户的角度建立的，因此本章并不介绍接收机内部软件将接收机天线记录的卫星信号转换为伪距和载波相位的过程。

1. 伪距

令 t 表示系统时间，例如 GPS 时间(GPST)。除了跳秒外，卫星运营商管理的 GPS 时间

与协调世界时(UTC)时间保持在 1 ms 或更短的时间内。暂时将标称接收机时间用 $\underline{t}$ 表示，卫星的原子钟时间用 $\bar{t}$ 表示。这是接收机或卫星时钟的“指针”所显示的时间值。标称时间等于真实时间加上较小的校正。在任何时刻,都有 $\underline{t}(t)=t+\mathrm{d}\underline{t}$ 和 $\bar{t}(t)=t+\mathrm{d}\bar{t}$。默认接收机时钟误差等于接收机时钟超前真实时间的量,类似地,卫星时钟误差等于卫星时钟时间相对于系统时间超前的量。此外,令 τ 为信号的传播时间,或特定测距码从卫星发射时刻到接收机接收时刻在真空中的传播时间。接收机接收信号的标称时间为 $\underline{t}(t)$,信号发射标称时间为 $\bar{t}(t-\tau)$。然后伪距可表示为

$$P(t)=c[\underline{t}(t)-\bar{t}(t-\tau)] \tag{1.1.13}$$

式中,c 代表光速。使用系统时间和相应的时钟差校正量可以取代标称时间,于是有

$$\begin{aligned} P(t)&=c\{t+\mathrm{d}\underline{t}-[t-\tau+\mathrm{d}\bar{t}(t-\tau)]\} \\ &=c\tau+c\mathrm{d}\underline{t}-c\mathrm{d}\bar{t}(t-\tau) \\ &=\rho(t,t-\tau)+c\mathrm{d}\underline{t}-c\mathrm{d}\bar{t} \end{aligned} \tag{1.1.14}$$

式中,用 t 时刻的卫星时钟误差 $\mathrm{d}\bar{t}(t)$ 代替了 $t-\tau$ 时刻的卫星时钟误差 $\mathrm{d}\bar{t}(t-\tau)$。对于 GPS 类的轨道,由于卫星时钟的高稳定性,τ 约为 0.075 s,因此这种近似足够准确。真空距离 $c\tau$ 用 $\rho(t,t-\tau)$ 表示,后面统一称为站星距离。

式(1.1.14)的推导适用于真空环境。该方程式必须补充其他项以进一步表示出可用的伪距表达式。由于电离层在 GPS 频率下充当弥散介质,使得信号通过电离层发生信号延时,因此有必要引入对频率的标识。我们使用下标来标识频率。对流层在此特定频率范围内充当非弥散介质,并且也会引起信号延时。因为它是非弥散介质,所以对流层延时不需要使用下标来标识频率。其他要考虑的影响是接收机天线和接收机内部电子/硬件组件以及多路径造成的延时。使用数字下标标识频率,伪距观测量的完整表达式可以写成

$$\begin{aligned} P_1(t)=&\rho(t,t-\tau)+c\mathrm{d}\underline{t}-c\mathrm{d}\bar{t}-c(\Delta t_{\mathrm{SV}}-T_{\mathrm{GD}}+\mathrm{ISC}_{1,\mathrm{P}})+I_{1,\mathrm{P}}+T-(d_{1,\mathrm{P}}-D_{1,\mathrm{P}})-(a_{1,\mathrm{P}}+A_{1,\mathrm{P}})+ \\ &M_{1,\mathrm{P}}+\varepsilon_{1,\mathrm{P}} \end{aligned} \tag{1.1.15}$$

式中,Δt_{SV} 表示由卫星控制中心确定的卫星时钟校正,且考虑了航天器时间与 GPS 系统时间的差;T_{GD} 为群延时;$\mathrm{ISC}_{1,\mathrm{P}}$ 称为信号间校正。式(1.1.15)中后两项的校正是指卫星和卫星天线内的信号延迟。用户可以通过导航信息获得这三个校正值以校正观察到的伪距。这些误差项的表达法参考 IS-GPS-200G(2012)。每颗卫星均可获得 Δt_{SV} 和 T_{GD} 值,每颗卫星频率和测距码给出 $\mathrm{ISC}_{1,\mathrm{P}}$。有关这些误差项的详情参见第 1.2.2 节。由于 Δt_{SV} 已经校正了观测值,所以卫星时钟校正 $\mathrm{d}\bar{t}$ 在理论上便承担了残差校正的作用,即任何未被 Δt_{SV} 考虑的内容都会纳入 $\mathrm{d}\bar{t}$。电离层和对流层延时分别由 $I_{1,\mathrm{P}}$、T 标识。其他相关项包括接收机和卫星码硬件延迟 $d_{1,\mathrm{P}}$、$D_{1,\mathrm{P}}$,接收机和卫星天线码中心偏移 $a_{1,\mathrm{P}}$、$A_{1,\mathrm{P}}$,多路径延时 $M_{1,\mathrm{P}}$ 和随机测量噪声 $\varepsilon_{1,\mathrm{P}}$。这些额外项的含义以及差分时的抵消程度,将在下面和其他章节中详细讨论。

对于后续讨论,可以假定伪距观测量已经校正了 Δt_{SV}、T_{GD} 和 $\mathrm{ISC}_{1,\mathrm{P}}$,因此这些项不在方程式的右侧列出。类似地,我们假设接收机天线和卫星天线代码相位中心偏移可以忽略不计或者可以从天线校准中获知,因此可以校正观察到的伪距。另外,为了使表示简便,我们没有为校正的伪距观测量引入新的符号。因此,我们获得的伪距表达式通常以下列形式给出:

$$P_1(t)=\rho(t,t-\tau)+c\mathrm{d}\underline{t}-c\mathrm{d}\bar{t}+I_{1,\mathrm{P}}+T+\delta_{1,\mathrm{P}}+\varepsilon_{1,\mathrm{P}} \tag{1.1.16}$$

$$\delta_{1,\mathrm{P}}=-d_{1,\mathrm{P}}+D_{1,\mathrm{P}}+M_{1,\mathrm{P}} \tag{1.1.17}$$

式中，$\delta_{1,\mathrm{P}}$ 包含了接收机和卫星伪距硬件延迟以及多路径误差。

通过改变下标为 2，可以从式(1.1.15)或式(1.1.16)得到第二频段上的伪距观测表达式

$$P_2(t)=\rho(t,t-\tau)+c\mathrm{d}\underline{t}-c\mathrm{d}\bar{t}+I_{2,\mathrm{P}}+T+\delta_{2,\mathrm{P}}+\varepsilon_{2,\mathrm{P}} \tag{1.1.18}$$

$$\delta_{2,\mathrm{P}}=-d_{2,\mathrm{P}}+D_{2,\mathrm{P}}+M_{2,\mathrm{P}} \tag{1.1.19}$$

有两个重要的不同点应该注意到。首先，在式(1.1.15)中第一个频率的群波延时为 T_{GD}，而对 $P_2(t)$ 伪距观测值应采用 $\gamma_{12}T_{\mathrm{GD}}$ 校正，γ_{12} 的值在式(1.1.1)中给出，并将在 1.2.2 节中详细讨论。而内部信号间校正则采用 $\mathrm{ISC}_{2,\mathrm{P}}$，而不是 $\mathrm{ISC}_{1,\mathrm{P}}$。另一个重要的不同点是电离层项 $I_{2,\mathrm{P}}$，它与式(1.1.9)中的第一频率电离层项 $I_{1,\mathrm{P}}$ 有关。对流层延迟项相同，因为对流层是非弥散介质。最后，$\delta_{2,\mathrm{P}}$ 包含了第二个频率的接收机和卫星硬件码延迟以及多路径效应误差。

$\mathrm{d}\bar{t}$ 代表 Δt_{SV} 校正未解决的剩余卫星时钟误差。同样，$D_{1,\mathrm{P}}$ 和 $D_{2,\mathrm{P}}$ 表示 T_{GD}、$\mathrm{ISC}_{1,\mathrm{P}}$ 和 $\mathrm{ISC}_{2,\mathrm{P}}$ 未考虑的残余卫星硬件码延迟。

2. 载波相位观测量

接收机在标称时间 $\underline{t}$ 处测得的载波相位观测值是带有小数的载波相位，该载波相位在时间 τ 之前由卫星端发射，并经过了几何距离 $\rho(t,t-\tau)$。第一频率的载波相位观测量在真空中的表达式为

$$\varphi_1(t)=\varphi(\underline{t})-\varphi(\bar{t}-\tau)+N_1 \tag{1.1.20}$$

该式与伪距表达式相比，主要区别在于整周模糊度 N_1 的存在。可以将其视为初始整数常量，除非发生周跳，否则它不会随时间变化。如果发生周跳，则观察到的载波相位序列以不同的整数模糊度值表示。观测量 $\varphi(t)$ 对于整数常量是不确定的。有时可以看到，N_1 被添加到等式的左侧。由于它是任意的常数，将模糊度参数放在左侧还是右侧都没有关系，只有符号改变。

由于相位对时间的导数等于频率，因此可以进一步推导公式(1.1.20)。由于卫星时钟非常稳定，因此可以假设此导数在很短的时间内是恒定的，于是我们可以写出

$$\varphi(t-\tau+\mathrm{d}\bar{t}+\Delta t_{\mathrm{SV}})=\varphi(t)-f_1\tau+f_1\mathrm{d}\bar{t}+f_1\Delta t_{\mathrm{SV}} \tag{1.1.21}$$

给出以下形式的载波相位观测量：

$$\begin{aligned}\varphi_1(t)&=\varphi(t+\mathrm{d}\underline{t})-\varphi(t-\tau+\mathrm{d}\bar{t}+\Delta t_{\mathrm{SV}})+N_1\\&=\varphi(t)+f_1\mathrm{d}\underline{t}-\varphi(t)+f_1\tau-f_1\mathrm{d}\bar{t}-f_1\Delta t_{\mathrm{SV}}+N_1\\&=\frac{\rho(t,t-\tau)}{\lambda_1}+f_1\mathrm{d}\underline{t}-f_1\mathrm{d}\bar{t}-f_1\Delta t_{\mathrm{SV}}+N_1\end{aligned} \tag{1.1.22}$$

注意在此表达式中使用 Δt_{SV} 后，卫星时钟校正会使 $\mathrm{d}\bar{t}$ 再次承担残余卫星时钟校正的作用。

由于 $f_1=\dfrac{c}{\lambda_1}$(其中 λ_1 是第一频率的波长)，所以引入了几何距离。在添加硬件延迟、天

线偏移项和多路径误差后,等式(1.1.22)变为

$$\varphi_1(t)=\frac{\rho(t,t-\tau)}{\lambda_1}+f_1 \mathrm{d}\bar{t}-f_1(\mathrm{d}\bar{t}+\Delta t_{\mathrm{SV}})+N_1+I_{1,\varphi}+\frac{T}{\lambda_1}-(d_{1,\varphi}-D_{1,\varphi})-(w_{1,\varphi}-W_{1,\varphi})-(a_{1,\varphi}-A_{1,\varphi})+M_{1,\varphi}+\varepsilon_{1,\varphi} \tag{1.1.23}$$

下标 φ 用于指示该项是载波相位,单位为弧度(rad)。电离层项用 $I_{1,\varphi}$ 表示。因为对流层是非弥散介质,所以对流层延迟对于载波相位和伪距是相同的。接收机和卫星硬件相位延迟为 $d_{1,\varphi}$ 和 $D_{1,\varphi}$。$w_{k,\varphi}$ 和 $W_{1,\varphi}$ 分别表示接收机和卫星处的天线相位缠绕。相位缠绕是右旋圆极化的结果,第 1.2.4 节和第 4 章给出了有关相位缠绕的详细信息。在使用双差确定基准长度时,相位缠绕误差近似抵消,本章将进一步讨论该技术。在某些应用中,缠绕延迟可能被硬件延迟项吸收。$a_{1,\varphi}$ 和 $D_{1,\mathrm{P}}$ 分别表示接收机天线和卫星天线的相位中心偏移。假设相位缠绕和相位中心偏移被修正后,载波相位观测方程可表示为

$$\varphi_1(t)=\lambda_1^{-1}\rho(t,t-\tau)+N_1+f_1 \mathrm{d}\underline{t}-f_1 \mathrm{d}\bar{t}-\lambda_1^{-1}I_{1,\mathrm{P}}+\lambda_1^{-1}T+\delta_{1,\varphi}+\varepsilon_{1,\varphi} \tag{1.1.24}$$

$$\delta_{1,\varphi}=-(d_{1,\varphi}+w_{1,\varphi})+(D_{1,\varphi}+W_{1,\varphi})+M_{1,\varphi} \tag{1.1.25}$$

电离层对载波相位观测的影响已根据伪距电离层延迟进行了参数化。为了标准化,通常使用 $I_{1,\mathrm{P}}$ 表示电离层延迟。两个电离层项都与式(1.1.11)相关。以米为单位,这两个电离层延迟大小相等,符号相反。因此,随着信号通过电离层,载波相位持续超前。第 3 章介绍了有关电离层对 GPS 信号影响的信息。通过将下标 1 更改为 2,可以得到第二个频率的载波相位方程。

为了方便,两个标准式(1.1.16)和式(1.1.24)都列出了包含硬件延迟和多路径误差的集合参数,并且在载波相位方程中,还包括相位缠绕项。后面,在某些观测量差分组合中,硬件延迟会相互抵消,而多路径误差不会完全抵消。相位缠绕将在后面详细介绍。t 用作码和载波相位测量的公共时间参考。时间误差在每个历元是不同的,而硬件延迟通常不会随时间变化。

在学术上,硬件延迟 $d_{1,\varphi}$ 和 $D_{1,\varphi}$ 经常被称为未校准相位延迟(UPD),包含接收机 UPD 和卫星 UPD。同样地,$d_{1,\mathrm{P}}$ 和 $D_{1,\mathrm{P}}$ 被称为未校准码延迟(UCD)。

简略载波相位函数:在多数情况下,通过将式(1.1.24)乘以波长,可以得到简略载波相位方程:

$$\Phi_1(t)\equiv\lambda_1\varphi=\rho(t,t-\tau)+\lambda_1 N_1+c\mathrm{d}\underline{t}-c\mathrm{d}\bar{t}-I_{1,\mathrm{P}}+T+\delta_{1,\Phi}\varepsilon_{1,\Phi} \tag{1.1.26}$$

$$\delta_{1,\Phi}\equiv\lambda_1^{-1}\delta_{1,\Phi}=-(d_{1,\Phi}+w_{1,\Phi})+(D_{1,\Phi}+W_{1,\Phi})+M_{1,\Phi} \tag{1.1.27}$$

简化的相位 $\Phi_1(t)$ 以米(m)为单位。方程中的参数也是简化的。简化相位的下标由 Φ 表示。

带有观测站和卫星下标及上标符号的观测量:在公式推导中,使用下划线和上划线分别指示接收机和卫星时钟误差。其他误差项未与观测站或卫星标识符一起使用。在许多情况下,有必要识别特定观测站和卫星作为参考观测量。在解释一般符号时,我们使用下标字母表示接收机,使用上标字母表示卫星。下标用逗号把频率标识号分隔开,上标用逗号把观测类型标识符分隔开(如果存在)。由于该符号在整本书中广泛使用,故在此总结了基本的观测量:

$$P^p_{k,1}(t)=\rho^p_k+c\mathrm{d}t_k-c\mathrm{d}t^p+I^p_{k,1,\mathrm{P}}+T^p_k+\delta^p_{k,1,\mathrm{P}}+\varepsilon^p_{k,1,\mathrm{P}} \tag{1.1.28}$$

$$\delta^p_{k,1,\mathrm{P}}=-d_{k,1,\mathrm{P}}+D^p_{1,\mathrm{P}}+M^p_{k,1,\mathrm{P}} \tag{1.1.29}$$

$$\varphi^p_{k,1}(t)=\lambda_1^{-1}\rho^p_k+N^p_{k,1}+f_1\mathrm{d}t_k-f_1\mathrm{d}t^p-\lambda_1^{-1}I^p_{k,1,\mathrm{P}}+\lambda_1^{-1}T^p_k+\delta^p_{k,1,\varphi}\varepsilon^p_{k,1,\varphi} \tag{1.1.30}$$

$$\delta^p_{k,1,\varphi}=-(d_{k,1,\varphi}+w_{k,1,\varphi})+(D^p_{1,\varphi}+W^p_{1,\varphi})+M^p_{k,1,\varphi} \tag{1.1.31}$$

$$\Phi^p_{k,1}(t)\equiv\lambda_1\varphi^p_k=\rho^p_k+\lambda_1N^p_{k,1}+c\mathrm{d}t_k-c\mathrm{d}t^p-I^p_{k,1,\mathrm{P}}+T^P_k+\delta^p_{k,1,\Phi}+\varepsilon^p_{k,1,\Phi} \tag{1.1.32}$$

$$\delta^p_{k,1,\Phi}\equiv\lambda_1\delta^p_{k,1,\varphi}=-(d_{k,1,\Phi}+w_{k,1,\Phi})+(D^p_{1,\Phi}+W^p_{\Phi})+M^p_{k,1,\Phi} \tag{1.1.33}$$

值得注意,此处符号不需要下划线和上划线。当然,当不需要识别特定的观测站和卫星时,我们可以使用更简单的下划线和上划线表示法。

接下来的小节概述了基本观测量的组合方式。根据存在的误差项对表达式进行分类,包含几何与电离层相关组合、无电离层组合、电离层组合和多路径组合。方便起见,可将模糊度移至左侧的表达式中,当先前的计算中已经固定了模糊度时,校正函数的处理就会更为便捷。三频观测量的符号在最后一个小节中介绍。下面给出的所有表达式都可以很容易地通过替换基本观测量表达式(1.1.16)、式(1.1.24)或式(1.1.26)来验证。

3. 几何与电离层相关组合

$$\begin{aligned}\mathrm{RI2}(\varphi_1,\varphi_2)&\equiv\varphi_1-\varphi_2\\&=\lambda_{12}^{-1}\rho+N_{12}+(f_1-f_2)\,\mathrm{d}\underline{t}-(f_1-f_2)\,\mathrm{d}\bar{t}-(1-\sqrt{\gamma_{12}})I_{1,\varphi}+\lambda_{12}^{-1}T+\delta_{\mathrm{RI2}}+\varepsilon_{\mathrm{RI2}}\end{aligned} \tag{1.1.34}$$

$$\begin{aligned}\mathrm{RI3}(\varphi_1,\varphi_2)&\equiv\varphi_1+\varphi_2\\&=\frac{f_1+f_2}{c}\rho+N_1+N_2+(f_1+f_2)(\mathrm{d}\underline{t}-\mathrm{d}\bar{t})-(1-\sqrt{\gamma_{12}})I_{1,\varphi}+\frac{f_1+f_2}{c}T+\delta_{\mathrm{RI3}}+\varepsilon_{\mathrm{RI3}}\end{aligned} \tag{1.1.35}$$

$$\begin{aligned}\mathrm{RI4}(\Phi_1,\Phi_2)&\equiv\frac{f_1}{f_1-f_2}\Phi_1-\frac{f_2}{f_1-f_2}\Phi_2\\&=\rho+\lambda_{12}N_{12}+c\mathrm{d}\underline{t}-c\mathrm{d}\bar{t}+\sqrt{\gamma_{12}}I_{1,\mathrm{P}}+T+\delta_{\mathrm{RI4}}+\varepsilon_{\mathrm{RI4}}\end{aligned} \tag{1.1.36}$$

$$\begin{aligned}\mathrm{RI5}(P_1,P_2)&\equiv\frac{f_1}{f_1+f_2}P_1+\frac{f_2}{f_1-f_2}P_2\\&=\rho+c\mathrm{d}\underline{t}-c\mathrm{d}\bar{t}+\sqrt{\gamma_{12}}I_{1,\mathrm{P}}+T+\delta_{\mathrm{RI5}}+\varepsilon_{\mathrm{RI5}}\end{aligned} \tag{1.1.37}$$

4. 无电离层组合

$$\begin{aligned}\mathrm{R1}(P_1,P_2)&\equiv\mathrm{PIF12}\\&\equiv\frac{f_1^2}{f_1^2-f_2^2}P_1-\frac{f_2^2}{f_2^2-f_2^2}P_2\\&=\rho+c\mathrm{d}\underline{t}-c\mathrm{d}\bar{t}+T+\delta_{\mathrm{R1}}+\varepsilon_{\mathrm{R1}}\end{aligned} \tag{1.1.38}$$

$$\begin{aligned}\mathrm{R2}(\Phi_1-\Phi_2)&\equiv\Phi\mathrm{IF12}\\&\equiv\frac{f_1^2}{f_1^2-f_2^2}\Phi_1-\frac{f_2^2}{f_1^2-f_2^2}\Phi_2\\&=\rho+c\mathrm{d}\underline{t}-c\mathrm{d}\bar{t}+c\,\frac{f_1-f_2}{f_1^2-f_2^2}N_1+c\,\frac{f_2}{f_1^2-f_2^2}N_{12}+T+\delta_{\mathrm{R2}}+\varepsilon_{\mathrm{R2}}\end{aligned} \tag{1.1.39}$$

$$\mathrm{R2}(\Phi_1,\Phi_2,\mathrm{GPS})\equiv\rho+c\mathrm{d}\underline{t}-c\mathrm{d}\bar{t}+\frac{2cf_0}{f_1^2-f_2^2}(17N_1+60N_{12})+T+\delta_{\mathrm{R2}}+\varepsilon_{\mathrm{R2}}$$

$$=\rho+c\mathrm{d}\underline{t}-c\mathrm{d}\bar{t}+\lambda_{\Phi\mathrm{IF12}}N_{\Phi\mathrm{IF12}}+T+\delta_{\mathrm{R2}}+\varepsilon_{\mathrm{R2}} \quad (1.1.40)$$

对于 GPS,$f_1=154f_0$,$f_2=120f_0$,$f_0=10.23$ MHz。

$$\mathrm{R3}(\varphi_1,\varphi_2)\equiv\frac{f_1^2}{f_1^2-f_2^2}\varphi_1-\frac{f_1f_2}{f_1^2-f_2^2}\varphi_2$$

$$=\lambda_1^{-1}\rho+f_1\mathrm{d}\underline{t}-f_1\mathrm{d}\bar{t}+\frac{f_1^2-f_1f_2}{f_1^2-f_2^2}N_1+\frac{f_1f_2}{f_1{}^2-f_2{}^2}N_{12}+\lambda_1^{-1}T+\delta_{\mathrm{R3}}+\varepsilon_{\mathrm{R3}} \quad (1.1.41)$$

5. 电离层组合

$$\mathrm{I1}(\Phi_1,P_1)\equiv P_1-\Phi_1=2I_{1,\mathrm{P}}-\lambda_1N_1+\delta_{\mathrm{I1}}+\varepsilon_{\mathrm{I1}} \quad (1.1.42)$$

$$\mathrm{I2}(\varphi_1,\varphi_2,P_1)\equiv\varphi_1-\varphi_2-\lambda_{12}^{-1}P_1=N_{12}-(1-\sqrt{\gamma_{12}})\lambda_{12}^{-1}I_{1,\mathrm{P}}+\delta_{\mathrm{I2}}+\varepsilon_{\mathrm{I2}} \quad (1.1.43)$$

$$\mathrm{I3}(\varphi_1,\varphi_2)\equiv\varphi_1-\sqrt{\gamma_{12}}\varphi_2=N_1-\sqrt{\gamma_{12}}N_2-(1-\gamma_{12})I_{1,\varphi}+\delta_{\mathrm{I3}}+\varepsilon_{\mathrm{I3}} \quad (1.1.44)$$

$$\mathrm{I4}(\Phi_1,\Phi_2)\equiv\Phi_1-\Phi_2=\lambda_1N_1-\lambda_2N_2-(1-\gamma_{12})I_{1,\mathrm{P}}+\delta_{\mathrm{I4}}+\varepsilon_{\mathrm{I4}} \quad (1.1.45)$$

$$\mathrm{I5}(P_1,P_2)\equiv P_1-P_2=(1-\gamma_{12})I_{1,\mathrm{P}}+\delta_{\mathrm{I5}}+\varepsilon_{\mathrm{I5}} \quad (1.1.46)$$

$$\mathrm{I6}(\Phi_1,\Phi_2,\Phi_3)\equiv\mathrm{RI4}(\Phi_1,\Phi_3)-\mathrm{RI4}(\Phi_1,\Phi_2)$$

$$\equiv\left(\frac{f_1}{f_1-f_3}-\frac{f_1}{f_1-f_2}\right)\Phi_1+\frac{f_2}{f_1-f_2}\Phi_2-\frac{f_3}{f_1-f_3}\Phi_3$$

$$=\lambda_{13}N_{13}-\lambda_{12}N_{12}+\frac{f_1(f_2-f_3)}{f_2f_3}I_{1,\mathrm{P}}+\delta_{\mathrm{I6}}+\varepsilon_{\mathrm{I6}} \quad (1.1.47)$$

6. 多路径组合

$$\mathrm{M1}(\Phi_1,\Phi_2,P_1,P_2)\equiv\mathrm{HMW12}$$

$$\equiv\mathrm{RI4}-\mathrm{RI5}$$

$$\equiv\frac{f_1}{f_1-f_2}\Phi_1-\frac{f_2}{f_1-f_2}\Phi_2-\frac{f_1}{f_1+f_2}P_1-\frac{f_2}{f_1+f_2}P_2$$

$$=\lambda_{12}N_{12}+\delta_{\mathrm{M1}}+\varepsilon_{\mathrm{M1}} \quad (1.1.48)$$

$$\mathrm{M2}(\Phi_1,\Phi_2,P_1,P_2)\equiv\mathrm{AIF12}$$

$$\equiv\mathrm{R2}-\mathrm{R1}$$

$$\equiv\frac{f_1^2}{f_1^2-f_2^2}\Phi_1-\frac{f_2^2}{f_1^2-f_2^2}\Phi_2-\frac{f_1^2}{f_1^2-f_2^2}P_1+\frac{f_2^2}{f_1^2-f_2^2}P_2$$

$$=c\,\frac{f_1-f_2}{f_1^2-f_2^2}N_1+c\,\frac{f_2}{f_1^2-f_2^2}N_{12}+\delta_{\mathrm{M2}}+\varepsilon_{\mathrm{M2}} \quad (1.1.49)$$

$$\mathrm{M3}(\Phi_1,\Phi_2,P_1)\equiv P_1+\left(\frac{2}{1-\gamma_{12}}-1\right)\Phi_1-\frac{2}{1-\gamma_{12}}\Phi_2$$

$$=-\lambda_1N+\frac{2}{1-\gamma_{12}}(\lambda_1N_1-\lambda_2N_2)+\delta_{\mathrm{M3}}+\varepsilon_{\mathrm{M3}} \quad (1.1.50)$$

$$\mathrm{M4}(\Phi_1,\Phi_2,P_2)\equiv P_2+\left(\frac{2\gamma_{12}}{1-\gamma_{12}}+1\right)\Phi_2+\frac{2\gamma_{12}}{1-\gamma_{12}}\Phi_1$$

$$=-\lambda_2N_2+\frac{2\gamma_{12}}{1-\gamma_{12}}(\lambda_1N_1-\lambda_2N_2)+\delta_{\mathrm{M4}}+\varepsilon_{\mathrm{M4}} \tag{1.1.51}$$

$$\mathrm{M5}(\Phi_1,\Phi_2,\Phi_3)\equiv(\lambda_3^2-\lambda_2^2)\Phi_1+(\lambda_1^2-\lambda_3^2)\Phi_2+(\lambda_2^2-\lambda_1^2)\Phi_3$$

$$=(\lambda_3^2-\lambda_2^2)\lambda_1N_1+(\lambda_1^2-\lambda_3^2)\lambda_2N_2+(\lambda_2^2-\lambda_1^2)\lambda_3N_3+\delta_{\mathrm{M5}}+\varepsilon_{\mathrm{M5}} \tag{1.1.52}$$

$$\mathrm{M6}(\Phi_1,\Phi_2,\Phi_3)\equiv\mathrm{R2}(\Phi_1,\Phi_2)-\mathrm{R2}(\Phi_1,\Phi_3)$$

$$\equiv\left(\frac{f_1^2}{f_1^2-f_2^2}-\frac{f_1^2}{f_1^2-f_3^2}\right)\Phi_1-\frac{f_2^2}{f_1^2-f_2^2}\Phi_2+\frac{f_3^2}{f_1^2-f_3^2}\Phi_3$$

$$=c\left(\frac{f_1-f_2}{f_1^2-f_2^2}-\frac{f_1-f_3}{f_1^2-f_3^2}\right)N_1+c\,\frac{f_2}{f_1^2-f_2^2}N_{12}-c\,\frac{f_3}{f_1^2-f_3^2}N_{13}+\delta_{\mathrm{M6}}+\varepsilon_{\mathrm{M6}} \tag{1.1.53}$$

$$\mathrm{M7}(P_1,P_2,P_3)\equiv(\lambda_3^2-\lambda_2^2)P_1+(\lambda_1^2-\lambda_3^2)P_2+(\lambda_2^2-\lambda_1^2)P_3=\delta_{\mathrm{M7}}+\varepsilon_{\mathrm{M7}} \tag{1.1.54}$$

7. 模糊度修正函数

$$\mathrm{AC1}(\varphi_1,\varphi_2)\equiv(\varphi_{12}-N_{12})\lambda_{12}=\rho+c\mathrm{d}\underline{t}-c\mathrm{d}\bar{t}+\sqrt{\lambda_{12}}I_{1,\mathrm{P}}+T+\delta_{\mathrm{AC1}}+\varepsilon_{\mathrm{AC1}} \tag{1.1.55}$$

$$\mathrm{AC2}(\varphi_1,\varphi_2)\equiv\left(1-\frac{\lambda_{12}}{\lambda_1}\right)\varphi_1+\frac{\lambda_{12}}{\lambda_1}\varphi_2+N_{12}\,\frac{\lambda_{12}}{\lambda_1}=N_1+(\sqrt{\gamma_{12}}-1)\frac{I_{1,\mathrm{P}}}{\lambda_1}+\delta_{\mathrm{AC2}}+\varepsilon_{\mathrm{AC2}} \tag{1.1.56}$$

$$\mathrm{AC3}(\varphi_1,\varphi_2,\varphi_3)\equiv\mathrm{AC1}(\varphi_1,\varphi_2)-\mathrm{AC1}(\varphi_1,\varphi_3)$$

$$\equiv(\lambda_{12}-\lambda_{13})\varphi_1-\lambda_{12}\varphi_2+\lambda_{13}\varphi_3-N_{12}\lambda_{12}+N_{13}\lambda_{13}$$

$$=(\sqrt{\gamma_{12}}-\sqrt{\gamma_{13}})I_{1,\mathrm{P}}+\delta_{\mathrm{AC3}}+\varepsilon_{\mathrm{AC3}} \tag{1.1.57}$$

$$\mathrm{AC4}(\varphi_1,\varphi_2,\varphi_3)\equiv\frac{f_1\mathrm{AC1}(\varphi_1,\varphi_2)-f_3\mathrm{AC1}(\varphi_2,\varphi_3)}{f_1-f_3}$$

$$\equiv\lambda_{13}\left[\frac{\lambda_{12}}{\lambda_1}\varphi_1-\left(\frac{\lambda_{12}}{\lambda_1}+\frac{\lambda_{23}}{\lambda_3}\right)\varphi_2+\frac{\lambda_{23}}{\lambda_3}\varphi_3-\frac{\lambda_{12}}{\lambda_1}N_{12}+\frac{\lambda_{23}}{\lambda_3}N_{23}\right]$$

$$=\rho+c\mathrm{d}\underline{t}-c\mathrm{d}\bar{t}+T+\delta_{\mathrm{AC4}}+\varepsilon_{\mathrm{AC4}} \tag{1.1.58}$$

上面函数中原始伪距和载波相位观测值的概述是明确的。这使求特定函数的集总参数及应用方差传播规律变得方便。对于函数(·),通过应用各自的函数可获得集总项 $\delta_{(\cdot)}$ 和函数测量噪声 $\varepsilon_{(\cdot)}$。例如,如果(·)$=a\Phi_1+b\Phi_2$,则 $\delta_{\cdot}=a\delta_{1,\Phi}+b\delta_{2,\Phi}$,$\varepsilon_{\cdot}=a\varepsilon_{1,\Phi}+b\varepsilon_{2,\Phi}$。相似的硬件延迟 $d_{\cdot}=ad_{1,\Phi}+bd_{2,\Phi}$,$D_{\cdot}=aD_{1,\Phi}+D_{2,\Phi}$,多路径 $M_{\cdot}=aM_{1,\Phi}+bM_{2,\Phi}$。为了近似估计假设所有载波相位和伪距的标准偏差分别相同且不相关,通过方差传播定律可以得到函数的标准偏差,例如,如果(·)$=aP_1+bP_2$,则 $\sigma_{\cdot}=\sqrt{a^2+b^2}\sigma_\Phi$ 和 $\sigma_{\cdot}=\sqrt{a^2+b^2}\sigma_\mathrm{P}$。对于伪距和载波相位的混合函数,或当该函数包含两个以上的可观测量时,将获得相似的表达式。

上面列出的各种双频函数的起源可以追溯到 GPS 的发明。虽然文献中没有作者的归属,但可以知道的是它们是在20世纪70年代末和80年代初 GPS 迅速发展的时期引入的。函数(1.1.48)是一个例外,它的起源通常可以追溯到 Hatch(1982)、Melbourne(1985)和 Wübbena(1985)。我们将此函数简称为 HMW 函数。该函数包含了两个频率的伪距和载波相位。如果有必要将这些特定的频率在使用时进行区分,我们可以通过数字来标识这些频率。例如,HMW12 暗示在式(1.1.48)中使用的第一和第二频率观测值。我们尚不清楚三频函数的作者是谁,但 Simsky(2006)对三频函数进行了很好的总结,可作为扩展阅读。

8. 三频下标表达式

在处理三频观测量时,常常使用一种更通俗的表示法。令 i、j 和 k 为常数,那么三频载波相位和伪距函数可以写成

$$\varphi_{(i,j,k)} \equiv i\varphi_1+j\varphi_2+k\varphi_3 \tag{1.1.59}$$

$$\Phi_{(i,j,k)} \equiv \frac{if_1\Phi_1+jf_2\Phi_2+kf_3\Phi_3}{if_1+jf_2+kf_3} \equiv \frac{c}{if_1+jf_2+kf_3}\varphi_{(i,j,k)} \tag{1.1.60}$$

$$P_{(i,j,k)} \equiv \frac{if_1P_1+jf_2P_2+kf_3P_3}{if_1+jf_2+kf_3} \tag{1.1.61}$$

式中,数字下标为标识频率。另外,我们确定以下主要函数:

$$\left.\begin{aligned} f_{(i,j,k)} &= if_1+jf_2+kf_3 \\ \lambda_{(i,j,k)} &= \frac{c}{f_{(i,j,k)}} \\ N_{(i,j,k)} &= iN_1+jN_2+kN_3 \end{aligned}\right\} \tag{1.1.62}$$

次要函数

$$\left.\begin{aligned} \beta_{(i,j,k)} &= \frac{f_1^2\left(\dfrac{i}{f_1}+\dfrac{j}{f_f}+\dfrac{k}{f_3}\right)}{f_{(i,j,k)}} \\ \mu^2_{(i,j,k)} &= \frac{(if_1)^2+(jf_2)^2+(kf_3)^2}{f^2_{(i,j,k)}} \\ v_{(i,j,k)} &= \frac{|i|f_1+|j|f_2+|k|f_3}{f_{(i,j,k)}} \end{aligned}\right\} \tag{1.1.63}$$

甚至可以构造更通用的线性函数,该线性函数将包括四个频率的观测量,可将式(1.1.60)和式(1.1.61)组合为一个通用的伪距和载波相位线性函数。在这里,我们更喜欢只包含三个频率并保持载波相位和伪距函数分离的表示法。载波相位和伪距函数的表达式变为

$$\varphi_{(i,j,k)} = \frac{\rho}{\lambda_{(i,j,k)}}+N_{(i,j,k)}+f_{(i,j,k)}\mathrm{d}\underline{t}-f_{(i,j,k)}\mathrm{d}\bar{t}-\frac{\beta_{(i,j,k)}I_{1,\mathrm{P}}}{\lambda_{(i,j,k)}}+\frac{T}{\lambda_{(i,j,k)}}+\delta_{(i,j,k),\varphi}\varepsilon_{(i,j,k),\varphi} \tag{1.1.64}$$

$$\begin{aligned} \Phi_{(i,j,k)} &= a_1\Phi_1+a_2\Phi_2+a_3\Phi_3 \\ &= \rho+\lambda_{(i,j,k)}N_{(i,j,k)}+c\mathrm{d}\underline{t}-c\mathrm{d}\bar{t}-\beta_{(i,j,k)}I_{1,\mathrm{P}}+T+\delta_{(i,j,k),\Phi}+\varepsilon_{(i,j,k),\Phi} \end{aligned} \tag{1.1.65}$$

$$P_{(i,j,k)} = b_1P_1+b_2P_2+b_3P_3 = \rho+c\mathrm{d}\underline{t}-c\mathrm{d}\bar{t}+\beta_{(i,j,k)}I_{1,\mathrm{P}}+T+\delta_{(i,j,k),\mathrm{P}}+\varepsilon_{(i,j,k),\mathrm{P}} \tag{1.1.66}$$

$m=1,\cdots,3$ 的常数 a_m 和 b_m 是式(1.1.60)和式(1.1.61)的常数。如果因子 i、j 和 k 是整数,则线性相位组合会保留模糊度的整数性质,如式(1.1.62)。如果 $a_1+a_2+a_3=1$ 且 $b_1+b_2+b_3=1$,则几何项和时钟误差项未按比例缩放,即与原始观测值的方程相比,它们保持不变,式(1.1.65)和式(1.1.66)中就是这种情况。

至于次要函数式(1.1.63),$\beta_{(i,j,k)}=0$ 被称为电离层比例因子。对于 $\beta_{(i,j,k)}=0$ 的特殊情

况,如式(1.1.65)和式(1.1.66)所示,属于无电离层组合函数。对于 $\sigma_{\Phi_m}=\sigma_\Phi$ 和 $\sigma_{P_m}=\sigma_P$,$m=1,\cdots,3$,和观测值不相关的特殊情况,$\mu^2_{(i,j,k)}$ 被称为方差因子,因为

$$\left.\begin{aligned}\sigma^2_{\Phi_{(i,j,k)}}=\mu^2_{(i,j,k)}\sigma^2_\Phi\\ \sigma^2_{P_{(i,j,k)}}=\mu^2_{(i,j,k)}\sigma^2_P\end{aligned}\right\}\tag{1.1.67}$$

假设每个缩放的载波相位观测值都具有近似相同的多路径影响 $M_{\Phi_m}=M_\Phi$,其中 $m=1,\cdots,3$,并对伪距多路径进行类似的假设,则 $v_{(i,j,k)}$ 是这样的多路径因子:

$$\left.\begin{aligned}M_{\Phi_{\max}}\leqslant v_{(i,j,k)}M_\Phi\\ M_{P_{\max}}\leqslant v_{(i,j,k)}M_P\end{aligned}\right\}\tag{1.1.68}$$

上式代表相应函数的多路径上限。多路径的这种叠加不仅假定三个观测值中的每个观测值的多路径都相同,而且还假定将分量的绝对值相加。

作为三频表达式应用的示例,参考 HMW 函数(1.1.48),可以将其写为 $\mathrm{HMW12}=\Phi_{(1,-1,0)}-P_{(1,1,0)}$ 或者 $\mathrm{HMW13}=\Phi_{(1,0,-1)}-P_{(1,0,1)}$。

1.1.2　单差

让两个接收机在相同的标称时间观测相同的卫星,然后可以计算观测值之间三种类型的差分。一种差分是站间差分,可以通过在两个观测站和同一颗卫星的观测值差分获得;另一种差分称为星间差分,是通过同一观测站和不同卫星的观测结果差分得到的;第三种差分称为历元间差分,是通过同一观测站和同一颗卫星观测值在不同历元时刻差分获得的。由于对特定卫星的观测值被接收机同时观测,恰好同时在接收机处获得,因此是真正的同时观测,但由于接收机与各卫星的几何距离不同,使得各信号离开卫星的时间稍微不同。

1. 站间函数

式(1.1.4)的符号用于标识观测站和卫星以构成站间差分。没有用逗号分隔的双下标表示观测站之间的差分。应用式(1.1.16)、式(1.1.24)和式(1.1.26),站间差分函数可表示为

$$P^p_{km,1}=p^p_{km}+c\mathrm{d}t_{km}+I^p_{km,1,\mathrm{P}}+T^p_{km}-d_{km,1,\mathrm{P}}+M^p_{km,1,\mathrm{P}}+\varepsilon^p_{km,1,\mathrm{P}}\tag{1.1.69}$$

$$\varphi^p_{km,1}=\frac{f_1}{c}\rho^p_{km}+N^p_{km,1}+f_1\mathrm{d}t_{km}-\lambda_1^{-1}I^p_{km,1,\mathrm{P}}+\frac{f_1}{c}T^p_{km}-d_{km,1,\varphi}+M^p_{km,1,\varphi}+\varepsilon^p_{km,1,\varphi}\tag{1.1.70}$$

$$\Phi^p_{km,1}\equiv\lambda_1\varphi^p_{km,1}=\rho^p_{km}+\lambda_1N^p_{km,1}+c\mathrm{d}t_{km}-I^p_{km,1,\mathrm{P}}+T^p_{km}-d_{km,1,\Phi}+M^p_{km,1,\Phi}+\varepsilon_{km,1,\Phi}\tag{1.1.71}$$

$$\sigma_{(\cdot^p_{km})}=\sqrt{2\sigma_{(\cdot)}}\tag{1.1.72}$$

这种差分的一个重要特征是卫星时钟误差 $\mathrm{d}t^p$ 和卫星硬件延迟 $D^p_{1,\varphi}$ 相抵消。发生这种抵消的原因是卫星时钟非常稳定,使得这些几乎同时发射信号的卫星时钟误差相同。类似地,卫星硬件延迟可视为在如此短的时间内是恒定的。为了简化,在式(1.1.25)和式(1.1.27)以及后面的表达式中省略了相位缠绕误差。式(1.1.72)的方差传播规律是基于两个观测站各观测值的方差相同得到的。后面的方差传播表达式可根据需要应用原始观测量的相应函数获得,在此不给出推导过程。

同样重要的是要注意在差分中不能抵消的项,包含站间差分的接收机时钟误差、电离层和对流层延迟、接收机硬件延迟和多路径误差。应当指出,由于较高的时空相关性,在短距离上的相对定位中,观测站的对流层和电离层效应几乎是相同的,因此在差分中基本抵消了。这种抵消很重要,因为它使短距离的相对定位非常有效且在测量中切实可行。

2. 星间差分函数

使用式(1.1.5)中的表示法,并通过上标表示差分,则星间差分可表示为

$$P_{k,1}^{pq}=\frac{f_1}{c}\rho_k^{pq}+c\mathrm{d}t^{pq}+I_{k,1,\mathrm{P}}^{pq}+T_k^{pq}+D_{1,\mathrm{P}}^{pq}+M_{k,1,\mathrm{P}}^{pq}+\varepsilon_{k,1,\mathrm{P}}^{pq} \tag{1.1.73}$$

$$\varphi_{k,1}^{pq}=\frac{f_1}{c}\rho_k^{pq}+N_k^{pq}+f_1\mathrm{d}t^{pq}+I_{k,1,\varphi}^{pq}+\frac{f_1}{c}T_k^{pq}+D_{1,\varphi}^{pq}+M_{k,1,\varphi}^{pq}+\varepsilon_{k,1,\varphi}^{pq} \tag{1.1.74}$$

$$\Phi_{k,1}^{pq}=\rho_k^{pq}+\lambda_1N_k^{pq}+c\mathrm{d}t^{pq}-I_{k,1,\mathrm{P}}^{pq}+T_k^{pq}+D_{1,\Phi}^{pq}+M_{k,1,\Phi}^{pq}+\varepsilon_{k,1,\Phi}^{pq} \tag{1.1.75}$$

可以看出,星间单差使接收机时钟误差 $\mathrm{d}t_k$ 和接收机硬件延迟 d_k 抵消了。

3. 历元间差分函数

基于式(1.1.6),Δ 代表历元差分。相关函数可表示为

$$\Delta P_{k,1}^{p}=\Delta\rho_k^{p}+c\mathrm{d}t_k-c\Delta\mathrm{d}t^{p}+\Delta I_{k,1,\mathrm{P}}^{p}+\Delta T_k^{p}+\Delta M_{k,1,\mathrm{P}}^{p}+\Delta\varepsilon_{k,1,\mathrm{P}}^{p} \tag{1.1.76}$$

$$\Delta\varphi_{k,1}^{p}=\frac{f_1}{c}\Delta\rho_k^{p}+f_1\Delta\mathrm{d}t_k-f_1\Delta\mathrm{d}t^{p}-\frac{f_1}{c}\Delta I_{k,1,\mathrm{P}}^{p}+\frac{f_1}{c}\Delta T_k^{p}+\Delta M_{k,1,\varphi}^{p}+\Delta\varepsilon_{k,1,\varphi}^{p} \tag{1.1.77}$$

$$\Delta\Phi_{k,1}^{p}=\Delta\rho_k^{p}+c\Delta\mathrm{d}t_k-c\Delta\mathrm{d}t^{p}-\Delta I_{k,1,\mathrm{P}}^{p}+\Delta T_k^{p}+\Delta M_{k,1,\Phi}^{p}+\Delta\varepsilon_{k,1,\Phi}^{p} \tag{1.1.78}$$

$$\Delta I1_{k,1}^{p}=2\Delta I_{k,1,\mathrm{P}}^{p}+\Delta M_{k,1,\mathrm{P}}^{p}+\Delta M_{k,1,\varphi}^{p}+\Delta\varepsilon_{k,1,\mathrm{I1}}^{p} \tag{1.1.79}$$

$$\Delta\varphi_3=\frac{\lambda_1}{\lambda_3}\left(\frac{\lambda_3^2-\lambda_2^2}{\lambda_1^2-\lambda_2^2}\right)\Delta\varphi_1-\frac{\lambda_2}{\lambda_3}\left(\frac{\lambda_3^2-\lambda_1^2}{\lambda_1^2-\lambda_2^2}\right)\Delta\varphi_2+\Delta M_{3,\varphi}+\Delta\varepsilon_{3,\varphi} \tag{1.1.80}$$

对于长时间间隔的差分,时钟误差可能不会抵消。但是,当我们假设硬件延迟足够稳定时是可以抵消的。假设在两个历元之间没有发生周跳,因此模糊度消除了。这些函数主要反映接收机距卫星几何距离随时间的变化,这些变化通常称为增量范围。式(1.1.79)表示电离层相关函数(1.1.42)的历元间差分。当时间差很小时,对电离层变化量 $\Delta I1_{k,1}^{p}$ 建模的好处是显而易见的,周跳固定也是一个例子。同样,单差函数的某些组合也具有某些益处。例如,应用站间和历元间差分将产生一个没有卫星时钟误差且取决于接收机时钟的,体现电离层和对流层变化的模型。

函数(1.1.80)是三频函数,表示第三频率的相位差作为第一和第二频率的相位差的函数。为了简化表示,我们省略了识别观测站和接收机的下标及上标。

1.1.3 双差

当两个接收机同时或至少同时观测两个卫星时,可以形成双差。双差可以是先站间差分后星间差分,也可以是先星间后站间差分。在式(1.1.7)的表示法中,双差的基本观测量可表示为

$$P_{km,1}^{pq}=\rho_{km}^{pq}+\frac{f_1}{c}I_{km,1,\mathrm{P}}^{pq}+T_{km}^{pq}+M_{km,1,\mathrm{P}}^{pq}+\varepsilon_{km,1,\mathrm{P}}^{pq} \tag{1.1.81}$$

$$\varphi_{km,1}^{pq}=\frac{f_1}{c}\rho_{km}^{pq}+N_{km,1}^{pq}-\frac{f_1}{c}I_{km,1,\mathrm{P}}^{pq}+\frac{f_1}{c}T_{km}^{pq}+M_{km,1,\varphi}^{pq}+\varepsilon_{km,1,\varphi}^{pq} \tag{1.1.82}$$

$$\Phi_{km,1}^{pq}=\rho_{km}^{pq}+\lambda_1 N_{km,1}^{pq}-I_{km,1,\mathrm{P}}^{pq}+T_{km}^{pq}+M_{km,1,\Phi}^{pq}+\varepsilon_{km,1,\Phi}^{pq} \tag{1.1.83}$$

$$\sigma(\ \cdot\ _{km}^{pq})=2\sigma_{(\cdot)} \tag{1.1.84}$$

双差观测量的最重要特征是消除了接收机时钟误差、卫星时钟误差、接收机硬件延迟和卫星硬件延迟。几乎“完美”地消除了不想要的误差和延迟，这使得双差观测量在用户中很受欢迎。此外，由于双差意味着站间差分，因此电离层和对流层对观测的影响在短距离的相对位置上会极大抵消。由于多路径误差是接收机、卫星和反射器表面的几何函数，因此它不会被抵消。

双差整数模糊度 $N_{km,1}^{pq}$ 在精确的相对定位中起着重要的作用。将模糊度与其他参数一起估计为实数，称为浮点解。如果这样估计的双差模糊度可以成功地约束为整数，则可以得到固定解。由于残留模型误差（例如残留电离层和对流层）的影响，估计的模糊度充其量只能接近整数。成功地施加整数约束可以减少待估参数数量及参数之间的相关性，进而增加解决方案的模型强度。高精度的相对定位技术与成功解算模糊度密切相关，并在模糊度固定下的基线长度确定方面做了大量工作。同时，很多针对较短的观察时间和较短基线的模糊度固定方法被提出。能够相对容易地对估计的模糊度施加整数约束是双差方法的主要优势。

通过将下标 1 替换为 2，可以轻松地将上述所有函数应用于第二频率的观测量。

$$\Phi_{km,12}^{pq}\equiv\Phi_{km,1}^{pq}-\Phi_{km,2}^{pq}=\lambda_1 N_{km,1}^{pq}-\lambda_2 N_{km,2}^{pq}-(1-\gamma_{12})I_{km,1,\mathrm{P}}^{pq}+M_{km,12,\Phi}^{pq}+\varepsilon_{km,12,\Phi}^{pq} \tag{1.1.85}$$

$$\Phi_{km,13}^{pq}\equiv\Phi_{km,1}^{pq}-\Phi_{km,3}^{pq}=\lambda_1 N_{km,1}^{pq}-\lambda_3 N_{km,3}^{pq}-(1-\gamma_{13})I_{km,1,\mathrm{P}}^{pq}+M_{km,13,\Phi}^{pq}+\varepsilon_{km,13,\Phi}^{pq} \tag{1.1.86}$$

例如，频率间双差函数中接收机卫星几何距离和对流层延迟被抵消。三频观测提供了三个及以上的双差函数。对式（1.1.52）、式（1.1.57）和式（1.1.58）应用双差得到

$$\begin{aligned}M5_{km}^{pq}&\equiv(\lambda_3^2-\lambda_2^2)\Phi_{km,1}^{pq}-(\lambda_1^2-\lambda_3^2)\Phi_{km,2}^{pq}+(\lambda_2^2-\lambda_1^2)\Phi_{km,3}^{pq}\\&=(\lambda_3^2-\lambda_2^2)\lambda_1 N_{km,1}^{pq}-(\lambda_1^2-\lambda_3^2)\lambda_2 N_{km,2}^{pq}+(\lambda_2^2-\lambda_1^2)\lambda_3 N_{km,3}^{pq}+M_{km,\mathrm{M5}}^{pq}+\varepsilon_{km,\mathrm{M5}}^{pq}\end{aligned} \tag{1.1.87}$$

$$\begin{aligned}\mathrm{AC3}_{km}^{pq}&\equiv(\lambda_{12}-\lambda_{13})\varphi_{km,1}^{pq}-\lambda_{12}\varphi_{km,2}^{pq}+\lambda_{13}\varphi_{km,3}^{pq}-N_{km,12}^{pq}+N_{km,13}^{pq}\lambda_{13}\\&=(\sqrt{\gamma_{12}}-\sqrt{\gamma_{13}})I_{km,1,\mathrm{P}}^{pq}+M_{km,\mathrm{AC3}}^{pq}+\varepsilon_{km,\mathrm{AC3}}^{pq}\end{aligned} \tag{1.1.88}$$

$$\begin{aligned}\mathrm{AC4}_{km}^{pq}&=\lambda_{13}\left[\frac{\lambda_{12}}{\lambda_1}\varphi_{km,1}^{pq}-\left(\frac{\lambda_{12}}{\lambda_1}+\frac{\lambda_{23}}{\lambda_3}\right)\varphi_{km,2}^{pq}+\frac{\lambda_{23}}{\lambda_3}\varphi_{km,3}^{pq}-\frac{\lambda_{12}}{\lambda_1}N_{km,12}^{pq}+\frac{\lambda_{23}}{\lambda_3}N_{km,23}^{pq}\right]\\&=\rho_{km}^{pq}+M_{km,\mathrm{AC4}}^{pq}+\varepsilon_{km,\mathrm{AC4}}^{pq}\end{aligned} \tag{1.1.89}$$

除了多路径误差外，这些函数取决于模糊度、电离层和模糊度或接收机卫星几何距离和模糊度。

1.1.4　三差

三差式（1.1.8）是两个双差在历元间的差分：

$$\Delta P_{km,1}^{pq}\equiv\Delta\rho_{km}^{pq}+\Delta I_{km,1,\mathrm{P}}^{pq}+\Delta T_{km}^{pq}+\Delta M_{km,1,\mathrm{P}}^{pq}+\Delta\varepsilon_{km,1,\mathrm{P}}^{pq} \tag{1.1.90}$$

$$\Delta\varphi_{km,1}^{pq}=\frac{f_1}{c}\Delta\rho_{km}^{pq}+\Delta I_{km,1,\varphi}^{pq}+\frac{f_1}{c}\Delta T_{km}^{pq}+\Delta M_{km,1,\varphi}^{pq}+\Delta\varepsilon_{km,1,\Phi}^{pq} \tag{1.1.91}$$

$$\Delta\Phi_{km,1}^{pq}=\Delta\rho_{km}^{pq}-\Delta I_{km,1,\mathrm{P}}^{pq}+\Delta T_{km}^{pq}+\Delta M_{km,1,\Phi}^{pq}+\Delta\varepsilon_{km,1,\Phi}^{pq} \qquad (1.1.92)$$

$$\sigma_{(\Delta\cdot{}_{km}^{pq})}=\sqrt{8}\sigma_{(\cdot)} \qquad (1.1.93)$$

三差消除了初始整周模糊度。由于具有这种抵消性质,三差观测函数可能是最容易处理的。通常,三差的求解作为预处理部分,为后续的双差求解提供了良好的初始位置。三差的另一个优势在于,周跳被映射为残差中的单个异常值,通常可以检测到个别异常值并将其删除。

1.2 操作细节

无论是定位算法开发,或使用 GNSS 来支持研究活动,还是在工程应用中运营商用接收机,都有许多处理细节需要掌握,这有助于了解如何使用已经布放好的 GNSS 基础设施。本节从技术开发人员感兴趣的处理技术开始,讨论免费的可供普通用户使用的服务。

首先,我们简要概述 GNSS 信号从卫星发射到用户接收机天线接收之间的几何距离,给出有关群延时钟校正、卫星时钟校正和信号间校正的相关信息,这三个校正值都是通过导航消息发送的。然后,我们简要讨论载波相位观测量中的周跳,由信号的右旋圆极化性质和“永远存在”的多路径引起的相位缠绕校正。我们对服务的介绍始于国家大地测量服务局专门提供的相对和绝对天线校准,然后继续介绍国际 GNSS 服务的产品和在线计算系列。

1.2.1 计算几何距离

伪距方程(1.1.28)和载波相位方程(1.1.30)需要计算几何距离 ρ_k^p。ρ_k^p 有两种等效的解决方案。在第 2.3 节中,明确了计算信号传播过程中几何中心距离的变化。在这里提出一个迭代的解决方案。在惯性坐标系(X)中,几何距离可用下式表示:

$$\rho_k^p=\|\boldsymbol{X}_k(t_k)-\boldsymbol{X}^p(t^p)\| \qquad (1.2.1)$$

在此坐标系中,由于地球自转,接收机坐标是时间的函数。如果在大地坐标系中给出了接收机天线和卫星星历,则在计算接收机卫星几何距离时,必须考虑地球的自转。如果 τ 表示信号的传播时间,则地球在该时间内旋转了

$$\theta=\dot{\Omega}_{\mathrm{e}}(t_k-t^p)=\dot{\Omega}_{\mathrm{e}}\tau \qquad (1.2.2)$$

式中,$\dot{\Omega}_{\mathrm{e}}$ 是地球自转速率。忽略地极运动,几何距离可表示为

$$\rho_k^p=\|\boldsymbol{x}_k-\boldsymbol{R}_3(\theta)\boldsymbol{x}^p(t^p)\| \qquad (1.2.3)$$

式中,$\boldsymbol{R}_3$ 是正交旋转矩阵。由于 θ 是 τ 的函数,所以式(1.2.3)必须迭代。传播时间的初始估计为 $\tau_1=0.075$ s。然后根据式(1.2.2)计算 θ_1,并将该值带入式(1.2.3)中获得距离的初始值 ρ_1。ρ_1 对于第二次迭代,使用式(1.2.2)中的 $\tau_2=\dfrac{\rho_1}{c}$ 来获得 θ_2。θ_2 继续迭代直到收敛。通常进行两次迭代就足够了。

1.2.2　卫星授时注意事项

GPS 广播导航信息将与三个时间元素一起发送。这三个时间元素是卫星钟差校正 Δt_{SV}、群时延 T_{GD} 和信号间校正(ISC)。ISC 是 GPS 信号现代化的一部分,它与传统的群时延有关。因此,本节将详细介绍这三个时间元素。详情可参考 Hegarty 等(2005)、Tetewsky 等(2009)和 Feess 等(2013)的文献。

根据接口控制文件 IS-GPS-200G,2012 年,地面控制端将 GPST 保持在 UTC(USNO)的 1 μm 以内,不包括跳秒。如果需要,可以从各种数据服务中轻松获得当前的时间偏移量,从而允许用户在 GPST 和 UTC(USNO)之间进行转换。由于卫星传输受单个卫星的标称时间(卫星时间)控制,因此需要知道 GPST 与单个卫星时间之间的时差。在接口控制文件所使用的符号约定中,对标称空间飞行器的时间校正为

$$\Delta t_{SV}=a_{f0}+a_{f1}(t_{SV}-t_{oc})+a_{f2}(t_{SV}-t_{oc})^2+\Delta t_R \tag{1.2.4}$$

$$t_{GPS}=t_{SV}-\Delta t_{SV} \tag{1.2.5}$$

$$\Delta t_R=-\frac{2}{c^2}\sqrt{a\mu}\,e\sin E=-\frac{2}{c^2}\boldsymbol{X}\cdot\dot{\boldsymbol{X}} \tag{1.2.6}$$

$$\Delta t_R[\mu\ \mathrm{sec}]\approx -2e\sin E \tag{1.2.7}$$

多项式拟合系数的传输单位为秒(s)、秒/秒(s/s)和秒/秒^2(s/s^2);时钟数据参考时间 t_{oc} 也以秒为单位在导航消息的第一子帧中广播。t_{SV} 的值必须考虑换周的影响,即如果($t_{SV}-t_{oc}$)大于 302 400,则从 t_{SV} 减去 604 800,如果($t_{SV}-t_{oc}$)小于−302 400,则将 604 800 加到 t_{SV}。Δt_R 是由轨道偏心率 e 引起的相对论钟差校正。符号 μ 表示重力常数,a 是轨道的半长轴,E 是偏近点角。式(1.2.7)的近似值遵循 $a\approx 26\ 600$ km。

本小节的主要内容是 ISC。这样的校正将适用于现代化的 GPS 信号 L1CA、L1P(Y)、L1M、L2C、L2P(Y)、L2M、L5I 和 L5Q,并与新的导航消息一起发送,以允许用户校正观测结果。为了在处理现代化信号时提供充分的灵活性,我们将在本小节中继续使用 Tetewsky 等(2009)的表示法。这意味着第三民用频率参考于 L5 频段,也意味着 L1 频段上的伪距由 $P_{1,PY}$ 表示。在逗号前再次使用数字下标来标识频率,并且在逗号后给出码标识。忽略相位缠绕,伪距式(1.1.16)和式(1.1.18)可以表示为

$$P'_{1,PY}=\rho+c\mathrm{d}\underline{t}-c\mathrm{d}\bar{t}-c(\Delta t_{SV}-T_{1,PY})+I_{1,PY}+T-d_{1,PY}+D_{1,PY}+M_{1,PY} \tag{1.2.8}$$

$$P'_{2,PY}=\rho+c\mathrm{d}\underline{t}-c\mathrm{d}\bar{t}-c(\Delta t_{SV}-T_{2,PY})+\gamma_{12}I_{1,PY}+T-d_{2,PY}+D_{2,PY}+M_{2,PY} \tag{1.2.9}$$

卫星钟差校正用 Δt_{SV} 表示;$\mathrm{d}\bar{t}$ 被视为残余卫星钟差误差,可以省略。L1 频段 P 码的卫星硬件码延迟用 $T_{1,PY}$ 表示。该延迟是从卫星时钟产生信号的时刻到卫星天线信号离开的时间差。因此,延迟包括通过卫星的各种电子组件所需的时间。延迟是频率和码类型的函数。引入了硬件延迟 $T_{1,PY}$,$D_{1,PY}$ 被视为残余硬件延迟,可以省略。L2 频段 P 码的参数 $T_{2,PY}$ 与 $D_{2,PY}$ 的情况相同。将单引号添加到左侧的伪距符号上以表示观测量是原始的,即尚未针对 Δt_{SV} 和硬件延迟 $T_{1,PY}$ 及 $T_{2,PY}$ 进行校正。对于任何频率和测距码,伪距方程都可以写成式(1.2.8)或式(1.2.9)的形式。

1. 卫星钟差校正和群波延时

传统上,GPS 运营商会根据无电离层的 L1 频段 P(Y)码和 L2 频段 P(Y)码伪距函数来计算卫星钟差校正 Δt_{SV}。为此,我们将线性相关项 $d\bar{t}$ 和 Δt_{SV} 组合在一起。从用户的角度来看,卫星钟差 Δt_{SV} 为已知,$d\bar{t}$ 为残余卫星钟差误差。此外,用户期望对观测量进行卫星钟差校正。另一方面,GPS 运营商需要确定实际的钟差校正量 Δt_{SV},因此对于诸如 $d\bar{t}$ 之类的其他时钟项没有考虑。此外,GPS 运营商在尝试确定 Δt_{SV} 时会使用原始观测值。钟差校正的数学模型是二阶多项式

$$\Delta t_{SV}=a_0+a_1(t-t_0)+a_2(t-t_0)^2 \tag{1.2.10}$$

式中,t_0 是参考时间;a_0、a_1 和 a_2 是特定卫星的参数。

在这种表示法中,无电离层组合函数(1.1.38)遵循式(1.2.8)和式(1.2.9)的形式:

$$\frac{P'_{2,PY}-\gamma_{12}P'_{1,PY}}{1-\gamma_{12}}-\rho=cd\underline{t}-c\left[\Delta t_{SV}+\frac{1}{1-\gamma_{12}}(T_{2,PY}-\gamma_{12}T_{1,PY})\right]+T-d_{1,PY,2,PY}+M_{1,PY,2,PY} \tag{1.2.11}$$

假设接收机位于已知点,则接收机与卫星间的几何距离 ρ 可移至左侧。接收机硬件延迟 d 和多路径 M 的下标表明无电离层函数的特定标识。未知的卫星硬件延迟项 $T_{2,PY}-\gamma_{12}T_{1,PY}$ 被认为在时间间隔 $t-t_0$ 内是恒定的。结果中的常数 a_0 和硬件延迟项是线性相关的。我们将两项组合成一个新参数,但简便起见再次将其标记为 a_0 以避免引入另一个临时符号。这个重新参数化过程也可以通过施加条件来完成,即

$$T_{2,PY}=\gamma_{12}T_{1,PY} \tag{1.2.12}$$

因此,无电离层组合可写为

$$\frac{P'_{2,PY}-\gamma_{12}P'_{1,PY}}{1-\gamma_{12}}-\rho=cd\underline{t}-c[a_0+a_1(t-t_0)+a_2(t-t_0)^2]+T-d_{1,PY,2,PY}+M_{1,PY,2,PY} \tag{1.2.13}$$

现在可以估计接收机钟差、垂直对流层延迟以及每颗卫星的多项式系数 a_0、a_1 和 a_2。

由式(1.2.12)可以得到 $T_{1,PY}=(T_{1,PY}-T_{2,PY})/(1-\gamma_{12})$。卫星制造商最初会在实验室中为每颗卫星测量 $T_{1,PY}$ 与 $T_{2,PY}$ 之差。这些测量值可以被更新以反映每颗卫星的实际在轨延迟误差(IS-GPS-200G,2012,第 20.3.3.3.3.2 节)。换算后的测量差值传统上用群时延 T_{GD} 表示,$T_{GD}=(T_{1,PY}-T_{2,PY})/(1-\gamma_{12})$。因此我们可以定义

$$T_{GD}\equiv T_{1,PY} \tag{1.2.14}$$

并且式(1.1.12)写为

$$T_{2,PY}=\gamma_{12}T_{GD} \tag{1.2.15}$$

使用这种传统的 T_{GD} 表示法可得出伪距方程的相似形式

$$P'_{1,PY}=\rho+cd\underline{t}-cd\bar{t}-c(\Delta t_{SV}-T_{GD})+I_{1,PY}+T-d_{1,PY}+D_{1,PY}+M_{1,PY} \tag{1.2.16}$$

$$P'_{2,PY}=\rho+cd\underline{t}-cd\bar{t}-c(\Delta t_{SV}-\gamma_{12}T_{GD})+\gamma_{12}I_{1,PY}+T-d_{2,PY}+M_{2,PY} \tag{1.2.17}$$

上面由 L1/L2 频段 P 码双频校正的结果包含每个卫星信号的公共时钟误差和 T_{GD}。间接地,卫星硬件延迟 L2 频段和 $T_{2,PY}=\gamma_{12}T_{GD}$ 被表示为群波延迟的缩放值。

2. 内部信号间校正

伪距方程包含了 ISC,ISC 是无电离层组合中对应码的卫星硬件码延迟之差。使用式

(1.2.12)和式(1.2.14),则式(1.2.11)中涉及的伪距的 ISC 变为

$$\mathrm{ISC}_{2,\mathrm{PY}}=T_{1,\mathrm{PY}}-T_{2,\mathrm{PY}}=(1-\gamma_{12})T_{1,\mathrm{PY}}=(1-\gamma_{12})T_{\mathrm{GD}} \tag{1.2.18}$$

ISC 的下标指的是 L2 频段 P(Y)码相对于 L1 频段 P(Y)码的硬件码延迟。将式(1.2.18)代入式(1.2.17),现代化形式变为

$$P'_{2,\mathrm{PY}}=\rho+c\mathrm{d}\underline{t}-c\mathrm{d}\bar{t}-c(\Delta t_{\mathrm{SV}}-T_{\mathrm{GD}}+\mathrm{ISC}_{2,\mathrm{PY}})+\gamma_{12}I_{1,\mathrm{PY}}+T-d_{2,\mathrm{PY}}+M_{2,\mathrm{PY}} \tag{1.2.19}$$

硬件延迟以未缩放的群波延时和 ISC 表示。这种形式可以很容易地推广到其他伪距。例如,考虑 L5 频段的同相伪距 L5I:

$$\begin{aligned}P'_{5,\mathrm{I}}&=\rho+c\mathrm{d}\underline{t}-c\mathrm{d}\bar{t}-c(\Delta t_{\mathrm{SV}}-T_{5,\mathrm{I}})+\gamma_{15}I_{1,\mathrm{PY}}+T-d_{5,\mathrm{I}}+M_{5,\mathrm{I}}\\&=\rho+c\mathrm{d}\underline{t}-c\mathrm{d}\bar{t}-c(\Delta t_{\mathrm{SV}}-T_{\mathrm{GD}}+\mathrm{ISC}_{5,\mathrm{I}})+\gamma_{15}I_{1,\mathrm{P}}+T-d_{5,\mathrm{I}}+M_{5,\mathrm{I}}\\\mathrm{ISC}_{5,\mathrm{I}}&=T_{\mathrm{GD}}-T_{5,\mathrm{I}}\end{aligned} \tag{1.2.20}$$

通用形式为

$$P'_{i,x}=\rho+c\mathrm{d}\underline{t}-c\mathrm{d}\bar{t}-c(\Delta t_{\mathrm{SV}}-T_{\mathrm{GD}}+\mathrm{ISC}_{i,x})+\gamma_{1i}I_{i,\mathrm{P}}+T-d_{(i,x),\mathrm{P}}+M_{(i,x),\mathrm{P}} \tag{1.2.21}$$

$$\mathrm{ISC}_{i,x}=T_{\mathrm{GD}}-T_{i,x} \tag{1.2.22}$$

由于 $\mathrm{ISC}_{1,\mathrm{PY}}=0$,因此式(1.2.21)适用于所有伪距和测距码,甚至适用于 L1 频段伪距式(1.2.16)。

一般情况下,用于计算卫星时钟校正量 Δt_{SV} 和 T_{GD} 的信息已包含在导航消息中传递给用户。在 GPS 现代化的方案中,还将发送 ISC 信息,用户可以对普通卫星时钟校正和已知延迟的观测结果进行校正:

$$P_{i,x}\equiv P'_{i,x}+c(\Delta t_{\mathrm{SV}}-T_{\mathrm{GD}}+\mathrm{ISC}_{i,x})=\rho+c\mathrm{d}\underline{t}-c\mathrm{d}\bar{t}+\gamma_{1i}I_{1,\mathrm{P}}+T-d_{i,x}+M_{i,x} \tag{1.2.23}$$

$$\Delta t_{i,x}=\Delta t_{\mathrm{SV}}-T_{\mathrm{GD}}+\mathrm{ISC}_{i,x} \tag{1.2.24}$$

$$P''_{i,x}\equiv P'_{i,x}+c\Delta t_{\mathrm{SV}}=\rho+c\mathrm{d}\underline{t}-c\mathrm{d}\bar{t}-cT_{\mathrm{GD}}-c\cdot\mathrm{ISC}_{i,x}+\gamma_{1i}I_{1,\mathrm{P}}+T-d_{i,x}+M_{i,x} \tag{1.2.25}$$

在式(1.2.23)中,三个校正均应用于观测量。式(1.2.24)中的符号 $\Delta t_{i,x}$ 表示特定频率和测距码的已知总时钟误差。在式(1.2.25)中,仅实现了包括公共时钟校正在内的部分校正。

校正后的无电离层伪距可以表示为

$$\frac{P_{j,y}-\gamma_{ij}P_{i,x}}{1-\gamma_{ij}}=\rho+c\mathrm{d}\underline{t}-c\mathrm{d}\bar{t}+T-d_{i,x,j,y}+M_{i,x,j,y} \tag{1.2.26}$$

由于 $\gamma_{ij}\gamma_{1i}=\gamma_{1j}$,上式消除了电离层延时。使用式(1.2.25)中定义的部分校正的观测值,无电离层函数如下所示:

$$\frac{P''_{j,y}-\gamma_{ij}P''_{i,x}+c\cdot\mathrm{ISC}_{j,y}-\gamma_{ij}\cdot c\cdot\mathrm{ISC}_{i,x}}{1-\gamma_{ij}}-cT_{\mathrm{GD}}=\rho+c\mathrm{d}\underline{t}-c\mathrm{d}\bar{t}+T-d_{i,x,j,y}+M_{i,x,j,y} \tag{1.2.27}$$

这些通用表达式对所有频率和测距码类型均有效。如果使用 L1 频段 P(Y)码,请注意 $\mathrm{ISC}_{1,\mathrm{PY}}=0$。

简便起见,基于式(1.2.25),省略了多路径项,电离层函数可以写为

$$I_{1,\mathrm{PY}}=\frac{P''_{j,x}-P''_{j,y}}{\gamma_{1i}-\gamma_{1j}}+c\cdot\frac{\mathrm{ISC}_{i,x}-\mathrm{ISC}_{j,y}}{\gamma_{1i}-\gamma_{1j}}+\frac{d_{i,x}-d_{j,y}}{\gamma_{1i}-\gamma_{1j}} \tag{1.2.28}$$

$$
\begin{aligned}
I_{1,\mathrm{PY}} &= \frac{P''_{1,\mathrm{PY}}-P''_{2,\mathrm{PY}}}{1-\gamma_{12}}-c\cdot\frac{\mathrm{ISC}_{2,\mathrm{PY}}}{1-\gamma_{12}} \\
&= \frac{P''_{1,\mathrm{PY}}-P''_{2,\mathrm{PY}}}{1-\gamma_{12}}-T_{\mathrm{GD}}+\frac{d_{1,\mathrm{PY}}-d_{2,\mathrm{PY}}}{1-\gamma_{12}} \\
&= \frac{P''_{1,\mathrm{PY}}-P''_{2,\mathrm{PY}}}{1-\gamma_{12}}-\frac{(T_{1,\mathrm{PY}}-T_{2,\mathrm{PY}})-(d_{1,\mathrm{PY}}-d_{2,\mathrm{PY}})}{1-\gamma_{12}}
\end{aligned} \tag{1.2.29}
$$

式(1.2.29)表示使用 $P''_{1,\mathrm{PY}}$ 和 $P''_{2,\mathrm{PY}}$ 伪距的情况，该式是 $\mathrm{ISC}_{1,\mathrm{PY}}=0$ 和 $\gamma_{11}=1$ 的一般形式。最后一项表示 P1Y 和 P2Y 码的接收机和卫星硬件延迟。卡尔曼滤波在估计电离层或总电子含量(TEC)时，通常也会估计硬件延迟的差值。此外，人们可能还需要考虑由于日间的和季节性的温度变化而引起较大的硬件延迟变化。

L1 频段 CA 码的信号间延迟通过分别对 P1 码和 L1 频段 CA 码伪距应用式(1.2.23)和式(1.2.25)进行差分，在已知 $\mathrm{ISC}_{2,\mathrm{PY}}=0$ 的情况下，有

$$
\mathrm{ISC}_{2,\mathrm{CA}}=P''_{1,\mathrm{PY}}-P''_{2,\mathrm{CA}}+(d_{1,\mathrm{PY}}-d_{2,\mathrm{CA}}) \tag{1.2.30}
$$

同样地，将式(1.2.25)应用于 L2 频段 C 码，并使用式(1.2.15)得到

$$
\mathrm{ISC}_{2,\mathrm{C}}=P''_{1,\mathrm{PY}}-P''_{2,\mathrm{C}}+(1-\lambda_{12})T_{\mathrm{GD}} \tag{1.2.31}
$$

将 $P''_{1,\mathrm{PY}}$ 和 $P''_{5,\mathrm{Q}}$ 代入电离层函数(1.2.28)计算 $I_{1,\mathrm{PY}}$，然后用式(1.2.29)代替 $I_{1,\mathrm{PY}}$，接着利用式(1.2.18)给出：

$$
\mathrm{ISC}_{5,\mathrm{Q}}=(P''_{1,\mathrm{PY}}-P''_{5,\mathrm{Q}})-\frac{1-\gamma_{15}}{1-\gamma_{12}}(P''_{1,\mathrm{PY}}-P''_{2,\mathrm{PY}})+(1-\gamma_{15})T_{\mathrm{GD}}+(d_{1,\mathrm{PY}}-d_{5,\mathrm{Q}})-\frac{1-\gamma_{15}}{1-\gamma_{12}}(d_{1,\mathrm{PY}}-d_{2,\mathrm{PY}}) \tag{1.2.32}
$$

同样的计算可以得出 L5 频段 I 码的 ISC：

$$
\mathrm{ISC}_{5,\mathrm{I}}=P''_{1,\mathrm{PY}}-P''_{5,I}-\frac{1-\gamma_{15}}{1-\gamma_{12}}(P''_{1,\mathrm{PY}}-P''_{2,\mathrm{PY}})+(1-\gamma_{15})T_{\mathrm{GD}}+(d_{1,\mathrm{PY}}-d_{5,\mathrm{I}})-\frac{1-\gamma_{15}}{1-\gamma_{12}}(d_{1,\mathrm{PY}}-d_{2,\mathrm{PY}}) \tag{1.2.33}
$$

所有 ISC 都可表示为已知群延迟 TGD 的函数，并与公共参考 L1 频段 P(Y)码相关。数据示例可参考 Feess 等(2013)的文献。

1.2.3 周跳

周跳是载波相位观测量中的一个整数周跳变，相位的小数部分不受观测序列中这种不连续性的影响。周跳是由锁相环失锁引起的。如果卫星信号无法到达天线，失锁可能会在两个历元之间发生，或者持续几分钟甚至更长时间。如果接收机软件不进行周跳矫正，则周跳之后的所有观测值都将偏移相同的整数。这种情况如表 1.2.1 所示，其中假设在接收机 k 处发生了周跳，同时观察了 $i-1$ 和 i 历元的卫星 q，周跳用 Δ 表示。因为双差是单历元观测值的函数，所以从第 i 个历元开始的所有双差都会存在 Δ 的偏差。对于每一个周跳，在双差序列中有一个额外的三差异常值和一个额外的阶跃，周跳可能是一周，也可能是数百万周。

如果接收机软件试图在内部修复周跳，这个简单的关系就会失效。假设接收机在周跳

发生后立即成功地修正了周跳,结果会是双差的一个异常值(不是阶跃函数)和三差的两个异常值。

由于尚无消除周跳的最佳方法,这为算法优化和创新留下很多空间。例如,在简单的静态应用程序中,可以使用多项式拟合生成和分析高阶差,使用图形工具直观地观察序列,或者引入新的模糊度参数进行实时计算。后一种在动态定位中被广泛应用。

最好的方法是检查差值而不是实际观测量。观察到的双差和三差显示出的时间变化的大小取决于基线的长度和所选的卫星。这些变化会掩盖较小的周跳。差值是指计算观测值与实际观测值之间的差值。如果使用良好的近似测站坐标,则得到的差值会很平坦,甚至可以检测到很小的周跳。

表 1.2.1　周跳对载波相位差的影响

载波相位				双差	三差
$\varphi_k^p(i-2)$	$\varphi_m^p(i-2)$	$\varphi_k^q(i-2)$	$\varphi_m^q(i-2)$	$\varphi_{km}^{pq}(i-2)$	$\Delta\varphi_{km}^{pq}(i-1,i-2)$
$\varphi_k^p(i-1)$	$\varphi_m^p(i-1)$	$\varphi_k^q(i-1)$	$\varphi_m^q(i-1)$	$\varphi_{km}^{pq}(i-1)$	$\Delta\varphi_{km}^{pq}(i,i-1)-\Delta$
$\varphi_k^p(i)$	$\varphi_m^p(i)$	$\varphi_k^q(i)+\Delta$	$\varphi_m^q(i)$	$\varphi_{km}^{pq}(i)-\Delta$	$\Delta\varphi_{km}^{pq}(i+1,i)$
$\varphi_k^p(i+1)$	$\varphi_m^p(i+1)$	$\varphi_k^q(i+1)+\Delta$	$\varphi_m^q(i+1)$	$\varphi_{km}^{pq}(i+1)-\Delta$	$\Delta\varphi_{km}^{pq}(i+2,i+1)$
$\varphi_k^p(i+2)$	$\varphi_m^p(i+2)$	$\varphi_k^q(i+2)+\Delta$	$\varphi_m^q(i+2)$	$\varphi_{km}^{pq}(i+2)-\Delta$	

对于静态定位,可以从三差情况开始。受影响的三差观测值可被视为带有错误的观测值,并使用异常检测技术进行处理。一个简单的方法是改变残差特别大的三差观测值的权重。周跳的大小可以在最小二乘收敛后得到。三差处理不仅是一种可靠的周跳检测技术,而且还提供了良好的站坐标,因此可以作为随后双差解算中的近似值。

在计算双差解之前,应先基于三差解完成对双差观测值周跳的修正。如果只有两个接收机观察到,则无法从双差分析中识别出发生周跳的特定非差相位。

考虑到双差

$$\varphi_{12}^{1p}=(\varphi_1^1-\varphi_2^1)-(\varphi_1^p-\varphi_2^p) \tag{1.2.34}$$

为 1 号和 2 号观测站以及 1 号和 p 号卫星的观测值,上标 p 表示卫星在 2 到卫星总数 S 之间变化。方程(1.2.34)表明,φ_1^1 或 φ_2^1 中的周跳将影响所有卫星的所有双差,并且不能单独识别。跳变 Δ_1^1 和 $-\Delta_2^1$ 在双差观测中将引起相同的跳变。从 1 号站到 p 号卫星和 2 号站到 p 号卫星的相位跳变也是如此。但是,后一个相位序列的跳变只影响包含 p 号卫星的双差序列,其他双差序列不受影响。

对于网络,双差观测是

$$\varphi_{1m}^{1p}=(\varphi_1^1-\varphi_m^1)-(\varphi_1^p-\varphi_m^p) \tag{1.2.35}$$

式中,上标 p 从 2 到 S,下标 m 从 2 到 R。从 φ_1^1 很容易看出,φ_1^1 中的周跳影响所有双差观测,φ_m^1 中的误差影响所有与基线 1 到 m 有关的双差,φ_1^p 中的误差影响所有包含卫星 p 的双差,而 φ_m^p 中的误差只影响一系列的双差,即包含 m 站和 p 卫星的双差。因此,通过分析同一时期所有双差中的误差分布,可以识别包含该误差的非差相位观测序列。如果在同一历元发生了几次周跳,这种识别就变得更加复杂。在网络处理中,总是需要进行交叉检查。必须在所有相关的双差中验证同一周跳,然后才能将其声明为实际周跳。当从基准站到基准卫星的非差分相位观测中出现周跳时,周跳进入几个双差序列。在经典的双差处理中,不必对非差分的相位观测值进行校正,如果最终位置计算是基于双差的,则可以将校正限制在双差分相位观测值上。也可以使用无几何观测量来检测周跳。

1.2.4　相位补偿

我们有必要从 GPS 信号传输的电磁性质来理解相位补偿,正如在第 4 章中所做的那样。简而言之,GPS 的载波是右圆极化(RCP)。电磁波可视为从卫星天线传播到接收天线的旋转矢量场。矢量在每个空间波长或波的每个时间周期旋转 360°。观测到的载波相位可以看作是接收天线上瞬时电场矢量与天线上某一参考方向之间的几何角。当接收天线的方位角旋转时,测量到的相位也随之发生变化。同样地,如果发射信号天线改变其相对于接收机天线的方向,则测量到的相位也会随之发生变化。由于相位是在接收天线的平面上测量的,因此其值除了取决于天线的方向外,还取决于卫星的视线方向。

图 1.2.1 展示了 GPS 信号 RCP 的简单测试结果。相距 5 m 的两个天线连接到同一个接收机和振荡器,每秒记录一次观测结果。其中一根天线在方位角上按顺时针方向旋转 4 个 360°(从天线上方往下看),每次旋转间隔为 1 min,然后按逆时针方向旋转 360°四次,每次旋转间隔为 1 min。对载波相位观测值进行差分,去除线性趋势,以考虑相位偏差和差分速率(由天线分离引起)。图中显示了 L1 频段和 L2 频段的单差变化。每个完整的天线方位旋转都会导致一个波长的变化。

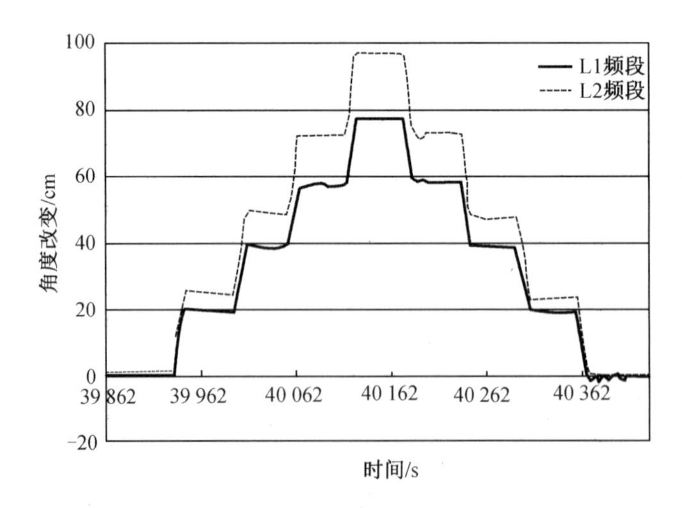

图 1.2.1　使用 Javad 双频接收机进行天线旋转测试(该接收机有两个天线和一个振荡器)

资料来源:Rapoport。

Tetewsky 等(1997)对旋转 GPS 天线的载波相位补偿进行了介绍性讨论。Wu 等(1993)导出了适用一般情况的交叉偶极子天线的相位卷绕修正表达式。根据他们的推导,在给定的时刻,相位缠绕表示为偶极子方向和卫星视线的函数。

设$\hat{\boldsymbol{x}}$和$\hat{\boldsymbol{y}}$表示接收天线中两个偶极单元方向上的单位向量,其中 y 偶极单元的信号相对于 x 偶极单元的信号延迟 90°。$\boldsymbol{k}$ 是从卫星指向接收机的单位矢量。例如 y'-偶极子中的电流比 x'-偶极子中的电流滞后 90°。有效偶极子分别代表接收机和发射机的交叉偶极子天线的结果,则有

$$\boldsymbol{d}=\hat{\boldsymbol{x}}-\boldsymbol{k}(\boldsymbol{k}\cdot\hat{\boldsymbol{x}})+\boldsymbol{k}\times\hat{\boldsymbol{y}} \tag{1.2.36}$$

$$\boldsymbol{d}'=\hat{\boldsymbol{x}}'-\boldsymbol{k}(\boldsymbol{k}\cdot\hat{\boldsymbol{x}}')+\boldsymbol{k}\times\hat{\boldsymbol{y}}' \tag{1.2.37}$$

相位缠绕校正可表示为

$$\delta\varphi=\operatorname{sign}[\boldsymbol{k}\cdot(\boldsymbol{d}'\times\boldsymbol{d})]\cos^{-1}\left(\frac{\boldsymbol{d}'\cdot\boldsymbol{d}}{\|\boldsymbol{d}'\|\|\boldsymbol{d}\|}\right) \tag{1.2.38}$$

在给定的时间,相位缠绕校正 $\delta\varphi$ 不能与非差分的模糊度分开,也不能被接收机时钟误差吸收,因为它是与接收机和卫星相关的函数。因此,在实际应用中,在卫星体坐标系中,$\hat{\boldsymbol{x}}$和$\hat{\boldsymbol{y}}$分别表示为沿北向和东向的单位矢量,并定义$\hat{\boldsymbol{x}}'$和$\hat{\boldsymbol{y}}'$为其单位矢量。由于坐标系的重定义而产生的任何额外相位缠绕误差也将被非差的模糊度所吸收。然而,随着时间的推移,$\delta\varphi$ 的值反映了接收机和卫星天线方向的变化。

跨接收机和双差的相位缠绕校正值与球面三角法有关。在一个球面三角形中,其顶点由接收机 k 和 m 以及卫星的纬度和经度给出。此外,我们假设 GPS 发射天线指向地球中心,而地面接收天线指向上方。这种假设通常在现实世界中得到满足。从 k 站到 m 站看,如果卫星出现在左侧,则跨接收机差分的相位缠绕校正 $\delta\varphi_{km}^{p}=\delta\varphi_{k}^{p}-\delta\varphi_{m}^{p}$ 等于球面余量;如果卫星出现在右侧,则跨接收机差分的相位缠绕校正等于负的球面余量。双差相位缠绕校正 $\delta\varphi_{km}^{pq}$ 等于相应四边形的球面余度。修正的符号取决于卫星相对于基线的方位。有关详细信息可参阅 Wu 等(1993)的文献。

对于短基线而言相位缠绕校正可以忽略不计。忽略相位缠绕校正可能会导致在双差模糊度固定时出现问题,尤其是对长基线。浮点解模糊度吸收了相位缠绕校正的恒定部分。在长基线浮点解模式下,相位缠绕校正随时间的变化是不可忽略的。有关处理更正的其他说明参见第 2 章。

伪距观测量没有相位缠绕校正。考虑旋转天线的情况,其与发射源和垂直于发射源方向的天线平面保持恒定距离。虽然测量的相位会因天线的旋转而改变,但因为距离是不变的,所以伪距不会改变。

1.2.5　多路径

一旦卫星信号到达地球表面,理想情况下它将直接进入天线。然而,接收机附近的物体可能会反射一些信号,从而在伪距和载波相位观测中产生不需要的信号。尽管直接信号和反射信号在卫星上有一个共同的发射时间,但反射信号相对于直射信号总是有延迟的,因为反射路径较长。由于衰减,反射信号的幅度(电压)总是降低的。衰减取决于反射材料的特性、反射的入射角和极化程度。一般来说,入射角很小的反射波衰减很小。此外,多路径对 GPS 观测的影响取决于天线对来自不同方向的传感信号的敏感度,以及接收机为减轻

多路径影响而进行的内部处理。多路径仍然是 GPS 定位误差的主要来源之一。第 4 章深入讨论了天线特性与多路径效应的关系。

信号可以在卫星端反射(卫星多路径)或接收机周围反射(接收机多路径)。卫星多路径在短基线的单差观测中可能被抵消。地面接收机的反射对象可以是地球表面本身(地面和水)、建筑物、树木、山丘等。众所周知,屋顶是恶劣的多路径环境,因为天线视场内通常有许多通风口和其他反射对象。

多路径对载波相位的影响可以用距离天线 d 处的平面垂直反射面来证明。其几何表示如图 1.2.2 所示。我们将接收机 k 和卫星 p 的直接可见光载波相位写成

$$S_{\mathrm{D}}=A\cos\varphi \tag{1.2.39}$$

式中,我们不使用下标 k 和上标 p 来简化符号。符号 A 和 φ 分别表示振幅(信号电压)和相位。反射信号写为

$$S_{\mathrm{R}}=\alpha A\cos(\varphi+\theta),\quad 0\leqslant\alpha\leqslant1 \tag{1.2.40}$$

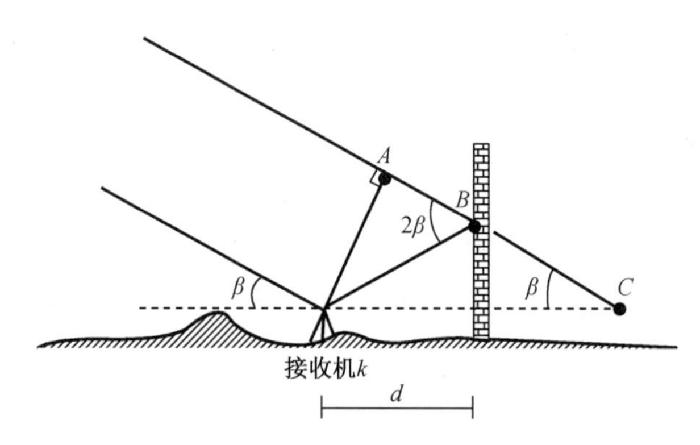

图 1.2.2　垂直平面上反射的几何表示

振幅衰减系数为

$$\theta=2\pi f\Delta\tau+\phi \tag{1.2.41}$$

式中,f 是频率,$\Delta\tau$ 是时间延迟,ϕ 是小数相移。图 1.2.2 所示的多路径延迟是距离 AB 和 BC 的总和,等于 $2d\cos\beta$,将此距离转换为周期,然后转换为弧度,有

$$\theta=\frac{4\pi d}{\lambda}\cos\beta+\phi \tag{1.2.42}$$

式中,λ 是载波波长。天线处的复合信号是直接信号和反射信号之和,即

$$S=S_{\mathrm{D}}+S_{\mathrm{R}}=R\cos(\phi+\psi) \tag{1.2.43}$$

可以证明,合成的载波相位电压 $R(A,\alpha,\theta)$ 和载波相位多路径延迟 $\psi(\alpha,\theta)$ 是

$$R(A,\alpha,\theta)=A(1+2\alpha\cos\theta+\alpha^2)^{1/2} \tag{1.2.44}$$

$$\psi(\alpha,\theta)=\tan^{-1}\left(\frac{\alpha\sin\theta}{1+\alpha\cos\theta}\right) \tag{1.2.45}$$

用 $M_{k,1}^{p}$ 和 $M_{k,2}^{p}$ 来表示总的多路径,即所有在 L1 频段和 L2 频段上反射的多路径效应。如果我们考虑恒定反射率的情况,即 α 是恒定的,则在 $\partial\psi/\partial\theta=0$ 时找到最大多路径延迟。在$\theta(\psi_{\max})=\pm\cos^{-1}(-\alpha)$时,最大值为 $\psi_{\max}=\pm\sin^{-1}\alpha$,在这种特殊情况下,最大多路径载波相

位误差仅是振幅衰减的函数。最大值出现在±90°和 $\alpha=1$ 时，对应的最大值为 $\lambda/4$。若 $\alpha\ll 1$，则 ψ 可以近似表示为 $\alpha\sin\theta$。

伪距上的多路径效应尤其取决于码的码片率 T 和接收机的内部采样间隔 S。每个接收机工作的一个必要步骤是将接收到的信号与内部生成的代码副本相关联，使相关性最大化的时间偏移量是伪距的度量。省略技术细节，可以说内部码的复制时间移动和确定超前、及时以及滞后延迟的相关性决定了偏差。超前、滞后延迟分别与及时延迟相差 $-S$ 和 S。当超前与延迟相关为零，即它们具有相同的振幅时，使用超前延迟作为伪距的度量。有关代码跟踪循环和相关主题的更多详细信息可参阅 Kaplan(1996)的文献。对于单个多路径信号，相关函数由两个三角形之和组成，一个三角形用于标识直接信号，另一个三角形用于标识多路径信号。这在图 1.2.3 中给予了说明。实线和虚线分别表示直接信号和多路径信号的相关函数。粗实线表示组合相关函数，即细线和虚线之和。

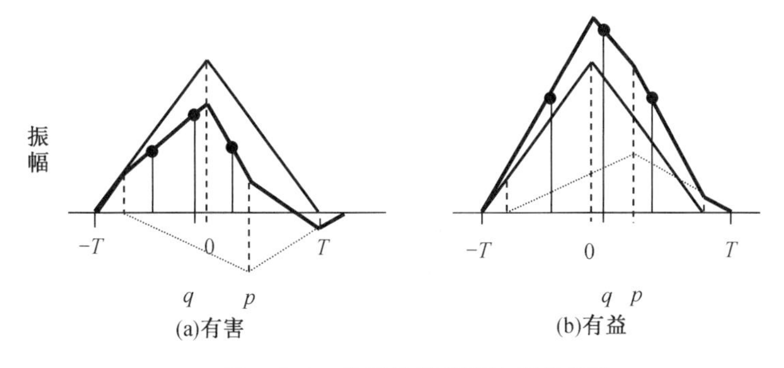

图 1.2.3　多路径情况下的相关函数

注：p 表示多路径信号的时延；q 表示多路径引起的伪距误差。

图 1.2.3(a)是反射信号相对于直接信号异相时的有害反射。图 1.2.3(b)是当反射信号和直接信号同相时的有益反射。让组合信号在超前和滞后延迟处进行采样。图 1.2.3 表明，即使延迟将与直接信号的最大相关性重合，且表示正确的伪距，但也会由于组合信号的多路径引起的距离误差 q 而有误差。所产生的伪距测量误差对于有害反射为负，对于有益反射为正，即反射信号总是比直接信号晚到达。

伪距多路径误差还取决于采样间隔是大于还是小于码片周期的一半。Byun 等(2002)提供以下表达式。如果 $S>T/2$(宽采样)，则

$$\Delta\tau_{\mathrm{P}}=\begin{cases}\dfrac{\Delta\tau\alpha\cos(2\pi f\Delta\tau+\phi)}{1+\alpha\cos(2\pi f\Delta\tau+\phi)} & \Delta\tau<T-S+\Delta\tau_{\mathrm{P}}\\[2ex] \dfrac{(T-S+\Delta\tau)\alpha\cos(2\pi f\Delta\tau+\phi)}{2+\alpha\cos(2\pi f\Delta\tau+\phi)} & T-S+\Delta\tau_{\mathrm{P}}<\Delta\tau<S+\Delta\tau_{\mathrm{P}}\\[2ex] \dfrac{(T-S+\Delta\tau)\alpha\cos(2\pi f\Delta\tau+\phi)}{2+\alpha\cos(2\pi f\Delta\tau+\phi)} & S+\Delta\tau_{\mathrm{P}}<\Delta\tau<T+S+\Delta\tau_{\mathrm{P}}\\[2ex] 0 & \Delta\tau>T+S+\Delta\tau_{\mathrm{P}}\end{cases}\tag{1.2.46}$$

如果 $S<T/2$ (窄采样)，则

$$\Delta\tau_{\mathrm{P}}=\begin{cases}\dfrac{\Delta\tau\alpha\cos(2\pi f\Delta\tau+\phi)}{1+\alpha\cos(2\pi f\Delta\tau+\phi)} & \Delta\tau<S+\Delta\tau_{\mathrm{P}}\\ s\alpha\cos(2\pi f\Delta\tau+\phi) & S+\Delta\tau_{\mathrm{P}}<\Delta\tau<T-S+\Delta\tau_{\mathrm{P}}\\ \dfrac{(T+S-\Delta\tau)\alpha\cos(2\pi f\Delta\tau+\phi)}{2-\alpha\cos(2\pi f\Delta\tau+\phi)} & T-S+\Delta\tau_{\mathrm{P}}<\Delta\tau<T+S\\ 0 & \Delta\tau>T+S\end{cases} \tag{1.2.47}$$

伪距多路径误差为 $d_{\mathrm{P}}=c\Delta t_{\mathrm{P}}$，$\Delta t$ 表示多路径信号的时间延迟。只要使用适当的码片周期 T，那么这些表达式对于P代码和C/A代码都是有效的。

图1.2.4显示了宽采样情况($S>T/2$)P1码多路径范围误差 $\Delta\tau_{\mathrm{P1}}$ 振荡与时间延迟 $\Delta\tau$ 的包络示例。当相位变化 π 时，多路径误差由上界变为下界，反之亦然。式(1.2.46)的不同区域在图中很容易看到。图1.2.5显示了窄采样情况($S<T/2$)的C/A码多路径范围误差示例。宽采样间隔和窄采样间隔的主要区别在于后者在区域2具有恒定的峰值。事实上，缩短采样间隔 S 一直被认为是减小伪距多路径误差的一种方法，见式(1.2.47)的第二部分，其中 S 是一个因子。比较式(1.2.46)和式(1.2.47)，我们发现在区域1中，包络线的斜率对于宽采样和窄采样是相同的。窄采样导致区域2中的边界更小。多路径误差为零的区域4越早到达采样越窄(给定相同的码片速率)。这些曲线中的下包络线对应于有害反射，而上包络线则对应于有益反射。

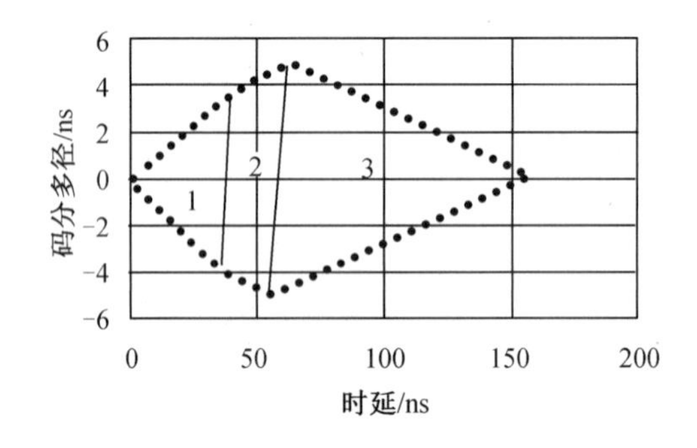

图1.2.4 宽采样情况下的P1码伪距多路径时延包络

注：$T=98$ ns，$S=60$ ns，$\alpha_1=0.1$，$\phi_1=0$。

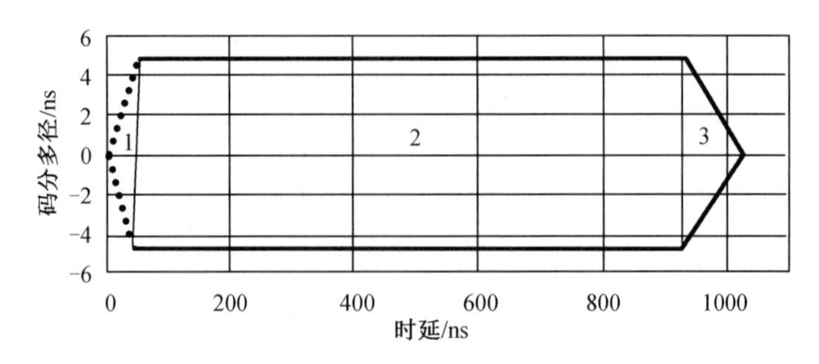

图1.2.5 窄采样情况下的C/A码伪距多路径时延包络

注：$T=980$ ns，$S=48$ ns，$\alpha_1=0.1$，$\phi_1=0$。

多路径频率 f_ψ 取决于相位延迟 θ 的变化，从式(1.2.40)、式(1.2.45)、式(1.2.46)或式(1.2.47)可以看出。微分式(1.2.42)给出了多路径频率的表达式：

$$f_\psi = \frac{1}{2\pi}\frac{\mathrm{d}\theta}{\mathrm{d}t} = \frac{2d}{\lambda}\sin\beta\,|\dot{\beta}| \tag{1.2.48}$$

多路径频率是仰角的函数，与距离 d 和载波频率成正比。例如，如果我们取 $\dot{\beta}$ = 0.07 mrad/s(为卫星平均运动角速度的一半)和 $\beta = 45°$，$d = 10$ m，则多路径周期约为 5 min；如果 $d = 1$ m，则多路径周期约为 50 min。卫星仰角的变化导致多路径频率成为时间的函数。根据式(1.2.48)，L1 频段和 L2 频段的多路径频率之比等于载波频率之比，即 $f_{\psi,1}/f_{\psi,2} = f_1/f_2$。

以载波相位多路径为例，考虑单个多路径信号和电离层相位可参考式(1.1.44)。此时多路径的函数可以写为

$$\varphi_{\mathrm{MP}} = \psi_1 - \frac{f_1}{f_2}\psi_2 = \tan^{-1}\left(\frac{\alpha\sin\,\theta_1}{1+\alpha\cos\,\theta_1}\right) - \frac{f_1}{f_2}\tan^{-1}\left(\frac{\alpha\sin\,\theta_2}{1+\alpha\cos\,\theta_2}\right) \tag{1.2.49}$$

图 1.2.6 表示多路径 ψ_{MP} 以一种复杂的方式影响电离层观测。周期性相位变化的幅度几乎与 α 成正比。在分析可观测到的电离层的时间变化时，不能忽略式(1.2.49)的多路径特性。实际上，式(1.2.45)的多路径变化可能偶尔会影响固定整周模糊度的能力，即使对于较短的基线也是如此。

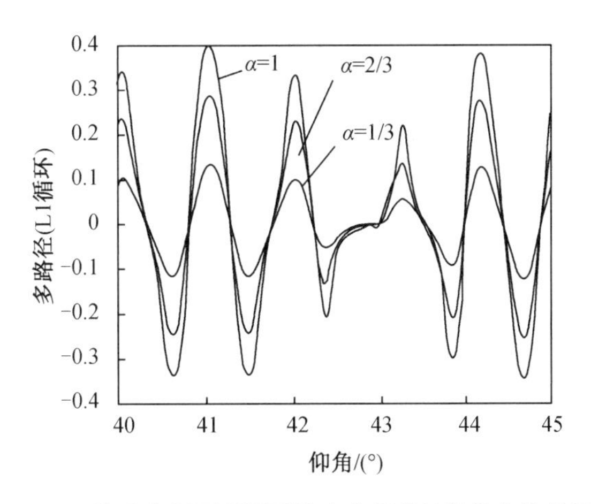

图 1.2.6　从垂直平面观测到的电离层载波相位多路径示例

注：$d = 10$ m，$\phi_1 = \phi_2 = 0$。

图 1.2.7 显示了多路径对伪距 P1 和 P2 以及无电离层函数(1.1.38)的影响。由于我们考虑了附近反射的情况，因此在区域 1 内使用表达式(1.2.46)或式(1.2.47)，时间延迟 $\Delta\tau$ 是卫星仰角的函数，可由式(1.2.42)计算得出。图中所示为上升($\beta = 0°$)直至通过头顶($\beta = 90°$)的卫星多路径。对于地平线上的卫星来说，多路径最大(垂直面反射)。在水平面反射的情况下，多路径具有相反的依赖性，即对于天顶的卫星来说是最大的，这很容易验证。

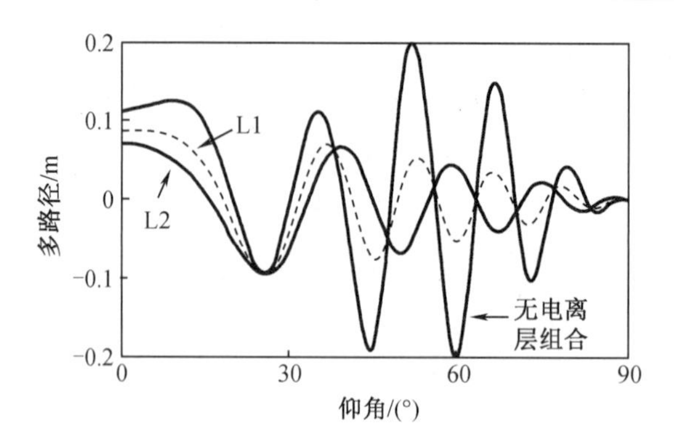

图 1.2.7　垂直平面上单个反射的伪距多路径

注:$\alpha=0.1, d=5\lambda_1, \phi_1=\phi_2=0$。

Fenton 等(1991)讨论了一种在 C/A 码接收机中的窄相关方法。文献中记载了减小载波相位和伪距多路径效应的窄相关器技术和接收机处理方法,例如 Van Dierendonck 等(1992)、Meehan 等(1992)、Veitsel 等(1998)和 Zhdanov 等(2001)。如果相移 θ 变化很快,人们甚至可以尝试对伪距测量取平均值。除了复杂的接收信号处理外,还有几种外部方法可以减小多路径效应。

(1)接地板可以有效抑制从天线下方到达的多路径,接地板通常是圆形或矩形的金属表面。

(2)部分多路径抑制可以通过对天线的增益模式进行整形实现。由于多数多路径来自地平线附近的反射,因此可以通过使用在这些方向上具有低增益的天线来大幅减少多路径效应。

(3)通过扼流圈可以提高多路径电阻。扼流圈是深度为四分之一波长的金属圆形凹槽。

(4)高度反射表面将极化从右旋圆(直接从 GPS 卫星接收的信号)变为左旋圆,设计用于接收右极化信号的 GPS 天线将衰减相反极化的信号。

(5)天线阵列也可以用来减少多路径效应。由于多路径的不同几何结构,因此每个天线对多路径效应的效果不同。来自所有天线的信号组合可以抑制多路径(Fu et al.,2003)。在 Counselman(1999)提出的设计中,天线元件沿垂直方向而不是水平方向布置。

(6)由于 GPS 卫星和接收机反射器之间的几何关系在每一个恒星日重复,因此多路径在连续日之间显示相同的特性。这种重复性有助于通过分析重复性模式来验证多路径的存在,并最终对站点的多路径进行建模。在相对定位中,两站的双差观测都受到多路径的影响。

当然,在实际应用中,不同的卫星信号会反射到不同的目标上。这些物体的衰减特性通常不同;在某些情况下,衰减甚至可能取决于时间。由于入射角也会影响衰减,因此多路径是一种难以处理的误差源。为了减少多路径效应,通常不观测在地平线附近的卫星。

式(1.1.50)和式(1.1.51)可用于测量多路径误差,特别是在双频观测可用的情况下,可以测量伪距的多路径效应。

1.2.6 相位中心偏移和变化

在卫星和接收机处正确建模卫星信号是非常重要的。在卫星上，必须考虑卫星天线相位与卫星质心的分离。用户天线相位中心偏移和变化通常通过相对和绝对天线校准来处理（有关相位中心定义及其变化可参见第 4 章）。卫星天线和最重要的用户天线相位中心偏移上的数据都可以从 IGS 以 ANTEX（天线交换格式）文件的形式获得。该格式经过专门设计，能够处理多个卫星系统的多个频率以及相位中心变化对方位角的依赖性。

1. 卫星相位中心偏移

卫星天线相位中心偏移通常在卫星固定坐标系（x'）中给出，该坐标系也用于表示太阳辐射压力。这个坐标系的原点在卫星的质心。如果 $\boldsymbol{e}$ 表示指向太阳的单位矢量，用 ECEF 坐标系（x）表示，则（x'） 的轴由单位矢量 $\boldsymbol{k}$（从卫星指向地球中心，用（x）表示）定义，矢量 $\boldsymbol{j}=(\boldsymbol{k}\times\boldsymbol{e})/|\boldsymbol{k}\times\boldsymbol{e}|$（沿太阳板轴方向），完成右手坐标系的单位向量 $\boldsymbol{i}=\boldsymbol{j}\times\boldsymbol{k}$ 也位于太阳-卫星-地球平面上。很容易证实：

$$\boldsymbol{x}_{sa}=\boldsymbol{x}_{sc}+[\boldsymbol{i}\quad \boldsymbol{j}\quad \boldsymbol{k}]\boldsymbol{x}' \tag{1.2.50}$$

式中，$\boldsymbol{x}_{sa}$ 是卫星天线的位置，$\boldsymbol{x}_{sc}$ 表示卫星质心的位置。

每种卫星类型必须确定卫星相位中心偏移。在估计卫星在轨时的观测偏移量时，偏移量的影响可能会被其他参数吸收，至少部分吸收。这可能导致方向 $\boldsymbol{k}$ 的偏移和接收机时钟错误的情况。参见 Mader 和 Czopek（2001）的文献中，作为使用地面测量校准块ⅡA 天线的卫星天线相位中心的示例。卫星天线相位中心校准数据可从 IGS 的 ANTEX 文件中获得。

2. 用户天线校准

过去，大多数用户天线的相位中心偏移（PCO）和变化（PCV）是相对于参考天线进行校准的。此过程称为相对天线校准。仅针对参考站使用的那些天线进行绝对天线校准，其中 PCO 和 PCV 是独立于参考天线确定的，对于这些参考站，每个天线都需要最佳精度。然而，随着近年来越来越多的绝对天线校准设备的问世，校准技术正在朝着使用绝对校准的方向发展。

简便起见，假设一个完美的天线，它的绝对相位中心和 PCO 是已知的。试想一下，你将“相位计”连接到天线，并且使发射器沿着以相位中心为中心的球体表面移动。在这种理想情况下，由于从发射器到相位中心的距离永远不会改变，因此输出相位将始终读取相同的恒定量。实际上，这种完美的天线是不存在的。取而代之的是，人们可以沿一个球体有效地移动一个信号源，该球体的中心是一个被选为平均相位中心的点。现在，人们不再记录恒定的相位，而是检测相位变化，这个变化主要是卫星仰角的函数。由于从源到天线的距离是恒定的，因此必须消除这些相位变化，以便用恒定的相位测量值来表示恒定的几何距离。如果选择了另一个相位中心，我们将获得另一组相位变化。因此，通常将 PCO 和 PCV 一起使用，这也解释了为什么不同的 PCO 和 PCV 将得到相同的参考天线。

对于较长的观测序列，人们希望 PCV 的平均位置是正确的。对于实时运动学（RTK）应用肯定没有这种平均方法。对于基线较短的情况，线路末端的天线会以大约相同的仰角看到卫星，因此将两个天线指向相同的方向可以大大消除 PCO 和 PCV。但是，此消除步骤仅适用于相同的天线类型。对于较大的基线或混合天线，则必须进行天线校准。估计对流层参数时，由于两个 PCV 和对流层延迟取决于仰角，因此天线校准也很重要。

例如，NGS(Mader,1999)开发了使用现场观测的相对天线校准,该服务对用户是公开的。所有测试天线均相对于同一参考天线进行校准,该参考天线恰好是 AOAD/M_T 扼流圈天线。基本思想是,如果始终将同一参考天线用于所有校准,则在对新基线进行双差观测并将校准后的 PCO 和 PCV 应用于两个天线时,参考天线的 PCO 和 PCV 将抵消。只要观测同一位置的两个天线的高度差可以忽略不计,这项技术就是准确的,因为 PCV 被参数化为仰角的函数。由于 PCV 仅为 1~2 cm,并且随仰角变化较平滑,因此相对相位校准适用于较长的基线。NGS 使用 5 m 的校准基线。参考天线和测试天线连接到相同类型的接收机,并且两个接收机使用相同的铷振荡器作为外部频率标准。由于已知测试基准,因此使用通用频率标准,并且由于对流层和电离层效应在如此短的基准上抵消,因此随着时间的推移,单差的差异非常小,可以建模为

$$(\varphi_{12,b}^{p}-\varphi_{12,0}^{p})_{i}=\tau_{i}+\alpha_{1}\beta_{i}^{p}+\alpha_{2}(\beta_{i}^{p})^{2}+\alpha_{3}(\beta_{i}^{p})^{3}+\alpha_{4}(\beta_{i}^{p})^{4} \tag{1.2.51}$$

式中,下标 i 表示历元,上标 p 表示具有仰角 β_i 的卫星,τ_i 表示剩余的相对时延(接收机时钟误差)。通过观测从升起到落下的所有卫星,估算出 α_1 到 α_4 和 τ_i 的系数。测试天线的相对校准结果如下:

$$\hat{\varphi}_{\text{antenna,PCV}}(\beta)=\hat{\alpha}_{1}\beta+\hat{\alpha}_{2}\beta^{2}+\hat{\alpha}_{3}\beta^{3}+\hat{\alpha}_{4}\beta^{4}+\xi \tag{1.2.52}$$

式中,ξ 表示 $\hat{\varphi}_{\text{antenna,PCV}}(90°)=0$ 时的转换。式(1.2.52)中不包括剩余时钟差估计 $\hat{\tau}$,$\hat{\tau}$ 和 ξ 都以双差消除。由于此校准过程是相对的,因此式(1.2.52)必须在双差模式下应用。注意到模型(1.2.52)不包括方位角参数。可以在 ANTINFO(天线信息格式)文件中获得校准数据,该文件的格式专门用于相对天线校准。

Wübbena 等(2000)、Schmitz 等(2002)记录了 GPS 天线的实时自动绝对和现场独立校准。他们使用一个精确控制的三轴机械臂来确定绝对 PCO 和 PCV 作为仰角和方位角的函数。这种实时校准的使用来自测试天线的无差异观测值,这些观测值在很短的时间间隔内有差异。校准机器人方向的快速变化可以分离 PCV 和任何残余多路径效应。在不同的机器人位置进行了数千次观测,校准需要几个小时。

为了更好地服务于高精度 GNSS 团体,NGS 开发了一种绝对校准技术(Bilich et al.,2010)。他们用两轴机械臂移动要测试的天线,以便从不同角度观察卫星。天线运动相对较快,以允许将测试天线和参考天线的天线方向图分开,并消除诸如多路径等带来的误差,从而有效地产生绝对校准。该过程使用跨接收机、跨时间差分来估计天线校准参数。校准基准线约 5 m 长,并要求两个接收机都连接到一个公共时钟,校准结果也以 ANTEX 格式报告。

还有其他方法可用于绝对天线校准。例如,天线可以放置在暗室中,这种暗室的内部衬有射频吸收材料,可将信号反射或“回波”降至最低。信号源天线产生信号,由于源天线可以以不同的频率发射,这些暗室技术仅适用于一般天线校准。

1.2.7 GNSS 服务

有许多服务可以帮助用户从 GNSS 中获得最好的结果。其中一项服务是上述 NGS 的天线校准。其他包括维也纳大学和新不伦瑞克大学提供的网格静水压和湿天顶延迟、翁萨拉空间天文台提供的海洋载荷系数、IER 提供的极地运动和地球自转参数、各种大地测量机构的大地水准面波动(以将椭球体的八分之一转换为正交高度),以及 UT Delft 提供的免费

软件(如 LAMBDA 算法)。在这里,我们主要关注对 GNSS 的使用有重大影响的两项附加服务:第一项服务是指 IGS 提供的产品,第二项服务是指处理实时观测以产生最终位置和相关信息的各种在线服务。

1. IGS

IGS 是呼吁国际用户建立一个有助于最大限度发挥 GNSS 潜力的机构组织。它是一个全球分散的组织,由其成员自治,没有中央资金来源,并受到来自世界各地包括不同成员组织和机构等给出的多方面支持。它于 1993 年由国际大地测量协会(IAG)建立,1994 年 1 月 1 日以国际地球动力学 GPS 服务的名义正式开始运作。目前的名称自 2005 年以来一直在使用,以表达为所有 GNSS 提供集成和服务的既定目标。任何 GNSS 用户都可以使用这项重要的开放服务,其目标和目的的正式声明可在 http://www.igs.org 网站上查阅。

管理委员会制定 IGS 政策,并对所有 IGS 职能进行广泛监督。董事会的执行机构是中央局,位于美国的喷气推进实验室(JPL)。全球分布有 400 多个永久性 GPS 跟踪站点。这些站点连续运行,几乎实时地将数据传送到数据中心。目前 IGS 拥有 28 个数据中心、4 个全球数据中心、6 个区域数据中心、17 个运营数据中心和 1 个项目数据中心。这些数据中心同时提供高效的数据访问和存储、数据冗余和数据安全服务。IGS 的 12 个分析中心使用全球数据集生产最高质量的产品。分析中心的协调员将分析中心的数据组合成单个产品,成为非官方的 IGS 产品。此外,IGS 还有 28 个联合分析中心,为区域子网提供信息,如电离层信息和台站坐标速度。

表 1.2.2 总结了各种 IGS 产品。第(1)部分的轨道精度是根据三个地心坐标计算的均方根值(RMS),并与独立确定的激光测距结果进行比较。时钟的第一个精度标识是相对于 IGS 时间刻度计算出的 RMS,在日段中调整为 GPS 时间。时钟的第二个精度标识是通过消除每个卫星的偏差计算的标准偏差,这会导致标准偏差小于 RMS。实时服务(IGS-TRS)是最新添加在产品列表中的,该服务在 2013 年达到全面运行能力,每 5 s 或 60 s 提供一次轨道估计,每 5 s 提供一次卫星时钟估计,它使用因特网协议 NTRIP(RTCM 通过因特网协议的网络传输)向用户传送数据,用户必须运行 NTRIP 客户端应用程序,该应用程序作为开源软件提供。由于 IGS 侧重于所有 GNSS,类似的产品可用于其他 GNSS,或在这些系统投入使用时可用。第一个添加的产品将是 GLONASS。

表 1.2.2　IGS 产品的可用性标准和服务质量

产品	组成部分	准确度	延迟	更新
GPS 卫星星历和卫星时钟(1)				
超快速(预计一半)	轨道	约 5 cm	预测的	每天四次
	星座,时钟	约 3 ns;1 500 ps		
超快速(观测一半)	轨道	约 3 cm	3~9 h	每天四次
	星座,时钟	约 150 ps; 50 ps		
快速	轨道	约 2.5 cm	17~41 h	每天
	星座,时钟	约 75 ps;25 ps		

表 1.2.2(续)

产品	组成部分	准确度	延迟	更新
GPS 卫星星历和卫星时钟(1)				
最终	轨道	约 2 cm	12~18 d	每周
	星座,时钟	约 75 ps;20 ps		
实时	轨道	约 5 cm	25 s	连续的
	星座,时钟	300 ps;120 ps		
IGS 跟踪站地心坐标与速度				
最终位置	水平	3 mm	11~17 d	每周
最终速度	垂直	6 mm		
地球自转参数(2)				
超快速(预计一半)	极移	约 200 μas①	实时	每天四次
	极移率	约 300 μas/d		
	一天的长度	约 10 μas		
超快速(观测一半)	极移	约 50 μas	3~9 h	每天四次
	极移率	约 250 μas/d		
	一天的长度	约 10 μas		
快速	极移	约 40 μas	17~41 h	每天
	极移率	约 200 μas/d		
	一天的长度	约 10 μas		
地球自转参数(2)				
最终	极移	约 30 μas	11~17 d	每周
	极移率	约 150 μas/d		
	一天的长度	约 0.01 μas		
大气参数(3)				
最终对流层		约 4 mm 用于 ZPD	约 3 周	每天
电离层 TEC 网格		2~8 TECU	小于 11 d	每周
快速电离层 TEC 网格		2~9 TECU	小于 24 h	每天

注:①1 as(阿秒)= 10^{-18} s。

了解表 1.2.2 的第(2)部分,有助于解释角度测量单位。以弧度(rad)为单位,100 μs 相当于赤道旋转 3.1 mm,以度(°)为单位,10 μs 相当于赤道旋转 4.6 mm。在第(3)部分中,TEC 单位(TECU)对应于每 1 m^2 的柱状体含 10^{16} 个电子。

IGS 在为数据格式创建专用标准和促进其推广方面也发挥了非常重要的作用。示例包括一系列接收机独立交换格式(RINEX)、轨道文件的标准格式(SP3)、解决解算的交换格式(SINEX)和电离层交换格式(IONEX)。IGS 是一个由自愿参加的机构、大学和热心的科学家个人组成的联合会,它为 GNSS 应用的发展做出了杰出的贡献。这证明了对 GNSS 高精度关注的理解和重视。

2. 在线计算

在线 GNSS 定位计算服务可能是现场收集数据的用户最感兴趣的。这些计算服务接受通用格式的输入数据,如 RINEX,并使用来自现有 CORS 或 IGS 站的补充观测,以在给定的大地坐标系中产生最佳解。由于这些服务仍在不断发展,并适应不断变化的 GNSS 星座,因此最好从各自的网站上获取最新的信息。为了熟悉这些服务及其产品,最好提交测试数据集。通过测试和验证可找出最适合的服务和产品。它们中的绝大多数提供免费服务。

应用程序在美国喷气推进实验室运营,可能是最早的在线运营服务。美国测量界一项受欢迎的服务是 OPUS(在线定位用户服务),由国家大地测量局运营。SCOUT(脚本坐标更新工具)服务由加利福尼亚大学圣迭戈分校脚本轨道和永久阵列中心(SOPAC)提供。最近 Trimble Navigation Limited 的 CenterPoint RTX Post processing 增加了在线处理功能,此服务使用公司专有的全球 CORS 网络。其他重要服务包括 CSRS-PPP(加拿大空间参考系统精确定位)、GAPS(GPS 分析定位软件),还有澳大利亚的 AUSPOS 等。

1.3　导航解决方案

导航解决方案通常简称为单点定位,是 GPS 最初设计的一种解决方案,可达到约 1 m 的定位精度。该解决方案可在任何时间点提供,但效果取决于地球上该地方的卫星能见度。此解决方案通常在非测绘产品(如一般消费品或低精度手持接收机)中实现,或者作为解决方案的一部分在后台执行。

导航解估计接收机坐标,可理解为用伪距观测量求解接收机天线坐标和接收机时钟误差,载波相位可以用来平滑伪距。在定位过程中,假设在信号传输时间的卫星位置是已知的,并且可以从广播星历中获得,卫星时钟校正也假定可以从导航信息中获得,如 1.2.2 节所述,卫星时钟由控制中心监控,控制中心根据时间多项式对时钟偏移进行建模,并提供对时间群延迟和信号间校正的估计。因此,导航解决方案不估计单独的卫星时钟误差。电离层和对流层延迟也由第 3 章中解释的模型计算并应用于观测,而硬件延迟和多路径被忽略。

1.3.1　线性化解

导航解是基于伪距方程(1.1.28)的,可以写成

$$P_k^p = \|x^p - x_k\| - c\mathrm{d}t_k + \varepsilon_{k,\mathrm{P}}^p = \rho_k^p - \xi_k + \varepsilon_{k,\mathrm{P}}^p \tag{1.3.1}$$

卫星在信号传输时的位置为 x^p,接收机位置为 x_k,$\xi_k = c\mathrm{d}t_k$ 为接收机时钟误差,单位为米(m)。符号上标表示卫星,下标表示接收机,用四颗卫星同时测量的四个伪距可以计算出未知量 x_k 和 ξ_k。如果同时观测到更多的卫星,则用最小二乘法估计参数。在计算 1.2.1 节所述的地心卫星距离 ρ_k^p 时,必须考虑信号传播时间内地球自转的影响。由于接收机时钟误差 ξ_k 与每个历元的位置坐标一起被估计,因此接收机中使用相对便宜的石英晶体时钟是最合适的,无须选用昂贵的原子钟。

一般地,存在位置解算结果的基本要求是在一个给定的历元,有可见的四颗卫星。这一可见性要求是星座设计中的一个关键因素,星座希望在任何时候提供全球覆盖。标准单点定位方案的修改可以很容易地预见。例如,对于在海洋上的应用,可以通过水面以上的高度和大地水准面波动充分准确地确定椭球高度。根据椭球体纬度、经度和高度进行参数化。因此,至少在原则上,三颗卫星的伪距足以确定海上的水平位置。其他变化,例如将接收机连接到一个精确的原子钟,可以使接收机时钟参数变得超级灵活,或者允许对接收机时钟误差进行简单的建模。

单点定位的精度取决于导航信息所提供数据的精度、观测时接收卫星星座的几何形状、可用电离层和对流层延迟的质量以及实际测量误差。在实践中,为了获得冗余度最佳的几何结构,人们更愿意观察所有卫星。双频用户可以利用电离层自由伪距函数(1.1.38)来消除电离层的影响。

如果有待估参数集为

$$\boldsymbol{x}^{\mathrm{T}}=[\mathrm{d}x_k \quad \mathrm{d}y_k \quad \mathrm{d}z_k \quad \xi_k] \tag{1.3.2}$$

然后,设计矩阵从式(1.3.1)开始,在围绕标称站点位置 $x_{k,0}$ 进行线性化之后有

$$\boldsymbol{A}=\begin{bmatrix} \boldsymbol{e}_k^1 & 1 \\ \boldsymbol{e}_k^2 & 1 \\ \boldsymbol{e}_k^3 & 1 \\ \vdots & \vdots \end{bmatrix} \quad \boldsymbol{e}_k^i=\left[\frac{x^i-x_k}{\rho_k^i} \quad \frac{y^i-y_k}{\rho_k^i} \quad \frac{z^i-z_k}{\rho_k^i}\right]_{x_{k,0}} \tag{1.3.3}$$

$\boldsymbol{A}$ 矩阵的行数与观察到的卫星数量一致,通常包括可见的所有卫星。水平 1×3 矢量 $\boldsymbol{e}_k^i$ 包含从基准站位置到卫星的直线的方向余弦。最小二乘估计值为 $\boldsymbol{x}=-(\boldsymbol{A}^{\mathrm{T}}\boldsymbol{P}\boldsymbol{A})^{-1}\boldsymbol{A}^{\mathrm{T}}\boldsymbol{P}l$ 的表达式。权重矩阵 $\boldsymbol{P}$ 通常是对角矩阵,对角线元素反映了作为卫星仰角函数的加权方案。

我们注意到,接收机时钟估计吸收了对流层和电离层延迟以及硬件延迟的共模误差。通常,传播媒体延迟是方位角和仰角的函数。例如,在电离层中,我们考虑将总延迟分为一个平均站分量 $I_{k,\mathrm{P}}$ 和一个分量 $\delta I_{k,\mathrm{P}}$,分量 $\delta I_{k,\mathrm{P}}$ 是卫星方向的函数,给定 $I_{k,\mathrm{P}}^p=I_{k,\mathrm{P}}+\delta I_{k,\mathrm{P}}^p$。类似的方式,接收机硬件延迟也是一个常见误差,因为每次卫星观测都相同,这些常见的成分可以与接收机时钟误差组合成一个新的历元参数 ξ_k:

$$\xi_k=c\mathrm{d}t_k+I_{k,\mathrm{P}}+T_k+d_{k,\mathrm{P}} \tag{1.3.4}$$

电离层和对流层的符号在此方程式中没有上标 p,以便将它们标识为站点 k 的公共分量。因此,特定站点所有观测所共有的未建模误差不会影响估计的历元位置。电离层和对流层的建模只有在减少相对于公共部分的可变性时才有用。

1.3.2 精度因子(DOP)和奇点

下面我们使用 DOP 来描述卫星接收机几何形状对点定位精度的影响。DOP 是调整后的参数的协方差矩阵对角线元素的简单函数,该函数是从线性化模型中得出的。一般来说

$$\sigma=\sigma_0\mathrm{DOP} \tag{1.3.5}$$

式中,σ_0 表示观察到的伪距的标准偏差,σ 表示位置和(或)时间的标准偏差的一个数字。在计算 DOP 时,伪距观测值被认为是不相关的且具有相同的精度,即权重矩阵为 $\boldsymbol{P}=\boldsymbol{I}$。调整后的接收机位置和接收机时钟的辅因子矩阵为

$$\boldsymbol{Q}_x=(\boldsymbol{A}^{\mathrm{T}}\boldsymbol{A})^{-1}=\begin{bmatrix} q_x & q_{xy} & q_{xz} & q_{x\xi} \\ & q_y & q_{yz} & q_{y\xi} \\ & & q_z & q_{z\xi} \\ \mathrm{sym} & & & q_\xi \end{bmatrix} \tag{1.3.6}$$

在局部大地坐标系中由北向(n)、东向(e)和向上(u)组成。通过坐标转换可以表示成

$$\boldsymbol{Q}_w=\begin{bmatrix} q_{\mathrm{n}} & q_{\mathrm{ne}} & q_{\mathrm{nu}} & q_{\mathrm{n}\xi} \\ & q_{\mathrm{e}} & q_{\mathrm{eu}} & q_{\mathrm{e}\xi} \\ & & q_{\mathrm{u}} & q_{\mathrm{u}\xi} \\ \mathrm{sym} & & & q_\xi \end{bmatrix} \tag{1.3.7}$$

DOP 是式(1.3.6)或式(1.3.7)对角元素的函数。表 1.3.1 显示了各种 DOP 的系数:高度的垂直精度因子(VDOP)、水平位置的水平精度因子(HDOP)、位置精度因子(PDOP)、时间精度因子(TDOP)和几何精度因子(GDOP)。GDOP 是反映位置和时间估计的综合度量。如果给定近似的接收机位置和预测的卫星星历,可以预先计算 DOP。

表 1.3.1　DOP 表达式

$\mathrm{VDOP}=\sqrt{q_{\mathrm{u}}}$
$\mathrm{HDOP}=\sqrt{q_{\mathrm{n}}+q_{\mathrm{e}}}$
$\mathrm{PDOP}=\sqrt{q_{\mathrm{n}}+q_{\mathrm{e}}+q_{\mathrm{u}}}=\sqrt{q_x+q_v+q_z}$
$\mathrm{TDOP}=\sqrt{q_\xi}$
$\mathrm{GDOP}=\sqrt{q_{\mathrm{n}}+q_{\mathrm{e}}+q_{\mathrm{u}}+q_\xi}$

当接收机只有四个或五个频道时,DOP 对于寻找最佳的卫星子集很有用处。它们仍可用于识别运动学应用中的几何图形的暂时性缺陷,特别是存在信号阻塞的情况下。随着观察到的星座和卫星接近临界配置,设计矩阵的列变得越来越线性相关,使得 DOP 值增加,并且所得到的定位解变得病态。从接收机位置看,我们考虑所有卫星似乎都位于圆锥表面(图 1.3.1)或平面内的情况。圆锥的顶点位于接收机处。单位矢量 $\boldsymbol{e}_{\mathrm{axis}}$ 轴表示圆锥的轴,线性化伪距方程的相关部分是

$$\mathrm{d}P_k^p=-\boldsymbol{e}_k^p\cdot\mathrm{d}\boldsymbol{x}_k \tag{1.3.8}$$

式中,$\boldsymbol{e}_k^p$ 是式(1.3.3)中给出的单位向量。对于位于圆锥上的所有卫星,点积是恒定的,即

$$\boldsymbol{e}_k^i\cdot\boldsymbol{e}_{\mathrm{axis}}^{\mathrm{T}}=\cos\theta \tag{1.3.9}$$

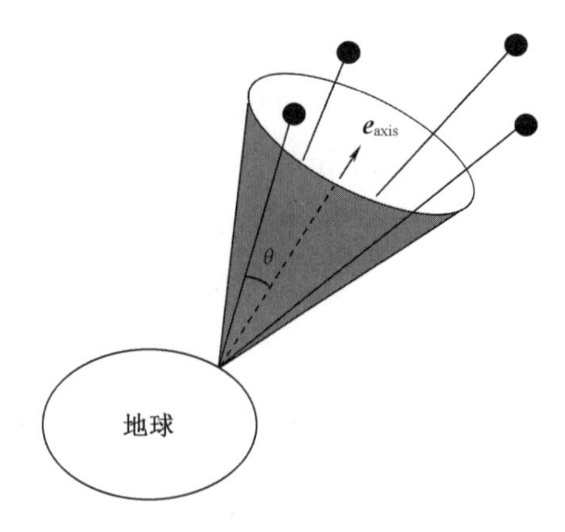

图 1.3.1　圆锥上的临界构形

单位向量 $\boldsymbol{e}_k^i$ 表示设计矩阵的第 i 行的前三个元素,因此式(1.3.9)表达了这三列的线性关系。

另一个关键配置发生在卫星和接收机位于同一平面时。在这种情况下,设计矩阵的前三列使用叉积向量函数

$$\boldsymbol{e}_k^i \times \boldsymbol{e}_k^j = \boldsymbol{n} \tag{1.3.10}$$

式中,$\boldsymbol{n}$ 垂直于平面,由于接收机的位置不是由线性化模型决定的,所以这种退化解很容易被发现。

由于卫星连续运动,所以临界配置通常不会持续很长时间。它们仅在连续运动应用或非常短的快速静态定位中出现问题。可用的卫星越多,视线越通畅,就越不可能发生关键性的冲突。

1.3.3　非线性封闭解

封闭形式的点定位解决方案已在 Grafarend 等(2002)以及 Awange 等(2002a)的文献中得到了详细处理。Bancroft(1985)的解决方案是一种非常早期的解决方案。本书我们仅介绍 Goad(1998)的解决方案。为了获得紧凑的表达式,我们将两个任意向量 $\boldsymbol{g}$ 和 $\boldsymbol{h}$ 的乘积定义为

$$\langle \boldsymbol{g}, \boldsymbol{h} \rangle \equiv \boldsymbol{g}^{\mathrm{T}} \boldsymbol{M} \boldsymbol{h} \tag{1.3.11}$$

其中,$\boldsymbol{M}$ 是矩阵

$$\boldsymbol{M} = \begin{bmatrix} I_3 & 0 \\ 0 & -1 \end{bmatrix} \tag{1.3.12}$$

伪距(1.3.1)的相关项为

$$P_k^i + c\mathrm{d}t_k = \| \boldsymbol{x}^i - \boldsymbol{x}_k \| \quad 1 \leqslant i \leqslant 4 \tag{1.3.13}$$

两边取平方

$$(\boldsymbol{x}^i \cdot \boldsymbol{x}^i - P_k^{i2}) - 2(\boldsymbol{x}^i \cdot \boldsymbol{x}_k^i + P_k^i c\mathrm{d}t) = -(\boldsymbol{x}_k \cdot \boldsymbol{x}_k - c^2 \mathrm{d}t_k^2) \tag{1.3.14}$$

四个伪距方程联立可表示如下:

$$\boldsymbol{\alpha} - \boldsymbol{B}\boldsymbol{M} \begin{bmatrix} \boldsymbol{x}_k \\ c\mathrm{d}t_k \end{bmatrix} + \boldsymbol{\Lambda}\boldsymbol{\tau} = 0 \tag{1.3.15}$$

其中

$$\Lambda=\frac{1}{2}\left\langle\begin{bmatrix}\boldsymbol{x}_k\\ c\mathrm{d}t_k\end{bmatrix},\begin{bmatrix}\boldsymbol{x}_k\\ c\mathrm{d}t_k\end{bmatrix}\right\rangle \tag{1.3.16}$$

$$\alpha^i=\frac{1}{2}\left\langle\begin{bmatrix}\boldsymbol{x}^i\\ P_k^i\end{bmatrix},\begin{bmatrix}\boldsymbol{x}^i\\ P_k^i\end{bmatrix}\right\rangle \tag{1.3.17}$$

$$\boldsymbol{\alpha}^{\mathrm{T}}=[\alpha^1\quad\alpha^2\quad\alpha^3\quad\alpha^4] \tag{1.3.18}$$

$$\boldsymbol{\tau}^{\mathrm{T}}=[1\quad 1\quad 1\quad 1] \tag{1.3.19}$$

$$\boldsymbol{B}=\begin{bmatrix}x^1 & y^1 & z^1 & -P_k^1\\ x^2 & y^2 & z^2 & -P_k^2\\ x^3 & y^3 & z^3 & -P_k^3\\ x^4 & y^4 & z^4 & -P_k^4\end{bmatrix} \tag{1.3.20}$$

式(1.3.15)的解为

$$\begin{bmatrix}\boldsymbol{x}_k\\ c\mathrm{d}t_k\end{bmatrix}=\boldsymbol{MB}^{-1}(\Lambda\boldsymbol{\tau}+\boldsymbol{a}) \tag{1.3.21}$$

然而,我们注意到 Λ 是一个关于未知变量 $\boldsymbol{x}_k$ 和 $\mathrm{d}t_k$ 的函数,将式(1.3.16)代入式(1.3.21),得到

$$\langle\boldsymbol{B}^{-1}\boldsymbol{\tau},\boldsymbol{B}^{-1}\boldsymbol{\tau}\rangle\Lambda^2+2\{\langle\boldsymbol{B}^{-1}\boldsymbol{\tau},\boldsymbol{B}^{-1}\boldsymbol{\alpha}\rangle-1\}\Lambda+\langle\boldsymbol{B}^{-1}\boldsymbol{\alpha},\boldsymbol{B}^{-1}\boldsymbol{\alpha}\rangle=0 \tag{1.3.22}$$

上式是一个关于 Λ 的二次方程,将方程的根带入式(1.3.21)会得出两个测站坐标 $\boldsymbol{x}_k$ 的解。将测站坐标转换到大地坐标,通过检查椭圆高便可轻松得出合理的解。

1.4　相 对 定 位

在相对定位中,通过两台接收机同时观测能够获得站间的基线向量。如果有超过两台接收机同时进行观测,我们将对各个接收机特别说明,联合解算将会得到一系列相关的站间基线向量。由于我们更加关注短基线,因此忽略相对较小的误差项。

在相对定位过程中,常常使用单差、双差或者三差观测量。本节我们将阐述接收机在静态情况下 GPS 可用时的双差定位。在 1.6 节,我们将重点介绍利用各种形式差分校正量的网络化定位模型。由于站间差分是一种常见的手段,第 2 章将专门阐述接收机差分定位及其动态应用。

我们首先给出闭合形式的双差伪距解,接着是双差以及三差的线性化,将介绍大量的相对定位概念,尤其是固定基线长度对基线解精度的影响,如何构成独立基线的问题将得到解决。除此之外,还将介绍较新颖的交换天线方法是如何进行动态测绘的。尽管双差是一种比较常见的确定基线的方法,但我们还是简要介绍一下 Goad(1985)提出的非差处理方法的优点,然后讨论一种双差模糊度解算技术,即模糊度函数方法。在本节最后我们将回顾处理 GLONASS 观测量时的一些特殊情况。

1.4.1 非线性双差伪距解

该解由 1.3.3 节的 Bancroft 解得到,同样适用于相对定位,假设基线中的一个测站的坐标 $\boldsymbol{x}_k$ 以及卫星位置已知,需要使用双差伪距来求解另一个测站的坐标 $\boldsymbol{x}_m$,则双差形式的伪距观测方程(1.1.81)可写为

$$\begin{aligned}P_{km,1}^{pq} &= \|\boldsymbol{x}^p-\boldsymbol{x}_k\|-\|\boldsymbol{x}^p-\boldsymbol{x}_m\|-\{\|\boldsymbol{x}^q-\boldsymbol{x}_k\|-\|\boldsymbol{x}^q-\boldsymbol{x}_m\|\}+M_{km,1,\mathrm{P}}^{pq}+\varepsilon_{km,1,\mathrm{P}}^{pq}\\ &=\rho_{km}^{pq}+M_{km,1,\mathrm{P}}^{pq}+\varepsilon_{km,1,\mathrm{P}}^{pq}\end{aligned} \tag{1.4.1}$$

对于短基线,我们忽略双差电离层、对流层延迟以及多路径的影响,同时硬件延迟由于双差操作而被消除。考虑到四颗卫星观测量,可构建三个独立的双差观测方程:

$$P_{km}^{pi} = \|\boldsymbol{x}^p-\boldsymbol{x}_k\|-\|\boldsymbol{x}^p-\boldsymbol{x}_m\|-\{\|\boldsymbol{x}^i-\boldsymbol{x}_k\|-\|\boldsymbol{x}^i-\boldsymbol{x}_m\|\} \quad 1\leqslant i\leqslant 3 \tag{1.4.2}$$

其中,p 表示基准站卫星,这里我们令 $p=4$;由于卫星位置以及测站坐标 x_k 已知,我们可以计算辅助量 Q:

$$Q_m^{pi}=P_{km}^{pi}-\|\boldsymbol{x}^p-\boldsymbol{x}_k\|+\|\boldsymbol{x}^i-\boldsymbol{x}_k\| \tag{1.4.3}$$

比较式(1.4.2)与式(1.4.3),我们发现 Q 与未知量 $\boldsymbol{x}_m$ 相关,即

$$Q_m^{pi}=-\|\boldsymbol{x}^p-\boldsymbol{x}_m\|+\|\boldsymbol{x}^i-\boldsymbol{x}_m\| \tag{1.4.4}$$

同 Chaffee 等(1994)的研究一样,这里我们将坐标的原点转换至卫星 p:

$$\tilde{\boldsymbol{x}}^j=\boldsymbol{x}^j-\boldsymbol{x}^p \tag{1.4.5}$$

注意到转换后的坐标系统 $\tilde{\boldsymbol{x}}^p=\boldsymbol{0}$,可以从式(1.4.4)得到

$$Q_m^{pi}+\|\tilde{\boldsymbol{x}}_m\|=\|\tilde{\boldsymbol{x}}^i-\tilde{\boldsymbol{x}}_m\| \tag{1.4.6}$$

事实上,式(1.4.6)和式(1.3.13)的形式相同,将式(1.4.6)两边平方可以得到

$$(\tilde{\boldsymbol{x}}^i\cdot\tilde{\boldsymbol{x}}^i-Q_m^{pi2})-2(\tilde{\boldsymbol{x}}^i\cdot\tilde{\boldsymbol{x}}_m+\|\tilde{\boldsymbol{x}}_m\|Q_m^{pi})=0 \tag{1.4.7}$$

该式可以通过如下方式得到验证:

$$\Lambda^2=\tilde{\boldsymbol{x}}_m\cdot\tilde{\boldsymbol{x}}_m \tag{1.4.8}$$

$$\alpha^i=\frac{1}{2}\left\langle\begin{bmatrix}\tilde{\boldsymbol{x}}^i\\ Q_m^{pi}\end{bmatrix},\begin{bmatrix}\tilde{\boldsymbol{x}}^i\\ Q_m^{pi}\end{bmatrix}\right\rangle \tag{1.4.9}$$

$$\boldsymbol{B}=\begin{bmatrix}\tilde{x}^1 & \tilde{y}^1 & \tilde{z}^1\\ \tilde{x}^2 & \tilde{y}^2 & \tilde{z}^2\\ \tilde{x}^3 & \tilde{y}^3 & \tilde{z}^3\end{bmatrix} \tag{1.4.10}$$

$$\boldsymbol{\tau}^{\mathrm{T}}=[-Q_m^{p1}\quad -Q_m^{p2}\quad -Q_m^{p3}] \tag{1.4.11}$$

$$\tilde{\boldsymbol{x}}_m=\boldsymbol{B}^{-1}(\Lambda\boldsymbol{\tau}+\boldsymbol{\alpha}) \tag{1.4.12}$$

将式(1.4.12)代入式(1.4.8),得到 Λ 的二次方程式

$$(\langle\boldsymbol{B}^{-1}\boldsymbol{\tau},\boldsymbol{B}^{-1}\boldsymbol{\tau}\rangle-1)+2\langle\boldsymbol{B}^{-1}\boldsymbol{\tau},\boldsymbol{B}^{-1}\boldsymbol{\alpha}\rangle\Lambda+\langle\boldsymbol{B}^{-1}\boldsymbol{\alpha},\boldsymbol{B}^{-1}\boldsymbol{\alpha}\rangle=0 \tag{1.4.13}$$

将 Λ 的上述两个解代入式(1.4.12)可以得到 $\tilde{\boldsymbol{x}}_m$ 的两个位置解,可以用椭球高度来确

定哪个位置是正确的。一旦计算出$\tilde{\boldsymbol{x}}_m$,则可以使用式(1.4.5)将坐标转换至$\boldsymbol{x}_m$。

该闭合形式可以推广到多于四颗卫星的一般形式,这样矩阵$\boldsymbol{B}$的行数就等于卫星的双差方程个数,将式(1.3.15)左乘$\boldsymbol{B}^{\mathrm{T}}$,并且令$\overline{\boldsymbol{\alpha}}=\boldsymbol{B}^{\mathrm{T}}\boldsymbol{\alpha}$,$\overline{\boldsymbol{B}}=\boldsymbol{B}^{\mathrm{T}}\boldsymbol{B}$,$\overline{\boldsymbol{\tau}}=\boldsymbol{B}^{\mathrm{T}}\boldsymbol{\tau}$,式(1.3.22)或者式(1.4.13)可以被重新整理为条形符号的形式,并可以求解出Λ。

1.4.2　双差及三差线性化

本小节主要介绍短基线数据下的相对定位,这里再次假设其中一个观测站的坐标$\boldsymbol{x}_k$已知,该解的关键是求解模糊度参数。现在假设R个接收机在T个历元同时观测S个卫星生成RST载波相位观测量。在大多数情况下,由于周跳以及信号失锁,该数据集难以得到。下面按照历元→接收机→卫星的顺序,对于历元i,有非差载波相位观测方程:

$$\boldsymbol{\psi}_i=[\varphi_1^1(i)\quad\cdots\quad\varphi_1^S(i)\quad\cdots\quad\varphi_R^1(i)\quad\cdots\quad\varphi_R^S(i)]^{\mathrm{T}}\tag{1.4.14}$$

$$\boldsymbol{\psi}=\begin{bmatrix}\boldsymbol{\psi}_1\\\vdots\\\boldsymbol{\psi}_T\end{bmatrix}\tag{1.4.15}$$

简化起见,假设所有的载波相位观测量不相关且精度相同,因此非差载波相位观测量完整的$RST\times RST$协因子矩阵为

$$\boldsymbol{Q}_\varphi=\sigma_\varphi^2\boldsymbol{I}\tag{1.4.16}$$

式中,σ_φ为以周为单位的载波相位观测量的标准差。

下面需要找到一个完整独立的双差观测量集,以其中一个站作为参考站,一颗卫星作为参考星。不失一般性,以观测站1作为参考站,卫星1作为参考卫星。对于每条基线存在$S-1$个独立双差观测量。因此,对于网络存在$(R-1)(S-1)$个独立双差观测量。在式(1.4.14)的基础上以参考站、参考星为框架,对于历元i,一组独立的双差方程为

$$\boldsymbol{\Delta}_i=[\varphi_{12}^{12}(i)\quad\cdots\quad\varphi_{12}^{1S}(i)\quad\cdots\quad\varphi_{1R}^{12}(i)\quad\cdots\quad\varphi_{1R}^{1S}(i)]^{\mathrm{T}}\tag{1.4.17}$$

$$\boldsymbol{\Delta}=\begin{bmatrix}\boldsymbol{\Delta}_1\\\vdots\\\boldsymbol{\Delta}_T\end{bmatrix}\tag{1.4.18}$$

从RST个非差观测量到$(R-1)(S-1)T$个双差观测量的转换矩阵为

$$\boldsymbol{\Delta}=\boldsymbol{D}\boldsymbol{\psi}\tag{1.4.19}$$

式中,$\boldsymbol{D}$是$(R-1)(S-1)T\times RST$维的转换矩阵,矩阵中元素-1,1,0以明确的方式排列,反映了测站、卫星和历元的数量。

对于按照如下顺序排列的三差观测向量:

$$\boldsymbol{\nabla}_i=[\varphi_{12}^{12}(i+1,i)\quad\cdots\quad\varphi_{12}^{1S}(i+1,i)\quad\cdots\quad\varphi_{1R}^{12}(i+1,i)\quad\cdots\quad\varphi_{1R}^{1S}(i+1,i)]^{\mathrm{T}}\tag{1.4.20}$$

$$\boldsymbol{\nabla}=\begin{bmatrix}\boldsymbol{\nabla}_1\\\vdots\\\boldsymbol{\nabla}_{T-1}\end{bmatrix}\tag{1.4.21}$$

则有

$$\boldsymbol{\nabla}=\boldsymbol{T\Delta}=\boldsymbol{TD\psi} \tag{1.4.22}$$

式中,$\boldsymbol{T}$ 为由 -1,1,0 按照某种形式排列的矩阵。

双差、三差载波相位观测量是非差载波相位观测量的线性函数。根据误差协方差传播规律同时考虑式(1.4.16)的协方差矩阵,相应的协方差矩阵为

$$\boldsymbol{Q}_{\Delta}=\sigma_{\varphi}^{2}\boldsymbol{DD}^{\mathrm{T}} \tag{1.4.23}$$

$$\boldsymbol{Q}_{\nabla}=\boldsymbol{TQ}_{\Delta}\boldsymbol{T}^{\mathrm{T}} \tag{1.4.24}$$

双差协方差矩阵 $\boldsymbol{Q}_{\Delta}$ 为一方块对角阵,三差协方差矩阵 $\boldsymbol{Q}_{\nabla}$ 为 $T>3$ 的带状对角方阵,连续历元间的三差观测向量是相关的。最小二乘法中三差协方差矩阵的逆矩阵是满秩的。

相应的双差载波相位观测方程为

$$\begin{aligned}\varphi_{km}^{pq}&=\frac{f}{c}\{\|\boldsymbol{x}^{p}-\boldsymbol{x}_{k}\|-\|\boldsymbol{x}^{p}-\boldsymbol{x}_{m}\|-\|\boldsymbol{x}^{q}-\boldsymbol{x}_{k}\|+\|\boldsymbol{x}^{q}-\boldsymbol{x}_{m}\|\}+N_{km}^{pq}+M_{km,\varphi}^{pq}+\varepsilon_{km,\varphi}^{pq}\\&=\frac{f}{c}\rho_{km}^{pq}+N_{km}^{pq}+M_{km,\varphi}^{pq}+\varepsilon_{km,\varphi}^{pq}\end{aligned} \tag{1.4.25}$$

式(1.4.25)并没有列出残余的电离层、对流层项,因为在短基线下其被忽略。需要注意的是与式(1.4.1)相比,式(1.4.25)增加了模糊度 N_{km}^{pq},假设基准站坐标 $\boldsymbol{x}_k$ 已知,则需要估计的参数为 $\boldsymbol{x}_m$ 与双差模糊度。在没有周跳的情况下,存在 $(R-1)(S-1)$ 个双差模糊度。多路径延迟 $M_{km,\varphi}^{pq}$ 通常认为是模型误差或者被忽略。设计矩阵的行由在观测站 m 的坐标处线性化展开矩阵组成:

$$\frac{\partial\varphi_{km}^{pq}}{\partial\boldsymbol{x}_{m}}=\frac{f}{c}(\boldsymbol{e}_{m}^{p}-\boldsymbol{e}_{m}^{q}) \tag{1.4.26}$$

在相应的模糊度的位置包含了一个 1,其他位置为 0。最小二乘法需要估计的参数为

$$\boldsymbol{x}=\begin{bmatrix}\boldsymbol{x}_{m}\\\boldsymbol{b}\end{bmatrix} \tag{1.4.27}$$

$$\boldsymbol{b}^{\mathrm{T}}=[N_{12}^{12}\quad\cdots\quad N_{12}^{1S}\quad\cdots\quad N_{1R}^{12}\quad\cdots\quad N_{1R}^{1S}]^{\mathrm{T}} \tag{1.4.28}$$

$\boldsymbol{b}^{\mathrm{T}}$ 称为双差浮点解。如果能够约束模糊度为整数,我们称之为固定解。更多的细节请参阅 1.4.5 节中的模糊度求解。

三差的偏导数由双差差分得到,即

$$\frac{\partial\varphi_{km}^{pq}(j,i)}{\partial\boldsymbol{x}_{m}}=\frac{\partial\varphi_{km}^{pq}(j)}{\partial\boldsymbol{x}_{m}}-\frac{\partial\varphi_{km}^{pq}(i)}{\partial\boldsymbol{x}_{m}} \tag{1.4.29}$$

由于三差是两个双差之差,历元间作差使得模糊度被消除,所以三差设计矩阵的列不包含对应模糊度项的系数。为了软件实现方便,当计算 $\boldsymbol{Q}_{\Delta}$ 与 $\boldsymbol{Q}_{\nabla}$ 矩阵时,应充分挖掘 $\boldsymbol{D}$ 与 $\boldsymbol{T}$ 的形式,避免烦琐的零乘运算。相应的节省时间以及运算空间的方法众所周知,这里不再讨论其细节。

上述处理方法同样适用于双频或者多频观测量,对于每个频点,需要独立估计一组模糊度。同样可以将双频观测量转化为宽巷或者窄巷,然后利用先固定宽巷模糊度对其进行处理。除此之外,利用伪距的相对定位以及线性化模型同样适用于载波相位,比较式(1.4.1)与式

(1.4.25),不同之处在于伪距表达式不包含模糊度项,在观测站坐标点的偏导数为

$$\frac{\partial P_{km}^{pq}}{\partial \boldsymbol{x}_m}=\boldsymbol{e}_m^p-\boldsymbol{e}_m^q \tag{1.4.30}$$

因此,在短基线的情况下,电离层、对流层的影响可以被忽略,多路径被忽略或适当地通过卫星高度角加权处理,在双差伪距求解过程中仅剩下 3 个参数需要估计。

对于短基线,在差分的过程中常常消除了两个站间的共同误差,在短基线下由于对流层、电离层修正量高度相关,对于两个站来说它们的延迟项大部分是相同的。一个例外是各站附近不同高度角卫星的对流层校正量不同,一种行之有效的方法是使用能够提供站间精确差分校正量的外部对流层、电离层来源。假设的气象条件数据不能代表对流层的实际情况,最好不进行修正,而是依靠共模消除。因为消除了传播媒介的大部分影响、钟差、硬件延迟,所以相对定位技术在大地测量中比较受欢迎。尽管双差模糊度最初被认为是比较麻烦的参数,但是它们一旦被约束成整数,将以一种独特的方式提高解的精度。

1.4.3　相对定位方面

尽管相对定位的概念已经建立,但是本小节内容仍然需要重视。即使是在短基线下的相对定位,当卫星信号受到遮挡时也会出现奇点。用户应了解保持一个观测站固定的含义,比如能够从相对定位中分离出绝对定位。在联合求解过程中,仅有独立基线能够使用。本小节也包含了交换天线技术相关内容,该技术曾被认为在动态应用中有利于快速启动。

1. 奇点

与单点定位类似,在相对定位中也有相关的卫星配置。然而,从每个观测站观察,卫星不可能处于一个完美的圆锥体上,在短基线情况下,可以近似地认为卫星在一个圆锥体上,从而产生奇点。考虑双差伪距观测或者载波相位方程的相关部分:

$$P_{km}^{pq}=\rho_k^p-\rho_m^p-[\rho_k^q-\rho_m^q]+\cdots \tag{1.4.31}$$

不妨设 m 站的位置已知,则相应的线性化部分为

$$\mathrm{d}P_{km}^{pq}=-\boldsymbol{e}_k^p\cdot\mathrm{d}\boldsymbol{x}_k+\boldsymbol{e}_k^q\cdot\mathrm{d}\boldsymbol{x}_k=[\boldsymbol{e}_k^q-\boldsymbol{e}_k^p]\cdot\mathrm{d}\boldsymbol{x}_k+\cdots \tag{1.4.32}$$

很容易证明在基线的中心,方向向量 $\boldsymbol{e}_k^i$ 与在基线中心的方向向量 $\boldsymbol{e}_c^i$ 相关,即

$$\boldsymbol{e}_k^i=\boldsymbol{e}_c^i+\boldsymbol{\varepsilon}_k^i \tag{1.4.33}$$

式中,$\boldsymbol{\varepsilon}_k^i$ 为 $O(b/\rho_k^p)$,符号 b 表示基线的长度。利用式(1.4.33),方程(1.4.32)可变为

$$\mathrm{d}P_{km}^{pq}=[\boldsymbol{e}_c^q-\boldsymbol{e}_c^p+\boldsymbol{\varepsilon}_k^q-\boldsymbol{\varepsilon}_k^p]\cdot\mathrm{d}\boldsymbol{x}_k+\cdots \tag{1.4.34}$$

特殊情况下圆锥的顶点在基线的中心,对于圆锥上的所有卫星均满足

$$\boldsymbol{e}_c^i\cdot\boldsymbol{e}_{\text{axis}}=\cos\theta \tag{1.4.35}$$

即点乘

$$[\boldsymbol{e}_c^q-\boldsymbol{e}_c^p+\boldsymbol{\varepsilon}_k^q-\boldsymbol{\varepsilon}_k^p]\cdot\boldsymbol{e}_{\text{axis}}=[\boldsymbol{\varepsilon}_k^q-\boldsymbol{\varepsilon}_k^p]\cdot\boldsymbol{e}_{\text{axis}} \tag{1.4.36}$$

该公式适用于每个双差观测量。事实上由于双差设计矩阵的列几乎是相关的,我们在处理这种近奇点情况时,基线越短近奇点越明显。对于上述的导航方法,如果所有卫星无线观测阻碍,则不存在近奇点问题。

2. 先验位置误差的影响

在近年来的 GPS 卫星测绘研究中发现,固定基准站的几何位置先验信息是十分必要的,同时星历误差对相对定位的影响也一样重要。对于前者而言,如果在一个具有厘米级精度的已知位置点使用精密星历进行测绘,则上述问题不需要考虑。然而,关注几何问题有利于帮助我们理解 GPS 能够提供精确的相对位置以及不太精确的地心地固坐标系下绝对位置的原理。

这些问题的答案在于求解双差观测方程的线性化。不失一般性,研究一颗卫星两个地面站间的差分就足够了。与距离成比例,双差观测方程的相应部分为

$$P_k^{pq}(t)=\rho_k^p(t)-\rho_m^p(t)+\cdots \tag{1.4.37}$$

线性化的形式为

$$\mathrm{d}P_{km}^{pq}=-\boldsymbol{e}_k^p\cdot \mathrm{d}\boldsymbol{x}_k+\boldsymbol{e}_m^p\cdot \mathrm{d}\boldsymbol{x}_m+[\boldsymbol{e}_k^p-\boldsymbol{e}_m^p]\cdot \mathrm{d}\boldsymbol{x}^p \tag{1.4.38}$$

将坐标校正量转换到其差与和中,可通过以下两式来完成:

$$\mathrm{d}\boldsymbol{x}_k-\mathrm{d}\boldsymbol{x}_m=\mathrm{d}(\boldsymbol{x}_k-\boldsymbol{x}_m)=\mathrm{d}\boldsymbol{b} \tag{1.4.39}$$

$$\frac{\mathrm{d}\boldsymbol{x}_k+\mathrm{d}\boldsymbol{x}_m}{2}=\mathrm{d}\left(\frac{\boldsymbol{x}_k+\boldsymbol{x}_m}{2}\right)=\mathrm{d}\boldsymbol{x}_c \tag{1.4.40}$$

式(1.4.39)的差代表在基线向量上的变化,例如在长度和方向上的变化。式(1.4.40)代表在基线中心的几何位置的变化。后者可以理解为基线位移的不确定性,以及固定基线中参考站的不确定性。将式(1.4.38)转化为差与和的形式:

$$\mathrm{d}P_{km}^{pq}=-\frac{1}{2}[\boldsymbol{e}_k^p+\boldsymbol{e}_m^p]\cdot \mathrm{d}\boldsymbol{b}-[\boldsymbol{e}_k^p-\boldsymbol{e}_m^p]\cdot \mathrm{d}\boldsymbol{x}_c+[\boldsymbol{e}_k^p-\boldsymbol{e}_m^p]\cdot \mathrm{d}\boldsymbol{x}^p \tag{1.4.41}$$

第一个括号与其他的括号里的内容存在明显的数量级上的差别,允许量级的误差,第一个括号里的内容简化为 $2\boldsymbol{e}_m^p$ 或者 $2\boldsymbol{e}_k^p$,第二个与第三个括号具有相反的符号,但是具有相同的量级,很容易证明最后两个括号里的内容为同一级别。

当基线向量被定义为

$$\boldsymbol{b}\equiv\boldsymbol{\rho}_m^p-\boldsymbol{\rho}_k^p \tag{1.4.42}$$

忽略较小项后,式(1.4.41)变为

$$\mathrm{d}P_{km}^{pq}=-\boldsymbol{e}_m^p\cdot \mathrm{d}\boldsymbol{b}+\frac{\boldsymbol{b}}{\rho_m^p}\cdot \mathrm{d}\boldsymbol{x}_c-\frac{\boldsymbol{b}}{\rho_m^p}\cdot \mathrm{d}\boldsymbol{x}^p \tag{1.4.43}$$

等同于式(1.4.43)的前两项,得到基线变化和基线位移的相对影响为

$$\boldsymbol{\rho}_m^p\cdot \mathrm{d}\boldsymbol{b}=\boldsymbol{b}\cdot \mathrm{d}\boldsymbol{x}_c \tag{1.4.44}$$

相似地,基线向量与星历位置通过下式进行约束:

$$\boldsymbol{\rho}_m^p\cdot \mathrm{d}\boldsymbol{b}=\boldsymbol{b}\cdot \mathrm{d}\boldsymbol{x}^p \tag{1.4.45}$$

这些位置通常包含绝对值符号,因此忽略了点积的余弦项。从这个意义上讲,有关基线精度、先验地心位置精度以及星历精度的经验法则为

$$\frac{\|\mathrm{d}\boldsymbol{b}\|}{\boldsymbol{b}}=\frac{\|\mathrm{d}\boldsymbol{x}_c\|}{\boldsymbol{\rho}_m^p}=\frac{\|\mathrm{d}\boldsymbol{x}^p\|}{\boldsymbol{\rho}_m^p} \tag{1.4.46}$$

式(1.4.46)表明对于先验基准站地心位置以及卫星轨道的需求是相同的。对于精度

的需求是基线长度的函数。这意味着对于短基线而言并不需要精确的参考站位置,单点定位的精度就足够了。根据该经验法则,如果星历误差和地心位置误差可以被减少到0.2 m,对于1 000 km的基线将会产生1 cm的测量误差。另一种解释是,相对定位能力 d$\boldsymbol{b}$ 与绝对定位能力 d$\boldsymbol{x}_c$ 之比约为基线长度超过中心卫星的距离。式(1.4.46)解释了对于来自空间上距离较近的短基线接收机的观测量,不能够提供精确的绝对位置而只能够提供精确的相对位置,因此在相对位置确定的过程中需要保持一个站的位置是固定的。当然,很容易理解任何固定基准站位置的误差均会直接传递到新确定的站的坐标中,也就是说新确定的站的地心位置的精度和固定站的一样。矢量网络的内部约束解允许对所实现的相对定位精度进行客观评估。

3. 独立基线

用于确定独立双差观测集的基准站和基准站卫星的排序方法不是唯一的,这里使用的方法只是为了便于简化问题。一个典型的例子就是由于短暂的信号受阻,基准站卫星在一定的历元里不能被观测到,则需要对基准站以及基准站卫星排序的方法进行适当调整。如果站1观测不到,在这个历元可以计算双差 φ_{23}^{pq},其满足如下关系:

$$\varphi_{23}^{pq}=\varphi_{13}^{pq}-\varphi_{12}^{pq} \tag{1.4.47}$$

与基准站相关的模糊度 N_{23}^{pq} 可表示为

$$N_{23}^{pq}=N_{13}^{pq}-N_{12}^{pq} \tag{1.4.48}$$

由于式(1.4.48)所描述的独立性,N_{23}^{pq} 作为增加的参数将会导致正态矩阵的奇点。基准站模糊度 N_{12}^{pq} 与 N_{13}^{pq} 在设计矩阵中的相应系数为1和-1。在站坐标处的偏导数可通过式(1.4.47)计算得到,由于相应的列已经存在,因此可直接放入设计矩阵。当卫星发生变化时,一种类似情况会出现,这种情况下的线性函数为

$$\varphi_{km}^{23}=\varphi_{km}^{13}-\varphi_{km}^{12} \tag{1.4.49}$$

$$N_{km}^{23}=N_{km}^{13}-N_{km}^{12} \tag{1.4.50}$$

几何设计矩阵中相应模糊度的组成元素仍然是1与-1。

在网解中必须识别$(R-1)(S-1)$独立的双差函数。在包含长基线和短基线的网络中,利用短基线优势是非常重要的,因为相应的未模型化误差(对流层、电离层和可能的轨道误差)非常小。固定整周模糊度会使网解的优势得以体现。通过固定短基线模糊度而获得的额外优势也可能使获得更长的基线固定模糊度成为可能,若模糊度搜索没有这种约束,算法可能不会成功。这项技术有时被称为从短基线到长基线的“序贯”方法。一种有效的方法是在所有组合中取基线,从最短的基线开始,逐步增加长度,最终确定一组独立的基线。

有很多种方法可以用来确定独立基线和观测量。Hilla等(2000)研究了一种使用树形结构和边缘的方法。在这里,我们遵循Goad等(1988)的建议,因为它突出了Cholesky分解的另一种应用。假设式(1.4.19)中的矩阵 $\boldsymbol{D}$ 反映了建议的顺序,即 $\boldsymbol{D}$ 的第一行表示最短基线的双差观测量,下一行表示第二短的基线的双差观测量,等等。我们将余因子矩阵(1.4.23)写成

$$\boldsymbol{Q}_{\Delta}=\sigma_0^2\boldsymbol{D}\boldsymbol{D}^{\mathrm{T}}=\sigma_0^2\boldsymbol{L}\boldsymbol{L}^{\mathrm{T}} \tag{1.4.51}$$

式中,$\boldsymbol{L}$ 表示Cholesky因子。$\boldsymbol{Q}_{\Delta}$ 的余因子元素为

$$q_{ij} = \sum_k d_i(k) d_j(k) \tag{1.4.52}$$

式中,$d_i(k)$表示矩阵 $\boldsymbol{D}$ 的第 i 行,很容易验证如果 $\boldsymbol{D}$ 的第 i 和 j 行是线性相关的,则 $\boldsymbol{Q}_\Delta$ 的第 i 和 j 列是线性相关的。在这种情况下,$\boldsymbol{Q}_\Delta$ 唯一,当两个双差观测量线性相关时,就会出现这种情况。Cholesky 因子 $\boldsymbol{L}$ 的对角线元素 j 将是零。因此,消除相关观测量的一种方法是计算 $\boldsymbol{L}$ 并删除导致对角线元素为零的双重观测量。$\boldsymbol{Q}_\Delta$ 可以从顶部开始逐行进行计算,即可以从上到下依次处理每一个双差观测量。对于每一个双差观测量,分别计算 $\boldsymbol{L}$ 的相应行。通过这种方式,可以立即发现和删除相关的观测量,仅剩下独立的观测量。一旦找到$(R-1)(S-1)$个双差观测量,这个过程就结束了。

如果在每个历元所有接收机都能观测到全部卫星,上述过程只需要进行一次。因为此时矩阵 $\boldsymbol{L}$ 可以用来进行双差观测量的去相关,相应的残差可能难以求解,但可以用 $\boldsymbol{L}$ 重新转换到原始观测空间。

4. 交换天线技术

虽然 Remondi(1985)认为交换天线是进行动态测量的一个创新和可行的重要方法,但鉴于多频观测量的现代处理方式,交换天线技术仍被视为不切实际。如今多采用多频观测量处理策略(将在第 2 章介绍),一旦固定模糊度,过渡到动态测绘是自然而然的。下面我们介绍交换天线技术是如何使用的。

一般而言,动态测绘需要一个初始化过程,这意味着首先需要解算双差模糊度,然后在测量其他点时,假设在移动站移动的情况下没有发生周跳或者已被修复模糊度保持固定。确定模糊度初始值的一个简单方法是使用两个已知坐标的观测站,该过程最适用于电离层和对流层扰动可以忽略的短基线。利用双差方程(1.4.25),当两个观测站的坐标 $\boldsymbol{x}_k$ 与 $\boldsymbol{x}_m$ 均已知时可以很容易地求解模糊度,即

$$N_{km}^{pq} = \varphi_{km}^{pq} - \lambda^{-1} \rho_{km}^{pq} \tag{1.4.53}$$

一般通过简单的四舍五入取整方法获得模糊度整数解,一旦已知模糊度初始值,就可以开始进行动态测绘。现在用下标 k 和 m 分别表示固定和移动的接收机,则有

$$\rho_m^{pq} = \rho_k^{pq} - \lambda(\varphi_{km}^{pq} - N_{km}^{pq}) \tag{1.4.54}$$

如果能够同时观测到四颗卫星,则有三个如式(1.4.54)一样的等式可以用来计算移动接收机的坐标 $\boldsymbol{x}_m$。如果有超过四颗卫星可用,一般的最小二乘法可以适用且能够修复载波相位观测量的周跳。原则上,如果观测到五颗卫星,则可以修复每一个时期的周跳;如果观测到六颗卫星,就会有同时发生两颗卫星周跳的情况。

Remondi(1985)介绍了交换天线技术,以初始化动态测绘的模糊度,仅需要一个已知的观测站。假设一个历元可以观测到四颗或者更多的卫星,接收机 R_1 及其天线位于观测站 k,接收机 R_2 及其天线位于观测站 m。随后交换天线,即天线 R_1 移动到观测站 m,天线 R_2 移动到观测站 k,随后对同一卫星进行至少一次观测,天线与各自的接收机保持连接。在数据处理过程中,假设天线从未移动,使用扩展形式的符号来区分接收机和各自的观测量,历元时刻 1 时 R_1 在 k 处和历元时刻 t 时 R_1 在 m 处的双差观测方程分别可以写成

$$\varphi_{km}^{pq}(R_2 - R_1, 1) = \lambda^{-1}[\rho_k^p(R_1, 1) - \rho_k^q(R_1, 1) - \rho_m^p(R_2, 1) + \rho_m^q(R_2, 1)] + N_{km}^{pq} \tag{1.4.55}$$

$$\varphi_{km}^{pq}(R_2-R_1,t)=\lambda^{-1}[\rho_m^p(R_1,t)-\rho_m^q(R_1,t)-\rho_k^p(R_2,t)+\rho_k^q(R_2,t)]+N_{km}^{pq} \tag{1.4.56}$$

注意式(1.4.56)等号右侧的下标顺序,对上述两式进行差分,有

$$\begin{aligned}\varphi_{km}^{pq}(R_2-R_1,1)-\varphi_{km}^{pq}(R_2-R_1,t)&=\lambda^{-1}[\rho_k^{pq}(t)-\rho_m^{pq}(t)+\rho_k^{pq}(1)-\rho_m^{pq}(1)]\\&\approx 2\lambda^{-1}[\rho_k^{pq}(t)-\rho_m^{pq}(t)]\end{aligned} \tag{1.4.57}$$

如果 $\boldsymbol{x}_k$ 已知且至少观测到四颗卫星,则式(1.4.57)可以用来解算 $\boldsymbol{x}_m$,一旦观测站 m 的位置已知,则可以通过式(1.4.53)计算模糊度。

如果在天线交换过程中不因卫星运动而改变卫星拓扑中心距离,则天线交换技术将产生两倍于实际长度的基线向量。天线交换的几何构形可以很容易地在一维情况下简化和可视化。考虑一个水平基线和一个位于该基线延伸区域的卫星,当一个天线从基线的一端移动到另一端时,它将被记录下来,正在累积载波相位的变化量等于基线长度。当其他天线切换位置时,它也会记录一个负的等于基线长度的载波相位变化。两个接收机共同记录了两倍的基线长度。

由于基线很短,通常只有几米,因此在地面上利用天线交换进行初始化是很方便的。对于这样的短基线情况,$\boldsymbol{x}_k$ 的单点定位解就足够了。

1.4.4 等价的非差形式

双差模型可以很容易地转化为等价的单差模型,根据 Goad(1985)的研究,我们将式(1.1.30)所示的非差载波相位观测方程写为

$$\varphi_k^p(t)=\lambda_1^{-1}\rho_k^p+\xi_k^p+\varepsilon_{k,\varphi}^p \tag{1.4.58}$$

式中,ξ_k^p 包含了模糊度、接收机与卫星钟差项、电离层与对流层误差、硬件延迟以及多路径。以观测站 1 为参考站,卫星 1 为参考星,则包含卫星 2 的非差观测方程整理为

$$\left.\begin{aligned}\varphi_1^1(t)&=\lambda^{-1}\rho_1^1+\xi_1^1+\varepsilon_{1,\varphi}^1\\\varphi_2^1(t)&=\lambda^{-1}\rho_2^1+\xi_2^1+\varepsilon_{2,\varphi}^1\\\varphi_1^2(t)&=\lambda^{-1}\rho_1^2+\xi_1^2+\varepsilon_{1,\varphi}^2\\\varphi_2^2(t)&=\lambda^{-1}\rho_2^2+\xi_2^2+\varepsilon_{2,\varphi}^2\end{aligned}\right\} \tag{1.4.59}$$

接下来我们计算双差项 ξ_{12}^{12}:

$$\xi_{12}^{12}=(\xi_1^1-\xi_2^1)-(\xi_1^2-\xi_2^2)=N_{12}^{12}+M_{12,\varphi}^{12}+\varepsilon_{12,\varphi}^{12} \tag{1.4.60}$$

其中,我们忽略了双差电离层与对流层延迟,根据式(1.4.60)求解 ξ_2^2 并将其代入式(1.4.59),得到

$$\left.\begin{aligned}\varphi_1^1(t)&=\lambda^{-1}\rho_1^1+\xi_1^1+\varepsilon_{1,\varphi}^1\\\varphi_2^1(t)&=\lambda^{-1}\rho_2^1+\xi_2^1+\varepsilon_{2,\varphi}^1\\\varphi_1^2(t)&=\lambda^{-1}\rho_1^2+\xi_1^2+\varepsilon_{1,\varphi}^2\\\varphi_2^2(t)&=\lambda^{-1}\rho_2^2+N_{12}^{12}+\xi_1^1+\xi_2^1+\xi_1^2+\varepsilon_{2,\varphi}^2\end{aligned}\right\} \tag{1.4.61}$$

非差观测模型被历元参数 ξ_1^1、ξ_2^1、ξ_1^2 参数化,分别为参考站或参考卫星以及双差模糊 N_{12}^{12}。需要注意的是,只有非参考站非参考卫星观测量包含模糊度项。

鉴于 ξ 参数必须逐历元进行估计,观测站位置坐标和模糊度对于所有历元是相同的,由

此得到一个熟知的正规矩阵。虽然矩阵大小随时间快速增长,但它可以有效地存储在计算机内存中,并且可以使用矩阵划分技术或者递推最小二乘法快速求解正规方程。非差分模型的优点是不需要观测量的方差-协方差传播,即非差观测模型的方差-协方差矩阵是对角化的。

1.4.5 模糊度函数法

上述讨论的最小二乘法需要偏微分以及最小化 $\boldsymbol{v}^{\mathrm{T}}\boldsymbol{P}\boldsymbol{v}$,其中 $\boldsymbol{v}$ 为双差残差,$\boldsymbol{P}$ 为双差加权矩阵,微分与偏差项依赖于假定的观测站近似坐标。最小二乘解一直处于迭代状态,直到收敛。在模糊度函数法中,我们需要的观测站坐标可使残差的余弦值达到最大,此时再次考虑双差观测方程

$$v_{km}^{pq}=\varphi_{km,a}^{pq}-\varphi_{km,b}^{pq}=\frac{f}{c}\rho_{km,a}^{pq}+N_{km,a}^{pq}-\varphi_{km,b}^{pq} \tag{1.4.62}$$

在常用的平差符号中,下标 a 和 b 分别表示调整值与观测值,在式(1.4.62)中再次忽略了双差电离层与对流层残差项以及多路径,以弧度(rad)为单位的残余项可以写为

$$\psi_{km}^{pq}=2\pi v_{km}^{pq} \tag{1.4.63}$$

模糊度函数法的关键思想是将整数 N_{km}^{pq} 变化为 $\psi_{km}^{pq}\cdot 2\pi$,并且该函数的余弦并不受这种变化的影响,因为

$$\cos(\psi_{km,L}^{pq})=\cos(2\pi v_{km,L}^{pq})=\cos[2\pi(v_{km,L}^{pq}+\Delta N_{km,L}^{pq})] \tag{1.4.64}$$

式中,$\Delta N_{km,L}^{pq}$ 表示任意的模糊度,为了表达具有一般性,加入了下标 L 表示频点。

对于双频观测数据,有 $2(R-S)(S-1)$ 个双差观测量,如果我们进一步假设所有的观测量是等权的,那么根据式(1.4.63)可以得到残差的平方和为

$$\boldsymbol{v}^{\mathrm{T}}\boldsymbol{P}\boldsymbol{v}(\boldsymbol{x}_m,N_{km,L}^{pq})=\sum_{L=1}^{2}\sum_{m=1}^{R-1}\sum_{q=1}^{S-1}(v_{km,L}^{pq})^2=\frac{1}{4\pi^2}\sum_{L=1}^{2}\sum_{m=1}^{R-1}\sum_{q=1}^{S-1}(\psi_{km,L}^{pq})^2 \tag{1.4.65}$$

如果坐标 $\boldsymbol{x}_k$ 已知,该函数可以通过改变坐标 $\boldsymbol{x}_m$ 和使用最小二乘法估计的模糊度达到最小化。模糊度函数可被定义为

$$\begin{aligned}AF(\boldsymbol{x}_m)&=\sum_{L=1}^{2}\sum_{m=1}^{R-1}\sum_{q=1}^{S-1}\cos(\psi_{km,L}^{pq})\\&=\sum_{L=1}^{2}\sum_{m=1}^{R-1}\sum_{q=1}^{S-1}\cos\left[2\pi\left(\frac{f_L}{c}\rho_{km,a}^{pq}+N_{km,L,a}^{pq}-\varphi_{km,L,b}^{pq}\right)\right]\\&=\sum_{L=1}^{2}\sum_{m=1}^{R-1}\sum_{q=1}^{S-1}\cos\left\{2\pi\left[\frac{f_L}{c}\rho_{km,a}^{pq}-\varphi_{km,L,b}^{pq}\right]\right\}\end{aligned} \tag{1.4.66}$$

尽管存在小的双差电离层、对流层和多路径,并且会像影响其他模糊度解算方法一样影响着模糊度函数法,但这个方程中没有明确体现。然而,如果我们假设这些项是可以忽略的,并且接收机的位置是完全已知的,那么式(1.4.66)所示的模糊度函数的最大值是 $2(R-1)(S-1)$,因为每一项的余弦值都是1。观测噪声会使模糊度函数值略低于理论最大值,由于模糊度函数不依赖于模糊度,所以其也独立于周跳。这种不变性是模糊度函数法最吸引人的特征,也是所有求解方法中唯一具有这一特征的方法。

因为近似坐标较为准确时式(1.4.63)中的 $\varphi_{km,L}^{pq}$ 较小(通常对应于百分之几周),为此可以在忽略高阶项的情况下扩展得到一系列余弦函数。因此有

$$
\begin{aligned}
AF(\boldsymbol{x}_m) &= \sum_{L=1}^{2}\sum_{m=1}^{R-1}\sum_{q=1}^{S-1}\cos(\psi_{km,L}^{pq}) \\
&= \sum_{L=1}^{2}\sum_{m=1}^{R-1}\sum_{q=1}^{S-1}\left[1-\frac{(\psi_{km,L}^{pq})^2}{2!}+\cdots\right] \\
&= 2(R-1)(S-1)-\frac{1}{2}\sum_{L=1}^{2}\sum_{m=1}^{R-1}\sum_{q=1}^{S-1}(\psi_{km,L}^{pq})^2 \\
&= 2(R-1)(S-1)=2\pi^2\boldsymbol{v}^{\mathrm{T}}\boldsymbol{P}\boldsymbol{v}
\end{aligned}
\tag{1.4.67}
$$

这个方程的最后一部分由式(1.4.65)得出,当模糊度函数在收敛点,即在正确的 $\boldsymbol{x}_m$ 处达到最大值,$\boldsymbol{v}^{\mathrm{T}}\boldsymbol{P}\boldsymbol{v}$ 达到最小值时,模糊度函数与最小二乘解是等价的。

有几种初始化模糊度函数解算的方法,最简单的是使用以某个初步估计站点为中心的搜索量 $\boldsymbol{x}_m$ 的坐标。这样的估计可以通过单点定位计算伪距,搜索量的大小将决定一个函数坐标估计的准确性。这个物理搜索被细分为等间距的窄网格,每个网格点被认为是一个候选点,用于求解和计算模糊度函数(1.4.66)。式(1.4.66)中要求的双差伪距观测量 $\rho_{km,a}^{pq}$ 为试验位置。由于模糊度函数是通过添加单个双差的余弦来计算的,因此可以实施已有的策略来减少计算量。例如,如果试验位置与真实位置显著不同,则残差很可能比预期的测量噪声、未建模的电离层和对流层效应以及多路径要大。一个适当的策略是放弃当前的模糊度解算,从下一个试验位置开始重新计算。只要有一项低于截止标准,就会发生这种情况。例如

$$
\cos\{2\pi[\varphi_{km,L,a}^{pq}(t)-\varphi_{km,L,b}^{pq}(t)]\}_i<\varepsilon \tag{1.4.68}
$$

截止高度角的选择标准 ε 不仅对加速求解过程至关重要,同时也可以确保正确解不会被漏掉。这种误警是不可接受的,因为一旦正确的解算位置被拒绝,对剩余的解算位置求解就不可能产生正确解。

解算位置的网格足够接近,以确保不会错过真正的位置。当然,已有策略在非常狭窄的试验位置间隔增加了计算负载,最佳间距的多少与波长和卫星数量有关。另一方面,为了提高模糊度函数计算的速度,可以对模糊度函数法进行多种改进,如先双差宽巷的策略。在这种情况下,试验位置最初可以选取宽巷波长 86 cm。这些方法可以用于识别更小的物理搜索空间,然后使用窄巷的试验位置进行搜索。

模糊度函数法不能考虑双差观测值之间的相关性。对于使模糊度函数最大化的最终位置,没有直接的精度度量,例如坐标的标准差。解的质量与试验位置的间距有关。例如,如果试验位置有 1 cm 的间距,模糊度函数的最大值是唯一确定的,那么可以称其为厘米级精确定位。为了得到一个常规的精度度量,人们可以采取最大模糊度函数的位置,并执行规则的双差最小二乘解。这个最小二乘解的初始位置已经非常精确了,一次迭代就足够了,而且应该有可能确定这个整数。固定的解决方案将提供所需的统计信息。

所有试验位置的模糊度函数值按大小排序并归一化(除以观测数)。通常,虽然不可能可靠地识别出最大值,但较小值的峰值围绕着最高峰值,这种情况通常发生在缺乏观测强

度的时候。可以通过更长时间的观测、选择更好的卫星配置、使用双频观测等方法来改进解决方案。

模糊度函数法的优点在于即使数据包含周跳也能得到正确解。Remondi(1984)讨论了模糊度函数法在单差中的应用。模糊度函数法在大地测量方面的应用似乎可以追溯到甚长基线干涉测量(VLBI)观测处理。Counselman 等(1981)提出了一种非常普遍的模糊度函数法,并详细讨论了各种试验解决方案的预期模式。

1.4.6 GLONASS 载波相位

目前的 GLONASS 为频分多址(FDMA)信号调制,而其他卫星系统则采用码分多址(CDMA)进行信号调制。因此每一个 GLONASS 卫星的发射频率略有不同,而所有 GPS 卫星在 L1 或者 L2 频段内以相同的频率传输。故式(1.1.30)所示的 GPS 载波相位方程必须稍做扩展,以包含与频率相关的硬件延迟:

$$\varphi_{k,1}^{r}(t)=\frac{f_{1}^{r}}{c}\rho_{k}^{r}(t,t-\tau)+N_{k,1}^{r}+f_{1}^{r}\mathrm{d}t_{k}-f_{1}^{r}\mathrm{d}t^{r}-\frac{f_{1}^{r}}{c}I_{k,1,\mathrm{P}}^{r}+\frac{f_{1}^{r}}{c}T_{k}^{r}+\delta_{k,1,\varphi}^{r}+\varepsilon_{k,1,\varphi}^{r} \tag{1.4.69}$$

$$\delta_{k,1,\varphi}^{r}=d_{k,1,\varphi}^{r}+D_{1,\varphi}^{r}+M_{k,1,\varphi}^{r} \tag{1.4.70}$$

式中,上标 r 表示 GLONASS 信道号,以区分卫星发射 L1 频段的内部频率。这里需要注意的是,硬件延迟项已给出一个上标 r,而接收机硬件延迟在式(1.1.31)中没有上标,因为在 GPS 中,所有的卫星都用同一个 L1 频率传输载波信号。卫星硬件延迟 $D_{1,\varphi}^{r}$ 同样使用了上标 r 来识别 GLONASS 卫星的频率,而在式(1.1.31)中上标 p 表示 GPS 卫星。

作为 GLONASS 载波相位处理的一个典型示例,我们讨论了 1998 年在 3S 导航加州公司屋顶收集的 10 m 基线试验测试数据。所有接收机连接到同一个铷钟,以 1 Hz 的采样频率记录了 SG=5 的 GPS 卫星、SR=4 的 GLONASS 卫星的单频伪距和载波相位数据。在 20 世纪 90 年代中期,GLONASS 卫星的数量已足够多,因此促进了联合系统定位技术的发展。Leick 等(1998)的报告中给出了基线解的具体情况,试验过程使用了卡尔曼滤波程序和最小二乘法批处理程序进行计算验证(两者都使用 LAMBDA 进行模糊度固定)。

使用上标 p 和 r 分别表示任意的 GPS 卫星 S_{G} 或 GLONASS 卫星 S_{R},单差观测方程可以写成

$$\varphi_{km,1,\mathrm{G}}^{p}=\frac{f_{1}}{c}\rho_{km}^{p}+N_{km,1,\mathrm{G}}^{p}+d_{km,1,\mathrm{G}}-f_{1}\mathrm{d}t_{km} \tag{1.4.71}$$

$$\varphi_{km,1,\mathrm{R}}^{r}=\frac{f_{1}^{r}}{c}\rho_{km}^{r}+N_{km,1,\mathrm{R}}^{r}+d_{km,1,\mathrm{R}}-f_{1}^{r}\mathrm{d}t_{km} \tag{1.4.72}$$

上述 GPS 和 GLONASS 方程利用了共同的接收机钟差 $d_{km,1,\mathrm{G}}$ 与 $d_{km,1,\mathrm{R}}$、跨接收机硬件时延差 $d_{km,1,\mathrm{G}}$ 与 $d_{km,1,\mathrm{R}}$ 分别单独处理。但是值得注意的是,GLONASS 硬件延迟项 $d_{km,1,\mathrm{R}}$ 没有上标,这似乎与式(1.4.70)的非差硬件延迟不同。因为两个接收机都是同样的型号,由同一制造商生产,运行同样的软件,故隐含的假设是频率相关项在同一频点内的站间差分中可以忽略不计。收集这个试验数据集的目的之一就是验证这个假设。

仅对 GPS 观测方程进行处理时,由于 GPS 的卫星使用相同的 L1 频段发射信号和同类

型的接收机进行接收,有 $d_{km,1,G}=0$,然后去估计与时间相关的钟差、模糊度常值和站坐标,进而采用合适的模糊固定技术固定站间单差模糊度。

对于联合处理 GPS 与 GLONASS 站间单差观测方程,使用与卫星相关的形式:

$$\xi_{km,1,G}^{pq}=N_{km,1,G}^{pq}+d_{km,1,G} \tag{1.4.73}$$

$$\xi_{km,1,R}^{r}=N_{km,1,R}^{r}+d_{km,1,R} \tag{1.4.74}$$

根据模型假设,由于接收机硬件延迟 ξ 为不随时间变化的非整数参数,上标 q 与 s 表示相应的 GPS 与 GLONASS 参考卫星,进而有以下方程组:

$$\varphi_{km,1,G}^{pq}=\frac{f_1}{c}\rho_{km}^{q}+\xi_{km,1,G}^{pq}-f_1\mathrm{d}t_{km} \tag{1.4.75}$$

$$\varphi_{km,1,G}^{p}=\frac{f_1}{c}\rho_{km}^{p}+\xi_{km,1,G}^{q}+N_{km,1,G}^{pq}-f_1\mathrm{d}t_{km} \tag{1.4.76}$$

$$\varphi_{km,1,R}^{s}=\frac{f_1^s}{c}\rho_{km}^{s}+\xi_{km,1,R}^{s}-f_1^s\mathrm{d}t_{km} \tag{1.4.77}$$

$$\varphi_{km,1,R}^{r}=\frac{f_1^r}{c}\rho_{km}^{r}+\xi_{km,1,R}^{s}+N_{km,1,R}^{rs}-f_1^r\mathrm{d}t_{km} \tag{1.4.78}$$

式中,$N_{km,1,G}^{pq}=\xi_{km,1,G}^{p}-\xi_{km,1,G}^{q}$ 与 $N_{km,1,R}^{rs}=\xi_{km,1,R}^{r}-\xi_{km,1,R}^{s}$ 为 GPS 与 GLONASS 相应的双差模糊度。需要注意的是,相对于参考卫星的接收机单差观测方程(1.4.75)与方程(1.4.77)指的是参考卫星,因此有 S_G-1 方程(1.4.76)与 S_R-1 非参考卫星观测方程(1.4.78)。利用卡尔曼滤波或者递推最小二乘法可以得到模糊度 $N_{km,1,G}^{pq}$ 与 $N_{km,1,R}^{rs}$ 的浮点解、位置坐标、接收机钟差与参考卫星历元参数 $\hat{\xi}_{km,1,G}^{q}$ 和 $\hat{\xi}_{km,1,R}^{s}$。

通过浮点解可以第一时间感知硬件延迟的变化,首先计算非参考参数:

$$\hat{\xi}_{km,1,G}^{p}=\hat{N}_{km,1,G}^{pq}+\hat{\xi}_{km,1,G}^{q} \tag{1.4.79}$$

$$\hat{\xi}_{km,1,R}^{r}=\hat{N}_{km,1,R}^{rs}+\hat{\xi}_{km,1,R}^{s} \tag{1.4.80}$$

进一步分析 $\hat{\xi}_{km,1,G}^{pq}=\hat{\xi}_{km,11,G}^{q}-\hat{\xi}_{km,11,G}^{p}$ 与 $\hat{\xi}_{km,1,R}^{qr}=\hat{\xi}_{km,11,R}^{q}-\hat{\xi}_{km,11,R}^{r}$ 的不同。注意到这些不同相对于估计的 GPS 参考站参数而言,$\hat{\xi}_{km,1,G}^{pq}$ 的小数部分估计了 $d_{km,1,G}^{q}$ 与 $d_{km,1,G}^{p}$ 的不同(为了更清晰地表达,我们加了上标)。这些小数部分期望为零。更进一步,计算值常常围绕零有上下 0.01 周的波动,$\Delta\hat{\xi}_{km,G,R}^{qr}$ 的小数周为 $d_{km,1,G}^{q}$ 与 $d_{km,1,R}^{r}$ 之差,聚集在 0.35 周,通常在 1%周的幅度内上下变化(Leick et al.,1998)。由于 $\Delta\hat{\xi}_{km,G}^{qp}$ 与 $\Delta\hat{\xi}_{km,G,R}^{qr}$ 均相应地随时间有一周变化,可以得出两个结论:$\Delta\hat{\xi}_{km,G,R}^{qr}$ 围绕 0.35 周的偏置是显著的;没有明显的证据表明站间单差形式的硬件延迟与产生 1%周波动的 GLONASS 通道编号有关。

上述结论进一步证实了固定模糊度解。浮点解受产生整数模糊度的模糊度固定程序的约束,然后相应地更新其他参数。图 1.4.1 显示了 1 h 更新前后 $\Delta\hat{\xi}_{km,G,R}^{qr}$ 的不同,其中所有的双差模糊度都可以被修复。该图显示了每颗 GLONASS 卫星的相同图形,即这些线在彼此上方绘制。固定解证实了上述偏移,这些偏移是由 GPS L1 频段的频率偏移和 L1 频段的 GLONASS 频率束引起的。剩下的微小变化是由多路径和可能的温度变化引起的,传统的载波相位双差分具有如下形式:

$$\varphi_{km,1,G}^{pq}=\frac{f_1}{c}\rho_{km}^{pq}+N_{km,1,G}^{pq} \tag{1.4.81}$$

$$\varphi_{km,1,G}^{rs}=\frac{f_1^r}{c}\rho_{km}^r-\frac{f_1^s}{c}\rho_{km}^s+N_{km,1,R}^{rs}-(f_1^r-f_1^s)\,\mathrm{d}t_{km} \tag{1.4.82}$$

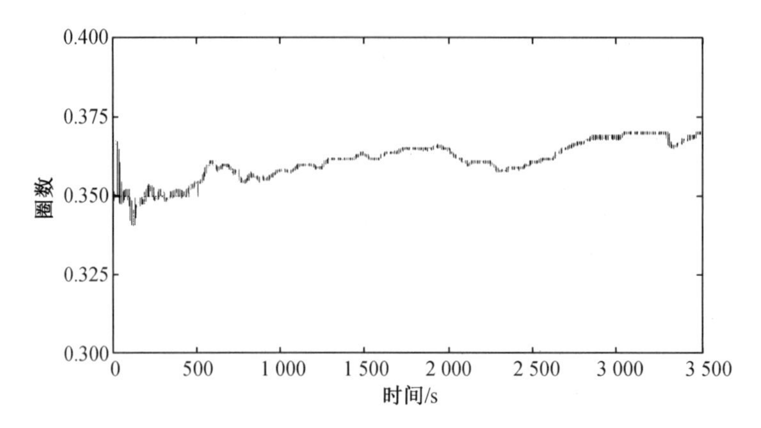

图 1.4.1　模糊度固定后的跨系统跨接收机硬件延迟

与 GPS 双差相比,GLONASS 双差取决于与各自频间差成比例的接收机钟差。这种依赖关系如图 1.4.2 所示,其中显示了函数

$$\varphi^{rs}=\varphi_{km,1,R}^{rs}-\frac{f_1^r}{c}\rho_{km,a}^r+\frac{f_1^s}{c}\rho_{km,a}^s+\Delta^{rs} \tag{1.4.83}$$

式中,观测值已根据调整后的地心地固坐标系中的卫星距离进行了校正,并由 Δ^{rs} 转换,以便在第一个历元将函数归零。图 1.4.2 中显示的基本上是直线,因为接收机连接到一个稳定的铷钟上。直线的斜率是频率差 $f_1^r-f_1^s$ 的函数。数据中显示了四条对应于五颗 GLONASS 卫星的直线。

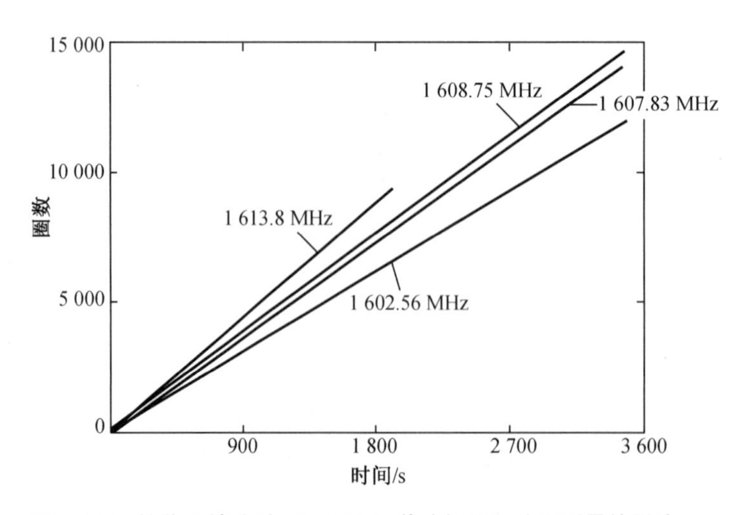

图 1.4.2　接收机钟差对 GLONASS 载波相位双差观测量的影响

方程(1.4.81)和方程(1.4.82)原则上可用于估计双差整数,只要在每个历元同时估计

接收机钟差。但是需要注意,方程(1.4.82)中的时钟参数与单个差分方程(1.4.78)中的各个系数相比相对较小。处理这种情况的另一种方法是以时钟项取消的方式来缩放载波相位。举个例子:

$$\varphi^{r}_{km,1,\mathrm{R}}-\frac{f^{r}_{1}}{f^{s}_{1}}\varphi^{s}_{km,1,\mathrm{R}}=\frac{f^{r}_{1}}{c}\rho^{rs}_{km}+N^{r}_{km,1,\mathrm{R}}-\frac{f^{r}_{1}}{f^{s}_{1}}N^{s}_{km,1,\mathrm{R}} \tag{1.4.84}$$

我们可以尝试使用式(1.4.72)估计跨接收机模糊度 $N^{s}_{km,1,\mathrm{R},0}$ 的近似值,假设 $d_{km,1,\mathrm{R}}$ 可忽略不计。函数(1.4.84)可以写为

$$\varphi^{r}_{km,1,\mathrm{R}}-\frac{f^{r}_{1}}{f^{s}_{1}}\varphi^{s}_{km,1,\mathrm{R}}+\frac{f^{r}_{1}}{f^{s}_{1}}N^{s}_{km,1,\mathrm{R},0}=\frac{f^{r}_{1}}{c}\rho^{rs}_{km}+\widetilde{N}^{rs}_{km,1,\mathrm{R}}+\eta^{rs} \tag{1.4.85}$$

和

$$\widetilde{N}^{rs}_{km,1,\mathrm{R}}=N^{rs}_{km,1,\mathrm{R}}-\Delta N^{s}\qquad \eta^{rs}=\frac{f^{s}_{1}-f^{r}_{1}}{f^{s}_{1}}\Delta N^{s}_{km,1,\mathrm{R}}\leqslant 0.01\Delta N^{s}_{km,1,\mathrm{R}} \tag{1.4.86}$$

如果 $\Delta N^{s}_{km,1,\mathrm{R}}$ 足够小,即 $\Delta N^{s}_{km,1,\mathrm{R},0}$ 可以足够精确地计算,可以忽略 η^{rs},估计和固定模糊度 $\widetilde{N}^{rs}_{km,1,\mathrm{R}}$ 为整数。

GLONASS 在 20 世纪 90 年代中期吸引了很多人的目光,因为用户可以使用更多卫星,GLONASS 双频伪距未加密,载波频率不同于 GPS。以下相关文献介绍了第一个时期的 GLONASS:Raby 等(1993),Leick 等(1995,1998),Gourevitch 等(1996),Povalyaev (1997),Pratt 等(1997),Rapoport(1997),Kozlov 等(1998),Roßach (2001),Wang 等 (2001)。现在,GLONASS 再次拥有一个完全部署的星座,GLONASS 通常与 GPS 观测量结合使用。不同卫星系统或者不同的接收机观测量处理的更多细节见第 2 章。

1.5　模糊度固定

相对定位实现厘米级定位的关键是模糊度固定。在本节中我们首先讨论附加约束的最小二乘的模糊度固定,提供模糊度固定方法的背景介绍,进而详细地介绍 LAMBDA 方法。在本节的第二部分,通过研究相关学科中解决类似问题的实践方法,拓宽这一应用,对这些实践问题的研究有助于 GNSS 的应用。

1.5.1　附加约束方法

模糊度固定指的是将模糊度浮点解转化为整数解,基本步骤遵循一般线性假设检验方法,实际上就是将浮点的模糊度估计值约束为整数。假设参数按如下进行分组:

$$\boldsymbol{x}^{*}=\begin{bmatrix}\boldsymbol{a}^{*}\\ \boldsymbol{b}^{*}\end{bmatrix} \tag{1.5.1}$$

式中,$\boldsymbol{a}^{*}$ 表示站坐标的估计值,或者其他的一些参数,如对流层映射或者接收机钟差;$\boldsymbol{b}^{*}$ 表示估计的浮点模糊度,使用类似的划分方法,与模糊度浮点解相关的矩阵为

$$N=\begin{bmatrix} N_{11} & N_{21} \\ N_{21} & N_{22} \end{bmatrix}=\begin{bmatrix} L_{11} & 0 \\ L_{12} & L_{22} \end{bmatrix}\begin{bmatrix} L_{11} & 0 \\ L_{12} & L_{22} \end{bmatrix}^{\mathrm{T}} \tag{1.5.2}$$

$$Q_{x^*}=N^{-1}=\begin{bmatrix} Q_{a^*} & Q_{a^*b^*} \\ Q_{a^*b^*}^{\mathrm{T}} & Q_{b^*} \end{bmatrix} \tag{1.5.3}$$

$$Q_{b^*}^{-1}=L_{22}L_{22}^{\mathrm{T}} \tag{1.5.4}$$

子矩阵 L_{ij} 是 Cholesky 因子矩阵 L 的部分。关系式(1.5.4)可以很容易验证,零假设 H_0 描述为

$$H_0: A_2x^*+l_2=0 \tag{1.5.5}$$

共有 n 个条件,每个模糊度对应一个,该假设指出,一个特定的整数集在统计上与浮点解形式的模糊度估计值是相容的。当对模糊度进行约束时,系数矩阵 A_2 具有简单的形式 $A_2=[0\quad I]$,其中单位矩阵 I 的维数为 n,闭合差为 $l_2=-b$,其中 b 为需要检验的整数模糊度集。由于具有 n 个约束条件,$v^{\mathrm{T}}Pv$ 中的变化可表示如下:

$$\Delta v^{\mathrm{T}}Pv=[b^*-b]^{\mathrm{T}}Q_b^{-1}[b^*-b] \tag{1.5.6}$$

在 F 检验中检验 H_0 假设的置信度:

$$\frac{\Delta v^{\mathrm{T}}Pv}{v^{\mathrm{T}}Pv^*}\frac{\mathrm{d}f}{n}\sim F_{n,\mathrm{d}f} \tag{1.5.7}$$

$v^{\mathrm{T}}Pv^*$ 的值来自浮点解,其中 df 表示后者的自由度。

一旦 H_0 假设被接受,模糊度的最优解 b 就会被确定。获得了模糊度观测站的坐标之后,给定模糊度的整数约束为

$$\hat{a}\,|\,b=a^*-Q_{a^*b^*}Q_{b^*}^{-1}(b^*-b) \tag{1.5.8}$$

约束之后相应的协方差矩阵为

$$Q_{\hat{a}|b}=Q_{a^*}-Q_{a^*b^*}Q_{b^*}Q_{a^*b^*}^{\mathrm{T}} \tag{1.5.9}$$

该矩阵具有子矩阵 N 或者 Q 的正定特性,其中对角部分 $Q_{a|b}$ 小于对角部分 Q_{a^*},这意味着由于附加约束而导致坐标方差的减小。

在 GPS 测量的早期,简单地将估计的浮点模糊度四舍五入为最接近的整数即可获得整数值的测试集 b。这种方法适用于较长的观测时间,可以观测到许多卫星,并且随着时间的推移,卫星几何形状的变化显著改善了浮点解,在这种情况下,估计的实值模糊度已经接近整数并且估计方差很小。当试图缩短观察时间时,情况可能发生巨大变化。估计的浮点模糊度不一定会接近整数,并且估计将具有较大的方差,通常具有高度相关性。一种可能的解决方案是找到整数的候选 b_i,并根据式(1.5.6)计算该集合的每个参数。贡献最小的参数要接受式(1.5.7)的测试。

但是这种方法存在两个潜在的问题。首先,如果模糊度浮点解的方差很大,我们可能有大量的 b 集需要测试,因此需要一种有效的算法来缩短模糊度固定的解算时间。其次,存在多个候选对象可以通过式(1.5.7)的测试,因此为了避免使用更多的观测量,应尽快确定正确的候选者,在 1.5.3 节中将讨论候选集的可分辨性。

Frei 等(1990)提出了一种基于浮点解和协方差矩阵的候选模糊度集的特定排序方案。

这种算法的效率取决于:如果拒绝了某个模糊度集,则可以识别出一组集合,这些集合也可以被拒绝,因此不需要明确地进行计算。

Euler 等(1992)和 Blomenhofer 等(1993)指出式(1.5.4)中的矩阵 $\boldsymbol{L}_{22}$ 对于所有候选集是一致的。他们还提出分两步计算式(1.5.6)。首先计算 $\boldsymbol{g}=\boldsymbol{L}_{22}^{\mathrm{T}}(\boldsymbol{b}^{*}-\boldsymbol{b}_{i})$,然后计算 $\Delta\boldsymbol{v}^{\mathrm{T}}\boldsymbol{P}\boldsymbol{v}=\sum g_{i}^{2}, i=1,\cdots,n$。一旦计算出第一元素 g_{1},就可以将其平方并作为二次型的首次估计。注意 $\Delta\boldsymbol{v}^{\mathrm{T}}\boldsymbol{P}\boldsymbol{v}\geqslant g_{1}^{2}$。将 $\Delta\boldsymbol{v}^{\mathrm{T}}\boldsymbol{P}\boldsymbol{v}=g_{1}^{2}$ 代入式(1.5.7)作为计算检验统计量。如果该测试失败,则可以立即拒绝试验模糊度集 $\boldsymbol{b}_{i}$,无须计算剩余的 g_{i} 值。如果测试通过,则计算下一个值 g_{2},并基于 $\Delta\boldsymbol{v}^{\mathrm{T}}\boldsymbol{P}\boldsymbol{v}=g_{1}^{2}+g_{2}^{2}$ 计算测试统计量。如果该测试失败,则拒绝模糊度集;否则,将继续计算 g_{3},以此类推。该过程将持续进行,直到拒绝零假设或计算了所有 g_{i},并且完成已知 n 个 g^{2} 的总和。该策略可以与上述方案结合使用。

Chen 等(1995)利用了如果特定模糊度的候选范围很小,则整数模糊度的分解会加速的优势。这些搜索范围越小,需要测试的模糊度集越少。该方法导致针对尚未求解模糊度的候选范围缩小。固定模糊度并且传播参数的协方差矩阵后,其余模糊度参数的标准偏差会减小。参见有关式(1.5.9)的说明。该过程开始于确定具有最小方差的模糊度范围。此方法与 LAMBDA 有很大的相似之处,下面将详细讨论。后一种技术首先降低了模糊度之间的相关性,然后应用顺序条件进行调整。

Melbourne(1985)讨论了一种方法,其中在寻找模糊度之前从观测方程中消除了测站坐标。将 $S-1$ 双差历元观测方程 $\boldsymbol{v}=\boldsymbol{A}\boldsymbol{a}+\boldsymbol{b}+\boldsymbol{l}$ 乘以 $\boldsymbol{G}^{\mathrm{T}}$,$\boldsymbol{G}^{\mathrm{T}}\boldsymbol{A}=\boldsymbol{0}$,即 $\boldsymbol{G}^{\mathrm{T}}(\boldsymbol{b}-\boldsymbol{v}+\boldsymbol{l})=\boldsymbol{0}$。矩阵 $\boldsymbol{G}$ 的列跨越 $\boldsymbol{A}$ 或 $\boldsymbol{A}\boldsymbol{A}^{\mathrm{T}}$ 的零空间。如果 $\boldsymbol{v}=\boldsymbol{0}$,则可以通过尝试来识别消除条件的正确模糊度集。观测五颗卫星是一种情况。每增加一颗卫星都会增加一个条件。由于 $\boldsymbol{G}$ 的元素随时间变化,因此最终会有足够的历元来唯一确定模糊度。只有正确的模糊度集可以始终消除该条件。作为反复试验法的替代方法,可以使用混合调整模型来估计 $\hat{\boldsymbol{b}}$。

Hatch(1990)提出了一种将卫星分为主选和次选的方案。考虑四颗卫星作为主要卫星。相应的三个双差方程包含观测站坐标和三个双差模糊度。当卫星几何形状随时间变化时,有可能估算所有这些参数。严格来说,除了这四颗主要卫星外,任何次选的卫星都是冗余的,被用于开发一种快速确定整数模糊度的过程。如果一些观测历元是可用的且接收机没有移动,则该过程开始于单点定位解或浮点解(如果有几个解)的初始位置估计来计算三个主要模糊度的试验集。有关上述步骤的详细信息可在参考文献中查阅。多年来,LAMBDA 已成为模糊度解算中最受欢迎的一种方法。

最后,上文指出可能有几组整数模糊度通过了式(1.5.7)的测试。由于调整已经通过基本卡方检验,因此调整本身是正确的,即没有模型误差,观测权重的选择是正确的,并且误差被消除了。在这种情况下,整周模糊度固定自然要寻找最小的 $\Delta\boldsymbol{v}^{\mathrm{T}}\boldsymbol{P}\boldsymbol{v}$。从这个角度来看,整数固定问题称为整数最小二乘问题,同时式(1.5.8)是整数最小二乘估计。简而言之,整数最小二乘的目的即寻求使 $\Delta\boldsymbol{v}^{\mathrm{T}}\boldsymbol{p}\boldsymbol{v}$ 最小的整数矢量 $\boldsymbol{b}$。

1.5.2　LAMBDA

Teunissen(1993)引入了 LAMBDA 方法,该技术的模糊度固定成功率是最高的(Teunissen,1999)。这种概率特性及其求解模糊度的快速性使得 LAMBDA 成为最流行且被广泛采用的技术,具体细节读者可以去参考 De Jonge 等(1996)的文献。该软件可以通过代尔夫特理工大学得到。本节仅重点介绍 LAMBDA 的一些特性。

LAMBDA 去相关的核心就是 Z 变换:

$$z=\boldsymbol{Z}^{\mathrm{T}}\boldsymbol{b} \tag{1.5.10}$$

$$\hat{z}=\boldsymbol{Z}^{\mathrm{T}}\hat{\boldsymbol{b}} \tag{1.5.11}$$

$$\boldsymbol{Q}_z=\boldsymbol{Z}^{\mathrm{T}}\boldsymbol{Q}_b\boldsymbol{Z} \tag{1.5.12}$$

在式(1.5.11)中,用符号$\hat{\boldsymbol{b}}$ 代替符号 $\boldsymbol{b}^*$ 来表示模糊度浮点解估计值。矩阵 $\boldsymbol{Z}$ 是一个正定阵。为了保证整周特性,即整数 $\boldsymbol{b}$ 应映射到整数 z,反之亦然,因此要求矩阵 $\boldsymbol{Z}$ 和 $\boldsymbol{Z}^{-1}$ 的元素都是整数。条件 $|\boldsymbol{Z}|=\pm1$ 保证如果 $\boldsymbol{Z}$ 包含整数,则逆运算只包含整数元素。简单考虑下述条件:如果 $\boldsymbol{Z}$ 的所有元素都是整数,那么对于辅助因子矩阵 $\boldsymbol{C}$ 也是如此。因此,逆矩阵

$$\boldsymbol{Z}^{-1}=\frac{\boldsymbol{C}^{\mathrm{T}}}{|\boldsymbol{Z}|} \tag{1.5.13}$$

同样只包含整数元素,因为 $|\boldsymbol{Z}|=\pm1$。后一个条件意味着

$$|\boldsymbol{Q}_z|=|\boldsymbol{Z}^{\mathrm{T}}\boldsymbol{Q}_b\boldsymbol{Z}|=|\boldsymbol{Z}^{\mathrm{T}}||\boldsymbol{Q}_b||\boldsymbol{Z}|=|\boldsymbol{Q}_b| \tag{1.5.14}$$

二次型对于 Z 变换也保持不变。将式(1.5.10)和式(1.5.11)代入式(1.5.6),对式(1.5.12)求逆得

$$\begin{aligned}\Delta\boldsymbol{v}^{\mathrm{T}}\boldsymbol{P}\boldsymbol{v}&=[\hat{\boldsymbol{b}}-\boldsymbol{b}]^{\mathrm{T}}\boldsymbol{Q}_b^{-1}[\hat{\boldsymbol{b}}-\boldsymbol{b}]\\&=[z-z]^{\mathrm{T}}\boldsymbol{Z}^{-1}\boldsymbol{Q}_b^{-1}(\boldsymbol{Z}^{-1})^{\mathrm{T}}[\hat{z}-z]\\&=[\hat{z}-z]^{\mathrm{T}}\boldsymbol{Q}_z^{-1}[\hat{z}-z]\end{aligned} \tag{1.5.15}$$

再次注意,在式(1.5.15)中,我们使用符号$\hat{\boldsymbol{b}}$ 而不是 $\boldsymbol{b}^*$ 来表示模糊度浮点解。

考虑以下两个随机整数变量$\hat{\boldsymbol{b}}=[\hat{b}_1\quad \hat{b}_2]^{\mathrm{T}}$,设各协方差矩阵为

$$\boldsymbol{\Sigma}_b=\begin{bmatrix}\sigma_{b_1}^2 & \sigma_{b_1b_2}\\ \sigma_{b_2b_1} & \sigma_{b_2}^2\end{bmatrix} \tag{1.5.16}$$

简单起见,我们省略了上标符号。设变换 $z=\boldsymbol{Z}^{\mathrm{T}}\boldsymbol{b}$,利用特殊形式的变换矩阵

$$\boldsymbol{Z}^{\mathrm{T}}=\begin{bmatrix}1 & \beta\\ 0 & 1\end{bmatrix} \tag{1.5.17}$$

式中,$\hat{z}=[\hat{z}_1\quad \hat{z}_2]^{\mathrm{T}}$,我们注意到 $|\boldsymbol{Z}|=1$,元素 β 为由$-\sigma_{b_1b_2}/-\sigma_{b_2}^2$ 四舍五入得到的整数,即 $\beta=\mathrm{int}(-\sigma_{b_1b_2}/-\sigma_{b_2}^2)$。由于 β 为整数,转换变量 z 也为整数。根据误差协方差传播规律,有

$$\boldsymbol{\Sigma}_z=\boldsymbol{Z}^{\mathrm{T}}\boldsymbol{\Sigma}_b\boldsymbol{Z}=\begin{bmatrix}\beta^2\sigma_{b_2}^2+2\beta\sigma_{b_1b_2}+\sigma_{b_1}^2 & \beta\sigma_{b_2}^2+\sigma_{b_1b_2}\\ \beta\sigma_{b_2}^2+\sigma_{b_1b_2} & \sigma_{b_2}^2\end{bmatrix} \tag{1.5.18}$$

设 ε 表示因四舍五入引起的变化,即 $\varepsilon=-\sigma_{b_1b_2}/-\sigma_{b_2}^2+\beta$。使用式(1.5.18),转换变量的方差 $\sigma_{z_1}^2$ 可以写成

$$\sigma_{z_1}^2=\sigma_{b_1}^2-\left(\frac{\sigma_{b_1b_2}^2}{\sigma_{b_2}^4}-\varepsilon^2\right)\sigma_{b_2}^2 \tag{1.5.19}$$

此式表明,与原始变量相比,转换变量的方差减小,即 $\sigma_{z_1}^2<\sigma_{b_1}^2$,当

$$|\sigma_{b_1b_2}/\sigma_{b_2}^2|>0.5 \tag{1.5.20}$$

当且仅当 $\sigma_{b_1b_2}/\sigma_{b_2}^2=|\varepsilon|=0.5$ 时,二者相等。保留整数特性的同时减小方差使得转换式(1.5.17)成为解算模糊度的首选,因为它减小了转换变量的搜索空间。值得注意的是,如果使 $\beta=-\sigma_{b_1b_2}/\sigma_{b_2}^2$,则 z_1 和 z_2 是不相关的。但是这样的选择是不允许的,因为它不会使转换后的变量保留整数属性。

当执行 LAMBDA 的时候,Z 变换矩阵来自式(1.5.3)给出的 $n\times n$ 维子矩阵 $\boldsymbol{Q}_b$,其中 n 维变量 $\hat{\boldsymbol{b}}$ 必须进行变换,利用 Cholesky 分解进行去相关,可以得到

$$\boldsymbol{Q}_b=\boldsymbol{H}^{\mathrm{T}}\boldsymbol{K}\boldsymbol{H} \tag{1.5.21}$$

式中,$\boldsymbol{H}$ 为根据式(1.5.4)调整后的对角线位置全为 1 的 Cholesky 因子,对角矩阵 $\boldsymbol{K}$ 包含对角平方项 Cholesky 因子。假设处理模糊度 i 与 $i+1$,这两个矩阵可划分为

$$\boldsymbol{H}=\left[\begin{array}{cc:cc:cc}
1 & & & & & \\
\vdots & \ddots & & & & \\
\hline
h_{i,1} & \cdots & 1 & & & \\
h_{i+1,1} & \cdots & h_{i+1,1} & 1 & & \\
\hline
\vdots & \cdots & \vdots & \vdots & \ddots & \\
h_{n,1} & \cdots & h_{n,i} & h_{n,i+1} & \cdots & 1
\end{array}\right]=\begin{bmatrix}\boldsymbol{H}_{11} & \boldsymbol{0} & \boldsymbol{0}\\ \boldsymbol{H}_{21} & \boldsymbol{H}_{22} & \boldsymbol{0}\\ \boldsymbol{H}_{31} & \boldsymbol{H}_{32} & \boldsymbol{H}_{33}\end{bmatrix} \tag{1.5.22}$$

$$\boldsymbol{K}=\left[\begin{array}{cc:cc:cc}
k_{1,1} & & & & & \\
 & \ddots & & & & \\
\hline
 & & k_{i,i} & & & \\
 & & & k_{i+1,i+1} & & \\
\hline
 & & & & \ddots & \\
 & & & & & k_{n,n}
\end{array}\right]=\begin{bmatrix}\boldsymbol{K}_{11} & \boldsymbol{0} & \boldsymbol{0}\\ \boldsymbol{0} & \boldsymbol{K}_{22} & \boldsymbol{0}\\ \boldsymbol{0} & \boldsymbol{0} & \boldsymbol{K}_{33}\end{bmatrix} \tag{1.5.23}$$

矩阵 $\boldsymbol{Z}$ 可以相似地转换为

$$\boldsymbol{Z}_1=\left[\begin{array}{c:cc:c}
\boldsymbol{I} & & & \\
\hdashline
 & 1 & 0 & \\
 & \beta & 1 & \\
\hdashline
 & & & \boldsymbol{I}
\end{array}\right]=\begin{bmatrix}\boldsymbol{I}_{11} & \boldsymbol{0} & \boldsymbol{0}\\ \boldsymbol{0} & \boldsymbol{Z}_{22} & \boldsymbol{0}\\ \boldsymbol{0} & \boldsymbol{0} & \boldsymbol{Z}_{33}\end{bmatrix} \tag{1.5.24}$$

其中,$\beta=-\mathrm{int}(h_{i+1,i})$,代表了负的 h_{i+1} 整数估计值,且

$$\hat{z}_1=\boldsymbol{Z}_1^{\mathrm{T}}\hat{\boldsymbol{b}} \tag{1.5.25}$$

$$\boldsymbol{Q}_{z,1}=\boldsymbol{Z}_1^{\mathrm{T}}\boldsymbol{Q}_b\boldsymbol{Z}_1=\boldsymbol{Z}_1^{\mathrm{T}}\boldsymbol{H}^{\mathrm{T}}\boldsymbol{K}\boldsymbol{H}\boldsymbol{Z}_1=\boldsymbol{H}_1^{\mathrm{T}}\boldsymbol{K}_1\boldsymbol{H}_1 \tag{1.5.26}$$

可以得出特定形式的 $\boldsymbol{Z}_1$ 以及 $\boldsymbol{Z}_{22}$,意味着如下的更新:

$$\boldsymbol{Q}_{z,1}=\begin{bmatrix}\boldsymbol{Q}_{11} & & \mathrm{sym}\\ \boldsymbol{Z}_{22}^{\mathrm{T}}\boldsymbol{Q}_{21} & \boldsymbol{Z}_{22}^{\mathrm{T}}\boldsymbol{Q}_{22}\boldsymbol{Z}_{22} & \\ \boldsymbol{Q}_{31} & \boldsymbol{Q}_{32}\boldsymbol{Z}_{22} & \boldsymbol{Q}_{33}\end{bmatrix} \tag{1.5.27}$$

$$\boldsymbol{H}_1=\boldsymbol{H}\boldsymbol{Z}_1=\begin{bmatrix}\boldsymbol{H}_{11} & \boldsymbol{0} & \boldsymbol{0}\\ \boldsymbol{H}_{21} & \overline{\boldsymbol{H}}_{22} & \boldsymbol{0}\\ \boldsymbol{H}_{31} & \overline{\boldsymbol{H}}_{32} & \boldsymbol{H}_{33}\end{bmatrix} \tag{1.5.28}$$

$$\overline{\boldsymbol{H}}_{22}=\begin{bmatrix}1 & 0\\ h_{i+1,i}+\beta & 1\end{bmatrix} \tag{1.5.29}$$

$$\overline{\boldsymbol{H}}_{32}=\begin{bmatrix}h_{i+2,i}+\beta h_{i+2,i+1} & h_{i+2,i+1}\\ h_{i+3,i}+\beta h_{i+3,i+1} & h_{i+3,i+1}\\ \vdots & \vdots\\ h_{\mathrm{n},i}+\beta h_{n,i+1} & h_{n,i+1}\end{bmatrix} \tag{1.5.30}$$

$$\boldsymbol{K}_1=\boldsymbol{K} \tag{1.5.31}$$

由于去相关转换,$\boldsymbol{K}$ 并不会改变。

若 $\beta=0$,则式(1.5.25)的转换不是必需的。然而,必须去检验模糊度 i 和 $i+1$ 是否被置换而达到去相关。考虑如下的置换变换:

$$\boldsymbol{Z}_2=\left[\begin{array}{c:cc:c}\boldsymbol{I} & & & \\ \hdashline & 1 & 0 & \\ & 1 & 1 & \\ \hdashline & & & \boldsymbol{I}\end{array}\right]=\begin{bmatrix}\boldsymbol{I}_{11} & \boldsymbol{0} & \boldsymbol{0}\\ \boldsymbol{0} & \boldsymbol{P} & \boldsymbol{0}\\ \boldsymbol{0} & \boldsymbol{0} & \boldsymbol{I}_{33}\end{bmatrix} \tag{1.5.32}$$

$\boldsymbol{Z}_2$ 的特殊选择使得

$$\overline{\boldsymbol{H}}_{22}=\begin{bmatrix}1 & 0\\ h'_{i+1,i} & 1\end{bmatrix}\begin{bmatrix}1 & 0\\ \dfrac{h_{i+1,i}k_{i+1,i+1}}{k_{i,i}+h^2_{i+1,i}k_{i+1,i+1}} & 1\end{bmatrix} \tag{1.5.33}$$

$$\overline{\boldsymbol{H}}_{21}=\begin{bmatrix}-h_{i+1,i} & 1\\ \dfrac{k_{i,i}}{k_{i,i}+h^2_{i+1,i}k_{i+1,i+1}} & h'_{i+1,j}\end{bmatrix}\boldsymbol{H}_{21} \tag{1.5.34}$$

$$\overline{\boldsymbol{H}}_{32}=\begin{bmatrix}h_{i+2,i+1} & h_{i+2,i}\\ h_{i+3,i+1} & h_{i+3,i}\\ \vdots & \vdots\\ h_{n,i+1} & h_{\mathrm{n},i}\end{bmatrix} \tag{1.5.35}$$

$$\overline{\boldsymbol{K}}_{22}=\begin{bmatrix}k'_{i,i} & 0\\ 0 & k'_{i+1,i+1}\end{bmatrix}\begin{bmatrix}k_{i+1,i+1}-\dfrac{h^2_{i+1,i}k^2_{i+1,i+1}}{k_{i,i}+h^2_{i+1,i}k_{i+1,i+1}} & 0\\ 0 & k_{i,i}+h^2_{i+1,i}k_{i+1,i+1}\end{bmatrix} \tag{1.5.36}$$

置换操作改变了矩阵 $\boldsymbol{K}$ 的$\overline{\boldsymbol{K}}_{22}$ 部分。为了达到完全的去相关,当考虑第 i 与 $i+1$ 个模糊度时必须比较 $k'_{i+1,i+1}$与 $k_{i+1,i+1}$ 项。如果 $k'_{i+1,i+1}<k_{i+1,i+1}$,则置换是必须的。如果发生置换,则程序再次从最后一组的第 $n-1$ 与第 n 个模糊度开始并且达到第一和第二个模糊度。每当

去相关发生或两个模糊度的顺序重新排列时，需要构建一个新的 Z 变换矩阵，这个过程在没有交换对角线元素时完成。转换的结果可以写为

$$\hat{z}=\boldsymbol{Z}_q^{\mathrm{T}}\cdots\boldsymbol{Z}_2^{\mathrm{T}}\boldsymbol{Z}_1^{\mathrm{T}}\hat{\boldsymbol{b}} \tag{1.5.37}$$

$$\boldsymbol{Q}_{z,q}=\boldsymbol{Z}_q^{\mathrm{T}}\cdots\boldsymbol{Z}_2^{\mathrm{T}}\boldsymbol{Q}_b\boldsymbol{Z}_1\boldsymbol{Z}_2\cdots\boldsymbol{Z}_q=\boldsymbol{H}_q^{\mathrm{T}}\boldsymbol{K}_q\boldsymbol{H}_q \tag{1.5.38}$$

作为连续变换的一部分，得到矩阵 $\boldsymbol{H}_q$ 和 $\boldsymbol{K}_q$ 这个排列步骤，以确保 $\boldsymbol{K}_q$ 包含递减对角线元素，最小元素位于右下角。作为模糊度之间去相关性的度量，我们可以考虑标量

$$r=|\boldsymbol{R}|^{1/2} \quad 0\leqslant r\leqslant 1 \tag{1.5.39}$$

式中，$\boldsymbol{R}$ 表示相关矩阵。对 $\boldsymbol{Q}_b$ 和 $\boldsymbol{Q}_{z,q}$ 应用式(1.5.39)，将给出实现相对去相关程度。r 值接近 1 意味着高度的去相关性。因此，我们期望 $r_b<r_{z,q}$。标量 r 称为模糊度去相关数。

搜索步骤需要找到$\hat{z}_i$，给定$(\hat{z}_i,\boldsymbol{Q}_{z,q})$的候选集，其最小化为

$$\Delta\boldsymbol{v}^{\mathrm{T}}\boldsymbol{P}\boldsymbol{v}=[\hat{z}-z]^{\mathrm{T}}\boldsymbol{Q}_{z,q}^{-1}[\hat{z}-z] \tag{1.5.40}$$

一个可行的方法是使用 $\boldsymbol{Q}_{z,q}$ 的对角线元素，以$\hat{z}_l$ 为中心的模糊度构造所有可能的集合 z_i，计算二次型每一组的表格，并跟踪产生最小 $\Delta\boldsymbol{v}^{\mathrm{T}}\boldsymbol{P}\boldsymbol{v}$ 的集合。通过将变量$\hat{z}$ 转换为变量$\hat{\boldsymbol{w}}$，可以更有组织、更有效地得到随机独立的变量。首先，我们分解 $\boldsymbol{Q}_{z,q}$ 的逆为

$$\boldsymbol{Q}_{z,q}^{-1}=\boldsymbol{M}\boldsymbol{S}\boldsymbol{M}^{\mathrm{T}} \tag{1.5.41}$$

式中，$\boldsymbol{M}$ 表示对角线元素为 1 的下三角矩阵，$\boldsymbol{S}$ 是对角矩阵，包含朝右下角增加的正值。后一个特性来自 $\boldsymbol{S}$ 是 $\boldsymbol{K}_q$ 的逆。转换后的变量$\hat{\boldsymbol{w}}$ 有

$$\hat{\boldsymbol{w}}=\boldsymbol{M}^{\mathrm{T}}[\hat{z}-z] \tag{1.5.42}$$

其分布服从$\hat{\boldsymbol{w}}\sim N(\boldsymbol{0},\boldsymbol{S}^{-1})$。因为 $\boldsymbol{S}$ 是对角矩阵，所以随机变量$\hat{\boldsymbol{w}}$ 是独立的。将式(1.5.42)和式(1.5.41)以及二次型代入式(1.5.40)，可以写成

$$\Delta\boldsymbol{v}^{\mathrm{T}}\boldsymbol{P}\boldsymbol{v}=\hat{\boldsymbol{w}}^{\mathrm{T}}\boldsymbol{S}\hat{\boldsymbol{w}}=\sum_{i=1}^{n}\hat{\boldsymbol{w}}_i^2 s_{i,i}\leqslant\chi^2 \tag{1.5.43}$$

式中，符号χ^2 用作标量，下面将给出具体解释。最后，我们引入了辅助量，也称为条件估计，即

$$\hat{w}_{i|I}=\sum_{j=i+1}^{n}m_{j,i}(\hat{z}_j-z_j) \tag{1.5.44}$$

式中，符号“$|I$”表示已经选择了 z_j 的值，z_j 是已知的。注意，下标 j 从 $i=1,\cdots,n$。因为 $m_{i,i}=1$ 并且有式(1.5.44)与式(1.5.42)，我们可以把第 i 个分量写成

$$\hat{\boldsymbol{w}}_i=\hat{z}_i-z_i+\hat{w}_{i|I} \quad i=1,\cdots,n-1 \tag{1.5.45}$$

z 参数的边界遵循式(1.5.43)。我们从第 n 层开始去确定第 n 个模糊度的边界，然后进入第 1 层，确定其他模糊度的边界。使用式(1.5.43)中的$\hat{\boldsymbol{w}}_n^2 s_{n,n}$ 并且已知矩阵元素 $m_{n,n}=1$，我们可以得到

$$\hat{w}_n^2 s_{n,n}=(z_n-\hat{z}_n)^2 s_{n,n}\leqslant\chi^2 \tag{1.5.46}$$

边界为

$$\hat{z}_n-\left(\frac{\chi^2}{s_{n,n}}\right)^{1/2}\leqslant z_n\leqslant\hat{z}_n+\left(\frac{\chi^2}{s_{n,n}}\right)^{1/2} \tag{1.5.47}$$

将式(1.5.43)从 i 遍历到 n，可以得到

$$\hat{w}_i^2 s_{i,i} = (\hat{z}_i - z_i + \hat{w}_{i,I})^2 s_{i,i} \leqslant \left[\chi^2 - \sum_{j=i+1}^{n} \hat{w}_j^2 s_{j,j}\right] \tag{1.5.48}$$

$$\hat{z}_i + \hat{w}_{i|I} - \frac{1}{\sqrt{s_{i,i}}}\left[\chi^2 - \sum_{j=i+1}^{n} \hat{w}_j^2 s_{j,j}\right]^{1/2} \leqslant z_1 \leqslant \hat{z}_i + \hat{w}_{i|I} + \frac{1}{\sqrt{s_{i,i}}}\left[\chi^2 - \sum_{j=i+1}^{n} \hat{w}_j^2 s_{j,j}\right]^{1/2} \tag{1.5.49}$$

式(1.5.47)和式(1.5.49)给出的边界可以包含一个或多个整数值 z_n 或 z_i。z_i 在下一个下限处定位边界和整数值时,必须使用所有值。当到达第1层时,进程停止。对于某些组合,如果式(1.5.49)中的平方根为负,则提前停止。

图1.5.1系统地给出了如何进行该过程,试图达到第1层级。

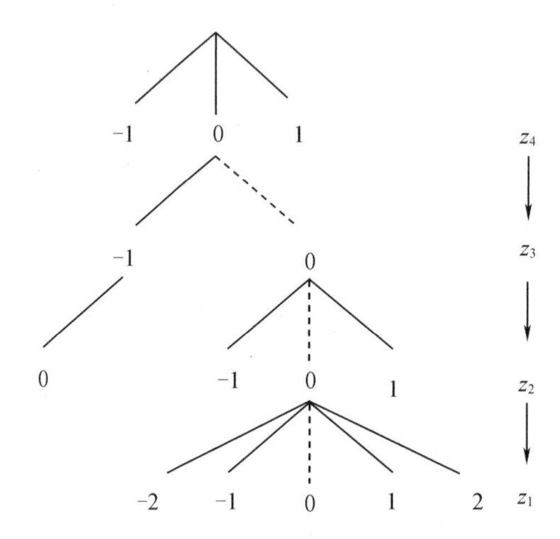

图1.5.1　去相关搜索过程中的候选模糊度

本例处理 $n=4$ 个模糊度——z_1、z_2、z_3 和 z_4。第4级生成了限定值 $z_4=\{-1,0,1\}$。使用 $z_4=-1$ 或 $z_4=1$ 在第3级无法解算,分支终止。使用 $z_4=0$ 给出第3级 $z_3=\{-1,0\}$。使用$z_3=-1$ 和 $z_4=0$,或者用简写法 $z=(-1,0)$,在第2级得到 $z_2=0$。组合 $z=(0,-1,0)$不在第1级产生解,分支终止。回到第3级,我们尝试组合 $z=(0,0)$,在第2级给出 $z_2=\{-1,0,1\}$。使用 $z=(-1,0,0)$尝试左分支不会给出解,分支将终止。使用 $z=(0,0,0)$得到第1级 $z_1=\{-2,-1,0,1,2\}$。最后一种可能性,使用 $z=(1,0,0)$,没有给出解。我们得出5个模糊度集 $z_i=(z_1,0,0,0)$满足式(1.5.43)。一般来说,几个分支均可以达到第1级。因为 $s_{n,n}$ 是 $\boldsymbol{S}$ 中的最大值,z_n 候选值的数量就会相对较少,因此减少了源于 n 级的分支数量,并且可以确保不会有太多分支达到第1级。

由于$\hat{\boldsymbol{w}}_i$ 作为候选模糊度集的一部分是已知的,所以可以通过式(1.5.43)高效地计算出 $\Delta\boldsymbol{v}^{\mathrm{T}}\boldsymbol{P}\boldsymbol{v}$。由于 $\boldsymbol{S}$ 矩阵不变,候选集 $\boldsymbol{z}_i$ 能够通过式(1.5.37)的逆转换到 $\boldsymbol{b}_i$。

如果模糊度搜索的常值卡方χ^2 选择不合适,极有可能产生找不到模糊度候选向量或者得到过多候选向量的情况。后者会消耗大量的时间进行搜索。如果常量接近最优模糊度候选向量的 $\Delta\boldsymbol{v}^{\mathrm{T}}\boldsymbol{P}\boldsymbol{v}$ 值,将会避免这种现象。为此,通常采用模糊度浮点解进行四舍五入取整,然后代入式(1.5.40),进而使得常量等于 $\Delta\boldsymbol{v}^{\mathrm{T}}\boldsymbol{P}\boldsymbol{v}$。这种方法保证至少可以得到一个模糊度候选向量,由于去相关的模糊度一般具有高精度,因此它极有可能是最好的那个。可以将其中的整数加上或者减去一个增量计算新的常值χ^2,这样将会得到大量的模糊度候选向量,保证至少可以得到两个向量。

LAMBDA 是一个仅需要协方差子矩阵和模糊浮点解的通用算法。因此,即使同时估计其他参数,如观测站坐标、对流层参数、钟差,LAMBDA 也适用。LAMBDA 很容易应用于双频观测模型,甚至未来的多频情况。更普遍的是,LAMBDA 不考虑整型参数物理意义,适用于任何最小二乘整数估计。LAMBDA 还可以用于估计模糊度的子集。例如,在双频的情况下,可以根据宽巷和 L1 频段模糊度进行参数化处理。LAMBDA 可以首先对宽巷模糊度协方差子矩阵进行操作并固定宽巷模糊度,然后再固定 L1 频段模糊度。Teunissen (1997) 表明 Z 变换总能包含宽巷转换。

1.5.3 分辨率

前文介绍的模糊度检验是在零假设下重复测试每个模糊度集。该测试具有约束条件,接受或拒绝无效假设是由 I 类错误的概率决定的,通常认为 $\alpha=0.05$。很多情况下,将通过空假设来确定几个合格的模糊度集。如果观测中没有足够的信息来确定唯一可靠的整数,那么可以通过获得更多观测量的方式来解决。

替代假设 H_a 总是对应于空假设 H_0。一般情况下,有

$$H_0:\boldsymbol{A}_2\boldsymbol{x}^*+\boldsymbol{l}_2=\boldsymbol{0} \tag{1.5.50}$$

$$H_\mathrm{a}:\boldsymbol{A}_2\boldsymbol{x}^*+\boldsymbol{l}_2+\boldsymbol{w}_2=\boldsymbol{0} \tag{1.5.51}$$

在零假设下,约束的期望值为零。因此,有

$$E(\boldsymbol{z}_{H_0})\equiv E(\boldsymbol{A}_2\boldsymbol{x}^*+\boldsymbol{l}_2)=\boldsymbol{0} \tag{1.5.52}$$

因为 $\boldsymbol{w}_2$ 是一个常数,所以它遵循

$$E(\boldsymbol{z}_{H_\mathrm{a}})\equiv E(\boldsymbol{A}_2\boldsymbol{x}^*+\boldsymbol{l}_2+\boldsymbol{w}_2)=\boldsymbol{w}_2 \tag{1.5.53}$$

随机变量 $\boldsymbol{z}_{H_\mathrm{a}}$ 是 $\boldsymbol{w}_2$ 的多元正态分布,即

$$\boldsymbol{z}_{H_\mathrm{a}}\sim N_{n-r}(\boldsymbol{w}_2,\sigma_0^2\boldsymbol{T}^{-1}) \tag{1.5.54}$$

矩阵 $\boldsymbol{T}$ 的含义即

$$\boldsymbol{T}=(\boldsymbol{A}_2\boldsymbol{N}_1^{-1}\boldsymbol{A}_2^\mathrm{T})^{-1} \tag{1.5.55}$$

下一步是对角化 $\boldsymbol{z}_{H_\mathrm{a}}$ 的协方差矩阵并计算变换后的随机变量的平方。这些新形成的随机变量具有非零均值的单位变量正态分布。平方和具有非中心卡方分布,因此

$$\frac{\Delta\boldsymbol{v}^\mathrm{T}\boldsymbol{P}\boldsymbol{v}}{\sigma_0^2}=\frac{\boldsymbol{z}_{H_\mathrm{a}}^\mathrm{T}\boldsymbol{T}\boldsymbol{z}_{H_\mathrm{a}}}{\sigma_0^2}\sim\chi^2_{n_2,\lambda} \tag{1.5.56}$$

其中非中心性参数为

$$\lambda=\frac{\boldsymbol{w}_2^\mathrm{T}\boldsymbol{T}\boldsymbol{w}_2}{\sigma_0^2} \tag{1.5.57}$$

读者可参考统计文献,如 Koch(1988),以了解更多关于非中心分布及其各自派生的详细信息。最后,比率为

$$\frac{\Delta v^{T}Pv}{v^{T}Pv^{*}}\frac{n_1-r}{n_2}\sim F_{n_2,n_1-r,\lambda} \tag{1.5.58}$$

可见零假设具有非中心的 F 分布且具有非中心性。如果测试统计计算根据 H_0 满足 $F\leqslant F_{n_2,n_1-r,\alpha}$ 的规范,则 H_0 接受Ⅰ类错误。另一种假设 H_a 可以通过 $1-\beta(\alpha,\lambda)$ 从 H_0 中分离出来。Ⅱ类错误是

$$\beta(\alpha,\lambda)=\int_0^{F_{n_2,n_1-r,\alpha}}F_{n_2,n_1-r,\lambda}\mathrm{d}x \tag{1.5.59}$$

积分从零到 $F_{n_2,n_1-r,\alpha}$,由显著性水平 α 确定。

根据式(1.5.57),Ⅱ类错误 $\beta(\alpha,\lambda)$ 也随 H_a 变化,而不是利用 Euler 等(1990)的建议使用非中心性参数。他们指定浮点解作为通用的替代品,假设为所有无效假设。在这种情况下,式(1.5.51)中的值 w_2 是

$$w_2=-(A_2x^{*}+l_2) \tag{1.5.60}$$

进而非线性参数变为

$$\lambda\equiv\frac{w_2^{T}Tw_2}{\sigma_0^2}=\frac{\Delta v^{T}Pv}{\sigma_0^2} \tag{1.5.61}$$

式中,$\Delta v^{T}Pv$ 是由于零点约束而引起的平方和变化假设。设引起最小变化的零假设 $\Delta v^{T}Pv$ 用 H_{sm} 表示。平方和与非中心度之和的变化分别是 $\Delta v^{T}Pv$ 和 λ_{sm}。对于任何其他无效假设,都有 $\lambda_j>\lambda_{sm}$。如果

$$\frac{\Delta v^{T}Pv_j}{\Delta v^{T}Pv_{sm}}=\frac{\lambda_j}{\lambda_{sm}}\geqslant\lambda_0(\alpha,\beta_{sm},\beta_j) \tag{1.5.62}$$

则由零假设 H_{sm} 和 H_j 组成的两个模糊度集就足够容易识别了。这两种假设完全不同,而且可以通过它们区分第Ⅱ类错误。由于与浮点数解具有较好的相容性,因此保留了 H_{sm} 假设的模糊度集,而由 H_j 组成的模糊度集被舍去。

图 1.5.2 显示了作为自由度函数的比率 $\lambda_0(\alpha,\beta_{sm},\beta_j)$ 以及条件的数量。Euler 等(1990)建议取 5 和 10,这反映了较大的 β_{sm} 和较小的 β_j 对调整影响最小的假设,即最符合浮点解,希望有 $\beta_{sm}>\beta_j$(回想一下,第Ⅱ类错误等于接受错误的零假设可能性)。观察更多的卫星以降低给定第Ⅱ类错误的比率。

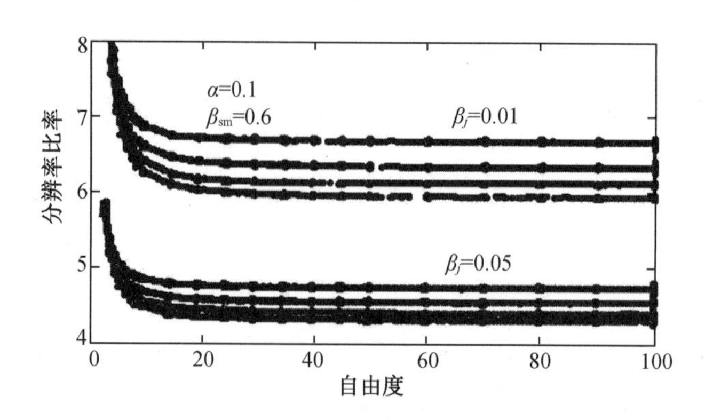

图 1.5.2 分辨率比率

许多软件包实现了一个固定的最佳和次优解决方案,例如

$$\frac{\Delta \boldsymbol{v}^{\mathrm{T}} \boldsymbol{P} \boldsymbol{v}_{\text{2nd smallest}}}{\Delta \boldsymbol{v}^{\mathrm{T}} \boldsymbol{P} \boldsymbol{v}_{\text{sm}}}>3 \tag{1.5.63}$$

用来决定可辨别性。以上的解释为这种普遍使用的做法提供了一些理论上的依据,至少对高自由度而言是这样的。

为获得整周模糊度固定的特定情况,学者们已经做了很多工作来研究比率检验的理论基础测试,并优化各自的统计学特征。例如,Wang 等(1998)构建了一个基于测试的关于 $\Delta \boldsymbol{v}^{\mathrm{T}} \boldsymbol{P} \boldsymbol{v}$ 的最小值和次小值之间的距离比。Teunissen(1998)研究了模糊修正的成功率舍入和引导技术。Teunissen(2003)引入了整数孔径理论,并根据孔径理论证明了比率测试是提供的一类测试的一部分。GNSS 模糊度残差的概率密度函数,定义为浮点模糊度和整数模糊度之差(Teunissen et al. ,2007)。关于整数估计的检验和验证已有大量文献。作为第一次阅读,我们建议首选 Verhagen(2004)和 Teunissen 等(2007)。

1.5.4　格基约简与整数最小二乘法

尽管前文描述的 LAMBDA 对于处理 GNSS 数据已经足够了,但是对于如何随着信号数量的增加而提高处理性能,这里再介绍另一种方法。当 GPS L1、L2、L5 信号与 GLONASS L1、L2,Galileo L1、E5a、E5b、E6,QZSS L1、L2、L5、E6,WAAS L1、L5 以及 BDS B1、B2、B3 信号同时可用时,解算模糊度可能会存在 40 多个变量。在采用 RTK 算法定位时,需要实时解决如此多的模糊度,因此有必要根据自 20 世纪 80 年代初以来在计算机科学中积累的计算经验,重新考虑模糊度的解算问题。

通常所有的整数最小二乘法都包括 LAMBDA,由两部分组成。第一部分将变量进行转换,使新的协方差矩阵(或其逆矩阵)更接近按升序或降序排序的具有良好性质的对角矩阵,这一过程叫作格基约简。第二部分是整数最小二乘法。这两部分可以以多种方式执行,并结合在一起形成新的算法。

在许多领域,二次函数在一组整数点上的最小化是很重要的,已经研究出解决这类问题的几种方法,并在相关文献——例如,Pohst(1981)、Fincke 等(1985)、Babai(1986)和 Agrell 等(2002)中进行了描述。这些类似的问题如执行最大似然解码器(MLD)的信号在有限字母表上按照格网搜索最接近给定向量的向量。为了优化在格基上的搜索,学者们提出了格基约简算法。这门学科的系统研究始于 Lenstra 等(1982),其在数学和计算机科学以及数据传输和密码学中有大量的应用。Korkine 等(1873)的论文也提到这一事实。这表明长期以来,附有条件约束的整数格基问题一直是数学家们关注的焦点。Teunissen(1993)研究了去相关方法的独立统计特性,是格基约简在 GPS 应用中处理整数模糊度的具体体现。

本节我们从分支定界算法开始对整数二次规划现状进行简单介绍,它将产生众多的候选解,而通过使用代价函数的下边界来忽略较差候选解的整个子集。分支定界算法是 Land 等(1960)提出的,目前仍受到关注,例如,Buchheim 等(2010)就是有效和快速通过计算机实现分支定界算法的文献。然后描述了 Pohst(1981)和 Fincke 等(1985)的 Finke-Pohst 算

法。接着讨论格基约简问题。此外,还将简要介绍另外三种算法。需要再次注意的是,格基约简和整数搜索可以形成不同的组合,推导有效的新算法。

1. 分支定界算法

下面考虑在整数向量 $\hat{z}\in \boldsymbol{Z}^n$ 上的最小化:

$$q(\hat{z})=(\hat{z}-z)^{\mathrm{T}}\boldsymbol{D}(\hat{z}-z) \tag{1.5.64}$$

式中,$\boldsymbol{Z}^n$ 是 n 维欧氏空间。在图 1. 5. 3 中,等高线椭圆表示正定二次函数的常水平集。椭圆以实值向量 z 为中心。问题包括搜索向量 $z^*\in \boldsymbol{Z}^n$,最小化式(1. 5. 64),即相对于 z 最接近的向量达到$\|\cdot\|_D^2$。

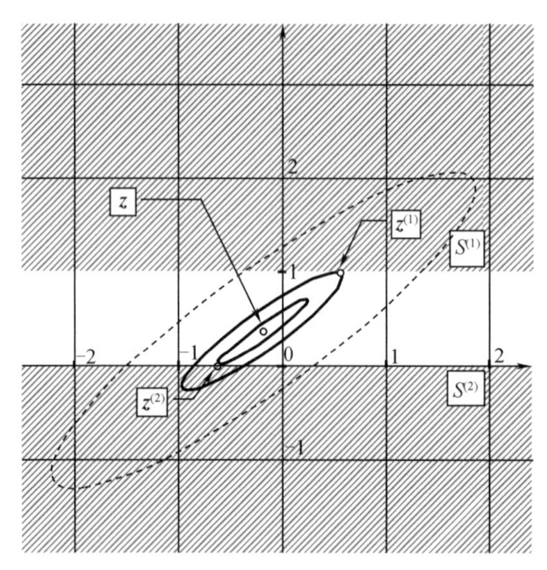

图 1. 5. 3　二维情况下二次函数(以 z 点为中心的虚线椭圆)的等高线
(必须找到范数最接近 z 的向量 z^*)

分支定界算法降低了向量 z^* 的不确定性,通过构造空间 $\boldsymbol{R}^n$($\boldsymbol{Z}^n\subset\boldsymbol{R}^n$)的子集,每个子集对应关于解的位置的假设。每个子集都有成本函数的较低估计值(1. 5. 64)。初始假设对应集合 $\boldsymbol{S}=\boldsymbol{R}^2$。函数(1. 5. 64)的粗略估计值为

$$\min_{\boldsymbol{y}\in S} q(\boldsymbol{y})=q(z)=0 \tag{1.5.65}$$

我们通过图 1. 5. 3 描述了分支定界算法,下面将给出其正式的表达式。z 具有非整数特性,考虑到第二个切入点,属于 $0<z_2<1$,按照如下方式构建两个 $S^{(1)}\subset S$ 与 $S^{(2)}\subset S$ 子集:

$$S^{(1)}\cap S^{(2)}=\varnothing \tag{1.5.66}$$

$$\boldsymbol{Z}^2\subset S^{(1)}\cup S^{(2)} \tag{1.5.67}$$

更具体地说,$S^{(1)}=\{z:z_2\geqslant 1\}$ 和 $S^{(2)}=\{z:z_2\geqslant 1\}$。子集为图 1. 5. 3 中虚线所示部分。白色(非虚线)区域为$\{z:0<z_2<1\}$不包含整数值向量,又因为式(1. 5. 67)可以从进一步考虑中去掉,式(1. 5. 66)和式(1. 5. 67)意味着 $z^*\in S_1$ 或 $z^*\in S_2$。我们描述了图 1. 5. 4 所示的第一个分支。计算下限子集 $S^{(1)}$ 和 $S^{(2)}$ 上的函数 $q(\boldsymbol{y})$ 为

$$v^{(1)}=\min_{\boldsymbol{y}\in S^{(1)}} q(\boldsymbol{y})\leqslant \min_{\boldsymbol{y}\in \boldsymbol{Z}^2\cap S^{(1)}} q(\boldsymbol{y}) \tag{1.5.68}$$

$$v^{(2)}=\min_{y\in S^{(2)}} q(\boldsymbol{y})\leqslant \min_{y\in \mathbf{Z}^2\cap S^{(2)}} q(\boldsymbol{y}) \tag{1.5.69}$$

注意 $v^{(1)}$ 和 $v^{(2)}$ 在点 $\boldsymbol{z}^{(1)}$ 和 $\boldsymbol{z}^{(2)}$ 处取值,如图 1.5.3 所示。$v^{(1)}$ 和 $v^{(2)}$ 可估计集合 $S^{(1)}$ 和 $S^{(2)}$ 中更小的下边界,因为

$$\begin{aligned} v^* &= q(\boldsymbol{z}^*) \\ &= \min_{\hat{z}\in \mathbf{Z}} q(\hat{\boldsymbol{z}}) \\ &= \min\{\min_{\hat{z}\in S^{(1)}\cap \mathbf{Z}^2} q(\hat{\boldsymbol{z}}), \min_{\hat{z}\in S^{(2)}\cap \mathbf{Z}^2} q(\hat{\boldsymbol{z}})\} \\ &\geqslant \min\{\min_{y\in S^{(1)}} q(\boldsymbol{y}), \min_{y\in S^{(2)}} q(\boldsymbol{y})\} \\ &= \min\{v^{(1)}, v^{(2)}\} \end{aligned} \tag{1.5.70}$$

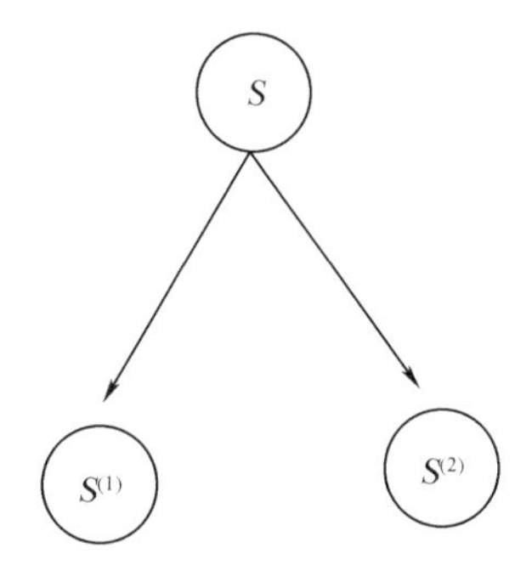

图 1.5.4　集合 $S=\boldsymbol{R}^2$ 的分支被分成两部分,$S^{(1)}\cup S^{(2)}\subset S$,使得无整数点丢失:$z^2\subset s^{(1)}\subset s^{(2)}$

换言之,$v^*\geqslant v^{(1)}=q(\boldsymbol{z}^{(1)})$ 且 $v^*\geqslant v^{(2)}=q(\boldsymbol{z}^{(2)})$。继续分支以减少最佳点 $\boldsymbol{z}^*$ 位置的不确定性。图 1.5.4 就像一棵树(由根 S 和两片叶子 $S^{(1)}$、$S^{(2)}$ 组成),根据它可以选择估计值最小的“叶子”。结合图 1.5.3 和图 1.5.4 来看,最小值是 $v^{(2)}$,因为通过点 $\boldsymbol{z}^{(2)}$ 的椭圆位于通过点 $\boldsymbol{z}^{(1)}$ 的椭圆内部。第二个向量 $\boldsymbol{z}^{(2)}$ 是一个整数项,而第一个不是,因此可以用于分支。让我们把集合 $S^{(2)}$($\boldsymbol{z}^{(2)}$ 是最佳点)分为两个子集,排除条件 $\{\boldsymbol{z}: -1<z_1<0\}$,则 $S^{(21)}=\{\boldsymbol{z}\in S^{(2)}: z_1\leqslant -1\}$ 和 $S^{(22)}=\{\boldsymbol{z}\in S^{(2)}: z_2\geqslant 0\}$。图 1.5.5 和图 1.5.6 显示了集合 $S^{(1)}\cup S^{(21)}\cup S^{(22)}\subset S$ 对应的平面及其分支树。点 $\boldsymbol{z}^{(1)}$、$\boldsymbol{z}^{(21)}$ 和 $\boldsymbol{z}^{(22)}$ 是集合 $S^{(1)}$、$S^{(21)}$ 和 $S^{(22)}$ 的最小值,分别如图 1.5.5 所示。同样的方式已在式(1.5.70)中证明,确定了以下条件:$v^*\geqslant v^{(21)}=q(\boldsymbol{z}^{(21)})$ 且 $v^*\geqslant v^{(22)}=q(\boldsymbol{z}^{(22)})$。

一般而言,在分支的每个步骤中,与分支树的叶子相对应的估计 $v^{(i_1\cdots i_k)}$ 不超过最优值 v^*:

$$v^*\geqslant v^{(i_1\cdots i_k)} \tag{1.5.71}$$

再次,将图 1.5.6 所示的分支树的叶子与最小估计值相对应。一共有三个叶子:$S^{(1)}$、$S^{(21)}$ 以及 $S^{(22)}$。如图 1.5.5 所示,最小估计值为 $v^{(1)}$,因为穿过点 $\boldsymbol{z}^{(1)}$ 的椭圆位于另外两个椭圆内部。对于点 $\boldsymbol{z}^{(1)}$ 的第一个输入不是整数,因此它将用于将叶子节点 $S^{(1)}$ 拆分成除了 $\{\boldsymbol{z}: 0<z_1<1\}$:$S^{(11)}=\{\boldsymbol{z}\in S^{(1)}: z_1\leqslant 0\}$ 和 $S^{(12)}=\{\boldsymbol{z}\in S^{(1)}: z_1\geqslant 1\}$ 外的两个子集。图 1.5.7 和图 1.5.8 分别显示了对应于集合 $S^{(11)}\cup S^{(12)}\cup S^{(21)}\cup S^{(22)}\subset S$ 的平面划分和相应的分支树。

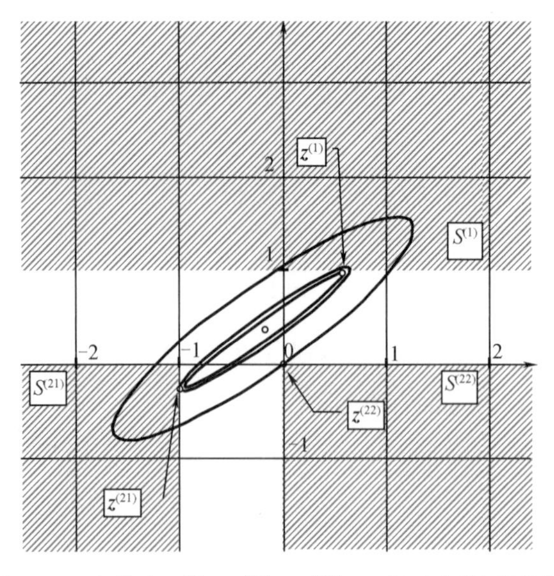

图 1.5.5 与集合 $S^{(1)} \cup S^{(21)} \cup S^{(22)} \subset S$ 相对应的平面划分

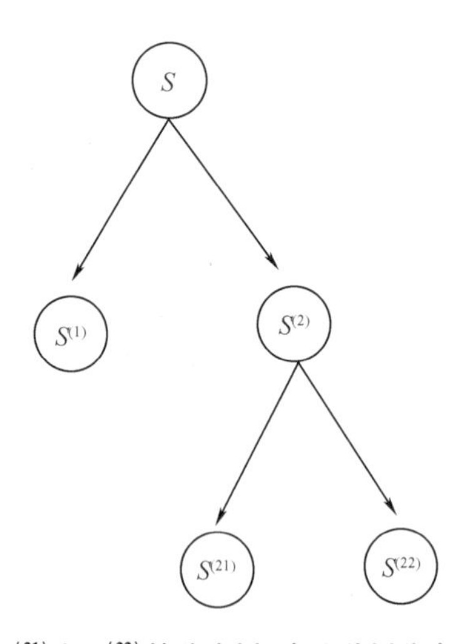

图 1.5.6 $S^{(1)}$、$S^{(21)}$ 和 $S^{(22)}$ 的分支树(在这种划分中不会丢失整数点)

在 $v^{(11)}$、$v^{(12)}$、$v^{(21)}$ 和 $v^{(22)}$ 中选择最小估计值。根据图 1.5.7 最小估计值为 $v^{(21)}$。估计 $v^{(21)}$ 在具有第一整数项−1 和满足约束 $-1<z_2<0$ 的第二项的点 $z^{(21)}$ 处实现。然后将叶子节点 $S^{(21)}$ 分成除 $\{z:-1<z_2<0\}$:$S^{(211)}=\{z\in S^{(21)}:z_2\geqslant 0\}$ 和 $S^{(212)}=\{z\in S^{(21)}:z_2\leqslant -1\}$ 外的两个子集。显然,$S^{(211)}=\{z:z_1\leqslant -1,z_2=0\}$。图 1.5.9 和图 1.5.10 显示了平面 $S^{(11)}\cup S^{(12)}\cup S^{(211)}\cup S^{(212)}\cup S^{(22)}\subset S$ 相应的分支树和平面划分。在 $v^{(11)}$、$v^{(12)}$、$v^{(211)}$、$v^{(212)}$ 和 $v^{(22)}$ 中选择最小估计值,为 $v^{(12)}$(图 1.5.9)。估计 $v^{(12)}$ 满足条件 $v^{(12)}=q(z^{(12)})$,因为经过它的椭圆位于其他椭圆内部。集合 $S^{(12)}$ 分为两个集合:$S^{(121)}$ 和 $S^{(122)}$,根据条件 $S^{(121)}=\{z\in S^{(12)}:z_2\geqslant 2\}$ 和 $S^{(122)}=\{z\in S^{(12)}:z_2\leqslant 1\}=\{z:z_1\geqslant 1,z_2=1\}$。图 1.5.11 和图 1.5.12 表示平面 $S^{(11)}\cup S^{(121)}\cup S^{(122)}\cup S^{(211)}\cup S^{(212)}\cup S^{(22)}\subset S$ 的平面划分和相应的分支树。

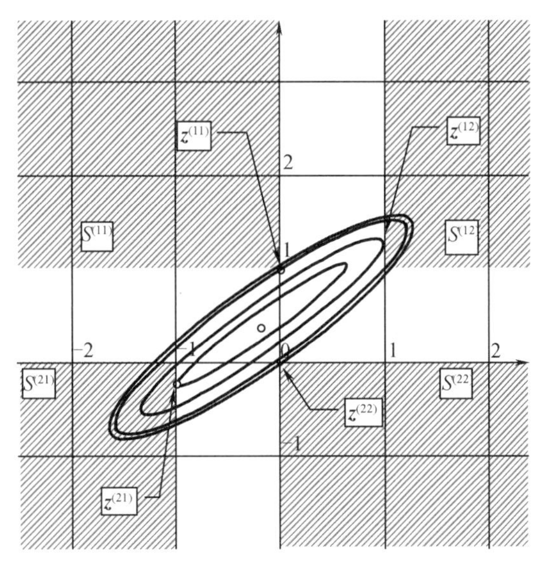

图 1.5.7　对应于集合 $S^{(11)} \cup S^{(12)} \cup S^{(21)} \cup S^{(22)} \subset S$ 的平面划分

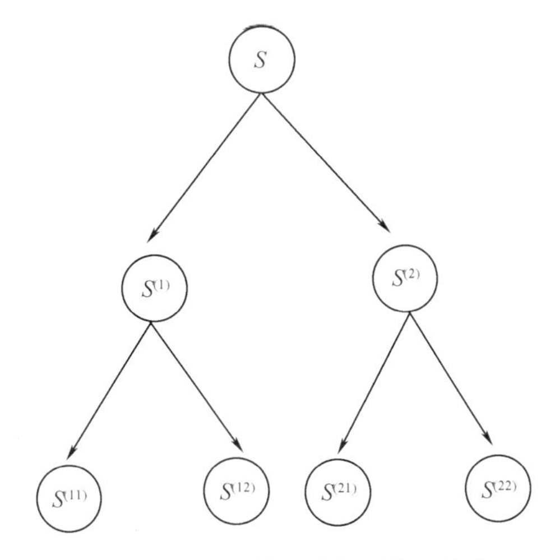

图 1.5.8　$S^{(11)}$、$S^{(12)}$、$S^{(21)}$、$S^{(22)}$ 的分支树

如图 1.5.11 所示,最小估计值是 $v^{(211)}$,满足条件 $v^{(211)} = q(\boldsymbol{z}^{(211)})$。另外,从图中可以看出它是整数值。

现在,我们得出

$$\begin{aligned}
v^{(211)} &= \min\{v^{(11)}, v^{(121)}, v^{(122)}, v^{(211)}, v^{(212)}, v^{(22)}\} \\
&= \min\{\min_{\boldsymbol{y} \in S^{(11)}} q(\boldsymbol{y}), \min_{\boldsymbol{y} \in S^{(121)}} q(\boldsymbol{y}), \min_{\boldsymbol{y} \in S^{(122)}} q(\boldsymbol{y}), \min_{\boldsymbol{y} \in S^{(211)}} q(\boldsymbol{y}), \min_{\boldsymbol{y} \in S^{(212)}} q(\boldsymbol{y}), \min_{\boldsymbol{y} \in S^{(22)}} q(\boldsymbol{y})\} \\
&\leqslant \min_{\hat{\boldsymbol{z}} \in \mathbf{Z}} q(\hat{\boldsymbol{z}}) \\
&= q(\boldsymbol{z}^*) \\
&= v^*
\end{aligned} \tag{1.5.72}$$

另一方面,$v^{(211)} = q(\boldsymbol{z}^{(211)})$,并考虑到 $\boldsymbol{z}^{(211)}$ 是整数值,我们得出 $v^{(211)} = q(\boldsymbol{z}^{(211)}) \geqslant v^*$ 的结论。结合式(1.5.72),有

$$v^{(211)} = v^* \tag{1.5.73}$$

或者换句话说,$z^{(211)}$ 是最佳整数值点。

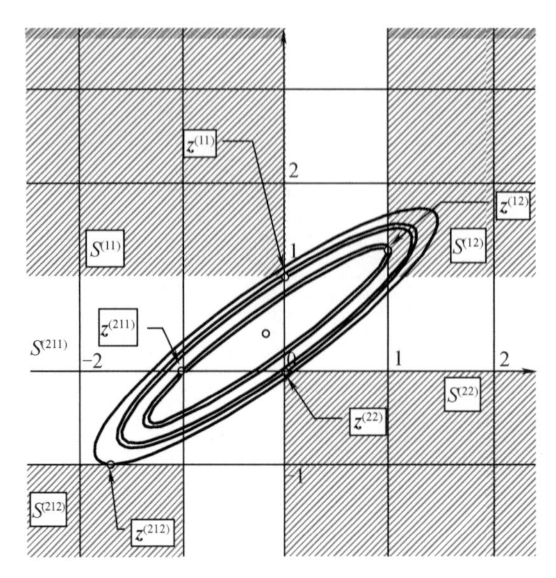

图 1.5.9　对应于集合 $S^{(11)} \cup S^{(12)} \cup S^{(211)} \cup S^{(212)} \cup S^{(22)} \subset S$ 的平面划分

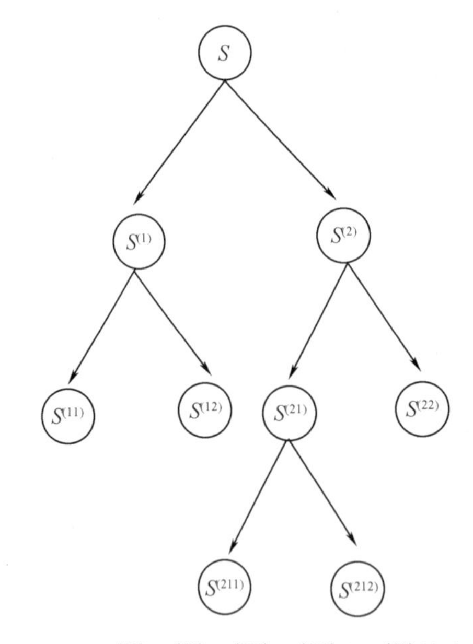

图 1.5.10　$S^{(11)}$、$S^{(12)}$、$S^{(211)}$、$S^{(212)}$ 和 $S^{(22)}$ 的分支树

现在,我们提出了分支定界算法的更正式描述。二叉树在每个步骤 k 都要进行转换。树的每个节点对应于空间 $\boldsymbol{R}^n$ 的子集。在所有图中,分支从以符号 S 标记的节点开始。它称为根且对应于 $\boldsymbol{R}^n$。$\boldsymbol{R}^n$ 在步骤 $k=0$ 时,树仅由根组成。令 $\{S^{(\alpha_1)}, S^{(\alpha_2)}, \cdots, S^{(\alpha_{m_k})}\}$ 为对应于当前树的叶子的子集,α_i 即为多索引。如果叶节点分支到另外两个叶子,则索引 α_i 转换为两个索引 α_{i1} 和 α_{i2}。在步骤 k 的叶子总数为 m_k,有 $m_0=1$。须知 $m_0=1$,树的叶子是尚未进行分支的节点(图 1.5.13)。

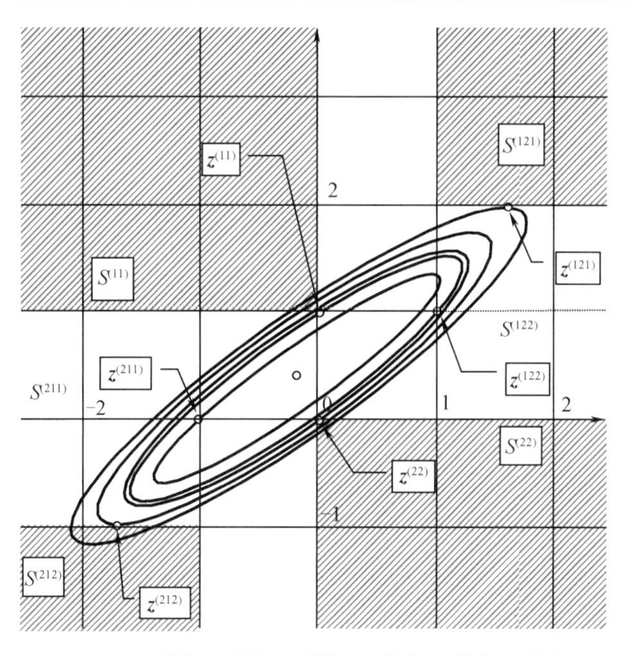

图 1.5.11　对应于集合 $S^{(11)}\cup S^{(121)}\cup S^{(122)}\cup S^{(211)}\cup S^{(212)}\cup S^{(22)}\subset S$ 的平面划分

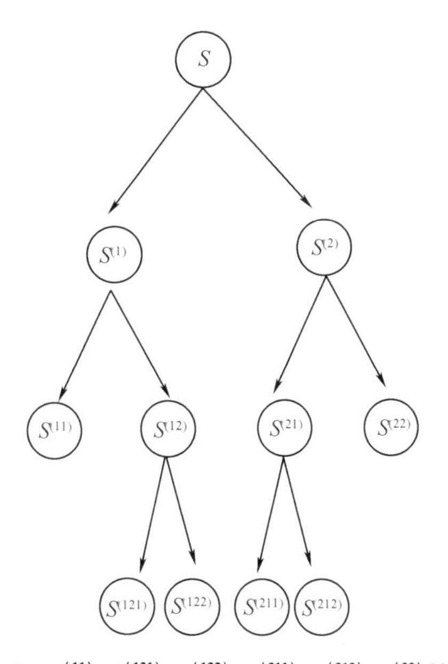

图 1.5.12　$S^{(11)}$、$S^{(121)}$、$S^{(122)}$、$S^{(211)}$、$S^{(212)}$、$S^{(22)}$ 的分支树

与叶子相对应的子集具有以下属性：

$$\boldsymbol{Z}^n \cap \left(\bigcup_{i=1}^{m_k} S^{(\alpha_i)}\right) = \boldsymbol{Z}^n \tag{1.5.74}$$

这意味着整数栅格 $\boldsymbol{Z}^n$ 的每个点都属于叶子子集之一。将估计值 $v^{(\alpha_i)}$ 和节点 $\boldsymbol{z}^{(\alpha_i)}$ 分配给叶子子集，如下所示：

$$v^{(\alpha_i)} = \min_{\boldsymbol{y}\in S^{(\alpha_i)}} q(\boldsymbol{y}) = q(\boldsymbol{z}^{(\alpha_i)}) \tag{1.5.75}$$

在步骤 k，要分支的叶子被选定。即对应于估计的最小值的叶子为

$$v^{(\alpha_*)} = \min_{i=1,\cdots,m_k} v^{(\alpha_i)} \tag{1.5.76}$$

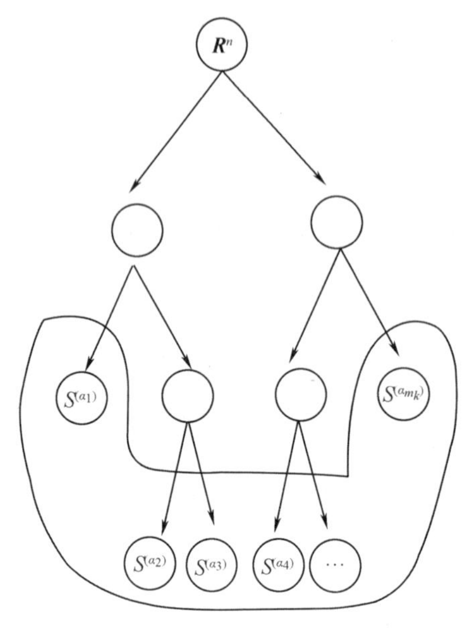

图 1.5.13　二叉树和叶子子集(实线包围区域)

如果向量 $z^{(\alpha_*)}$ 为整数,则它是式(1.5.64)的一个解。事实上,根据式(1.5.75)、式(1.5.76)和式(1.5.74),可得

$$\begin{aligned} v^{(\alpha_*)} &= \min_{i=1,\cdots,m_k} v^{(\alpha_i)} \\ &= \min_{i=1,\cdots,m_k} \{ \min_{\boldsymbol{y} \in S^{(\alpha_i)}} q(\boldsymbol{y}) \} \\ &\leqslant \min_{i=1,\cdots,m_k} \{ \min_{\boldsymbol{y} \in \mathbf{Z}^n \cap S^{(\alpha_i)}} q(\boldsymbol{y}) \} \\ &= \min_{\boldsymbol{y} \in \mathbf{Z}^n \cap (\cup_{i=1}^{m_k} S^{(\alpha_i)})} q(y) \\ &= \min_{\boldsymbol{y} \in \mathbf{Z}^n} q(\boldsymbol{y}) = v^* \end{aligned} \tag{1.5.77}$$

另一方面,对于任一包含 $z^{(\alpha_*)}$ 的整数点来说,都有以下条件:

$$v^* \leqslant v^{(\alpha_*)} \tag{1.5.78}$$

联立式(1.5.77)和式(1.5.78),证明了 $v^* = v^{(\alpha_*)}$,这意味着 $z^{(\alpha_*)}$ 的最优性。

如果向量 $z^{(\alpha_*)}$ 不是整数,则至少一个条目(例如第 l 个条目)满足条件

$$[z_l^{(\alpha_*)}] < z_l^{(\alpha_*)} < [z_l^{(\alpha_*)}] + 1 \tag{1.5.79}$$

式中,[·]代表取整。集合 $S^{(\alpha_*)}$ 被分成以下两部分:

$$\begin{aligned} S^{(\alpha_* 1)} &= S^{(\alpha_*)} \cap \{ \boldsymbol{z} : z_l \leqslant [z_l^{(\alpha_*)}] \} \\ S^{(\alpha_* 2)} &= S^{(\alpha_*)} \cap \{ \boldsymbol{z} : z_l \geqslant [z_l^{(\alpha_*)}] + 1 \} \end{aligned} \tag{1.5.80}$$

此外,我们还得到 $[z_l^{(\alpha_*)}] < z_l < [z_l^{(\alpha_*)}] + 1$,正如图 1.5.14 所示,这意味着叶节点 $S^{(\alpha_*)}$ 被分支。多指标 $\alpha_* 1$ 和 $\alpha_* 2$ 是通过在多重索引 α_* 的末尾添加符号 1 或 2 来构造的。这样就完成了分支定界算法的描述。

估计问题(1.5.75)是具有按组件组合的框约束的二次规划问题。Gill 等(1982)研究了解决此类问题的算法。分支定界算法的实际数值复杂度取决于已进行的分支数目。分支树离单个分支越近(图 1.5.15),算法就越快捷。另一方面,完整的二叉树可能达到指数级的计算复杂度。

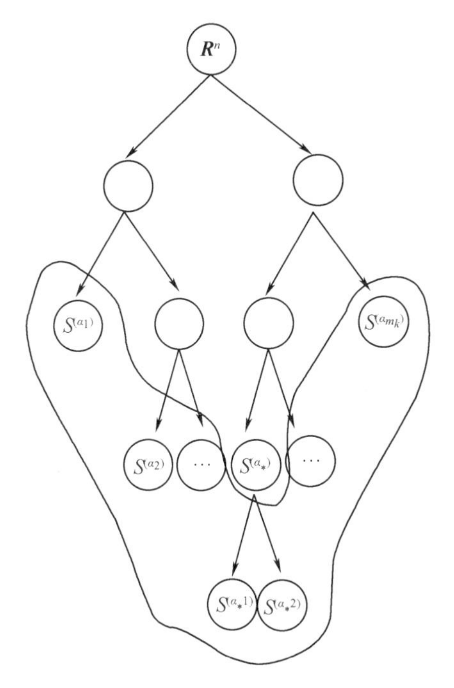

图 1.5.14　执行分支后的二叉树和一组叶子

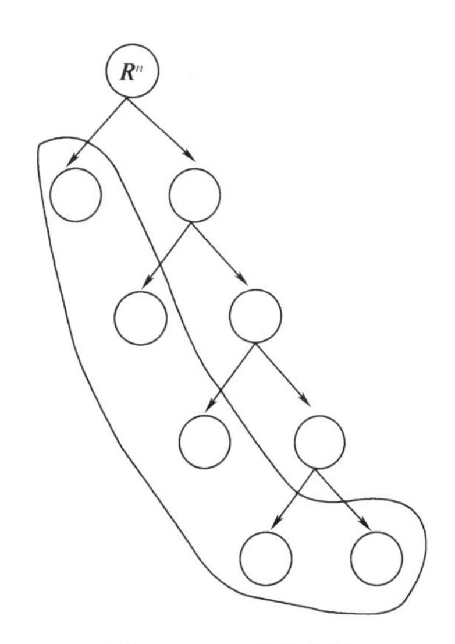

图 1.5.15　单分支树

注意到式(1.5.64)中的矩阵 $\boldsymbol{D}$ 越接近对角矩阵(问题越接近自变量平方的最小化),则执行算法时结果树中涉及的分支(叶子越少)越少。因此,一个重要的任务是将问题(1.5.64)转换为使矩阵 $\boldsymbol{D}$ 接近对角阵的形式。当然,必须保留问题的整数性质。单模转换用于此目的,因为它们是整数值及其相反数。矩阵非对角阵条目的减少与由其 Cholesky 因子产生的栅格的减少紧密相关。在所有产生相同栅格的格基中,人们寻找具有最短向量的格基,即 Korkine 等(1873)率先提出的格基约简理论。Lenstra 等(1982)的工作在线性和二次整数优化领域引起了大家对格基约简问题的关注。

在简短介绍另一种称为 Finke-Pohst 算法的整数最小化方法后,我们将介绍 LLL(Lensta-Lenstra-Lovász)算法(参见 Pohst(1981)以及 Fincke 等(1985)的文献)。

2. Finke-Pohst 算法

本小节中描述的算法与 LAMBDA 算法重叠,同时由其他作者独立提出。问题(1.5.64)可以等效地表示为计算最接近给定矢量的给定网格的矢量。回想一下,对于线性独立的向量 $\boldsymbol{b}_1,\cdots,\boldsymbol{b}_m \in \boldsymbol{R}^n$,网格 Λ 是其具有整数系数的线性组合的集合,即

$$\Lambda = \left\{\hat{\boldsymbol{b}} = \sum_{i=1}^{n} \hat{z}_i \boldsymbol{b}_i : \hat{z}_i \in \boldsymbol{Z}\right\} \tag{1.5.81}$$

通过计算矩阵 $\boldsymbol{D}=\boldsymbol{L}\boldsymbol{L}^{\mathrm{T}}$ 和 $\boldsymbol{b}=\boldsymbol{L}^{\mathrm{T}}\boldsymbol{z}$ 的 Cholesky 分解,我们可以将式(1.5.64)化为计算最

接近 $\boldsymbol{b}$ 的网格的向量问题(最接近的向量问题,即 CVP)。还要注意,可以由不同的基数 $\boldsymbol{b}_1,\cdots,\boldsymbol{b}_n\in\boldsymbol{R}^n$ 生成相同的网格。令 $\boldsymbol{B}$ 和 $\boldsymbol{B}^*$ 分别为由列 $\boldsymbol{b}_1,\cdots,\boldsymbol{b}_n$ 和 $\boldsymbol{b}_1^*,\cdots,\boldsymbol{b}_n^*$ 组成的矩阵,Λ 如果存在一个整数值的单模(整数值的可逆)矩阵 $\boldsymbol{U}$,使得 $\boldsymbol{B}^*=\boldsymbol{BU}$,则两个基数会生成相同的网格 Λ。Pohst(1981)和 Fincke 等(1985)提出了以下 CVP 算法:

$$q(\hat{z})=\sum_{i=1}^{n}l_{jj}^2\left[\hat{z}_j-z_j+\sum_{i=j+1}^{n}q_{ij}(\hat{z}_i-z_i)\right]^2 \tag{1.5.82}$$

向量$\hat{z}$ 的顺序搜索是由矩阵 $\boldsymbol{L}$ 和式(1.5.82)的三角形结构决定的。令 C 为式(1.5.64)中最小值的上限。例如,$C=q[z]$,显然,$|\hat{z}_n-z_n|$ 的值由 $C^{1/2}/l_{nm}$ 的值限制。进一步来说,有

$$\left]z_n-\frac{C^{1/2}}{l_{nn}}\right[\leqslant\hat{z}_n\leqslant\left[z_n+\frac{C^{1/2}}{l_{nn}}\right] \tag{1.5.83}$$

式中,$[x]$是大于或等于 x 的最小整数,而$]x[$是小于或等于 x 的最大整数。当应用 LAMBDA 算法时,我们已经获得了相似的界线(1.5.47)。对于每个满足式(1.5.83)的 $\hat{z}_n$ 的可能值,有

$$l_{n-1,n-1}^2[\hat{z}_{n-1}-z_{n-1}+q_{n,n-1}(\hat{z}_{n-1}-z_{n-1})]^2\leqslant C-l_{nn}^2(\hat{z}_n-z_n)^2 \tag{1.5.84}$$

最后的不等式代表上下限

$$L_{n-1}\leqslant\hat{z}_{n-1}\leqslant U_{n-1} \tag{1.5.85}$$

$$L_{n-1}=\left]z_{n-1}-q_{n,n-1}(\hat{z}_{n-1}-z_{n-1})-\frac{T_{n-1}^{1/2}}{l_{n-1,n-1}}\right[\tag{1.5.86}$$

$$U_{n-1}=\left[z_{n-1}-q_{n,n-1}(\hat{z}_{n-1}-z_{n-1})+\frac{T_{n-1}^{1/2}}{l_{n-1,n-1}}\right] \tag{1.5.87}$$

$$T_{n-1}=C-l_{nn}^2(\hat{z}_n-z_n)^2 \tag{1.5.88}$$

继续处理其他条目 $\hat{z}_{n-2},\hat{z}_{n-3},\cdots$,对于每个固定值集 $\hat{z}_n,\hat{z}_{n-1},\cdots,\hat{z}_{k+1}$,我们可得 $\hat{z}_n,\hat{z}_{n-1},\cdots,\hat{z}_{k+1}$,即

$$l_{kk}^2\left[\hat{z}_k-z_k+\sum_{i=k+1}^{n}q_{ik}(\hat{z}_i-z_i)\right]^2\leqslant T_k \tag{1.5.89}$$

$$T_k=T_{k+1}-l_{k+1,k+1}^2\left[\hat{z}_{k+1}-z_{k+1}+\sum_{i=k+2}^{n}q_{i,k+1}(\hat{z}_i-z_i)\right]^2 \tag{1.5.90}$$

式中,$T_n=C$ 以及 k 以降序取值,$n-1,n-2,\cdots,1$。每次获得满足条件 $q(\hat{z})<C$ 的向量时,C 都会适当降低。同样,应注意与先前描述的估计值式(1.5.48)和式(1.5.49)的相似性。以下算法总结了这些注意事项。如果记录已在算法的最外层迭代中进行了更新,则用$\boldsymbol{z}^*$表示当前记录向量,将 f 表示为采用单位值的二进制标志,否则用 0 表示。

(1)$\boldsymbol{z}^*=[z]$,$C=q([z])$,$f=1$。

(2)如果 $f=0$,算法以$\boldsymbol{z}^*$作为结果终止。

(3)设置 $k=n$,$T_n=C$,$S_n=0$,$f=0$。

(4)设置 $U_k=\left[\frac{T_k^{1/2}}{l_{k,k}}+z_k-S_k\right]$,$L_k=\left]-\frac{T_k^{1/2}}{l_{k,k}}+z_k-S_k\right[$,$\hat{z}=L_k-1$。

(5)设置 $\hat{z}_k:=\hat{z}_k+1$。如果 $\hat{z}_k \leqslant U_k$,去步骤(7),否则去步骤(6)。

(6)如果 $k=n$,去步骤(2),否则设置 $k:=k+1$ 并且去步骤(5)。

(7)如果 $k=1$,去步骤(8),否则设置 $k:=k-1$,$S_k=\sum_{i=k+1}^{n} q_{i,k}(\hat{z}_i-z_i)$,$T_k=T_{k+1}-q_{k+1,k+1}(\hat{z}_{k+1}-z_{k+1}+S_{k+1})^2$,去步骤(4)。

(8)如果 $q(\hat{z})<C$,设置 $C=q(\hat{z})$,$z^*=\hat{z}$ 以及 $f=1$,去步骤(5)。

这就是 Fincke-Pohst 算法。它的各种变形在步骤(5)更新值 $\hat{z}_k$ 的策略上各有不同。例如,可以从左到右或从中心开始排序,例如 0,-1, 1,-2, 2,…。

如 Fincke 等(1985)所述,使用栅格简化可以显著降低算法的计算复杂度。令 r_i 表示矩阵$(\boldsymbol{L}^{\mathrm{T}})^{-1}$ 的列,则有

$$(\hat{z}_i-z_i)^2=[r_i^{\mathrm{T}}\boldsymbol{L}^{\mathrm{T}}(\hat{\boldsymbol{z}}-\boldsymbol{z})]^2 \leqslant \|r_i\|^2(\hat{\boldsymbol{z}}-\boldsymbol{z})^{\mathrm{T}}\boldsymbol{D}(\hat{\boldsymbol{z}}-\boldsymbol{z}) \leqslant \|r_i\|^2 C \tag{1.5.91}$$

对于所有 $i=1,\cdots,n$,这意味着通过减少矩阵$\boldsymbol{L}^{-1}$ 的行的长度来减小整数变量的搜索范围。将任何归约方法应用于矩阵$(\boldsymbol{L}^{\mathrm{T}})^{-1}$,我们通过将其与适当选择的单模矩阵 $\boldsymbol{U}^{-1}$ 相乘来获得归约矩阵,从而获得$(\boldsymbol{M}^{\mathrm{T}})^{-1}=\boldsymbol{U}^{-1}(\boldsymbol{L}^{\mathrm{T}})^{-1}$。然后,代入式(1.5.64)求解 CVP:

$$q(\hat{\boldsymbol{y}})=(\hat{\boldsymbol{y}}-\boldsymbol{y})^{\mathrm{T}}\boldsymbol{M}\boldsymbol{M}^{\mathrm{T}}(\hat{\boldsymbol{y}}-\boldsymbol{y}) \tag{1.5.92}$$

使用上述算法,$\boldsymbol{y}=\boldsymbol{U}^{-1}\boldsymbol{z}$,并恢复原始整数值向量

$$\hat{\boldsymbol{z}}=\boldsymbol{U}\hat{\boldsymbol{y}} \tag{1.5.93}$$

生成的算法步骤如下:

(1)计算 Cholesky 分解 $\boldsymbol{D}=\boldsymbol{L}\boldsymbol{L}^{\mathrm{T}}$ 和 $\boldsymbol{L}^{-1}$(作为 $\boldsymbol{L}\boldsymbol{X}=\boldsymbol{I}$ 的解来计算)。

(2)执行格基约简,计算行约简矩阵$(\boldsymbol{M}^{\mathrm{T}})^{-1}$,再利用$(\boldsymbol{M}^{\mathrm{T}})^{-1}=\boldsymbol{U}^{-1}(\boldsymbol{L}^{\mathrm{T}})^{-1}$ 的单模矩阵 $\boldsymbol{U}^{-1}$ 计算 $\boldsymbol{M}^{\mathrm{T}}=\boldsymbol{L}^{\mathrm{T}}\boldsymbol{U}$。

(3)计算 Cholesky 分解$\overline{\boldsymbol{L}}\,\overline{\boldsymbol{L}}^{\mathrm{T}}=\boldsymbol{M}\boldsymbol{M}^{\mathrm{T}}$ 和 $q_{ij}=\overline{l_{ij}}/\overline{l_{jj}}$。

(4)计算 $z:=U^{-1}z$ 并执行上述步骤(1)至(8)。

3. 格基约简算法

现在我们描述一下格基约简,旨在减少矩阵 $\boldsymbol{L}$ 的行(矩阵 $\boldsymbol{L}^{\mathrm{T}}$ 的列)。令 $\boldsymbol{b}_1,\cdots,\boldsymbol{b}_n$ 为生成格基(1.5.81)的 $\boldsymbol{L}^{\mathrm{T}}$ 的列。从 LLL 算法开始,我们将 Gram-Schmidt 正交化过程应用于向量 $\boldsymbol{b}_1,\cdots,\boldsymbol{b}_n$。正交向量 $\boldsymbol{b}_1^*,\cdots,\boldsymbol{b}_n^*$ 和数 $\mu_{ij}(1\leqslant j\leqslant i\leqslant n)$ 归纳地定义为

$$\boldsymbol{b}_1^*=\boldsymbol{b}_1,\boldsymbol{b}_i^*=\boldsymbol{b}_i-\sum_{j=1}^{i-1}\mu_{ij}\boldsymbol{b}_j^* \tag{1.5.94}$$

$$\mu_{ij}=\boldsymbol{b}_i^{\mathrm{T}}\boldsymbol{b}_j^*/\boldsymbol{b}_j^{*\mathrm{T}}\boldsymbol{b}_j^* \tag{1.5.95}$$

注意到,$i>1$ 时,$\boldsymbol{b}_i^*$ 是 $\boldsymbol{b}_i$ 在向量 $\boldsymbol{b}_j^*$ 上线性子空间的正交补的投影,有 $j=1,\cdots,i-1$ 和 $\boldsymbol{b}_1^*,\cdots,\boldsymbol{b}_n^*$。向量 $\boldsymbol{b}_i^*$ 形成 $\boldsymbol{R}^n$ 的正交基。μ_{ij} 的绝对值越小,则格基 $\boldsymbol{b}_1,\cdots,\boldsymbol{b}_n$ 的原始基越接近正交基。当满足下列条件时,格基的基被称作 LLL 归约:

$$|\mu_{ij}| \leqslant \frac{1}{2} \quad 1\leqslant j<i\leqslant n \tag{1.5.96}$$

以及

$$\|\boldsymbol{b}_i^*\|^2+\mu_{i,i-1}^2\|\boldsymbol{b}_{i-1}^*\|^2 \geqslant \delta\|\boldsymbol{b}_{i-1}^*\|^2 \quad 1<i\leqslant n \tag{1.5.97}$$

其中，$\frac{1}{4}<\delta\leqslant 1$，最初的 Lenstra 等(1982)的论文考虑到了 $\delta=\frac{3}{4}$ 的情况。条件(1.5.96)称为尺寸减小条件，而条件(1.5.97)称为 Lovász 条件。以下变换称为尺寸缩减变换，并且对于 $l<k$，用 $T(k,l)$ 表示：

$$\text{如果} |\mu_{kl}|>\frac{1}{2} \text{则} \begin{cases} r=\text{最接近} \mu_{kl} \text{的整数}, b_k=b_k-rb_l \\ \mu_{kj}:=\mu_{kj}-r\mu_{lj} \quad j=1,2,\cdots,i-1 \\ \mu_{kl}:=\mu_{kl}-r \end{cases} \tag{1.5.98}$$

当 $\delta=\frac{3}{4}$ 时，LLL 算法包括以下步骤：

(1)根据式(1.5.94)和式(1.5.95)执行 Gram-Schmidt 正交化，并定义 $B_i=\|\boldsymbol{b}_i^*\|^2$。设置 $k=2$。

(2)执行 $T(k,k-1)$，如果 $B_k<\left(\frac{3}{4}-\mu_{k,k-1}^2\right)B_{k-1}$，则去步骤(3)。对于 $l=k-2,\cdots,1$，执行 $T(k,l)$。如果 $k=n$，结束 $k:=k+1$，去步骤(2)。

(3)设置 $\mu:=\mu_{k,k-1}$，$B:=B_k+\mu^2B_{k-1}$，$\mu_{k,k-1}:=\mu B_{k-1}/B$，$B_k:=B_{k-1}B_k/B$，$B_{k-1}:=B$，交换向量 $(b_{k-1},b_k):=(b_k,b_{k-1})$，交换值 $\begin{pmatrix}\mu_{k-1,j}\\ \mu_{k,j}\end{pmatrix}:=\begin{pmatrix}\mu_{k,j}\\ \mu_{k-1,j}\end{pmatrix}(j=1,2,\cdots,k-2)$，有 $\begin{pmatrix}\mu_{i,k-1}\\ \mu_{i,k}\end{pmatrix}:=\begin{pmatrix}1 & \mu_{k,k-1}\\ 0 & 1\end{pmatrix}\begin{pmatrix}0 & 1\\ 1 & -\mu\end{pmatrix}\begin{pmatrix}\mu_{i,k-1}\\ \mu_{i,k}\end{pmatrix}(j=k+1,k+2,\cdots,n)$，如果 $k>2$，则 $k:=k-1$，去步骤(2)。

在构造简化基的同时，单模矩阵 $\boldsymbol{U}$ 也被构造。变换 $T(k,l)$ 等效于矩阵 $\boldsymbol{B}=[\boldsymbol{b}_1,\boldsymbol{b}_2,\cdots,\boldsymbol{b}_n]$ 与以下矩阵的乘积：

$$\begin{bmatrix} 1 & & & \\ & 1 & & \\ & -r & 1 & \\ & & & 1 \end{bmatrix} \begin{matrix} \\ \leftarrow k \\ \leftarrow l \\ \\ \end{matrix} \tag{1.5.99}$$

步骤(2)等效于置换矩阵

$$\begin{bmatrix} 1 & & & \\ & 0 & 1 & \\ & 1 & 0 & \\ & & & 1 \end{bmatrix} \begin{matrix} \\ \leftarrow (k-1) \\ \leftarrow k \\ \\ \end{matrix} \tag{1.5.100}$$

顺序生成的矩阵(1.5.99)和矩阵(1.5.100)的乘积将得出矩阵 $\boldsymbol{U}$。

请注意，LLL 算法不是历史上提出的第一个归约算法。基归约的另一种类型是 Korkine-Zolotareff(KZ)归约。为了定义它，给定基 $\boldsymbol{b}_1,\boldsymbol{b}_2,\cdots,\boldsymbol{b}_n$，我们构造了通过 Gram-Schmidt 分解式(1.5.94)和式(1.5.95)获得的上三角矩阵如下：

$$
\boldsymbol{G}=\begin{bmatrix} \|\boldsymbol{b}_1^*\| & \mu_{21}\|\boldsymbol{b}_1^*\| & \mu_{31}\|\boldsymbol{b}_1^*\| & \cdots & \mu_{n1}\|\boldsymbol{b}_1^*\| \\ 0 & \|\boldsymbol{b}_2^*\| & \mu_{32}\|\boldsymbol{b}_2^*\| & \cdots & \mu_{n2}\|\boldsymbol{b}_2^*\| \\ 0 & 0 & \|\boldsymbol{b}_3^*\| & \cdots & \mu_{n3}\|\boldsymbol{b}_3^*\| \\ \vdots & \vdots & \vdots & \ddots & \vdots \\ 0 & 0 & 0 & \cdots & \|\boldsymbol{b}_n^*\| \end{bmatrix} \tag{1.5.101}
$$

如果将基 $\boldsymbol{b}_1,\boldsymbol{b}_2,\cdots,\boldsymbol{b}_n$ 的上三角表示(1.5.101)缩小,则 KZ 归约缩小。如果 $n=1$ 或以下每个条件均成立,则将矩阵(1.5.101)递归定义为 KZ 归约。向量$(\|\boldsymbol{b}_1^*\|,0,\cdots,0)^{\mathrm{T}}$ 在由矩阵(1.5.101)的列和子矩阵生成的栅格中维度最短,并且子矩阵为

$$
\begin{bmatrix} \|\boldsymbol{b}_2^*\| & \mu_{32}\|\boldsymbol{b}_2^*\| & \cdots & \mu_{n2}\|\boldsymbol{b}_2^*\| \\ 0 & \|\boldsymbol{b}_3^*\| & \cdots & \mu_{n3}\|\boldsymbol{b}_3^*\| \\ \vdots & \vdots & \ddots & \vdots \\ 0 & 0 & \cdots & \|\boldsymbol{b}_n^*\| \end{bmatrix} \tag{1.5.102}
$$

且被 KZ 约简。被 KZ 约简的基也被 LLL 约简,但是对于 LLL,存在上述具有多项式复杂度的 LLL 算法,而 KZ 约简则需要更广泛的计算。Schnorr(1987)提出了 KZ 和 LLL 约简的混合工作模式。Agrell 等(2002)的研究推荐将 KZ 约简应用于式(1.5.64)中,针对不同向量 z,同一格栅被多次重复检索的情况;否则,建议使用 LLL 约简(对于 RTK 应用则为后者)。

Wübben 等(2011)介绍了 Seysen 式约简和 Brun 式约简算法。两种方法都使用单模转换,不同之处在于所得基的正交性度量的定义。

Wang 等(2010)以及 Zhou 等(2013)介绍了另一类方法,称为逆整数 Cholesky 解相关。为了使矩阵 $\boldsymbol{D}$ 或其逆更接近对角阵,已经开发了不同的去相关技术。单模变换的构造以如下形式的 Cholesky 分解开始:

$$
\boldsymbol{D}=\boldsymbol{L}\boldsymbol{\Delta}\boldsymbol{L}^{\mathrm{T}} \tag{1.5.103}
$$

式中,$\boldsymbol{D}$ 是单位对角阵的下三角矩阵;$\boldsymbol{\Delta}$ 是具有正数元素的对角矩阵。单模变换矩阵 $\boldsymbol{U}_1$ 被构造为 $\boldsymbol{D}$ 的逆同时对其取整,即

$$
\boldsymbol{U}_1=[\boldsymbol{L}^{-1}] \tag{1.5.104}
$$

单模变换可以应用于 $\boldsymbol{D}$ 或 $\boldsymbol{D}^{-1}$,我们有

$$
\boldsymbol{D}_1=\boldsymbol{U}_1\boldsymbol{D}\boldsymbol{U}_1^{\mathrm{T}} \tag{1.5.105}
$$

由于在式(1.5.104)中将取整运算应用于 $\boldsymbol{L}^{-1}$,因此矩阵 $\boldsymbol{D}_1$ 不是对角阵。重复计算式(1.5.103)至式(1.5.105),构成单模变换 $\boldsymbol{U}^{\mathrm{T}}=\boldsymbol{U}_1^{\mathrm{T}}\boldsymbol{U}_2^{\mathrm{T}}\cdots$收敛或达到预定条件编号为止。

4. 其他搜索策略

本节通过分支定界算法和 Fincke-Pohst 算法介绍了整数最小二乘算法的第二阶段。为了描述搜索策略的其他方法,我们将使用 Agrell 等(2002)提出的概念。

将问题(1.5.64)以以下形式重写:

$$
\|\boldsymbol{G}\hat{z}-\boldsymbol{x}\|^2 \to \min_{\hat{z}\in \boldsymbol{Z}^n} \tag{1.5.106}
$$

矩阵 $\boldsymbol{G}$ 的列上的栅格的递归表征如下:

$$G=[G_{n-1}|g_n] \tag{1.5.107}$$

式中,G_{n-1} 是 $n\times(n-1)$ 维矩阵;g_n 是 G 的最后一列。此外,g_n 可以写作 $g_n=g_{\parallel}+g_{\perp}$。其中 $g_{\parallel}\in \text{span}(G_{n-1})$ 属于 G_{n-1} 的列空间,且$G_{n-1}g_{\perp}=0$。如果矩阵 G 如式(1.5.101)所示为上三角矩阵,则显然 $g_{\parallel}=(g_{n1},\cdots,g_{n,n-1},0)^{\mathrm{T}}$ 且 $g_{\perp}=(0,\cdots,0,g_{nn})^{\mathrm{T}}$。然后可以将栅格 $\Lambda(G)$ 分解为 $n-1$ 维平移子栅格的堆栈,即

$$\Lambda(G)=\bigcup_{z_n=-\infty}^{+\infty}\{c+z_ng_{\parallel}+z_ng_{\perp}:c\in\Lambda(G^*)\} \tag{1.5.108}$$

$\{c+z_ng_{\parallel}+z_ng_{\perp}:c\in\Lambda(G^*)\}$包含这些子格的超平面被称为图层。因此,数字 z_n 索引各层,它表示某个栅格点属于哪一层。向量 $g_{\parallel}$ 是子栅格在其层内相对于相邻层平移的偏移量。两个相邻层之间的距离为$\|g_{\perp}\|$。因为 $g_{nm}>0$,对于上三角矩阵(1.5.101),有$\|g_{\perp}\|=|g_{nn}|=g_{nn}$,因为 $g_{nn}>0$。

目前,一大类搜索算法可以递归地描述为有限数量的 $n-1$ 维搜索操作。

从式(1.5.106)中的向量 x 到由数字 z_n 索引的层的距离为

$$y_n=|z_n-\bar{z}_n|\cdot\|g_{\perp}\| \tag{1.5.109}$$

其中 $\bar{z}_n$ 被定义为

$$\bar{z}_n=\frac{x^{\mathrm{T}}g_{\perp}}{g_{\perp}^{\mathrm{T}}g_{\perp}} \tag{1.5.110}$$

对于上三角矩阵的情况(1.5.101),我们有 $y_n=|z_ng_{nn}-x_n|$(因为 $g_{nm}>0$)。令 z^* 为式(1.5.106)的解,ρ_n 为$\|G\hat{z}-x\|$的上限。然后仅需搜索式(1.5.108)中的有限数量的层,并按数字索引

$$z_n=\left\lceil\bar{z}_n-\frac{\rho_n}{\|g_{\perp}\|}\right\rceil,\cdots,\left\lfloor\bar{z}_n-\frac{\rho_n}{\|g_{\perp}\|}\right\rfloor \tag{1.5.111}$$

z_n=最接近整数($\bar{z}_n$)的层与 x 的正交距离最短。除了上面已经描述的两种搜索方法外,还有另外三种方法。每个索引都在搜索层段(1.5.111)中建立索引,但是它们的不同之处在于尝试层的顺序以及处理和更新上限 ρ_n 的方式。注意,在分支定界方法中,我们处理下限。

设$[[z]]\equiv$最近的整数(z)。如果在式(1.5.111)中仅考虑 $z_n^*=[[\bar{z}_n]]$,则该问题将立即简化为一个 $n-1$ 维问题。这种策略的顺序应用产生了 Babai 最近平面算法(Babai, 1986)。注意,对于每个尺寸减小,可以重复或更新栅格减小。可以运用 Babai 最近平面算法,而无须利用式(1.5.101)减少到上三角。Bubai 最近平面算法是一种快速的时间多项式方法,可为式(1.5.106)提供近似解。换句话说,其计算成本与维数 n 有关。结果不仅取决于向量 x 和栅格 $\Lambda(G)$,而且还取决于格基约简的栅格基。通过此算法找到的解 z^{B} 称为 Babai 解,栅格点$x^{\mathrm{B}}=Gz^{\mathrm{B}}$ 称为 Babai 栅格点。

通过其他方法可以找到式(1.5.106)的严格解。遍历所有层并以 ρ_{n-1} 的相同值搜索每一层,而不管 z_n 如何,都会产生 Kannan 策略(Kannan,1983,1987)。

误差向量 Gz^*-x 由两个正交分量组成。第一个属于 $G_{n-1}[g_{\parallel}\in\text{span}(G_{n-1})]$的列空间,且它表示 $n-1$ 维误差向量。第二个与 $g_{\perp}$ 共线,长度如式(1.5.109)定义。由于距离 y_n

取决于层索引 z_n，因此可以将上限 ρ_{n-1} 选择为

$$\rho_{n-1}=\sqrt{\rho_n^2-y_n^2} \tag{1.5.112}$$

这种使边界取决于层索引的思想就代表了 Pohst 策略（Pohst，1981；Fincke et al.，1985）。上面已经给出了针对上三角矩阵 $\boldsymbol{G}$ 的基于该策略的算法的详细说明，可用于搜索位于球体内部的点。这就是该方法又被称为“球体解码器”的原因，因为向量 $\boldsymbol{x}$ 的解码是通信应用程序的目标。当找到球体内的栅格点时，边界 ρ_n 立即更新（请参见步骤(8)，$C=\rho_n{}^2$）。

Schnorr-Euchner 策略（Schnorr 等，1994）结合了 Babai 最近平面算法和 Fincke-Pohst 解码器的思想。令 $\bar{z}_n \leqslant [[\bar{z}_n]]$，则有以下排列：

$$z_n=[[\bar{z}_n]],[[\bar{z}_n]]-1,[[\bar{z}_n]]+1,[[\bar{z}_n]]-2,\cdots \tag{1.5.113}$$

以与 $\boldsymbol{x}$ 不变的距离对式（1.5.111）中的层进行排序。同样，它们按以下顺序排列：

$$z_n=[[\bar{z}_n]],[[\bar{z}_n+1]],[[\bar{z}_n-1]],[[\bar{z}_n+2]],\cdots \quad (\bar{z}_n>[[\bar{z}_n]]) \tag{1.5.114}$$

由于层的体积随着距离 y_n 的增加而减小，因此尽早找到正确层的机会就最大化。根据与 $\boldsymbol{x}$ 的距离不变而具有层顺序的另一个优点是，只要 y_n 超过到最佳栅格点$\boldsymbol{G}\hat{\boldsymbol{z}}$ 的距离，搜索就可以安全终止。目前的研究表明，该算法生成的第一个栅格点将是 Babai 栅格点。由于式（1.5.113）或式（1.5.114）的排序不取决于边界 ρ_n，因此不需要对该边界进行初步猜测。每次找到记录值时都会更新边界。边界的第一个值是从 $\boldsymbol{x}$ 到 Babai 栅格点的距离。

5. LAMBDA 算法与 LLL 算法之间的联系

LLL 算法在离散优化和通信理论的不同领域中发挥着重要作用。它在整数编程算法中用作预处理步骤（Schrijver，1986）。1993 年，Teunissen 发布了 LAMBDA 算法，用于解决 GPS 模糊度的整数最小二乘问题。在其第一阶段，构建预处理单模变换并将其应用于协方差矩阵。从时间上看，LAMBDA 算法的出现要晚于 LLL 算法，但从理论上讲，LAMBDA 算法独立于 LLL 算法，并且许多论文指出了去相关 LAMBDA 算法和 LLL 算法之间的重叠及差异（Lannes，2013；Grafarend，2000）。同样，LAMBDA 算法的整数搜索部分与 Fincke-Pohst 算法也有相似之处。目前，这些算法正在同时开发。对 LLL 算法所做的所有开发都可以应用于 LAMBDA 算法，反之亦然。

LAMBDA 算法最优性的统计证明已发表在 Teunissen（1999）文献中，其引入了一类整数估计器，包括整数舍入、整数自举；详细信息以及整数最小二乘法，请参阅 Blewitt（1989）和 Dong 等（1989）的文献。从最大化正确整数估计的概率角度来看，整数最小二乘估计器被证明是最佳的。对于模糊度解决方案，这意味着整数载波相位模糊度的任何其他估计器的成功率将小于或等于整数最小二乘估计器的模糊度分辨率。这一有用的结论可以扩展到本小节中考虑的任何算法上，但不包括 Babai 最近平面算法，因为它提供了快速但近似的解决方案。值得一试的是可将 Teunissen（1999）的分析扩展到 Babai 最近平面算法的案例中，以查看其成功率与近似算法的成功率之间的关系。

有了这些关于 LAMBDA 算法与其他整数最小二乘估计量之间的联系的说明，我们得出了本节的结论。这些现有的联系可以说明一个事实，即科学家可以通过解决具有相似数学意义的不同技术问题来获得相似的有效结果。

应该注意的是，目前还没有最好的算法能同时在成功率和计算成本（包括预处理和搜

索的计算成本)方面显示出优越性。这为从事开发高精度大地测量软件的工程师创造了巨大的机会。

1.6 基准站网络支持的定位方法

定位总是以各种方式利用一个参考站网络来获取支持。即使对于精密单点定位(PPP)的情况也是如此,其中“背景网络”是全球 IGS 网络,其观测数据用于计算精密星历和卫星钟差。本节共讨论三种类型的定位技术。第一种是 PPP 模型,它使用的是合成参数,分别结合了模糊度、接收机、卫星硬件延迟和钟差,属于接收机码偏差和卫星码偏差的一部分。第二种技术是基于 CORS 的相对定位,其使用双差观测量来消除钟差和硬件延迟项。RTK 是这种解算方式的一部分,并对用户观测量应用经典的差分修正,其研究重点是跨接收机的差分。第三种是 PPP-RTK 算法,此方法是利用未知量参数化来消除系统的奇点,并计算偏差参数取代经典的差分修正,使用这些方法来修正用户观测量,并固定重新参数化的非差模糊度。本节将讨论几种 PPP-RTK 模型。第一个模型为单频观测模型。该模型以基础载波相位和伪距方程为基础设计网络解决方案来计算偏差。为了更好地理解各不同项如何被组合成重参数化过程的一部分内容,所有项在展开过程中一直参与计算,直到解算出用户位置。第二个模型为网络解算的双频模型以及逐线方法。最后一个模型使用了双频跨卫星差分。在使用相同的观测量时,尽管考虑到实现过程中可能发生差异导致性能改变,但实际上所有的双频 PPP-RTK 方法所得结果都非常接近。

1.6.1 PPP 模型

在传统网络形式的定位中,包括传统 RTK,都是将基准站的载波相位和码(伪距)差分修正信息发送给用户,用户端将观测量和差分修正信息转化为等效的双差或跨站单差值来完成模糊度固定从而实现定位的。这一技术将在第 1.6.2 节中讨论。在 PPP 模型或 PPP-RTK 模型中,重点是发射卫星载波相位和伪距偏差,包括钟差和硬件延迟偏差。通过重新参数化的形式消除所有线性相关参数来估计这些偏差。就 PPP 模型而言,重新参数化包括将整周模糊度、接收机和卫星硬件延迟组合成新参数,且将新参数估计为实数,而在 PPP-RTK 模型中,模糊度是孤立的,因此可直接利用整数约束。

对流层延迟的估计在 PPP 模型一节中被简要地讨论,这种估计也适用于 PPP-RTK 模型。

关于 PPP 模型,Zumberge 等(1998)引入了利用无电离层载波相位和伪距函数的精密单点定位。无电离层载波相位方程需要一个小的修改,以处理钟差、硬件延迟和模糊度。式(1.1.39)可以修改为

$$\begin{aligned}\Phi IF122_k^p &= \rho_k^p + (cdt_k - d_{k,\Phi IF12}) - (cdt^p - D_{\Phi IF12}^p) + \lambda_{\Phi IF12} N_{k,\Phi IF12}^p + T_k^p + M_{k,\Phi IF12}^p + \varepsilon_{\Phi IF12} \\ &= \rho_k^p + (cdt_k - d_{k,PIF12}) - (cdt^p - D_{PIF12}^p) + R_k^p + T_k^p + M_{k,\Phi IF12}^p + \varepsilon_{\Phi IF12} \\ &= \rho_k^p + \xi_{k,PIF12} - \xi_{PIF12}^p + R_k^p + T_k^p + M_{k,\Phi IF12}^p + \varepsilon_{\Phi IF12}\end{aligned} \tag{1.6.1}$$

式中，$d_{k,\Phi IF12}$ 和 $D_{\Phi IF12}^{p}$ 为各自接收机和卫星 L1 频段、L2 频段的硬件相位延迟函数，这些延迟利用的是无电离层函数中列出的硬件延迟的条件（1.1.33），特别是接收机延迟的函数（$d_{k,1,\Phi}$，$d_{k,2,\Phi}$）和卫星时延的函数（$D_{1,\Phi}^{p}$，$D_{2,\Phi}^{p}$）。$\lambda_{\Phi IF12}$ 和 $N_{k,\Phi IF12}^{p}$ 是无电离层的波长和模糊度，T_{k}^{p} 是对流层延迟，$M_{k,\Phi IF12}^{p}$ 代表多路径效应，$\varepsilon_{\Phi IF12}$ 是无电离层函数的随机观测噪声。在第二行，添加并减去 PIF12 函数中的接收机和卫星的无电离层硬件码延迟 $d_{k,PIF12}$ 及 D_{PIF12}^{p}，这些硬件延迟参数利用的是无电离层函数列出的硬件延迟偏差项（1.1.29），特别是接收机延迟是（$d_{k,1,P}$，$d_{k,2,P}$）的函数，卫星延迟是（$D_{1,P}^{p}$，$D_{2,P}^{p}$）的函数。组合项即

$$\begin{aligned} R_{k}^{p} &= \lambda_{\Phi IF12} N_{k,\Phi IF12}^{p} + (d_{k,PIF12} - D_{PIF12}^{p}) - (d_{k,\Phi IF12} - D_{\Phi IF12}^{p}) \\ \xi_{k,PIF12} &= c\mathrm{d}t_{k} - d_{k,PIF12} \\ \xi_{PIF12}^{p} &= c\mathrm{d}t^{p} - D_{PIF12}^{p} \end{aligned} \tag{1.6.2}$$

组合参数 R_{k}^{p} 将模糊度参数与接收机和卫星硬件伪距及相位延迟组合在一起。在传统的 PPP 中，硬件延迟项被认为是恒定的，即使对于长时间的观测量也是如此。因此，除非存在周跳，否则合成的参数（每个卫星和站对应一个）也是常数。新的参数 $\xi_{k,PIF12}$ 和 ξ_{PIF12}^{p} 称为无电离层接收机和卫星码偏差。它们由各自的钟差和硬件码延迟的 PIF12 函数产生。如上所述，这些延迟是函数（1.1.29）中列出的最初硬件码延迟 $d_{k,1,P}$、$d_{k,2,P}$、$D_{1,P}^{p}$ 和 $D_{2,P}^{p}$。同样地，有无电离层接收机偏差 $\xi_{k,\Phi IF12} = c\mathrm{d}t_{k} - d_{k,\Phi PIF12}$ 和卫星相位偏差 $\xi_{\Phi IF12}^{p} = c\mathrm{d}t^{p} - D_{\Phi IF12}^{p}$，由于组合参数的引入，这些偏差在式（1.6.1）中没有明确给出。

无电离层伪距观测量式（1.1.38）是 PPP 模型中的第二类观测量。使用无电离层接收机和卫星码偏差的参数化，该方程变为

$$\mathrm{PIF12}_{k}^{p} = \rho_{k}^{p} + \xi_{k,PIF12} - \xi_{PIF12}^{p} + T_{k}^{p} + M_{k,PIF12}^{p} + \varepsilon_{PIF12} \tag{1.6.3}$$

式（1.6.1）和式（1.6.3）组成了 PPP 模型。首先讨论了网解和用户解，其中保留了方程中的所有项，然后对如何处理对流层和电离层项做了简要说明。

重新参数化和网络解： 网络由 R 个已知的站组成，共视卫星为 S 个。在式（1.6.1）和式（1.6.3）中容易发现码偏差的线性依赖关系。接收机码偏差的任何变化都可以由卫星码偏差的相应变化来补偿。通过选择一个基准站，并将相对于该基准站的接收机码偏差参数化，可以方便地消除这种线性相关性。这是另一种类型的重新参数化。

对流层卫星变化量 ρ_{k}^{p} 应该移动到方程左边，由于网络接收机位于已知基准站，因此基准站坐标不需要估计。考虑以下由三个观测站、三颗观测卫星（忽略多路径项）组成的小型网络的公式和解算方案：

$$\begin{bmatrix} \mathbf{\Phi IF12}_{1} - \boldsymbol{\rho}_{1} \\ \mathbf{PIF12}_{1} - \boldsymbol{\rho}_{1} \\ \hdashline \mathbf{\Phi IF12}_{2} - \boldsymbol{\rho}_{2} \\ \mathbf{PIF12}_{2} - \boldsymbol{\rho}_{2} \\ \hdashline \mathbf{\Phi IF12}_{3} - \boldsymbol{\rho}_{3} \\ \mathbf{PIF12}_{3} - \boldsymbol{\rho}_{3} \end{bmatrix} = \left[\begin{array}{cc:cc:cc} \boldsymbol{I} & \boldsymbol{I} & \mathbf{0} & \mathbf{0} & \mathbf{0} & \mathbf{0} \\ \boldsymbol{I} & \mathbf{0} & \mathbf{0} & \mathbf{0} & \mathbf{0} & \mathbf{0} \\ \boldsymbol{I} & \mathbf{0} & \boldsymbol{I} & \boldsymbol{I} & \mathbf{0} & \mathbf{0} \\ \boldsymbol{I} & \mathbf{0} & \mathbf{0} & \boldsymbol{I} & \mathbf{0} & \mathbf{0} \\ \boldsymbol{I} & \mathbf{0} & \mathbf{0} & \mathbf{0} & \boldsymbol{I} & \boldsymbol{I} \\ \boldsymbol{I} & \mathbf{0} & \mathbf{0} & \mathbf{0} & \mathbf{0} & \boldsymbol{I} \end{array}\right] \begin{bmatrix} \hat{\boldsymbol{\xi}}_{PIF12} \\ \hat{\boldsymbol{R}}_{1} \\ \hdashline \hat{\boldsymbol{R}}_{2} \\ \hat{\boldsymbol{\xi}}_{2,PIF12} \\ \hdashline \hat{\boldsymbol{R}}_{3} \\ \hat{\boldsymbol{\xi}}_{3,PIF12} \end{bmatrix} \tag{1.6.4}$$

$$\mathbf{\Phi IF}12_k-\boldsymbol{\rho}_k=\begin{bmatrix}\Phi\mathrm{IF}12_k^1-\rho_k^1\\ \Phi\mathrm{IF}12_k^2-\rho_k^2\\ \Phi\mathrm{IF}12_k^3-\rho_k^3\end{bmatrix}\quad \mathrm{PIF}12_k-\rho_k=\begin{bmatrix}\mathrm{PIF}12_k^1-\rho_k^1\\ \mathrm{PIF}12_k^2-\rho_k^2\\ \mathrm{PIF}12_k^3-\rho_k^3\end{bmatrix}\tag{1.6.5}$$

$$\widehat{\boldsymbol{\xi}}_{\mathrm{PIF12}}=\begin{bmatrix}\widehat{\xi}^1_{\mathrm{PIF12}}\\ \widehat{\xi}^2_{\mathrm{PIF12}}\\ \widehat{\xi}^3_{\mathrm{PIF12}}\end{bmatrix}=\begin{bmatrix}-\xi^1_{\mathrm{PIF12}}+\xi_{1,\mathrm{PIF12}}+T_1^1\\ -\xi^2_{\mathrm{PIF12}}+\xi_{1,\mathrm{PIF12}}+T_1^2\\ -\xi^3_{\mathrm{PIF12}}+\xi_{1,\mathrm{PIF12}}+T_1^3\end{bmatrix}\tag{1.6.6}$$

$$\widehat{\boldsymbol{R}}_1=\begin{bmatrix}\widehat{R}_1^1\\ \widehat{R}_1^2\\ \widehat{R}_1^3\end{bmatrix}\quad \widehat{\boldsymbol{R}}_2=\begin{bmatrix}\widehat{R}_2^1\\ \widehat{R}_2^2\\ \widehat{R}_2^3\end{bmatrix}\quad \widehat{\boldsymbol{R}}_3=\begin{bmatrix}\widehat{R}_3^1\\ \widehat{R}_3^2\\ \widehat{R}_3^3\end{bmatrix}\tag{1.6.7}$$

$$\widehat{\boldsymbol{\xi}}_{2,\mathrm{PIF12}}=\begin{bmatrix}\xi_{2,\mathrm{PIF12}}-\xi_{1,\mathrm{PIF12}}-T_{12}^1\\ \xi_{2,\mathrm{PIF12}}-\xi_{1,\mathrm{PIF12}}-T_{12}^2\\ \xi_{2,\mathrm{PIF12}}-\xi_{1,\mathrm{PIF12}}-T_{12}^3\end{bmatrix}$$

$$\widehat{\boldsymbol{\xi}}_{3,\mathrm{PIF12}}=\begin{bmatrix}\xi_{3,\mathrm{PIF12}}-\xi_{1,\mathrm{PIF12}}-T_{13}^1\\ \xi_{3,\mathrm{PIF12}}-\xi_{1,\mathrm{PIF12}}-T_{13}^2\\ \xi_{3,\mathrm{PIF12}}-\xi_{1,\mathrm{PIF12}}-T_{13}^3\end{bmatrix}\tag{1.6.8}$$

将式(1.6.4)直接代入式(1.6.8),可以很容易地验证式(1.6.4)和式(1.6.3)的正确性(忽略了多路径项)。重新参数化产生了可估计的参数,这些参数用一个圆弧表示。在本例中,已选择1号站作为基准站。这种任意选择的情况,重新参数化的无电离层卫星码偏差为 $\widehat{\xi}^p_{\mathrm{PIF12}},p=1,\cdots,S$,是相对于无电离层的基准站接收机码偏差 $\xi_{1,\mathrm{PIF12}}$,例如式(1.6.6)中的接收机时延项来源于1号站。重新初始化无电离层的接收机码偏差 $\widehat{\xi}_{2,\mathrm{PIF12}}$ 和 $\widehat{\xi}_{3,\mathrm{PIF12}}$ 也是相对于基准站的接收机码偏差。后两种可估计的偏差包含了相对于基准站的跨接收机对流层延迟。组合参数 $\widehat{R}_k^p$ 在式(1.6.2)中定义。

这个例子可以很容易地推广到更大的网络。随着卫星数量的增加,式(1.6.5)到式(1.6.8)分量的数量也在增加。每增加一个观测站,在式(1.6.4)的矩阵中便增加两行。增加的这些行与下面两行相同,但是右下角的子矩阵相应地向右移动。对于 R 个接收机和 S 个卫星,系统由 $2RS$ 个方程和同样多的参数组成;矩阵是满秩的。这些参数是 S 个重新参数化的卫星码偏差(1.6.6),RS 个合成参数(1.6.7)和 $(R-1)S$ 个重新参数化接收机码偏差(1.6.8)。

估计得到的重新参数化的无电离层卫星码偏差 $\widehat{\xi}^p_{\mathrm{PIF12}}$ 将转换到未知用户站 u。

用户解:用户解也是从式(1.6.1)和式(1.6.3)开始的。减去接收到的偏差修正信息(1.6.8)后平衡方程,发现接收到的修正包括一个对流层项,即

$$\left.\begin{aligned}\Phi\mathrm{IF}122_u^p-\widehat{\xi}^p_{\mathrm{PIF12}}&=\rho_u^p+\widehat{\xi}_{u,\mathrm{PIF12}}+R_u^p+T_{u1}^p+M_{\Phi\mathrm{IF12}}+\varepsilon_{\Phi\mathrm{IF12}}\\ \mathrm{PIF}12_u^p-\widehat{\xi}^p_{\mathrm{PIF12}}&=\rho_u^p+\widehat{\xi}_{u,\mathrm{PIF12}}+T_{u1}^p+M_{\mathrm{PIF12}}+\varepsilon_{\mathrm{PIF12}}\end{aligned}\right\}\tag{1.6.9}$$

$$\hat{\xi}_{u,\mathrm{PIF12}}=\xi_{u,\mathrm{PIF12}}-\xi_{1,\mathrm{PIF12}} \tag{1.6.10}$$

用户接收机码偏差估计 $\hat{\xi}_{u,\mathrm{PIF12}}$ 是相对于基准站码的偏差。所提出的解包含原始方程中未改变的对流层项。显然,多路径在估计的码偏差和用户解决方案中无处不在。为了简化表达式,将只在用户解决方案中列出多路径项。从式(1.6.6)中可以看出,发射卫星的偏差校正信息依赖于基准站的对流层延迟,而式(1.6.9)的右侧也出现了这种对流层延迟。需要说明的是,双下标标准的下标表示差分,因此 $T_{u1}^{p}=T_{u}^{p}-T_{1}^{p}$。

对流层延迟:对流层延迟通常随温度、压力和湿度而变化。如果在网络站能够得到足够精度的对流层校正模型,则可以得到两个观测站的三颗卫星的网络解为

$$\begin{bmatrix} \boldsymbol{\Phi}\mathbf{IF12}_1-\boldsymbol{\rho}_1-\boldsymbol{T}_1 \\ \mathbf{PIF12}_1-\boldsymbol{\rho}_1-\boldsymbol{T}_1 \\ \boldsymbol{\Phi}\mathbf{IF12}_2-\boldsymbol{\rho}_2-\boldsymbol{T}_2 \\ \mathbf{PIF12}_2-\boldsymbol{\rho}_2-\boldsymbol{T}_2 \end{bmatrix}=\begin{bmatrix} \boldsymbol{I} & \boldsymbol{I} & \mathbf{0} & \mathbf{0} \\ \boldsymbol{I} & \mathbf{0} & \mathbf{0} & \mathbf{0} \\ \boldsymbol{I} & \mathbf{0} & \boldsymbol{b} & \boldsymbol{I} \\ \boldsymbol{I} & \mathbf{0} & \boldsymbol{b} & \mathbf{0} \end{bmatrix}\begin{bmatrix} \hat{\boldsymbol{\xi}}_{\mathrm{PIF12}} \\ \hat{\boldsymbol{R}}_1 \\ \hat{\boldsymbol{R}}_2 \\ \hat{\boldsymbol{\xi}}_{2,\mathrm{PIF12}} \end{bmatrix} \quad \boldsymbol{T}_k=\begin{bmatrix} T_k^1 \\ T_k^2 \\ T_k^3 \end{bmatrix} \tag{1.6.11}$$

$$\boldsymbol{b}^{\mathrm{T}}=[1\quad 1\quad 1] \tag{1.6.12}$$

$$\hat{\boldsymbol{\xi}}_{\mathrm{PIF12}}=\begin{bmatrix} \hat{\xi}_{\mathrm{PIF12}}^1 \\ \hat{\xi}_{\mathrm{PIF12}}^2 \\ \hat{\xi}_{\mathrm{PIF12}}^3 \end{bmatrix}=\begin{bmatrix} -\xi_{\mathrm{PIF12}}^1+\xi_{1,\mathrm{PIF12}} \\ -\xi_{\mathrm{PIF12}}^2+\xi_{1,\mathrm{PIF12}} \\ -\xi_{\mathrm{PIF12}}^3+\xi_{1,\mathrm{PIF12}} \end{bmatrix} \quad \hat{\boldsymbol{R}}_k^{\mathrm{T}}=\begin{bmatrix} \hat{R}_k^1 \\ \hat{R}_k^2 \\ \hat{R}_k^3 \end{bmatrix} \tag{1.6.13}$$

$$\hat{\boldsymbol{\xi}}_{2,\mathrm{PIF12}}=\xi_{2,\mathrm{PIF12}}-\xi_{1,\mathrm{PIF12}} \tag{1.6.14}$$

在码偏差估计中对流层的缺失项导致维度 $\hat{\xi}_{2,\mathrm{PIF12}}$ 减少到 1 个。因此,非基准站的码偏差估计不包含任何依赖于卫星的项。共有 $S+RS+(R-1)$ 个参数,即 RS 个组合参数和 $R-1$ 个非基准站接收机的码偏差,则现在方程数超过参数个数。这种情况下的用户解决方案是

$$\left.\begin{aligned} \Phi\mathrm{IF12}_u^p-\hat{\xi}_{\mathrm{PIF12}}^p &= \rho_u^p+\hat{\xi}_{u,\mathrm{PIF12}}+R_u^p+T_u^p+M_{\Phi\mathrm{IF12}}+\varepsilon_{\Phi\mathrm{IF12}} \\ \mathrm{PIF12}_u^p-\hat{\xi}_{\mathrm{PIF12}} &= \rho_u^p+\hat{\xi}_{u,\mathrm{PIF12}}+T_u^p+M_{\mathrm{PIF12}}+\varepsilon_{\mathrm{PIF12}} \end{aligned}\right\} \tag{1.6.15}$$

此用户解决方案与前一方案的不同之处在于它只包含用户站的对流层项。

在实际应用中,对流层时延在网络站和用户站需要进行估计或建模。对流层倾斜总延迟 T_k^p 可典型地分解为干延迟和湿延迟分量。根据式(3.2.18),可写为

$$T_k^p=\mathrm{ZHD}_k m_h(\vartheta^p)+\mathrm{ZWD}_k m_{wv}(\vartheta^p)=T_{k,0}^p+\mathrm{d}T_k m_{wv}(\vartheta^p) \tag{1.6.16}$$

在式(3.2.14)和式(3.2.15)中给出了天向静水延迟(ZHD)和天向湿度延迟(ZWD)模型的例子。这些模型使用气象数据作为输入。映射函数 m_h 和 m_{wv} 可根据式(3.2.19)得到,ϑ 是卫星天顶角,$T_{k,0}^p$ 是利用 ZHD 和 ZWD 模型计算的温度、压力和相对湿度对斜面总对流层延迟的近似解,$\mathrm{d}T_k$ 是该站未知的垂直对流层改正量。假设由于对湿延迟的认识不准确,需要对其进行对流层校正,则需使后者乘以湿映射函数。至于映射函数,可以使用 3.2.2 节中讨论的著名的 Niell 映射函数或最近提出的其他函数。

为了改善对流层估计,扩展方程(1.6.4),包括新的参数 $\mathrm{d}T_k$。目前网络的数学模型为

$$\begin{bmatrix} \mathbf{\Phi IF12}_1-\boldsymbol{\rho}_1-\boldsymbol{T}_{1,0} \\ \mathbf{PIF12}_1-\boldsymbol{\rho}_1-\boldsymbol{T}_{1,0} \\ \hdashline \mathbf{\Phi IF12}_2-\boldsymbol{\rho}_2-\boldsymbol{T}_{2,0} \\ \mathbf{PIF12}_2-\boldsymbol{\rho}_2-\boldsymbol{T}_{2,0} \end{bmatrix} = \begin{bmatrix} \boldsymbol{I} & \boldsymbol{I} & \boldsymbol{m}_1 & \mathbf{0} & \mathbf{0} & \mathbf{0} \\ \boldsymbol{I} & \mathbf{0} & \boldsymbol{m}_1 & \mathbf{0} & \mathbf{0} & \mathbf{0} \\ \hdashline \boldsymbol{I} & \mathbf{0} & \mathbf{0} & \boldsymbol{I} & \boldsymbol{m}_2 & \boldsymbol{b} \\ \boldsymbol{I} & \mathbf{0} & \mathbf{0} & \mathbf{0} & \boldsymbol{m}_2 & \boldsymbol{b} \end{bmatrix} \begin{bmatrix} \hat{\boldsymbol{\xi}}_{\mathrm{PIF12}} \\ \hat{\boldsymbol{R}}_1 \\ \mathrm{d}T_1 \\ \hdashline \hat{\boldsymbol{R}}_2 \\ \mathrm{d}T_2 \\ \hat{\boldsymbol{\xi}}_{2,\mathrm{PIF12}} \end{bmatrix} \tag{1.6.17}$$

$$\boldsymbol{m}_k = \begin{bmatrix} m_{wv}(\vartheta_k^1) \\ m_{wv}(\vartheta_k^2) \\ m_{wv}(\vartheta_k^3) \end{bmatrix} \tag{1.6.18}$$

观测结果必须用模型值 $T_{k,0}^p$ 进行校正。其中,下标零代表平差符号,表示近似值,例如线性化结果。这个矩阵需要额外的列来对应新的对流层参数。除了这些新参数外,还可以使用可估计参数(1.6.13)和(1.6.14)。有 $S+RS+R+R-1$ 个参数,即 RS 个组合参数、R 个对流层参数和 $R-1$ 个非基准站接收机码偏差。用户解决方案是

$$\left.\begin{aligned} \Phi\mathrm{IF12}_u^p-\hat{\xi}_{\mathrm{PIF12}}^p-T_{u,0}^p &= \rho_u^p+\hat{\xi}_{u,\mathrm{PIF12}}+R_u^p+\mathrm{d}T_u m_{wv}(\vartheta_u^p)+M_{\Phi\mathrm{IF12}}+\varepsilon_{\Phi\mathrm{IF12}} \\ \mathrm{PIF12}_u^p-\hat{\xi}_{\mathrm{PIF12}}^p-T_{u,0}^p &= \rho_u^p+\hat{\xi}_{u,\mathrm{PIF12}}+\mathrm{d}T_u m_{wv}(\vartheta_u^p)+M_{\mathrm{PIF12}}+\varepsilon_{\mathrm{PIF12}} \end{aligned}\right\} \tag{1.6.19}$$

当然,还有更先进的方法对网络站和用户站的对流层延迟进行建模与估计,特别是在进行较长时间的观测时。这里不讨论这种更精细的建模。

通过参数化相对于基准站的接收机码偏差的所有码偏差参数,消除了一些线性相关性。由于这个偏差项包括接收机时钟,因此它会相应地变化。此外,修正项(1.6.8)还包括增加额外常变的跨接收机对流层差。如果在网络中估计对流层改正项,则偏差不依赖于对流层。详见方程(1.6.13)。

我们注意到,除了使用载波相位观测量之外,上述公式还包括 L1 频段的伪距观测量和 L2 频段的伪距观测量。由于伪距硬件延迟取决于码类型,即 P1Y 和 C/A 码延迟不同,因此卫星码偏差 ξ_{PIF12}^p 在式(1.6.1)和式(1.6.3)中的估计也不同,取决于所选的码类型。IGS 估计其"卫星时钟校正",对应于 ξ_{PIF12}^p,基于 P1Y 和 P2Y 码观测量。如果希望与"IGS 时钟"保持兼容,且使用其他码观测量,则需要通过传统的差分码偏差(DCB)的方法来纠正伪距。例如,如果观察到 C/A 码和 P2Y 码,就需要 DCBP1Y-CIA 校正量,这是各自硬件码延迟的差分量。然后可以将这些延迟转换为相应的无电离层码延迟,以修正 PIF12。需要注意的是,在实际应用中,不是所有的接收机都观测到相同的码。此外,由于 GPS 现代化和其他 GNSS 提供了新的频率及码,这样的兼容性问题需要特别关注。关于信号间修正的一般方法和符号,请参阅 1.2.2 节。

1.6.2 参考站

参考站(CORS)可连续地将载波相位和伪距观测量实时传输到处理中心。该中心计算修正量,例如电离层和对流层的修正,以及可能的轨道修正,并尽可能将这些修正值和主参考站的原始观测数据传送给用户。用户将该信息与用户接收机得到的观测量结合起来以

确定其位置。此概念模型适用于一个参考站或此类站的网络以及一个用户或多个用户。

1. 载波相位和伪距差分校正量

下面介绍一种简单计算观测值的差分校正方法。对于在 k 站观测到的每个卫星 p,可确定一个整数 K_k^p,即

$$K_k^p=\left[\frac{P_k^p(1)-\Phi_k^p(1)}{\lambda}\right]=\left[\frac{1}{\lambda}(2I_{k,\mathrm{P}}^p-\lambda N_k^p+\delta_{k,\mathrm{P}}^p-\delta_{k,\Phi}^p)\right] \tag{1.6.20}$$

在某个初始历元使用观测到的伪距和载波相位值。符号[·]表示四舍五入。在接下来的历元,修正的载波相位 $\Theta_k^p(t)$ 为

$$\Theta_k^p(t)=\Phi_k^p(t)+\lambda K_k^p \tag{1.6.21}$$

载波相位范围与伪距的值接近,主要是由于电离层的不同,如从式(1.6.20)右侧可以看出;K_k^p 不等于模糊度,在历元 t 时载波相位范围的差值为

$$\ell_k^p=\Theta_k^p-\rho_k^p=(\Phi_k^p+\lambda K_k^p)-\rho_k^p \tag{1.6.22}$$

式中,ρ_k^p 是距已知观测站的地心卫星距离。在站点和历元 t 观测到的所有卫星的平均偏差 μ_k 为

$$\mu_k(t)=\frac{1}{S}\sum_{p=1}^{S}\ell_k^p(t) \tag{1.6.23}$$

式中,S 表示卫星数量。这种平均偏差主要是由接收机时钟误差引起的。第 t 历元的载波相位校正量为

$$\Delta\Phi_k^p=\Theta_k^p-\rho_k^p=(\Phi_k^p+\lambda K_k^p)-\rho_k^p-\mu_k \tag{1.6.24}$$

方程的第二部分用式(1.6.21)代替载波相位范围。相位校正量式(1.6.24)被发送到用户接收机 u。

通过减去载波相位校正量来修正用户的载波相位 Φ_u^p,在接收机 k 处可计算出

$$\overline{\Phi}_u^p=\Phi_u^p-\Delta\Phi_k^p \tag{1.6.25}$$

让我们回想一下接收机间的载波相位差分

$$\Phi_u^p-\Phi_k^p=\rho_{uk}^p+\lambda N_{uk}^p+c\mathrm{d}t_{uk}+I_{uk,\Phi}^p+T_{uk}^p+\delta_{uk,\Phi}^p \tag{1.6.26}$$

结合式(1.6.25)和式(1.6.24),可得在接收机 u 处校正后的载波相位的表达式为

$$\overline{\Phi}_u^p=\rho_u^p+\lambda(N_{uk}^p-K_k^p)+c\mathrm{d}t_{uk}+\mu_k+I_{uk,\Phi}^p+T_{uk}^p+\delta_{uk,\Phi}^p \tag{1.6.27}$$

两颗卫星之间的差分由式(1.6.27)给出,即

$$\overline{\Phi}_u^{pq}=\rho_u^{pq}+\lambda(N_{uk}^{pq}-K_k^{pq})+I_{uk,\Phi}^{pq}+T_{uk}^{pq}+M_{uk,\Phi}^{pq}+\varepsilon_{uk,\Phi}^{pq} \tag{1.6.28}$$

接收机 u 的位置可以使用修正后的观测值 Φ 对至少四颗卫星进行计算,并形成三个方程,如式(1.6.28)。这些方程与式(1.6.26)中传统的双差方法不同的是,用修正后的模糊度

$$\overline{N}_{uk}^{pq}=N_{uk}^{pq}-K_k^{pq} \tag{1.6.29}$$

来替代估计值 N_{uk}^{pq}。

如果可以增加载波相位校正的传输间隔时间,则可以减少遥测负载。例如,如果从一个纪元到下一个纪元之间的差异变化小于移动接收机的测量精度,或者如果差异的变化太

小而不会对移动接收机位置所需的最小精度产生不利影响,则可以平均载波相位校正随时间的变化并传输平均值。此外,传输校正率$\partial \Delta \Phi / \partial t$就足够了。如果$t_0$表示参考历元,则用户可以随时间对校正器进行插值,如下所示:

$$\Delta \Phi_k^p(t)=\Delta \Phi_k^p(t_0)+\frac{\partial \Delta \Phi_k^p}{\partial t}(t-t_0) \tag{1.6.30}$$

减小差异的大小和斜率的一种方法是为固定接收机和良好的卫星星历选择最佳的可用坐标。时钟错误会直接影响差异。将铷钟连接到固定接收机,可以有效地控制接收机时钟误差的变化。在其终止之前,选择可用性是限制建模的决定性因素。

在伪距校正的情况下,我们得到类似的结果:

$$\ell_k^p=\rho_k^p-P_k^p \tag{1.6.31}$$

$$\Delta P_k^p=\rho_k^p-P_k^p-\mu_k \tag{1.6.32}$$

$$\overline{P}_u^p(t)=P_u^p(t)+\Delta P_k^p(t) \tag{1.6.33}$$

$$\overline{P}_u^{pq}(t)=\rho_u^{pq}(t)+I_{uk,\mathrm{P}}^{pq}+T_{uk}^{pq}+M_{uk,\mathrm{P}}^{pq}+\varepsilon_{uk,\mathrm{P}}^{pq} \tag{1.6.34}$$

此处描述的方法适用于任何频率的载波相位和所有码型。从式(1.6.22)至式(1.6.24)可以看出,载波相位和伪距校正包含电离层和对流层项。延时对流层延迟可以在电离层网络上估算并通过使用双频观测来消除影响,这样一来,校正中的可变性就较小。接收机和卫星钟差已作为隐式双差的一部分得到了消除,接收机和卫星硬件延迟也是如此。

2. RTK

在RTK中,用户接收来自一个或多个参考站的差分校正,并确定它们相对于这些站的位置,最好是采用模糊度固定的解决方案。如上所述,对于短基线,忽略了对流层、电离层和轨道误差。在实际应用中,需要将RTK的范围扩展到更长的基线上。由于对流层、电离层和轨道误差的高度空间相关性,这些误差在一定程度上表现为接收机之间距离的函数。Wübbena等(1996)利用了这种依赖性,并建议使用参考站网络来扩展RTK的范围。

多参考站RTK的核心有两个要求。首先,必须准确地知道基准站的位置。这可以很容易地完成后处理和拥有较长的观测时间。其次,可以计算基准站之间基线的交叉接收机或双差整周模糊度。然后就可以计算对流层和电离层改正量(可能还有轨道改正),并将其传送给RTK用户。

设k表示主参考站,m表示网络的其他参考站。让主参考站记录自己的观测值,并实时接收其他参考站的观测值。然后,主参考站的处理器可以生成所有参考站和所有卫星每个历元的校正量T_{km}^p和$I_{km,\mathrm{P}}^p$。这些校正量用于在用户位置预测相应的校正。各种模型已被使用或已被提出用于计算这些校正量并使用户可用该模型。

Wübbena等(1996)提出根据坐标对校正进行参数化。最简单的位置相关模型之一是平面,即

$$T_{km}^p(t)=a_1^p(t)+a_2^p(t)n_m+a_3^p(t)e_m+a_4^p(t)u_m \tag{1.6.35}$$

$$I_{km,\mathrm{P}}^p(t)=b_1^p(t)+b_2^p(t)n_m+b_3^p(t)e_m+b_4^p(t)u_m \tag{1.6.36}$$

式中,n_m、e_m和u_m表示主参考站k在大地测量中的北、东和天坐标。系数$a_i^p(t)$和$b_i^p(t)$也

称为网络系数,作为时间的函数对每个卫星 p 和网络站 m 进行估计。由于对流层和电离层的高度时间相关性,简单的时间模型足以减少传输的数据量。主参考站 k 通过网络传输其自身的载波相位观测值和网络系数 a_i、b_i,或者可选的载波相位校正量(1.6.24)。用户站 u 对这些校正量进行插值以获取其近似位置,并从一组双差观测值中确定其精确位置。此建模方案式(1.6.35)和式(1.6.36)也称为 FKP(flächenkorrektur korrektur parameter)技术。

与其考虑传输网络系数 a_i、b_i,不如考虑传输针对网络中已知位置的网格上的点而专门计算的校正。用户可以对用户站的大致位置进行校正,然后将其应用于观测值。Wanninger(1997)和 Vollath 等(2000)建议使用虚拟参考站(VRS)以避免更改现有结构,从而直接使用双差原始观测量。VRS 概念要求用户站将其大概位置发送到主参考站,主参考站将计算用户的近似位置的校正值。此外,主参考站使用自身的观测量计算用户站大致位置的虚拟观测值,然后针对对流层和电离层对其进行校正,用户站仅需将自己的观测量与从主参考站接收到的观测量相差进行双差。由于有效的虚拟基线非常短,通常在米级范围内,因此无须在用户站进行额外的对流层或电离层校正或插值。

Euler 等(2001)和 Zebhauser 等(2002)建议传输主基准站的观测值和成对的基准站之间的校正差。后者将针对位置、接收机时钟和模糊度进行校正。该方法称为主辅助概念法(MAC)。

在参考站、主站和用户之间进行数据交换的消息格式通常遵循由海事无线电技术委员会(RTCM)设置的标准化格式。这是一个非营利性的科学研究和教育组织,成员包括制造商、市场营销、服务提供商和海事用户实体,专门处理无线电导航方面的问题。该委员会编写的报告通常以 RTCM 格式发布。

随着网络区域的增加,对流层和电离层校正以及轨道校正需要更详尽的参数设置,并且通常通过对地静止卫星发送给用户。这种网络称为广域差分 GPS(WADGPS)网络。

1.6.3　PPP-RTK 算法

PPP-RTK 算法开发的目的是找到无差相位和伪距观测量的可估计量,允许将未差分模糊度固定为整数。与 PPP 的解相比,它的模糊度参数、接收机和卫星硬件延迟项不集中在一起。关于 PPP-RTK 算法的例子详见 Ge 等(2008)和 Loyer 等(2012)的文献。

至少有两种等价的方法可以找到可估计量。一种是重新参数化,另一种是施加最小的约束。重新参数化的好处是,所有术语在表达式中都是可见的,因此可以更容易地解释任何残差对可估计量的影响。

本节提出了三种模型。第一种模型是一步单频解,其中所有站的观测值在一个批处理中进行处理,为估计参数提供一个单一解和一个全方差协方差矩阵。第二种模型处理双频观测。先给出一个一步解,然后给出一个序贯解,首先估计宽巷模糊度,然后根据基线估计参数和偏差的模型变化。只有一步解可以利用全方差协方差矩阵,而其他解忽略了参数之间的一些相关性。第三种模型利用的是双频观测量的星间差分。网络解决方案提供了要传输给用户的 PPP-RTK 偏差。

1. 单频解

单频载波相位和伪距方程(1.1.31)、方程(1.1.27)的情况为

$$\left.\begin{aligned} \Phi_k^p - \rho_k^p &= \xi_{k,\Phi} - \xi_\Phi^p + \lambda N_k^p + T_k^p - I_{k,\mathrm{P}}^p + M_{k,\Phi}^p + \varepsilon_{k,\Phi}^p \\ P_k^p - \rho_k^p &= \xi_{k,\mathrm{P}} - \xi_\mathrm{P}^p + T_k^p + I_{k,\mathrm{P}}^p + M_{k,\mathrm{P}}^p + \varepsilon_{k,\mathrm{P}}^p \end{aligned}\right\} \tag{1.6.37}$$

$$\left.\begin{aligned} \xi_{k,\Phi} &= c\mathrm{d}t_k - d_{k,1,\Phi} \\ \xi_{k,\mathrm{P}} &= c\mathrm{d}t_k - d_{k,1,\mathrm{P}} \\ \xi_\Phi^p &= c\mathrm{d}t^p + D_{1,\Phi}^p \\ \xi_\mathrm{P}^p &= c\mathrm{d}t^p + D_{1,\mathrm{P}}^p \end{aligned}\right\} \tag{1.6.38}$$

由于假定台站坐标已知,因此将地心距离项 ρ_k^p 移至方程左侧。其他符号表示接收机相位和码偏 $\xi_{k,\Phi}$ 及 $\xi_{k,\mathrm{P}}$,卫星相位和码偏 ξ_Φ^p 及 ξ_P^p,对流层延迟 T_k^p,斜电离层 $I_{k,\mathrm{P}}^p$,波长 λ,整周模糊度 N_k^p,多路径 $M_{k,\Phi}^p$ 和 $M_{k,\mathrm{P}}^p$,而 ε 表示各自的观测噪声。我们注意到每个 ξ 项组合了时钟误差和硬件延迟项。至于术语,在 Collins(2008)中,这些术语被称为解耦时钟参数,其中 $\xi_{k,\Phi}$ 和 ξ_Φ^p 分别称为接收机和卫星的"相位钟",而 $\xi_{k,\mathrm{P}}$ 和 ξ_P^p 分别称为接收机和卫星的"码钟"。

重参数化与网解:式(1.6.37)是奇异的,因为存在各种参数。假设 R 接收机观测 S 个卫星,有 $2R$ 个方程和 $2R+2S+2RS+2RS+RS$ 个未知数,即有 $2R$ 个接收机相位和码偏、$2S$ 个卫星相位和码偏、$2RS$ 个对流层项、$2R$ 个电离层项,还有 RS 个模糊度。传统的双差分法通过引入基准站和基星概念,对观测量进行差分,消除接收机和卫星的偏差,产生双差模糊度,从而消除线性相关性。与流行的双差分法相反,在 PPP-RTK 算法中,原始观测量保持不变,并且通过重新参数化消除了线性相关性(Teunissen et al.,2010)。对于目前的发展,最初保留了所有术语(除了多路径)。对流层延迟项可以忽略,因为对流层延迟将在网络上建模或估计。当使用无电离层双频载波相位和伪距函数时,电离层延迟项将不存在。

针对载波相位观测式(1.6.37),我们观察到卫星相位偏差 ξ_Φ^p 可以通过向每个接收机相位偏差 $\xi_{k,\Phi}$ 添加相同的常数来抵消,保持可观测的 ξ_Φ^p 不变。这进一步证明了任意常数的变化在 $\xi_{k,\Phi}$ 或者 ξ_Φ^p 可以被模糊度 N_k^p 的相应变化所抵消。下面的示例演示了重新参数化以消除线性相关性的结果(由三个观测站和三颗卫星组成观测系统):

$$\begin{bmatrix} \boldsymbol{\Phi}_1^p - \boldsymbol{\rho}_1^p \\ \boldsymbol{\Phi}_2^p - \boldsymbol{\rho}_2^p \\ \boldsymbol{\Phi}_3^p - \boldsymbol{\rho}_3^p \end{bmatrix} = \left[\begin{array}{c:cc:cc} \boldsymbol{I} & \mathbf{0} & \mathbf{0} & \mathbf{0} & \mathbf{0} \\ \hdashline \boldsymbol{I} & \boldsymbol{b} & \mathbf{0} & \boldsymbol{A} & \mathbf{0} \\ \boldsymbol{I} & \mathbf{0} & \boldsymbol{b} & \mathbf{0} & \boldsymbol{A} \end{array}\right] \begin{bmatrix} \hat{\xi}_\Phi \\ \hdashline \hat{\xi}_{2,\Phi} \\ \hdashline \hat{\xi}_{3,\Phi} \\ \hdashline \hat{\boldsymbol{N}}_2 \\ \hat{\boldsymbol{N}}_3 \end{bmatrix} \tag{1.6.39}$$

$$\boldsymbol{\Phi}_k - \boldsymbol{\rho}_k = \begin{bmatrix} \Phi_k^1 - \rho_k^1 \\ \Phi_k^2 - \rho_k^2 \\ \Phi_k^3 - \rho_k^3 \end{bmatrix} \quad \boldsymbol{A} = \begin{bmatrix} 0 & 0 \\ 1 & 0 \\ 0 & 1 \end{bmatrix} \tag{1.6.40}$$

$$\widehat{\xi}_{\Phi}=\begin{bmatrix}\widehat{\xi}_{\Phi}^{1}\\ \widehat{\xi}_{\Phi}^{2}\\ \widehat{\xi}_{\Phi}^{3}\end{bmatrix}=\begin{bmatrix}-\xi_{\Phi}^{1}+\xi_{1,\Phi}+\lambda N_{1}^{1}+T_{1}^{1}-I_{1,P}^{1}\\ -\xi_{\Phi}^{2}+\xi_{1,\Phi}+\lambda N_{1}^{2}+T_{1}^{2}-I_{1,P}^{2}\\ -\xi_{\Phi}^{3}+\xi_{1,\Phi}+\lambda N_{1}^{3}+T_{1}^{3}-I_{1,P}^{3}\end{bmatrix} \tag{1.6.41}$$

$$\begin{aligned}\widehat{\xi}_{2,\Phi}&=[\xi_{2,\Phi}-\xi_{1,\Phi}+\lambda N_{21}^{1}+T_{21}^{1}-I_{21,P}^{1}]\\ \widehat{\xi}_{3,\Phi}&=[\xi_{3,\Phi}-\xi_{3,\Phi}+\lambda N_{31}^{1}+T_{31}^{1}-I_{31,P}^{1}]\end{aligned} \tag{1.6.42}$$

$$\begin{aligned}\widehat{\boldsymbol{N}}_{2}&=\begin{bmatrix}\widehat{N}_{2}^{2}\\ \widehat{N}_{2}^{3}\end{bmatrix}=\begin{bmatrix}\lambda N_{21}^{21}+T_{21}^{21}-I_{21}^{21}\\ \lambda N_{21}^{31}+T_{21}^{31}-I_{21}^{31}\end{bmatrix}\\ \widehat{\boldsymbol{N}}_{3}&=\begin{bmatrix}\widehat{N}_{3}^{2}\\ \widehat{N}_{3}^{3}\end{bmatrix}=\begin{bmatrix}\lambda N_{31}^{21}+T_{31}^{21}-I_{31}^{21}\\ \lambda N_{31}^{31}+T_{31}^{31}-I_{31}^{31}\end{bmatrix}\end{aligned} \tag{1.6.43}$$

将解(1.6.39)与结果(1.6.37)进行比较,即可验证解(1.6.41)到解(1.6.43)的正确性。根据传统的符号,双下标或上标表示差分操作,请参阅差分运算定义的方程式(1.1.7)。有 RS 个观测值和许多重新参数化的未知量,即 S 个卫星偏差、$R-1$ 个非基接收机相位偏差和$(R-1)(S-1)$个模糊度。因此,式(1.6.39)中的矩阵具有满秩,系统有唯一解。估计量由高架弧确定。基准站和基准卫星分别是基准站 1 和卫星 1。类似于 PPP 模型的情况,相位偏置估计相对于基准站的相位偏置 $\xi_{1,\Phi}$。

让我们通过约束参数的观点来消除线性依赖关系。首先,可以施加约束 $\xi_{1,\Phi}=0$,从式(1.6.41)和式(1.6.42)中去除 $\xi_{1,\Phi}$,并将其定义为基准站时钟基准。此步骤消除了一个参数。其次,我们意识到式(1.6.41)只包含基准站模糊度,故施加约束 $N_{1}^{p}=0$ 为基准站建立模糊度基准,并消除 S 个参数。这一步可以让我们消除从式(1.6.41)至式(1.6.43)的移动基准站模糊度。最后,我们研究式(1.6.42)和式(1.6.43)中包含的非基准站模糊度,对于每个非基准站,我们将其对基准站卫星的模糊度限制为 0,即 $N_{l}^{1}=0, l=2,\cdots,R$。例如,在式(1.6.43)中,我们可以看到模糊度 $N_{21}^{21}=N_{2}^{21}-N_{1}^{21}$。由于第二步的限制,卫星间的差异 N_{1}^{21} 已经为 0。第三步的结果是 $N_{2}^{1}=0$,然后 N_{21}^{21} 变成 N_{2}^{2}。可以以类似的方式继续使用非基准站 3 和其他非基准站。第三步为每个非基准站建立模糊度基准,并消除 $R-1$ 个附加线性依赖关系。全部三步组合生成 $S+R$ 个最小约束。考虑到存在 RS 个观测量和 $S+R+RS$ 个原始参数,即 S 个卫星相位偏差、R 个接收机相位偏差和 RS 个非差模糊度,施加多个最小约束会导致零自由度解,这可通过重新参数化方法得到。

施加最小的约束或重新参数化会形成相同的可估算数量集。重要的是,在式(1.6.43)中,最终只剩下整周模糊度。如前所述,在网络站点对流层延迟通过模型值修正或估计。对流层项将不会出现,也不会作为单独的项来估计。当使用双频观测量时,电离层延迟项也不会出现。由于重新参数化以及对流层和电离层延迟的规定,模糊度被分离为单独的参数,可以对整周模糊度进行估计。另一种观点是短基线,根据定义,对流层和电离层的双重差异可以忽略不计,这使在式(1.6.43)中只留下整周模糊度。每对非基准站和非基准站卫星都有一个模糊度。式(1.6.39)可以很容易地推广到更多的卫星和台站。

式(1.6.37)中伪距的重新参数化只需要消除基本接收机码偏差 $\xi_{1,\mathrm{P}}$。对于三个接收机观测三颗卫星以及基准站 1 和基准卫星 1 的情况,我们有

$$\begin{bmatrix} \boldsymbol{P}_1^p-\boldsymbol{\rho}_1^p \\ \boldsymbol{P}_2^p-\boldsymbol{\rho}_2^p \\ \boldsymbol{P}_3^p-\boldsymbol{\rho}_3^p \end{bmatrix}=\begin{bmatrix} \boldsymbol{I} & \boldsymbol{0} & \boldsymbol{0} \\ \boldsymbol{I} & \boldsymbol{I} & \boldsymbol{0} \\ \boldsymbol{I} & \boldsymbol{0} & \boldsymbol{I} \end{bmatrix}\begin{bmatrix} \widehat{\xi}_{\mathrm{P}} \\ \widehat{\xi}_{2,\mathrm{P}} \\ \widehat{\xi}_{3,\mathrm{P}} \end{bmatrix} \tag{1.6.44}$$

$$\boldsymbol{P}_k-\boldsymbol{\rho}_k=\begin{bmatrix} P_k^1-\rho_k^1 \\ P_k^2-\rho_k^2 \\ P_k^3-\rho_k^3 \end{bmatrix} \tag{1.6.45}$$

$$\widehat{\xi}_{\mathrm{P}}=\begin{bmatrix} \widehat{\xi}_{\mathrm{P}}^1 \\ \widehat{\xi}_{\mathrm{P}}^2 \\ \widehat{\xi}_{\mathrm{P}}^3 \end{bmatrix}=\begin{bmatrix} -\widehat{\xi}_{\mathrm{P}}^1+\widehat{\xi}_{1,\mathrm{P}}+T_1^1+I_{1,\mathrm{P}}^1 \\ -\widehat{\xi}_{\mathrm{P}}^2+\widehat{\xi}_{1,\mathrm{P}}+T_1^2+I_{1,\mathrm{P}}^2 \\ -\widehat{\xi}_{\mathrm{P}}^3+\widehat{\xi}_{1,\mathrm{P}}+T_1^3+I_{1,\mathrm{P}}^3 \end{bmatrix} \tag{1.6.46}$$

$$\left.\begin{aligned} \widehat{\xi}_{2,\mathrm{P}}&=\begin{bmatrix} \xi_{2,\mathrm{P}}-\xi_{1,\mathrm{P}}+T_{21}^1+I_{21,\mathrm{P}}^1 \\ \xi_{2,\mathrm{P}}-\xi_{1,\mathrm{P}}+T_{21}^2+I_{21,\mathrm{P}}^2 \\ \xi_{2,\mathrm{P}}-\xi_{1,\mathrm{P}}+T_{21}^3+I_{21,\mathrm{P}}^3 \end{bmatrix} \\ \widehat{\xi}_{3,\mathrm{P}}&=\begin{bmatrix} \xi_{3,\mathrm{P}}-\xi_{1,\mathrm{P}}+T_{31}^1+I_{31,\mathrm{P}}^1 \\ \xi_{3,\mathrm{P}}-\xi_{1,\mathrm{P}}+T_{31}^2+I_{31,\mathrm{P}}^2 \\ \xi_{3,\mathrm{P}}-\xi_{1,\mathrm{P}}+T_{31}^3+I_{31,\mathrm{P}}^3 \end{bmatrix} \end{aligned}\right\} \tag{1.6.47}$$

载波相位(1.6.39)和伪距(1.6.44)的组合网络解提供并向用户传输了 S 个卫星相位偏差估计 $\widehat{\xi}_{\Phi}$ 和 S 个卫星码偏差 $\widehat{\xi}_{\mathrm{P}}^p$,$p=1,\cdots,S$,估计的模糊度 $\hat{N}_l^q$,$l=2,\cdots,R$ 和 $q=2,\cdots,S$,初看可能是 PPP-RTK 算法的副产品,但整周模糊度解对于获得卫星相位和码偏差的最大精度非常重要。

除了发送完整的偏差值外,仅发送小数部分就足够了。考虑以下关系:

$$n_1^p=\left[\frac{\widehat{\xi}_{\Phi}^p}{\lambda}\right] \quad \widehat{\xi}_{\Phi,\mathrm{FCB}}^p=\frac{\widehat{\xi}_{\Phi}^p}{\lambda}-n_1^p \tag{1.6.48}$$

式中,$p=1,\cdots,S$ 时,符号[·]表示舍入到最近整数的操作,不应与矩阵括号混淆,下标 FCB 表示模糊度小数偏差。符号 n_1^p 表示进入卫星相位偏移 $\widehat{\xi}_{\Phi}^p$ 的整数个波长 λ。在对流层和电离层项不存在的情况下,偏差仅由 $-\xi_{\Phi}^p+\xi_{1,\Phi}+\lambda N_1^p$ 组成。因此,更准确地说,为与后面的章节一致,n_1^p 是 $-\xi_{\Phi}^p+\xi_{1,\Phi}+N_1^p$。式(1.6.48)中的第二个方程提供了计算的卫星相位小数偏差 $\widehat{\xi}_{\Phi,\mathrm{FCB}}^p$,该值被传输给用户。

方便起见,该小数偏差根据 Δn^p 参数化,Δn^p 是 $-\xi_{\Phi}^p+\xi_{1,\Phi}$ 中的整数模糊度,有

$$n_1^p=\Delta n^p+N_1^p \tag{1.6.49}$$

在式(1.6.48)中将 $\widehat{\xi}_{\Phi,\mathrm{FCB}}^p$ 乘以 λ,用式(1.6.41)替换卫星相位偏移 $\widehat{\xi}_{\Phi}^p$,然后再用式(1.6.49)替换,则所需的分数周期偏差形式变为

$$\lambda \hat{\xi}^{p}_{\Phi,\mathrm{FCB}} = -\xi^{p}_{\Phi} + \xi_{1,\Phi} - \lambda \Delta n^{p} + T^{p}_{1} - I^{p}_{1,\mathrm{P}} \tag{1.6.50}$$

该方程将计算出的卫星小数相位偏差表示为卫星和基准站相位偏差的函数以及未知整周模糊度 Δn^p。

用户站:从观测值中减去基准卫星的小数模糊度偏差可以得到

$$\Phi^{1}_{u} - \lambda \hat{\xi}^{1}_{\Phi,\mathrm{FCB}} = \rho^{1}_{u} + \xi_{u,\Phi} - \xi_{1,\Phi} + \lambda(N^{1}_{u} + \Delta n^{1}_{1}) + T^{1}_{u1} - I^{1}_{u1,\mathrm{P}} + \varepsilon_{\Phi} \tag{1.6.51}$$

在用户站 $\hat{\xi}_{u,\Phi}$ 处重新参数化的接收机相位偏差定义为

$$\hat{\xi}_{u,\Phi} = \xi_{u,\Phi} - \xi_{1,\Phi} + \lambda(N^{1}_{u} + \Delta n^{1}) \tag{1.6.52}$$

该集总参数包含 u 站和基准站的接收机相位差、基准站卫星的未知模糊度以及式(1.6.49)中定义的未知的以波长为单位的整周模糊度。非基准卫星的方程($q=2,\cdots,S$)为

$$\Phi^{q}_{u} - \lambda \hat{\xi}^{q}_{\Phi,\mathrm{FCB}} = \rho^{q}_{u} + \hat{\xi}_{u,\Phi} + \lambda(N^{q1}_{u} + \Delta n^{q1}) + T^{q}_{u1} - I^{q}_{u1,\mathrm{P}} + \varepsilon_{\Phi} \tag{1.6.53}$$

表达式已重新排列,使得可估计的接收机相位参数与式(1.6.52)相同。在重新排列的过程中,模糊度变成了多卫星的模糊度。多模糊度

$$\hat{N}^{q}_{u} = N^{q1}_{u} + \Delta n^{q1} \tag{1.6.54}$$

变为 u 站和卫星 q 的可估计模糊度。通过减去传播的码偏差(1.6.46),修正后的伪距通过式(1.6.37)得出,即

$$P^{p}_{u} - \hat{\xi}^{p}_{\mathrm{P}} = \rho^{p}_{u} + (\xi_{u,\mathrm{P}} - \xi_{1,\mathrm{P}}) + T^{p}_{u1} + I^{p}_{u1,\mathrm{P}} + \varepsilon_{\mathrm{P}} \tag{1.6.55}$$

码相位偏差在 u 站成为新的可估计码偏差,即

$$\hat{\xi}_{u,\mathrm{P}} = \xi_{u,\mathrm{P}} - \xi_{1,\mathrm{P}} \tag{1.6.56}$$

式(1.6.51)、式(1.6.53)和式(1.6.56)构成了用户的完整解集,总结如下:

$$\left.\begin{aligned}
&\Phi^{1}_{u} - \lambda \hat{\xi}^{1}_{\Phi,\mathrm{FCB}} = \rho^{1}_{u} + \hat{\xi}_{u,\Phi} + T^{1}_{u1} - I^{1}_{u1,\mathrm{P}} + M_{\Phi} + \varepsilon_{\Phi}\\
&\Phi^{q}_{u} - \lambda \hat{\xi}^{q}_{\Phi,\mathrm{FCB}} = \rho^{q}_{u} + \hat{\xi}_{u,\Phi} + \lambda \hat{N}^{q}_{u} + T^{q}_{u1} - I^{q}_{u1,\mathrm{P}} + M_{\Phi} + \varepsilon_{\Phi}\\
&P^{p}_{u} - \hat{\xi}^{p}_{\mathrm{P}} = \rho^{p}_{u} + \hat{\xi}_{u,\mathrm{P}} + T^{p}_{u1} + I^{p}_{u1,\mathrm{P}} + M_{\mathrm{P}} + \varepsilon_{\mathrm{P}}
\end{aligned}\right\} \tag{1.6.57}$$

式中,上标 q 从 2 到 S,p 从 1 到 S。共有 $2S$ 个观测量和 $3+2+(S-1)$ 个参数,它们是 3 个基线分量、接收机相位偏差和接收机码偏差以及 $S-1$ 个模糊度。

在式(1.6.57)中,只有非基准卫星相位方程包含模糊度参数;所有相位方程均包含相同的接收机相位偏置参数。要牢记这些重要特征。很明显,用户可以独立于网络解算中可能使用的基准卫星来选择基准卫星。因此,不需要将有关网络的基准卫星的标识信息发送给用户。用户可以自由选择任何卫星作为基准卫星。使用在网格上建模的对流层延迟,用户方程将仅包含 T^{q}_{u}。对于电离层,可以提出类似的处理方法;但是,下面讨论的双频解决方案无论如何都将消除电离层。

式(1.6.57)表示了 PPP-RTK 算法的本质。卫星相位和码偏差由已知位置的网络站生成,并发送给用户。在用户解决方案中,这些偏差被视为已知量并应用于观测方程中。原则上,网络可以由单一的网络站组成。但是随着网络站点的增多,全协方差矩阵将模糊度固定为整数,解的强度也会增加。估计的卫星相位和码偏差取决于基准站接收机时钟。除非基准站配备有原子钟,否则需要逐历元估计,而且不能轻易地利用卫星时钟的长期稳定性和降低相位及码偏的传输负载。

2. 双频解

所有双频解都使用 Hatch-Melbourne-Wubbena(HMW)函数来计算宽巷模糊度。此外,使用了无电离层函数来消除一阶电离层误差。对流层的延迟被假定是由一个依赖于卫星仰角的映射函数估计的,因此与参数的线性无关。下面将省略对流层延迟和多路径项。给出的一步解决方案作为网络解决方案的一部分解算整周模糊度,并计算出卫星偏差和 HMW 卫星硬件延迟传输给用户。逐线方法通过对接收卫星的平均观测值进行简单的舍入,解算这些模糊度。部分卫星偏差和 HMW 卫星硬件延迟被计算和传输。在任何情况下,假设在网络站的对流层延迟已经用对流层模型进行了修正。Geng 等(2010)对精密单点定位中固定整周模糊度的各种方法进行了初步比较。

一步网解:Collins(2008)提出了一种使用双频无电离层相位函数、HMW 函数和无电离层伪距函数的一步解决方案。虽然这些函数是相关的,但是 HMW 函数依赖于载波相位和伪距观测量,相关性很小。具体模型方程为式(1.1.39)、式(1.1.48)、式(1.1.38),为便于参考,列示如下:

$$\left.\begin{aligned}\Phi IF12_k^p &= \rho_k^p + \xi_{k,\Phi IF12} - \xi_{\Phi IF12}^p + \lambda_{\Phi IF12} N_{k,\Phi IF12}^p + T_k^p + M_{k,\Phi IF12}^p + \varepsilon_{\Phi IF12} \\ HMW12_k^p &= -d_{k,HMW12} + D_{HMW12}^p + \lambda_{12} N_{k,HMW12}^p + M_{k,HMW12}^p + \varepsilon_{HMW12} \\ PIF12_k^p &= \rho_k^p + \xi_{k,PIF12} - \xi_{PIF12}^p + T_k^p + M_{k,HMW12}^p + \varepsilon_{PIF12}\end{aligned}\right\} \tag{1.6.58}$$

无电离层接收机相位偏差 $\xi_{k,\Phi IF12}$ 和卫星相位偏差 $\xi_{\Phi IF12}^p$ 包含接收机和卫星的时钟误差,以及接收机和卫星的硬件延迟,获得了式(1.1.39)中各自的时钟和硬件 δ_{R2} 中包含的项,或通过将无电离层函数应用到式(1.6.38)的函数。无电离层波长与模糊度的乘积为式(1.1.39),即

$$\lambda_{\Phi IF12} N_{k,\Phi IF12}^p = c\frac{f_1 - f_2}{f_1^2 - f_2^2} N_{k,1}^p + c\frac{f_2}{f_1^2 - f_2^2} N_{k,12}^p \tag{1.6.59}$$

式中,c 是光速。在 GPS 情况下,整数 $N_{k,1}^p$ 是 L1 频段的模糊度,$N_{k,12}^p = N_{k,1}^p - N_{k,2}^p$ 为宽巷模糊度。

使用 GPS 频率 $f_1 = 154f_0$,$f_2 = 120f_0$,$f_0 = 10.23$ MHz,将无电离层模糊度数值化。

$$\lambda_{\Phi IF12} N_{k,\Phi IF12}^p = \frac{2cf_0}{f_1^2 - f_2^2}(17N_{k,1}^p + 60N_{k,12}^p) = 0.107N_{k,1}^p + 0.378N_{k,12}^p \tag{1.6.60}$$

对于其他频率或卫星系统,式(1.6.60)中的数值相应变化。进一步指出,HMW 功能并不依赖于接收机和卫星时钟误差以及对流层延迟。$d_{k,HMW12}$ 和 D_{HMW12}^p 是接收机和卫星硬件延迟的 HMW12 功能。无电离层接收机相位偏差 $\xi_{k,PIF12}$ 和卫星相位偏差 ξ_{PIF12}^p 包含伪距、相应硬件接收机和卫星时钟延迟。

对于网络解决方案,通过重新参数化去除数学模型(1.6.58)中的线性依赖,就像上一节所做的那样。实际上,在单频情况下实现再参数化的求解步骤也适用于双频情况。再次给出的例子包括三个卫星和两个站点。扩展到更多的网络站来观测更多的普通卫星是很容易实现的。如上所述,1 号站是基准站,1 号卫星是基准卫星。有了这些规范,重新参数化的解决方案可以写成

$$\begin{bmatrix} \mathbf{\Phi IF}12_1-\boldsymbol{\rho}_1 \\ \mathbf{HMW}12_1 \\ \mathbf{\Phi IF}12_2-\boldsymbol{\rho}_2 \\ \mathbf{HMW}12_2 \end{bmatrix} = \left[\begin{array}{cc:ccc} \boldsymbol{I} & \mathbf{0} & \mathbf{0} & \mathbf{0} & \mathbf{0} \\ \mathbf{0} & \boldsymbol{I} & \mathbf{0} & \mathbf{0} & \mathbf{0} \\ \hdashline \boldsymbol{I} & \mathbf{0} & \boldsymbol{b} & \mathbf{0} & \boldsymbol{C} \\ \mathbf{0} & \boldsymbol{I} & \mathbf{0} & \boldsymbol{b} & \boldsymbol{D} \end{array}\right] \left[\begin{array}{c} \widehat{\boldsymbol{\xi}}_{\Phi IF12} \\ \widehat{\boldsymbol{D}}_{HMW12} \\ \hdashline \widehat{\xi}_{2,\Phi IF12} \\ \widehat{d}^{p}_{HMW12} \\ \widehat{\boldsymbol{N}} \end{array}\right] \tag{1.6.61}$$

$$\mathbf{\Phi IF}12_k-\boldsymbol{\rho}_k = \begin{bmatrix} \Phi IF12_k^1-\rho_k^1 \\ \Phi IF12_k^2-\rho_k^2 \\ \Phi IF12_k^3-\rho_k^3 \end{bmatrix} \quad \mathbf{HMW}12_k = \begin{bmatrix} HMW12_k^1 \\ HMW12_k^2 \\ HMW12_k^3 \end{bmatrix} \tag{1.6.62}$$

$$\boldsymbol{C} = \lambda_{\Phi IF12} \begin{bmatrix} 0 & 0 & 0 & 0 \\ 17 & 60 & 0 & 0 \\ 0 & 0 & 17 & 60 \end{bmatrix} \quad \boldsymbol{D} = \lambda_{12} \begin{bmatrix} 0 & 0 & 0 & 0 \\ 0 & 1 & 0 & 0 \\ 0 & 0 & 0 & 1 \end{bmatrix} \tag{1.6.63}$$

$$\left.\begin{aligned} \widehat{\boldsymbol{\xi}}_{\Phi IF12} &= \begin{bmatrix} \widehat{\xi}^1_{\Phi IF12} \\ \widehat{\xi}^2_{\Phi IF12} \\ \widehat{\xi}^3_{\Phi IF12} \end{bmatrix} = \begin{bmatrix} -\widehat{\xi}^1_{\Phi IF12}+\xi_{1,\Phi IF12}+\lambda_{\Phi IF12}N^1_{1,\Phi IF12} \\ -\widehat{\xi}^2_{\Phi IF12}+\xi_{1,\Phi IF12}+\lambda_{\Phi IF12}N^2_{1,\Phi IF12} \\ -\widehat{\xi}^3_{\Phi IF12}+\xi_{1,\Phi IF12}+\lambda_{\Phi IF12}N^3_{1,\Phi IF12} \end{bmatrix} \\ \widehat{\boldsymbol{D}}_{HMW12} &= \begin{bmatrix} \widehat{D}^1_{HMW12} \\ \widehat{D}^2_{HMW12} \\ \widehat{D}^3_{HMW12} \end{bmatrix} = \begin{bmatrix} D^1_{HMW12}-d_{1,HMW12}+\lambda_{12}N^1_{1,12} \\ D^2_{HMW12}-d_{1,HMW12}+\lambda_{12}N^2_{1,12} \\ D^3_{HMW12}+d_{1,HMW12}+\lambda_{12}N^3_{1,12} \end{bmatrix} \end{aligned}\right\} \tag{1.6.64}$$

$$\left.\begin{aligned} \widehat{\xi}_{2,\Phi IF12} &= \xi_{2,\Phi IF12}-\xi_{1,\Phi IF12}+\lambda_{\Phi IF12}N^1_{21,\Phi IF12} \\ \widehat{d}_{2,HMW12} &= -d_{2,HMW12}+d_{1,HMW12}+\lambda_{12}N^1_{21,12} \end{aligned}\right\} \tag{1.6.65}$$

$$\widehat{\boldsymbol{N}} = \begin{bmatrix} \widehat{N}^2_{2,1} \\ \widehat{N}^2_{2,12} \\ \widehat{N}^3_{2,1} \\ \widehat{N}^3_{2,12} \end{bmatrix} = \begin{bmatrix} N^{21}_{21,1} \\ N^{21}_{21,12} \\ N^{31}_{21,1} \\ N^{31}_{21,12} \end{bmatrix} \tag{1.6.66}$$

为验证结果，将式(1.6.64)至式(1.6.66)代入式(1.6.61)，并与式(1.6.58)比较。该方程组是全秩的，且由 $2RS$ 个方程和同样多的参数组成，即 S 个卫星相位偏差 $\widehat{\xi}^p_{\Phi IF12}$，$S$ 个卫星 HMW 硬件延迟偏差 $\widehat{D}^p_{HMW12}(p=1,\cdots,S)$，$R-1$ 个接收机相位偏差 $\widehat{\xi}_{k,\Phi IF12}$，$(R-1)$ HMW 个接收机硬件偏差 $\widehat{d}_{k,HMW12}(k=2,\cdots,R)$ 和 $2(R-1)(S-1)$ 个模糊度参数 $N^{q1}_{m1,1}$ 和 $N^{q1}_{m1,12}(m=2,\cdots,R,q=2,\cdots,S)$。为了帮助阅读，我们规定：逗号前的下标用于识别站和差分操作，逗号后的数值 1 指的是 L1 频段模糊度，12 表示 L1 频段和 L2 频段宽巷。例如，在这个符号中，$N^{21}_{21,12}=N^{21}_{21,1}-N^{21}_{21,2}$ 是 L1 频段和 L2 频段双差模糊度的差值。

除了用 PIF12 代替下标 P 并省略对流层项外，伪距解与式(1.6.44)到式(1.6.47)中给出的解相同。为了便于引用，这里再次列出。两站三卫星的解决方案是

$$\begin{bmatrix}\mathbf{PIF}12_1-\rho_1\\ \mathbf{PIF}12_2-\rho_2\end{bmatrix}=\begin{bmatrix}\boldsymbol{I} & \mathbf{0}\\ \boldsymbol{I} & \boldsymbol{b}\end{bmatrix}\begin{bmatrix}\hat{\xi}_{\mathrm{PIF12}}\\ \hat{\xi}_{2,\mathrm{PIF12}}\end{bmatrix} \tag{1.6.67}$$

$$\mathbf{PIF}12_k-\boldsymbol{\rho}_k=\begin{bmatrix}\mathrm{PIF}12_k^1-\rho_k^1\\ \mathrm{PIF}12_k^1-\rho_k^1\\ \mathrm{PIF}12_k^1-\rho_k^1\end{bmatrix} \tag{1.6.68}$$

$$\hat{\xi}_{\mathrm{PIF12}}=\begin{bmatrix}\hat{\xi}^1_{\mathrm{PIF12}}\\ \hat{\xi}^2_{\mathrm{PIF12}}\\ \hat{\xi}^3_{\mathrm{PIF12}}\end{bmatrix}=\begin{bmatrix}-\xi^1_{\mathrm{PIF12}}+\xi_{1,\mathrm{PIF12}}\\ -\xi^2_{\mathrm{PIF12}}+\xi_{1,\mathrm{PIF12}}\\ -\xi^3_{\mathrm{PIF12}}+\xi_{1,\mathrm{PIF12}}\end{bmatrix} \qquad \bar{\xi}_{2,\mathrm{PIF12}}=\xi_{2,\mathrm{PIF12}}-\xi_{1,\mathrm{PIF12}} \tag{1.6.69}$$

向量 $\boldsymbol{b}$ 在式(1.6.12)中给出。如果把伪距观测和载波相位观测组合成一个方程,则共有 $3RS$ 个观测值和 $2RS+S+R-1$ 个参数,给出了 $RS-R-S+1$ 个自由度。

用户解:对于用户解决方案,对原始方程(1.6.58)进行了校正,用于无电离层发射卫星相位偏差、HMW 硬件延迟和卫星代码偏差的观测。

在不失一般性的前提下,再次假设用户选择卫星 1 作为参考卫星,则用户解决方案为

$$\begin{aligned}\Phi\mathrm{IF}12_u^1-\hat{\xi}^1_{\Phi\mathrm{IF12}}&=\rho_u^1+\xi_{u,\Phi\mathrm{IF12}}-\xi_{1,\Phi\mathrm{IF12}}+\lambda_{\Phi\mathrm{IF12}}+N^1_{u1,\Phi\mathrm{IF12}}+T_u^1+\varepsilon_{\Phi\mathrm{IF12}}\\&=\rho_u^1+\hat{\xi}_{u,\Phi\mathrm{IF12}}+T_u^1+\varepsilon_{\Phi\mathrm{IF12}}\end{aligned} \tag{1.6.70}$$

$$\begin{aligned}\Phi\mathrm{IF}12_u^q-\hat{\xi}^q_{\Phi\mathrm{IF12}}&=\rho_u^q+\hat{\xi}_{u,\Phi\mathrm{IF12}}+\lambda_{\Phi\mathrm{IF12}}N^{q1}_{u1,\Phi\mathrm{IF12}}+T_u^q+\varepsilon_{\Phi\mathrm{IF12}}\\&=\rho_u^q+\hat{\xi}_{u,\Phi\mathrm{IF12}}+\lambda_{\Phi\mathrm{IF12}}\hat{N}^q_{u,\Phi\mathrm{IF12}}+T_u^q+\varepsilon_{\Phi\mathrm{IF12}}\end{aligned} \tag{1.6.71}$$

$$\begin{aligned}\mathrm{HMW}12_u^1-\hat{D}^1_{\mathrm{HMW12}}&=-d_{u,\mathrm{HMW12}}+d_{1,\mathrm{HMW12}}+\lambda_{12}N^1_{u1,12}+\varepsilon_{\mathrm{HMW12}}\\&=\hat{d}_{u,\mathrm{HMW12}}+\varepsilon_{\mathrm{HMW12}}\end{aligned} \tag{1.6.72}$$

$$\begin{aligned}\mathrm{HMW}12_u^q-\hat{D}^q_{\mathrm{HMW12}}&=\hat{d}_{u,\mathrm{HMW12}}+\lambda_{12}N^{q1}_{u1,12}+\varepsilon_{\mathrm{HMW12}}\\&=\hat{d}_{u,\mathrm{HMW12}}+\lambda_{12}\hat{N}^q_{u,12}+\varepsilon_{\mathrm{HMW12}}\end{aligned} \tag{1.6.73}$$

$$\begin{aligned}\mathrm{PIF}12_u^p-\hat{\xi}^p_{\mathrm{PIF12}}&=\rho_u^p+\xi_{u,\mathrm{PIF12}}-\xi^p_{1,\mathrm{PIF12}}+T_u^p+\varepsilon_{\mathrm{PIF12}}\\&=\rho_u^p+\hat{\xi}_{u,\mathrm{PIF12}}+T_u^p+\varepsilon_{\mathrm{PIF12}}\end{aligned} \tag{1.6.74}$$

式中,$q=2,\cdots,S$。再次注意到,与单频用户解决方案一样,基本卫星相位方程和 HMW 方程不包含模糊度参数。只要这个参数被承认,用户就可以自由地采用任何卫星作为参考卫星。无论选择何种网络解决方案,用户解决方案的最终形式是

$$\left.\begin{aligned}&\Phi\mathrm{IF}12_u^1-\hat{\xi}^1_{\Phi\mathrm{IF12}}-T^1_{u,0}=\rho_u^1+\hat{\xi}_{u,\Phi\mathrm{IF12}}+\mathrm{d}T_u m_{wv}(\vartheta^1)+M_{\Phi\mathrm{IF12}}+\varepsilon_{\Phi\mathrm{IF12}}\\&\Phi\mathrm{IF}12_u^q-\hat{\xi}^q_{\Phi\mathrm{IF12}}-T^1_{u,0}=\rho_u^q+\hat{\xi}_{u,\Phi\mathrm{IF12}}+\lambda_{\Phi\mathrm{IF12}}(17\hat{N}^q_{u,1}+60\hat{N}^q_{u,12})+\mathrm{d}T_u m_{wv}(\vartheta^q)+M_{\Phi\mathrm{IF12}}+\varepsilon_{\Phi\mathrm{IF12}}\\&\mathrm{HMW}12_u^1-\hat{D}^1_{\mathrm{HMW12}}=\hat{d}_{u,\mathrm{HMW12}}+M_{\mathrm{HMW12}}+\varepsilon_{\mathrm{HMW12}}\\&\mathrm{HMW}12_u^q-\hat{D}^q_{\mathrm{HMW12}}=\hat{d}_{u,\mathrm{HMW12}}+\lambda_{12}\hat{N}^q_{u,12}+M_{\mathrm{HMW12}}+\varepsilon_{\mathrm{HMW12}}\\&\mathrm{PIF}12_u^p-\hat{\xi}^p_{\mathrm{PIF12}}-T^1_{u,0}=\rho_u^p+\hat{\xi}_{u,\mathrm{PIF12}}+\mathrm{d}T_u m_{wv}(\vartheta^p)+M_{\mathrm{PIF12}}+\varepsilon_{\mathrm{PIF12}}\end{aligned}\right\} \tag{1.6.75}$$

式中,$q=2,\cdots,S,p=1,\cdots,S$。其中增加了一个垂直对流层参数。需要估算 3$S$ 个观测值和 $3+3+2(S-1)$ 个参数,即 3 个基线分量,3 个接收机偏差,$2(S-1)$ 个模糊度和 1 个对流层参数。在式(1.6.75)中,消除了卫星相位和码偏差以及 HMW 卫星硬件延迟。

首先进行网络宽巷:式(1.6.61)的求解可以分两步进行,首先通过 HMW 函数估计宽巷模糊度,然后将宽巷模糊度作为已知量,通过无电离层相位函数估计 L1 频段模糊度。这种方法忽略了两个函数之间的相关性。从式(1.6.61)中提取 HMW 方程,解为

$$\begin{bmatrix}\mathbf{HMW}12_1\\ \mathbf{HMW}12_2\end{bmatrix}=\begin{bmatrix}\boldsymbol{I} & \mathbf{0} & \mathbf{0}\\ \boldsymbol{I} & \boldsymbol{b} & \lambda_{12}\boldsymbol{A}\end{bmatrix}\begin{bmatrix}\widehat{\boldsymbol{D}}_{\mathrm{HMW12}}\\ \widehat{d}_{2,\mathrm{HMW12}}\\ \widehat{\boldsymbol{N}}_{2,\mathrm{HMW12}}\end{bmatrix}\tag{1.6.76}$$

$$\widehat{\boldsymbol{N}}_{2,\mathrm{HMW12}}=\begin{bmatrix}\widehat{N}_{2,12}^{2}\\ \widehat{N}_{2,12}^{3}\end{bmatrix}=\begin{bmatrix}\widehat{N}_{21,12}^{21}\\ \widehat{N}_{21,12}^{31}\end{bmatrix}\tag{1.6.77}$$

在式(1.6.64)和式(1.6.65)中估计值 $\widehat{\boldsymbol{D}}_{\mathrm{HMW12}}$ 和 $\widehat{d}_{2,\mathrm{HMW12}}$ 完全相同。有 RS 个方程和许多未知参数,即 S 个卫星硬件偏差,$R-1$ 个接收机硬件延迟和 $(R-1)(S-1)$ 个双差模糊度。给出宽巷模糊度 $\widehat{\boldsymbol{N}}_{2,\mathrm{HMW12}}$,可以计算出无电离层阶段解决方程在式(1.6.64)和式(1.6.65)中估计值完全相同。

$$\begin{bmatrix}\boldsymbol{\Phi}\mathbf{IF}12_1-\boldsymbol{\rho}_1\\ \boldsymbol{\Phi}\mathbf{IF}12_2-\boldsymbol{\rho}_2-60\lambda_{\Phi\mathrm{IF12}}\widehat{\boldsymbol{N}}_{2,\mathrm{HMW12}}\end{bmatrix}=\begin{bmatrix}\boldsymbol{I} & \mathbf{0} & \mathbf{0}\\ \boldsymbol{I} & \boldsymbol{b} & 17\lambda_{\Phi\mathrm{IF12}}\boldsymbol{A}\end{bmatrix}\begin{bmatrix}\widehat{\xi}_{\Phi\mathrm{IF12}}\\ \widehat{\xi}_{2,\Phi\mathrm{IF12}}\\ \widehat{\boldsymbol{N}}_{2,1}\end{bmatrix}\tag{1.6.78}$$

$$\widehat{\boldsymbol{N}}_{2,1}=\begin{bmatrix}\widehat{N}_{2,1}^{2}\\ \widehat{N}_{2,1}^{3}\end{bmatrix}=\begin{bmatrix}N_{21,1}^{21}\\ N_{21,1}^{31}\end{bmatrix}\tag{1.6.79}$$

在式(1.6.64)和式(1.6.65)中估计值 $\widehat{\xi}_{\Phi\mathrm{IF12}}$ 和 $\widehat{\xi}_{2,\Phi\mathrm{IF12}}$ 是相同的。式(1.6.78)又包含了同样多未知数的 RS 个方程。针对从第一步获得的已知宽巷模糊度 $\widehat{\boldsymbol{N}}_{2,\mathrm{HMW12}}$,对电离层自由相位观测值进行校正。接下来我们可以计算小数偏差 $\widehat{\xi}_{\Phi\mathrm{IF12,FCB}}$ 和 $\widehat{\boldsymbol{D}}_{\mathrm{HMW12,FCB}}$,并传输给用户。下一种方法明确地计算了小数偏差。

逐线方法:这种方法是由 Laurichesse 等(2007)提出的。再次选择 1 号站作为基准站。这种方法首先要求式(1.6.58)中的 HMW 函数随时间的推移分别取平均值,然后四舍五入以确定硬件延迟宽巷的整数。然后计算分式卫星硬件时延。第一步的解是

$$\overline{\mathrm{HMW}12_1^p}=-d_{1,\mathrm{HMW12}}+D_{\mathrm{HMW12}}^p+\lambda_{12}N_{1,12}^p\tag{1.6.80}$$

$$n_{1,\mathrm{HMW12}}^p=\left[\frac{\overline{\mathrm{HMW}12_1^p}}{\lambda_{12}}\right]\qquad D_{\mathrm{HMW12,FCB}}^p=\frac{\overline{\mathrm{HMW}12_1^p}}{\lambda_{12}}-n_{1,\mathrm{HMW12}}^p\tag{1.6.81}$$

$$n_{1,\mathrm{HMW12}}^p=\Delta n_{\mathrm{HMW12}}^p+N_{1,12}^p\tag{1.6.82}$$

$$\lambda_{12}D_{\mathrm{HMW12,FCB}}^p=D_{\mathrm{HMW12}}^p-d_{1,\mathrm{HMW12}}-\lambda_{12}\Delta n_{\mathrm{HMW12}}^p\tag{1.6.83}$$

式中,$p=1,\cdots,S$。HMW12 表示平均超过时间。整数未知量 $\Delta n_{\mathrm{HMW12}}^p$ 代表宽巷波长的整数

进入硬件偏差$-d_{1,\mathrm{HMW12}}+D^{p}_{\mathrm{HMW12}}$。式(1.6.83)是由式(1.6.81)乘以宽波长得到的,然后代入式(1.6.80)和式(1.6.82)。整数 $n^{p}_{1,\mathrm{HMW12}}$ 通常仅在短时间的观测之后就可以被可靠地识别出来。第二步需要对无电离层相位函数(1.6.58)进行类似的处理。观察量再一次随时间平均,然后从平均值中减去式(1.6.81)中的已知整数 $n^{p}_{1,\mathrm{HMW12}}$,最后在右侧使用式(1.6.82)。结果是

$$a^{p}_{1}\equiv\overline{\Phi\mathrm{IF12}^{p}_{1}}-\rho^{p}_{1}-\lambda_{\Phi\mathrm{IF12}}60n^{p}_{1,\mathrm{HMW12}}=\xi_{1,\Phi\mathrm{IF12}}-\xi^{p}_{\Phi\mathrm{IF12}}+\lambda_{\Phi\mathrm{IF12}}(17N^{p}_{1,1}-60\Delta n^{p}_{\mathrm{HMW12}})\tag{1.6.84}$$

$$n^{p}_{1,a}=\left[\frac{a^{p}_{1}}{\lambda_{c}}\right]\quad \xi^{p}_{a,\mathrm{FCB}}=\frac{a^{p}_{1}}{\lambda_{c}}-n^{p}_{1,a}\tag{1.6.85}$$

$$n^{p}_{1,a}=\Delta n^{p}_{a}+N^{p}_{1,1}\tag{1.6.86}$$

$$\lambda_{c}\xi^{p}_{a,\mathrm{FCB}}=\xi_{1,\Phi\mathrm{IF12}}-\xi^{p}_{\Phi\mathrm{IF12}}-\lambda_{\Phi\mathrm{IF12}}(17\Delta n^{p}_{a}+60\Delta n^{p}_{\mathrm{HMW12}})\tag{1.6.87}$$

式中,$\lambda_{c}=17\lambda_{\Phi\mathrm{IF12}}\approx10.7$。因此,数值 $n^{p}_{1,a}$ 是 λ_{c} 单位的整数 a^{p}_{1}。λ_{c} 很小,函数(1.6.84)取决于接收机时钟错误,更长的观测序列需要确定正确的整数 $n^{p}_{1,a}$。这就完成了网络上所需的计算。部分 HMW12 卫星硬件延迟 $D^{p}_{\mathrm{HMW12,FCB}}$ 和卫星相位偏差 $\xi^{p}_{a,\mathrm{FCB}}$ 被传输给用户。

然而,到目前为止还没有使用非基准站。部分卫星硬件延迟 $D^{p}_{\mathrm{HMW12,FCB}}$ 和卫星相位偏差 $\xi^{p}_{a,\mathrm{FCB}}$ 可计算非基准站的观测。这些监测站的观测结果可以用于质量控制。对于 HMW12 观测值,非基准站观测值也首先随时间平均,然后校正 HMW12 分式卫星硬件偏差,最后确定接收机硬件延迟的分式。使用式(1.6.83),可以得到

$$\overline{\mathrm{HMW12}^{p}_{k}}-\lambda_{12}D^{p}_{\mathrm{HMW12,FCB}}=-d_{k,\mathrm{HMW12}}+d_{1,\mathrm{HMW12}}+\lambda_{12}(N^{p}_{k,12}+\Delta n^{p}_{\mathrm{HMW12}})\tag{1.6.88}$$

$$n^{p}_{k,\mathrm{HMW12}}=\left[\frac{\overline{\mathrm{HMW12}^{p}_{k}}-\lambda_{12}D^{p}_{\mathrm{HMW12,FCB}}}{\lambda_{12}}\right]$$

$$d_{k,\mathrm{HMW12,FCB}}=\frac{\overline{\mathrm{HMW12}^{p}_{k}}-\lambda_{12}D^{p}_{\mathrm{HMW12,FCB}}}{\lambda_{12}}-n^{p}_{k,\mathrm{HMW12}}\tag{1.6.89}$$

式中,$p=1,\cdots,S,k=2,\cdots,R$。特定接收机硬件时延 $d_{k,\mathrm{HMW12,FCB}}$ 的取值应在随机噪声范围内一致。同样,平均无电离层相位观测值被修正为式(1.6.87),得到

$$\begin{aligned}b^{p}_{k}&\equiv\overline{\Phi\mathrm{IF12}^{p}_{k}}-\rho^{p}_{k}-\lambda_{c}\xi^{p}_{a,\mathrm{FCB}}\\&=\xi_{k,\Phi\mathrm{IF12}}-\xi_{1,\Phi\mathrm{IF12}}+\lambda_{\Phi\mathrm{IF12}}(17N^{p}_{k,1}+60N^{p}_{k,12}+17\Delta n^{p}_{a}+60\Delta n^{p}_{\mathrm{HMW12}})\end{aligned}\tag{1.6.90}$$

$$n^{p}_{k,b}=\left[\frac{b^{p}_{k}}{\lambda_{c}}\right]\quad \xi_{k,\mathrm{FCB}}=\frac{b^{p}_{k}}{\lambda_{c}}-n^{p}_{k,b}\tag{1.6.91}$$

用户解:构建的解决方案可以轻易地拥有部分周期延迟和偏差 $D^{p}_{\mathrm{HMW12,FCB}}$、$\xi^{p}_{a,\mathrm{FCB}}$。

$$\begin{aligned}\mathrm{HMW12}^{1}_{u}-\lambda_{12}D^{1}_{\mathrm{HMW12,FCB}}&=-d_{u,\mathrm{HMW12}}+d_{1,\mathrm{HMW12}}+\lambda_{12}(N^{1}_{u,12}+\Delta n^{1}_{\mathrm{HMW12}})\\&=\widehat{d}_{u,\mathrm{HMW12}}\end{aligned}\tag{1.6.92}$$

$$\mathrm{HMW12}^{p}_{u}-\lambda_{12}D^{p}_{\mathrm{HMW12,FCB}}=\widehat{d}_{u,\mathrm{HMW12}}+\lambda_{12}(N^{p1}_{u,12}+\Delta n^{p1}_{\mathrm{HMW12}})\tag{1.6.93}$$

$$\Phi\mathrm{IF12}^{1}_{u}-\lambda_{c}\xi^{1}_{a,\mathrm{FCB}}=\xi_{u,\Phi\mathrm{IF12}}-\xi_{1,\Phi\mathrm{IF12}}+\lambda_{\Phi\mathrm{IF12}}[17(N^{1}_{u,1}+\Delta n^{1}_{a})+60(N^{1}_{u,12}+\Delta n^{1}_{\mathrm{HMW12}})]$$

$$=\hat{\xi}_{u,\Phi\mathrm{IF12}} \tag{1.6.94}$$

$$\Phi\mathrm{IF12}_u^p-\lambda_c\xi_{a,\mathrm{FCB}}^p=\xi_{u,\Phi\mathrm{IF12}}+\lambda_{\Phi\mathrm{IF12}}\left[17(N_{u,1}^{p1}+\Delta n_a^{p1})+60(N_{u,12}^{p1}+\Delta n_{\mathrm{HMW12}}^{p1})\right] \tag{1.6.95}$$

参数化并添加伪距观测量:

$$\left.\begin{aligned}
&\mathrm{HMW12}_u^1-\lambda_{12}D_{\mathrm{HMW12,FCB}}^1=\hat{d}_{u,\mathrm{HMW12}}+M_{\mathrm{HMW12}}+\varepsilon_{\mathrm{HMW12}}\\
&\mathrm{HMW12}_u^q-\lambda_{12}D_{\mathrm{HMW12,FCB}}^q=\hat{d}_{u,\mathrm{HMW12}}+\lambda_{12}\hat{N}_{u,12}^q+M_{\mathrm{HMW12}}+\varepsilon_{\mathrm{HMW12}}\\
&\Phi\mathrm{IF12}_u^1-\lambda_c\xi_{a,\mathrm{FCB}}^1=\rho_u^1+\hat{\xi}_{u,\Phi\mathrm{IF12}}+M_{\Phi\mathrm{IF12}}+\varepsilon_{\Phi\mathrm{IF12}}\\
&\Phi\mathrm{IF12}_u^q-\lambda_c\xi_{a,\mathrm{FCB}}^q=\rho_u^q+\xi_{u,\Phi\mathrm{IF12}}+\lambda_{\Phi\mathrm{IF12}}(17\hat{N}_{u,1}^q+60\hat{N}_{u,12}^q)+M_{\Phi\mathrm{IF12}}+\varepsilon_{\Phi\mathrm{IF12}}\\
&\mathrm{PIF12}_u^p-\hat{\xi}_{\mathrm{PIF12}}^p=\rho_u^p+\hat{\xi}_{u,\mathrm{PIF12}}+M_{\mathrm{PIF12}}+\varepsilon_{\mathrm{PIF12}}
\end{aligned}\right\} \tag{1.6.96}$$

式中,$q=2,\cdots,S$,$p=1,\cdots,S$。在式(1.6.93)和式(1.6.95)中参数化模糊度包含未知的 $\Delta n_{\mathrm{HMW12}}^p$、同等数量的完整的 λ_{12} 波长、卫星硬件延迟 $D_{\mathrm{HMW12}}^p-d_{1,\mathrm{HMW12}}$ 和未知数 Δn_a^p。式(1.6.69)中重新参数化的宽巷模糊度是相同的。

3. 星间差分

跨卫星差分与接收机时钟误差和接收机硬件延迟的抵消有关。模型函数仍然是无电离层载波相位和伪距函数、HMW12 函数,方便起见,添加了 AIF12 函数(1.1.49)。设卫星 1 为参考卫星,对于一般基准站 k,差分函数为

$$\left.\begin{aligned}
&\mathrm{HMW12}_k^{1q}=D_{\mathrm{HMW12}}^{1q}+\lambda_{12}N_{k,12}^{1q}+\varepsilon_{\mathrm{HMW12}}\\
&\mathrm{AIF12}_k^{1q}=D_{\mathrm{AIF12}}^{1q}+\lambda_{\Phi\mathrm{IF12}}(17N_{k,1}^{1q}+60N_{k,12}^{1q})+\varepsilon_{\mathrm{AIF12}}\\
&\Phi\mathrm{IF12}_k^{1q}=\rho_k^{1q}+\xi_{\Phi\mathrm{IF12}}^{1q}+\lambda_{\Phi\mathrm{IF12}}(17N_k^{1q}+60N_{k,12}^{1q})+T_k^{1q}+\varepsilon_{\Phi\mathrm{IF12}}\\
&\mathrm{PIF12}_k^{1q}=\rho_k^{1q}+\xi_{\mathrm{PIF12}}^{1q}+T_k^{1q}+\varepsilon_{\mathrm{PIF12}}
\end{aligned}\right\} \tag{1.6.97}$$

式中,上标表示跨差分操作。接收机项 $d_{k,\mathrm{HMW12}}$、$\xi_{k,\Phi\mathrm{IF12}}$ 和 $\xi_{k,\mathrm{PIF12}}$ 中差分被消除,即接收机时钟错误和接收机硬件延迟被消除。由于 AIF12 是 ΦIF12 和 PIF12 的差分量(见式(1.1.49)),因此卫星硬件延迟的函数 AIF12 是 ΦIF12 卫星相位偏差和 PIF12 卫星代码偏差的差分,即

$$D_{\mathrm{AIF12}}^p=\xi_{\Phi\mathrm{IF12}}^p-\xi_{\mathrm{PIF12}}^p=D_{\mathrm{PIF12}}^p-D_{\Phi\mathrm{IF12}}^p \tag{1.6.98}$$

在式(1.6.98)中,卫星时钟误差被抵消。如上所述,由于跨卫星差分,AIF12 接收机时钟误差和接收机硬件延迟已经抵消。此前,D_{HMW12}^{1q}、D_{AIF12}^{1q}、$\xi_{\Phi\mathrm{IF12}}^{1q}$ 和 $\xi_{\mathrm{PIF12}}^{1q}$ 只包含卫星硬件延迟和码延迟。

该方法确定了跨卫星硬件时延的小数周偏差,延迟 $D_{\mathrm{HMW12,FCB}}^{1q}$ 和 $D_{\mathrm{AIF12,FCB}}^{1q}$ 从网络得到,并传输这些数值给用户,用户将利用式(1.6.98)转换 $D_{\mathrm{AIF12,FCB}}^{1q}$,对 $\xi_{\Phi\mathrm{IF12}}^{1q}$ 和正确的载波相位进行观测,不需要指定基准站。

网络解:对于网络求解,式(1.6.97)的 HMW12 函数为平均时长,然后其小数周偏差按常规程序计算:

$$\overline{\mathrm{HMW12}_k^{1q}}=D_{\mathrm{HMW12}}^{1q}+\lambda_{12}N_{k,12}^{1q} \tag{1.6.99}$$

$$n_{k,\mathrm{HMW12}}^{1q}=\left[\frac{\overline{\mathrm{HMW12}_k^{1q}}}{\lambda_{12}}\right]\quad D_{\mathrm{HMW12,FCB}}^{1q}=\frac{\overline{\mathrm{HMW12}_k^{1q}}}{\lambda_{12}}-n_{k,\mathrm{HMW12}}^{1q} \tag{1.6.100}$$

$$n_{k,\mathrm{HMW12}}^{1q}=\Delta n_{\mathrm{HMW12}}^{1q}+N_{k,12}^{1q} \tag{1.6.101}$$

$$\lambda_{12}D_{\mathrm{HMW12,FCB}}^{1q}=D_{\mathrm{HMW12}}^{1q}-\lambda_{12}\Delta n_{\mathrm{HMW12}}^{1q} \tag{1.6.102}$$

平均值加横杠来表示。未知的整数 $\Delta n_{\mathrm{HMW12}}^{1q}$ 是宽巷 D_{HMW12}^{1q} 硬件延迟的数值。式(1.6.100)的小数周硬件延迟平均超过所有站点,$k=1,\cdots,R$,并标记为 $\overline{D_{\mathrm{HMW12}}^{1q}}$。

式(1.6.97)的 AIF12 函数对已知整数 $n_{k,\mathrm{HMW12}}^{1q}$ 取超过时长的平均值并修正式(1.6.100),然后计算小数周偏差。结果是

$$A_k^{1q}\equiv\overline{\mathrm{AIF12}_k^{1q}}-60\lambda_{\Phi\mathrm{IF12}}n_{k,\mathrm{HMW12}}^{1q}=\lambda_{\Phi\mathrm{IF12}}(17N_{k,1}^{1q}-60\Delta n_{\mathrm{HMW12}}^{1q})+D_{\mathrm{AIF12}}^{1q} \tag{1.6.103}$$

$$n_{k,A}^{1q}=\left[\frac{A_k^{1q}}{\lambda_c}\right]\quad D_{A,\mathrm{FCB}}^{1q}=\frac{A_k^{1q}}{\lambda_c}-n_{k,A}^{1q} \tag{1.6.104}$$

$$n_{k,A}^{1q}=\Delta n_A^{1q}+N_{k,1}^{1q} \tag{1.6.105}$$

$$\lambda_c D_{A,\mathrm{FCB}}^{1q}=D_{\mathrm{AIF12}}^{1q}-\lambda_{\Phi\mathrm{IF12}}(17\Delta n_A^{1q}+60\Delta n_{\mathrm{HMW12}}^{1q}) \tag{1.6.106}$$

式中,$\lambda_c=17\lambda_{\Phi\mathrm{IF12}}$,将各站的小数周偏差取平均值,$k=1,\cdots,R$,并表示为 $D_{A,\mathrm{FCB}}^{1q}$。

小数周偏差 $\overline{D_{\mathrm{HMW12,FCB}}^{1q}}$ 和 $\overline{D_{A,\mathrm{FCB}}^{1q}}$ 传输给用户,$q=2,\cdots,S$。无电离层卫星偏差 $\xi_{\Phi\mathrm{IF12}}^{1q}$ 必须利用式(1.6.98)来计算 $\xi_{\Phi\mathrm{IF12}}^{1q}$ 并修正伪距观测量。理想情况下,所有跨卫星差值组合的偏差都应该对用户可用,使他们能够选择任何参考卫星。

用户解:对于用户解 HMW12 和 PIF12 函数在式(1.6.97)中可以很容易被 D_{HMW12}^{1q} 和 $\xi_{\Phi\mathrm{IF12}}^{1q}$ 修正。修正值 $\xi_{\Phi\mathrm{IF12}}^{1q}$ 可通过式(1.6.98)和式(1.6.106)得到。

$$\begin{aligned}\xi_{\Phi\mathrm{IF12}}^{1q}&=D_{\mathrm{AIF12}}^{1q}+\xi_{\mathrm{PIF12}}^{1q}\\&=\lambda_c\overline{D}_{A,\mathrm{FCB}}^{1q}+\lambda_{\Phi\mathrm{IF12}}(17\Delta n_A^{1q}+60\Delta n_{\mathrm{HMW12}}^{1q})+\xi_{\mathrm{PIF12}}^{1q}\end{aligned} \tag{1.6.107}$$

使用 3 个修正量对式(1.6.97)修正,3 个用户方程变为

$$\begin{gathered}\mathrm{HMW12}_u^{1q}-\lambda_{12}\overline{D_{\mathrm{HMW12,FCB}}^{1q}}=\lambda_{12}\widehat{N}_{u,12}^{q}+M_{\mathrm{HMW12}}+\varepsilon_{\mathrm{HMW12}}\\ \Phi\mathrm{IF12}_u^{1q}-\lambda_c\overline{D}_{A,\mathrm{FCB}}^{1q}-\xi_{\mathrm{PIF12}}^{1q}=\rho_u^{1q}+\lambda_{\Phi\mathrm{IF12}}(17\widehat{N}_{u,1}^{q}+60\widehat{N}_{u,12}^{q})+T_u^{1q}+M_{\Phi\mathrm{IF12}}+\varepsilon_{\Phi\mathrm{IF12}}\\ \mathrm{PIF12}_u^{1q}-\xi_{\mathrm{PIF12}}^{1q}=\rho_u^{1q}+T_u^{1q}+M_{\mathrm{PIF12}}+\varepsilon_{\mathrm{PIF12}}\end{gathered} \tag{1.6.108}$$

$$\widehat{N}_{u,1}^{q}=N_{u,1}^{1q}+\Delta n_A^{1q}\quad \widehat{N}_{u,12}^{q}=N_{u,12}^{1q}+\Delta n_{\mathrm{HMW12}}^{1q} \tag{1.6.109}$$

HMW12 和 ΦIF12 函数包含相同的宽巷模糊度。它由卫星硬件延时 D_{HMW12}^{1q} 中原有的宽巷模糊度加上未知数量的宽巷周组成。无电离层码偏差 $\xi_{\mathrm{PIF12}}^{1q}$ 是每个历元所需的。用户可以选择任何参考卫星,但必须能够识别各自的传输偏差。该系统包括 3 个($S-1$)观测量,3 个位置坐标,2 个($S-1$)模糊度和 1 个对流层参数。由于跨卫星差分消除了接收端时钟误差和接收端硬件延迟,传输小数周偏差比 PPP 算法更稳定。

HMW12 和 AIF12 函数的部分卫星硬件延迟式(1.6.102)和式(1.6.106)可以在不知道网络站坐标的情况下计算。两者都是无几何的载波相位线性函数和伪距函数。结果表明,由于载波相位的噪声和多路径带来的误差比伪距小得多,因此多路径观测噪声和影响主要受伪距观测噪声和多路径影响的支配。

因此,由式(1.6.107)计算出的卫星观测噪声和多路径影响相位偏差 $\xi_{\Phi\mathrm{IF12}}^{1q}$ 是很大的,但是仍然需要卫星码偏差来完成这个计算。即使不需要网络站坐标计算 $D_{\mathrm{HMW12,FCB}}^{1q}$ 和

$D_{A,\mathrm{FCB}}^{1q}$ 的硬件延迟,计算仍需要坐标 $\xi_{\mathrm{PIF12}}^{1q}$。如果这些时差能从IGS精密星历的时钟改正中得到,即 $\xi_{\mathrm{PIF12}}^{1q}=\xi_{\mathrm{IGS}}^{1q}=\xi_{\mathrm{IGS}}^{1q}\xi_{\mathrm{IGS}}^{1q}$ 是有效的,那么就不需要网络站坐标。

然而,并不是通过式(1.6.107)来计算 $\xi_{\Phi\mathrm{IF12}}^{1q}$,可以使用函数ΦIF12进行更准确的计算。可以将式(1.6.80)带入式(1.6.87)来处理跨卫星差分,但该方法存在的缺点是必须知道网络站点的坐标。此外,可以将AIF12和式(1.6.107)方法应用于任何双频观测,而不仅仅是上面讨论的L1频段和L2频段观测量。

递归调整技术适用于所有模型,因为它们混合了历元参数和常参数。例如,在一步网络情况下,在式(1.6.61)和式(1.6.67)中,$\widehat{\xi}_{\Phi\mathrm{IF12}}^{p}$、$\widehat{\xi}_{k,\Phi\mathrm{IF12}}^{p}$、$\widehat{\xi}_{\mathrm{PIF12}}^{p}$ 和 $\widehat{\xi}_{k,\mathrm{PIF12}}$ 是每个历元的参数;最活跃的变化参数是接收机时钟误差。HMW12硬件延迟 $\mathcal{D}_{\mathrm{HMW12}}^{2}$ 和 $\mathcal{d}_{2,\mathrm{HMW12}}$ 相当稳定。同样,在的情况下小数周偏差 $\xi_{a,\mathrm{FCB}}^{p}$ 变化很快,而硬件延迟 $D_{\mathrm{HMW12,FCB}}^{p}$ 的变化比较缓慢。在跨卫星单差的情况下,硬件延迟 $D_{\mathrm{HMW12,FCB}}^{1q}$ 和 $D_{A,\mathrm{FCB}}^{1q}$ 变化缓慢。此时,模糊度参数保持不变,直到发生周跳。此时,模糊参数必须重新初始化,可能需要一些收敛时间,这取决于偏移量。如果连续的历元之间的时间足够短,人们就可能成功地模拟历元之间的电离层变化,并使用跨时差来确定周跳,避免或减少再收敛时间。

1.7　三频解算方法

特殊的三频函数给三频处理带来了独特性,这与经典的双频方法相反。我们来讨论两种类型的解决方案。第一种是一步式批处理解决方案,将所有观察结果组合在一起,并同时估计所有参数。第二种是三频模糊度解算方法(TCAR),先尝试解决模糊度,然后计算站点的位置坐标。

1.7.1　单步定位方法

三频和双频观测的处理在概念上没有太大差异。在三频情况下,完整的观测值包括三个伪距和三个载波相位。与双频情况一样,原始的可观察对象可以直接处理,也可以先转换为一组线性独立函数(也称为组合),这些函数可以显示某些所需的特性。考虑以下示例集:

$$\left.\begin{aligned}
P_1&=\rho+I_{1,\mathrm{P}}+T+M_{1,\mathrm{P}}+\varepsilon_{\mathrm{P}}\\
P_2&=\rho+\beta_{(0,1,0)}I_{1,\mathrm{P}}+T+M_{2,\mathrm{P}}+\varepsilon_{\mathrm{P}}\\
P_3&=\rho+\beta_{(0,0,1)}I_{1,\mathrm{P}}+T+M_{3,\mathrm{P}}+\varepsilon_{\mathrm{P}}\\
\Phi_1&=\rho+\lambda_1N_1-I_{1,\mathrm{P}}+T+M_{1,\Phi}+\varepsilon_{\Phi}\\
\Phi_{(1,-1,0)}&=\rho+\lambda_{(1,-1,0)}N_{(1,-1,0)}-\beta_{(1,-1,0)}I_{1,\mathrm{P}}+T+M_{(1,-1,0),\Phi}+\varepsilon_{(1,-1,0),\Phi}\\
\Phi_{(1,0,-1)}&=\rho+\lambda_{(1,0,-1)}N_{(1,0,-1)}-\beta_{(1,0,-1)}I_{1,\mathrm{P}}+T+M_{(1,0,-1),\Phi}+\varepsilon_{(1,0,-1),\Phi}
\end{aligned}\right\}\tag{1.7.1}$$

式中,我们混合使用了传统符号和新的三频下标符号。我们使用传统的下标表示法,它在方便且不担心丢失的情况下通过单个下标来标识频率。表示法中的同一性示例包括 $\lambda_{(1,0,0)}=$

λ_1 和 $M_{(1,0,0),\Phi}=M_{1,\Phi}$。检查式(1.1.62)中给出的辅助量的定义,很容易看到电离层比例因子 $\beta_{(1,0,0)}=1$,任何具有一个非零指数的方差因子 μ^2 等于 1。

由于本节专门使用双差处理两个基准站之间的相对定位,因此删除了标识基准站和卫星的下标及上标,并指出了差分操作。例如,只使用 P_1 而不是 $P_{km,1}^{pq}$ 来识别第一个频率的伪距。因此,在简化表示法中,具有以下双差形式:伪距 P,比例载波相位 Φ,地心卫星距离 ρ,频率 1 上的电离层延迟 $I_{1,P}$,对流层延迟 T,整数模糊度 N,多路径噪声 M 和测量噪声 ε。

在模型(1.7.1)中,我们选择了原始的伪距作为观测量。对于载波相位观测,我们选择了超宽巷 $\Phi_{(0,1,-1)}$、宽巷 $\Phi_{(1,-1,0)}$ 以及在第一频率 Φ_1 上的原始相位观测值。三频观测允许进行其他组合,其中许多组合具有所需的属性。只要集合是线性独立的,就可以使用它们中的任何一个。在所有情况下,均假定方差-协方差已传播并完全应用于原始观测值的任何函数。

当估计网络解决方案中的位置甚至处理单个基线时,将模糊度参数按窄巷、宽巷和超宽巷分组并顺序估计可能会比较有利。通过这样的参数分组,用于估计超宽巷整周模糊度所需的方差-协方差元素便很容易地位于完整方差-协方差矩阵的右下子矩阵或左上子矩阵中。模糊度估计值可用于识别超宽巷整周模糊度,然后对其进行约束。通过实现额外的宽巷模糊度约束而得到的较小方差-协方差矩阵,是估算宽巷模糊度的基础。可以再次利用宽巷模糊度参数的分组。剩余模糊度的数量,即宽巷和窄巷,与传统双频处理的情况相同。在估计并约束了宽巷整周模糊度之后,新的方差-协方差矩阵变得更小,它是估算窄巷模糊度的基础。当然,可替代地,搜索算法可以对完整的方差-协方差矩阵进行运算,并优化搜索本身的顺序。

在模糊度解算期间使计算负荷最小化的需求导致强烈希望首先估计超宽巷模糊度。这可以作为定位解决方案的一部分,首先估计超宽巷,实施整数约束,然后将模糊度估计值应用于包含较少模糊度参数的更新解决方案,以此类推。或者,可以在定位解决方案之前独立估算超宽巷模糊度。后一种方法是下面将要讨论的 TCAR 技术的本质。

在具有模型(1.7.1)的网络或基准解决方案中,通过利用完整方差-协方差矩阵,可以在模糊度解析中考虑参数之间的所有相关性。像 LAMBDA 这样的技术是最佳的,因为它在完整的方差-协方差矩阵上运行。如果在定位解决方案之前通过 TCAR 技术解决了整周模糊度(例如超宽巷),则会忽略参数之间的某些相关性。从这个意义上讲,同时定位所有整周模糊度作为定位解的一部分的单步解是最优的。对流层和电离层对观测的影响与三频观测和双频观测一样重要。对于每个定义的排序基线,这些影响可以通过双差消除。对于更长的基线,必须根据对流层模型估算或校正对流层延迟,或者使用可用的外部网络校正来减轻对流层延迟的影响。原则上,电离层也是如此。但是,当剩余的双差电离层变得明显时,三频观测提供了制定电离层折减函数以进行更长的基线处理的可能性。实际上,从三个或更多频率进行的观测可以创建原始可观测函数,从而在某种程度上平衡噪声,虚拟波长和电离层依赖性。一般而言,对于快速且成功地消除模糊度,使电离层的影响尽可能小,相对于其余电离层延迟具有较长的波长,并且展现最小的噪声放大是有益的。

Cocard 等(2008)提供了一种数学方法来识别 GPS 频率的所有相位组合,这些相位组合具有低噪声、减少电离层依赖性和可接受波长的特性。他们通过整数索引 i、j 和 k 的总和将函数(1.1.59)分组,即 $i+j+k=0$,$i+j+k=\pm1$,以此类推。在确定的众多功能中,只有一小部分表现出理想的性能,包括由两个额外的超宽巷组合(0,1,-1)(1,-6,5)和窄巷组合(4,0,-3)组成的三元组。

Feng(2008)还进行了广泛的研究,以确定 GPS、伽利略系统和北斗卫星导航系统最适合的功能。他通过最小化条件来概括搜索范围,该条件不仅考虑了原始观测值的噪声,而且还考虑了残余轨道误差、对流层误差、一阶和二阶电离层误差以及多路径的噪声因子。该总噪声被认为是基线长度的函数,用于更现实的不确定性建模。由于 GPS、伽利略系统和北斗卫星导航系统部分使用不同的频率,因此最佳组合的方式取决于系统。此外,根据基线长度对噪声进行建模的假设也会影响结果。他还确定了许多值得关注的组合,其中包括以上针对 GPS 给出的三个组合。

表 1.7.1 提供了本节中使用的相位函数的相关值。对于其他相关组合,请读者参阅参考文献。表中列出的参数有波长 λ、电离层比例因子 β、方差因子 μ^2 和多路径因子 ν。这些参数的定义在式(1.1.63)中已给出。所有值均参考 GPS 频率。函数(1,-6,5)实际上是一条超宽巷组合,因为它的波长是 3.258 m,而(4,0,-3)是一条窄巷组合。从-0.074 和-0.009 9 的小电离层比例因子可以证明这两个新功能对电离层的相对不敏感性。因此,它们应该是处理较长基线的良好候选者。然而,由于第二和第三频率紧密邻接,因此它们的方差因子很高。

表 1.7.1　选定的 GPS 三频组合观测量波长　(单位:m)

(i,j,k)	(4,0,-3)	(1,0,-1)	(1,-1,0)	(1,-6,5)	(0,1,-1)
$\lambda_{(i,j,k)}$	0.108	0.752	0.863	3.258	5.865
$\beta_{(i,j,k)}$	-0.009 9	-1.339	-1.283	-0.074	-1.719
$\mu^2_{(i,j,k)}$	6.79	24	33	10 775	1 105
$\nu_{(i,j,k)}$	4	1	8	161	47

尽管与其他超宽巷组合(0,1,-1)相比,新的超宽巷组合(1,-6,5)表现出非常理想的低电离层依赖性,但仍然需要传统的电离层自由功能。实际上,通过三频观测,我们可以制定几个无双频电离层的函数。特别令人关注的是三频无电离层模型,该模型也可使方差最小。考虑伪距和载波相位函数:

$$\mathrm{PC}=aP_1+bP_2+cP_3 \tag{1.7.2}$$

$$\Phi\mathrm{C}=a\Phi_1+b\Phi_2+c\Phi_3 \tag{1.7.3}$$

这些影响因子的条件为

$$\left.\begin{aligned}&a+b+c=1\\&a+\frac{f_1^2}{f_2^2}b+\frac{f_1^2}{f_3^2}c=0\\&a^2+b^2+c^2=\text{最小值}\end{aligned}\right\} \tag{1.7.4}$$

从式(1.1.59)到式(1.1.66),第一个条件保留了几何项,第二个条件将功能强制为无电离层,第三个条件将功能的方差最小化。第三个条件假设所有频率的标准偏差 $\sigma_{\Phi_i}=\sigma_\Phi$ 和 $\sigma_{P_i}=\sigma_P$ 都相同。系数的一般解是

$$a=\frac{1-F_a-F_b+2F_aF_b}{2(1-F_a+F_b^2)} \quad b=F_a-aF_b \quad c=1-a-b \tag{1.7.5}$$

$$F_a=\frac{f_1^2}{f_1^2-f_3^2} \quad F_b=\frac{f_1^2(f_2^2-f_3^2)}{f_2^2(f_1^2-f_3^2)} \tag{1.7.6}$$

对于 GPS 频率,有 $a=2.326\,9$,$b=-0.359\,6$,$c=-0.967\,3$。这些计算函数可以以标准形式编写。

$$\mathrm{PC}=\rho+c\mathrm{d}\underline{t}-c\mathrm{d}\bar{t}+T+\delta_{\mathrm{PC}}+\varepsilon_{\mathrm{PC}} \tag{1.7.7}$$

$$\Phi\mathrm{C}=\rho+R+c\mathrm{d}\underline{t}-c\mathrm{d}\bar{t}+T+\delta_{\Phi\mathrm{C}}+\varepsilon_{\Phi\mathrm{C}} \tag{1.7.8}$$

式中,$R=a\lambda_1N_1+b\lambda_2N_2+c\lambda_3N_3$。相应地,标准偏差可以计算为 $\sigma_{\mathrm{PC}}=2.545\sigma_{\mathrm{P}}$ 和 $\sigma_{\Phi\mathrm{C}}=2.545\sigma_\Phi$。请注意,所示的推导式(1.7.2)至式(1.7.8)是指无差异的观测值。当被视为双差时,唯一的变化是式(1.7.7)和式(1.7.8),即删除时钟项,Hatch(2006)提出了 ΦC 函数,包括解系数的一般形式,并用 M_{PC} 代替 δ_{PC} 和用 $M_{\Phi\mathrm{C}}$ 代替 $\delta_{\Phi\mathrm{C}}$,仅使用式(1.7.4)的前两个条件会导致无几何和无电离层(GIF)解决方案,这些解决方案在双频处理中应用很广泛。

1.7.2 无几何型 TCAR 方法

TCAR 方法背后的思想是找到三个载波相位线性组合,这些组合可以在三个连续的步骤中实现整数模糊度的解析。第四步中,在基于几何的解决方案中估计接收机位置时,认为已解析的整数模糊度是已知的。可以使用估计的整数组合,也可以将其转换为原始模糊度,然后将其用于位置计算。当然,此转换必须保留整数性质,该整数性质对允许的组合施加了一些限制。考虑以下转换示例:

$$\begin{bmatrix}0 & 1 & -1\\ 1 & -6 & 5\\ 4 & 0 & -3\end{bmatrix}\begin{bmatrix}N_1\\ N_2\\ N_3\end{bmatrix}=\begin{bmatrix}N_{(0,1,-1)}\\ N_{(1,-6,5)}\\ N_{(4,0,3)}\end{bmatrix} \tag{1.7.9}$$

$$\begin{bmatrix}N_1\\ N_2\\ N_3\end{bmatrix}=\begin{bmatrix}-18 & -3 & 1\\ -23 & -4 & 1\\ -24 & -4 & 1\end{bmatrix}\begin{bmatrix}N_{(0,1,-1)}\\ N_{(1,-6,5)}\\ N_{(4,0,-3)}\end{bmatrix} \tag{1.7.10}$$

为了使原始模糊度为整数,必须使式(1.7.9)左侧的矩阵元素为整数,并且行列式为 1 或-1。这些条件可以很容易地通过计算矩阵的逆来解释。如果矩阵的元素是整数,则辅因子矩阵也包含整数,并且如果分母中的行列式是±1,则逆矩阵的元素必须是整数。

TCAR 有两种方法。首先要讨论的是无几何方法(GF-TCAR),其中的函数不包含垂直中心卫星距离和对流层延迟。第二种方法为基于几何的方法(GB-TCAR),地心卫星距离和对流层延迟出现在该方法中。但是,中心距离并未根据桩号坐标进行参数化。这两种方法都会分别处理双差,并通过在顺序解决方案中进行简单的舍入来确定相应的模糊度。两

种方法都首先解决超宽巷模糊度，然后估算宽巷模糊度，最后再解决窄巷模糊度。TCAR要求对这些模糊度进行连续估计，这与最初的想法背道而驰，可以很容易地将两个甚至三个步骤组合成一个解决方案。

我们首先在双频观测的背景下回顾无几何解决方案。即使在只有双频观测可用的时间内，也经常使用这种解决方案。例如，Goad(1990)以及Euler等(1992)已经使用无几何模型研究了单频和双频组合伪距及载波相位观测值的最佳滤波。我们将讨论此模型，以证明由于宽巷导致的估计模糊度之间的相关性降低，并阐明在双频时代使用的术语"超宽巷"以及今天其在三频处理中的使用。

取非差的伪距和载波相位方程(1.1.28)和方程(1.1.32)，进行两次微分，并删除识别基准站和卫星的下标及上标，双频伪距和载波相位以表格形式表示：

$$\begin{bmatrix} P_1 \\ P_2 \\ \Phi_1 \\ \Phi_2 \end{bmatrix} = \begin{bmatrix} 1 & 1 & 0 & 0 \\ 1 & \gamma_{12} & 0 & 0 \\ 1 & -1 & \lambda_1 & 0 \\ 1 & -\gamma_{12} & 0 & \lambda_2 \end{bmatrix} \begin{bmatrix} \rho+\Delta \\ I_{1,\mathrm{P}} \\ N_1 \\ N_2 \end{bmatrix} + \begin{bmatrix} M_{1,\mathrm{P}} \\ M_{2,\mathrm{P}} \\ M_{1,\Phi} \\ M_{2,\Phi} \end{bmatrix} + \begin{bmatrix} \varepsilon_{1,\mathrm{P}} \\ \varepsilon_{2,\mathrm{P}} \\ \varepsilon_{1,\Phi} \\ \varepsilon_{2,\Phi} \end{bmatrix} \tag{1.7.11}$$

辅助参数Δ包括对流层延迟，在等式不变的情况下，它还包括接收机的时钟校正和接收机及卫星的硬件延迟。其他参数包括电离层延迟$I_{1,\mathrm{P}}$、模糊度N_1和N_2。比例因子γ_{12}在式(1.1.1)中给出。参数$\rho+\Delta$和$I_{1,\mathrm{P}}$随时间变化，除非有周跳，否则模糊度参数是恒定的。式(1.1.11)称为无几何模型，它对静态或移动接收机均有效。

照例删除多路径项，矩阵形式(1.7.11)为$\ell_b=\boldsymbol{Ax}+\varepsilon$。矩阵包含的常数不取决于卫星接收机的几何形状。由于矩阵具有最高等级，因此参数可以表示为观测函数，即$\boldsymbol{x}=\boldsymbol{A}^{-1}\ell_b$。应用方差-协方差传播，可获得$\boldsymbol{\Sigma}_x=\boldsymbol{A}^{-1}\boldsymbol{\Sigma}_{\ell_b}(\boldsymbol{A}^{-1})^{\mathrm{T}}$。接下来，我们考虑线性变换$\boldsymbol{z}=\boldsymbol{Zx}$：

$$\boldsymbol{Z}=\begin{bmatrix} 1 & 0 & 0 & 0 \\ 0 & 1 & 0 & 0 \\ 0 & 0 & 1 & -1 \\ 0 & 0 & 1 & 0 \end{bmatrix} \tag{1.7.12}$$

带有方差-协方差矩阵$\boldsymbol{\Sigma}_z=\boldsymbol{Z\Sigma}_x\boldsymbol{Z}^{\mathrm{T}}$，$\boldsymbol{z}$的新变量有$\rho+\Delta$、$I_{1,\mathrm{P}}$、$N_{12}$和$N_1$，宽巷为$N_{12}=N_1-N_2$。

对于数值计算，我们假设载波相位$\sigma_{1,\varphi}$和$\sigma_{2,\varphi}$的标准偏差与$\sigma_{2,\Phi}=\sigma_{1,\Phi}\sqrt{\gamma_{12}}$相关，并且伪距和载波相位的标准偏差遵循关系式$k=\sigma_{\mathrm{P}}/\sigma_{\Phi}$两个频率，其中$k$为常数。进一步假设观察结果是不相关的，观测值的协方差矩阵由对角线元素组成($k^2,\gamma_{12}k^2,1,\gamma_{12}$)，并按$\sigma_{1,\Phi}^2$进行缩放，如果我们令$k=154$，它对应于L1 GPS频率与P码碎片率并且使用$\sigma_{1,\Phi}=0.002$ m，则标准差和相关矩阵分别为

$$(\sigma_{\rho+\Delta},\sigma_I,\sigma_{1,N},\sigma_{2,N})=(0.99\ \mathrm{m},0.77\ \mathrm{m},9.22\ \mathrm{cyc}L_1,9.22\ \mathrm{cyc}L_2)$$

$$\begin{bmatrix}\sigma_{\rho+\Delta}\\ \sigma_{I_{1,P}}\\ \sigma_{N_1}\\ \sigma_{N_2}\end{bmatrix}=\begin{bmatrix}0.99\\ 0.77\\ 9.22\\ 9.22\end{bmatrix}$$

$$\boldsymbol{C}_x=\begin{bmatrix}1 & -0.9697 & -0.9942 & -0.9904\\ & 1 & 0.9904 & 0.9942\\ & & 1 & 0.9995\\ \text{sym} & & & 1\end{bmatrix}\tag{1.7.13}$$

$$(\sigma_{\rho+\Delta},\sigma_I,\sigma_w,\sigma_{1,N})=(0.99\ \text{m},0.77\ \text{m},0.28\ \text{cyc}L_w,9.22\ \text{cyc}L_1)$$

$$\begin{bmatrix}\sigma_{\rho+\Delta}\\ \sigma_{I_{1,P}}\\ \sigma_{N_{12}}\\ \sigma_{N_1}\end{bmatrix}=\begin{bmatrix}0.99\\ 0.77\\ 0.28\\ 9.22\end{bmatrix}$$

$$\boldsymbol{C}_z=\begin{bmatrix}1 & -0.9697 & -0.1230 & -0.9942\\ & 1 & 0.1230 & 0.9904\\ & & 1 & 0.0154\\ \text{sym} & & & 1\end{bmatrix}\tag{1.7.14}$$

解决方案(1.7.13)的显者特征是,对于两个模糊度,给出了给定的位数与标准偏差的相等性,以及所有参数之间的高度相关性。特别令人关注的是模糊度的标准偏差椭圆的形状和方向,可以画出相互垂直的 N_1 和 N_2 轴,它们携带单位 L_1 周期和 L_2 周期。计算表明,椭圆几乎退化为一条直线,方位角为 45°,短半轴和长半轴分别为 0.20 和 13.04。

相关矩阵(1.7.14)在宽巷模糊度和 L1 频段模糊度之间显示 0.015 4 的小相关性。此外,宽巷模糊度与地心距和电离层参数之间的相关性已大大降低。考虑到 0.28 的宽巷模糊度的小标准偏差与其他参数的低相关性,从历元解估计宽巷模糊度似乎是可行的。模糊度的标准偏差椭圆的半轴分别为 4.22 和 0.28。半长轴相对于 N_{12} 轴的方位角为 89.97°,即椭圆沿 N_1 方向拉长。相关矩阵仍然显示出 N_2 与电离层和地心距之间的高度相关性,这表明 N_1 模糊度的估算并不简单,并且需要很长的观察时间。如果我们考虑协方差行列式的平方根矩阵是一个测量相关性的参数,则 $(|\boldsymbol{C}_z|/|\boldsymbol{C}_x|)^{1/2}\approx 33$,意味着与历元参数的主要解相关。

假设已使用式(1.7.11)中隐含的 HMW 函数(1.1.48)修复了双差宽巷模糊度,则式(1.1.56)的 AC2 允许计算 L1 频段双差模糊度,如

$$N_1=\varphi_1+\frac{f_1}{f_1-f_2}(N_{12}-\varphi_{12})+\frac{f_1-f_2}{f_2}I_{1,\varphi}+M_{\text{AC2}}\approx\varphi_1+4.5[N_{12}-\varphi_{12}]+\cdots\tag{1.7.15}$$

幸运的是,该表达式不取决于较大的伪距多路径项,而仅取决于较小的载波相位多路径项。给定 GPS 频率 f_1 和 f_2,并假设在 1 个历元内未正确识别宽巷模糊度,则计算出的 L1

频段模糊度将改变 4.5 个周期。计算得出的 L1 频段模糊度的第一个十进制将接近 5。但是,由于 L1 频段模糊度是整数,因此我们可以使用该事实在两个候选的宽巷模糊度之间做出决定。此过程称为超宽巷(Wübbena,1990)。它是双频时代的重要工具,有助于缩短成功解算模糊度的时间。但是,需要注意的是,在三频处理中,术语“超宽巷”或“超宽巷模糊度”是指对应波长大于传统双频波长 $\lambda_{(1,-1,0)}$ 的情况。

接下来我们将提供一种或几种算法来解析超宽巷、宽巷和窄巷的模糊度,并简要讨论其与电离层的相关性,计算出模糊度的形式标准偏差和多路径放大倍数。为了提供数值来大致判断各种解决方案的质量,我们假设载波相位和伪距测量的标准偏差分别为 0.002 m 和 0.2 m。

1. 解算超宽巷模糊度

超宽巷的模糊度 $N_{(0,1,-1)}$ 易于计算,甚至在单个历元内也是如此。这是给定伪距和载波相位测量精度以及 GPS 第二和第三频率的接近度的直接结果。这里我们讨论了两种解决方案:第一种解决方案降低电离层依赖性,第二种解决方案不含电离层。可以肯定的是,此处与三频观测结合使用的“超宽巷”一词不应与式(1.7.15)结合使用的超宽巷相混淆。

$\boldsymbol{\Phi}_{(1,-1,0)}$ 和 $\boldsymbol{P_2}$ 的差异:该解决方案将超宽巷和伪距相区别。式(1.1.65)和式(1.1.66)给出函数差分

$$\Phi_{(0,1,-1)}-P_2=\lambda_{(0,1,-1)}N_{(0,1,-1)}-(\beta_{(0,1,-1)}+\beta_{(0,1,0)})I_{1,\mathrm{P}}+M+\varepsilon \tag{1.7.16}$$

硬件延迟项会作为双差的一部分而消除。式(1.7.16)中没有任何下标或上标的符号,M 表示总的双差多路径功能。伪距的多路径是主要部分,即 $M\approx MP$。类似地,符号 ε 表示函数的随机噪声。重新排列等式得到模糊度方程:

$$N_{(0,1,-1)}=\frac{\Phi_{(0,1,-1)}-P_2}{\lambda_{(0,1,-1)}}+\frac{\beta_{(0,1,-1)}+\beta_{(0,1,0)}}{\lambda_{(0,1,-1)}}I_{1,\mathrm{P}}-\frac{M+\varepsilon}{\lambda_{(0,1,-1)}} \tag{1.7.17}$$

超宽巷模糊度解仍然取决于电离层,因为式(1.7.17)中的 $I_{1,\mathrm{P}}$ 记为 β_N,等于−0.012。1 m 的双差电离层只能使百分之一的超宽巷模糊度无法判断周期。如果使用 L3 频率上的电离层 P_3 而不是 P_2,则可以使电离层影响减少。

假设载波相位是随机独立的,并且具有相同的方差,假设伪距的统计特性相似(尽管在这种情况下仅使用一个伪距),然后遵循式(1.1 67),超宽巷模糊度的方差为

$$\sigma_N^2=\frac{\mu_{(0,1,-1)}^2\sigma_\Phi^2+\sigma_\mathrm{P}^2}{\lambda_{(0,1,-1)}^2}=32\sigma_\Phi^2+0.029\sigma_\mathrm{P}^2 \tag{1.7.18}$$

式(1.7.18)仅由线性无关的随机噪声传播得出,并不反映多路径。载波相位变化量为 32,其相对较大是由第二和第三频率的接近位置引起的。如上所述,分别以 0.002 m 和 0.2 m 作为载波相位和伪距的标准偏差,超宽巷模糊度的形式标准偏差为 $\sigma_N=0.036$。

多路径的传播更加复杂。它基本上是不可预测的,因为它取决于每个单独的载波相位、伪距以及时间(因为反射几何形状是时间的函数)。虽然多路径在精确定位中永远是个令人担忧的未知数,但由于分母为式(1.7.17)的超宽巷波长 $\lambda_{(1,-1,0)}$,在这种特殊情况下,它对模糊度计算的影响显著降低。多路径对模糊度的影响是 $M_N\leqslant 0.17M$,其中 M 是 $\Phi_{(0,1,-1)}-P_2$ 的多路径噪声,因此本身具有 M_Φ 和 M_P 的功能。使用式(1.1.63)的系数 $v(i,j,k)$

可以通过相位和伪距的绝对值相加来计算最大值。在这种特殊情况下,实际上由于 $M_P \gg M_\Phi$ 足够使得 $M \approx M_P$,因此能够简单地获得 $M_N \leq 0.17M_P$。由于仅涉及一个伪距(而不涉及伪距组合),因此没有额外的缩放比例。

我们得出的结论是,函数(1.7.16)是估算超宽巷模糊度的良好候选函数,这是因为电离层影响小,模糊度的形式标准偏差低,并且多路径影响显著减小。

将 HMW 函数应用于第二和第三频率:计算超宽巷模糊度的另一种方法是直接将式(1.1.48)应用于第二和第三频率:

$$\Phi_{(0,1,-1)} - P_{(0,1,1)} = \lambda_{(0,1,-1)} N_{(0,1,-1)} + M + \varepsilon \tag{1.7.19}$$

$$N_{(0,1,-1)} = \frac{\Phi_{(0,1,-1)} - P_{(0,1,1)}}{\lambda_{(0,1,-1)}} - \frac{M+\varepsilon}{\lambda_{(0,1,-1)}} \tag{1.7.20}$$

$$\sigma_N^2 = \frac{\mu_{(0,1,-1)}^2 \sigma_\Phi^2 + \mu_{(0,1,1)}^2 \sigma_P^2}{\lambda_{(0,1,-1)}^2} = 32\sigma_\Phi^2 + 0.015\sigma_P^2 \tag{1.7.21}$$

该解决方案是无电离层的,因为它对观测结果没有一阶电离层的影响。标准偏差非常接近先前解决方案确定的偏差,并且多路径影响减少了相同的系数。因此,这两种解决方案在本质上是等效的,尽管从直觉上人们可能更喜欢使用无电离层解决方案来减小电离层的影响。

2. 宽巷模糊度解算方法

前面我们讨论了三种宽巷模糊度的解决方案。从第一个解决方案可以看出,电离层延迟的重要性变得更加明显。第二种解决方案使用了应用于第一和第二频率的 HMW 函数,就像传统上在双频情况下所做的那样。第三种解决方案代表了一种现代方法,该方法无电离层且使方差最小。

$\overline{\Phi}_{(0,1,-1)}$ 和 $\Phi_{(1,-1,0)}$ 的差分:若知道超宽巷整周模糊度,我们便可以很容易地将经过模糊度校正的载波相位作为超宽巷,即

$$\overline{\Phi}_{(0,1,-1)} = \Phi_{(0,1,-1)} - \lambda_{(0,1,-1)} N_{(0,1,-1)} \tag{1.7.22}$$

从模糊度校正函数中减去宽巷载波相位函数,得出

$$\overline{\Phi}_{(0,1,-1)} - \Phi_{(1,-1,0)} = -\lambda_{(1,-1,0)} N_{(1,-1,0)} + (-\beta_{(0,1,-1)} + \beta_{(1,-1,0)}) I_{1,P} + M + \varepsilon \tag{1.7.23}$$

$$N_{(1,-1,0)} = \frac{-\overline{\Phi}_{(0,1,-1)} + \Phi_{(1,-1,0)}}{\lambda_{(1,-1,0)}} + \frac{-\beta_{(0,1,-1)} + \beta_{(1,-1,0)}}{\lambda_{(1,-1,0)}} I_{1,P} + \frac{M+\varepsilon}{\lambda_{(1,-1,0)}} \tag{1.7.24}$$

$$\sigma_N^2 = \frac{\mu_{(0,1,-1)}^2 + \mu_{(1,-1,0)}^2}{\lambda_{(1,-1,0)}^2} \sigma_\Phi^2 = (1\ 485 + 44)\sigma_\Phi^2 = 1\ 529\sigma_\Phi^2 \tag{1.7.25}$$

电离层因子 $\beta_N = 0.505$ 相对较大。1 m 的电离层会影响宽巷模糊度一半的周期。宽巷模糊度的标准偏差是 $\sigma_N = 39\sigma_\Phi$。注意,由于第二和第三频率的相对接近性,超宽巷的方差因子比宽巷的方差因子大得多。再次应用式(1.1.68)的多路径因子,对总多路径 $M_N \leq 64M_\Phi$ 也有类似的不平等影响。因为函数不包含伪距,所以没有伪距多路径。由于电离层的残留影响,该技术最适用于短基线的情况。

上述简单的质量衡量标准清楚地表明,预期宽巷分辨率比超宽巷分辨率更困难,故需

要在更长的时间段内进行更多的观察,以减小噪声,以便能够识别出模糊度的正确整数。不幸的是,当观察时间较长时,多路径变化可能成为主要问题。

将 HMW 功能应用于第一和第二频率:HMW 功能提供了一种有吸引力的替代方法。我们可以容易地写出

$$N_{(1,-1,0)}=\frac{\Phi_{(1,-1,0)}-P_{(1,1,0)}}{\lambda_{(1,-1,0)}}-\frac{M+\varepsilon}{\lambda_{(1,-1,0)}} \tag{1.7.26}$$

$$\sigma_N^2=\frac{\mu_{(1,-1,0)}^2\sigma_\Phi^2+\mu_{(1,1,0)}^2\sigma_P^2}{\lambda_{(1,-1,0)}^2}=44\sigma_\Phi^2+0.682\sigma_P^2 \tag{1.7.27}$$

这种对宽巷模糊度的估计没有电离层效应,甚至具有假设默认值,以及 $\sigma_N=0.17$ 的良好形式标准偏差。与任何 HMW 函数一样,式(1.7.26)包含潜在的较大伪距多路径影响,由于宽巷波长小于 1 m,即 $M_N\approx1.2M_\Phi$。

弱电离层和最小方差: Zhao 等(2014)建议尽量缩小缩放后的伪距和经模糊度校正的超宽巷之和的方差。此外,他还引入了一种自适应因子,可将电离层效应从零(无电离层)缩放到可能与较长基线有关的更高值。考虑

$$aP_1+bP_2+cP_3+d\overline{\Phi}_{(0,1,-1)}-\Phi_{(1,-1,0)}=-\lambda_{(1,-1,0)}N_{(1-1,0)}+\beta I_{1,P}+M+\varepsilon \tag{1.7.28}$$

$$\beta=a+b\beta_{(0,1,0)}+c\beta_{(0,0,1)}-d\beta_{(0,1,-1)}+(1+\kappa)\beta_{(1,-1,0)} \tag{1.7.29}$$

$$N_{(1,-1,0)}=\frac{-aP_1-bP_2-cP_3-d\overline{\Phi}_{(0,1,-1)}+\Phi_{(1,-1,0)}}{\lambda_{(1,-1,0)}}+\frac{\beta}{\lambda_{(1,-1,0)}}I_{1,P}+\frac{M+\varepsilon}{\lambda_{(1,-1,0)}} \tag{1.7.30}$$

$$\left.\begin{array}{c}a+b+c+d=1\\ \beta=0\\ (a^2+b^2+c^2)\sigma_P^2+d^2\mu_{(0,1,-1)}^2\sigma_\Phi^2=\text{最小值}\end{array}\right\} \tag{1.7.31}$$

式(1.7.31)中的第一个条件确保了无几何部分,即地心卫星距离和对流层延迟项相抵消。第二个条件包括自适应因子,即使 $k=0$,也强制函数(1.7.28)处于无电离层状态。第三个条件意味着最小方差,假设(如本节所述)三个伪距的方差相同。条件式(1.7.31)共同意味着需要为每个 k 计算一组新的系数(a,b,c,d)。

对于 $k=0$ 的特殊情况,可得 $a=0.5938$,$b=0.0756$,$c=-0.0416$ 和 $d=0.3721$,宽巷模糊度方差变为

$$\sigma_N^2=\frac{(a^2+b^2+c^2)\sigma_P^2+(d^2\mu_{(0,1,-1)}^2+\mu_{(1,-1,0)}^2)\sigma_\Phi^2}{\lambda_{(1,-1,0)}^2}=0.484\sigma_P^2+250\sigma_\Phi^2 \tag{1.7.32}$$

再次使用伪距和载波相位的默认标准偏差,对于这种无电离层的情况,我们得到 $\sigma_N=0.143$。最大多路径效应 $M_N\leqslant0.82M_P+29.6M_\Phi$ 包括源自超宽巷组合的载波相位。关于 $k\neq0$ 的情况的讨论,请参见 Zhao 等(2014)的文献。

3. 窄巷模糊度的三种解算方法

有三种方案可解决窄巷模糊度 N_3。这三种解决方案都依赖于经过模糊度校正的宽巷载波相位观测。第一种方案也适用于双频,可解决 N_1 问题,并显示出对电离层延迟的强烈依赖性。第二种和第三种解决方案是无电离层类型的,并且正如人们所期望的那样,其特

征是具有非常高的标准偏差和多路径因子。

模糊度校正的宽巷和初始相位差分:现在已知宽巷模糊度,我们可以计算

$$\overline{\Phi}_{(1,-1,0)}-\Phi_3=-\lambda_3 N_3+(-\beta_{(1,-1,0)}+\beta_{(0,0,1)})I_{1,\mathrm{P}}+M+\varepsilon \tag{1.7.33}$$

$$N_3=\frac{-\overline{\Phi}_{(1,-1,0)}+\Phi_3}{\lambda_3}+\frac{(-\beta_{(1,-1,0)}+\beta_{(0,0,1)})}{\lambda_3}I_{1,\mathrm{P}}-\frac{M+\varepsilon}{\lambda_3} \tag{1.7.34}$$

$$\sigma_N^2=\frac{\mu_{(1,-1,0)}^2+1}{\lambda_3^2}\sigma_\Phi^2=522\sigma_\Phi^2 \tag{1.7.35}$$

电离层因子 $\beta_N=12.06$,导致残余电离层载波相位延迟放大。模糊度的标准偏差为 $\sigma_N=23\sigma_\Phi$。即使式(1.7.33)相对于 Φ_1 或 Φ_2 有差异,标准偏差也不会发生显著变化,因为宽巷是导致标准偏差变化的最大因素。多路径效应为 $M_N\leqslant 36M_\Phi$。一旦窄巷模糊度 N_3 可用,其他原始模糊度就会变为

$$N_2=N_{(0,1,-1)}+N_3$$

$$N_1=N_{(1,-1,0)}+N_2 \tag{1.7.36}$$

由于对电离层的依赖性很高,因此该方法最适合短基线情况。为了支持这种方法,可以考虑估算电离层。区别经过模糊度校正的超宽巷和宽巷

$$\overline{\Phi}_{(0,1,-1)}-\overline{\Phi}_{(1,-1,0)}=(-\beta_{(0,1,-1)}+\beta_{(1,-1,0)})I_{1,\mathrm{P}}+M+\varepsilon \tag{1.7.37}$$

$$I_{1,\mathrm{P}}=\frac{\overline{\Phi}_{(0,1,-1)}-\overline{\Phi}_{(1,-1,0)}}{-\beta_{(0,1,-1)}+\beta_{(1,-1,0)}}-\frac{M+\varepsilon}{-\beta_{(0,1,-1)}+\beta_{(1,-1,0)}} \tag{1.7.38}$$

$$\sigma_{I_{1,\mathrm{P}}}^2=\frac{\mu_{(0.1,-1)}^2+\mu_{(1,-1,0)}^2}{(-\beta_{(0,1,-1)}+-\beta_{(1,-1,0)})^2}\sigma_\Phi^2=6\ 008\sigma_\Phi^2 \tag{1.7.39}$$

各自的数值为 $\sigma_1=78\sigma_\Phi$ 和 $M_1\leqslant 126M_\Phi$。将式(1.7.34)的方差传播用于载波相位和电离层延迟,同时考虑观测噪声和计算出的电离层的不确定性,得

$$\sigma_N^2=(522+12.06^2\times 6\ 008)\sigma_\Phi^2 \tag{1.7.40}$$

且 $\sigma_N=935\sigma_\Phi$。这种高标准偏差清楚地表明,首先计算电离层延迟,然后在式(1.7.34)中使用它,会导致模糊度的高度不确定性。计算电离层的另一种方法是利用式(1.1.57),该公式明确使用了原始观测值。用传统的符号表示

$$\mathrm{AC3}\equiv(\lambda_{12}-\lambda_{13})\varphi_1-\lambda_{12}\varphi_2+\lambda_{13}\varphi_3-N_{12}\lambda_{12}+N_{13}\lambda_{13}$$

$$=(\sqrt{\gamma_{12}}-\sqrt{\gamma_{13}})I_{1,\mathrm{P}}+M+\varepsilon \tag{1.7.41}$$

但是,经过适当缩放后,该方程与式(1.7.37)相同,因此不能提供更好的计算电离层延迟的方法。鉴于在计算原始模糊度 N_3 时残余电离层的影响较大,试图再次寻找无电离层的解决方案。

宽巷模糊度校正的三频相位:计算第一个模糊度的一种可能的候选方法是利用式(1.1.53),毕竟它是无电离层的和无几何相关的。求解 N_1 的方程一般可写为

$$N_1=a\Phi_1+b\Phi_2+c\Phi_3+dN_{12}+eN_{13}+M+\varepsilon \tag{1.7.42}$$

从之前解析的宽巷和超宽巷模糊度获得模糊度 N_{13},即 $N_{13}=N_{12}+N_{23}$。数值相位因子为 $a=-143$,$b=-777$,$c=-634$。多路径放大倍数非常大,$\sigma_N=1\ 013\sigma_\Phi$,$M_N\leqslant 1\ 554M_\Phi$。即使将

式(1.7.42)表示为以下形式,这些非常大的值也不会改变,即以 N_{23} 代替 N_{13}。

具有经模糊度校正的超宽巷和宽巷的无电离层函数:另一种计算无电离层函数的方法是同时利用经过模糊度校正的超宽巷和宽巷函数。考虑

$$a\overline{\Phi}_{(0,1,-1)}+b\overline{\Phi}_{(1,-1,0)}-\Phi_3=-\lambda_3 N_3+(-a\beta_{(0,1,-1)}-b\beta_{(1,-1,0)}+\beta_{(0,0,1)})I_{1,\mathrm{P}}+M+\varepsilon \tag{1.7.43}$$

$$N_3=\frac{-a\overline{\Phi}_{(0,1,-1)}-b\overline{\Phi}_{(1,-1,0)}+\Phi_3}{\lambda_3}+\beta_N I_{1,\mathrm{P}}+\frac{M+\varepsilon}{\lambda_3} \tag{1.7.44}$$

$$\sigma_{N_3}^2=\frac{a^2\mu_{(0,1,-1)}^2+b^2\mu_{(1,-1,0)}^2+1}{\lambda_3}\sigma_{\Phi}^2 \tag{1.7.45}$$

$$\left.\begin{aligned}a+b=1\\ a\beta_{(0,1,-1)}+b\beta_{(1,-1,0)}-\beta_{(0,0,1)}=0\end{aligned}\right\} \tag{1.7.46}$$

$$a=\frac{\beta_{(0,0,1)}-\beta_{(1,-1,0)}}{\beta_{(0,1,-1)}-\beta_{(1,-1,0)}}\quad b=1-a \tag{1.7.47}$$

式(1.7.46)中的第一个条件确保无几何,而第二个条件确保无电离层。第一个相位因子是 $a=-0.707$。标准偏差和多路径效应可计算为 $\sigma_N=2\ 818\sigma_{\Phi}$ 和 $M_N\leqslant 4\ 686M_{\Phi}$。这些值非常大,并且解决方案具有可查询的值。Li 等(2010)对组合(0,1,-1)(1,-6,5)(4,0,-3)进行了求解,得出 $a=-0.039$,$\sigma_N=997\sigma_{\Phi}$,$M_N\leqslant 1\ 596M_{\Phi}$。

1.7.3　几何相关型三频模糊度解算方法

解决方案中包括几何术语,例如地心卫星距离和对流层延迟。为了解决方案可用,数学模型包括用于伪距和载波相位的单独方程式。由于已明确包含对流层延迟,因此对于较长的基线,可能有必要对此延迟进行建模或估算。对于较短的基线,对流层延迟与地心卫星距离集中在一起。基于几何的 TCAR(GB-TCAR)的目标仍然是首先在三个单独的步骤中估计整数模糊度,然后在第四个步骤中估计位置坐标。因此,对地心卫星的距离没有根据坐标进行参数化。

即使在 GB-TCAR 的情况下,研究人员也更喜欢使用 HMW 函数根据式(1.7.19)计算额外的宽巷模糊度 $N_{(0,1,-1)}$。这样做是因为可以轻松应用此功能并且取得较好效果。我们首先解决超宽巷 $N_{(1,-6,5)}$,然后解决窄巷 $N_{(4,0,-3)}$,而不是解决接下来可以确定的宽巷 $N_{(0,1,-1)}$ 或 $N_{(1,0,-1)}$。

求解 $N_{(1,-6,5)}$,考虑以下模型:

$$\left.\begin{aligned}\mathrm{PC}=\rho'+M_{\mathrm{PC}}+\varepsilon_{\mathrm{PC}}\\ \Phi_{(1,-6,5)}=\rho'+\lambda_{(1,-6,5)}N_{(1,-6,5)}-\beta_{(1,-6,5)}I_{1,\mathrm{P}}+M_{(1,-6,5)}+\varepsilon_{(1,-6,5),\Phi}\end{aligned}\right\} \tag{1.7.48}$$

式中,PC 是无电离层且变化最小的三频函数(见式(1.7.7))。对流层延迟与地心卫星距离集合为 $\rho'=\rho+T$。最优伪距函数的标准偏差已在上面给出,为 $\sigma_{\mathrm{PC}}=2.545\sigma_{\mathrm{P}}$,多路径为 $M_{\mathrm{PC}}=3.6M_{\mathrm{P}}$,除了 PC 外,还可以使用双频消电离层功能,因为它们的标准偏差不会太大。相位组合的电离层因子为 $\beta_{(1,-6,5)}=-0.074$,因此该功能适用于处理长基线。标准偏差和多路径是

$\sigma_{(1,-6,5),\Phi}=104\sigma_{\Phi}$ 和 $M_{(1,-6,5),\Phi}=161M_{\Phi}$,波长是 $\lambda_{(1,-6,5)}=3.258$,根据惯例,它实际上是超宽巷组合函数而不是宽巷组合函数。

该模型包含两种类型的参数:针对每个时期估计的集总参数 ρ'、只要不存在周跳就保持恒定的模糊度参数。一旦确定了整周模糊度,我们就可以将传统的宽巷和超宽巷模糊度计算为

$$\begin{bmatrix} N_{(1,-1,0)} \\ N_{(1,0,-1)} \end{bmatrix} = \begin{bmatrix} 1 & 5 \\ 1 & 6 \end{bmatrix} \begin{bmatrix} N_{(1,-6,5)} \\ N_{(0,1,-1)} \end{bmatrix} \tag{1.7.49}$$

然后可以用作已知数量解决窄巷模糊度。由于已知 $N_{(0,1,-1)}$、$N_{(1,-6,5)}$ 和 $N_{(1,0,-1)}$,因此可以使用以下公式计算窄巷模糊度或宽巷模糊度:

$$\left.\begin{aligned} \overline{\Phi}_{(1,0,-1)} &= \rho' - \beta_{(1,0,-1)} I_{1,P} + M_{(1,0,-1)} + \varepsilon_{(1,0,-1),\Phi} \\ \Phi_{(4,0,-3)} &= \rho' + \lambda_{(4,0,-3)} N_{(4,0,-3)} - \beta_{(4,0,-3)} I_{1,P} + M_{(4,0,-3)} + \varepsilon_{(4,0,-3),\Phi} \end{aligned}\right\} \tag{1.7.50}$$

几种变化是可能的。例如,可能会考虑用 $\Phi_{(1,-6,5)}$ 代替超宽巷 $\Phi_{(1,0,-1)}$。前者可以消除电离层影响,但有可能增加潜在的多路径效应。

1.7.4 组合 TCAR 算法

GB-TCAR 的各个步骤当然可以合并为一个步骤,称为组合 TCAR 算法(Vollath et al.,1998)。该模型同时使用所有观测量,在这个例子中

$$\left.\begin{aligned} P_1 &= (\rho+T) + I_{1,P} + M_{1,P} + \varepsilon_P \\ P_2 &= (\rho+T) + \beta_{(0,1,0)} I_{1,P} + M_{2,P} + \varepsilon_P \\ P_3 &= (\rho+T) + \beta_{(0,0,1)} I_{1,P} + M_{3,P} + \varepsilon_P \\ \Phi_1 &= (\rho+T) + \lambda_1 N_1 - I_{1,P} + M_{1,\Phi} + \varepsilon_\Phi \\ \Phi_{(4,0,-3)} &= (\rho+T) + \lambda_{(4,0,-3)} N_{(4,0,-3)} - \beta_{(4,0,-3)} I_{1,P} + M_{(4,0,-3),\Phi} + \varepsilon_{(4,0,-3),\Phi} \\ \Phi_{(1,-6,5)} &= (\rho+T) + \lambda_{(1,-6,5)} N_{(1,-6,5)} - \beta_{(1,-6,5)} I_{1,P} + M_{(1,-6,5),\Phi} + \varepsilon_{(1,0,-1),\Phi} \\ L_{1,P} &= I_{1,P} \end{aligned}\right\} \tag{1.7.51}$$

选择了超宽巷和窄巷载波相位函数。对于较长的基线,对流层延迟可能需要分别建模和参数化。在逐个时期的顺序处理中,将首先修复额外的宽巷,并继续处理各个时期,直到解决了其他模糊度。由于一步就可以估算出多个模糊度,因此可以很容易地使用搜索算法,该算法利用了完整的方差-协方差矩阵,并且不会忽略参数之间的相关性。

系统(1.7.51)包含电离层观测。在最简单的情况下,概念上与调整术语中的近似值相同的初始值可以为零,并且电离层参数可以根据分配的权重进行调整。还可以使用外部电离层模型来分配初始值。在这种情况下,外部信息的准确性尤为重要,估算的剩余电离层延迟将很小,并且在较长的基线上的模糊度估算会变得更容易。

只要系统(1.7.51)是独立的,就可以很容易地用另一组功能替换。一个值得关注的组合是优化后的伪距方程(1.7.2)、三频无电离层相位函数(1.1.58)和双频无电离层相位函数(1.1.39)。模糊度估计为 N_1、N_{12} 和 N_{13}。

1.7.5　宽巷定位

遵循 TCAR 的理念,在解算所有模糊度之后,估计站点坐标。通常人们更喜欢解析后的原始整数模糊度 N_1、N_2 和 N_3,以便精确定位。但是当需要以低精度进行快速定位时,可以利用已解决的超宽巷和宽巷模糊度,来避免解决窄巷模糊度的其他困难。例如,考虑经过模糊度校正的超宽巷函数

$$\overline{\Phi}_{(1,-6,5)}=\rho-\beta_{(1,-6,5)}I_{1,P}+T+M_{(1,-6,5),\Phi}+\varepsilon_{(1,-6,5),\Phi} \tag{1.7.52}$$

由于此功能具有较低的电离层依赖性,因此适用于长基线处理。另一个候选函数是函数(1.1.58),以传统符号表示为

$$\begin{aligned}\mathrm{AC4}&\equiv\lambda_{13}\left[\frac{\lambda_{12}}{\lambda_1}\varphi_1-\left(\frac{\lambda_{12}}{\lambda_1}+\frac{\lambda_{13}}{\lambda_3}\right)\varphi_2+\frac{\lambda_{23}}{\lambda_3}\varphi_3-\frac{\lambda_{12}}{\lambda_1}N_{12}+\frac{\lambda_{23}}{\lambda_3}N_{23}\right]\\&=\rho+T+M_{\mathrm{AC4}}+\varepsilon_{\mathrm{AC4}}\end{aligned} \tag{1.7.53}$$

该函数的形式标准偏差为 $\sigma_{\mathrm{AC4}}=27\sigma_{\varphi}$,多路径效应为 $M\leqslant 41M_{\varphi}$。

为了获得更粗略的定位,请考虑特殊的伪距函数 PC(见式(1.7.2)),其可用于最大限度地减小方差。有趣的是,通过式(1.7.53)可以轻松得出另一个包含所有三个伪距的伪距方程。将每个 φ_i 除以 λ_i,并将符号 φ_i 替换为 Φ_i。在第二个也是最后一个步骤中,用 P_i 替换 Φ_i 并删除模糊度,得到

$$\frac{\lambda_{13}\lambda_{12}}{\lambda_1^2}P_1-\frac{\lambda_{13}}{\lambda_2}\left(\frac{\lambda_{12}}{\lambda_1}+\frac{\lambda_{23}}{\lambda_3}\right)P_2+\frac{\lambda_{13}\lambda_{23}}{\lambda_3^2}P_3=\rho+T+M+\varepsilon \tag{1.7.54}$$

式中,各个伪距因子的数值为 17.88,−84.71,67.82。如此大的数值会导致组合的变化非常大,并可能导致较大的多路径放大率。因此,该功能在使用中并不吸引人。对于 GF-TCAR 和短基线,根据定义,双差电离层可以忽略不计,仅需要检查模糊度和多路径放大系数的标准偏差。针对超宽巷 $N_{(0,1,-1)}$ 和宽巷 $N_{(1,-1,0)}$,有几个可接受的选择。在这两种情况下,HMW 功能都是选择之一。与方法(1.7.34)相比,其他两个候选者具有高标准偏差和多路径放大倍数,因此方法(1.7.34)最适合估算 N_3 模糊度。对于较长的基线,相同的功能似乎也是首选功能。显然,在这种情况下电离层延迟变得很明显,应考虑有关电离层的外部信息。

在 GB-TCAR 方面,系统(1.7.51)是首选系统,因为所有观察性信息都一起使用。由于通常可以在很短的时间段内确定超宽巷 $N_{(0,1,-1)}$ 或宽巷 $N_{(1,-1,0)}$,甚至可能只有一个数据段,因此可以优先考虑确定其中之一,然后限制它。

1.8　总　　结

在本章中,我们介绍了基本的 GNSS 定位方法。在 1.1 节中,我们推导了基本的伪距和载波相位方程,然后列出了这些观测值的各种无差异函数,包括三频函数;解释了本章中使用的符号,并努力使该符号清晰、系统。我们还提到了特殊的三频下标符号,该符号在最近

的文献中已变得很流行。

1.2 节提到了对于严格 GNSS 用户的操作细节。我们强调了已经建立并准备使用的出色的“GNSS 基础架构”。多年以来,我们已经做出了很多努力来提供高质量的服务,这些服务使用户易于从 GNSS 中获得最佳性能,尤其是 IGS 的服务以及接受原始现场观察的各种在线计算服务。

1.3 节和 1.4 节提到了使用伪距和广播星历进行单点定位的完善的导航解决方案(非线性和线性化解),以及使用载波相位和伪距的相对定位(重点是静态定位);给出了精度因子的稀释度。尽管模糊度固定技术似乎并未在用户中广泛应用,但它的提出为常规的双差模糊度确定提供了一种替代方法。本节还简要介绍了双差的另一种选择,即等效的无差异公式。

在 1.5 节中介绍了基于 LAMBDA 的模糊度固定技术并讨论了比率测试,其中包括一种可辨别性的方法,该方法为采用最佳比率提供了一些指导。有文献指出,已经做了很多研究来改进测试理论,以确保得到正确的模糊度集,一个例子就是 Teunissen 开发的孔径理论。但是为了使数学方程最少,本节仅引用了部分参考文献,取而代之的是,提供了一个主要的小节,以了解其他学科在做什么,这些学科遇到的问题类似于 GNSS 中的模糊度固定问题。

在 1.6 节中介绍了网络支持的定位、PPP 的关键参数、无电离层接收机和式(1.6.2)的卫星偏差 $\xi_{k,\mathrm{PIF12}}$ 和 ξ^{p}_{PIF12}。对于 RTK,差分校正在式(1.6.24)中为 $\Delta\Phi^{p}_{k}$,在式(1.6.33)中为 ΔP^{p}_{k},然后传输给用户。本节讨论了三种 PPP-RTK 方法,分别为单频、双频和星间差分。对于这三种方法,传输给用户的元素分别为式(1.6.57)的 $\{\xi^{p}_{\Phi,\mathrm{FCB}},\xi^{p}_{\mathrm{P}}\}$,式(1.6.75)的 $\{\xi^{1}_{\Phi\mathrm{IF12}},D^{p}_{\mathrm{HMW12}},\xi^{p}_{\mathrm{PIF12}}\}$ 和式(1.6.108)的 $\{\overline{D^{1q}_{\mathrm{HMW12,FCB}}},\overline{D^{1q}_{A,\mathrm{FCB}}},\xi^{1q}_{\mathrm{PIF12}}\}$。

在 1.7 节中对三频解进行了测试。单步解决方案与 TCAR 之间的主要区别在于,前者在固定整周模糊度时会使用参数之间的所有相关性,而在所提的 TCAR 解决方案中,最好是结合所有观测量的系统,因为它允许在固定整数时利用所有相关性。单步解和 TCAR 都可以顺序解决,从而允许先估计超宽巷模糊度,然后是宽巷模糊度,最后是窄巷模糊度。就 GF-TCAR 和短基线的定义而言,双差后的电离层影响可忽略不计,仅需检查模糊度和多路径放大系数的标准偏差。对于超宽巷和宽巷功能,有几种可接受的选择。在这两种情况下,HMW 功能都是选择之一。就 GB-TCAR 而言,首选使用观测信息系统。由于通常可以在短时间内确定超宽巷,甚至可能只有一个数据段,因此在这种情况下,人们可能会优先选择单独确定这些项,然后对其进行约束。

第 2 章　实时动态相对定位

实时动态载波相位差分定位（RTK）是一种利用载波相位和伪距观测量进行实时定位的高精度定位技术。高精度的定位解算频率取决于移动站观测刷新的频率。已知精确位置的基准站按照规定格式通过数据传输模块对外发送原始观测数据。可用于数据传输的模块主要为超高频（UHF）、蜂窝全球移动通信系统（GSM）、长期演进（LTE）、WiFi 或互联网信道。通常数据是单向传输的，即从基准站传输到移动站。一个或多个移动站可以使用同一个基准站，并将其原始数据与该基准站的原始数据进行差分，用以校正移动站位置。

有几种通信协议可用于完整原始观测量或差分校正数据的传输。为了消除 GNSS 误差，所有通信协议都压缩了数据的传输量。误差与观测站位置关系相互独立，通常观测站位置变化仅会对误差产生略微影响，对每个观测站的观测量产生的影响几乎相同。这些误差包括卫星时钟误差、卫星星历误差和大气延迟。用户通过使用自身的观测量和来自基准站的观测量进行站间单差，从而计算相对于基准站的高精度位置信息。用户将使用在基准站和用户站同时被观测到的卫星进行站间单差。对于所有 GNSS，如 GPS、GLONASS、Galileo、QZSS、北斗卫星导航系统和 SBAS，实现站间单差的方法是一致的。

本章将采用递归最小二乘估计方法使用站间单差代替双差进行位置解算。我们将使用两组实际观测数据对计算方法进行解释。

我们开发了一个处理多模多频观测量的 RTK 标准方案，给出了卫星信号和卫星系统唯一对应的表格。首先验证了使用线性模型描述 GLONASS 接收机硬件的频率依赖性的适用性，这将使 GLONASS 观测数据实时并入处理过程。我们将在站间单差观测中再次提出在前一章已讨论过的载波相位和伪距观测量线性化问题，并用于提供在第 1 章中讨论的光时迭代过程的线性化形式。

我们首先将 RTK 算法应用于一个短距离的静态基线，并生成跨接收机硬件载波相位延迟图用以演示其收敛特性。RTK 动态解算从一条允许移动站进行无规则运动的短基线开始。在短基线 RTK 动态解算中用动态模型描述其移动站运动，在长基线 RTK 动态解算中电离层延迟也用动态模型描述。还将讨论该算法的扩展，在周跳后引入新的模糊度参数。此外还有一个专门的章节介绍监测和隔离周跳。所选择的方法借鉴了压缩信号传感理论中常用的方法。历史周跳被认为是一个稀疏事件，由稀疏的向量或矩阵计算。2.2 节到 2.10 节将介绍模糊度固定的问题。我们在一组 GPS 卫星中识别出一颗参考卫星，将参考卫星的模糊度估计为实数，并修正双差模糊度。本章最后对最佳软件实现进行了说明。

2.1 多系统介绍

在此讨论的 GNSS 导航信号指的是来自不同频率的信号和卫星系统的信号组合,如 GPS、GLONASS、Galileo、QZSS、SBAS 和 BDS。可以发现并非所有的系统和频率之间都是可以组合的。例如,Galileo 不在 L2 频段传输信号,而 GPS 不在 E6 频段传输信号。表 2.1.1 显示了目前可用的卫星系统和载波频率。

表 2.1.1 GNSS 与频点

GNSS	频段	频率/Hz
GPS	L1	154×10.23=1 575.42
	L2	120×10.23=1 227.6
	L5	115×10.23=1 176.45
Galileo	L1	154×10.23=1 575.42
	E5a	115×10.23=1 176.45
	E5b	118×10.23=1 207.14
	E6	125×10.23=1 278.75
GLONASS FDMA	L1	1 602+1×0.562 5
	L2	1 246+1×0.437 5
北斗卫星导航系统(Beidou)	B1	152.5×10.23=1 561.098
	B2(E5b)	118×10.23=1 207.14
	B3	124×10.23=1 268.52
QZSS	L1	1 575.42
	L2	1 227.6
	L5	1 176.45
	E6	1 278.75
SBAS	L1	1 575.42
	L5	1 176.45

GLONASS FDMA L1 和 L2 信号可用于 GLONASS M 卫星。从下面范围中取值的整数 l 称为频率字母:

$$l \in [-7,6] \tag{2.1.1}$$

实际上,同一个字母被分配给了两颗不同编号的卫星。这两颗卫星位于同一轨道平面的相对点上,因此靠近或位于地球表面的观测站无法同时观测到它们。预期的 GLONASS CDMA 系统(未在表 2.1.1 中显示)将包括 GLONASS CDMA L1、L2、L3、L5。GPS、Galileo、SBAS 和 QZSS 信号使用相同的时间标度,而 GLONASS 和 BDS 使用自己的时间标度。

码偏差和载波相位处理的基础在前面的章节中已有描述。现在我们开始描述用于 RTK 伪距和载波相位观测量处理的算法。之后我们将给出移动站和基准站的非差观测量和跨接收机差异观测量的表达式,将测量值与移动站的位置联系起来,求解移动站位置参数的导航方程。

2.2　非差和站间单差观测量

S^* 表示当前可用的信号,S_k 表示接收机 k 可供处理的信号。对于 $s \in S_k$,我们假设信号 $s=(p,b)$ 由导航系统的唯一标识符号 p 和频带标识符号 b 组成的一对数字表示。表 2.2.1 介绍了我们所使用的内部编号分配情况。注意,内部编号是供接收机固件内部使用的,并非标准化编号,将会因接收机制造商不同而存在差异。频带标识符的范围取决于卫星编号。我们定义卫星 p 可用的频段为 F^p。根据俄罗斯信息分析中心的官方网站,我们可将 GLONASS 卫星标识符(表 2.1.1)映射到数字表 2.2.1(p =33,…,56)中,如表 2.2.2 所示。

表 2.2.1　内部卫星编号分配

内部卫星编号 p	GNSS	可用频点
1,…,32	GPS	L1、L2、L5
33,…,56	GLONASS FDMA	L1、L2
57,…,86	Galileo	L1、E5a、E5b、E6
87,…,90	QZSS	L1、L2、L5、E6
91,…,120	北斗卫星导航系统	B1、B2、B3
121,…,143	SBAS	L1、L5

表 2.2.2　GLONASS 卫星编号和频率分配情况

p	$l(p)$	p	$l(p)$	p	$l(p)$	p	$l(p)$
33	1	39	5	45	−2	51	3
34	−4	40	6	46	−7	52	2
35	5	41	−2	47	0	53	4
36	6	42	−7	48	−1	54	−3
37	1	43	0	49	4	55	3
38	−4	44	−1	50	−3	56	2

$\sum p$ 表示对应的卫星编号 p 的卫星系统。映射 $p \to \sum p$ 在表 2.2.1 中定义。注意,表 2.2.1 描述了一个映射实例。不同的制造商将使用不同的映射。

我们使用第 1 章中介绍的符号给出了导航方程的基本集合,并将其推广为信号概念符

号 $s=(p,\ b)$ 和 $b\in F^{p}$,用 k 对站点进行索引,用 t 对测量时间进行检索。伪距观测方程变为

$$P_{k,b}^{p}(t)=\rho_{k}^{p}(t)+c\mathrm{d}t_{k}(t)-c\mathrm{d}t^{p}(t)+\left(\frac{f_{\mathrm{L1}}^{p}}{f_{b}^{p}}\right)^{2}I_{k,\mathrm{L1}}^{p}(t)+T_{k}^{p}(t)+d_{k,b,\mathrm{P}}+M_{k,b,\mathrm{P}}^{p}-D_{b,\mathrm{P}}^{p}+\varepsilon_{k,b,\mathrm{P}}^{p}(t) \tag{2.2.1}$$

卫星 p 发射的 b 频段信号在接收机 k 处的硬件延迟用 $d_{k,b,\mathrm{P}}$ 表示,相应的卫星硬件延迟用 $D_{b,\mathrm{P}}^{p}$ 表示。从卫星 p 发射的 b 频段信号在接收机 k 处的码多路径延迟用 $M_{k,b,\mathrm{P}}^{p}$ 表示。

载波相位观测量形式如下:

$$\varphi_{k,b}^{p}(t)=\frac{f_{b}^{p}}{c}\rho_{k}^{p}(t)+f_{b}^{p}\mathrm{d}t_{k}(t)-f_{b}^{p}\mathrm{d}t^{p}(t)+N_{k,b}^{p}(t_{\mathrm{CS},k,b}^{p})-\frac{1}{c}\frac{(f_{\mathrm{L1}}^{p})^{2}}{f_{b}^{p}}I_{k,\mathrm{L1}}^{p}(t)+\frac{f_{b}^{p}}{c}T_{k}^{p}(t)+$$

$$d_{k,b,\varphi}^{p}+M_{k,b,\varphi}^{p}-D_{b,\varphi}^{p}+\varepsilon_{k,b,\varphi}^{p} \tag{2.2.2}$$

式中,f_{b}^{p}表示信号载波频率。例如,由表 2. 1. 1 和表 2. 2. 2 可知:当 $p=1,\cdots,32$ 时,$f_{\mathrm{L1}}^{p}=$ 1 575. 42 MHz, $f_{\mathrm{L2}}^{p}=$ 1 227. 6 MHz, $f_{\mathrm{L5}}^{p}=$ 1 176. 45 MHz;当 $p=33,\cdots,56$ 时,$f_{\mathrm{L1}}^{p}=1\ 602+l(p)\times$ 0. 562 5 MHz, $f_{\mathrm{L2}}^{p}=1\ 246+l(p)\times$0. 437 5 MHz;当 $p=57,\cdots,86$ 时,$f_{\mathrm{L1}}^{p}=$ 1 575. 42 MHz, $f_{\mathrm{E5a}}^{p}=$ 1 176. 45 MHz, $f_{\mathrm{E5b}}^{p}=$ 1 207. 14 MHz, $f_{\mathrm{E6}}^{p}=$ 1 278. 75 MHz。

式(2. 2. 2)中的符号 $t_{\mathrm{CS},k,b}^{p}$ 表示上一次周跳产生的准确时间。注意周跳通常会导致载波相位模糊度的跳变,通常是整数值跳变。周跳也可能发生半个周期,持续几秒钟直到某个相位锁定环路(PLL)将其状态修正为最近的稳定状态。其他符号包括载波相位多路径延迟 $M_{k,b,\varphi}^{p}$ 和卫星硬件延迟 $D_{b,\varphi}^{p}$。卫星 p 发射的 b 频段信号在接收机 k 处的硬件延迟通常取决于频率。假设

$$d_{k,b,\varphi}^{p}=d_{k,b,\varphi}^{0}+\frac{f_{b}^{p}}{c}\mu_{k,b,\varphi} \tag{2.2.3}$$

我们引入一个与频率呈线性关系的硬件延迟作为合理的一阶近似。对于所有载波频率为 1 575. 42 MHz 的 GPS L1 信号(具有相同的硬件延迟),可以忽略式(2. 2. 3)中的第二项,因此当 $p=1,\cdots,32$ 时可得 $d_{k,\mathrm{L1},\varphi}^{p}\equiv d_{k,\mathrm{L1},\varphi}^{0}$。对于 GPS L2 信号、GPS L5 信号以及除了 GLONASS FDMA L1 和 L2 之外的其他信号也是如此,因为每个卫星都有自己的载波频率标识符。换句话说,由于硬件延迟取决于系统内的卫星编号和频带,因此只有在 GLONASS 中考虑硬件延迟才有意义。

正如后面讨论的,这种一阶近似在实践中是适用的。线性系数 $\mu_{k,b,\varphi}$ 可以从存储在计算机或接收机中的表中查询获得。另一种方法是将其视为一个常数参数,与其他参数一起进行估计。请注意,与其他线性表示法相比,使用查询表可以实现更精确的表示,并对硬件偏差进行更彻底的补偿。下面给出了关于创建查找表的详细信息。

第 1 章介绍了式(2. 2. 1)和式(2. 2. 2)中使用的所有其他符号。用下列符号表示载波波长:

$$\lambda_{b}^{p}=\frac{c}{f_{b}^{p}} \tag{2.2.4}$$

我们可以将以米为单位的载波相位测量方程(2. 2. 2)表示如下:

$$\Phi_{k,b}^{p}(t)=\rho_{k}^{p}(t)+c\mathrm{d}t_{k}(t)-c\mathrm{d}t^{p}(t)+\lambda_{b}^{p}N_{k,b}^{p}(t_{\mathrm{CS},k,b}^{p})-\left(\frac{\lambda_{b}^{p}}{\lambda_{\mathrm{L1}}^{p}}\right)^{2}I_{k,\mathrm{L1}}^{p}(t)+T_{k}^{p}(t)+\lambda_{b}^{p}d_{k,b,\varphi}^{p}+M_{k,b,\Phi}^{p}-D_{b,\Phi}^{p}+\varepsilon_{b,\Phi}(t) \tag{2.2.5}$$

式中，$M_{k,b,\varphi}^{p}$，$D_{b,\varphi}^{p}$ 和 $\varepsilon_{b,\Phi}(t)$ 分别表示载波相位多路径误差、卫星硬件偏差以及以米为单位的噪声。

式(2.2.1)、式(2.2.2)、式(2.2.5)中的误差项可以分为模型误差和非模型误差两类。对流层延迟可以用第 3 章中描述的模型来表示。由对流层模型可知，延迟项 $T_{k}^{p}(t)$ 是利用位置的粗略逼近和温度、压力以及湿度等先验大气数据来估计的。在迭代收敛的前提下，提升位置解迭代次数，也提升了对流层延迟估计。因此，将对流层延迟视为在式(2.2.1)和式(2.2.2)左侧进行补偿的修正项，形成左侧项：

$$\overline{P}_{k,b}^{p}(t)=P_{k,b}^{p}(t)-T_{k}^{p}(t) \tag{2.2.6}$$

$$\overline{\varphi}_{k,b}^{p}(t)=\varphi_{k,b}^{p}(t)-\frac{1}{\lambda_{b}^{p}}T_{k}^{p}(t) \tag{2.2.7}$$

当进行接收机间单差时，对流层修正项将被消除，因此我们不补偿特定卫星和不同站点的公共误差。

多路径误差项通常无法建模表示。我们必须承认多路径误差和其他无法建模的误差的存在。由于不能直接补偿或估计这些未建模的误差，考虑了它们的统计特性，如历元方差或跨历元间相关性。结合所有未建模误差与式(2.2.1)和式(2.2.2)的右侧项，我们定义了累计未建模误差 $\overline{\varepsilon}_{k,b,\mathrm{P}}^{p}(t)$ 和 $\overline{\varepsilon}_{k,b,\varphi}^{p}(t)$。

导航方程现在可以表示如下：

$$\overline{P}_{k,b}^{p}(t)=\rho_{k}^{p}(t)+c\mathrm{d}t_{k}(t)-c\mathrm{d}t^{p}(t)+\left(\frac{\lambda_{b}^{p}}{\lambda_{\mathrm{L1}}^{p}}\right)^{2}I_{k,\mathrm{L1}}^{p}(t)+d_{k,b,\mathrm{P}}-D_{b,\mathrm{P}}^{p}+\overline{\varepsilon}_{k,b,\mathrm{P}}^{p}(t) \tag{2.2.8}$$

$$\overline{\varphi}_{k,b}^{p}(t)=\frac{1}{\lambda_{b}^{p}}\rho_{k}^{p}(t)+f_{b}^{p}\mathrm{d}t_{k}(t)-f_{b}^{p}\mathrm{d}t^{p}(t)+N_{k,b}^{p}(t_{\mathrm{CS},k,b}^{p})-\frac{1}{\lambda_{b}^{p}}\left(\frac{\lambda_{b}^{p}}{\lambda_{\mathrm{L1}}^{p}}\right)^{2}I_{k,\mathrm{L1}}^{p}(t)+d_{k,b,\mathrm{P}}^{p}-D_{b,\varphi}^{p}(t)+\overline{\varepsilon}_{k,b,\varphi}^{p}(t) \tag{2.2.9}$$

在式(2.2.1)、式(2.2.2)、式(2.2.8)和式(2.2.9)中，ρ_{k}^{p} 表示卫星天线到接收机天线之间的信号传输距离。信号在真空中的传输时间为

$$\tau_{k}^{p}=\frac{\rho_{k}^{p}}{c} \tag{2.2.10}$$

假设两个接收机 k 和 m 观测同一卫星 p，1.1.2 节中介绍的伪距和载波相位观测量的接收机间单差观测量可以表示如下：

$$\overline{P}_{km,b}^{p}(t)=\rho_{k}^{p}(t)-\rho_{m}^{p}(t)+c\mathrm{d}t_{km}(t)+\left(\frac{\lambda_{b}^{p}}{\lambda_{\mathrm{L1}}^{p}}\right)^{2}I_{k,\mathrm{L1}}^{p}(t)+d_{km,b,\mathrm{P}}+\overline{\varepsilon}_{km,b,\mathrm{P}}^{p}(t) \tag{2.2.11}$$

$$\overline{\varphi}_{km,b}^{p}(t)=\frac{1}{\lambda_{b}^{p}}(\rho_{k}^{p}(t))-\rho_{m}^{p}(t)+f_{b}^{p}\mathrm{d}t_{km}(t)+N_{km,b}^{p}(t_{\mathrm{CS},km,b}^{p})-\frac{1}{\lambda_{b}^{p}}\left(\frac{f_{\mathrm{L1}}^{p}}{f_{b}^{p}}\right)^{2}I_{km,\mathrm{L1}}^{p}(t)+d_{km,b,\varphi}^{p}+d_{km,b,\varphi}^{p}(t)+\overline{\varepsilon}_{km,b,\varphi}^{p} \tag{2.2.12}$$

注意,$t^p_{\mathrm{CS},km,b}=\max\{t^p_{\mathrm{CS},k,b},t^p_{\mathrm{CS},m,b}\}$,表示最后一个周跳在任意载波相位观测量 $\varphi^p_{k,b}(t)$ 或 $\varphi^p_{m,b}(t)$ 发生的时间和任意接收机中最新发生周跳的时间。如第 1.1.2 节所述,卫星 p 特有的误差或偏差将在式(2.2.11)和式(2.2.12)中消失。我们还定义

$$S_{km}=S_k\cap S_m \tag{2.2.13}$$

作为 k 站和 m 站共用的一组信号,接收机之间的单差仅适用于信号 $s\in S_{km}$。

如前文所述,对于除 GLONASS FDMA L1 和 FDMA L2 之外的所有信号接收机间单差硬件延迟 $d^p_{km,b,\varphi}$ 可以被表示为 $d^0_{k,b,\varphi}$。GLONASS 信号 $d^p_{km,b,\varphi}$ 的一阶近似形式为

$$d^0_{km,b,\varphi}=d^0_{km,b,\varphi}+\frac{1}{\lambda^p_b}\mu_{km,b,\varphi} \tag{2.2.14}$$

其表示形式与式(2.2.3)相似。注意,常数项 $d^0_{km,b,\varphi}$ 将被接收机间单差载波相位模糊度 $N^p_{km,b}$ 吸收。因此,单差模糊度是其中的一部分,并作为总参数进行估计。对于除 GLONASS FDMA 外的所有信号,载波相位中的硬件延迟在接收机单差中消失。对于 GLONASS FDMA,常数项 $d^0_{km,b,\varphi}$ 与单差模糊度相结合,而线性项 $(1/\lambda^p_b)\mu_{km,b,\varphi}$ 保持不变。系数 $\mu_{km,b,\varphi}$ 表示以米为单位的附加延迟。如果 k 站和 m 站的接收机是完全相同的,则我们可以假设 $\mu_{km,b,\varphi}$ 经过接收机间单差后消失,这已被试验所证实;但是,如果两个接收机不相同(例如是由不同的制造商生产的),则估计这个值的问题变得至关重要。例如,对于 Javad GNSS 凯旋-1 和 Leica 接收机,$d^p_{km,\mathrm{L1},\varphi}$ 和 $d^p_{km,\mathrm{L2},\varphi}$ 表示为载波相位 l 的函数,如图 2.2.1 所示。

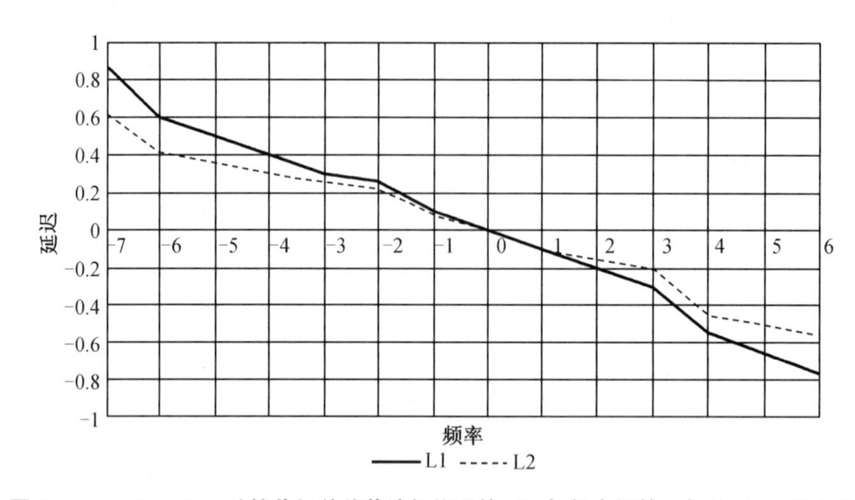

图 2.2.1 GLONASS 跨接收机单差载波相位硬件延迟与频率间的函数关系(以周为单位)

图 2.2.1 证实了一阶近似式(2.2.14)是合理的,因为一阶线性项支配着变化。常数项 $d^p_{km,\mathrm{L1},\varphi}$ 和 $d^p_{km,\mathrm{L2},\varphi}$ 以这种方式被选用,$d^p_{km,\mathrm{L1},\varphi}=0$、$d^p_{km,\mathrm{L2},\varphi}=0$,即对于表 2.2.2 中的 $l(p)=0$ 这类 p 而言,它们的值很大,无法被简单地忽略,因此难以解算模糊度。

有两种方法可以确定这些常数。第一种方法需要长时间收集零基线观测数据。接收机间单差和星间单差可以确定载波相位小数部分模糊度,得到的平均数据随后存储在软件查找表中。第二种方法考虑线性相关性式(2.2.14),并估计"坡度系数"$\mu_{km,\mathrm{L1},\varphi}$ 和 $\mu_{km,\mathrm{L2},\varphi}$ 在定位期间作为附加常数和其他参数。线性化式(2.2.14)是下一节考虑的线性化导航方

程方案的一部分。

2.3　线性化和硬件偏置参数

为了应用线性估计理论,我们将导航方程线性化到一个标称位置。设$(x_{k,0}(t), y_{k,0}(t), z_{k,0}(t))^{\mathrm{T}}$为$k$站在$t$时刻的近似笛卡儿坐标向量。注意,天线位置、接收机位置和观测站的位置在本章中具有相同的含义。设观测站m位于已知的精确静止位置,即

$$\boldsymbol{x}_k=\begin{pmatrix}x_m\\y_m\\z_m\end{pmatrix} \tag{2.3.1}$$

观测站k位置坐标被认为是未知的或近似已知的。则k站的位置可以通过对近似坐标进行修正表示为

$$\boldsymbol{x}_k=\begin{pmatrix}x_k(t)\\y_k(t)\\z_k(t)\end{pmatrix}=\begin{pmatrix}x_{k,0}(t)+\mathrm{d}x_k(t)\\y_{k,0}(t)+\mathrm{d}y_k(t)\\z_{k,0}(t)+\mathrm{d}z_k(t)\end{pmatrix} \tag{2.3.2}$$

如下文所述,仅使用伪距观测量的单点定位提供精确到几米或更好的近似值。因此,修正的预期范围$\mathrm{d}x_k$、$\mathrm{d}y_k$、$\mathrm{d}z_k$约为数米。定义卫星p在$(t-\tau_k^p)$时刻的笛卡儿坐标向量如下所示

$$\boldsymbol{x}^p(t-\tau_k^p)=\begin{pmatrix}x^p(t-\tau_k^p)\\y^p(t-\tau_k^p)\\z^p(t-\tau_k^p)\end{pmatrix} \tag{2.3.3}$$

信号传输距离ρ_k^p已在 1.2.1 节中定义,本节中我们将展开此表达式并将其表示为

$$\rho_k^p(t,t-\tau_k^p)=\|\boldsymbol{x}_k(t)-\boldsymbol{x}^p(t-\tau_k^p)\|+\mathrm{d}\rho_k^p \tag{2.3.4}$$

式中,$\mathrm{d}\rho_k^p$表示由于地球自转产生的卫星到接收机天线间的额外传输距离。定义$\dot{\Omega}=7.292\ 115\ 146\ 7\times10^{-5}$ rad/s,表示地球自转角速度,因此以 ECEF 表示的角速度矢量可表示如下:

$$\dot{\boldsymbol{\Omega}}_{\mathrm{e}}=\begin{pmatrix}0\\0\\\dot{\boldsymbol{\Omega}}_{\mathrm{e}}\end{pmatrix} \tag{2.3.5}$$

由于地球在卫星信号传播时间内的自转角很小,我们可以使用自转矩阵的一阶近似

$$\boldsymbol{R}_3(\theta)\approx\boldsymbol{I}_3+\begin{bmatrix}0&\theta&0\\-\theta&0&0\\0&0&0\end{bmatrix} \tag{2.3.6}$$

式中,$\boldsymbol{I}_3$是 3×3 的单位阵,以及

$$\boldsymbol{R}_3(\theta)\boldsymbol{x}^p(t-\tau_k^p)\approx\boldsymbol{x}^p(t-\tau_k^p)+\begin{bmatrix}0&\theta&0\\-\theta&0&0\\0&0&0\end{bmatrix}\boldsymbol{x}^p(t-\tau_k^p)$$

$$=\boldsymbol{x}^p(t-\tau_k^p)-\tau_k^p\dot{\boldsymbol{\Omega}}_e\times\boldsymbol{x}^p(t-\tau_k^p) \tag{2.3.7}$$

式中,符号×表示向量积。保留表达式(2.3.4)泰勒级数展开式中的一阶项,得到

$$\begin{aligned}\rho_k(t,t-\tau_k^p)&=\|\boldsymbol{x}_k(t)-\boldsymbol{R}_3(\theta)\boldsymbol{x}^p(t-\tau_k^p)\|\\&\approx\|\boldsymbol{x}_k(t)-\boldsymbol{x}^p(t-\tau_k^p)-\tau_k^p\ \dot{\boldsymbol{\Omega}}_e\times\boldsymbol{x}^p(t-\tau_k^p)\|\\&\approx\|\boldsymbol{x}_k(t)-\boldsymbol{x}^p(t-\tau_k^p)\|-\frac{\tau_k^p[\boldsymbol{x}_k(t)-\boldsymbol{x}^p(t-\tau_k^p)]\cdot\bar{\boldsymbol{\Omega}}_e\times\boldsymbol{x}^p(t-\tau_k^p)}{\|\boldsymbol{x}_k(t)-\boldsymbol{x}^p(t-\tau_k^p)\|}\end{aligned} \tag{2.3.8}$$

式中,符号·表示标量积。将 τ_k^p 估计为 $\tau_k^p\approx\frac{\|\boldsymbol{x}_k(t)-\boldsymbol{x}^p(t-\tau_k^p)\|}{c}$带入表达式(2.3.8),得

$$\rho_k^p(t,t-\tau_k^p)\approx\|\boldsymbol{x}_k(t)-\boldsymbol{x}^p(t-\tau_k^p)\|-\frac{[\boldsymbol{x}_k(t)-\boldsymbol{x}^p(t-\tau_k^p)]\cdot\dot{\boldsymbol{\Omega}}_e\times\boldsymbol{x}^p(t-\tau_k^p)}{c} \tag{2.3.9}$$

表达式第二项中的分子是向量的三重乘积,可以进一步表示为

$$\begin{aligned}&[\boldsymbol{x}_k(t)-\boldsymbol{x}^p(t-\tau_k^p)]\cdot\dot{\boldsymbol{\Omega}}_e\times\boldsymbol{x}^p(t-\tau_k^p)\\&=\det[\boldsymbol{x}_k(t)-\boldsymbol{x}^p(t-\tau_k^p)\ \vdots\ \dot{\boldsymbol{\Omega}}_e\ \vdots\ \boldsymbol{x}^p(t-\tau_k^p)]\\&=\det[\boldsymbol{x}_k(t)\ \vdots\ \boldsymbol{\Omega}_e\ \vdots\ \boldsymbol{x}^p(t-\tau_k^p)]-\det[\boldsymbol{x}^p(t-\tau_k^p)\ \vdots\ \boldsymbol{\Omega}_e\ \vdots\ \boldsymbol{x}^p(t-\tau_k^p)]\\&=-\det[\boldsymbol{\Omega}_e\ \vdots\ \boldsymbol{x}_k(t)\ \vdots\ \boldsymbol{x}^p(t-\tau_k^p)]-0\\&=-\det\begin{bmatrix}0&x_k&x^p\\0&y_k&y^p\\\boldsymbol{\Omega}_e&z_k&z^p\end{bmatrix}\\&=\dot{\Omega}_e[x^p(t-\tau_k^p)y_k(t)-x_t(k)y^p(t-\tau_k^p)]\end{aligned} \tag{2.3.10}$$

其中我们考虑了一个具有两个相等列的行列式消失,列的排列改变了行列式的符号。最后可得

$$\begin{aligned}\rho_k^p(t,t-\tau_k^p)&=\|x_k(t)-x^p(t-\tau_k^p)\|+\frac{\dot{\Omega}_e}{c}(x^p(t-\tau_k^p)y_k(t)-x_t(k)y^p(t-\tau_k^p))\\&=\sqrt{[x_k(t)-x^p(t-\tau_k^p)]^2+[y_k(t)-y^p(t-\tau_k^p)]^2+[z_k(t)-z^p(t-\tau_k^p)]^2}+\\&\quad\frac{\dot{\Omega}_e}{c}[x^p(t-\tau_k^p)y_k(t)-x_t(k)y^p(t-\tau_k^p)]\end{aligned} \tag{2.3.11}$$

该方程给出了 1.2.1 节末尾讨论的迭代解的一阶近似解。式(2.3.11)在近似点$(\mu_{k,0}(t),v_{k,0}(t),w_{k,0}(t))^{\mathrm{T}}$ 周围的线性化形式如下:

$$\rho_k^p(t,t-\tau_k^p)\approx\rho_{k,0}^p(t,t-\tau_k^p)+H_{k,1}^p\mathrm{d}x_k(t)+H_{k,2}^p\mathrm{d}y_k(t)+H_{k,3}^p\mathrm{d}z_k(t) \tag{2.3.12}$$

其中

$$\rho_{k,0}^{p}(t,t-\widetilde{\tau}_{k}^{p})$$
$$=\sqrt{[x_{k,0}(t)-x^{p}(t-\widetilde{\tau}_{k}^{p})]^{2}+[y_{k,0}(t)-y^{p}(t-\widetilde{\tau}_{k}^{p})]^{2}+[z_{k,0}(t)-z^{p}(t-\widetilde{\tau}_{k}^{p})]^{2}}+$$
$$\frac{\dot{\Omega}_{e}}{c}[x^{p}(t-\widetilde{\tau}_{k}^{p})y_{k,0}(t)-x_{t,0}(k)y^{p}(t-\widetilde{\tau}_{k}^{p})] \tag{2.3.13}$$

从伪距观测得到传输时间的第一近似值 $\widetilde{\tau}_{k,b}^{p}$ 可表示为

$$\widetilde{\tau}_{k,b}^{p}=\frac{P_{k,b}^{p}(t)}{c} \tag{2.3.14}$$

偏导数或方向余弦可表示如下：

$$H_{k,1}^{p}(t)=\frac{x_{k,0}(t)-x^{p}(t-\widetilde{\tau}_{k}^{p})}{\sqrt{[x_{k,0}(t)-x^{p}(t-\widetilde{\tau}_{k}^{p})]^{2}+[y_{k,0}(t)-y^{p}(t-\widetilde{\tau}_{k}^{p})]^{2}+[z_{k,0}(t)-z^{p}(t-\widetilde{\tau}_{k}^{p})]^{2}}}-\frac{\Omega_{e}}{c}y^{p}(t-\widetilde{\tau}_{k}^{p})$$

$$H_{k,2}^{p}(t)=\frac{y_{k,0}(t)-y^{p}(t-\widetilde{\tau}_{k}^{p})}{\sqrt{[x_{k,0}(t)-x^{p}(t-\widetilde{\tau}_{k}^{p})]^{2}+[y_{k,0}(t)-y^{p}(t-\widetilde{\tau}_{k}^{p})]^{2}+[z_{k,0}(t)-z^{p}(t-\widetilde{\tau}_{k}^{p})]^{2}}}+\frac{\Omega_{e}}{c}x^{p}(t-\widetilde{\tau}_{k}^{p})$$

$$H_{k,3}^{p}(t)=\frac{z_{k,0}(t)-z^{p}(t-\widetilde{\tau}_{k}^{p})}{\sqrt{[x_{k,0}(t)-x^{p}(t-\widetilde{\tau}_{k}^{p})]^{2}+[y_{k,0}(t)-y^{p}(t-\widetilde{\tau}_{k}^{p})]^{2}+[z_{k,0}(t)-z^{p}(t-\widetilde{\tau}_{k}^{p})]^{2}}} \tag{2.3.15}$$

最后，所有必要的表达式现在都可以用线性化的形式来表示接收机间单差观测量式(2.2.11)和式(2.2.12)，即

$$\overline{P}_{km,b}^{p}(t)-\rho_{k,0}^{p}(t-\widetilde{\tau}_{m}^{p})+\rho_{m}^{p}(t-\widetilde{\tau}_{m}^{p})=H_{k,1}^{p}\mathrm{d}x_{k}(t)+H_{k,2}^{p}\mathrm{d}y_{k}(t)+H_{k,3}^{p}\mathrm{d}z_{k}(t)+c\mathrm{d}t_{km}(t)+\left(\frac{f_{\mathrm{L1}}^{p}}{f_{b}^{p}}\right)^{2}I_{km,\mathrm{L1}}^{p}(t)+d_{km,b,\mathrm{P}}+\overline{\varepsilon}_{km,b,\mathrm{P}}^{p}(t) \tag{2.3.16}$$

$$\overline{\varphi}_{km,b}^{p}(t)-\frac{1}{\lambda_{b}^{p}}[\rho_{k,0}^{p}(t-\widetilde{\tau}_{t}^{p})-\rho_{m}^{p}(t-\widetilde{\tau}_{m}^{p})]=\frac{1}{\lambda_{b}^{p}}[H_{k,1}^{p}\mathrm{d}x_{k}(t)+H_{k,2}^{p}\mathrm{d}y_{k}(t)+H_{k,3}^{p}\mathrm{d}z_{k}(t)]+f_{b}^{p}\mathrm{d}t_{km}(t)+N_{km,b}^{p}(t_{\mathrm{CS},km,b}^{p})-\frac{1}{\lambda_{b}^{p}}\left(\frac{f_{\mathrm{L1}}^{p}}{f_{b}^{p}}\right)^{2}I_{km,\mathrm{L1}}^{p}(t)+d_{km,b,\varphi}^{p}\overline{\varepsilon}_{km,b,\varphi}^{p} \tag{2.3.17}$$

设 n_{km} 为伪距和载波相位集合 $s\in S_{km}$ 中的信号个数。在本节中，如果下标 km 没有引起误解，则省略下标 km，即 $s\equiv S_{km}, n\equiv n_{km}$。假设接收机间单差伪距和载波相位观测以某种方式排列在集合 S 中，即

$$S=\{s_{1},\cdots,s_{n}\} \tag{2.3.18}$$

设 A 为由系数式(2.3.15)组成的 $n\times3$ 矩阵。具体如下：

$$S=\{s_{1},\cdots,s_{n}\}=\{(p_{1},b_{1}),\cdots,(p_{n},b_{n})\} \tag{2.3.19}$$

进而

$$\boldsymbol{A}=\begin{bmatrix} H_{k,1}^{p_1} & H_{k,2}^{p_1} & H_{k,3}^{p_1} \\ H_{k,1}^{p_2} & H_{k,2}^{p_2} & H_{k,3}^{p_2} \\ \vdots & \vdots & \vdots \\ H_{k,1}^{p_n} & H_{k,2}^{p_n} & H_{k,3}^{p_n} \end{bmatrix} \tag{2.3.20}$$

另外跨接收机单差方程组(2.3.16)和方程组(2.3.17)也可以用矢量形式表示。

具有已知精确位置的 m 站称为基准站。k 站的位置是待求解的,它可以是在一段时间内相对静止的,或者它的位置可以随时间变化。在后一种情况下,我们必须解决动态定位问题。无论 k 站是静止的还是移动的都可以称之为移动站。

已知基准站(2.3.1)的位置和移动站(2.3.2)的大约位置 $X_{k,0}$。利用广播星历或 IGS 提供的精确星历计算卫星 $\boldsymbol{x}^p(t-\tilde{\tau}_m^p)$ 和 $\boldsymbol{x}^p(t-\tilde{\tau}_k^p)$ 的位置。给定已知数据,可计算线性化方程(2.3.16)左侧的量,形成 n 维向量,即

$$\boldsymbol{b}_{\mathrm{P}}(t)=\begin{pmatrix} \overline{P}_{km,b_1}^{p_1}(t)-\rho_{k,0}^{p_1}(t-\tilde{\tau}_k^{p_1})+\rho_m^{p_1}(t-\tilde{\tau}_m^{p_1}) \\ \overline{P}_{km,b_2}^{p_1}(t)-\rho_{k,0}^{p_2}(t-\tilde{\tau}_k^{p_2})+\rho_m^{p_2}(t-\tilde{\tau}_m^{p_2}) \\ \vdots \\ \overline{P}_{km,b_n}^{p_n}(t)-\rho_{k,0}^{p_n}(t-\tilde{\tau}_k^{p_n})+\rho_m^{p_n}(t-\tilde{\tau}_m^{p_n}) \end{pmatrix} \tag{2.3.21}$$

式中,$\overline{P}_{km,b_i}^{p_i}(t)=\overline{P}_{k,b_i}^{p_i}(t)-\overline{P}_{m,b_i}^{p_i}(t)$。$\overline{P}_{k,b_i}^{p_i}(t)$ 和 $\overline{P}_{m,b_i}^{p_i}(t)$ 由式(2.2.6)定义。线性化方程(2.3.7)左边部分可以用同样的方法计算,形成一个 n 维向量,即

$$\boldsymbol{b}_{\varphi}(t)=\begin{pmatrix} \overline{\varphi}_{km,b_1}^{p_1}(t)-\dfrac{1}{\lambda_{b_1}^{p_1}}[\rho_{k,0}^{p_1}(t-\tilde{\tau}_k^{p_1})-\rho_m^{p_1}(t-\tilde{\tau}_m^{p_1})] \\ \overline{\varphi}_{km,b_1}^{p_1}(t)-\dfrac{1}{\lambda_{b_2}^{p_2}}[\rho_{k,0}^{p_2}(t-\tilde{\tau}_k^{p_2})+\rho_m^{p_2}(t-\tilde{\tau}_m^{p_2})] \\ \vdots \\ \overline{\varphi}_{km,b_n}^{p_n}(t)-\dfrac{1}{\lambda_{b_n}^{p_n}}[\rho_{k,0}^{p_n}(t-\tilde{\tau}_k^{p_n})+\rho_m^{p_n}(t-\tilde{\tau}_m^{p_n})] \end{pmatrix} \tag{2.3.22}$$

式中,$\overline{\varphi}_{km,b_i}^{p_i}(t)=\overline{\varphi}_{k,b_i}^{p_i}(t)-\overline{\varphi}_{m,b_i}^{p_i}(t)$。$\overline{\varphi}_{k,b_i}^{p_i}(t)$ 和 $\overline{\varphi}_{m,b_i}^{p_i}(t)$ 由式(2.2.7)定义。将线性系统式(2.3.16)和式(2.3.17)中的三个自由变量组合为三维向量如下:

$$\mathrm{d}\boldsymbol{x}(t)=(\mathrm{d}x_k(t),\mathrm{d}y_k(t),\mathrm{d}z_k(t))^{\mathrm{T}} \tag{2.3.23}$$

定义

$$\xi(t)=c\mathrm{d}t(t) \tag{2.3.24}$$

令

$$\boldsymbol{e}=(1,1,\cdots,1)^{\mathrm{T}} \tag{2.3.25}$$

表示所有位置的向量形式,并且令

$$\boldsymbol{i}=(I_{L1}^{p_1},I_{L1}^{p_2},\cdots,I_{L1}^{p_n})^{T} \tag{2.3.26}$$

表示 n 颗卫星的接收机间单差电离层延迟,则有

$$\boldsymbol{\Gamma}=\begin{bmatrix} \left(\dfrac{f_{L1}^{p_1}}{f_{b_1}^{p_1}}\right)^2 & 0 & \cdots & 0 \\ 0 & \left(\dfrac{f_{L1}^{p_2}}{f_{b_2}^{p_2}}\right)^2 & \cdots & 0 \\ \vdots & \vdots & & \vdots \\ 0 & 0 & \cdots & \left(\dfrac{f_{L1}^{p_n}}{f_{b_n}^{p_m}}\right)^2 \end{bmatrix} \tag{2.3.27}$$

令

$$\boldsymbol{\Lambda}=\begin{bmatrix} \lambda_{b_1}^{p_1} & 0 & \cdots & 0 \\ 0 & \lambda_{b_2}^{p_2} & \cdots & 0 \\ \vdots & \vdots & & \vdots \\ 0 & 0 & \cdots & \lambda_{b_n}^{p_n} \end{bmatrix} \tag{2.3.28}$$

表示对角矩阵,令

$$\boldsymbol{n}=(N_{b_1}^{p_1}(t_{CS,b_1}^{p_1}),N_{b_2}^{p_2}(t_{CS,b_2}^{p_2}),\cdots,N_{b_n}^{p_n}(t_{CS,b_n}^{p_n}))^{T} \tag{2.3.29}$$

表示载波相位中整周模糊度向量,最后令

$$\boldsymbol{d}_{P}=(d_{b_1,P},d_{b_2,P},\cdots,d_{b_n,P})^{T} \tag{2.3.30}$$

$$\boldsymbol{d}_{\varphi}=(d_{b_1,\varphi}^{p_1},d_{b_2,\varphi}^{p_2},\cdots,d_{b_n,\varphi}^{p_n})^{T} \tag{2.3.31}$$

表示接收机间单差伪距和载波相位硬件延迟偏差向量。忽略噪声项,系统式(2.3.16)和式(2.3.17)可以重写为

$$\boldsymbol{b}_{P}(t)=\boldsymbol{A}\mathrm{d}\boldsymbol{x}(t)+\boldsymbol{e}\xi(t)+\boldsymbol{\Gamma}\boldsymbol{i}(t)+\boldsymbol{d}_{P} \tag{2.3.32}$$

$$\boldsymbol{b}_{\varphi}(t)=\boldsymbol{\Lambda}^{-1}\mathrm{d}\boldsymbol{x}(t)+\boldsymbol{\Lambda}^{-1}\boldsymbol{e}\xi(t)+\boldsymbol{n}-\boldsymbol{\Lambda}^{-1}\boldsymbol{\Gamma}\boldsymbol{i}(t)+\boldsymbol{d}_{\varphi} \tag{2.3.33}$$

本章后续部分将使用线性化的接收机间单差伪距和载波相位导航方程(2.3.32)和方程(2.3.33)。

硬件偏差取决于卫星系统和频段。由于工作过程中接收机温度的变化、电子部件老化和其他物理原因,硬件偏差在时间上是恒定或缓慢变化的。通常,当信号从天线传输到数字处理模块时,接收机将执行一个或多个无线电频率转换。每个射频模块独立地执行从载波频率到通常几十兆赫的中频的转换,也称为下变频或频移。接收机具有专用中频信道,包括用于每个频带的中频振荡器。因此,一个合理的假设是卫星系统和频率的每个组合对应于一个特定于某个中频信道的偏差。这种组合的数目一般少于卫星的数目。每一个信号(p,b)对应着一对偏差$(\boldsymbol{\Sigma}^{p},b)$,其中 $b\in F^{p}$。

下面我们将使用符号 G 代表 GPS,R 代表 GLONASS,E 代表 Galileo,B 代表 BDS,Q 代表 QZSS,S 代表 SBAS。例如,对于支持 GPS 和 GLONASS 的 L1 和 L2 频段的双频双系统接

收机,(Σ^p, b)拥有四个取值,分别是(G, L1)、(G, L2)、(R, L1)和(R, L2)。这意味着向量(2.3.30)有四个不同的变量 $d_{\mathrm{L1,G,P}}$、$d_{\mathrm{L2,G,P}}$、$d_{\mathrm{L1,R,P}}$ 和 $d_{\mathrm{L2,R,P}}$。对于载波相位硬件偏差,如前一节所述,同样有四个变量 $d_{\mathrm{L1,G},\varphi}$、$d_{\mathrm{L2,G},\varphi}$、$d_{\mathrm{L1,R},\varphi}$ 和 $d_{\mathrm{L2,R},\varphi}$。向量(2.3.31)中与 GPS 相关的硬件延迟偏差为 $d_{\mathrm{L1,G},\varphi}$ 和 $d_{\mathrm{L2,G},\varphi}$,与 GLONASS 有关的项为可以根据式(2.2.14)和表 2.1.1 表示如下:

$$\begin{aligned} d^p_{\mathrm{L1},\varphi} &= d^0_{\mathrm{L1},\varphi} + \frac{f^p_{\mathrm{L1}}}{c}\mu_{\mathrm{L1},\varphi} \\ &= d^p_{\mathrm{L1},\varphi} + \frac{1.602\times10^9 + 5.625\times10^5 l(p)}{c}\mu_{\mathrm{L1},\varphi} \\ &\equiv d^0_{\mathrm{L1,R},\varphi} + l(p)\bar{\mu}_{\mathrm{L1,R},\varphi} \end{aligned} \tag{2.3.34}$$

$$\begin{aligned} d^p_{\mathrm{L2},\varphi} &= d^0_{\mathrm{L2},\varphi} + \frac{f^p_{\mathrm{L2}}}{c}\mu_{\mathrm{L1},\varphi} \\ &= d^0_{\mathrm{L1},\varphi} + \frac{1.246\times10^9 + 4.375\times10^5 l(p)}{c}\mu_{\mathrm{L2},\varphi} \\ &\equiv d_{\mathrm{L2,R},\varphi} + l(p)\bar{\mu}_{\mathrm{L2,R},\varphi} \end{aligned} \tag{2.3.35}$$

式中,$l(p)$代表 GLONASS 的字母编号。换句话说,变量 $d_{\mathrm{L1,G},\varphi}$、$d_{\mathrm{L2,G},\varphi}$、$d_{\mathrm{L1,R},\varphi}$ 和 $d_{\mathrm{L2,R},\varphi}$ 代表常数项 $d^0_{km,b,\varphi}$,其中 $\bar{\mu}_{\mathrm{L1,R},\varphi}$ 和 $\bar{\mu}_{\mathrm{L2,R},\varphi}$ 表示“坡度”值。

在多频多系统接收机支持的情况下,有

- GPSL1、L2 和 L5 频段;
- GLONASS L1 和 L2 频段;
- Galileo L1、E5a、E5b 和 E6 频段;
- QZSS L1、L2、L5 和 E6 频段;
- SBAS L1 和 L5 频段;
- 北斗卫星导航系统 B1、B2 和 B3 频段。

信号(L1 GPS、L1 Galileo、L1 SBAS、L1 QZSS)、(L2 GPS、L2 QZSS)、(L5 GPS、E5a Galileo、L5 SBAS、L5 QZSS)、(E6 Galileo、E6 QZSS)可共享同一信道。因此,有 10 种组合:(G/E/S/Q,L1)、(G/Q,L2)、(G/E/S/Q,L5)、(E,E5b)、(R,L1)、(R,L2)、(E/Q,E6)、(B1,B)、(B2,B)和(B3,B)。这意味着在向量(2.3.30)和向量(2.3.31)中,除 GLONASS 之外分别有 10 个不同的独立慢变或常量变量,即 $d_{\mathrm{L1,G/E/S/Q,P}}$、$d_{\mathrm{L2,G/Q,P}}$、$d_{\mathrm{L5,G/E/S/Q,P}}$、$d_{\mathrm{E5b,E,P}}$、$d_{\mathrm{L1,R,P}}$、$d_{\mathrm{L2,R,P}}$、$d_{\mathrm{E6,E/Q,P}}$、$d_{\mathrm{B1/B,P}}$、$d_{\mathrm{B2/B,P}}$、$d_{\mathrm{B3/B,P}}$,以及多达 10 个独立变量,即 $d_{\mathrm{L1,G/E/S/Q},\varphi}$、$d_{\mathrm{L2,G/Q},\varphi}$、$d_{\mathrm{L5,G/E/S/Q},\varphi}$、$d_{\mathrm{E5b,E},\varphi}$、$d_{\mathrm{L1,R},\varphi}$、$d_{\mathrm{L2,R},\varphi}$、$d_{\mathrm{E6,E/Q},\varphi}$、$d_{\mathrm{B1/B},\varphi}$、$d_{\mathrm{B2/B},\varphi}$、$d_{\mathrm{B3/B},\varphi}$。

对于 GLONASS 而言适用于式(2.3.34)和式(2.3.35)。

注意,偏差向量 $\boldsymbol{d}_{\mathrm{P}}$ 和单差时间变量 $\xi(t)$ 以和的形式显示在式(2.3.32)中。这意味着其中一个偏差,如 $d_{\mathrm{L1,G/E/S/Q,P}}$ 可以与 $\xi(t)$ 组合,而其他偏差可以与 $d_{\mathrm{L1,G/E/S/Q,P}}$ 作差,因此可以形成新的偏差变量:

$$\begin{array}{lll}\eta_1=d_{\mathrm{L2,G/Q,P}}-d_{\mathrm{L1,G/E/S/Q,P}} & \eta_2=d_{\mathrm{L1,R,P}}-d_{\mathrm{L1,G/E/S/Q,P}} & \eta_3=d_{\mathrm{L2,R,P}}-d_{\mathrm{L1,G/E/S/Q,P}}\\ \eta_4=d_{\mathrm{L5,G/E/S/Q,P}}-d_{\mathrm{L1,G/E/S/Q,P}} & \eta_5=d_{\mathrm{E5b,E,P}}-d_{\mathrm{L1,G/E/S/Q,P}} & \eta_6=d_{\mathrm{E6,E/Q,P}}-d_{\mathrm{L1,G/E/S/Q,P}}\\ \eta_7=d_{\mathrm{B1,B,P}}-d_{\mathrm{L1,G/E/S/Q,P}} & \eta_8=d_{\mathrm{B2,B,P}}-d_{\mathrm{L1,G/E/S/Q,P}} & \eta_9=d_{\mathrm{B3,B,P}}-d_{\mathrm{L1,G/E/S/Q,P}}\end{array} \tag{2.3.36}$$

这种重新参数化被称为建立偏差基准。线性化方程(2.3.32)现在可以表示为

$$\boldsymbol{b}_{\mathrm{P}}(t)=\boldsymbol{A}\mathrm{d}\boldsymbol{x}(t)+\boldsymbol{e}\xi(t)+\boldsymbol{\Gamma i}(t)+\boldsymbol{W}_\eta\boldsymbol{\eta} \tag{2.3.37}$$

偏差向量 $\boldsymbol{\eta}$ 具有对应的维数 m_η，当接收机为双频双系统 GPS/GLONASS 时对应为 3 维。在上述多频、多系统接收机的情况下，对于变量如式(2.3.36)所定义，向量 $\boldsymbol{\eta}$ 是 9 维的，对于双频 GPS 单系统接收机或单频 GPS/GLONASS 接收机，向量 $\boldsymbol{\eta}$ 是 1 维的。在双系统多频(GPS L1、L2、L5)/(Galileo L1、E5a、E6)接收机中，共有 η_1、η_4、η_6 三种偏差。

偏差系数矩阵 $\boldsymbol{W}_\eta$ 维度是 $n\times m_\eta$，为某个确定信号分配 1 个或 0 个偏差。如果用 Σ^{p_i} 表示 GPS、Galileo、SBAS 或 QZSS，且 $b_i=\mathrm{L1}$，则没有为信号分配偏差 $s_i=(p_i,b_i)$。此时，矩阵 $\boldsymbol{W}_\eta$ 由零行组成。对于其他信号 $s_i=(p_i,b_i)$，矩阵 $\boldsymbol{W}_\eta$ 第 i 行有且只有一个单元项，而其他的则为 0。其行定义如下：

$$\left.\begin{array}{ll}\boldsymbol{W}_{\eta,i}=(0,0,0,0,0,0,0,0,0) & (\text{如果 }\Sigma^{p_i}=\text{GPS、Galileo、SBAS、QZSS},b_i=\mathrm{L1})\\ \boldsymbol{W}_{\eta,i}=(1,0,0,0,0,0,0,0,0) & (\text{如果 }\Sigma^{p_i}=\text{GPS、QZSS},b_i=\mathrm{L2})\\ \boldsymbol{W}_{\eta,i}=(0,1,0,0,0,0,0,0,0) & (\text{如果 }\Sigma^{p_i}=\text{GLONASS},b_i=\mathrm{L1})\\ \boldsymbol{W}_{\eta,i}=(0,0,1,0,0,0,0,0,0) & (\text{如果 }\Sigma^{p_i}=\text{GLONASS},b_i=\mathrm{L2})\\ \boldsymbol{W}_{\eta,i}=(0,0,0,1,0,0,0,0,0) & (\text{如果 }\Sigma^{p_i}=\text{GPS、Galileo、SBAS、QZSS},b_i=\mathrm{L5(E5a)})\\ \boldsymbol{W}_{\eta,i}=(0,0,0,0,1,0,0,0,0) & (\text{如果 }\Sigma^{p_i}=\text{Galileo},b_i=\mathrm{E5b})\\ \boldsymbol{W}_{\eta,i}=(0,0,0,0,0,1,0,0,0) & (\text{如果 }\Sigma^{p_i}=\text{QZSS、Galileo},b_i=\mathrm{E6})\\ \boldsymbol{W}_{\eta,i}=(0,0,0,0,0,0,1,0,0) & (\text{如果 }\Sigma^{p_i}=\text{Beidou},b_i=\mathrm{B1})\\ \boldsymbol{W}_{\eta,i}=(0,0,0,0,0,0,0,1,0) & (\text{如果 }\Sigma^{p_i}=\text{Beidou},b_i=\mathrm{B2})\\ \boldsymbol{W}_{\eta,i}=(0,0,0,0,0,0,0,0,1) & (\text{如果 }\Sigma^{p_i}=\text{Beidou},b_i=\mathrm{B3})\end{array}\right\} \tag{2.3.38}$$

以双频 GPS/GLONASS 接收机为例，假设它跟踪 6 颗 GPS 卫星和 6 颗 GLONASS 卫星，则双频信号总数为 24 个。按以下方式排列信号：6 个 GPS L1 信号、6 个 GPS L2 信号、6 个 GLONASS L1 信号和 6 个 GLONASS L2 信号。线性单差伪距方程(2.3.37)中的偏差系数矩阵采用以下形式：

$$\boldsymbol{W}_\eta^{\mathrm{T}}=\left[\begin{array}{cccc|cccc|cccc|cccc}0&0&&0&1&1&&1&0&0&&0&0&0&&0\\0&0&\vdots&0&0&0&\vdots&0&1&1&\vdots&1&0&0&\vdots&0\\0&0&&0&0&0&&0&0&0&&0&1&1&&1\end{array}\right] \tag{2.3.39}$$

注意，上述为转置矩阵。

现在考虑影响方程(2.3.33)中接收机间单差载波相位测量硬件偏差。对于除 GLONASS 之外的所有信号,$d_{b,\varphi}^{p} \equiv d_{b,\varphi}^{0}$ 是 $d_{L1,G/E/S/Q,\varphi}$、$d_{L2,G/Q,\varphi}$、$d_{L5,G/E/S/Q,\varphi}$、$d_{E5b,E,\varphi}$、$d_{E6,E/Q,\varphi}$、$d_{B1,B,\varphi}$、$d_{B2,B,\varphi}$ 和 $d_{B3,B,\varphi}$ 的变量之一。对于 GLONASS 信号,我们有式(2.3.34)和式(2.3.35)。

式(2.3.33)中向量 $\boldsymbol{d}_{\varphi}$ 显示为与模糊度向量 $\boldsymbol{n}$ 的和。式(2.3.34)和式(2.3.35)中 $l(p)\bar{\mu}_{L1,\varphi}$ 和 $l(p)\bar{\mu}_{L2,\varphi}$ 的值与 GLONASS 信号的 $l(p)$ 存在线性关系。类似地,如上所述,卫星系统和频率的每个组合对应于一个特定的载波相位偏差。在多系统和多频接收机的情况下,共有 10 种不同的偏差:$d_{L1,G/E/S/Q,\varphi}$、$d_{L2,G/Q,\varphi}$、$d_{L5,G/E/S/Q,\varphi}$、$d_{E5b,E,\varphi}$、$d_{E6,E/Q,\varphi}$、$d_{B1,B,\varphi}$、$d_{B2,B,\varphi}$、$d_{B3,B,\varphi}$、$d_{L1,R,\varphi}$ 和 $d_{L2,R,\varphi}$。这些偏差与模糊度结合在一起,从而破坏了模糊度的整周特性。对于具有相同系统和频点组合(Σ^{p}, b)的信号组(p, b)内的所有观测量,其模糊度的小数部分是相同的。例如,对于(GPS/Galileo/SBAS/QZSS,L1)组中的信号或(GLONASS,L2)组中的信号,模糊度将具有相同的小数部分。当进行站间-星间双差时,允许每个系统使用不同的参考卫星,必须保证消除偏差 $d_{L1,G/E/S/Q,\varphi}$、$d_{L2,G/Q,\varphi}$、$d_{L5,G/E/S/Q,\varphi}$、$d_{E5b,E,\varphi}$、$d_{E6,E/Q,\varphi}$、$d_{B1,B,\varphi}$、$d_{B2,B,\varphi}$、$d_{B3,B,\varphi}$、$d_{L1,R,\varphi}$ 和 $d_{L2,R,\varphi}$,从而保证双差模糊度可以固定为整数。将接收机单差模糊度向量 $\boldsymbol{n}$ 表示为 10 组串联的形式:

$$\boldsymbol{n} = \begin{pmatrix} \boldsymbol{n}_{L1,G/E/S/Q} \\ \boldsymbol{n}_{L2,G/Q} \\ \boldsymbol{n}_{L5,G/E/S/Q} \\ \boldsymbol{n}_{E5b,E} \\ \boldsymbol{n}_{L1,R} \\ \boldsymbol{n}_{L2,R} \\ \boldsymbol{n}_{E6,E} \\ \boldsymbol{n}_{B1,B} \\ \boldsymbol{n}_{B2,B} \\ \boldsymbol{n}_{B3,B} \end{pmatrix} \tag{2.3.40}$$

设 $\boldsymbol{n}_{a}$ 为某个信号组的模糊向量,$a=1,\cdots,10$,实际组数取决于接收器硬件特性。每个向量 $\boldsymbol{n}_{a}$ 都有自己的维数 n_{a}。另外,令$\{v\}$是 v 的小数部分,$\{v\}=v-[v]$,其中$[v]$是 v 的整数部分。则每一组中的模糊度都有共同的小数部分。

$$\{N_{a,i}\} = \{N_{a,r_a}\} \tag{2.3.41}$$

式中,$N_{a,i}$ 表示向量 $\boldsymbol{N}_{a}$ 的第 i 项。式(2.3.41)中的参考模糊度 r_{a} 在各组中独立进行选择。式(2.3.41)中的指数 i 在 $i=1,\cdots,n_{a}$ 范围内变化。式(2.3.41)的另一种形式可以表示为

$$\{n_{a}N_{a,i}\} = \left\{\sum_{j=1}^{n_{a}} N_{a,j}\right\} \tag{2.3.42}$$

上述并不取决于参考模糊度的选择。

式(2.3.34)和式(2.3.35)中的变量 $\bar{\mu}_{L1,R,\varphi}$ 和 $\bar{\mu}_{L2,R,\varphi}$ 体现出了 GLONASS L1 和 L2 频段中偏差的频率相关性。因此,我们只有两组信号使得 $\mu_{b,\varphi}^{p} \neq 0$。令

$$\boldsymbol{\mu}=\begin{pmatrix}\bar{\mu}_{\mathrm{L1,R},\varphi}\\ \bar{\mu}_{\mathrm{L2,R},\varphi}\end{pmatrix} \tag{2.3.43}$$

$\boldsymbol{W}_{\mu}$ 是与偏差向量 $\boldsymbol{\mu}$ 相对应的 $n\times 2$ 维偏差系数矩阵,矩阵各行的定义如下：

$$\left.\begin{array}{l}\boldsymbol{W}_{\mu,i}=[\,l(p_i),0\,]\ (\text{如果}\ \boldsymbol{\Sigma}^{p_i}=\mathrm{GLONASS},\ b_i=\mathrm{L1})\\ \boldsymbol{W}_{\mu,i}=[\,0,l(p_i)\,]\ (\text{如果}\ \boldsymbol{\Sigma}^{p_i}=\mathrm{GLONASS},\ b_i=\mathrm{L2})\\ \boldsymbol{W}_{\mu,i}=[\,0,0\,]\ \text{其他}\end{array}\right\} \tag{2.3.44}$$

以上述介绍的 GPS/GLONASS/L1/L2 接收机为例,我们可以得到(方便起见,矩阵被转置)：

$$\boldsymbol{W}_{\mu}^{\mathrm{T}}=\left[\begin{array}{cccc:cccc:cccc:ccc:c}0&0&\cdots&0&0&0&\cdots&0&l_1&l_2&\cdots&l_{n_5}&0&0&\cdots&0\\0&0&\cdots&0&0&0&\cdots&0&0&0&\cdots&0&l_1&l_2&\cdots&l_{n_6}\end{array}\right] \tag{2.3.45}$$

在式(2.3.45)中,n_5 是式(2.3.40)中(GLONASS,L1)第五组的模糊度个数。同样地,n_6 表示(GLONASS,L2)模糊度的个数,它不一定等于 n_5。式(2.3.33)中的接收机间单差载波相位线性测量值可以用以下形式表示：

$$\boldsymbol{b}_{\varphi}(t)=\boldsymbol{\Lambda}^{-1}\boldsymbol{A}\mathrm{d}\boldsymbol{x}(t)+\boldsymbol{\Lambda}^{-1}\boldsymbol{e}\xi(t)+\boldsymbol{n}-\boldsymbol{\Lambda}^{-1}\boldsymbol{\Gamma}\boldsymbol{i}(t)+\boldsymbol{W}_{\mu}\boldsymbol{\mu} \tag{2.3.46}$$

如果硬件不支持 GLONASS,变量 $\boldsymbol{\mu}$ 可以被忽略。如果 GLONASS 只有 L1 或 L2 波段可以使用,则矢量 $\boldsymbol{\mu}$ 变为标量。

递归估计算法可以应用于式(2.3.37)和式(2.3.46)中的单差线性观测方程。在表达式(2.3.46)中,模糊度向量表示为 $\boldsymbol{W}_{\mu}\boldsymbol{\mu}$ 和的形式。因此,在增加约束条件(2.3.41)或条件(2.3.42)之后,可以区分 $\boldsymbol{n}$ 和 $\boldsymbol{W}_{\mu}\boldsymbol{\mu}\boldsymbol{n}+\boldsymbol{W}_{\mu}\boldsymbol{\mu}$ 的和在浮点模糊度滤波器中的估计。在下面的章节中将介绍滤波算法。实值模糊度通常称为浮点模糊度。模糊度解算结果受约束条件(2.3.41)影响,分为浮点解和固定解两种形式,将在 2.10 节中描述。

2.4　静态短基线 RTK 算法

许多测量应用程序使用 RTK 进行静态定位。基准站设为 m,其真实坐标(2.3.1)精确已知。假设移动站 k 的位置静止且坐标未知,其概略坐标为

$$\boldsymbol{x}_{k,0}=\begin{pmatrix}x_{k,0}\\ y_{k,0}\\ z_{k,0}\end{pmatrix}$$

其准确位置可以表示如下：

$$\boldsymbol{x}_k=\begin{pmatrix}x_k\\ y_k\\ z_k\end{pmatrix}=\begin{pmatrix}x_{k,0}+\mathrm{d}x_k\\ y_{k,0}+\mathrm{d}y_k\\ z_{k,0}+\mathrm{d}z_k\end{pmatrix}\equiv\boldsymbol{x}_{k,0}+\mathrm{d}\boldsymbol{x} \tag{2.4.1}$$

式(2.3.37)和式(2.3.46)中的接收机间电离层延迟被部分消除,剩余延迟的大小与基线长度近似成正比。假设对于每颗卫星,接收机间电离层延迟的大小受以下表达式的约束:

$$|\boldsymbol{i}_{km}^{p}|\approx S\times10^{-6}\times\|\boldsymbol{x}_{k}-\boldsymbol{x}_{m}\| \tag{2.4.2}$$

式中,根据 11 年周期内太阳活动强度的不同,标度因子 S 通常在 1 到 4 之间变化,太阳活动低的年份≈1,太阳活动高的年份≈4。电离层模型适用于测量中遇到的典型长度,即不超过几十千米。因此,1 km 基线长度的剩余电离层约为 S(单位 mm)。

对短基线(≤5 km)而言,可在导航方程(2.3.37)和方程(2.3.46)中忽略接收机之间的电离层延迟,然后采用以下形式:

$$\boldsymbol{b}_{\mathrm{P}}(t)=\boldsymbol{A}\mathrm{d}\boldsymbol{x}+\boldsymbol{e}\xi(t)+\boldsymbol{W}_{\eta}\boldsymbol{\eta} \tag{2.4.3}$$

$$\boldsymbol{b}_{\varphi}(t)=\boldsymbol{\Lambda}^{-1}\boldsymbol{A}\mathrm{d}\boldsymbol{x}+\boldsymbol{\Lambda}^{-1}\boldsymbol{e}\xi(t)+\boldsymbol{n}+\boldsymbol{\Lambda}^{-1}\boldsymbol{W}_{\mu}\boldsymbol{\mu} \tag{2.4.4}$$

式(2.4.3)和式(2.4.4)中估计的时不变参数如下:对移动站位置 $\mathrm{d}\boldsymbol{X}$ 的近似修正,载波相位模糊度 $\boldsymbol{n}$,式(2.3.36)中定义的伪距偏差项 $\boldsymbol{\eta}$,以及式(2.3.43)中定义的载波相位偏差项 $\boldsymbol{\mu}$。如果没有 GLONASS 观测量或者 GLONASS 观测量不可用,则最后一项可以被忽略。跨接收机载波相位模糊度被估计为实值近似解,即浮点模糊度。浮点解固定为整数解的方法将在后面讨论。

模糊向量 $\boldsymbol{n}$ 包括接收机间的收尾项(见 1.2.4 节)。天线绕垂直轴旋转时,每旋转一次,产生一个完整的载波相位周期。然而,这并不会违反 $\boldsymbol{n}$ 恒定值的假设,因为基准站和移动站都保持静止。稍后,在讨论动态模型时,我们将详细讨论这个问题。

浮点模糊度的估计是至关重要的第一步。不考虑式(2.3.41),则式(2.4.4)中的 $\boldsymbol{n}+\boldsymbol{\Lambda}^{-1}\boldsymbol{W}_{\mu}\boldsymbol{\mu}$ 可以被估计为浮点模糊度向量。因此,在这一阶段,我们将式(2.4.4)替换为

$$\boldsymbol{b}_{\varphi}(t)=\boldsymbol{\Lambda}^{-1}\boldsymbol{A}\mathrm{d}\boldsymbol{x}+\boldsymbol{\Lambda}^{-1}\boldsymbol{e}\xi(t)+\boldsymbol{n} \tag{2.4.5}$$

式(2.4.3)和(2.4.5)中要估计的动态参数是 $\xi(t)$,即接收机间的时钟误差。因此,我们有一个混合的变量集是静态和任意变化的。

设 $\boldsymbol{C}_{\mathrm{P}}$ 为跨接收机间伪距非建模误差(包括噪声和多路径)的协方差矩阵。将其定义为对角矩阵,假设硬件噪声和多路径误差对于不同的卫星是独立的,采用以下形式:

$$\boldsymbol{C}_{\mathrm{P}}=\mathrm{diag}((\sigma_{1,\mathrm{P}})^{2},(\sigma_{2,\mathrm{P}})^{2},\cdots,(\sigma_{n,\mathrm{P}})^{2}) \tag{2.4.6}$$

与信号(p,b)和(q,c)相对应的单个误差可以认为彼此独立,这表明了矩阵(2.4.6)是对角线形式。对应于信号 $s_i=(p_i,b_i)$ 的方差 $\sigma_{i,\mathrm{P}}^{2}$ 由两项组成,第一项反映了取决于信号频带的噪声分量,第二项反映了与卫星仰角有关的误差方差。后一种误差包括地面反射产生的多路径效应和以不同仰角通过电离层的信号剩余电离层延迟。一个较为准确的实际假设如下:

$$\sigma_{i,\mathrm{P}}^{2}=\sigma_{b_i,\mathrm{P}}^{2}+\left(\frac{\overline{\sigma}_{\mathrm{P}}}{\varepsilon+\sin\alpha^{p_i}}\right)^{2} \tag{2.4.7}$$

式中,$\sigma_{b_i,\mathrm{P}}$ 是取决于频带噪声分量的标准差,α^{p_i} 是卫星 p_i 的高度角,ε 和 $\overline{\sigma}_{\mathrm{P}}$ 是常数。在实际应用中对大多数接收机有效的选择范围如下:

$$\sigma_{b_i,\mathrm{P}}\sim0.25-2m\quad\varepsilon\sim0.1\quad\overline{\sigma}_{\mathrm{P}}\sim0.5-1m \tag{2.4.8}$$

设 $\boldsymbol{C}_\varphi$ 为跨接收机载波相位噪声的协方差矩阵。使用与上述相同的推理,我们假设

$$\boldsymbol{C}_\varphi=\operatorname{diag}((\sigma_{1,\varphi})^2,(\sigma_{2,\varphi})^2,\cdots,(\sigma_{n,\varphi})^2) \tag{2.4.9}$$

$$(\sigma_{i,\varphi})^2=(\sigma_{b_i,\varphi})^2+\left(\frac{\overline{\sigma}_\varphi}{\varepsilon+\sin\alpha^{p_i}}\right)^2 \tag{2.4.10}$$

$$\sigma_{b_i,\varphi}\sim 0.01-0.05\ \text{cycle}\quad \varepsilon\sim 0.1\quad \overline{\sigma}_\varphi\sim 0.01-0.05\ \text{cycle} \tag{2.4.11}$$

算法中使用协方差矩阵式(2.4.6)和式(2.4.9)。

$t+1$ 并不一定意味着时间 t 增加 1 s,而是表示紧跟在时间 t 之后的离散时间。实际时间步长用 δt 表示。

考虑多系统和多频接收机的情况,导航方程的结构和参数集已在上一节中描述。用 $\boldsymbol{R}^n$ 表示 n 维实数欧几里得空间,$\boldsymbol{R}^{n\times m}$ 表示 $n\times m$ 实值矩阵空间。设 $\boldsymbol{y}$ 为常数参数的向量(由于上述原因,μ 不包括在浮动解中),则有

$$\boldsymbol{y}=\begin{pmatrix}\boldsymbol{\eta}\\ \mathrm{d}\boldsymbol{x}\\ \boldsymbol{n}\end{pmatrix} \tag{2.4.12}$$

式中,$\boldsymbol{\eta}\in R^9$,是式(2.3.36)中描述的信号间偏差向量;$\mathrm{d}\boldsymbol{x}\in\boldsymbol{R}^3$,是对移动站位置的修正向量;$\boldsymbol{n}\in\boldsymbol{R}^n$,是根据式(2.3.40)构造的载波相位模糊度向量,信号总数为 n。

由于只有一个变量 $\xi(t)$ 与时间有关,因此时变参数的向量是一维的。将测量方程(2.4.3)和方程(2.4.5)改写成表格的形式,则有

$$\boldsymbol{J}\xi(t)+\boldsymbol{W}(t)\boldsymbol{y}=\boldsymbol{b}(t) \tag{2.4.13}$$

其中,

$$\boldsymbol{J}=\begin{pmatrix}\boldsymbol{e}\\ \hdashline \boldsymbol{\Lambda}^{-1}\boldsymbol{e}\end{pmatrix}\in\boldsymbol{R}^{2n\times 1} \tag{2.4.14}$$

$\boldsymbol{\Lambda}\in\boldsymbol{R}^{n\times n}$ 表示波长系数的对角矩阵,在式(2.3.28)中定义:

$$\boldsymbol{W}(t)=\left[\begin{array}{c:c:c}\boldsymbol{W}_\eta & \boldsymbol{A}(t) & \boldsymbol{0}\\ \hdashline \boldsymbol{0} & \boldsymbol{\Lambda}^{-1}\boldsymbol{A}(t) & \boldsymbol{I}_n\end{array}\right] \tag{2.4.15}$$

偏差分配矩阵 $\boldsymbol{W}_\eta\in\boldsymbol{R}^{n\times 9}$ 在式(2.3.38)中定义。零矩阵具有适当的大小,$\boldsymbol{I}_n$ 定义为 $n\times n$ 单位矩阵。式(2.3.20)中定义了方向余弦矩阵 $\boldsymbol{A}(t)\in\boldsymbol{R}^{n\times 3}$,式(2.3.15)中定义了矩阵的时变项。右边向量 $\boldsymbol{b}(t)$ 的形式是

$$\boldsymbol{b}(t)=\begin{pmatrix}\boldsymbol{b}_{\mathrm{P}}(t)\\ \hdashline \boldsymbol{b}(t)_\varphi\end{pmatrix}\in\boldsymbol{R}^{2n} \tag{2.4.16}$$

向量 $\boldsymbol{b}_{\mathrm{P}}(t)$ 和 $\boldsymbol{b}_\varphi(t)$ 分别在式(2.3.21)和式(2.3.22)中定义。

下面我们假设在算法的运行过程中信号没有改变,并且载波相位测量中没有周跳。这两个假设都会稍加放宽。

设 $\boldsymbol{C}$ 是由 $\boldsymbol{C}_{\mathrm{P}}$ 和 $\boldsymbol{C}_\varphi$ 组成的测量对角矩阵,如式(2.4.6)和式(2.4.9)所定义:

$$\boldsymbol{C}=\left[\begin{array}{c:c}\boldsymbol{C}_{\mathrm{P}} & \boldsymbol{0}\\ \hdashline \boldsymbol{0} & \boldsymbol{C}_\varphi\end{array}\right]\in\boldsymbol{R}^{2n\times 2n} \tag{2.4.17}$$

对角矩阵 $\boldsymbol{C}$ 的 Cholesky 分解简单表示如下：

$$\boldsymbol{C}=\boldsymbol{\Sigma}^2 \quad \boldsymbol{\Sigma}=\left[\begin{array}{c:c}\boldsymbol{\Sigma}_{\mathrm{P}} & \mathbf{0} \\ \hdashline \mathbf{0} & \boldsymbol{\Sigma}_{\varphi}\end{array}\right] \tag{2.4.18}$$

式中，$\boldsymbol{\Sigma}_{\mathrm{P}}=\mathrm{diag}(\sigma_{1,\mathrm{P}},\sigma_{2,\mathrm{P}},\cdots,\sigma_{n,\mathrm{P}})$，$\boldsymbol{\Sigma}_{\varphi}=\mathrm{diag}(\sigma_{1,\varphi},\sigma_{2,\mathrm{P}},\cdots,\sigma_{n,\mathrm{P}})$。正向和反向的解算方法如下：

$$\boldsymbol{F}_{\Sigma}\boldsymbol{b}=\boldsymbol{B}_{\Sigma}\boldsymbol{b}=\boldsymbol{\Sigma}^{-1}\boldsymbol{b} \tag{2.4.19}$$

令 $n_y=\dim(\boldsymbol{y})$ 表示常数估计参数的个数。初始时赋值 $\hat{\boldsymbol{D}}(t_0)\in\boldsymbol{R}^{n_y\times n_y}$，$\hat{\boldsymbol{D}}(t_0)=0$，以及 $\boldsymbol{y}(t_0)=0$，此后如表 2.4.1 所述。常数向量的更新估计值被“分解”为以下部分：

$$\boldsymbol{y}^{\mathrm{T}}(t+1)=(\boldsymbol{\eta}^{\mathrm{T}}(t+1),\mathrm{d}\boldsymbol{x}^{\mathrm{T}}(t+1),\boldsymbol{n}^{\mathrm{T}}(t+1)) \tag{2.4.20}$$

时变标量的更新估计是跨接收机单差的时钟误差。

举例说明。

我们处理了两台 Javad Triumph-I 全球导航卫星系统接收机于 2013 年 2 月 15 日采集的 2 660 个历元的原始数据。数据采集从 07:47:58:00 开始，到 08:32:17:00 结束。原始数据包括双频 GPS 和 GLONASS 伪距及载波相位数据。在 WGS-84 坐标系中，ECEF 坐标系下基准站近似坐标为

$$\begin{aligned}\boldsymbol{x}_m&=(-2\,681\,608.127,-4\,307\,231.857,3\,851\,912.054)^{\mathrm{T}}\\&=37.390\,538°\mathrm{N},-121.905\,680°\mathrm{E},-11.06\ \mathrm{m}\end{aligned} \tag{2.4.21}$$

移动站在 ECEF 坐标系下的大致位置是

$$\begin{aligned}\boldsymbol{x}_{k,0}&=(-2\,681\,615.678,-4\,307\,211.353,3\,851\,926.005)^{\mathrm{T}}\\&=37.390\,711°\mathrm{N},-121.905\,874°\mathrm{E},-13.25\ \mathrm{m}\end{aligned} \tag{2.4.22}$$

基线向量的近似值为

$$\boldsymbol{bI}_{km,0}=\boldsymbol{x}_{k,0}-\boldsymbol{x}_m=(-7.551,20.504,13.951)_{xyz}^{\mathrm{T}} \tag{2.4.23}$$

已知的准确向量为

$$\boldsymbol{bI}_{km}^{*}=\boldsymbol{x}_k-\boldsymbol{x}_m=(-9.960,20.634,15.402)_{xyz}^{\mathrm{T}} \tag{2.4.24}$$

转换到大地水准面(东向、北向和天向上)如下：

$$\begin{aligned}\boldsymbol{bI}_{km,0}&=(-17.247,19.231,-2.187)_{\mathrm{enu}}^{\mathrm{T}}\\\boldsymbol{bI}_{km}^{*}&=(-19.361,19.677,-0.382)_{\mathrm{enu}}^{\mathrm{T}}\end{aligned} \tag{2.4.25}$$

该算法用于计算式(2.4.1)中的校正矢量 $\mathrm{d}\boldsymbol{x}$，以及式(2.4.12)中的其他参数和时钟误差 $\xi(t)$。我们选择了 10 颗卫星进行处理以保证处理过程中不会发生上述假设的变化情况。GPS 卫星编号由其 PRN 定义，取 4,9,15,17,24,28。GLONASS 卫星组编号由-7,0,2,4 表示，与表 2.4.2 中的载波相位频率相对应。一天中以秒为单位的时间从 28 078 到 30 737 不等。

表 2.4.1　静态短基线 RTK 算法

根据式(2.4.16)、式(2.3.21)和式(2.3.22)计算右侧向量 $\boldsymbol{b}(t+1)$	$\boldsymbol{b}(t+1)=\begin{pmatrix}\boldsymbol{b}_{\mathrm{P}}(t+1)\\ \boldsymbol{b}_{\varphi}(t+1)\end{pmatrix}\in\boldsymbol{R}^{2n}$ $\boldsymbol{b}_{\mathrm{P}}(t+1)=\begin{pmatrix}\bar{P}^{p_1}_{km,b_1}(t+1)-\rho^{p_1}_{k,0}(t+1-\tilde{\tau}^{p_1}_{k})+\rho^{p_1}_{m}(t+1-\tilde{\tau}^{p_1}_{m})\\ \bar{P}^{p_2}_{km,b_2}(t+1)-\rho^{p_2}_{k,0}(t+1-\tilde{\tau}^{p_1}_{k})+\rho^{p_2}_{m}(t+1-\tilde{\tau}^{p_2}_{m})\\ \vdots\\ \bar{P}^{p_n}_{km,b_n}(t+1)-\rho^{p_n}_{k,0}(t+1-\tilde{\tau}^{p_n}_{k})+\rho^{p_n}_{m}(t+1-\tilde{\tau}^{p_n}_{m})\end{pmatrix}$ $\boldsymbol{b}_{\varphi}(t+1)=\begin{pmatrix}\bar{\varphi}^{p_1}_{km,b_1}(t+1)-\dfrac{1}{\lambda^{p_1}_{b_1}}(\rho^{p_1}_{k,0}(t+1-\tilde{\tau}^{p_1}_{k})+\rho^{p_1}_{m}(t+1-\tilde{\tau}^{p_1}_{m}))\\ \bar{\varphi}^{p_2}_{km,b_2}(t+1)-\dfrac{1}{\lambda^{p_2}_{b_2}}(\rho^{p_2}_{k,0}(t+1-\tilde{\tau}^{p_1}_{k})+\rho^{p_2}_{m}(t+1-\tilde{\tau}^{p_1}_{m}))\\ \vdots\\ \bar{\varphi}^{p_n}_{km,b_n}(t+1)-\dfrac{1}{\lambda^{p_n}_{b_n}}(\rho^{p_n}_{k,0}(t+1-\tilde{\tau}^{p_n}_{k})+\rho^{p_n}_{m}(t+1-\tilde{\tau}^{p_n}_{m}))\end{pmatrix}$
根据式(2.4.15)、式(2.3.38)、式(2.3.20)和式(2.3.15)计算线性化的测量矩阵 $\boldsymbol{W}(t+1)$	$\boldsymbol{W}(t+1)=\begin{bmatrix}\boldsymbol{W}_{\eta} & \boldsymbol{A}(t+1) & \boldsymbol{0}\\ \boldsymbol{0} & \boldsymbol{\Lambda}^{-1}\boldsymbol{A}(t+1) & \boldsymbol{I}_{n}\end{bmatrix}$ $\boldsymbol{A}(t+1)=\begin{bmatrix}H^{p_1}_{k,1} & H^{p_1}_{k,2} & H^{p_1}_{k,3}\\ H^{p_2}_{k,1} & H^{p_2}_{k,2} & H^{p_2}_{k,3}\\ \vdots & \vdots & \vdots\\ H^{p_n}_{k,1} & H^{p_n}_{k,2} & H^{p_n}_{k,3}\end{bmatrix}$
计算向量 $\boldsymbol{J}$	$\boldsymbol{J}=\begin{pmatrix}\boldsymbol{e}\\ \boldsymbol{\Lambda}^{-1}\boldsymbol{e}\end{pmatrix}\in\boldsymbol{R}^{2n\times 1}$
由式(2.4.18)得对角协方差矩阵的平方根	$\boldsymbol{\Sigma}=\begin{bmatrix}\Sigma_{\mathrm{P}} & \boldsymbol{0}\\ \boldsymbol{0} & \Sigma_{\mathrm{P}}\end{bmatrix}$
加权	$\bar{\boldsymbol{b}}(t+1)=\boldsymbol{\Sigma}^{-1}\boldsymbol{b}(t+1)$ $\bar{\boldsymbol{J}}=\boldsymbol{\Sigma}^{-1}\boldsymbol{J}$ $\bar{\boldsymbol{W}}(t+1)=\boldsymbol{\Sigma}^{-1}\boldsymbol{W}(t+1)$
计算残差向量 $\bar{\boldsymbol{r}}=(t+1)$ 计算残差向量	$\bar{\boldsymbol{r}}(t+1)=\bar{\boldsymbol{b}}(t+1)-\bar{\boldsymbol{W}}(t+1)\boldsymbol{y}(t)$

表 2.4.1(续)

计算投影矩阵 $\boldsymbol{\Pi}$	$\gamma=\sqrt{\bar{\boldsymbol{J}}^{\mathrm{T}}\bar{\boldsymbol{J}}}$ $\tilde{\boldsymbol{J}}^{\mathrm{T}}=\gamma^{-1}\bar{\boldsymbol{J}}^{\mathrm{T}}$ $\boldsymbol{\Pi}=\boldsymbol{I}_n-\tilde{\boldsymbol{J}}\tilde{\boldsymbol{J}}^{\mathrm{T}}$
更新矩阵 $\hat{\boldsymbol{D}}(t)$	$\hat{\boldsymbol{D}}(t+1)=\hat{\boldsymbol{D}}(t)+\bar{\boldsymbol{W}}^{\mathrm{T}}(t+1)\boldsymbol{\Pi}\bar{\boldsymbol{W}}(t+1)$ $=\hat{\boldsymbol{D}}(t)+\bar{\boldsymbol{W}}^{\mathrm{T}}(t+1)\bar{\boldsymbol{W}}^{\mathrm{T}}(t+1)-\bar{\boldsymbol{W}}^{\mathrm{T}}(t+1)\tilde{\boldsymbol{J}}\tilde{\boldsymbol{J}}^{\mathrm{T}}\bar{\boldsymbol{W}}^{\mathrm{T}}(t+1)$
计算 $\hat{\boldsymbol{D}}(t+1)$	$\hat{\boldsymbol{D}}(t+1)=\hat{\boldsymbol{L}}\hat{\boldsymbol{L}}^{\mathrm{T}}$
更新常数估计参数 $\boldsymbol{y}(t)$	$\boldsymbol{y}(t+1)=\boldsymbol{y}(t)+\boldsymbol{B}_{\hat{L}}(\boldsymbol{F}_{\hat{L}}(\bar{\boldsymbol{W}}^{\mathrm{T}}(t+1)\boldsymbol{\Pi}\bar{\boldsymbol{r}}(t+1)))$
计算第二向量残差 $\boldsymbol{r}'(t+1)$	$\boldsymbol{r}'(t+1)=\bar{\boldsymbol{b}}(t+1)-\bar{\boldsymbol{W}}(t+1)\bar{\boldsymbol{y}}(t+1)$
估计接收机间单差时钟误差 $\xi(t+1)$	$\xi(t+1)=\dfrac{1}{\gamma}\tilde{\boldsymbol{J}}^{\mathrm{T}}\boldsymbol{r}'(t+1)$

表 2.4.2　GLONASS 卫星组编号和频率

编号	L1 频率/MHz	L2 频率/MHz
−7	1 589.062 5	1 242.937 5
0	1 602.0	1 246.0
2	1 603.125	1 246.875
4	1 604.25	1 247.75

图 2.4.1 显示了对接收机之间硬件延迟的估计。硬件延迟的差异很小但不为零。如图 2.4.1 所示它们的估计都是收敛的,其中两台接收机的类型以及零件都是相同的。图 2.4.2 说明了转换到大地坐标系下 $\mathrm{d}x_k(t)$、$\mathrm{d}y_k(t)$、$\mathrm{d}z_k(t)$ 的收敛性。校正收敛向量为

$$\mathrm{d}\bar{\boldsymbol{x}}=(-2.122,0.451,1.797)_{\mathrm{enu}}^{\mathrm{T}} \tag{2.4.26}$$

$$\boldsymbol{bI}_{km}^{*}-\boldsymbol{bI}_{km}=(-2.114,0.446,1.805)_{\mathrm{enu}}^{\mathrm{T}} \tag{2.4.27}$$

这是正确基线和初始近似值式(2.4.25)之间的差异。

这些结果表明了模糊度浮点解到固定解的收敛性。为了研究满足条件(2.3.41)模糊度浮点解的收敛性,考虑 6 颗卫星的 GPS L1 频段模糊度的浮点估计。首先等待它们收敛,然后计算已确定的整数部分,并从估计的浮点值中减去这些整数值。图 2.4.3 显示了收敛到近似相等值的小数部分。

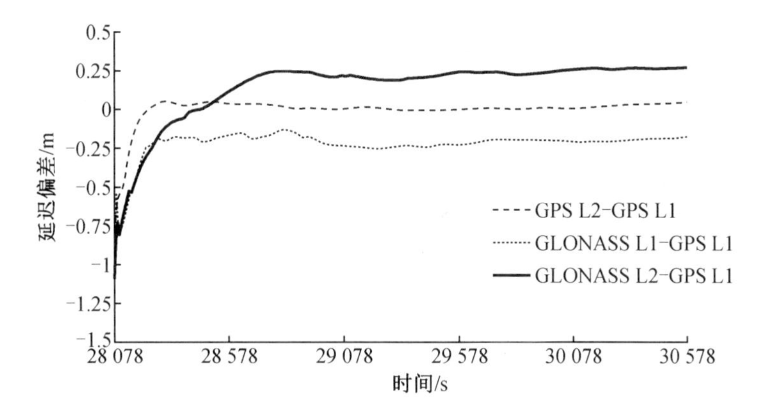

图 2.4.1　跨接收机单差硬件延迟偏差随时间变化曲线

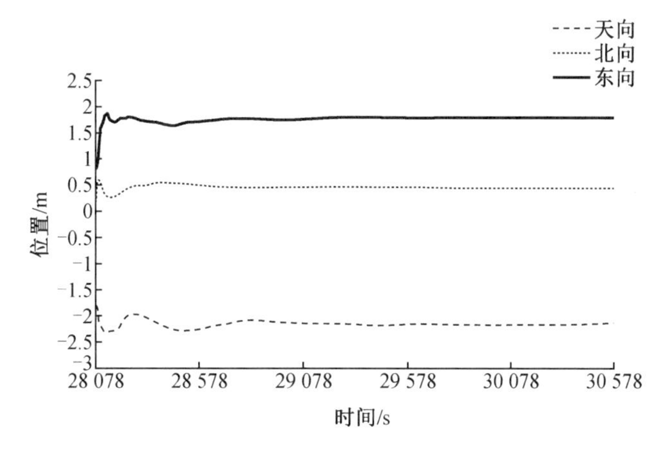

图 2.4.2　修正后的移动站东向、北向和天向位置

图 2.4.4 展示了 GPS L2 频段模糊度估计的收敛性。对整数部分进行如上所述的处理后,它们会收敛到一个公共小数部分,这明显不同于 L1 频段的小数部分。这是因为不同的硬件通道有不同的外差,证实了硬件延迟是频率的函数。

图 2.4.5 和图 2.4.6 显示了 GLONASS L1 频段和 L2 频段的模糊度估计。这些估计值也已经通过减去整数部分来修正,并显示了它们的小数部分。模糊度都会收敛于具有相似小数部分的真值。如本章前面所述,在式(2.3.43)中引入的载波相位偏差频率相关部分的系数包含在模糊度浮点解的估计中。这意味着它们必须引入不同的小数部分,以对应于卫星不同的频率。在图中没有看到这一差异性或者差异性小到可以忽略的原因,可以解释为基准站和移动站使用相同的接收机硬件,即都使用了 Triumph-1 接收机。

图 2.4.3 至图 2.4.6 说明了接收机之间模糊度估计的收敛性。较慢的收敛速度无法精确地确定小数部分,但是通过这些趋势可以使我们对收敛性做出定性的结论。模糊度在被固定后将转变为正确的整数值。在 2.10 节中将介绍如何固定整周模糊度。

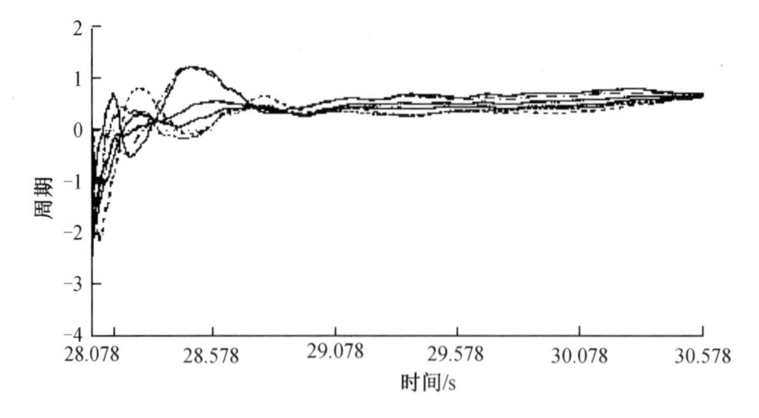

图 2.4.3　GPS L1 频段模糊度收敛到一个共同的小数值

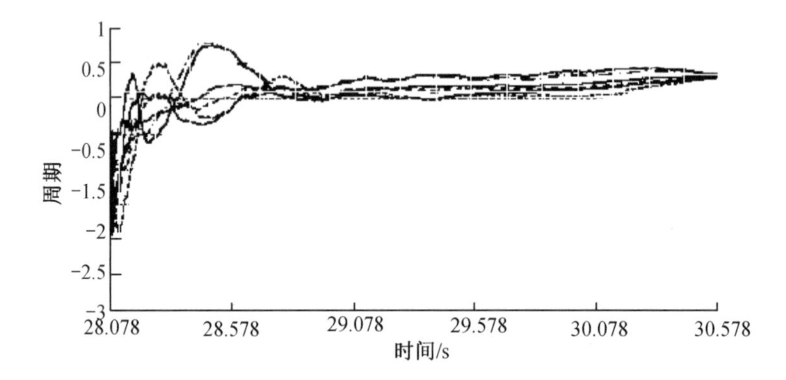

图 2.4.4　GPS L2 频段模糊度收敛到一个共同的小数值

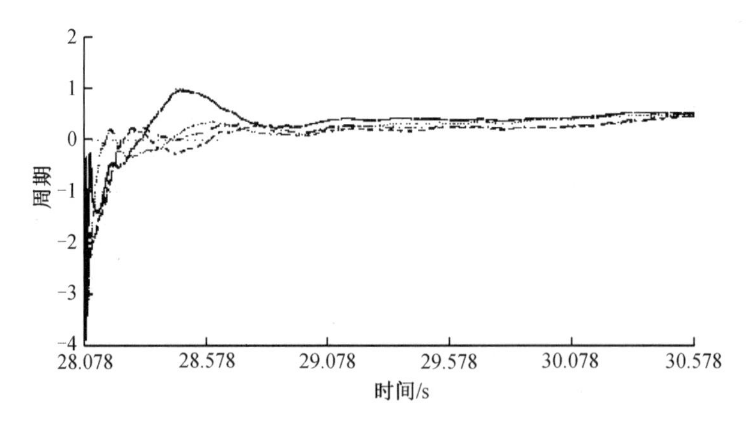

图 2.4.5　GLONASS L1 频段模糊度收敛到一个共同的小数值

图 2.4.7 显示了时变参数 $\xi(t)$ 的变化。由于本机振荡器的变化是独立的,所以接收机的单差时钟误差随时间而变化。图 2.4.7 中显示了本机振荡器的长期不稳定性。系统时间的时间漂移在接收机硬件中定期校正,通常当差异超过±0.5 ms 时,时钟将被校正 1 ms。0.5 ms 造成的影响约为 149 896 m。因此,从图 2.4.7 中可以看出,单差的时钟误差可产生约 299 792 m 的跳变。

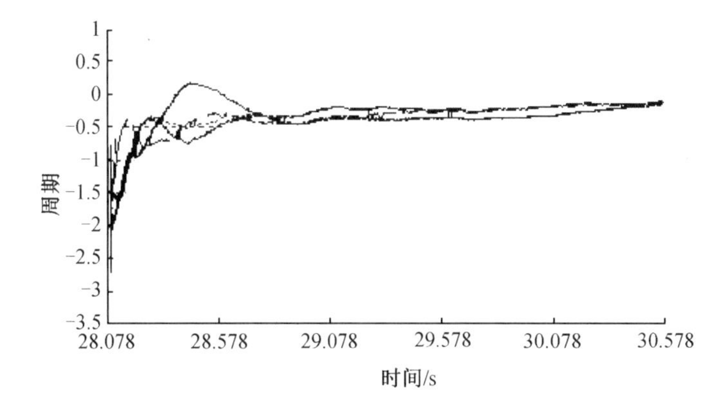

图 2.4.6　GLONASS L2 频段模糊度收敛到一个共同的小数值

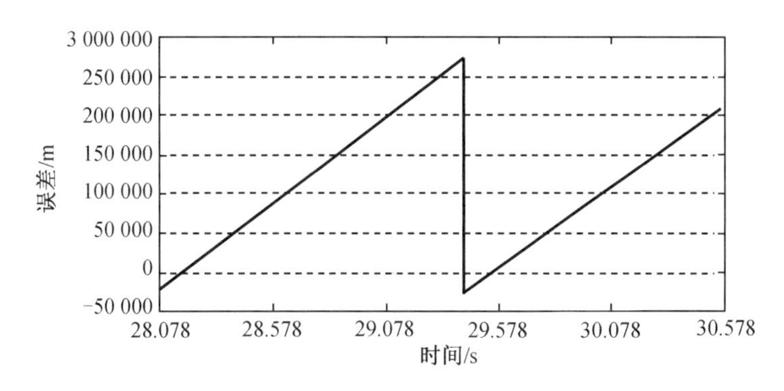

图 2.4.7　跨接收机单差时钟误差

在本节中,我们讨论了应用于处理静态短基线的 RTK 算法。说明了接收机之间硬件延迟估计、移动站位置校正以及模糊度估计的收敛性。请注意,本节和以下章节中所使用的模糊度与第 1 章中使用的不同。在第 1 章中,模糊度被理解为具有整数性质的物理量;相反,在本章中,我们允许接收机之间的模糊度具有小数部分。此外,它还包括硬件延迟。在本章中,当关注计算方面时,模糊度是一个“集中”参数,是导航方程中显示有整周模糊特性所有项的集合。该算法将模糊度估计为实值向量。在 2.10 节中,将对每组信号的模糊度采用一个共同小数部分,用于固定接收机之间的模糊度。在 2.5 节中,我们将对该算法扩展到动态不同基线长度的情况。

2.5　动态短基线 RTK 算法

动态 RTK 算法中移动站可以任意改变其位置。下面将推导利用接收机间单差伪距和载波相位观测量进行参数估计的算法。其中,静态参数是硬件延迟和载波相位模糊度,变化的动态参数是接收机之间的时钟误差和对移动站位置的校正。

考虑到导航方程(2.4.3)和方程(2.4.5),我们不认为移动站位置(见式(2.4.1))的校正量 $\boldsymbol{x}$ 是常数。相反,移动站的位置即大致位置和校正将被视为随时间变化的。这个问题

对应于动态 RTK 时,方程(2.4.1)变为

$$\boldsymbol{x}_k(t)=\begin{pmatrix}x_k(t)\\y_k(t)\\z_k(t)\end{pmatrix}=\begin{pmatrix}x_{k,0}(t)+\mathrm{d}x_k(t)\\y_{k,0}(t)+\mathrm{d}y_k(t)\\z_{k,0}(t)+\mathrm{d}z_k(t)\end{pmatrix}\equiv\boldsymbol{x}_{k,0}(t)+\mathrm{d}\boldsymbol{x}(t)\tag{2.5.1}$$

导航方程(2.4.3)和方程(2.4.5)变换如下:

$$\boldsymbol{b}_{\mathrm{P}}(t)=\boldsymbol{A}\boldsymbol{x}(t)+\boldsymbol{e}\xi(t)+\boldsymbol{W}_\eta\boldsymbol{\eta}\tag{2.5.2}$$

$$\boldsymbol{b}_{\varphi}(t)=\boldsymbol{\Lambda}^{-1}\boldsymbol{A}\boldsymbol{x}(t)+\boldsymbol{\Lambda}^{-1}\boldsymbol{e}\xi(t)+\boldsymbol{n}\tag{2.5.3}$$

移动站位置的近似值 $\boldsymbol{x}_{k,0}(t)$ 不是常数。对于时变近似,一个简单的选择是从伪距计算出移动站的独立位置。而另一种方法是假设变化不是特别迅速,使用先验的位置估计 $\boldsymbol{x}_k(t-1)$。常值参数的向量采用以下形式:

$$\boldsymbol{y}=\begin{pmatrix}\boldsymbol{\eta}\\\boldsymbol{n}\end{pmatrix}\tag{2.5.4}$$

而变化参数的向量为

$$\mathrm{d}\bar{\boldsymbol{x}}(t)=\begin{pmatrix}\xi(t)\\\mathrm{d}\boldsymbol{x}(t)\end{pmatrix}\tag{2.5.5}$$

我们引入

$$\boldsymbol{J}(t)\,\mathrm{d}\bar{\boldsymbol{x}}(t)+\boldsymbol{W}\boldsymbol{y}=\boldsymbol{b}(t)\tag{2.5.6}$$

可得

$$\boldsymbol{J}(t)=\left[\begin{array}{c:c}\boldsymbol{e}&\boldsymbol{A}(t)\\\hdashline\boldsymbol{\Lambda}^{-1}\boldsymbol{e}&\boldsymbol{\Lambda}^{-1}\boldsymbol{A}(t)\end{array}\right]\in\boldsymbol{R}^{2n\times4}$$

$$\boldsymbol{W}=\left[\begin{array}{c:c}\boldsymbol{W}_\eta&\boldsymbol{0}\\\hdashline\boldsymbol{0}&\boldsymbol{I}_n\end{array}\right]\tag{2.5.7}$$

接收机之间载波相位模糊度向量 $\boldsymbol{n}$ 包括接收机之间的相位缠绕。对于动态的移动站来说,相位缠绕可能不是常数。这个事实违反了 $\boldsymbol{n}$ 是一个常数向量的假设,因为移动站的天线可以任意旋转。然而,对于短基线,这些旋转导致所有载波相位观测量几乎以相同的相位缠绕变化。这意味着,对于短基线,相位缠绕几乎不影响双差整周模糊度(见 1.2.4 节)。该算法利用接收机之间的差分,检测所有载波相位观测量的同步变化,并对其进行补偿,使模糊度向量 $\boldsymbol{n}$ 保持不变。我们称这一过程为相位缠绕补偿。

关于相位缠绕补偿,如果表达式(2.3.22)中的所有值 $\bar{\varphi}^{p}_{km,b}(t+1)$ 都有相同的变化 w_{km},则剩余向量 $\boldsymbol{r}_\varphi(t+1)$ 的相应分量可以被定义为

$$\boldsymbol{r}(t+1)=\boldsymbol{b}(t+1)-\boldsymbol{W}\boldsymbol{y}(t)$$

$$\boldsymbol{r}(t+1)=(\boldsymbol{r}_{\mathrm{P}}^{\mathrm{T}}(t+1),\boldsymbol{r}_{\varphi}^{\mathrm{T}}(t+1))^{\mathrm{T}}\tag{2.5.8}$$

方程(2.5.3)和方程(2.3.22)都有相同的变化。将式(2.5.8)中的向量 $\boldsymbol{r}(t+1)$ 分为两部分,分别对应式(2.4.16)。如果我们比较平均值,可以很容易检测到变化如下:

$$\bar{r}_\varphi=\frac{1}{n}\sum_{i=1}^{n}r_{\varphi,i}(t+1)\tag{2.5.9}$$

均方根误差如下：

$$\bar{r}_{\varphi,0} = \sqrt{\frac{1}{n}\sum_{i=1}^{n} r_{\varphi,i}^{2}(t+1) - \bar{r}_{\varphi}^{2}} \tag{2.5.10}$$

通过选择合适的置信水平，我们可以得到检测准则的阈值 $\beta\bar{r}_{\varphi,0}$，其中标量 β 是均方根误差的倍数。对于0.997或0.999的置信水平，它分别被选为3或4。我们假设如果以下条件成立，就会发生载波相位缠绕：

$$\bar{r}_{\varphi} > \beta\bar{r}_{\varphi,0} \tag{2.5.11}$$

如果式(2.5.11)保持不变，则所有的值 $\bar{\varphi}_{km,b}^{p}(t+1)$ 都会减去一个相同的值 $\bar{r}_{\varphi}$：

$$\bar{\varphi}_{km,b}^{p}(t+1) := \bar{\varphi}_{km,b}^{p}(t+1) - \bar{r}_{\varphi} \tag{2.5.12}$$

对短基线动态 RTK 算法的描述如下。令 $n_y = \dim(\boldsymbol{y}) = \dim(\boldsymbol{\eta}) + \dim(\boldsymbol{n})$。初始条件为 $t=t_0$，$\mathrm{d}\,\bar{\boldsymbol{x}}(t_0)=0$，$\hat{\boldsymbol{D}}(t_0) \in \boldsymbol{R}^{ny\times ny}$，$\hat{\boldsymbol{D}}(t_0)=0$ 和 $y(t_0)=0$，其余按表2.5.1所述。

常值参数向量的更新估计由以下部分组成：

$$\boldsymbol{y}^{\mathrm{T}}(t+1) = (\boldsymbol{\eta}^{\mathrm{T}}(t+1), \boldsymbol{n}^{\mathrm{T}}(t+1)) \tag{2.5.13}$$

对时变参数 $\mathrm{d}\,\bar{\boldsymbol{x}}(t+1)$ 的更新估计包括接收机之间时钟偏移和移动站位置的校正量。

$$\mathrm{d}\bar{\boldsymbol{x}}^{\mathrm{T}}(t+1)(\xi(t+1), \mathrm{d}\boldsymbol{x}^{\mathrm{T}}(t+1)) \tag{2.5.14}$$

时变标量参数 $\xi(t+1)$ 的更新估计是指接收机之间的钟差。向量 $\mathrm{d}\boldsymbol{x}(t+1)$ 是对移动站位置的校正。

举例说明。

2.4.1节中使用的原始数据现在被认为是动态的。换句话说，静态模式下收集的数据将通过表2.5.1中描述的算法进行处理，该算法表示移动站可以有任意变化位置。移动站近似地心地固坐标如式(2.4.21)所示，与2.4节中使用的相同。

图2.5.1显示了估计的硬件延迟。估计值和时间依赖关系与图2.4.1所示的静态情况非常相似。尽管大量时变参数可能导致所有参数的估计有较大波动性，但在这两种情况下，硬件延迟都可以收敛到相同的值。

图2.5.2至图2.5.4显示了基线 $\boldsymbol{bl}_{km}(t) = \boldsymbol{x}_k(t) - \boldsymbol{x}_m$ 的组成部分，统计了静态和动态情况(2.4节和本节)i 和动态情况的计算结果，并与式(2.4.24)中给出的精确值进行比较。为了详细研究这两种情况下的收敛性，只给出了最后600个历元。可以清楚地看到，与静态估计相比，动态估计显示出了波动性。这种波动的原因是噪声和载波相位的多路径误差。

最后，图2.5.5为动态和静态情况下获得基线的东向和北向分量的散点图，也只显示了最后600个历元。静态解的散点图显示出了明显的收敛性。由于各种原因，动态和静态之间的差异可以达到数厘米——从初始值收敛到准确值需要时间；多路径误差随时间变化，从而干扰了瞬时校正量。多路径是信号经过物体表面信号反射的结果，在长时间定位时，它将在静态处理中被滤掉。

载波相位模糊度估计图与2.4节中描述的静态情况几乎相同，为了方便起见，省略了这些图。接收器之间的时钟误差估计值也与图2.4.7所示相同。

表 2.5.1　短基线动态 RTK 算法

执行式(2.5.9)和式(2.5.12)中所述的补偿程序	$\bar{r}_{\varphi}=\frac{1}{n}\sum_{i=1}^{n}r_{\varphi,i}(t+1)$ $\bar{r}_{\varphi,0}=\sqrt{\frac{1}{n}\sum_{i=1}^{n}r_{\varphi,i}^{2}(t+1)-\bar{r}_{\varphi}^{2}}$ 如果 $\bar{r}_{\varphi}>\beta\bar{r}_{\varphi}$,则 $\bar{\varphi}_{km,b}^{p}(t+):=\bar{\varphi}_{km,b}^{p}(t+1)-\bar{r}_{\varphi}$
根据式(2.4.16)、式(2.3.21)和式(2.3.22)计算右侧向量 $\boldsymbol{b}(t+1)$	$\boldsymbol{b}(t+1)=\begin{pmatrix}\boldsymbol{b}_{\mathrm{P}}(t+1)\\\boldsymbol{b}_{\varphi}(t+1)\end{pmatrix}\in\boldsymbol{R}^{2n}$ $\boldsymbol{b}_{\mathrm{P}}(t+1)=\begin{pmatrix}\bar{P}_{km,b_1}^{p_1}(t+1)-\rho_{k,0}^{p_1}(t+1-\tilde{\tau}_k^{p_1})+\rho_m^{p_1}(t+1-\tilde{\tau}_m^{p_1})\\\bar{P}_{km,b_2}^{p_2}(t+1)-\rho_{k,0}^{p_2}(t+1-\tilde{\tau}_k^{p_1})+\rho_m^{p_2}(t+1-\tilde{\tau}_m^{p_2})\\\vdots\\\bar{P}_{km,b_n}^{p_n}(t+1)-\rho_{k,0}^{p_n}(t+1-\tilde{\tau}_k^{p_n})+\rho_m^{p_n}(t+1-\tilde{\tau}_m^{p_n})\end{pmatrix}$ $\boldsymbol{b}_{\varphi}(t+1)=\begin{pmatrix}\bar{\varphi}_{km,b_1}^{p_1}(t+1)-\frac{1}{\lambda_{b_1}^{p_1}}(\rho_{k,0}^{p_1}(t+1-\tilde{\tau}_k^{p_1})+\rho_m^{p_1}(t+1-\tilde{\tau}_m^{p_1}))\\\bar{\varphi}_{km,b_2}^{p_2}(t+1)-\frac{1}{\lambda_{b_2}^{p_2}}(\rho_{k,0}^{p_2}(t+1-\tilde{\tau}_k^{p_1})+\rho_m^{p_2}(t+1-\tilde{\tau}_m^{p_1}))\\\vdots\\\bar{\varphi}_{km,b_n}^{p_n}(t+1)-\frac{1}{\lambda_{b_n}^{p_n}}(\rho_{k,0}^{p_n}(t+1-\tilde{\tau}_k^{p_n})+\rho_m^{p_n}(t+1-\tilde{\tau}_m^{p_n}))\end{pmatrix}$
根据式(2.5.7)、式(2.3.20)和式(2.3.15)计算矩阵 $\boldsymbol{J}(t+1)$	$\boldsymbol{J}(t+1)=\left[\begin{array}{c\|c}\boldsymbol{e}&\boldsymbol{A}(t+1)\\\hline\boldsymbol{\Lambda}^{-1}\boldsymbol{e}&\boldsymbol{\Lambda}^{-1}\boldsymbol{A}(t+1)\end{array}\right]$ $\boldsymbol{A}(t+1)=\begin{bmatrix}H_{k,1}^{p_1}&H_{k,2}^{p_1}&H_{k,3}^{p_1}\\H_{k,1}^{p_2}&H_{k,2}^{p_2}&H_{k,3}^{p_2}\\\vdots&\vdots&\vdots\\H_{k,1}^{p_n}&H_{k,2}^{p_n}&H_{k,3}^{p_n}\end{bmatrix}$
根据式(2.5.7)和式(2.3.38)计算矩阵 $\boldsymbol{W}$	$\boldsymbol{W}=\left[\begin{array}{c\|c}\boldsymbol{W}_{\eta}&\boldsymbol{0}\\\hline\boldsymbol{0}&\boldsymbol{I}_n\end{array}\right]$
由式(2.4.18)得对角协方差矩阵的平方根	$\boldsymbol{\Sigma}=\left[\begin{array}{c\|c}\boldsymbol{\Sigma}_{\mathrm{P}}&\boldsymbol{0}\\\hline\boldsymbol{0}&\boldsymbol{\Sigma}_{\varphi}\end{array}\right]$

表 2.5.1(续)

加权	$\bar{\boldsymbol{b}}(t+1)=\boldsymbol{\Sigma}^{-1}\boldsymbol{b}(t+1)$ $\bar{\boldsymbol{J}}=\boldsymbol{\Sigma}^{-1}\boldsymbol{J}$ $\bar{\boldsymbol{W}}(t+1)=\boldsymbol{\Sigma}^{-1}\boldsymbol{W}$
计算残差向量 $\bar{\boldsymbol{r}}=(t+1)$	$\bar{\boldsymbol{r}}(t+1)=\bar{\boldsymbol{b}}(t+1)-\bar{\boldsymbol{W}}\boldsymbol{y}(t)$
计算 Cholesky 分解	$\boldsymbol{L}_J\boldsymbol{L}_J^{\mathrm{T}}=\bar{\boldsymbol{J}}^{\mathrm{T}}(t+1)\bar{\boldsymbol{J}}(+1)$
正向替换	$\tilde{\boldsymbol{J}}^{\mathrm{T}}(t+1)=\boldsymbol{F}_{L_J}(\bar{\boldsymbol{J}}^{\mathrm{T}}(t+1))$
计算投影矩阵 $\boldsymbol{\Pi}$	$\boldsymbol{\Pi}=\boldsymbol{I}_{2n}-\tilde{\boldsymbol{J}}(t+1)\tilde{\boldsymbol{J}}^{\mathrm{T}}(t+1)$
更新矩阵$\hat{\boldsymbol{D}}(t)$	$\hat{\boldsymbol{D}}(t+1)=\hat{\boldsymbol{D}}(t)+\bar{\boldsymbol{W}}^{\mathrm{T}}\boldsymbol{\Pi}\bar{\boldsymbol{W}}=\hat{\boldsymbol{D}}(t)+\bar{\boldsymbol{W}}^{\mathrm{T}}\bar{\boldsymbol{W}}-\bar{\boldsymbol{W}}^{\mathrm{T}}\tilde{\boldsymbol{J}}(t+1)\tilde{\boldsymbol{J}}^{\mathrm{T}}(t+1)\bar{\boldsymbol{W}}$
计算 Cholesky 分解	$\hat{\boldsymbol{D}}(t+1)=\hat{\boldsymbol{L}}\hat{\boldsymbol{L}}^{\mathrm{T}}$
更新常数估计参数 $\boldsymbol{y}(t)$	$\boldsymbol{y}(t+1)=\boldsymbol{y}(t)+\boldsymbol{B}_{\hat{L}}(\boldsymbol{F}_{\hat{L}}(\bar{\boldsymbol{W}}^{\mathrm{T}}(t+1)\boldsymbol{\Pi}\bar{\boldsymbol{r}}(t+1)))$
计算第二向量残差 $\boldsymbol{r}'(t+1)$	$\boldsymbol{r}'(t+1)=\bar{\boldsymbol{b}}(t+1)-\bar{\boldsymbol{W}}\bar{\boldsymbol{y}}(t+1)$
计算更新估计值 $\mathrm{d}\bar{\boldsymbol{x}}(t+1)$	$\mathrm{d}\bar{\boldsymbol{x}}(t+1)=\boldsymbol{B}_{L_{\bar{J}}}\tilde{\boldsymbol{J}}^{\mathrm{T}}(t+1)\boldsymbol{r}'(t+1)$

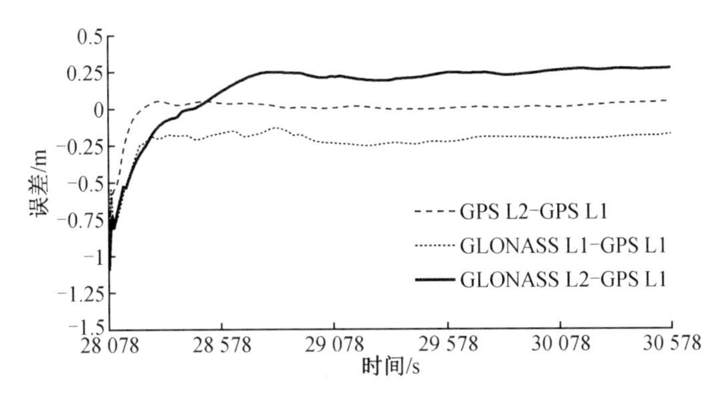

图 2.5.1　动态定位硬件误差估计

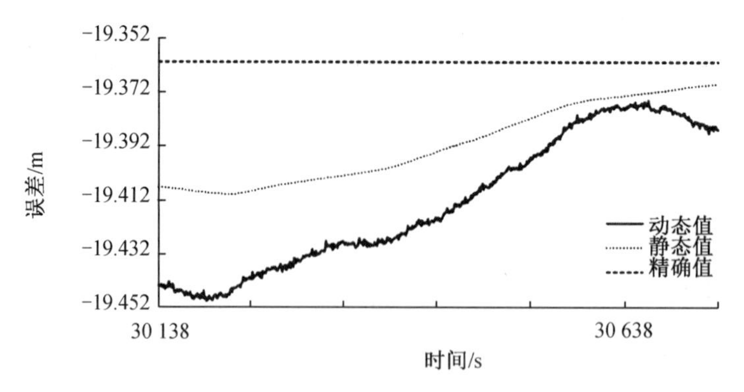

图 2.5.2 动态和静态条件基线向量东向计算值与精确值对比分析(只显示最后 600 个历元)

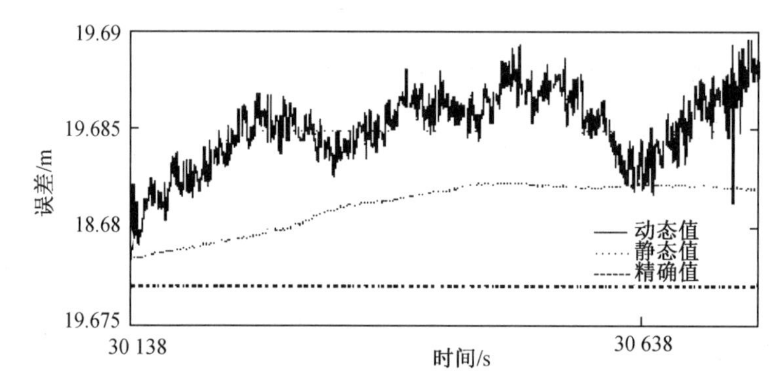

图 2.5.3 动态和静态条件基线向量北向计算值与精确值对比分析(只显示最后 600 个历元)

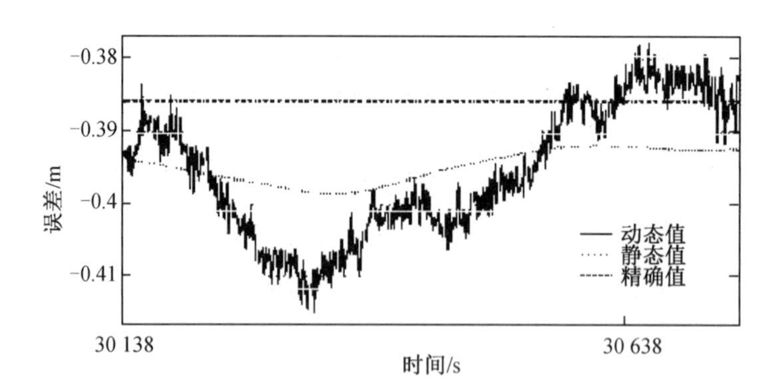

图 2.5.4 动态和静态条件基线向量天向计算值与精确值对比分析(只显示最后 600 个历元)

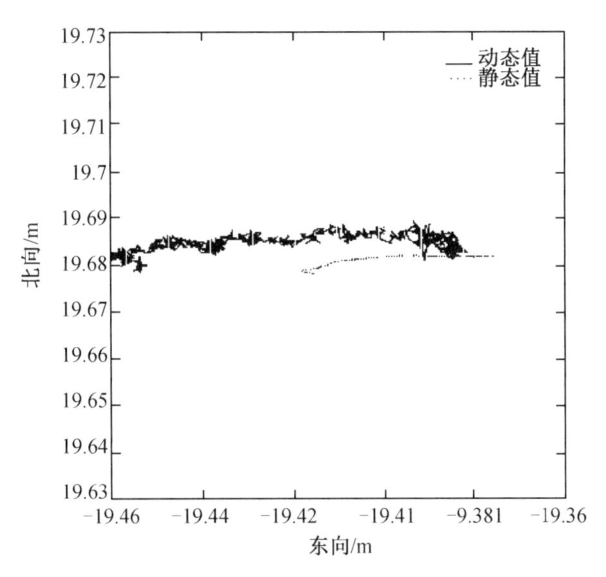

图 2.5.5　基线的东向和北向分量散点图(只显示最后 600 个历元)

2.6　短基线下的动态模型 RTK 算法

我们推导了当移动站受到动态约束时,估计其时变位置的算法模型。其中静态参数为硬件偏差和载波相位模糊度,接收机间时钟误差为任意变化的运动学参数,动态模型下的运动学参数是对移动站近似位置的修正。

我们使用与前文相同的跨接收器线性化导航方程(2.4.3)和方程(2.4.5)。在 2.4 节中,移动站的运动被限制为静态,而在 2.5 节中,移动站完全没有限制。现在我们考虑用一个确定的动态模型限制运动中的问题。按照这种方法,我们将区分运动学和动力学情况。

在某些应用中,其装置的物理性质决定了必须采用动态模型。例如,带轮子的机器人的动力学是由某些非完整微分方程控制的。装有惯性传感器的固体动力学也是众所周知的。一般来说,我们可以认为移动站不会有爆发式的移动,就像一艘船在稳定运动或缓慢转弯时没有明显的颠簸一样,或者我们可以说移动站在快速机动。对于这种动力学的一般描述,人们经常使用 Singer(1970)提出的模型。在我们的公式中模型如下:

$$\begin{aligned}\boldsymbol{x}_k &= \boldsymbol{x}_k(t-1)+\Delta t\boldsymbol{v}_k(t-1)+\frac{1}{2}\Delta t^2\boldsymbol{a}_k(t-1)\\ \boldsymbol{v}_k(t) &= \boldsymbol{v}_k(t-1)+\Delta t\boldsymbol{a}_k(t-1)\\ \boldsymbol{a}_k(t) &= \gamma\boldsymbol{a}_k(t-1)\end{aligned} \tag{2.6.1}$$

式中,$\boldsymbol{x}_k(t)$、$\boldsymbol{v}_k(t)$ 和 $\boldsymbol{a}_k(t)$ 分别为移动站(第 k 次)的位置、速度、加速度。Δt 表示历元间隔,注意$(t+1)$指的是 t 后的历元,而不是某个时间增量。γ 如下:

$$\gamma = e^{-\alpha} \quad \alpha = \frac{\Delta t}{T_{\text{corr}}} \tag{2.6.2}$$

相关时间 T_{corr} 决定着加速度的波动性。例如,如果移动站经历了长时间稳定运动期间缓慢转弯,我们可以假设 $T_{corr}=60$ s,而对于大气气流,$T_{corr}=1$ s 更为合适。

假设在每个历元上,移动站的位置表示为近似 $\boldsymbol{x}_{k,0}(t)$ 和修正 $\mathrm{d}\boldsymbol{x}(t)$ 的和,类似于式(2.5.1),我们可以引入状态变量的向量:

$$\bar{\boldsymbol{x}}(t)=\begin{pmatrix}\mathrm{d}\boldsymbol{x}(t)\\ \boldsymbol{v}(t)\\ \boldsymbol{a}(t)\end{pmatrix} \tag{2.6.3}$$

矩阵 $\boldsymbol{F}$(不依赖于 t):

$$\boldsymbol{F}=\left[\begin{array}{c:c:c}\boldsymbol{I}_3 & \Delta t\boldsymbol{I}_3 & \frac{1}{2}\Delta t^2\boldsymbol{I}_3\\ \hdashline \boldsymbol{0} & \boldsymbol{I}_3 & \Delta t\boldsymbol{I}_3\\ \hdashline \boldsymbol{0} & \boldsymbol{0} & \gamma\boldsymbol{I}_3\end{array}\right]\in\boldsymbol{R}^{9\times 9} \tag{2.6.4}$$

则动力学方程变为

$$\bar{\boldsymbol{x}}(t)=\boldsymbol{F}\bar{\boldsymbol{x}}(t-1)+\boldsymbol{f}(t)+\boldsymbol{\varepsilon}(t) \tag{2.6.5}$$

其中

$$\boldsymbol{f}(t)=\begin{pmatrix}\boldsymbol{x}_{k,0}(t-1)-\boldsymbol{x}_{k,0}(t)\\ 0\\ 0\end{pmatrix} \tag{2.6.6}$$

以及

$$E(\boldsymbol{\varepsilon}(t)\boldsymbol{\varepsilon}^{\mathrm{T}}(t))=\boldsymbol{Q}=\sigma^2\left[\begin{array}{c:c:c}\frac{\Delta t^5}{20}\boldsymbol{I}_3 & \frac{\Delta t^4}{8}\boldsymbol{I}_3 & \frac{\Delta t^3}{6}\boldsymbol{I}_3\\ \hdashline \frac{\Delta t^4}{8}\boldsymbol{I}_3 & \frac{\Delta t^3}{3}\boldsymbol{I}_3 & \frac{\Delta t^2}{2}\boldsymbol{I}_3\\ \hdashline \frac{\Delta t^3}{6}\boldsymbol{I}_3 & \frac{\Delta t^2}{2}\boldsymbol{I}_3 & \Delta t\boldsymbol{I}_3\end{array}\right]\in\boldsymbol{R}^{9\times 9} \tag{2.6.7}$$

$\boldsymbol{\sigma}^2$ 是另一个取决于预期的动态参数(Singer,1970)。请注意,在式(2.6.5)中引入向量 $\boldsymbol{f}(t)$ 只改变了最优估计算法的"计算预计估计"步骤。

常数参数向量由硬件偏差 $\boldsymbol{\eta}$ 和浮点模糊度 $\boldsymbol{n}$ 定义,其形式如下:

$$\boldsymbol{y}=\begin{pmatrix}\boldsymbol{\eta}\\ \boldsymbol{n}\end{pmatrix} \tag{2.6.8}$$

单个任意变化的参数是跨接收机时钟误差 $\xi(t)$,则有

$$\boldsymbol{H}(t)\bar{\boldsymbol{x}}(t)+\boldsymbol{J}\xi(t)+\boldsymbol{W}\boldsymbol{y}=\boldsymbol{b}(t) \tag{2.6.9}$$

其中

$$\boldsymbol{H}(t)=\left[\begin{array}{c:c:c}\boldsymbol{A}(t) & \boldsymbol{0} & \boldsymbol{0}\\ \hdashline \boldsymbol{\Lambda}^{-1}\boldsymbol{A}(t) & \boldsymbol{0} & \boldsymbol{0}\end{array}\right]\in\boldsymbol{R}^{2n\times 9}$$

$$\boldsymbol{J}=\left(\begin{array}{c}\boldsymbol{e}\\ \hdashline \boldsymbol{\Lambda}^{-1}\boldsymbol{e}\end{array}\right)\in\boldsymbol{R}^{2n\times 1}$$

$$\boldsymbol{W}=\left[\begin{array}{c:c}\boldsymbol{W}_{\eta} & \boldsymbol{0} \\ \hdashline \boldsymbol{0} & \boldsymbol{I}_{n}\end{array}\right] \in \boldsymbol{R}^{2n\times(2n+9)} \tag{2.6.10}$$

矩阵 $\boldsymbol{H}(t)$ 的前三列对应于变量 $\mathrm{d}\boldsymbol{x}(t)$，而后面六列对应于 $\boldsymbol{v}(t)$ 和 $\boldsymbol{a}(t)$。式(2.6.10)中的矩阵 $\boldsymbol{W}$ 的维数在式(2.3.38)中给出了一般情况。在 GPS/GLONASS 三频接收机中，矩阵 $\boldsymbol{W}$ 的维数为 $2n\times(2n+3)$。在算法描述中使用的所有其他符号与前文相同。

令 $n_y=\dim(\boldsymbol{y})=\dim(\boldsymbol{\eta})+=\dim(\boldsymbol{n})$。从 $t=t_0$，$\tilde{\boldsymbol{x}}(t_0)=0$，$\hat{\boldsymbol{D}}(t_0)\in\boldsymbol{R}^{(n_y+9)\times(n_y+9)}$，$\hat{\boldsymbol{D}}(t_0)=0$ 以及 $\boldsymbol{y}(t_0)=0$ 开始，继续进行表 2.6.1 中的步骤。

举例说明。

2.4 节和 2.5 节中使用的原始数据将在考虑动态模型的情况下进行处理。换言之，静态模式下收集的数据将通过方程(2.6.1)进行处理，允许根据动态模型(2.6.4)、模型(2.6.5)和模型(2.6.7)改变移动站位置，并允许接收机间时钟估计的任意变化。

图 2.6.1 对比了动态情况（虚线）和运动学情况（实线）计算的基线向量的天向分量。为了方便对比，只列出了最后 100 个历元。图 2.6.1 中显示了动态情况下更保守的变化，而动态估计显示了更高的波动性。我们使用的动态模型参数如下：$\alpha=0.01\ \mathrm{s}^{-1}$ 和 $\sigma=0.01\ \mathrm{m/s}^2$。

其他估计，不包括基线的北向和东向分量，实际上在运动学情况下获得的估计是相同的，简捷起见省略了这些估计值。

在本节中，我们介绍了移动站受动态模型约束的动态短基线处理方法。与 2.5 节相比，移动站的位置不可以任意变化。我们考虑了一个非常普遍的动态模型(2.6.1)的情况。在实际应用中，应选择最能反映机器动态的动态模型。例如，道路施工机器有一个主体（可能是旋转的）、一个叶片或动臂和铲斗，则利用物理量（如质量、连杆长度和惯性矩）可以描述动力学模型。

如果没有关于载体物体动力学的具体信息，除了知道移动站天线的运动不会任意地快速或者大幅度的位置变化外，一个合理且实用方案是使用模型(2.6.1)。图 2.6.1 说明了该模型如何约束位置的变化。

表 2.6.1　短基线动态模型算法

执行式(2.5.9)和式(2.5.12)中所述的补偿程序	$\bar{r}_{\varphi} = \frac{1}{n}\sum_{i=1}^{n} r_{\varphi,i}(t+1)$ $\bar{r}_{\varphi,0} = \sqrt{\frac{1}{n}\sum_{i=1}^{n} r_{\varphi,i}^{2}(t+1) - \bar{r}_{\varphi}^{2}}$ 如果 $\bar{r}_{\varphi} > \beta\bar{r}_{\varphi,0}$,则 $\bar{\varphi}_{km,b}^{p}(t+1) := \bar{\varphi}_{km,b}^{p}(t+1) - \bar{r}_{\varphi}$
根据式(2.4.16)、式(2.3.21)和式(2.3.22)计算右侧向量 $\boldsymbol{b}(t+1)$	$\boldsymbol{b}(t+1) = \begin{pmatrix} \boldsymbol{b}_{\mathrm{P}}(t+1) \\ \hdashline \boldsymbol{b}_{\varphi}(t+1) \end{pmatrix} \in \boldsymbol{R}^{2n}$ $\boldsymbol{b}_{\mathrm{P}}(t+1) = \begin{pmatrix} \bar{P}_{km,b_1}^{p_1}(t+1) - \rho_{k,0}^{p_1}(t+1-\tilde{\tau}_k^{p_1}) + \rho_m^{p_1}(t+1-\tilde{\tau}_m^{p_1}) \\ \bar{P}_{km,b_2}^{p_2}(t+1) - \rho_{k,0}^{p_2}(t+1-\tilde{\tau}_k^{p_1}) + \rho_m^{p_2}(t+1-\tilde{\tau}_m^{p_2}) \\ \vdots \\ \bar{P}_{km,b_n}^{p_n}(t+1) - \rho_{k,0}^{p_n}(t+1-\tilde{\tau}_k^{p_n}) + \rho_m^{p_n}(t+1-\tilde{\tau}_m^{p_n}) \end{pmatrix}$ $\boldsymbol{b}_{\varphi}(t+1) = \begin{pmatrix} \bar{\varphi}_{km,b_1}^{p_1}(t+1) - \frac{1}{\lambda_{b_1}^{p_1}}(\rho_{k,0}^{p_1}(t+1-\tilde{\tau}_k^{p_1}) + \rho_m^{p_1}(t+1-\tilde{\tau}_m^{p_1})) \\ \bar{\varphi}_{km,b_2}^{p_2}(t+1) - \frac{1}{\lambda_{b_2}^{p_2}}(\rho_{k,0}^{p_2}(t+1-\tilde{\tau}_k^{p_1}) + \rho_m^{p_2}(t+1-\tilde{\tau}_m^{p_1})) \\ \vdots \\ \bar{\varphi}_{km,b_n}^{p_n}(t+1) - \frac{1}{\lambda_{b_n}^{p_n}}(\rho_{k,0}^{p_n}(t+1-\tilde{\tau}_k^{p_n}) + \rho_m^{p_n}(t+1-\tilde{\tau}_m^{p_n})) \end{pmatrix}$
根据式(2.6.7)计算协方差矩阵 $\boldsymbol{Q}$ 及其 *Cholesky* 分解	$\boldsymbol{L}_Q \boldsymbol{L}_Q^{\mathrm{T}} = \boldsymbol{Q}$
根据式(2.6.4)定义的矩阵 $\boldsymbol{F}$ 计算顺序和逆序的替换	$\bar{\boldsymbol{F}} = \boldsymbol{F}_{L_Q}(\boldsymbol{F})$ $\tilde{\boldsymbol{F}} = \boldsymbol{B}_{L_Q}(\bar{\boldsymbol{F}})$
根据式(2.6.10)、式(2.3.20)和式(2.3.15)计算矩阵 $\boldsymbol{H}(t+1)$	$\boldsymbol{H}(t) = \left[\begin{array}{c:c:c} \boldsymbol{A}(t+1) & \boldsymbol{0} & \boldsymbol{0} \\ \hdashline \boldsymbol{\Lambda}^{-1}\boldsymbol{A}(t+1) & \boldsymbol{0} & \boldsymbol{0} \end{array}\right]$ $\boldsymbol{A}(t+1) = \begin{bmatrix} H_{k,1}^{p_1} & H_{k,2}^{p_1} & H_{k,3}^{p_1} \\ H_{k,1}^{p_2} & H_{k,2}^{p_2} & H_{k,3}^{p_2} \\ \vdots & \vdots & \vdots \\ H_{k,1}^{p_n} & H_{k,2}^{p_n} & H_{k,3}^{p_n} \end{bmatrix}$

表 2.6.1(续 1)

根据式(2.6.10)计算向量 $\boldsymbol{J}$	$\boldsymbol{J}=\left[\begin{array}{c}\boldsymbol{e}\\ \hdashline \boldsymbol{\Lambda}^{-1}\boldsymbol{e}\end{array}\right]$
根据式(2.6.10)和式(2.3.38)计算矩阵 $\boldsymbol{W}$	$\boldsymbol{W}=\left[\begin{array}{c:c}\boldsymbol{W}_{\eta} & \boldsymbol{0}\\ \hdashline \boldsymbol{0} & \boldsymbol{I}_{n}\end{array}\right]$
由式(2.4.18)得对角协方差矩阵的平方根	$\boldsymbol{\Sigma}=\left[\begin{array}{c:c}\boldsymbol{\Sigma}_{\mathrm{P}} & \boldsymbol{0}\\ \hdashline \boldsymbol{0} & \boldsymbol{\Sigma}_{\varphi}\end{array}\right]$
加权	$\bar{\boldsymbol{b}}(t+1)=\boldsymbol{\Sigma}^{-1}\boldsymbol{b}(t+1)$ $\bar{\boldsymbol{J}}=\boldsymbol{\Sigma}^{-1}\boldsymbol{J}$ $\bar{\boldsymbol{W}}=\boldsymbol{\Sigma}^{-1}\boldsymbol{W}$ $\boldsymbol{H}(t+1)=\boldsymbol{\Sigma}^{-1}\boldsymbol{H}(t+1)$
计算投影矩阵 $\boldsymbol{\Pi}$	$\gamma=\sqrt{\bar{\boldsymbol{J}}^{\mathrm{T}}\bar{\boldsymbol{J}}}$ $\tilde{\boldsymbol{J}}^{\mathrm{T}}=\frac{1}{\gamma}\bar{\boldsymbol{J}}$ $\boldsymbol{\Pi}=\boldsymbol{I}_{2n}-\tilde{\boldsymbol{J}}\tilde{\boldsymbol{J}}^{\mathrm{T}}$
计算残差向量 $\bar{\boldsymbol{r}}=(t+1)$	$\bar{\boldsymbol{r}}(t+1)=\bar{\boldsymbol{b}}(t+1)-\bar{\boldsymbol{H}}(t+1)\tilde{\boldsymbol{x}}(t)-\bar{\boldsymbol{W}}\boldsymbol{y}(t)$
计算更新矩阵 $\boldsymbol{\Delta}(t+1)$	$\boldsymbol{\Delta}(t+1)=\left[\begin{array}{c:c:c}\bar{\boldsymbol{F}}^{\mathrm{T}}\bar{\boldsymbol{F}} & -\tilde{\boldsymbol{F}}^{\mathrm{T}} & \boldsymbol{0}\\ \hdashline -\tilde{\boldsymbol{F}} & \boldsymbol{Q}^{-1}+\bar{\boldsymbol{H}}^{\mathrm{T}}(t+1)\boldsymbol{\Pi}\bar{\boldsymbol{H}}(t+1) & \bar{\boldsymbol{H}}^{\mathrm{T}}(t+1)\boldsymbol{\Pi}\bar{\boldsymbol{W}}\\ \hdashline \boldsymbol{0} & \bar{\boldsymbol{W}}^{\mathrm{T}}\boldsymbol{\Pi}\bar{\boldsymbol{H}}(t+1) & \bar{\boldsymbol{W}}^{\mathrm{T}}\boldsymbol{\Pi}\bar{\boldsymbol{W}}\end{array}\right]$
将矩阵 $\hat{\boldsymbol{D}}(t)$ 划分为块形式，然后扩展零块	$\boldsymbol{D}(t)=\begin{bmatrix}\boldsymbol{D}^{xx} & \boldsymbol{D}^{xy}\\ \boldsymbol{D}^{xy\mathrm{T}} & \boldsymbol{D}^{yy}\end{bmatrix},\boldsymbol{D}^{xx}\in\boldsymbol{R}^{9\times9},\boldsymbol{D}^{xy}\in\boldsymbol{R}^{9\times n_y},\boldsymbol{D}^{yy}\in\boldsymbol{R}^{n_y\times n_y}$ $\tilde{\boldsymbol{D}}(t)=\left[\begin{array}{c:c:c}\boldsymbol{D}^{xx} & \boldsymbol{0} & \boldsymbol{D}^{xy}\\ \hdashline \boldsymbol{0} & \boldsymbol{0} & \boldsymbol{0}\\ \hdashline \boldsymbol{D}^{xy\mathrm{T}} & \boldsymbol{0} & \boldsymbol{D}^{yy}\end{array}\right]\in\boldsymbol{R}^{(n_y+18)\times(n_y+18)}$

表 2.6.1(续 2)

更新矩阵$\widetilde{\boldsymbol{D}}(T)$	$\boldsymbol{G}(t+1)=\widetilde{\boldsymbol{D}}(t)+\boldsymbol{\Delta}(t+1)=\begin{bmatrix} \boldsymbol{D}^{xx}+\overline{\boldsymbol{F}}^{\mathrm{T}}\overline{\boldsymbol{F}} & -\widetilde{\boldsymbol{F}}^{\mathrm{T}} & \boldsymbol{D}^{xy} \\ -\widetilde{\boldsymbol{F}} & \boldsymbol{Q}^{-1}+\overline{\boldsymbol{H}}^{\mathrm{T}}(t+1)\boldsymbol{\Pi}\overline{\boldsymbol{H}}(t+1) & \overline{\boldsymbol{H}}^{\mathrm{T}}(t+1)\boldsymbol{\Pi}\overline{\boldsymbol{W}} \\ \boldsymbol{D}^{xy\mathrm{T}} & \overline{\boldsymbol{W}}^{\mathrm{T}}\boldsymbol{\Pi}\overline{\boldsymbol{H}}(t+1) & \boldsymbol{D}^{yy}+\overline{\boldsymbol{W}}^{\mathrm{T}}\boldsymbol{\Pi}\overline{\boldsymbol{W}} \end{bmatrix}$
计算 Cholesky 分解并更新矩阵$\hat{\boldsymbol{D}}(t+1)$	$\boldsymbol{G}(t+1)=\hat{\boldsymbol{L}}\hat{\boldsymbol{L}}^{\mathrm{T}}=\begin{bmatrix} \boldsymbol{L} & \boldsymbol{0} \\ \boldsymbol{K} & \boldsymbol{M} \end{bmatrix}\begin{bmatrix} \boldsymbol{L}^{\mathrm{T}} & \boldsymbol{K}^{\mathrm{T}} \\ \boldsymbol{0} & \boldsymbol{M}^{\mathrm{T}} \end{bmatrix}, \boldsymbol{L}\in \boldsymbol{R}^{9\times 9}, \boldsymbol{M}\in \boldsymbol{R}^{(n_y+9)\times(n_y+9)}, \hat{\boldsymbol{D}}(t+1)=\boldsymbol{M}\boldsymbol{M}^{\mathrm{T}}$
更新预测值$\begin{pmatrix} \widetilde{\boldsymbol{x}}(t+1) \\ \boldsymbol{y}(t+1) \end{pmatrix}$	$\begin{pmatrix} \widetilde{\boldsymbol{x}}(t+1) \\ \boldsymbol{y}(t+1) \end{pmatrix}=\begin{pmatrix} \boldsymbol{F}\widetilde{\boldsymbol{x}}(t)+\boldsymbol{x}_{k,0}(t)-\boldsymbol{x}_{k,0}(t+1) \\ \boldsymbol{y}(t) \end{pmatrix}+\boldsymbol{B}_M\left(\boldsymbol{F}_M\left(\begin{pmatrix} \overline{\boldsymbol{H}}^{\mathrm{T}}(t+1) \\ \overline{\boldsymbol{W}}^{\mathrm{T}} \end{pmatrix}\boldsymbol{\Pi}\,\bar{\boldsymbol{r}}(t+1)\right)\right)$
计算第二向量残差	$\boldsymbol{r}'(t+1)=\bar{\boldsymbol{b}}(t+1)-\overline{\boldsymbol{H}}^{\mathrm{T}}(t+1)x(t+1)-\overline{\boldsymbol{W}}\boldsymbol{y}(t+1)$
计算接收机间单差时钟误差$\xi(t+1)$	$\xi(t+1)=\dfrac{1}{\gamma}\widetilde{\boldsymbol{J}}^{\mathrm{T}}\boldsymbol{r}'(t+1)$

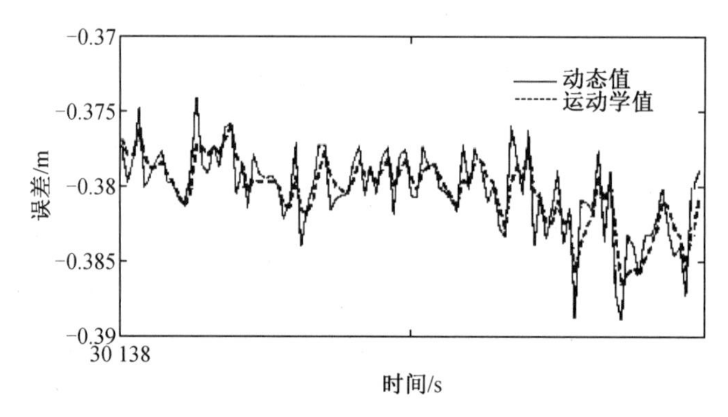

图 2.6.1　运动基线和动态模型下基线解算的天向结果对比(只显示最后 100 个历元)

2.7　长基线 RTK 动态算法模型

当基线大于约 5 *km* 时,在导航方程(2.3.37)和方程(2.3.46)中不能忽略接收机间电离层延迟。接收间电离层延迟的向量 $\boldsymbol{i}(t)\in \boldsymbol{R}^n$ 随时间变化,每个历元上额外存在 n 个变量需要估计,由于观测量与待估参数之间的差值降低,因此导航系统方程的冗余度减少了。主要有两种方法可以限制电离层延迟估计的变化:

(1)限制电离层延迟在每个历元的变化,不同时期的估计是相互独立的。

（2）采用电离层延迟随时间变化的模型。

如果将电离层延迟认为是缓慢变化的参数，则可采用第二种方法，这是两种方法中比较常用的一种。根据第二种方法，将向量 $\boldsymbol{i}(t)$ 包含在动态模型的估计参数集合中。修改测量方程（2.6.9）如下：

$$\boldsymbol{H}(t)\widetilde{\boldsymbol{x}}(t)+\boldsymbol{H}_i\boldsymbol{i}(t)+\boldsymbol{J}\xi(t)+\boldsymbol{W}\boldsymbol{y}=\boldsymbol{b}(t) \tag{2.7.1}$$

矩阵 $\boldsymbol{H}_i(t)$ 的形式如下：

$$\boldsymbol{H}_i=\begin{bmatrix}\boldsymbol{\Gamma}\\ \hdashline -\boldsymbol{\Lambda}^{-1}\boldsymbol{\Gamma}\end{bmatrix} \tag{2.7.2}$$

根据式（2.3.37）、式（2.3.46）和式（2.3.27）定义矩阵 $\boldsymbol{\Gamma}$。用动力学方程限制时变向量 $\boldsymbol{i}(t)$ 的变化，有

$$\boldsymbol{i}(t)=\gamma_i\boldsymbol{i}(t-1)+\varepsilon_i(t) \tag{2.7.3}$$

其中

$$\gamma_i=e^{-\Delta t/\tau_i} \tag{2.7.4}$$

式中，Δt 为历元间时间差；τ 是与电离层延迟的变化速度相关的时间，τ_i 是一个典型值，为 1 200 s；白噪声 $\varepsilon_i(t)$ 可以表示为协方差矩阵 $\sigma_i^2\boldsymbol{I}_n$，它提供了满足条件（2.7.4）的跨接收电离层的方差。

$$\overline{\sigma}_i^2=(S\times10^{-6}\times\|\boldsymbol{x}_k-\boldsymbol{x}_m\|)^2 \tag{2.7.5}$$

系数 S 在式（2.4.2）中定义为 $\|\boldsymbol{i}(t)\|^2$ 的期望平均值。由式（2.7.3）可知 $\|\boldsymbol{i}(t)\|^2=\|\gamma_i\boldsymbol{i}(t-1)+\varepsilon_i(t)\|^2$。然后，假设随机过程 $\boldsymbol{i}(t)$ 是平稳的且和 $\boldsymbol{i}(t)$ 不依赖于 $\varepsilon_i(t)$，我们对最后一个等式两边取均值可得

$$\sigma_i^2=(1-\gamma_i^2)\overline{\sigma}_i^2 \tag{2.7.6}$$

将受动态约束的参数合并到新的向量中，有

$$\widetilde{\widetilde{\boldsymbol{x}}}(t)=\begin{bmatrix}\widetilde{\boldsymbol{x}}(t)\\ \hdashline \boldsymbol{i}(t)\end{bmatrix}\in\boldsymbol{R}^{9+n} \tag{2.7.7}$$

并引入矩阵

$$\widetilde{\widetilde{\boldsymbol{H}}}(t)=\begin{bmatrix}\boldsymbol{H}(t) & \vdots & \boldsymbol{H}_i\end{bmatrix}\in\boldsymbol{R}^{2n\times(n+9)} \tag{2.7.8}$$

$$\widetilde{\widetilde{\boldsymbol{F}}}=\begin{bmatrix}\boldsymbol{F} & \boldsymbol{0}\\ \boldsymbol{0} & \gamma_i\boldsymbol{I}_n\end{bmatrix}\in\boldsymbol{R}^{(n+9)\times(n+9)} \tag{2.7.9}$$

$$\widetilde{\widetilde{\boldsymbol{Q}}}=\begin{bmatrix}\boldsymbol{Q} & \boldsymbol{0}\\ \boldsymbol{0} & \sigma_i^2\boldsymbol{I}_n\end{bmatrix}\in\boldsymbol{R}^{(9+n)\times(9+n)} \tag{2.7.10}$$

然后应用表 2.6.1 中所述的算法，将向量 $\widetilde{\boldsymbol{x}}(t)$ 替换为 $\widetilde{\widetilde{\boldsymbol{x}}}(t)$，将矩阵 $\boldsymbol{H}(t)$、$\boldsymbol{F}$ 和 $\boldsymbol{Q}$ 分别替换为矩阵（2.7.8）、矩阵（2.7.9）和矩阵（2.7.10）。对于长基线，在双差载波相位观测量中，收卷补偿程序不能完全补偿收卷角。

举例说明。

测试数据采用4 075 s 的双频 GPS 和 GLONASS 观测数据,基线长度为45 km。对于$S=2$,由方程(2.7.5)可得$\sigma_i=0.09$ m。电离层相关时间$\tau_i=1\ 200$ s。图2.7.1说明了使用2.6节中描述的无电离层延迟估计算法(虚线)和当前章节中描述的电离层延迟估计算法(实线)对基线向量分量的估计。虚线表示已知基线的组成部分。可以发现,电离层估计算法提高了整体估计精度。此外,由于对缓慢变化的电离层延迟进行了补偿,避免了在导航方程中出现偏差,模糊度的解算速度也将更快。

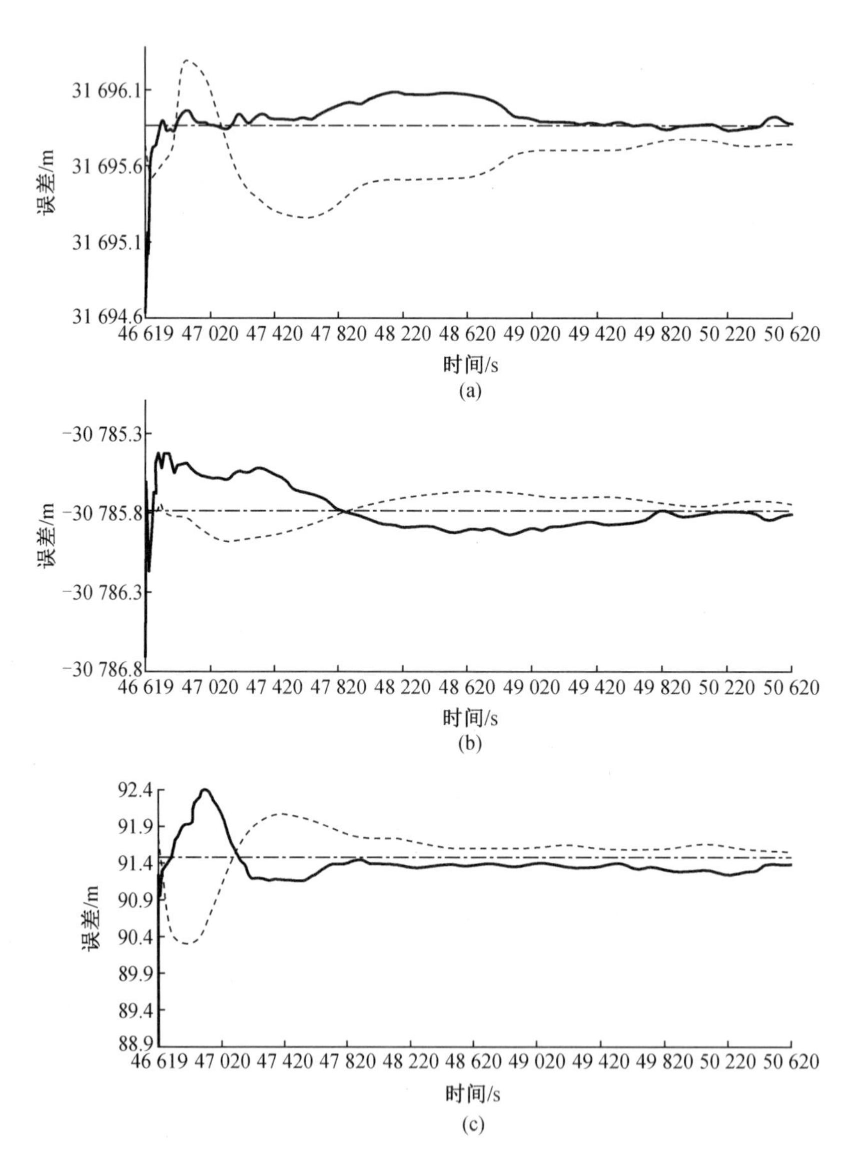

图 2.7.1　东向、北向和天向基线向量

注:实线表示采用估计的方式处理电离层延迟,虚线表示忽略电离层延迟影响,点划线表示基线已知量。

图 2.7.2 显示了一颗 GPS 卫星(实线)和一颗 GLONASS 卫星(虚线)的电离层延迟估计。为了排除瞬态值,图中显示了最后 3 000 个历元。为了方便比较,图 2.7.3 显示了在 $\tau_i = 3\ 600$ s 时相同的两颗卫星的电离层延迟估计,显然相关时间越长,估计值越稳定。

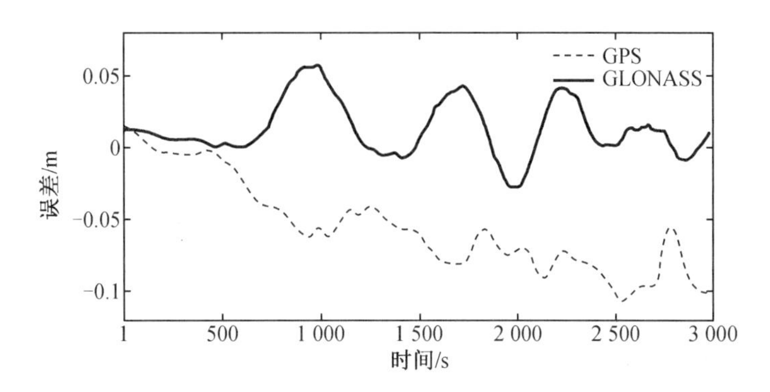

图 2.7.2　GPS 卫星和 GLONASS 卫星单差电离层延迟估计(先验电离层相关时间 $\tau_i = 1\ 200$ s)

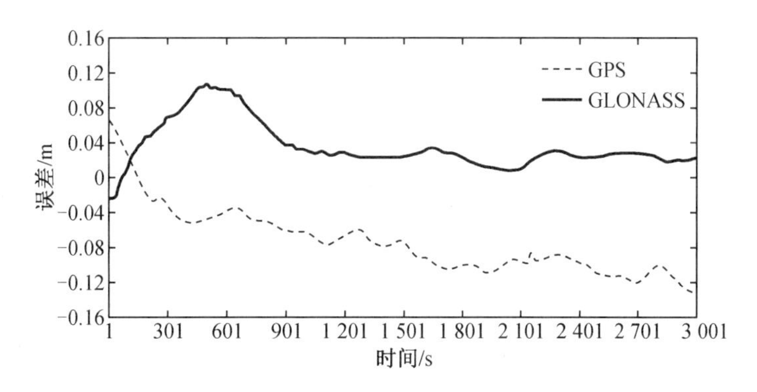

图 2.7.3　GPS 卫星和 GLONASS 卫星单差电离层延迟估计(先验电离层相关时间 $\tau_i = 3\ 600$ s)

在本节中,我们分析了长基线处理方法。在这种情况下,接收机间电离层延迟不能被忽略,在 RTK 运算中必须予以处理。最有效的方法是对其进行估计,在导航方程中进行补偿。电离层项作为减少冗余的附加变量出现在导航方程中。实际上,我们在每个历元都有 n 个以上的变量需要估计。很明显,每颗卫星在相邻历元的电离层延迟不能独立变化。因此,采用动态模型约束剩余电离层延迟估计的变化是合理的。我们使用了一个经过试验证明的一阶动态模型——所有可用模型中最简单的一个。图 2.7.3 说明了电离层延迟估计结果。实际上,我们可以从图 2.7.2 和图 2.7.3 中看到,RTK 处理过程中提取了部分其他误差项,最有可能是多路径以及电离层估计值。电离层延迟估计对位置估计的影响如图 2.7.1 所示。电离层延迟的估计降低了定位误差的平均值,此外动态模型可以更好地平滑电离层估计,因此相应的定位误差也得到了平滑。

2.8 不同信号数量的 RTK 算法

在前几节的 RTK 算法中,我们假设信号可用数量不随时间改变。假设接收机观测的卫星数量相同,接收器硬件和固件跟踪每个卫星的信号数量不变。这些假设大大简化了滤波方案的描述,但自然不符合现实。在观测过程中,会存在卫星交替的现象。当车辆经过树或其他物体时,卫星的可用性可能会在运动中短暂地改变。即使其中一个信号,比如 C/A L1 GPS 信号持续跟踪,来自同一颗卫星的另一个信号,比如 L2 GPS,也可能会经历短暂中断。可能只有一个或几个历元不连续,但信号的数量是随时间变化的,有必要调整 RTK 算法,以实现对这种不连续数据流的最佳处理。

即使跟踪信号没有完全消失,载波相位测量的连续性也可能受到影响。当载波锁相环失去锁时,就会出现不连续。换句话说,锁相环的状态可能会跳到另一个稳定点的附近。这意味着在某些瞬态被解决后,载波相位模糊度将产生整数周的跳变。状态空间的维数是由锁相环的顺序定义的,而锁相环的顺序又取决于闭环中积分算子的数量。通常锁相环的状态空间是二维或三维的,包括载波相位、自身变化率和二次导数。

在 RTK 算法的推导中,模糊度被认为是恒定不变的常数。事实上模糊度也是可以发生周跳的,周跳的检测在 1.2.3 节讨论几何无关时已经提到。下一节将讨论更多的数值算法。导致未知模糊度跳变的周跳将被视为信号在当前历元消失而在下一个历元再次出现,这表明另一个 $t^{p}_{\mathrm{CS},km,b}$ 值和导航方程(2.2.12)、方程(2.3.17)中另一个载波相位模糊度。

首先,考虑出现新信号的情况。对于历元 $t=t_0,\cdots,t_1$ 的信号集合 $S=\{s_1,\cdots,s_n\}$ 如式(2.3.19)所示。假设新的信号 s_{n+1} 出现在历元 t_1+1 上,那么从历元 t_1+1 开始,可表示为

$$S_+=\{s_1,\cdots,s_n,s_{n+1}\} \tag{2.8.1}$$

它比式(2.3.19)多一个信号 s_{n+1}。

如果新信号是一组中唯一具有相同偏差的信号,则新信号可能需要新的载波相位模糊度和新的硬件偏差。这些新的常量参数必须从历元 t_1 和所有其他常量参数开始递归估计。当讨论各种最小二乘问题的递推算法时,我们假设时不变参数向量的维数不变,且不依赖于时间。例如,我们假设 $\boldsymbol{y}\in\boldsymbol{R}^n$,而观测量 $m(t)$ 随时间变化。现在我们扩展问题设置,假设 $t=1,\cdots,t_1$ 时 $\boldsymbol{y}\in\boldsymbol{R}^n$ 和 $t=t_1+1,\cdots$时 $\boldsymbol{y}\in\boldsymbol{R}^{n+1}$。

从历元 $t=t_1+1$ 开始,我们假设向量 $\boldsymbol{y}(t_1)$ 的维数是 $n+1$。此外,计算了最优估计计算 $y(t_1)$ 后,我们可以假设它对于所有瞬间 $t=1,\cdots,t_1+1,\cdots$都具有相同维数 $n+1$,并且对于 $t=1,\cdots,t_1$ 第 $n+1$ 项设置为零。假设测量矩阵的最后一列,即第 $n+1$ 列为零。

$$\boldsymbol{W}(t)=\begin{bmatrix} w_{11}(t) & \cdots & w_{1n}(t) & 0 \\ w_{21}(t) & \cdots & w_{2n}(t) & 0 \\ \vdots & & \vdots & \vdots \\ w_{m(t),1}(t) & \cdots & w_{m(t),n}(t) & 0 \end{bmatrix} \tag{2.8.2}$$

对于 $t=1,\cdots,t_1$,从历元 t_1+1 开始,算法的维数为 $n+1$,但需要在时刻 t_1 进行修改。算

法1对应历元 $t=t_1$，其迭代开始于向量 $\boldsymbol{y}(t_1)$ 的扩展，增加等于零的第 $n+1$ 项

$$\boldsymbol{y}(t_1)\rightarrow\begin{bmatrix}\boldsymbol{y}(t_1)\\ \hdashline 0\end{bmatrix} \tag{2.8.3}$$

此外矩阵 $\boldsymbol{D}(t_1+1)$ 的计算也被分解为两个子步骤：

（1）扩展 $n\times n$ 矩阵 $\boldsymbol{D}(t_1)$，形成 $(n+1)\times(n+1)$ 矩阵

$$\boldsymbol{D}_+(t_1)=\left[\begin{array}{c:c}\boldsymbol{D}(t_1) & \begin{array}{c}0\\ \vdots\\ 0\end{array}\\ \hdashline 0\ \cdots\ 0 & 0\end{array}\right]\in\boldsymbol{R}^{(n+1)\times(n+1)} \tag{2.8.4}$$

（2）计算矩阵更新

$$\boldsymbol{D}(t_1+1)=\boldsymbol{D}_+(t_1)+\overline{\boldsymbol{W}}^{\mathrm{T}}(t_1+1)\overline{\boldsymbol{W}}(t_1+1) \tag{2.8.5}$$

显然，在时刻 $t=t_1$ 时，维数可以扩展不止一个。在式（2.8.3）中，向量 $\boldsymbol{y}(t_1)$ 将增加一个以上的零；在式（2.8.4）中，矩阵 $\boldsymbol{D}(t_1)$ 将增加一个以上的零行和零列。

表2.4.1和表2.5.1算法的"更新矩阵 $\hat{\boldsymbol{D}}(t)$"步骤和表2.6.1算法的"计算Cholesky分解和更新矩阵 $\hat{\boldsymbol{D}}(t+1)$"步骤必须按照式（2.8.4）和式（2.8.3）中相同的方式修改，以允许新信号的模糊度在其出现的时刻开始估计。

现在考虑现有信号消失的情况。当 $t=t_0,\cdots,t_1$ 时刻，如式（2.3.19）所示，令信号集 $S=\{s_1,\cdots,s_n\}$。不失一般性，假设其中一个信号 s_n 在 t_1+1 历元消失，因此从 t_1+1 历元开始可以表示如下：

$$S_-=\{s_1,\cdots,s_{n-1}\} \tag{2.8.6}$$

假设在连续时间 $t=t_0,\cdots,t_1$ 下运行，根据顺序接收的测量值递归估计常数参数 $\boldsymbol{y}\in\boldsymbol{R}^n$ 的向量。从 t_1+1 时刻开始，我们假设向量 $\boldsymbol{y}$ 的维数为 $n-1$，变量 y_n 不再在观测模型中表示。我们应该如何修改数值方案，使其生成向量 $\boldsymbol{y}(t)\in\boldsymbol{R}^n(t=1,\cdots,t_1)$ 和 $\boldsymbol{z}(t)\in\boldsymbol{R}^{n-1}(t=t_1+1,\cdots)$ 的最优估计呢？

假设该算法适合在连续历元 $t=1,\cdots,t_1$ 下运行，则有

$$\begin{aligned}\boldsymbol{I}(\boldsymbol{y},t')&=(\overline{\boldsymbol{W}}(t')\boldsymbol{y}-\bar{\boldsymbol{b}}(t'))^{\mathrm{T}}(\overline{\boldsymbol{W}}(t')\boldsymbol{y}-\bar{\boldsymbol{b}}(t'))\\&=\boldsymbol{y}^{\mathrm{T}}\boldsymbol{D}(t')\boldsymbol{y}-2\boldsymbol{y}^{\mathrm{T}}\boldsymbol{W}^{\mathrm{T}}(t')\bar{\boldsymbol{b}}(t')+\bar{\boldsymbol{b}}^{\mathrm{T}}(t')\bar{\boldsymbol{b}}(t')\\&=\boldsymbol{y}^{\mathrm{T}}\boldsymbol{D}(t')\boldsymbol{y}-2\boldsymbol{y}^{\mathrm{T}}\boldsymbol{D}(t')\boldsymbol{D}^{-1}(t')\overline{\boldsymbol{W}}^{\mathrm{T}}(t')\bar{\boldsymbol{b}}(t')+\bar{\boldsymbol{b}}^{\mathrm{T}}(t')\bar{\boldsymbol{b}}(t')\\&=\boldsymbol{y}^{\mathrm{T}}\boldsymbol{D}(t')\boldsymbol{y}-2\boldsymbol{y}^{\mathrm{T}}\boldsymbol{D}(t')\boldsymbol{y}(t')+\bar{\boldsymbol{b}}^{\mathrm{T}}(t')\bar{\boldsymbol{b}}(t')\end{aligned} \tag{2.8.7}$$

然后在上述表达式中加上和减去 $\boldsymbol{y}^{\mathrm{T}}\boldsymbol{D}(t')\boldsymbol{y}(t')$，得到如下表达式：

$$\begin{aligned}\boldsymbol{I}(\boldsymbol{y},t')&=\boldsymbol{y}^{\mathrm{T}}\boldsymbol{D}(t')\boldsymbol{y}-2\boldsymbol{y}^{\mathrm{T}}\boldsymbol{D}(t')\boldsymbol{y}(t')+\boldsymbol{y}(t')^{\mathrm{T}}\boldsymbol{D}(t')\boldsymbol{y}(t')-\boldsymbol{y}(t')^{\mathrm{T}}\boldsymbol{D}(t')\boldsymbol{y}(t')+\bar{\boldsymbol{b}}^{\mathrm{T}}(t')\bar{\boldsymbol{b}}(t')\\&=(\boldsymbol{y}-\boldsymbol{y}(t'))^{\mathrm{T}}\boldsymbol{D}(t')(\boldsymbol{y}-\boldsymbol{y}(t'))-\bar{\boldsymbol{b}}^{\mathrm{T}}\overline{\boldsymbol{W}}(t')\boldsymbol{D}^{-1}(t')\overline{\boldsymbol{W}}^{\mathrm{T}}(t')\bar{\boldsymbol{b}}(t')+\bar{\boldsymbol{b}}^{\mathrm{T}}(t')\bar{\boldsymbol{b}}(t')\\&=(\boldsymbol{y}-\boldsymbol{y}(t'))^{\mathrm{T}}\boldsymbol{D}(t')(\boldsymbol{y}-\boldsymbol{y}(t'))+\bar{\boldsymbol{b}}^{\mathrm{T}}(t')(\boldsymbol{I}-\overline{\boldsymbol{W}}(t)\boldsymbol{D}^{-1}(t')\overline{\boldsymbol{W}}^{\mathrm{T}})\bar{\boldsymbol{b}}(t')\\&=(\boldsymbol{y}-\boldsymbol{y}(t'))^{\mathrm{T}}\boldsymbol{D}(t')(\boldsymbol{y}-\boldsymbol{y}(t'))+c\end{aligned} \tag{2.8.8}$$

式中,常数 c 不会随变量 $\boldsymbol{y}$ 的变化而变化。显然二次函数(2.8.8)在 $\boldsymbol{y}(t')$ 处取最小值。然后用式(2.8.8)递归表示对应于下一时刻的函数 $\boldsymbol{I}(\boldsymbol{y},t'+1)$:

$$\begin{aligned}\boldsymbol{I}(\boldsymbol{y},t'+1)&=\boldsymbol{I}(\boldsymbol{y},t')+(\overline{\boldsymbol{W}}(t'+1)y-\bar{b}(t'+1))^{\mathrm{T}}(\overline{\boldsymbol{W}}(t'+1)\boldsymbol{y}-\bar{\boldsymbol{b}}(t'+1))\\&=(\boldsymbol{y}-\boldsymbol{y}(t'))^{\mathrm{T}}\boldsymbol{D}(t')(\boldsymbol{y}-\boldsymbol{y}(t'))+(\overline{\boldsymbol{W}}(t'+1)\boldsymbol{y}-\bar{\boldsymbol{b}}(t'+1))^{\mathrm{T}}(\overline{\boldsymbol{W}}(t'+1)\boldsymbol{y}-\bar{\boldsymbol{b}}(t'+1))\end{aligned} \tag{2.8.9}$$

最优估计值 $\boldsymbol{y}(t'+1)$ 使式(2.8.9)中的函数最小化。令式(2.8.9)的一阶导数等于零,可得方程

$$\boldsymbol{D}(t')(\boldsymbol{y}-\boldsymbol{y}(t'))+\overline{\boldsymbol{W}}(t'+1)^{\mathrm{T}}(\overline{\boldsymbol{W}}(t'+1)\boldsymbol{y}-\bar{\boldsymbol{b}}(t'+1))=0 \tag{2.8.10}$$

求解 $\boldsymbol{y}(t'+1)$:

$$\boldsymbol{y}(t'+1)=\boldsymbol{y}(t')+\boldsymbol{D}^{-1}(t'+1)\boldsymbol{W}^{\mathrm{T}}(t'+1)(\bar{\boldsymbol{b}}(t'+1)-\overline{\boldsymbol{W}}(t'+1)\boldsymbol{y}(t')) \tag{2.8.11}$$

式中,$\boldsymbol{D}(t'+1)=\boldsymbol{D}(t')+\overline{\boldsymbol{W}}^{\mathrm{T}}(t'+1)\overline{\boldsymbol{W}}(t'+1)$。

下面关注 $t'=t_1$ 时的最小二乘问题。将变量 $\boldsymbol{y}$ 的向量和最优估计 $\boldsymbol{y}(t_1)$ 的向量分成两部分:

$$\boldsymbol{y}=\begin{bmatrix}\boldsymbol{z}\\ \hdashline \boldsymbol{y}_n\end{bmatrix}\quad \boldsymbol{z}\in\boldsymbol{R}^{n-1}\quad \boldsymbol{y}(t_1)=\begin{bmatrix}\boldsymbol{z}(t_1)\\ \hdashline \boldsymbol{y}_n(t_1)\end{bmatrix}\quad \boldsymbol{z}(t_1)\in\boldsymbol{R}^{n-1} \tag{2.8.12}$$

并对矩阵 $\boldsymbol{D}(t_1)$ 进行相应拆分:

$$\boldsymbol{D}(t_1)=\left[\begin{array}{c:c}\boldsymbol{D}_z(t_1) & \boldsymbol{d}_n(t_1)\\ \hdashline \boldsymbol{d}_n^{\mathrm{T}}(t_1) & \boldsymbol{d}_{nn}(t_1)\end{array}\right] \tag{2.8.13}$$

根据我们的假设,对于 $t=t_1+1,\cdots,\boldsymbol{z}(t)\in\boldsymbol{R}^{n-1}$,因此我们可以将矩阵 $\boldsymbol{W}(t_1+1)$ 表示为

$$\boldsymbol{W}(t_1+1)=\begin{bmatrix}w_{11}(t_1+1) & \cdots & w_{1,n-1}(t_1+1) & 0\\ w_{21}(t_1+1) & \cdots & w_{2,n-1}(t_1+1) & 0\\ \vdots & & \vdots & \vdots\\ w_{m(t_1+1),1}(t_1+1) & \cdots & w_{m(t_1+1),n-1}(t_1+1) & 0\end{bmatrix}=[\boldsymbol{W}_z(t_1+1)\ \vdots\ \boldsymbol{0}] \tag{2.8.14}$$

式中,最后一列和第 n 列都为零。我们可以把式(2.8.9)改写为

$$\begin{aligned}\min_{\boldsymbol{y}\in\boldsymbol{R}^n}\boldsymbol{I}(\boldsymbol{y},t_1+1)&=\min_{\boldsymbol{z}\in\boldsymbol{R}^n,\boldsymbol{y}_n\in\boldsymbol{R}^1}\boldsymbol{I}(\boldsymbol{z},\boldsymbol{y}_n,t_1+1)\\&=\min_{\boldsymbol{z}\in\boldsymbol{R}^n}[(\boldsymbol{z}-\boldsymbol{z}(t_1))^{\mathrm{T}}\boldsymbol{D}_z(t_1)(\boldsymbol{z}-\boldsymbol{z}(t_1))+(\overline{\boldsymbol{W}}_z(t_1+1)\boldsymbol{z}-\bar{\boldsymbol{b}}(t'+1))^{\mathrm{T}}\\&\quad(\overline{\boldsymbol{W}}_z(t_1+1)\boldsymbol{z}-\bar{\boldsymbol{b}}(t'+1))+\min_{\boldsymbol{y}_n\in\boldsymbol{R}^1}(2(\boldsymbol{z}-\boldsymbol{z}(t_1))^{\mathrm{T}}\boldsymbol{d}_n(t_1)(\boldsymbol{y}-\boldsymbol{y}(t_1))+\\&\quad d_{nn}(\boldsymbol{y}-\boldsymbol{y}(t_1))^2)]\end{aligned} \tag{2.8.15}$$

取变量 $\boldsymbol{y}_n\in\boldsymbol{R}^1$ 在式(2.8.15)中的极小值,得到

$$\boldsymbol{y}-\boldsymbol{y}(t_1)=-\frac{\boldsymbol{d}_n^{\mathrm{T}}(t_1)(\boldsymbol{z}-\boldsymbol{z}(t_1))}{d_{nn}} \tag{2.8.16}$$

将式(2.8.16)代回式(2.8.15)可得

$$\min_{z \in \boldsymbol{R}^n} \boldsymbol{I}(z, t_1+1) = \min_{z \in \boldsymbol{R}^n} [(z - z(t_1))^{\mathrm{T}} \boldsymbol{D}_z(t_1)(z - z(t_1)) + (\overline{\boldsymbol{W}}_z(t_1+1)z - \bar{\boldsymbol{b}}(t'+1))^{\mathrm{T}} (\overline{\boldsymbol{W}}_z(t_1+1)z - \bar{\boldsymbol{b}}(t'+1))] \tag{2.8.17}$$

其中

$$\overline{\boldsymbol{D}}_z(t_1) = \boldsymbol{D}_z(t_1) - \frac{1}{d_{nn}} \boldsymbol{d}_n(t_1) \boldsymbol{d}_n^{\mathrm{T}}(t_1) \tag{2.8.18}$$

式(2.8.17)的解由以下表达式给出：

$$\boldsymbol{z}(t'+1) = \boldsymbol{z}(t') + \boldsymbol{D}_z^{-1}(t'+1) \overline{\boldsymbol{W}}_z^{\mathrm{T}}(t'+1)(\bar{\boldsymbol{b}}(t'+1) - \overline{\boldsymbol{W}}_z(t'+1)\boldsymbol{z}(t')) \tag{2.8.19}$$

$$\boldsymbol{D}_z(t'+1) = \overline{\boldsymbol{D}}_z(t') + \overline{\boldsymbol{W}}_z^{\mathrm{T}}(t'+1) \overline{\boldsymbol{W}}_z(t'+1) \tag{2.8.20}$$

其计算方法与式(2.8.11)相同。

我们注意到，对于 $t \geqslant t_1+1$，矩阵 $\boldsymbol{D}(t)$ 现在具有类似于式(2.8.13)的形式。由于矩阵 $\boldsymbol{W}(t)$ 的形式类似于式(2.8.14)，因此对于所有 $t \geqslant t_1+1$，$\boldsymbol{d}_n(t) \equiv \boldsymbol{d}_n(t_1)$，其结果均一致。矩阵 $\boldsymbol{D}(t_1)$ 的更新采用如下形式：

(1)将 $n \times n$ 维矩阵 $\boldsymbol{D}(t_1)$ 用式(2.8.13)的形式表示。

(2)根据下述表达式计算 $(n-1) \times (n-1)$ 维矩阵更新：

$$\boldsymbol{D}(t'+1) = \boldsymbol{D}_z(t_1) - \frac{1}{d_{nn}} \boldsymbol{d}_n(t_1) \boldsymbol{d}_n^{\mathrm{T}}(t_1) + \overline{\boldsymbol{W}}_z^{\mathrm{T}}(t'+1) \overline{\boldsymbol{W}}_z(t'+1) \tag{2.8.21}$$

由式(2.8.20)和式(2.8.18)引出。最优估计值的更新形式如下：

(1)以式(2.8.12)的形式给出 n 维估计 $\boldsymbol{y}(t_1)$。

(2)估计更新计算：

$$\boldsymbol{y}(t+1) := \boldsymbol{Z}(t) + \boldsymbol{B}_{L_{\boldsymbol{D}(t+1)}}(\boldsymbol{F}_{L_{\boldsymbol{D}(t+1)}} \overline{\boldsymbol{W}}^{\mathrm{T}}(t+1) \bar{\boldsymbol{r}}(t+1)) \tag{2.8.22}$$

2.4 节、2.5 节和 2.6 节中算法的矩阵 $\hat{\boldsymbol{D}}(t)$ 更新步骤必须根据上述步骤进行修改，以便在一个信号消失时对剩余的模糊度进行“无缝”最优估计。

注意，当在其中一个载波相位信号中检测到周跳时，该情况可被视为载波相位观测的不连续性。假设信号消失并以另一个模糊度重新出现，可以继续两种方案的连续应用。

2.9　周跳检测与隔离

如前文所述，一个或多个信号可能出现相位测量的不连续性。产生特定信号载波相位测量的单个锁相环可能是由于短期遮挡或其他干扰而失锁。根据锁相环的阶数，它的状态向量可以是二维的、三维的，也可以是更高维的。在第一种情况下，锁相环状态向量由载波相位及其一阶导数(也称为多普勒频率)组成。在第二种情况下，增加载波相位的二阶导数，即多普勒频率的速率。跟踪的不连续性导致状态跳跃到状态空间中另一个稳定点附近。在某个瞬间，载波相位模糊度产生整数周的跳变。载波相位模糊度改变其整数值，可以通过增加另一个模糊度变量和改变导航方程(2.3.17)中 $t_{\mathrm{CS},km,b}^{p}$ 的值来解决这一问题。

本节重点介绍站间-星间-历元间差分以及利用信号冗余检测周跳的方法。我们从三频差分周跳修复和传统的双频几何无关算法入手,给出了三频周跳检测的一些细节,并简要讨论了 Dai 等(2008)的两步法。

1.1.4 节中将三差解算模型作为周跳检测的方法。该模型适用于静态定位。三差模型对每个载波相位信号和每对卫星独立工作,使用时间冗余,并假设测量值充分采样,采样周期等于跨历元的时间间隔。在运动的情况下,一个足够的采样率允许在表达式(1.1.91)中预测 $\Delta\rho_{km}^{pq}$。任何一种曲线拟合方法都可以实现对星地距三差的预测。估计理论中已知的其他预测因子也可以应用。在不可忽略运动学的情况下,可使用预测的三倍地形中心卫星距离差来补偿 $\Delta\rho_{km}^{pq}$。

如果每颗卫星有多个载波频率可用,则可以使用 1.2.3 节中提到的几何无关组合。如果某颗卫星的信号中只有一个信号出现周跳,则基于几何无关组合的周跳检测是有效的。更广泛来讲,如果影响不同频率信号的周跳没有在几何无关组合中消除,则该方法有效。即使在几何无关组合中检测到阶跃变化,也很难判断这两个信号中哪一个实际发生了周跳,比如说对应于 L1 频段或 L2 频段。因此,为了安全起见,尽管可能会导致某个信号的错误警报,必须将这两个信号标记为可能存在周跳。

例如,Wu 等(2010)研究了三频周跳探测方法。观测量包括三个伪距和三个载波相位,其中有 GPS 和 QZSS 的 L1、L2、L5 频段,伽利略卫星导航系统的 L1、E5b、E5a 频段,北斗卫星导航系统的 B1、B2、B3 频段。考虑某颗卫星的载波相位(1.1.26)的接收机间差异,形式如下:

$$\overline{\Phi}_1(t) \equiv \lambda_1\overline{\varphi}_1(t) = \rho(t) + \xi(t) + \lambda_1 N_1(t) - I_1(t) + \lambda_1 d_1 + \lambda_1\overline{\varepsilon}_1(t) \tag{2.9.1}$$

$$\overline{\Phi}_2(t) \equiv \lambda_2\overline{\varphi}_2(t) = \rho(t) + \xi(t) + \lambda_2 N_2(t) - (f_1/f_2)^2 I_1(t) + \lambda_2 d_2 + \lambda_2\overline{\varepsilon}_2(t) \tag{2.9.2}$$

$$\overline{\Phi}_3(t) \equiv \lambda_3\overline{\varphi}_3(t) = \rho(t) + \xi(t) + \lambda_3 N_3(t) - (f_1/f_3)^2 I_1(t) + \lambda_3 d_3 + \lambda_3\overline{\varepsilon}_3(t) \tag{2.9.3}$$

为了简洁表示,我们将省略跨接收机差分符号 km。跨接收机的模糊度 $N_i(t)$ 在发生周跳前并不依赖于 t。Δ 将用来表示相邻历元 $t+1$ 和 t 之间的时间差,则有

$$\begin{aligned}\lambda_i\Delta\overline{\varphi}_i(t+1,t) = {} & \Delta\rho(t+1,t) + c\Delta\xi(t+1,t) + \lambda_i\Delta N_i(t+1,t) - \gamma_i\Delta I_i(t+1,t) + \lambda_i\Delta d_i(t+1,t) + \\ & \lambda\Delta\overline{\varepsilon}_i(t+1,t)\end{aligned} \tag{2.9.4}$$

式中,$\gamma_i = (f_1/f_2)^2$ 和 $\gamma_1 = 1$。让我们做以下简单假设:

(1)电离层延迟在历元间变化不显著,所以式(2.9.4)中的 $\Delta I_i(t+1,t)$ 可以忽略。

(2)硬件偏差项实际上是常数,因此历元间偏差 $\lambda_i\Delta d_i(t+1,t)$ 可以忽略。

$\Delta N_i(t+1,t)$,$i=1,2,3$ 代表 $t+1$ 和 t 时刻之间发生的周跳。让我们构建多频载波相位组合:

$$\begin{aligned}\Delta\Phi_c \equiv {} & \sum_{i=1,2,3}\alpha_i\lambda_i\Delta\overline{\varphi}_i(t+1,t) \\ = {} & [\Delta\rho(t+1,t) + c\Delta\xi(t+1,t)]\sum_{i=1,2,3}\alpha_i + \sum_{i=1,2,3}\alpha_i\lambda_i\Delta N_i(t+1,t) + \\ & \sum_{i=1,2,3}\alpha_i\lambda_i\Delta\overline{\varepsilon}_i(t+1,t)\end{aligned} \tag{2.9.5}$$

为了保留式(2.4.5)中的几何和时钟项,假设系数 α 满足

$$\alpha_1 + \alpha_2 + \alpha_3 = 1 \tag{2.9.6}$$

因此式(2.4.5)可以写成

$$\Delta\Phi_c=\Delta\rho(t+1,t)+c\Delta\xi(t+1,t)+\lambda_c\Delta N_c+\Delta\varepsilon_c \tag{2.9.7}$$

式中，$\lambda_c\Delta N_c=\sum\limits_{i=1,2,3}\alpha_i\lambda_i\Delta N_i(t+1,t)$，$\Delta\varepsilon_c\equiv\sum\limits_{i=1,2,3}\alpha_i\lambda_i\overline{\varepsilon}_i(t+1,t)$。$\Delta N_c$ 表示载波相位组合观测量周跳。为了保持 ΔN_c 的整周特性，假设周跳 $\Delta N_i(t+1,t)$ 是整数，系数 α_i 满足附加的条件，即

$$m_i=\frac{\lambda_i\alpha_i}{\lambda} \tag{2.9.8}$$

必须是整数。结合式(2.9.6)得到载波相位组合波长的表达式为

$$\lambda_c=\frac{\lambda_1\lambda_2\lambda_3}{m_1\lambda_2\lambda_3+m_2\lambda_1\lambda_3+m_3\lambda_1\lambda_2}=\frac{1}{m_1/\lambda_1+m_2/\lambda_2+m_3/\lambda_3} \tag{2.9.9}$$

对应频率为

$$f_c\equiv\frac{c}{\lambda_c}=m_1f_1+m_2f_2+m_3f_3\equiv f_{(m_1,m_2,m_3)} \tag{2.9.10}$$

使用 1.7.1 节中的三频下标符号。考虑式(2.9.7)至式(2.9.9)，站间-星间-历元间载波相位组合 $\Delta\varphi_c=\Delta\varphi_c/\lambda_c$ 可以表示为

$$\Delta\varphi_c=\Delta\overline{\varphi}_{(m_1,m_2,m_3)}(t+1,t) \tag{2.9.11}$$

假设各个频点载波相位观测噪声均服从标准差 σ_φ 的高斯分布，则组合观测噪声的标准差 $\Delta\varepsilon_c$ 可表示为

$$\sigma_c=\sqrt{2}\lambda_c\sigma_\varphi\sqrt{m_1^2+m_2^2+m_3^2} \tag{2.9.12}$$

式中，$\sqrt{2}$ 反映历元间差分项。所选整数参数 m_1、m_2、m_3 的波长组合如表 2.9.1 所示，在此以经典宽巷和超宽巷为特例。

我们将式(2.4.7)与根据假设(1)和(2)忽略电离层及偏差项的站间-星间-历元间三差伪距观测值进行比较。则伪距观测值表示为

$$\Delta P=\Delta\rho(t+1,t)+c\Delta\xi(t+1,t)+\Delta\varepsilon_{\mathrm{P}} \tag{2.9.13}$$

表 2.9.1　所选载波相位组合观测量波长和频率

m_1	m_2	m_3	f_c/MHz	λ_c/m
1	−1	0	347.82	0.862
1	0	−1	398.97	0.751
0	1	−1	51.15	5.861
1	−6	5	92.07	3.256
−9	2	10	40.92	7.326
−1	10	−9	112.53	2.664
3	0	−4	20.46	14.652
−1	8	−7	10.23	24.305

噪声项的标准差 $\Delta\varepsilon_P$ 估计为$\sqrt{2}\sigma_P$，其中$\sqrt{2}$反映了历元间差分，σ_P 是伪距噪声的标准差，则式(2.9.11)载波相位组合的周跳值可估计为

$$\Delta N_c=\frac{\Delta\Phi_c-\Delta P}{\lambda_c}+\frac{\Delta\varepsilon_c-\Delta\varepsilon_P}{\lambda_c} \tag{2.9.14}$$

第二项为周跳估计误差，其标准差根据式(2.9.12)估计为

$$\sigma_N=\sqrt{2}\cdot\sqrt{\sigma_\varphi^2(m_1^2+m_2^2+m_3^2)+\frac{\sigma_P^2}{\lambda_c^2}} \tag{2.9.15}$$

由式(2.9.15)可知，周跳探测的精度取决于伪距和载波相位观测的噪声以及载波相位组合观测量波长。在相同观测条件下，载波相位波长越长，其绝对值 m_i 越小，进而周跳估计的精度越高。这意味着波长 $\lambda_c=14.652$ 的组合{3,0,-4}比波长 $\lambda_c=7.326$ 的组合{-9,2,10}更好(参见表 2.9.1)。

Dai 等(2008)提出了在单 GNSS 接收机中探测和修复周跳的另一种方法。该方法使用几何无关组合进行循环周跳探测。在第二阶段，结合载波相位和伪距测量的历元间增量，使用整数搜索技术正确确定周跳值，因为周跳实际上只是载波相位模糊度的未知增量。如果我们将条件(2.9.6)替换为

$$\alpha_1+\alpha_2+\alpha_3=0 \tag{2.9.16}$$

进而式(2.9.9)可写为

$$\begin{aligned}\Delta\Phi_{(\alpha_1,\alpha_2,\alpha_3)}(t+1,t) &\equiv \sum_{i=1,2,3}\alpha_i\lambda_i\Delta\bar{\varphi}_i(t+1,t)\\ &=\sum_{i=1,2,3}\alpha_i\lambda_iN_i(t+1,t)+\sum_{i=1,2,3}\alpha_i\lambda_i\Delta\bar{\varepsilon}_i(t+1,t)\end{aligned} \tag{2.9.17}$$

式(2.9.17)中噪声项的标准差表示为

$$\sigma_c=\sqrt{2}\sigma_\varphi\sqrt{(\alpha_1^2\lambda_1^2+\alpha_2^2\lambda_2^2+\alpha_3^2\lambda_3^2)} \tag{2.9.18}$$

通过选择适当的置信水平，我们得到了临界值$\beta\sigma_c$ 的周跳探测临界值，其中β 取决于置信水平。例如，对于置信水平 0.997，β 可以选择为 3。下列不等式可用于检查特定卫星的一个或多个载波相位信号在两个相邻周期之间是否发生周跳：

$$|\Delta\Phi_{(\alpha_1,\alpha_2,\alpha_3)}(t+1,t)|>\beta\sigma_c \tag{2.9.19}$$

然而，如果不满足式(2.9.19)，也无法证明载波相位没有发生周跳。有一些特殊的周跳不能被式(2.9.19)检测到。例如，考虑 GPS 的周跳{154,120,115}，显然 $\Delta N_{(\alpha_1,\alpha_2,\alpha_3)}$ {154,120,115} $\equiv\Delta N_c(t+1,t)=0$。因此 $\Delta\Phi_{(\alpha_1,\alpha_2,\alpha_3)}(t+1,1)=\Delta\varepsilon_c$，根据式(2.9.19)的标准将无法探测到该周跳。其他几组周跳可以给出非零但较小的值 $\lambda_c\Delta N_c(t+1,t)$，也排除式(2.9.19)的检测。如果周期满足不等式

$$|\lambda_c\Delta N_c(t+1,t)|\leqslant\sqrt{\beta^2-1}\,\sigma_c \tag{2.9.20}$$

则无法应用式(2.9.19)的标准来判断。Dai 等称满足式(2.9.20)的周跳为不敏感周跳组。对于伽利略卫星导航系统，不敏感周跳组的一个明显的例子是{154,118,115}导致 $\Delta N_{(\alpha_1,\alpha_2,\alpha_3)}$ {154,118,115} $=0$，从而满足式(2.9.16)。

考虑更多的例子。设标量为(-1,5,-4)。给出满足式(2.9.20)的非零但小值的不灵

敏周跳组的一个例子是$\{51,39,38\}$。显然$|\Delta N_{(-1,5,-4)}\{51,39,38\}|=0.010\ 7$,如果$\sigma_{\varphi}=0.01$以及$\beta=3$,根据式(2.9.18)直接计算得到$\sqrt{\beta^2-1}\sigma_c=0.064\ 5$,证明了组$\{51,39,38\}$对组合$(-1,5,4)$不敏感。另一组$\{31,23,23\}$求得$|\Delta N_{(-1,5,-4)}\{31,23,23\}|=0.783$,同样不满足式(2.9.20)的标准,但是可通过式(2.9.19)对给定的置信水平进行检测。

当标量选为$(4,1,-5)$时,$\sqrt{\beta^2-1}\sigma_c=0.060\ 0$。此时组$\{51,39,38\}$(不敏感周跳组$(-1,5,4)$)求得可以被式(2.9.19)探测到的$|\Delta N_{(4,1,-5)}\{51,39,38\}|=0.088\ 2$。而组$\{31,23,23\}$(被式(2.9.19)以前的组合检测到)现在显示不敏感,因为$|\Delta N_{(4,1,5)}\{31,23,23\}|=0.003\ 2$。

根据α_1、α_2、α_3的值,可能存在不同的不敏感组。使用两种适当的几何无关组合可以减少不灵敏周跳监测组的数量。

一旦循环滑移的发生被证实,就应该量化滑移的值,并通过减法将其从载波相位观测值中移除。Dai 等(2008)给出了一种确定单颗卫星周跳值的方法。通过引入历元间伪距观测值(2.9.13),采用整数搜索的方法,使用伪距来确定周跳值。

从载波相位观测中去除周跳并不是处理周跳的唯一方法。另一种方法是在递归估计算法中重新设置受周跳影响的模糊估计。2.8 节中描述的方法可用于此目的。

所述方法具有对每个卫星或信号进行单独分析等优点,但也有缺点。单独分析三差的一个主要缺点是,在快速运动的情况下,载波相位测量会经历快速和不可预测的变化,这可能会掩盖小的周跳。如果某些信号暂时不可用,则不能在多频接收机中使用几何无关组合;同时该技术不适用于单频接收机。显然,没有一种周跳探测和修复的方法是适用于所有情况的。

2.9.1　基于冗余信号的解算

我们要保证当可用信号数量存在不可预测的变化时,RTK 仍然可以在激烈的动态环境下提供可靠服务。因此,我们在此提出另一种基于冗余信号的处理方法。该方法要求在相邻历元中至少具有五颗可观测的卫星,但是对每颗卫星可用信号数目不做要求,因此该方法也适用于单频定位(Kozlov et al.,1998)。一些卫星可能仅有 L1 频段观测量可用,而另一些卫星可能仅具有 L5 频段观测量可用,或者 L1 和 L2 频段观测量同时可用。

考虑相邻历元多频信号,通过式(2.3.46)线性化,随后通过接收机间差分、历元差分得到公式如下,符号 Δ 代表历元差分:

$$\Delta\boldsymbol{b}_{\varphi}(t+1,t)=\boldsymbol{\Lambda}^{-1}\boldsymbol{A}\Delta\mathrm{d}\boldsymbol{x}(t+1,t)+\boldsymbol{\Lambda}^{-1}\boldsymbol{e}\Delta\xi(t+1,t)+\Delta\boldsymbol{n}(t+1,t)-\boldsymbol{\Lambda}^{-1}\boldsymbol{\Gamma}\Delta\boldsymbol{i}(t+1,t)+\boldsymbol{\Lambda}^{-1}\boldsymbol{W}_{\mu}\Delta\mu(t+1,t) \tag{2.9.21}$$

考虑本节开始所提假设(1)和(2),我们忽略$\boldsymbol{\Lambda}^{-1}\boldsymbol{\Gamma}\Delta\boldsymbol{i}(t+1,t)$和$\boldsymbol{\Lambda}^{-1}\boldsymbol{W}_{\mu}\Delta\boldsymbol{\mu}(t+1,t)$可得

$$\Delta\boldsymbol{b}_{\varphi}(t+1,t)=\boldsymbol{\Lambda}^{-1}\boldsymbol{A}\Delta\mathrm{d}\boldsymbol{x}(t+1,t)+\boldsymbol{\Lambda}^{-1}\boldsymbol{e}\Delta\xi(t+1,t)+\Delta\boldsymbol{n}(t+1,t) \tag{2.9.22}$$

通过式(2.9.22)右侧向量线性化,每个历元我们可以得到初始定位位置$(x_{k,0}(t),y_{k,0}(t),z_{k,0}(t))^{\mathrm{T}}$,$\mathrm{d}\boldsymbol{x}(t)$为初始定位位置的校正量,假设精确位置$\boldsymbol{x}_k(t)$或者在$t$历元获得的估计位置能够作为下一个历元$t+1$的初始位置,即

$$x_{k,0}(t+1)=x_k(t) \tag{2.9.23}$$

因此,$\Delta \mathrm{d}\boldsymbol{x}(t,t+1)$可表示为历元间移动站位置增量$\Delta\boldsymbol{x}(t,t+1)$,式(2.9.22)中残余向量$\Delta\boldsymbol{b}_{\varphi}(t+1,t)$可表示如下:

$$\Delta\boldsymbol{b}_{\varphi}(t+1,t)=\begin{pmatrix}\Delta\overline{\varphi}_{km,b_1}^{p_1}(t+1,t)-\dfrac{1}{\lambda_{b_1}^{p_1}}(\Delta\rho_k^{p_1}(t+1,t)-\Delta\rho_m^{p_1}(t+1,t))\\ \Delta\overline{\varphi}_{km,b_2}^{p_2}(t+1,t)-\dfrac{1}{\lambda_{b_2}^{p_2}}(\Delta\rho_k^{p_2}(t+1,t)-\Delta\rho_m^{p_2}(t+1,t))\\ \vdots \\ \Delta\overline{\varphi}_{km,b_n}^{p_n}(t+1,t)-\dfrac{1}{\lambda_{b_n}^{p_n}}(\Delta\rho_k^{p_n}(t+1,t)-\Delta\rho_m^{p_n}(t+1,t))\end{pmatrix} \tag{2.9.24}$$

历元间卫地距增量可以表示为下式:

$$\Delta\rho_m^{p_i}(t+1,t)=\rho_m^{p_i}(t+1-\tilde{\tau}_m^{p_i}(t+1))-\rho_m^{p_1}(t-\tilde{\tau}_m^{p_i}(t)) \tag{2.9.25}$$

$\Delta\rho_m^{p_i}(t+1,t)$依赖于基准站位置,由于基准站是静止的,因此其实际反映了由卫星运动所带来的距离变化。同理,我们假设$\boldsymbol{x}_{k,0}(t+1)=\boldsymbol{x}_k(t)$,则

$$\Delta\rho_k^{p_i}(t+1,t)=\rho_{k,0}^{p_i}(t+1-\tilde{\tau}_m^{p_i}(t+1))-\rho_k^{p_i}(t-\tilde{\tau}_m^{p_i}(t)) \tag{2.9.26}$$

尽管$\Delta\rho_m^{p_i}(t+1,t)$取决于基准站位置$\boldsymbol{x}_k(t)$,但其仍将由卫星运动所定义。如果基线较短,式(2.9.25)和式(2.9.26)能够在式(2.9.24)中互相补偿。这意味着对短基线而言,跨接收机历元间载波相位残差大致等价于跨接收机历元间载波相位观测量,但是对于长基线这个结论不成立。$\Delta\boldsymbol{b}_{\varphi}(t+1,t)$和$\Delta\boldsymbol{\varphi}(t+1,t)$的差值将随时间呈现缓慢变化,且该差值依赖于卫星运动而不是移动站。基线越短,时间相关性就越小。

式(2.9.22)中的$\Delta\boldsymbol{n}(t+1,t)$恰好表示周跳向量,符号如下所示:

$$\boldsymbol{J}=[\boldsymbol{\Lambda}^{-1}\boldsymbol{e}\quad \boldsymbol{\Lambda}^{-1}\boldsymbol{A}]\in\boldsymbol{R}^{n\times 4} \tag{2.9.27}$$

$$\overline{\boldsymbol{x}}(t+1)=\begin{pmatrix}\Delta\xi(t+1,t)\\ \Delta\boldsymbol{x}(t+1,t)\end{pmatrix}=\boldsymbol{R}^4 \tag{2.9.28}$$

$$\boldsymbol{b}(t+1)=\Delta\boldsymbol{b}_{\varphi}(t+1,t) \tag{2.9.29}$$

$$\boldsymbol{\delta}(t+1)=\Delta\boldsymbol{n}(t+1,t) \tag{2.9.30}$$

我们可以将式(2.9.22)表示如下:

$$\boldsymbol{b}(t+1)=\boldsymbol{J}\overline{\boldsymbol{x}}(t+1)+\boldsymbol{\delta}(t+1)+\boldsymbol{\varepsilon}_{\varphi}(t+1) \tag{2.9.31}$$

式中,$\boldsymbol{\varepsilon}_{\varphi}(t+1)$表示添加的噪声项。假定其服从$\boldsymbol{\varepsilon}_{\varphi,s}\sim n(0,\sigma_{\varepsilon_{\varphi}})$分布,协方差矩阵如下所示:

$$\boldsymbol{C}=E(\boldsymbol{\varepsilon}_{\varphi}\boldsymbol{\varepsilon}_{\varphi}^{\mathrm{T}})=\sigma_{\varepsilon_{\varphi}}^2\boldsymbol{I}_n \tag{2.9.32}$$

式中,$\sigma_{\varepsilon_{\varphi}}$是周长的0.01倍,例如0.01或者0.02;$\boldsymbol{I}_n$是$n\times n$单位矩阵。异常值矢量$\boldsymbol{\delta}(t+1)$包含整数变量,噪声项$\boldsymbol{\varepsilon}_{\varphi}(t+1)$和异常值向量$\boldsymbol{\delta}(t+1)$之间存在显著区别,后者是离散的。

周跳异常向量$\boldsymbol{\delta}(t+1)$的离散性意味着它主要由零组成。如果在两个连续历元间没有发生周跳,则其所有值可能均为零。即使发生周跳,它们也仅影响少数信号,例如总数为20的信号中的1,2,3。异常的离散性是探测和修复周跳的关键属性。在此,我们将介绍一种

探索离散属性的方法。

以下术语是从有关压缩感测的文献中引用的。压缩传感技术在研究离散信号恢复的文献中受到了广泛的关注。离散性出现在不同的领域,如时间域、频率域和空间域。我们将使用这个理论中采用的一些基本概念。更具体地说,由于它们只影响少数信号,因此我们可以将异常值作为离散向量进行处理。

向量 $\boldsymbol{\delta}(t+1)$ 的非零项的集称为"支持集",表示如下:

$$\operatorname{supp}(\boldsymbol{\delta}(t+1))=\{s:\delta_s(t+1)\neq 0\} \tag{2.9.33}$$

式中,下标 s 表示与信号 $s=1,\cdots,n$ 对应的向量 $\boldsymbol{\delta}(t+1)$。我们使用"基数"表示法来表示集合中的元素数量,因此有

$$\operatorname{card}(\operatorname{supp}(\boldsymbol{\delta}(t+1))) \tag{2.9.34}$$

恰好是向量 $\boldsymbol{\delta}$ 中非零值的数量。同一数量的另一个常用符号为 l_0-范数。

回顾向量 $\boldsymbol{l}_q$-范数的定义。对于任意向量 $\boldsymbol{\delta}$,它被定义为

$$\|\boldsymbol{\delta}\|_{l_q}=\left(\sum_{s=1}^{n}|\boldsymbol{\delta}_s|^q\right)^{1/q} \tag{2.9.35}$$

例如,如果 q 取值 ∞,2,1,0,则 l_α-范数表示为如下:

$$\|\boldsymbol{\delta}\|_{l_\infty}=\max_{s=1,\cdots,n}|\delta_s| \tag{2.9.36}$$

$$\|\boldsymbol{\delta}\|_{l_2}=\left(\sum_{s=1}^{n}|\delta_s|^2\right)^{1/2} \tag{2.9.37}$$

$$\|\boldsymbol{\delta}\|_{l_1}=\sum_{s=1}^{n}|\delta_s| \tag{2.9.38}$$

$$\|\boldsymbol{\delta}\|_{l_0}=\operatorname{card}\{s:\delta_s\neq 0\} \tag{2.9.39}$$

式(2.9.36)给出条目的最大模数,式(2.9.37)是欧几里得范数,式(2.9.38)是条目的模数之和,式(2.9.39)是非零条目数。

注意,每个信号的历元间载波相位增量形成 n 维向量 $\boldsymbol{b}(t+1)$,而任意变化的四维向量 $\bar{\boldsymbol{x}}(t+1)$,当没有周跳发生时,只能在 n 维空间中形成四维子空间。这意味着载波相位不能任意变化,载波相位测量值彼此之间必须变化一致。当不存在周跳时仅形成一个四维子空间。为了检查它的正确性,我们必须对下述线性系统的一致性进行检测:

$$\boldsymbol{b}(t+1)=\boldsymbol{J}\bar{\boldsymbol{x}}(t+1) \tag{2.9.40}$$

零假设在式(2.9.31)中表示为 $\boldsymbol{\delta}(t+1)=0$。事实上式(2.9.31)中的噪声项 $\boldsymbol{\varepsilon}_\varphi$ 会破坏一致性,然而,我们可以检查式(2.9.40)的最小二乘解与协方差矩阵(2.9.32)的平方残差之和是否满足统计检验 $\chi^2_{(n-4)}$。如果满足,可以说系统(2.9.40)与 $\sigma_{\varepsilon_\varphi}$ 精度一致;如果违反了系统(2.9.40)的一致性,则不存在周跳的假设就不成立,因此 $\boldsymbol{\delta}(t+1)\neq 0$。如果发生这种情况,我们认为已经探测到周跳。为了找出异常值向量 $\boldsymbol{\delta}(t+1)$ 的非零项,我们应用了一种错误检测技术。

下面我们考虑数字信号处理文献中最近开发的一种处理离散信号检测的现代方法(Candez et al.,2005;Candez et al.,2005)。离散性意味着要恢复的向量只有少量的非零项,而零项占主导地位。如果没有发生周跳,可能所有项均为零。异常值的检测可以称为支持

集的恢复。我们将比较不同的方法来恢复异常值向量,每种方法都与式(2.9.35)中 q 的某个值有关。

令 $\boldsymbol{x}^*$ 为方程(2.9.40)的最小二乘解。假设噪声的协方差矩阵如式(2.9.32)所示,有

$$\boldsymbol{x}^* = (\boldsymbol{J}^{\mathrm{T}}\boldsymbol{J})^{-1}\boldsymbol{J}^{\mathrm{T}}\boldsymbol{b} \tag{2.9.41}$$

简洁起见,此处省略时间符号 $t+1$。则残差向量加权平方和可以计算如下:

$$\boldsymbol{v} = \boldsymbol{b} - \boldsymbol{J}\boldsymbol{x}^* = (\boldsymbol{I}_n - \boldsymbol{J}(\boldsymbol{J}^{\mathrm{T}}\boldsymbol{J})^{-1}\boldsymbol{J}^{\mathrm{T}})\boldsymbol{b} \tag{2.9.42}$$

$$V = \boldsymbol{v}^{\mathrm{T}}\boldsymbol{C}^{-1}\boldsymbol{v} = \frac{1}{\sigma_{\varepsilon_\varphi}^2}\boldsymbol{v}^{\mathrm{T}}\boldsymbol{v} \tag{2.9.43}$$

如果 $\boldsymbol{\varepsilon}_{\varphi,s} \sim n(0,\sigma_{\varepsilon_\varphi})$,则式(2.9.43)将服从自由度为 $n-4$ 的 χ^2 分布,令 α 表示显著性水平,可以从统计表和数学软件中获得具有 m 个自由度的反 χ^2 分布 $T(\alpha,m)$。这意味着,如果式(2.9.43)不超过 $T(\alpha,n-4)$ 的概率为 $1-\alpha$,则可以接受零假设;如果超过,则检测到存在周跳。

方法 1(对受影响信号的穷举搜索):假设冗余度足够大,我们通过消除受影响的信号实现周跳的隔离。要消除受周跳影响的信号,我们将进行穷举式搜索,依次删除信号,然后成对配对,然后三对配对,依此类推,直到基于式(2.9.43)构建的检测统计量满足使用其余信号构建的检测阈值 $T(\alpha,n-k-4)$。在此,$k=1,2,3,\cdots$,表示删除信号的数量,$n-k$ 表示剩余信号数。矩阵 $\boldsymbol{J}$ 和向量 $\boldsymbol{b}$ 分别表示维数为 $(n-k)\times4$ 和 $(n-k)\times1$ 的矩阵。搜索一直执行到 $n-k>4$,即搜索一直执行到冗余度不满足要求。当检测统计量满足要求或信号冗余度不允许删除更多信号时,搜索完成。

让我们考虑 2.4 节中使用的数据集,以说明周跳检测和隔离的工作方式。这是一个短基线静态数据集,我们假定位置 $\boldsymbol{x}(t)$ 的最佳可用估计值被视为历元 $t+1$ 的标称位置,因此 $\Delta \mathrm{d}\boldsymbol{x}(t+1,t)$ 成为流动站天线历元间位置增量。对于静态条件,我们可以将移动站天线的时不变标称位置用于所有时期,而将精确的基本位置用作基准站天线的标称位置。下面对前 200 个历元进行讨论。

数据是经过仔细挑选和分析的,以确保没有周跳。之后,三个信号受到人为周跳影响:

- GPS 4 号卫星的 L1 信号;
- GPS 9 号卫星的 L2 信号;
- GlONASS 7 号卫星的 L1 信号。

对于所有三个信号,周跳的幅度均为+1。所有三个周跳均插入第 110 个历元。显然小幅度的周跳很难检测和隔离。此外,“嵌套”周跳或同时发生的周跳同样难以探测。因此,我们正在分析的情况并非无关紧要。图 2.9.1 显示了 GPS 4 号卫星(受周跳影响)和 15 号卫星(据我们所知不受影响,因为三个周跳都是人为加入的)L1 频段信号的历元间三差残差。

如前所述,如果条件(2.9.23)成立且基线很短(只有几米),则式(2.9.24)中的地心几何距离接近载波相位三差残差。在图 2.9.1 中它相对较小,并且在第 110 个历元载波相位周跳会生成一个单历元异常值,这恰好是人为插入周跳的历元。三差残差清楚地表明了周跳的位置和幅度。直接使用三差残差探测周跳的缺点如下:

(1)参考卫星未发生周跳是该方法正常工作的前提。

(2)由于移动站静止,因此可以准确探测到周跳。如果天线在两个历元之间经历了不可预测的运动,则由该运动引起的“正常”载波相位变化可能会超过数十个或数百个周期,而由周跳引起的“异常”变化可能会少至 1 个周期。因此,相对运动增量会导致周跳无法被探测出来。

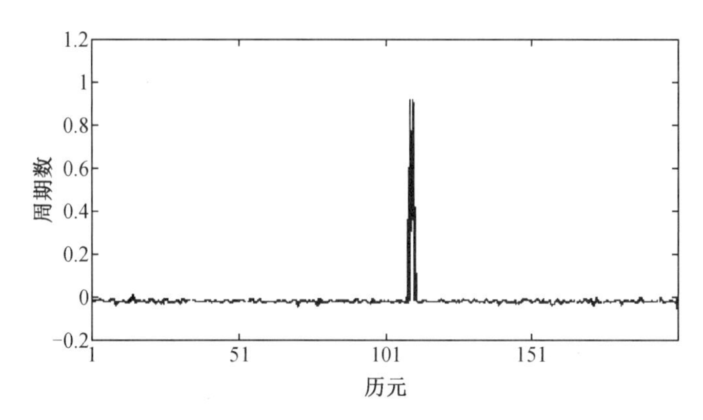

图 2.9.1　GPS 4 号和 15 号卫星 L1 频段载波相位三差残差

回想一下,我们不考虑载波相位的历元间变化。相反,我们分析跨接收机和跨历元残差。图 2.9.2 显示了 GPS 4 号星和 GPS 15 号星 L1 频段的跨接收机历元间差分残差$\Delta b_{\varphi}^{p}(t+1,t)$。

图 2.9.2 中虚线部分的瞬时异常值是由周跳引起的,由于接收机钟差的存在导致载波相位变化不易被探测。对于 GPS 4(L1)和 GPS 15(L1)这两个信号,这种变化几乎是相同的,这就是为什么在上一张图中显示的残差的三重差中它被抵消的原因。然而,必须再次强调的是,由移动站天线运动引起的载波相位变化可能非常大且不可预测,这将导致三差模型或接收机-历元间双差模型无法有效探测周跳。

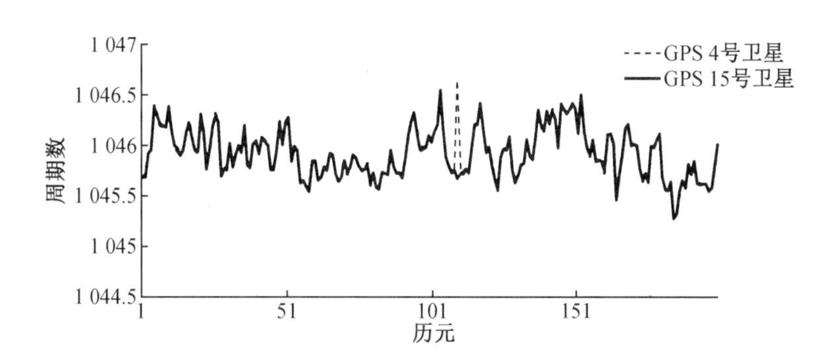

图 2.9.2　GPS 4 号和 15 号卫星 L1 频段接收机间-历元间双差载波相位残差

现在让我们基于残差式(2.9.42)和式(2.9.43)的统计分布特性尝试上述方法。首先,根据式(2.9.40)求解并逐历元计算式(2.9.43)的值。结果如图 2.9.3 所示。阈值 $T(0.05,16)=26.29$,在图中以虚线示出,变量 $\sigma_{\varepsilon_{\varphi}}$ 为 0.01。图 2.9.3 中 y 轴取值范围 0~

70,在第 110 个历元出现三个周跳,此时 $V=21\ 279$。

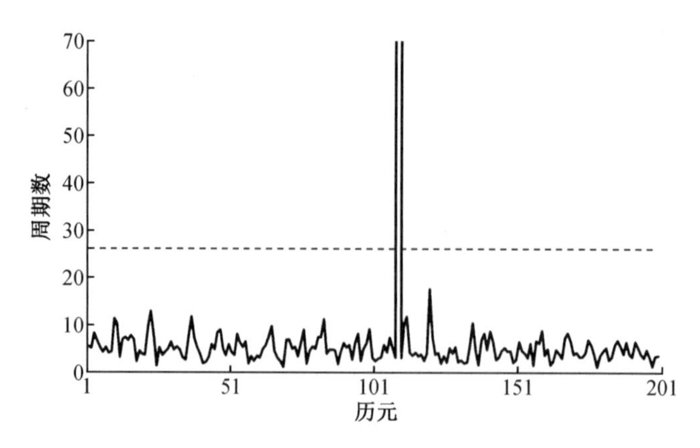

图 2.9.3　残差加权平方和(实线)与检测门限(虚线)

通过逐个删除信号,然后删除成对信号,最后删除三对信号进行穷举搜索之后,最终发现准则如下:

$$V \leqslant T(\alpha, n-k-4) \tag{2.9.44}$$

满足 $k=3, V=4.586, T(0.05,13)=22.36$。

搜索的结果是恰好有三个受到周跳影响的信号(编号为 1,7,12)被移除。注意,在穷举搜索过程中,每次信号集发生变化时,都无须计算方程(2.9.40)的解。假设将行 $\boldsymbol{j}_s$ 添加到矩阵 $\boldsymbol{j}$ 或从中删除,然后通过秩为 1 的矩阵 $\Delta=\boldsymbol{j}_s^{\mathrm{T}}\boldsymbol{j}_s$ 更新表达式(2.9.41)中的矩阵 $\boldsymbol{J}^{\mathrm{T}}\boldsymbol{J}$,从而获得 $\boldsymbol{J}^{\mathrm{T}}\boldsymbol{J}\pm\Delta$ 的 Cholesky 分解。该方法可用于删除或添加一个方程后重新计算线性系统的解(Golub et al.,1996)。

该方法独立于移动站的运动而工作;它可以是静态的,也可以是随机运动的。这种方法的数值格式是一样的,因为它不需要对动力学进行假设。

再次注意,为了找到非零行最少的向量 $\boldsymbol{\delta}(t+1)$,我们采用遍历所有的测量组合的穷举式搜索,这种方法称为 l_0 优化,因为它根据式(2.9.34)和式(2.9.39)使向量 $\boldsymbol{\delta}(t+1)$ 的 l_0-范数最小化。我们现在描述另一种异常值检测方法,由于不涉及穷举式搜索,所以它的计算复杂度要低一些。

让我们参考 Candez 等(2005)描述的方法,从另一个角度来看问题(2.9.31)。我们要从测量值 $\boldsymbol{b}(t+1)$ 中正确地恢复被小噪声 $\varepsilon_{\varphi}(t+1)$ 和离散异常值 $\boldsymbol{\delta}(t+1)$ 破坏的向量 $\bar{\boldsymbol{x}}(t+1)$。$\boldsymbol{\delta}(t+1)$ 的关键性质是离散性,离散性意味着向量 $\boldsymbol{\delta}(t+1)$ 中只有少数项是非零的,且非零项的大小是任意的。例如,20 项中只有 3 项不为零被认为是离散的。是否有可能从被噪声破坏或被大的异常值破坏的数据中精确地恢复或估计向量 $\bar{\boldsymbol{x}}(t+1)$?

方法 2(残差的 l_1-范数的最小化):在合理的条件下,向量 $\bar{\boldsymbol{x}}(t+1)$ 可以作为以下 l_1 最小化问题的解决方案来恢复:

$$\begin{aligned} \boldsymbol{b}(t+1) &= \boldsymbol{J}\bar{\boldsymbol{x}}(t+1)+\boldsymbol{\delta}(t+1) \\ \|\boldsymbol{\delta}(t+1)\|_{l_1} &\to \min \end{aligned} \tag{2.9.45}$$

前提是异常向量足够离散。在式(2.9.38)中引入 $\|\boldsymbol{\delta}\|_{l_1}=\sum_{s=1}^{n}|\delta_s|$，可以使用支持集(2.9.33)的概念来重新定义该方法。向量 $\boldsymbol{\delta}(t+1)$ 的充分离散性意味着

$$\|\boldsymbol{\delta}\|_{l_0}\leqslant\rho n\ll\rho 1 \tag{2.9.46}$$

因此，通过解决线性问题(2.9.45)，几乎可以准确地恢复向量 $\bar{\boldsymbol{x}}(t+1)$ 的真实值。"几乎"表示该方法恢复精度将由模型(2.9.31)中误差 $\varepsilon_\varphi(t+1)$ 的噪声分量 $\sigma_{\varepsilon_\varphi}$ 决定。为了证明式(2.9.45)是线性优化问题，将其等效改写如下：

$$\boldsymbol{b}(t+1)=\boldsymbol{J}\bar{\boldsymbol{x}}(t+1)+\boldsymbol{u}-\boldsymbol{v}$$

$$u_s\geqslant 0\quad v_s\geqslant 0$$

$$\sum_{s=1}^{n}(u_s+v_s)\to\min \tag{2.9.47}$$

向量 $\bar{\boldsymbol{x}}(t+1)$ 的恢复意味着异常向量 $\boldsymbol{\delta}(t+1)$ 将在残差中准确表示(几乎达到噪声等级的大小)

$$\boldsymbol{r}=\boldsymbol{b}(t+1)-\boldsymbol{J}\bar{\boldsymbol{x}}(t+1)$$

$$\boldsymbol{r}\approx\boldsymbol{\delta}(t+1) \tag{2.9.48}$$

让我们使用前面所考虑的相同示例的方法，将单纯形法(Vanderbei，2008)直接应用于问题(2.9.47)，可得

$$\bar{\boldsymbol{x}}^*(t+1)\quad \boldsymbol{u}^*,\boldsymbol{v}^* \tag{2.9.49}$$

$$\delta^*(t+1)=\boldsymbol{u}^*-\boldsymbol{v}^* \tag{2.9.50}$$

只有编号为 1，7，12(GPS L1 4 号卫星；GLONASS L1 7 号卫星和 GPS L2 9 号卫星)的 $\boldsymbol{\delta}^*(t+1)$ 明显不为零。

$$\left.\begin{aligned}\delta_1^*(t+1)&=0.980\,6\\ \delta_7^*(t+1)&=0.995\,1\\ \delta_{12}^*(t+1)&=0.998\,2\end{aligned}\right\} \tag{2.9.51}$$

而另一些则为零或接近零，量级为 $\sigma_{\varepsilon_\varphi}$。下面是向量的所有 20 个值，第 1 个、第 7 个和第 12 个条目用横线标记：

$$\begin{aligned}\boldsymbol{\delta}^*(t+1)=(&\overline{0.980},0,0.017\,3,0,0,0,\overline{0.995},0,0,0,0,\overline{0.998},0,0.003,0,0,0.002,0,\\ &0.002,0,0,0,0,0,0.006,0,0,0.004,0.002,0.003,0.002,0,0,0,0,0.013,\\ &0,0,0,0.00)^{\mathrm{T}}\end{aligned} \tag{2.9.52}$$

确切地说，我们只关注异常值向量的恢复，而不关注向量 $\bar{\boldsymbol{x}}(t+1)$。正确恢复 $\boldsymbol{\delta}(t+1)$ 意味着已正确检测到周跳式(2.9.33)。再次注意，我们对支持集的"几乎"正确恢复很感兴趣，即具有接近零的绝对值(与 $\sigma_{\varepsilon_\varphi}$ 相比较)被标记为零。

通过确定异常值向量支持集，可以完全解决周跳隔离的问题，消除受异常值影响的信号，而其余信号则不可避免地仅受噪声影响。

单纯形法并不是唯一已知的解决线性规划问题的方法。还有许多种有效的方法，如内部点方法(Lustig et al.，1994)，该方法具有非常高的效率，能够在实时软件中运行。线性优

化问题的计算复杂度是多项式依赖于问题的维数,而穷举搜索的计算量是信号数的函数。

同时求解向量 $\bar{\boldsymbol{x}}(t+1)$ 的和通过恢复异常值向量 $\boldsymbol{\delta}(t+1)$ 解决问题(2.9.47)的方法称为 l_1-优化方法。与 l_0-优化方法相比,该方法更快但精度较低。这意味着 l_1-优化方法不一定正确地恢复异常值支持集,而 l_0-优化始终可以正常工作。

方法 3(OMP 方法):现在考虑第三种方法,它比 l_1-优化方法的计算量更少;但是恢复支撑集的精确度也不高。令 $\boldsymbol{F}$ 为矩阵 $\boldsymbol{J}$ 的环化矩阵:

$$\boldsymbol{FJ}=0 \quad \boldsymbol{J}\in\boldsymbol{R}^{n\times 4} \quad \boldsymbol{F}\in\boldsymbol{R}^{(n-4)\times n} \tag{2.9.53}$$

这个等式意味着矩阵 $\boldsymbol{J}$ 的列属于矩阵 $\boldsymbol{F}$ 的核,或者 $\boldsymbol{J}$ 跨越 $\boldsymbol{F}$ 的零空间。将式(2.9.31)的两边乘以矩阵 $\boldsymbol{F}$:

$$\boldsymbol{F\delta}(t+1)=\boldsymbol{c}(t+1)+\boldsymbol{\xi}_{\varphi}(t+1) \tag{2.9.54}$$

式中,$\boldsymbol{c}(t+1)=\boldsymbol{Fb}(t+1)$ 和 $\boldsymbol{\xi}_{\varphi}(t+1)=-\boldsymbol{F\varepsilon}_{\varphi}(t+1)$。忽略噪声,我们正在寻找系统的解决方案(2.9.54)。首先请注意,如果没有周跳,系统(2.9.40)是“几乎”一致的,并且向量 $\boldsymbol{b}(t+1)$ 属于矩阵 $\boldsymbol{J}$ 列上跨越的线性空间。这意味着如果不存在周跳,则向量 $\boldsymbol{c}(t+1)=\boldsymbol{Fb}(t+1)$ 接近零。如果存在周跳,则异常向量满足系统(2.9.54)的非零常数项 $\boldsymbol{c}(t+1)$。

如何找到环化子矩阵?考虑矩阵 $\boldsymbol{J}$ 的 $\boldsymbol{QR}$ 分解:

$$\boldsymbol{QR}=\boldsymbol{J} \tag{2.9.55}$$

式中,矩阵 $\boldsymbol{Q}\in\boldsymbol{R}^{n\times n}$,是正交的,且矩阵 $\boldsymbol{R}\in\boldsymbol{R}^{n\times 4}$ 具有以下结构:

$$\boldsymbol{R}=\begin{bmatrix}\boldsymbol{U}\\ \hdashline (n-4)\boldsymbol{0}_4\end{bmatrix} \quad \boldsymbol{U}\in\boldsymbol{R}^{4\times 4}_{(n-4)}\boldsymbol{0}_4\in\boldsymbol{R}^{(n-4)\times 4} \tag{2.9.56}$$

矩阵 $\boldsymbol{U}$ 是上三角阵。从前面的两个方程式可以直接得出,正交矩阵 $\boldsymbol{Q}^{\mathrm{T}}$ 可以分为两部分,即

$$\boldsymbol{Q}^{\mathrm{T}}=\begin{bmatrix}\boldsymbol{G}\\ \hdashline \boldsymbol{F}\end{bmatrix} \tag{2.9.57}$$

矩阵 $\boldsymbol{F}$ 服从式(2.9.53)的属性。

由于 $\boldsymbol{F}\in\boldsymbol{R}^{(n-4)\times n}$ 有无穷多个解,所以线性系统(2.9.54)是不正定的,但我们感兴趣的是具有最小可能支持集的解。换句话说,我们正在寻找一个尽可能少的非零项的解。为了解决这个问题,在压缩感知框架的背景下,我们可以应用 l_1-优化,即

$$\left.\begin{aligned}&\boldsymbol{F}(\boldsymbol{u}-\boldsymbol{v})=\boldsymbol{c}(t+1)\\&u_s\geqslant 0 \quad v_s\geqslant 0\\&\sum_{s=1}^{n}(u_s+v_s)\rightarrow\min\end{aligned}\right\} \tag{2.9.58}$$

或者我们可以应用所谓的正交匹配追踪(OMP)算法(Cai et al.,2011)。OMP 算法的描述如下。

1. 初始化计算残差和支持集的算法

$$\boldsymbol{y}^{(0)}=\boldsymbol{c}(t+1) \quad S^{(0)}=\varnothing \tag{2.9.59}$$

并且令 $k=0$。

2. 检查终止条件

$$\frac{1}{\sigma_{\varepsilon_\varphi}^2}\|\boldsymbol{y}^{(k)}\|_{l_2}<T(\alpha,n-k-4) \tag{2.9.60}$$

满足一定的显著性水平 α。如果满足条件(2.9.60),则算法终止;否则,设置 $k=k+1$ 继续。

3. 找到解决优化问题的索引 $s^{(k)}$

$$\max_{s=1,\cdots,n}\frac{|\boldsymbol{f}_s^{\mathrm{T}}\boldsymbol{y}^{(k-1)}|}{\sqrt{\boldsymbol{f}_s^{\mathrm{T}}\boldsymbol{f}_s}} \tag{2.9.61}$$

式中,$\boldsymbol{f}_s$ 是矩阵 $\boldsymbol{F}$ 的第 s 列。

4. 更新支持集

$$S^{(k)}=S^{(k+1)}\cup\{s^{(k)}\} \tag{2.9.62}$$

5. 解决最小二乘问题

$$\boldsymbol{\delta}^{(k)}=(\boldsymbol{F}^{\mathrm{T}}(S^{(k)})\boldsymbol{F}(S^{(k)}))^{-1}\boldsymbol{F}^{\mathrm{T}}(S^{(k)})\boldsymbol{c}(t+1) \tag{2.9.63}$$

矩阵 $\boldsymbol{F}(S)$ 是由列 $\boldsymbol{f}_s(s\in S)$ 组成的矩阵,并计算残差矢量

$$\boldsymbol{y}^{(k)}=\boldsymbol{c}(t+1)-\boldsymbol{F}(S^{(k)})\boldsymbol{\delta}^{(k)} \tag{2.9.64}$$

6. 返回第一步

让我们将 OMP 算法应用于同一示例,GPS+GLONASS,L1+L2,信号数 $n=20$。之前我们选择 $\delta_\varphi=0.01$。令显著性水平与之前相同,$\alpha=0.95$。在第 110 个历元,我们得到了运行 OMP 算法的以下结果:

$$k=0 \qquad \frac{1}{\sigma_{\varepsilon_\varphi}^2}\|y^{(0)}\|_{l_2}=21\ 279$$

$$k=1\quad s_1=12\quad S_1=\{12\} \qquad \frac{1}{\sigma_{\varepsilon_\varphi}^2}\|y^{(1)}\|_{l_2}=13\ 287$$

$$k=2\quad s_2=7\quad S_2=\{12,7\} \qquad \frac{1}{\sigma_{\varepsilon_\varphi}^2}\|y^{(2)}\|_{l_2}=5\ 281.6$$

$$k=3\quad s_3=1\quad S_3=\{12,7,1\} \qquad \frac{1}{\sigma_{\varepsilon_\varphi}^2}\|y^{(3)}\|_{l_2}=4.586$$

并且算法以 $4.586<T(0.95,13)=22.36$ 终止并满足条件(2.9.60)。因此,在第三次迭代中找到了正确的支持集。

该方法被称为 OMP 方法。它的复杂度(计算负载)与 $n^2\times 4$ 相当,这是所有考虑的方法中最低的。另一方面,它在正确恢复支持集方面的精度最低,正如已经指出的,支撑集是受周跳影响的信号集或要隔离的信号集。

让我们对 OMP 方法稍加修改。考虑问题(2.9.40)的最小二乘解的残差(2.9.42)。考虑到分解式(2.9.55)和式(2.9.56),我们可以写为

$$\begin{aligned}\boldsymbol{r}&=(\boldsymbol{I}_n-\boldsymbol{J}(\boldsymbol{J}^{\mathrm{T}}\boldsymbol{J})^{-1}\boldsymbol{J}^{\mathrm{T}})\boldsymbol{b}(t+1)\\&=\boldsymbol{Q}\left(\boldsymbol{I}_n-\left[\begin{array}{c}\boldsymbol{U}\\ \hdashline (n-4)\boldsymbol{0}_4\end{array}\right](\boldsymbol{U}^{\mathrm{T}}\boldsymbol{U})^{-1}\left[\begin{array}{c:c}\boldsymbol{U}^{\mathrm{T}} & \boldsymbol{0}_{4,n-4}\end{array}\right]\right)\boldsymbol{Q}^{\mathrm{T}}\boldsymbol{b}(t+1)\end{aligned}$$

$$=Q\left[\begin{array}{c:c}\mathbf{0}_4 & (n-4)\mathbf{0}_4 \\ \hdashline (n-4)\mathbf{0}_4 & I_{n-4}\end{array}\right]Q^{\mathrm{T}}b(t+1)=F^{\mathrm{T}}Fb(t+1)=F^{\mathrm{T}}c(t+1) \tag{2.9.65}$$

将 OMP 方法第一次迭代设置为 $k=1$,向量 $\boldsymbol{y}(0)=\boldsymbol{c}(t+1)$,因此考虑到式(2.9.65),步骤(2.9.61)选择了残差的最大归一化项

$$s^{(1)}=\arg\max_{s=1,\cdots,n}\frac{|\boldsymbol{f}_s^{\mathrm{T}}\boldsymbol{c}(t+1)|}{\|\boldsymbol{f}_s\|_{l_2}}=\arg\max_{s=1,\cdots,n}\frac{|\boldsymbol{r}_s|}{\|\boldsymbol{f}_s\|_{l_2}} \tag{2.9.66}$$

式中,$\boldsymbol{r}_s$ 表示残差矢量 $\boldsymbol{r}$ 的第 s 项。换句话说,在第一次迭代中,我们已经隔离了与归一化残差的最大值相对应的信号。

在其第一次迭代中,OMP 方法使用归一化残差项的最大值隔离信号。隔离的信号从线性系统(2.9.40)中删除,再降维求解。注意,使用"秩一更新"技术可以有效地减少计算该线性系统解的方程组数量。

2.10 接收机间单差模糊度固定

根据式(2.3.40)构造接收机间单差模糊度矢量。每个单独的向量 $\boldsymbol{n}_a$ 受式(2.3.41)约束,这意味着某个组内的所有模糊度必须具有相同的小数部分。在等效公式中,这意味着接收机间-星间双差必须是整数。让我们用$\mathbb{N}$ 表示这样的模糊度向量的集合,它恰好是根据式(2.3.40)划分的满足条件的向量集:

$$\mathbb{N}=\{\boldsymbol{n}=(\boldsymbol{n}_1^{\mathrm{T}},\cdots,\boldsymbol{n}_{\bar{a}}^{\mathrm{T}})^{\mathrm{T}}:\boldsymbol{n}_a\in\mathbb{N}_a,a=1,\cdots,\bar{a}\} \tag{2.10.1}$$

$$\mathbb{N}_a=\{\boldsymbol{n}_a:\boldsymbol{n}_a=\hat{\boldsymbol{n}}_a+\alpha_a\boldsymbol{e}_{n_a},\hat{\boldsymbol{n}}_a\in Z^{n_a},a=1,\cdots,\bar{a}\} \tag{2.10.2}$$

式中,$\bar{a}\leqslant10$,是分区中的模糊度组数;$\boldsymbol{n}_a$ 是某组的 n_a 维模糊度向量,$a=1,\cdots,\bar{a}$;$\hat{\boldsymbol{n}}_a$ 为整周模糊度向量(可以视为双差模糊度向量),实值公用小数部分用 α_a 表示;$\boldsymbol{e}_{n_\alpha}=(1,\cdots,1)^{\mathrm{T}}$ 是单位向量;符号 Z^n 表示一组整数向量集(由标准向量基生成)。

考虑到表达式(1.5.6)中的值 $\Delta\boldsymbol{v}^{\mathrm{T}}\boldsymbol{P}\boldsymbol{v}$,我们首先解释它为何出现在 RTK 平滑过程中;然后解释如何使用 1.5.2 节至 1.5.4 节中描述的方法来固定模糊度。在 2.4 节、2.5 节和 2.6 节中我们讨论的是恒定常数向量、对近似移动站位置的校正随时间变化的向量,以及单差电离层延迟模型。恒定常数向量在式(2.4.12)、式(2.5.4)和式(2.6.8)中用 $\boldsymbol{y}$ 表示。可以使用以下符号将其分为与式(1.5.1)相似的两部分:

$$\boldsymbol{y}=\begin{bmatrix}\boldsymbol{\eta}\\ \boldsymbol{n}\end{bmatrix}\quad \boldsymbol{\eta}\in\boldsymbol{R}^{n_\eta}\quad \boldsymbol{n}\in\mathbb{N} \tag{2.10.3}$$

2.4 节、2.5 节和 2.6 节中的递归算法生成参数(2.10.3)的实值估计 $\bar{\boldsymbol{y}}(t)$,以及时变参数$\bar{\boldsymbol{x}}(t)$。

简洁起见,省略了时间相关符号 t,获得了变化函数的如下表达式:

$$q(\boldsymbol{y})=(\boldsymbol{y}-\bar{\boldsymbol{y}})^{\mathrm{T}}\boldsymbol{D}(\boldsymbol{y}-\bar{\boldsymbol{y}}) \tag{2.10.4}$$

矩阵 $\boldsymbol{D}$ 递归更新。函数(2.10.4)的向量变量 $\boldsymbol{y}$ 最小化,根据式(2.10.3)分为两部分

$$\min q(\boldsymbol{y})$$
$$\boldsymbol{y}=\begin{bmatrix}\boldsymbol{\eta}\\ \boldsymbol{n}\end{bmatrix}\quad \boldsymbol{n}\in\mathbb{N}\tag{2.10.5}$$

定义(2.10.2)是多余的。我们可以将向量 $\bar{\boldsymbol{n}}_a\in Z^{n_a}$ 的一项与真实值 α_a 合并。选择此项等同于选择参考信号。对于每一组,必须选择一个参考信号。选择具有信噪比(SNR)最优的信号是合理的。使用该信号进行卫星差分会给其他信号带来最小的误差。令参考信号表示为 $r_a, a=1,\cdots,\bar{a}$,然后

$$\mathbb{N}_a=\{\boldsymbol{n}_a:\boldsymbol{n}_a=\boldsymbol{E}_{a,r_a}\hat{\boldsymbol{n}}_{a,r_a}+\alpha_a\boldsymbol{e}_{n_a-1},\hat{\boldsymbol{n}}_{a,r_a}\in Z^{n_a-1},a=1,\cdots,\bar{a}\}\tag{2.10.6}$$

式中,$\boldsymbol{E}_{a,r_a}$ 表示从单位矩阵 $\boldsymbol{I}_{n_a}$ 中删去第 r_a 列构成 $n_a\times(n_a-1)$ 矩阵,从而使 r_a 行由全零组成。

$$\boldsymbol{E}_{a,r_a}=\left[\begin{array}{c:c:c:c:c:c} 1 & & & & & \\ \hdashline & \ddots & & & & \\ \hdashline & & 1 & & & \\ \hdashline 0 & \cdots & 0 & 0 & \cdots & 0 \\ \hdashline & & & 1 & & \\ \hdashline & & & & \ddots & \\ \hdashline & & & & & 1 \end{array}\right]\leftarrow r_a\tag{2.10.7}$$

实值参数 α_a 可以与分区(2.10.3)中的向量 $\boldsymbol{\eta}$ 组合。将分两个步骤进行。首先,根据分区(见式(2.10.3)),在式(2.10.4)中以块形式表示矩阵 $\boldsymbol{D}$ 和向量 $\bar{\boldsymbol{y}}$。

$$\boldsymbol{D}=\left[\begin{array}{c:c}\boldsymbol{D}_{\eta\eta} & \boldsymbol{D}_{\eta N}\\ \boldsymbol{D}_{\eta N}^{\mathrm{T}} & \boldsymbol{D}_{NN}\end{array}\right]\quad \bar{\boldsymbol{y}}=\left[\begin{array}{c}\bar{\boldsymbol{\eta}}\\ \hdashline \bar{\boldsymbol{n}}\end{array}\right]\tag{2.10.8}$$

应用部分最小化得到问题(2.10.5)的等效形式:

$$\min_{\boldsymbol{n}\in\mathbb{N}} q_{\boldsymbol{n}}(\boldsymbol{n})=\min_{N\in\mathbb{N}}(\boldsymbol{n}-\bar{\boldsymbol{n}})^{\mathrm{T}}(\boldsymbol{D}_{\boldsymbol{nn}}-\boldsymbol{D}_{\eta\boldsymbol{n}}^{\mathrm{T}}\boldsymbol{D}_{\eta\eta}^{-1}\boldsymbol{D}_{\eta\boldsymbol{n}})(\boldsymbol{n}-\bar{\boldsymbol{n}})\tag{2.10.9}$$

其中,从条件(2.10.1)和条件(2.10.6)定义的集合中取向量 $\boldsymbol{n}$ 的最小值。

让我们记为

$$\boldsymbol{E}_r=\begin{bmatrix}\boldsymbol{E}_{1,r_1} & & \vdots & \\ & \boldsymbol{E}_{2,r_2} & \vdots & \\ \cdots & \cdots & \ddots & \vdots\\ & & \cdots & \boldsymbol{E}_{\bar{a},r_{\bar{a}}}\end{bmatrix}\in\boldsymbol{R}^{n\times(n-\bar{a})}\tag{2.10.10}$$

$$\boldsymbol{G}_r=\begin{bmatrix}\boldsymbol{e}_{1,r_1} & & \vdots & \\ & \boldsymbol{e}_{2,r_2} & \vdots & \\ \cdots & \cdots & \ddots & \vdots\\ & & \cdots & \boldsymbol{e}_{\bar{a},r_{\bar{a}}}\end{bmatrix}\tag{2.10.11}$$

式中,n 是信号数,即模糊度向量的维数。那么 $\boldsymbol{n}\in\mathbb{N}$ 可以表示为

$$\boldsymbol{n}=\boldsymbol{E}_r\hat{\boldsymbol{n}}+\boldsymbol{G}_r\boldsymbol{\alpha} \tag{2.10.12}$$

式中,$\hat{\boldsymbol{n}}\in \boldsymbol{Z}^{n-\bar{a}}$,是整数向量值;$\alpha$ 是实值参考模糊度组成的实值向量。式(2.10.9)中定义的二次函数 $q_n(\boldsymbol{n})$ 可重写为

$$q_n(\hat{\boldsymbol{n}},\boldsymbol{\alpha})=(\boldsymbol{E}_r\hat{\boldsymbol{n}}+\boldsymbol{G}_r\boldsymbol{\alpha}-\bar{\boldsymbol{n}})^{\mathrm{T}}(\boldsymbol{D}_{nn}-\boldsymbol{D}_{\eta n}^{\mathrm{T}}\boldsymbol{D}_{\eta\eta}^{-1}\boldsymbol{D}_{\eta n})(\boldsymbol{E}_r\hat{\boldsymbol{n}}+\boldsymbol{G}_r\boldsymbol{\alpha}-\bar{\boldsymbol{n}}) \tag{2.10.13}$$

部分最小化的第二步的应用导致整数二次最小化问题,即

$$\min_{\hat{\boldsymbol{n}}\in \boldsymbol{Z}^{n-\bar{a}}}\left[\min_{\alpha\in \boldsymbol{R}^{\bar{a}}} q_n(\hat{\boldsymbol{n}},\boldsymbol{\alpha})\right]=\min_{\hat{\boldsymbol{n}}\in \boldsymbol{Z}^{n-\bar{a}}}\hat{q}_n(\hat{\boldsymbol{n}}) \tag{2.10.14}$$

$\hat{q}_n(\hat{\boldsymbol{n}})$ 定义为

$$\hat{q}_n(\hat{\boldsymbol{n}})=(\boldsymbol{E}_r\hat{\boldsymbol{n}}-\bar{\boldsymbol{n}})^{\mathrm{T}}\boldsymbol{\Pi}_{\alpha}(\boldsymbol{E}_r\hat{\boldsymbol{n}}-\bar{\boldsymbol{n}}) \tag{2.10.15}$$

$\boldsymbol{\Pi}_{\alpha}$ 可以定义为

$$\boldsymbol{\Pi}_{\alpha}=\bar{\boldsymbol{D}}-\bar{\boldsymbol{D}}\boldsymbol{G}_r(\boldsymbol{G}_r^{\mathrm{T}}\bar{\boldsymbol{D}}\boldsymbol{G}_r)^{-1}\boldsymbol{G}_r^{\mathrm{T}}\bar{\boldsymbol{D}} \tag{2.10.16}$$

其中

$$\bar{\boldsymbol{D}}=\boldsymbol{D}_{nn}-\boldsymbol{D}_{\eta n}^{\mathrm{T}}\boldsymbol{D}_{\eta\eta}^{-1}\boldsymbol{D}_{\eta n} \tag{2.10.17}$$

是二次函数的矩阵。最后,函数 $\hat{q}_n(\hat{\boldsymbol{n}})$ 可以表示为

$$\hat{q}_n(\hat{\boldsymbol{n}})=(\hat{\boldsymbol{n}}-\bar{\bar{\boldsymbol{n}}})^{\mathrm{T}}\bar{\bar{\boldsymbol{D}}}(\hat{\boldsymbol{n}}-\bar{\bar{\boldsymbol{n}}}) \tag{2.10.18}$$

其中

$$\bar{\bar{\boldsymbol{D}}}=\boldsymbol{E}_r^{\mathrm{T}}\boldsymbol{\Pi}_{\alpha}\boldsymbol{E}_r \tag{2.10.19}$$

$$\bar{\bar{\boldsymbol{n}}}=(\boldsymbol{E}_r^{\mathrm{T}}\boldsymbol{\Pi}_{\alpha}\boldsymbol{E}_r)^{-1}\boldsymbol{E}_r^{\mathrm{T}}\boldsymbol{\Pi}_{\alpha}\bar{\boldsymbol{n}} \tag{2.10.20}$$

然后可以将 1.5.2 节和 1.5.4 节中说明的整数搜索算法应用于问题 $\min_{\hat{\boldsymbol{n}}\in \boldsymbol{Z}^{n-\bar{a}}}\hat{q}_n(\hat{\boldsymbol{n}})$。

请记住,不必准确计算式(2.10.17)中的矩阵 $\bar{\boldsymbol{D}}$。取而代之的是,计算矩阵 $\boldsymbol{D}$ 的 Cholesky 分解,如式(2.10.8)所示将其划分为块。

如果在处理中涉及 GLONASS 观测量,则会出现频间偏差。如 2.2 节末尾所述,可以对这些偏差进行补偿或估计。确切地说,可以估计斜率项 $\mu_{\mathrm{L1},R,\varphi}$ 和 $\mu_{\mathrm{L2},R,\varphi}$。令矢量 μ 根据式(2.3.43)定义,矩阵 $\boldsymbol{W}_{\mu}$ 根据式(2.3.45)定义,将实数向量 $\boldsymbol{\mu}$ 与式(2.10.13)中的 $\boldsymbol{\alpha}$ 一起作为要估计的参数,有

$$q_n(\hat{\boldsymbol{n}},\boldsymbol{\alpha},\boldsymbol{\mu})=(\boldsymbol{E}_r\hat{\boldsymbol{n}}+\boldsymbol{G}_r\boldsymbol{\alpha}+\boldsymbol{W}_{\mu}\boldsymbol{\mu}-\boldsymbol{n})^{\mathrm{T}}(\boldsymbol{D}_{nn}-\boldsymbol{D}_{\eta n}^{\mathrm{T}}\boldsymbol{D}_{\eta\eta}^{-1}\boldsymbol{D}_{\eta n})(\boldsymbol{E}_r\hat{\boldsymbol{n}}+\boldsymbol{G}_r\boldsymbol{\alpha}+\boldsymbol{W}_{\mu}\boldsymbol{\mu}-\bar{\boldsymbol{n}})+\rho\boldsymbol{\mu}^{\mathrm{T}}\boldsymbol{\mu} \tag{2.10.21}$$

尝试同时估计 $\boldsymbol{\mu}$ 和 $\boldsymbol{\alpha}$ 会使问题(2.10.21)复杂化。为了避免二次函数矩阵的病态或接近奇异,可以在下式中添加一个正参数 ρ:

$$\hat{q}_n(\hat{\boldsymbol{n}})=\min_{\alpha\in R^{\bar{a}},\mu\in R^2} q_n(\hat{\boldsymbol{n}},\boldsymbol{\alpha},\boldsymbol{\mu})\quad \hat{\boldsymbol{n}}\in Z^{n-\bar{a}} \tag{2.10.22}$$

ρ 越大,$\boldsymbol{\mu}$ 的变化就越受约束。当 ρ 的最大值接近 $\max \bar{\boldsymbol{D}}_{ii}$ 时,$\boldsymbol{\mu}$ 的估计值将接近零。回顾前文,参数 $\boldsymbol{\mu}$ 是指硬件载波相位偏差对频率的依赖性的一阶线性近似,如式(2.3.34)和式(2.3.35)所述。这种线性近似是有意义的,因为在实践中,偏差表现如图 2.2.1 所示。图中所示的跨接收机硬件载波相位偏差的线性部分对于来自不同制造商的两个接收机来说是非常典型的。通常,当 l 在[-7,6]范围内时,其值可以是一个或几个周期。换句话说,参数 $\boldsymbol{\mu}$

的取值范围约为[-0.1,0.1]。参数 ρ 的典型选择是 0.001 或 0.000 1。

图 2.2.1 显示了接收机的硬件偏差破坏了模糊度的整数特性,除非对偏差进行了补偿或估计,否则无法对其进行修正。在第一种情况下,可通过查表获取,RTCM3 格式允许将制造商和硬件版本的详细信息从基准站传到移动站。因此,移动站能够读取适当的赋值表。在第二种情况下,如果移动站未知基准站的硬件信息,或没有适当的赋值表,则可以尝试估计其线性近似系数,甚至估计较高阶的系数。

举例说明。

现在让我们继续讨论 2.5 节中的示例。在第一个历元,模糊度使用 4.78 的比率门限被固定。为了分析模糊度固定时位置的变化情况,令前 30 个历元为浮点解,从第 31 个历元开始固定模糊度。图 2.10.1 说明了在大地基准上表示的基线向量天向分量的变化情况。注意,2.5 节所述的 RTK 算法估算了动态移动站的位置,图 2.10.1 中虚线表示在前 30 个历元浮点解变化,实线表示后 30 个历元固定解变化。

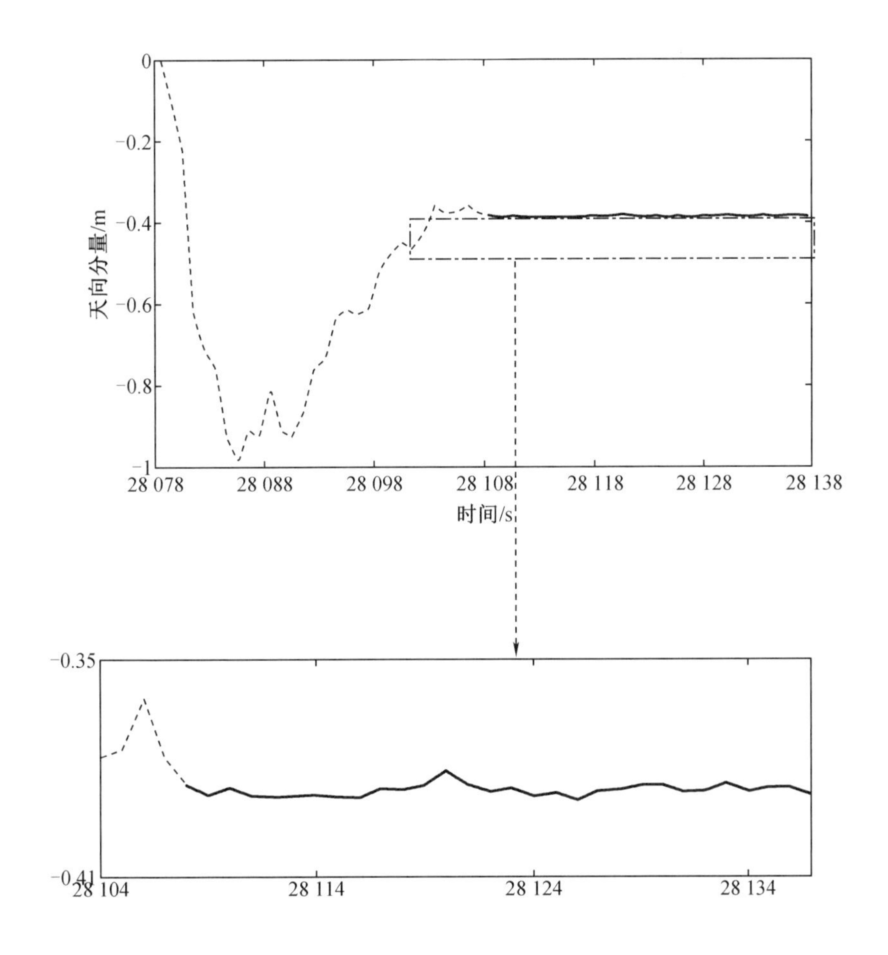

图 2.10.1　基线向量的天向分量

注:前 30 个历元为浮点解,后 30 个历元是固定解。

接收机硬件延迟偏差整数部分将被单差模糊度吸收,当模糊度固定后可以表示为小数部分。在第 1 章中,术语"跨接收机模糊度"严格表示整数值。固定双差模糊度后,单差模糊度估计(带小数)采用表 2.10.1 和表 2.10.2 中汇总的正确值。四组的模糊度(在此示例中),在每组内部具有相等的小数部分。

表 2.10.1　GPS 跨接收机单差模糊度固定值

卫星号	L1 频段	L2 频段
4	-24.293 2	0.766 2
9	11.706 8	-8.233 8
15	7.706 8	15.766 2
17	-22.293 2	-8.233 8
24	20.706 8	11.766 2
28	1.706 8	1.766 2

表 2.10.2　GLONASS 跨接收机单差模糊度固定值

卫星号	L1 频段	L2 频段
-7	4.392 2	6.067 7
0	3.392 2	2.067 7
2	-22.607 8	10.067 7
4	-35.607 8	-12.932 3

当同时使用 GPS L1、L2 和 L5 频段,GLONASS L1 和 L2 频段,Galileo L1 和 E5 频段,QZSS L1、L2 和 L5 频段,WAAS L1 和 L5 频段以及北斗卫星导航系统 B1、B2 和 B3 频段时,可能会有 40 多个不同的模糊度值待求解。尽管快速整数搜索方法已在 1.5.2 节至 1.5.4 节中讨论,但简化计算的问题仍然很重要。此外,当试图同时固定所有模糊度时,可能会出现一种情况,即一个测量通道中存在较大误差或未检测到的周跳会导致所有模糊度无法正确固定。有两种不同的方法可以解决此问题:

- 部分模糊度固定;
- 固定的测量值线性组合。

在模糊度部分固定方法中,首先确定并固定一组"最佳模糊度集"。最佳集合中的模糊度数不应超过某个预定义的值(例如 20 或 30),但应包括对应于具有最高 SNR 和良好信号几何因子的模糊度。Cao 等(2007)讨论了选择待确定的模糊度的子集的标准。选取准则可以是卫星系统、频率或其组合。

在固定最佳模糊度集时,不包含在该集合的其他模糊度仍然保持浮点解。将向量分为 $\hat{\boldsymbol{n}}=(\hat{\boldsymbol{n}}_1^{\mathrm{T}},\hat{\boldsymbol{n}}_2^{\mathrm{T}})^{\mathrm{T}}$ 和 $\overline{\overline{\boldsymbol{n}}}=(\overline{\overline{\boldsymbol{n}}}_1^{\mathrm{T}},\overline{\overline{\boldsymbol{n}}}_2^{\mathrm{T}})^{\mathrm{T}}$ 两部分。内部最小值取变量 $\hat{\boldsymbol{n}}_2$,它对应继续保持浮点解模糊度,而外部最小值取变量 $\hat{\boldsymbol{n}}_1$,它对应将要进行固定的模糊度。对整数向量 $\hat{\boldsymbol{n}}_1$ 执行最小化操作,然后计算浮点变量 $\hat{\boldsymbol{n}}_2(\hat{\boldsymbol{n}}_1)$(条件最小值的自变量)。在这一阶段,有整数值 $\hat{\boldsymbol{n}}_1$ 和浮点向量 $\hat{\boldsymbol{n}}_2(\hat{\boldsymbol{n}}_1)$。通常,如果第一个主要集合的模糊度被正确固定并具有良好的比率检测值,则

浮点值 $\hat{\boldsymbol{n}}_2(\hat{\boldsymbol{n}}_1)$ 接近整数值,可以直接进行舍入计算。或者,我们可以用固定的向量 $\hat{\boldsymbol{n}}_1$ 转化为式(2.10.18),并将其视为要固定的剩余变量的二次函数 $\hat{\boldsymbol{n}}_2$。

Teunissen(1998)讨论了部分模糊度的固定。当模糊度的一部分保持浮点解时,它们与分区(2.10.8)和分区(2.10.9)中的参数 $\boldsymbol{\eta}$ 组合,并按已讨论的相同方式进行处理。在固定了主要模糊度集之后,相应更新第二个模糊度集的浮点解以及实值参数 $\boldsymbol{\eta}$。然后第二个模糊度被固定。如果模糊度的数量非常多,则固定过程可以分为三个或多个阶段。仅考虑两个子集,当求解第一个子集(外部问题)时,考虑整个矩阵(2.10.19)。因此,需要考虑单差模糊度在两个子集之间的相关性。

顺序进行部分固定的另一个缺点是,假设没有影响信号的偏差,则在每个阶段估计的比率检测值将低于整个问题的比率检测值。

顺序部分固定的一个优点是它能够暂时或永久隔离受固定偏差影响的信号。只有一个坏信号会降低比率值,因此无法固定所有模糊度。从待固定的集合中排除信号的标准是信噪比较低且卫星仰角较高。通常,它表示信号有遮挡或载波相位多路径误差较大。有时,可以通过比较某颗卫星的第一和第二(或第三)频率的载波相位可观测值的残差来检测多路径误差的存在。如果残差具有不同符号的大值,则可能表明存在明显的载波相位多路径。在这种情况下,被假设受多路径影响的接收机间单差模糊度,可以保持一段历元的浮点解。因此,部分模糊度固定方法不仅可以用于减小整数搜索的维数,还可以隔离某些观测量,如果将这些观测量包含在固定解中,则这些观测量可能会降低比率值。

本节中已经分析了接收机间单差模糊度固定算法。所求解的单差模糊度包括单差接收机硬件延迟和整数周的模糊度,接收机硬件延迟在所有观测量中均表现为相同的小数部分。由于不计算 L1、L2 或 L5 频段的线性组合,单差模糊度方法允许处理任意组合的观测量。即使来自某些频率的观测量在某些历元暂时或永久不可用,也允许逐历元地顺序处理载波相位和伪距观测量。如果某些观测量在某个历元变得不可用或再次变得可用(无论是物理上的原因还是由于检测到周跳),则 2.8 节和 2.9 节中所述的方法允许进行顺序最佳处理。

2.11　软件实现

RTK 程序实现可以分为几个并行运行的计算过程:

(1)模糊度滤波和解算;

(2)计算位置、速度和时间;

(3)从基准站接收和外推观测量,基准站可以是真实的物理接收机,也可以是为移动站服务的虚拟基准站。

测量值是在移动站中以较高的更新速率生成的,通常是每秒 20 ~ 100 次,例如 20 ~ 100 Hz,而基准站产生的测量值以较低的速率传输到流动站,例如每秒 1 次,即 1 Hz。考虑到数据吞吐量和数据链路的可靠性,因此宜采用相对较低的传输速率。

模糊过滤和解算是复杂的,本章描述的数值方案涉及许多矩阵运算。矩阵维度取决于模糊度的数量,而模糊度的数量又取决于可用信号的数量。当没有周跳发生时,模糊度是固定不变的,这意味着可以以较低的更新速率来估计模糊度,而不必以在流动站接收机中生成测量的速率来估计模糊度。在形成接收机间单差时必须使用移动站和基准站的观测量,因此只有时间相匹配的观测量才能进行模糊度的解算。因此,第一个过程可以被认为是缓慢和低优先级的。注意,在接收器中工作的实时操作系统必须在并行进程之间共享计算资源。这项任务是通过优先权机制来完成的。当试图共享公共资源时,高优先级进程中断低优先级进程。因此,高优先级通常授予运行原始数据采集和初始数据处理的进程。这些进程的计算量不大,允许其他优先级较低的进程在完成任务后访问处理器资源。低优先级进程执行计算密集型任务,处理的数量变化相对较慢。

第二个过程完成位置、速度和时间的计算。这些计算基于无偏载波相位测量值,该测量值表示为载波相位测量值与第一步处理中估计的模糊度之差。载波相位测量通常以高更新率生成,而模糊度则使用低更新率进行估计,即与通过基准站和移动站之间的数据链路进行测量的速率相同。第二个过程包含相对简单的计算,比第一个过程的优先级更高。

第三个过程负责接收来自基准站的测量值。它对原始观测量进行解码,格式为 RTCM2 或 RTCM3。这些格式专为通过受不规则时延影响的无线电或 GSM 信道进行紧凑可靠的数据传输而设计。RTCM 数据携带载波相位和伪距测量值或修正值。校正量通常定义为信号传输前在基准站补偿几何和时间项的测量残差。

从基准站接收到的测量值必须进行外推,以补偿传输延迟以及移动站观测量的高更新率(例如 20 Hz)和基准站观测量的低更新率(例如 1 Hz)间的差异。外推法允许移动站软件匹配基准站和移动站相同时刻的观测量。基于简单的二阶或三阶动态模型,可以使用独立的 Kalman 滤波器对每个信号进行外推。可参考辛格(1970)的例子。

第3章　对流层和电离层

大气对 GNSS 观测值的影响是本章的重点。在 3.1 节中，我们首先介绍了与 GPS 卫星测量有关的对流层和电离层，并介绍了折射率的一般形式。3.2 节介绍了对流层折射，其折射系数是干燥空气分压、水蒸气分压和温度的函数。书中没有经过推导直接给出了由 Saastamoinen(1972)提出的天向静水延迟方程(ZHD)、由 Mendes 等(1999)提出的天向湿度延迟表达式(ZWD)、由 Niell(1996)提出的相关倾斜延迟和天向延迟的关系。然后，建立了天向湿度延迟与可沉淀水蒸气(PWV)之间的关系。

3.3 节讨论了对流层吸收和测量对流层湿度延迟的水蒸气辐射计(WVR)。我们提出并讨论了辐射传递方程和光线温度的概念。为了进一步说明水蒸气辐射计的原理，我们讨论了水蒸气、氧气和液态水的相关吸收谱线。随后简要讨论了计算湿度延迟的补偿方法和使用倾斜曲线进行辐射计校准的问题。

3.4 节主要研究了电离层的折射。我们从折射率的 Appleton-Hartree 公式开始，推导了 GNSS 信号电离层延迟的一阶、二阶和三阶表达式。简要地介绍了 GPS L1 和 L2 载波中某些周跳的变形，然后重点研究了经典的单层电离层模型，以将垂直总电子含量(VTEC)与各自的倾斜总电子含量(STEC)相关联，以及如何根据地面 GNSS 观测值计算 VTEC。本章最后简要介绍了目前热门的全球电离层模型。

3.1　概　　述

传播介质会影响所有频率下的电磁波传播，从而导致信号路径弯曲，调制到达的时间延迟、载波相位提前、闪烁以及其他变化。在 GNSS 定位中，主要关注的是载波调制和载波相位的到达时间。信号路径的几何弯曲会导致较小的延迟，对于 5°以上的仰角而言，可以忽略不计。电磁波在不同大气区域的传播方式随地点和时间的变化而复杂多变。我们最感兴趣的主要有两个区域，分别是对流层和电离层。然而，使用 GNSS 进行定位需要仔细考虑大气对观测结果的影响，而 GNSS 也是研究大气性质的重要工具。本章将讨论 GNSS 频率范围(仅限于定位所需的范围，近似于微波区域)的电磁信号的传播。

大部分大气层位于对流层。我们关注的是对流层伪距和载波相位的延迟。对于低于 30 GHz 的频率，对流层基本上表现为一种非色散介质，折射率与通过它的信号的频率无关。对流层折射包括中性气态大气的影响。对流层的有效高度约为 40 千米。更高区域的大气密度太小，无法产生可测量的效果。Mendes(1999)和 Schüler(2001)关于对流层折射的研究成果是众多优秀可参考成果中的两个。对流层折射通常分为两部分处理。第一部分是遵循理想气体定律的流体静力学部分,是造成海平面位置最大延迟约 240 cm 的原因。它可以根据接收机天线上测得的压力精确计算。第二部分是更多变的湿度部分,也被称为非静水湿度部分,它是造成长达 40 cm 的天向延迟(the zenith direction)的原因。由于水蒸气的时间和位置变化,准确计算湿延迟是一项艰难的工作。例如,图 3. 1. 1 显示了 GPS 确定的 1999 年 7 月在俄克拉荷马州拉蒙特市连续 11 天每 5 min 的 ZWD。该图还显示了由 GPS 和 WVR 确定的 ZWD 差异,两者确定位置在 1 cm 以内。这些间隙表示难以获得合适的观测时间。

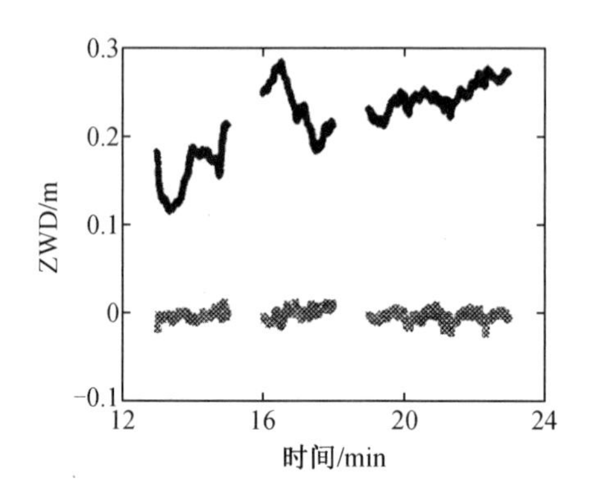

图 3. 1. 1　GPS 确定的 ZWD

(数据来自 JPL 的 Bar-Sever.)

电离层覆盖地球上方 50~1 500 km 的区域,其特征是存在带负电的自由电子和带正电的离子。自由电子的数目随时间和空间而变化,因此电子密度分布具有相当大的可变性。通常电离层的高度空间分布被划分为多个区域,这些区域本身可以细分为多个层。较低的区域是 D 区,高度可达 90 km,其上是 E 区,高度可达 150 km,F 区则高达 600 km。600 km 以上的区域称为电离层的最高层。但是这些特定的数字高度值尚未得到普遍认可,因此文献中可能存在其他值。在 GNSS 的应用中,我们主要考虑从卫星到接收机的传输线上自由电子对 GNSS 频率范围的总体影响。区域细分及其各自的特性(例如 30 MHz 以下频率传输的信号反射现象)对 GNSS 定位没有影响,尽管此类特性对于交流很重要。建议参考 Hargreaves(1992)和 Davies(1990)的理论进行电离层物理学的深入研究。

GNSS 应用中需要关注的是总电子含量(TEC,等于 1 m^2 柱体中的自由电子数)。当提到沿接收机到卫星视线的路径时,我们谈论的是倾斜总电子含量(STEC),而垂直柱体的 TEC 称为垂直总电子含量(VTEC)。TEC 的单位通常以 TECU 表示,1 TECU = 10^{16} el①/m^2。下面会推导出自由电子将使伪距延迟量并使载波相位提前量相等。这种影响的大小不仅取决于 TEC 值,而且取决于载波频率,因为电离层是一种分散介质。对于 GNSS 频率范围,延迟或提前量可达数十米。

已知的大气参数越好,对 GNSS 观测的相应校正计算就越准确。通常会用到在接收天线和 TEC 处的温度、压力和湿度这些参数。GPS 还有助于绘制这些大气参数的时空分布

① 1 el = 0. 69 m。

图。图3.1.2为低地球轨道器(LEO)和一颗GPS卫星的示意图。从LEO角度看,当GPS卫星在电离层和对流层之后升起或落下时,就会发生掩星。当信号通过媒体时,它们会经历对流层延迟、电离层码延迟和相位超前。假设LEO的准确位置已知并且LEO带有GPS接收器,则可以通过比较信号的传播时间和两颗卫星之间的几何距离来估计大气参数和这些参数的分布。使用2006年发射的FORMOSA T-3/COSMIC星座来探测大气空间和时间分布是一项更广泛的工作。该星座由6颗装有GPS天线的卫星组成。该系统提供了几乎均匀分布的全球数据,解决了稀疏性和缺乏掩星数据的问题。

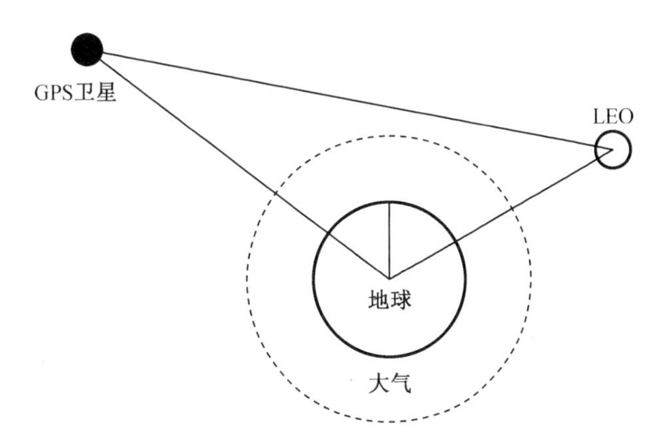

图3.1.2　LEO和GPS卫星示意图

本章将不讨论无线电掩星,因为这些建模和处理各自观测的细节不在本书的范围内。1997年,Kursinski等提供了掩星技术的背景信息以及对折射率、等压位高度和温度的补偿进行误差分析的信息。2008年,Bust和Mitchel讨论了电离层基于立体成像的3维时变映射的状态以及电离层层析成像的基于迭代成像的代数重构技术(ART)和乘性代数重构技术(MART)。2010年,Liou等提供了有关该主题的全面开放访问源码。*GPS Solutions*特刊(2010年第14卷第1期)已发表了COSMIC任务的结果。2013年,Sokolovskiy等基于新的L2C GPS观测值提高了COSMIC无线电掩星技术。

电磁波折射率的一般形式可以写为复数形式,即

$$\bar{n}=\mu-\mathrm{i}\chi \tag{3.1.1}$$

式中,μ和χ分别与折射和吸收有关。假设A_0表示振幅,可以将电磁波的方程写为

$$A=A_0\mathrm{e}^{\mathrm{i}(\omega t-\bar{n}\omega x/c)}=A_0\mathrm{e}^{\mathrm{i}(\omega t-\mu\omega x/c)}\,\mathrm{e}^{-\chi\omega x/c} \tag{3.1.2}$$

波以速度c/μ传播,其中c表示光速。介质中的吸收由指数衰减$\mathrm{e}^{-\chi\omega x/c}$给出。吸收系数为$\kappa=\omega\chi/c$。显而易见,在距离$1/\kappa$处,波的振幅减小为原来的$1/\mathrm{e}$。

对于GPS频率和微波区域内的频率,折射率可以写为

$$\bar{n}=n+n'(f)+in''(f) \tag{3.1.3}$$

如果n是频率的函数,则该介质称为色散。当将式(3.1.3)应用于对流层时,实数部分n和$n'(f)$所产生的折射会导致伪距和载波相位中的延迟。折射率的非色散部分是n。对于微波范围内的频率,与频率相关的实数$n'(f)$会导致60 GHz处的毫米级和300 GHz处的厘米级附近的延迟(Janssen,1993)。通常,$n'(f)$和$n''(f)$是由与载波频率附近的分子线共

振相互作用而引起的。GPS 频率和大气线共振相差很大。但是,$n''(f)$的虚部量化吸收和发散对于可观察到的 WVR 很重要。当将式(3.1.3)应用于电离层时,$n'(f)$项很重要。

3.2 对流层折射和延迟

折射率是光线经过的实际对流层路径的函数,从接收天线开始,一直到有效对流层电离层的末端。我们用 S 表示距离,折射引起的延迟为

$$v = \int n(s)\,\mathrm{d}s - \int \mathrm{d}s = \int (n(s) - 1)\,\mathrm{d}s \tag{3.2.1}$$

第一个积分指的是弯曲的传播路径。由于折射率随地面高度的增加而下降,因此路径是弯曲的。第二个积分是在大气为真空的情况下电磁波将经过的几何直线距离。两个积分从接收器天线的高度开始。

由于折射率 $n(s)$ 在数值上接近于 1,因此可以引入一个单独的符号来区别:

$$n(s) - 1 = N(s) \cdot 10^{-6} \tag{3.2.2}$$

$N(s)$称为折射率。在 20 世纪下半叶,研究人员为确定微波的折射率做了很多工作。相关的文献有 Thayer(1974)以及 Askne 等(1987)。折射率通常以以下形式给出:

$$N = k_1 \frac{p_\mathrm{d}}{T} Z_\mathrm{d}^{-1} + k_2 \frac{p_\mathrm{wv}}{T} Z_\mathrm{wv}^{-1} + k_3 \frac{p_\mathrm{wv}}{T_2} Z_\mathrm{wv}^{-1} \tag{3.2.3}$$

式中,p_d 表示来源于干燥空气的压力,mbar①。大气中各种干燥气体的体积分数按下面的顺序逐渐降低:N_2、O_2、Ar、CO_2、Ne、He、Kr、Xe、CH_4、H_2 和 N_2O。这些气体占总体积的 99.96%。p_wv 表示来源于水蒸气的压力,mbar。水蒸气的量变化很大,但几乎不超过大气质量的 1%。空气中的大部分水来自水蒸气。即使在云层内部,降水和湍流也可确保水滴的密度仍然很低。这种可变性一方面对长距离的精确 GNSS 应用提出了挑战,但另一方面开辟了一个新的活动领域,即大气水汽遥感。T 表示绝对温度,K。Z_d、Z_wv 为考虑到潮湿大气和理想气体的微小偏差的可压缩性因素。Spilker(1996)列出了这些表达式,这些因素通常统一考虑。k_1、k_2、k_3 为部分基于理论、部分基于实验观察的物理常数。1994 年 Bevis 等求出 $k_1 = 77.60$ K/mbar,$k_2 = 64.5$ K/mbar,$k_3 = 370\ 100$ $\mathrm{K^2}$/mbar。

来源于水蒸气的压力和相对湿度 R_h 可由 1961 年 WMO 等提出的著名的公式求出:

$$p_{\mathrm{wv[mbar]}} = 0.01 R_{\mathrm{h[\%]}} \mathrm{e}^{-37.2465 + 0.213166T - 0.000256908T^2} \tag{3.2.4}$$

这两个分压力与总压力 p 有关,该总压力直接由下式给出:

$$p = p_\mathrm{d} + p_\mathrm{wv} \tag{3.2.5}$$

式(3.2.3)的第一项表示在施加磁场的影响下,干燥气体分子的电子电荷畸变的总和。第二项指的是除水蒸气以外的相同效果。第三项是由水蒸气分子的永久偶极矩引起的,这是水蒸气分子结构的几何形状直接导致的。在 GPS 频率范围内,第三项实际上与频率无

① 1 bar = 100 kPa。

关,但是对于接近主要水蒸气共振线的较高频率不一定如此。通过将第一项分解为两部分,可以进一步推导方程(3.2.3),一个在静水压平衡下给出理想气体的折射率,另一个是来源于水蒸气压力的函数。然后可以从基于地面的总压力中准确地计算出较大的静水压分量。较小多变的水蒸气部分必须分开处理。

式(3.2.3)第一项的推导从将状态方程应用于气体成分 $i(i=\mathrm{d},i=\mathrm{wv})$开始。

$$p_i = Z_i \rho_i R_i T \tag{3.2.6}$$

式中,ρ_i 为质量密度,R_i 为比气体常数($R_i = R/M_i$,其中 R 为通用气体常数,M_i 为物质的量)。将式(3.2.6)中的 p_d 代入式(3.2.3)中的第一项,用总密度 ρ 和 ρ_wv 代替 ρ_d,并将 ρ_wv 第一项应用于式(3.2.6),有

$$k_1 \frac{p_\mathrm{d}}{T} Z_\mathrm{d}^{-1} = k_1 R_\mathrm{d} \rho_\mathrm{d} = k_1 R_\mathrm{d} \rho - k_1 R_\mathrm{v} d\rho_\mathrm{wv} = k_1 R_\mathrm{d} \rho - k_1 \frac{R_\mathrm{d}}{R_\mathrm{wv}} \frac{p_\mathrm{wv}}{T} Z_\mathrm{wv}^{-1} \tag{3.2.7}$$

将式(3.2.3)等号右侧的第一项用式(3.2.7)替换,得到

$$N = k_1 R_\mathrm{d} \rho - k_2' \frac{p_\mathrm{wv}}{T} Z_\mathrm{wv}^{-1} + k_3 \frac{p_\mathrm{wv}}{T^2} Z_\mathrm{wv}^{-1} \tag{3.2.8}$$

新常数 k_2' 为

$$k_2' = k_2 - k_1 \frac{R_\mathrm{d}}{R_\mathrm{wv}} = k_2 - k_1 \frac{M_\mathrm{wv}}{M_\mathrm{d}} \tag{3.2.9}$$

1994 年 Bevis 等人给出了 $k_2' = 22.1$ K/mbar。

现在,我们可以将静水和水蒸气(非静水)折射率定义为

$$N_\mathrm{d} = k_1 R_\mathrm{d} \rho = k_1 \frac{p}{T} \tag{3.2.10}$$

$$N_\mathrm{wv} = k_2' \frac{p_\mathrm{wv}}{T} Z_\mathrm{wv}^{-1} + k_3 \frac{p_\mathrm{wv}}{T^2} Z_\mathrm{wv}^{-1} \tag{3.2.11}$$

如果使式(3.2.10)和式(3.2.11)沿天向方向积分,则分别获得 ZHD 和 ZWD:

$$\mathrm{ZWD} = 10^{-6} \int N_\mathrm{wv}(h)\,\mathrm{d}h \tag{3.2.12}$$

$$\mathrm{ZHD} = 10^{-6} \int N_\mathrm{d}(h)\,\mathrm{d}h \tag{3.2.13}$$

静水折射率 N_d 取决于总密度 ρ 或总压力 p。当沿射线路径对 N_d 进行积分时,采用理想气体的静水平衡条件。N_wv 的积分由于沿路径的水蒸气分压 p_wv 的时空变化而变得复杂。

3.2.1　天向延迟功能

即使静水折射率基于理想气体的定律,式(3.2.12)的积分仍需要考虑路径上温度和重力的变化。ZHD 解决方案的示例有 Hopfield(1969)和 Saastamoinen(1972)。1985 年,Davis 等以下式的形式给出了 Saastamoinen 的解决方案:

$$\mathrm{ZHD}_{[\mathrm{m}]} = \frac{0.002\,276\,8 p_{0[\mathrm{mbar}]}}{1 - 0.002\,66 \cos 2\varphi - 0.000\,28 H_{[\mathrm{km}]}} \tag{3.2.14}$$

式中,p_0 表示正交高度为 H 而纬度为 φ 的部位的总压力。

由于水蒸气的时间和空间可变性,关于水蒸气折射率的模型假设仍需讨论。1999 年,Mendes 和 Langley 分析了无线电探空仪数据,并探索了 ZWD 与地表部分水蒸气压力 $p_{\mathrm{wv},0}$ 之间的相关性。他们的模型是

$$\mathrm{ZWD}_{[\mathrm{m}]}=0.0122+0.00943p_{\mathrm{wv},0[\mathrm{mbar}]} \tag{3.2.15}$$

在估算 ZWD 时应慎重使用地面气象数据。典型的实地观测可能会受到微气象效应引入的“表面层偏差”的影响。在地球表面的测量不一定代表沿卫星视线的相邻层。由于地面辐射损耗,靠近地面的空气层要比较高的空气层温度低,因此夜间可能发生温度反转。当太阳加热地面附近的空气层时,对流会在中午发生。

在 ZHD 和 ZWD 之间没有明确分隔的表达式。在某些情况下,这些模型独立于直接的气象测量。后者通常从大气模型中获取。

3.2.2 映射功能

对流层延迟在天向方向上最小,并且当信号所穿越的空气质量增加时天顶角 θ 会随之增大,从而对流层延迟也会增大。对流层的时间和空间变化又使确切的功能关系变得复杂。映射函数依据这种相关性进行建模。我们将倾斜的静水和水蒸气延迟(SHD 和 SWD)与各自的天向延迟相关联:

$$\mathrm{SWD}=\mathrm{ZWD}\cdot m_{\mathrm{wv}}(\theta) \tag{3.2.16}$$

$$\mathrm{SHD}=\mathrm{ZHD}\cdot m_{\mathrm{h}}(\theta) \tag{3.2.17}$$

倾斜总延迟(STD)为

$$\mathrm{STD}=\mathrm{ZHD}\cdot m_{\mathrm{h}}(\theta)+\mathrm{ZWD}\cdot m_{\mathrm{wv}}(\theta) \tag{3.2.18}$$

文献包含映射函数 m_{h} 和 m_{wv} 的几种模型。常用的是 1996 年 Niell 提出的函数:

$$m(\vartheta)=\frac{1+\cfrac{a}{1+\cfrac{b}{1+c}}}{\cos\vartheta+\cfrac{a}{\cos\vartheta+\cfrac{b}{\cos\vartheta+c}}}+h_{[\mathrm{km}]}\left(\frac{1}{\cos\vartheta}-\frac{1+\cfrac{a_h}{1+\cfrac{b_{\mathrm{h}}}{1+c_{\mathrm{h}}}}}{\cos\vartheta+\cfrac{a_{\mathrm{h}}}{\cos\vartheta+\cfrac{b_{\mathrm{h}}}{\cos\vartheta+c_{\mathrm{h}}}}}\right) \tag{3.2.19}$$

表 3.2.1 列出了 m_{h} 表达式的系数,它是测站纬度 φ 的函数。如果 $\varphi<15°$,则应使用 $\varphi=15°$的列表值;如果 $\varphi>75°$,则使用 $\varphi=75°$的值;如果 $15°<\varphi<75°$,则采用线性插值。但是,在使用表 3.2.1 之前,对遵循通用公式的周期项必须校正系数 a、b 和 c。

$$a(\varphi,\mathrm{DOY})=\widetilde{a}-a_p\cos\left(2\pi\frac{\mathrm{DOY}-\mathrm{DOY}_0}{365.25}\right) \tag{3.2.20}$$

式中,DOY 表示一年中的某天,而对于南半球或北半球的观测站,DOY_0 分别为 28 或 211。计算水蒸气映射函数时,将删除式(3.2.19)中与高度相关的第二项,并应用表 3.2.2 的系数。

表 3.2.1 Niell 静水压力映射函数的系数

φ/(°)	$\tilde{a}/10^3$	$\tilde{b}/10^3$	$\tilde{c}/10^3$	$a_p/10^5$	$b_p/10^5$	$c_p/10^5$
15	1.276 993 4	2.915 369 5	62.61 050 5	0	0	0
30	1.268 323 0	2.915 229 9	62.837 393	1.270 962 6	2.141 497 9	9.012 840 0
45	1.246 539 7	2.928 844 5	63.721 774	2.652 366 2	3.016 077 9	4.349 703 7
60	1.219 604 9	2.902 256 5	63.82 426 5	3.400 045 2	7.256 272 2	84.795 348
75	1.204 599 6	2.902 491 2	64.258 455	4.120 219 1	11.723 375	170.372 06
	$a_h/10^5$	$b_h/10^3$	$c_h/10^3$			
	2.53	5.49	1.14			

表 3.2.2 Niell 水蒸气映射函数的系数

φ/(°)	$a/10^4$	$b/10^3$	$c/10^2$
15	5.802 189 7	1.427 526 8	4.347 296 1
30	5.679 484 7	1.513 862 5	4.672 951 0
45	5.811 801 9	1.457 275 2	4.390 893 1
60	5.972 754 2	1.500 742 8	4.462 698 2
75	6.164 169 3	1.759 908 2	5.473 603 8

Niell 映射之所以广受青睐,是因为它精确,独立于地面气象学,并且只需要输入站的位置和时间即可。它在一个标准大气压基础上推导系数和季节振幅的平均值。由于对流层延迟补偿在 GNSS 应用中具有重要的意义,特别是在对流层效应不相关的长基线或精密单点定位中,因此相关学者不断进行积极研究,各种新的解决方案和方法已经得到应用。Niell(2000,2001)在提出不需要地表气象学的映射函数的创新想法后不久,便意识到使用一个标准大气压的某些缺点,并开始尝试使用数值天气模型(NWM)以获得改进的解决方案。他将流体静力学系数与现场上方 200 mbar 等压压力水平表面联系起来,其结果称为等压映射函数(IMF)。

随着数值天气模式空间分辨率和精度的提高,这些模式已成为发展现代对流层测绘功能的主干。2004 年,Boehm 和 Schuh 引入了 Vienna 映射函数(VMF),该函数利用了所有可以从 NWM 中提取的相关数据。2006 年,Boehm 等描述了被称为 VMF1 的更新版本。这些 Vienna 映射函数是基于欧洲中期天气预报中心(ECMWF)模型的数据。对于要求更高的应用程序,VMF1 可以为单个站点生成映射函数系数,尽管计算量很大。

不过,与原始的 VMF1 相比,新的 VMF1 的精确性稍低,但更易于访问,用户也可以使用 VMF1 的新功能。这些版本以一个包含为其生成所需信息的全局点网格的文件作为输入,然后通过空间和时间插值确定用户站点的映射函数系数。Lagler 等(2013)介绍了最新版本,称为 GPT2。GPT2 的输入是一个 ASCII 文件,它是通过处理从 ERA-Interim(ECMWF 的最新全球大气再分析系统(Dee et al.,2011))得到的 2001—2010 年的压力、温度、相对湿度和地势(在37个气压水平、1°经度和纬度上离散)的全球月平均数据文件生成的。该文件包含120个月的压力、温度、特定的相对湿度、静水和水蒸气映射函数的系数 a,以及经纬度在1°~5°范围内的全球温度变化速率。对于每一项,都给出了平均值和全年、半年振幅。目前GPT2需要用户执行两个简单的Fortran子例程可在相关网站上下载。除上述文件之外,子例程GPT2.F还以地球纬度、经度和站高以及观测时间为输入,输出为该站点的压力、温度、温度下降率、水蒸气压力以及静水压和水蒸气映射函数的系数 a。第二个子例程VMF1_HT将计算出的系数、站点的地理位置以及观测的时间和天向距离作为输入,并输出静水压和水蒸气映射函数值 $m_{h}(\vartheta)$ 及 $m_{wv}(\vartheta)$。2006年,Boehm等讨论了使用 b 和 c 系数,并在子程序VMF1_HT的注释部分中进行了数值校正。为了计算ZHD和ZWD,用户可以选择使用式(3.2.14)和式(3.2.15)或类似表达式中测量的总表面压力和水蒸气分压,或者使用GPT2.F的输出值。

每当使用NWM来确定映射函数系数时,从NWM中获得所需的气象数据总是隐含着NWM产生的射线追踪技术。如果可以从无线电探空仪获得压力、温度和相对湿度的数据文件,则可以使用大气射线追踪作为比较依据。2008年,Hobiger等报道了实时直接使用NWM计算对流层倾斜延迟的方法。

3.2.3 可沉淀水蒸气

GPS观测量直接依赖于STD,因此这个量可以通过GPS观测估算出来。可以设想这样一种情况,即广泛分布的接收器被安置在已知的站点上,并且可以得到精确的星历。如果将所有其他误差都考虑在内,则观测值的残差就是标准偏差STD。我们可以通过地面压力测量和静水延迟模型来计算ZHD。使用适当的映射函数,我们可以利用估计的STD通过式(3.2.18)计算ZWD,然后将ZWD转换为可沉淀水蒸气。

首先将天向的总水蒸气(IWV)和可沉淀水蒸气(PWV)定义为

$$\mathrm{IWV} = \int \rho_{wv} \mathrm{d}h \tag{3.2.21}$$

$$\mathrm{PWV} = \frac{\mathrm{IWV}}{\rho_{wv}} \tag{3.2.22}$$

式中,ρ_{wv} 是液态水的密度。为了使ZWD与这些测量值相关,可以引入平均温度 T_m:

$$T_m = \frac{\int \frac{\rho_{wv}}{T} Z_{wv}^{-1} \mathrm{d}h}{\int \frac{\rho_{wv}}{T^2} Z_{wv}^{-1} \mathrm{d}h} \tag{3.2.23}$$

然后从式(3.2.13)、式(3.2.11)和式(3.2.23)得到ZWD:

$$\mathrm{ZWD} = 10^{-6} \times \left(k_2' + \frac{k_3}{T_m}\right) \int \frac{\rho_{wv}}{T} Z_{wv}^{-1} \mathrm{d}h \tag{3.2.24}$$

确切地说,让我们回顾一下式(3.2.24)表示的非静水天向延迟。利用水蒸气的状态方程

$$\frac{\rho_{\mathrm{wv}}}{T}Z_{\mathrm{wv}}^{-1}=R_{\mathrm{wv}}\rho_{\mathrm{wv}} \tag{3.2.25}$$

在被积函数中

$$\mathrm{ZWD}=10^{-6}\times\left(k_2'+\frac{k_3}{T_{\mathrm{m}}}\right)R_{\mathrm{wv}}\int\rho_{\mathrm{wv}}\mathrm{d}h \tag{3.2.26}$$

根据式(3.2.21)将式(3.2.26)中的被积函数替换为 IWV,然后将气体比常数 R_{wv} 替换为通用气体常数 R 和物质的量 M_{wv}。将天向非静水延迟与可降水量联系起来的换算因子 Q 就变为

$$Q=\frac{\mathrm{ZWD}}{\mathrm{PWV}}=\rho_{\mathrm{w}}\frac{R}{M_{\mathrm{wv}}}\left(k_2'+\frac{k_3}{T_{\mathrm{m}}}\right)\times10^{-6} \tag{3.2.27}$$

式(3.2.27)所需常数已足够精确。误差最大的来源是 T_{m},它随位置、高度、季节和天气的变化而变化。Q 值根据空气温度在 5.9~6.5 ℃之间变化。在较温暖的环境中,当空气能够容纳更多的水蒸气时,这个比率就会接近最小值。1992 年,Bevis 等将 T_{m} 与地表温度 T_0 相关联并提供了模型:

$$T_{\mathrm{m}[\mathrm{K}]}=70.2+0.72T_{0[\mathrm{K}]} \tag{3.2.28}$$

以下的 Q 模型是基于无线电探空仪的观测结果给出的:

$$Q=6.135-0.01294(T_0-300) \tag{3.2.29}$$

$$Q=6.517-0.1686\mathrm{PWV}+0.0181\mathrm{PWV}^2 \tag{3.2.30}$$

$$Q=6.524-0.02797\mathrm{ZWD}+0.00049\mathrm{ZWD}^2 \tag{3.2.31}$$

如果没有地表温度,则可以使用式(3.2.30)或式(3.2.31),这利用了 Q 与 PWV 相关这一现象(因为较高的 PWV 值通常与较高的对流层温度相关)。

3.3　对流层吸收

本节简要介绍了微波遥感的一些要素。有兴趣的读者可以查阅有关遥感的文章。我们推荐 Janssen(1993)所著的书,因为它致力于用微波辐射测量法进行大气遥感。下面提供的材料在很大程度上来源于此书。同时强烈推荐索尔海姆(1993)的论文作为补充阅读材料。

3.3.1　辐射传递方程

分子的能量发射和吸收归因于使能态之间的跃迁。几个基本的物理定律与气体分子的发散和吸收有关。玻尔的频率条件将光子发射或吸收的频率 f 与分子的能级 E_a 和 E_b 以及普朗克常数 h 联系起来。爱因斯坦的发射和吸收定律规定,如果 $E_a>E_b$,一个光子通过从状态 a 到状态 b 的跃迁被激发发射的概率等于一个光子通过从状态 b 到状态 a 的跃迁被激发发射的概率。这两个概率与频率 f 处的入射能量成正比。狄拉克微扰理论给出了使电磁场引入态间跃迁必须满足的条件。相对于分子大小级别来说偶极矩是非常长的波长。这

就是微波辐射测量中的情况。我们通常会观察到旋转光谱,该光谱对应于在具有电偶极矩的分子在旋转状态之间跃迁时发出的辐射。双原子分子的旋转运动可以可视化为刚体围绕其质心的旋转。在紫外线、伽马射线或红外线范围内发射的分子量子态的其他类型的跃迁与水蒸气的感应无关。尽管大气中还包含其他极性气体,但水蒸气和氧气的量足以使辐射在微波范围内显著地释放出来。

设 $I(f)$ 表示介质中某一点在单位面积上、单位频率间隔上以指定频率 f、单位立体角上以给定方向流动的瞬时辐射功率。当信号沿着路径传播时,功率会在遇到辐射源时发生变化。这种变化由微分方程描述为

$$\frac{\mathrm{d}I(f)}{\mathrm{d}s}=-I(f)\alpha+S \tag{3.3.1}$$

式中,α 表示吸收(描述损耗),S 表示给定方向上的辐射源(描述增益)。

从其他方向散射会导致强度的损失和增加。在下文中,我们将忽略散射。假设热力学平衡,这意味着在路径 S 的每个点处,辐射源可以用温度 T 来表征。吸收和发射能量的能量守恒定律将辐射源 S 和吸收关联为

$$S=\alpha B(f,T) \tag{3.3.2}$$

其中

$$B(f,T)=\frac{2\pi hf^3}{c^2(\mathrm{e}^{hf/(kT)-1})} \tag{3.3.3}$$

式中,$B(f,T)$ 是普朗克函数,h 是普朗克常数,k 是玻尔兹曼常数,T 是物理温度,c 表示光速。有关式(3.3.3)的详细信息请查阅专业文献。

在一定的假设条件下,式(3.3.1)成为一个标准的微分方程,所有项仅取决于沿传播路径的强度。方程求解如下:

$$I(f,0)=I(f,s_0)\mathrm{e}^{-\tau(s_0)}+\int_0^{s_0}B(f,T)\mathrm{e}^{-\tau(s_0)}\alpha\mathrm{d}s \tag{3.3.4}$$

$$\tau(s)=\int_0^{s}\alpha(s')\mathrm{d}s' \tag{3.3.5}$$

式(3.3.4)称为辐射传递公式。式中,$I(f,0)$ 是在测量位置 $s=0$ 处的强度,$I(f,s_0)$ 是在某个边界位置 $s=s_0$ 处的强度。$\tau(s)$ 表示光学深度或不透明度。

如果 $hf\ll kT$,如微波和更长的波,则式(3.3.3)中的分母可以根据 hf/kT 展开。截断展开后,普朗克函数变为 Rayleigh-Jeans 近似值:

$$B(\lambda,T)\approx\frac{2f^2kT}{c^2}=\frac{2kT}{\lambda^2} \tag{3.3.6}$$

式中,λ 表示波长。式(3.3.6)表示普朗克函数与温度 T 之间的线性关系。由该关系式可知,对于给定的不透明度公式(3.3.5),强度公式(3.3.4)与辐射计天线可见范围的温度成正比。

定义 Rayleigh-Jeans 的亮度温度 $T_{\mathrm{b}}(f)$ 为

$$T_{\mathrm{b}}(f)\equiv\frac{\lambda^2}{2k}I(f) \tag{3.3.7}$$

$T_b(f)$ 以 K 为单位,是测量位置处辐射强度的简单函数。如果我们将边界 s_0 以外的空间作为背景空间,则 Rayleigh-Jeans 背景亮度温度可以写为

$$T_{b0}=\frac{\lambda^2}{2k}I(f,s_0) \tag{3.3.8}$$

使用式(3.3.7)、式(3.3.8)、式(3.3.6)的定义以及 $T=T_b$,辐射传递方程(3.3.4)变为

$$T_b = T_{b0}e^{-\tau(s)} + \int_0^{s_0} T(s)\alpha e^{-\tau(s)}ds \tag{3.3.9}$$

这是用于微波遥感的 Chandrasekhar 辐射传输方程。对于基于地面的 GPS 应用,传感器(辐射计)位于地面($s=0$),并一直感应到 $s=\infty$ 处。T_{b0} 又称为宇宙背景温度,它是由宇宙大爆炸后外层空间剩余的宇宙辐射造成的。因此

$$T_b = T_{cosmic}e^{-\tau(\infty)} + \int_0^{\infty} T(s)\alpha e^{-\tau(s)}ds \tag{3.3.10}$$

$$\tau(\infty) = \int_0^{\infty}\alpha(s)ds \tag{3.3.11}$$

$$T_{cosmic}=2.7\ \mathrm{K} \tag{3.3.12}$$

T_b 取决于物理温度 T 的大气分布和吸收率 α。对于大气而言,后者是压力、温度和相对湿度的函数。式(3.3.10)表示在给定路径上的温度和吸收数据的情况下可以计算 T_b。式(3.3.10)的逆解很有实际意义,它可用于测定大气属性,如 T 和 a,以及测量它们的空间分布。

考虑以下特殊情况:假设温度 T 是恒定的,忽略宇宙项,使用 $d\tau=\alpha ds$,辐射传递方程(3.3.10)变为

$$T_b = T\int_0^{\tau(a)} e^{-\tau}d\tau = T(1 - e^{\tau(a)}) \tag{3.3.13}$$

对于较大的光学深度 $\tau(a)\gg1$,我们得到 $T_b=T$,此时辐射计的作用就像温度计。对于较小的光路 $\tau(a)\ll1$,我们得到 $T_b=T\tau(a)$。如果温度已知,则可以确定 $\tau(a)$。如果已知这些成分的吸收特性,则有可能估计大气中特定成分的浓度。

为了更加清楚地说明,我们重申式(3.3.7)定义的 Rayleigh-Jeans 的亮度温度 T_b。热力学亮度温度被定义为黑体辐射体的温度,它产生的强度与被观测的光源相同。后者的定义是指物理温度,而 Rayleigh-Jeans 的定义直接与辐射强度有关。两种定义之间的差异可以追溯到式(3.3.6)中隐含的近似值。Janssen(1993)用图形表示了这些差异。

3.3.2　吸收线分布图

使用微波辐射计测量亮度温度。在地面辐射测量中,相关的分子是水蒸气、双氧原子(O_2)和液态水。已经建立了吸收的数学模型。对于孤立的分子,量子力学跃迁发生在明确定义的共振频率(线谱)处。与其他分子的碰撞使这些谱线变宽。当气体分子相互作用时,由于分子的相对位置和方向的改变,气体分子的势能发生变化。因此,这种气体能够吸收频率远离共振线的光子。压力加宽将线谱转换为连续的吸收谱,且由于相互作用,增宽随着压强的增加而增加。给定分子的结构,就可以推导出吸收线分布图的数学函数。由于计

算的复杂性和碰撞的存在,这些函数通常需要通过实验室观察加以修正。

图 3.3.1 和图 3.3.2 显示了用 Rosenkranz 提供的 Fortran 程序计算出的水蒸气、氧气和液态水的吸收线分布情况。所有的计算都是基于 15 ℃的温度。图 3.3.1 中上面的三条线显示了在压力为 700 mbar、850 mbar 和 1 013 mbar,水蒸气密度为 10 g/m^3 时的水蒸气吸收线分布。最大吸收发生在 22.235 GHz 的谐振频率处。压力变大对吸收曲线的影响是显而易见的。在 20.4~23.8 GHz 之间,吸收越小,压力越高。在吸收线分布的侧翼上则相反。在这两个特定频率附近,吸收相对独立于压力。大多数 WVR 至少使用这些频率中的一种来尽量减少亮度温度对水蒸气垂直分布的敏感性。在 31.4 GHz 左右的频率变化中,水蒸气的吸收是相当稳定的。用于地面水蒸气探测的双频 WVR 通常也使用 31.4 GHz 频率来分离云层液体中水蒸气的影响。31.4 GHz 信号通道对云层液体发散的敏感度大约是 20.4 GHz 附近的信号通道的 2 倍。但是对于水蒸气情况恰恰相反,这使得可以分别检索两种变化最大的大气成分。图 3.3.1 中的氧气吸收线是指水蒸气密度为 10 g/m^3,压力为 1 013 mbar 的情况。液态水(悬浮水滴)的线基于 10 g/m^3 的水密度。辐射传递方程(3.3.10)中所用的吸收是单个分子组分的吸收之和,即

$$\alpha=\alpha_{wv}(f,T,p,\rho_{wv})+\alpha_{lw}(f,T,\rho_{lw})+\alpha_{ox}(f,T,p,\rho_{wv}) \tag{3.3.14}$$

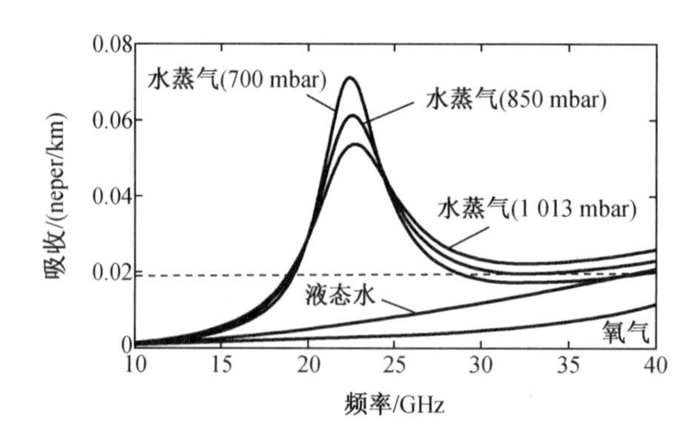

图 3.3.1　在 10~40 GHz 之间水蒸气、液态水和氧气的吸收线分布

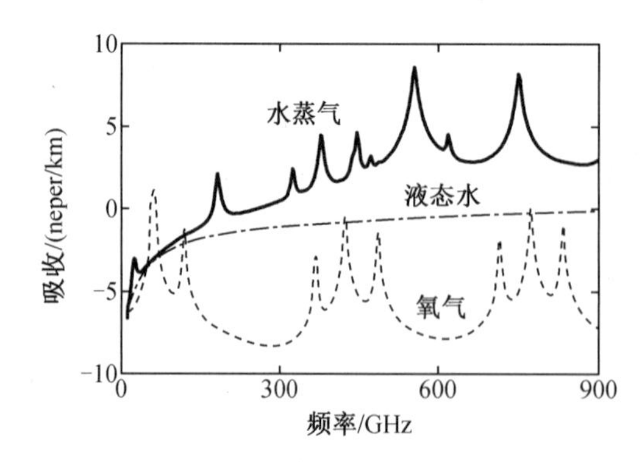

图 3.3.2　在 10~900 GHz 之间水蒸气、液态水和氧气的吸收线分布

吸收单位通常为 neper/km。吸收单位是指在对数意义上,每单位距离(km)的强度损失的分数。也就是说,假设吸收性质在这 1 km 内保持不变,如果吸收值为 1 neper/km,则功

率在 1 km 以上会减弱 1/e 数量。1 neper 是电压比的自然对数，与单位 dB 有关：

$$1\ \mathrm{dB}=\frac{20}{\ln 10}\approx 8.686\ \mathrm{neper} \tag{3.3.15}$$

吸收线分布包含其他最大值，如图 3.3.2 所示。在 183.310 GHz 处的水蒸气最大值与机载辐射测量中的水蒸气感知有关。在微波范围内，液态水的吸收率随频率的增加而单调递增。氧气的共振频带接近 60 GHz。地面上的压力和温度测量可以很好地模拟氧气吸收。与水蒸气的吸收率相比，氧气吸收率很小，而且因为氧气在空气中混合得很好，其吸收率在特定的位置上几乎是恒定的。图 3.3.2 的曲线条件为温度 15 ℃，水蒸气密度 10 g/m^3，压力 1 013 mbar，液体水密度 0.1 g/m^3。

由于可以从模型和基于地面的观测值中计算出氧气的吸收量，因此可以将其在式(3.3.10)中的已知占比分离出来，并通过逆向求解辐射传递方程，将水蒸气和液态水整体作为一个函数来观察亮度温度。1978 年，Westwater 为这种标准的双频情况提供了详细的误差分析。在 23.8 GHz 处，水蒸气的吸收明显高于 31.4 GHz（而在该区域内液态水的吸收单调变化），这一事实可用于从辐射传递方程的逆求解中分别得到水蒸气和液态水的占比。随着更多的信号通道在频率上的适当分布，人们或许能够粗略地推断出水蒸气分布以及水蒸气和液态水整体分布，甚至得到温度、水蒸气和液态水分布图。

3.3.3　常规统计检索

进行以下实验。使用探空仪测量沿垂直方向的温度和水蒸气密度曲线，并使用式(3.2.21)和式(3.2.22)计算 IWV 和 PWV。利用水蒸气 $\alpha_{wv}(f,T,p,p_w)$ 和氧气吸收的频率关系吸收模型，根据辐射传递方程(3.3.10)计算每个辐射计频率的亮度温度 T_b。

图 3.3.3 所示为实验的结果。该图显示了在 20.7 GHz 和 31.4 GHz 处 WVR 信号通道观察到的 T_b。这些数据是根据百慕大无线电探空站历时 3 年收集的。百慕大站点几乎经历了全球湿度和云层覆盖的全部情况。图中较清晰的线是由多云层情况引起的。T_b(20.7 GHz)的斜率大约是 T_b(31.4 GHz)的 2.2 倍。T_b(31.4 GHz)清晰线周围的散点大约是 T_b(20.7 GHz)清晰线周围散点的 2 倍。这些结果表明：①T_b(20.7 GHz)对 PWV 的敏感性大约是 T_b(31.4 GHz)的 2.2 倍；②T_b(31.4 GHz)对液态水的敏感性大约是 T_b(20.7 GHz)的 2 倍。对液态水的敏感性也显示在图 3.3.4 中，它显示了 T_b 与云状液体的变化。尽管存在较大的散点（由于 PWV 可变），但可以看到 T_b(31.4 GHz)数据的斜率大约是 T_b(20.7 GHz)数据斜率的 2 倍。

由于式(3.2.26)、式(3.2.21)和式(3.2.22)所示的 ZWD、IWV 和 PWV 之间的关系，在图 3.3.3 中所示的 PWV 和亮度温度之间的强相关性使得对 ZWD 的简单统计检索成为可能。假设无线电探空仪参考站可用于确定 ZWD，并且 WVR 可测量天向 $T_{20.7}$ 和 $T_{31.4}$。使用的 ZWD 模型为

$$\mathrm{ZWD}=c_0+c_{20.7}T_{20.7}+c_{31.4}T_{31.4} \tag{3.3.16}$$

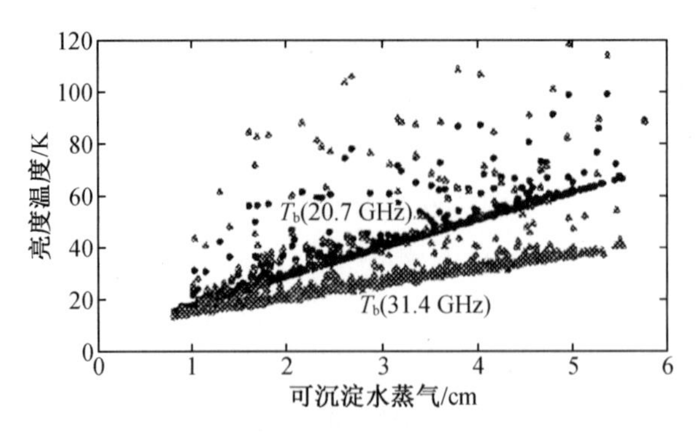

图 3.3.3　亮度温度与可沉淀水蒸气的关系

(数据来源:JPL 的 Keihm)

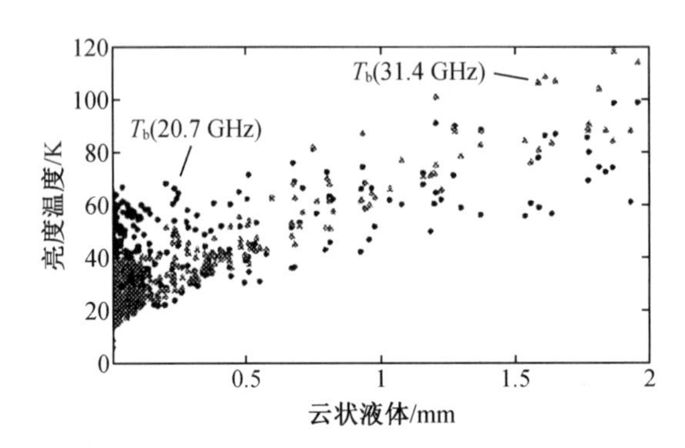

图 3.3.4　亮度温度与云状液体的关系

(数据来源:JPL 的 KeihmL)

我们可以准确估算出检索系数 c_0、$c_{20.7}$ 和 $c_{31.4}$。当用户在同一气候区域内操作 WVR 时,他们便可以根据观测到的亮度温度和估计的回归系数轻松地计算其位置的 ZWD。这一统计检索程序可通过使用式(3.3.16)中的扩展回归模型和结合分布在一个区域内的若干无线电探空仪参考的亮度温度测量加以推广。

不透明度也可以在此回归中使用。实际上,与亮度温度 T_b 相比,PWV 的不透明度线性变化更大。在水蒸气含量高或仰角低的情况下,T_b 测量值最终将开始饱和,即随着水蒸气含量的增加,T_b 的增加速率开始下降。对于不透明度而言并非如此,它基本上与路径内水蒸气充裕度保持线性关系。不透明度可通过式(3.3.11)获得,但是也容易与亮度温度相关。定义平均辐射温度 T_{mr} 为

$$T_{mr} \equiv \frac{\int_0^{\infty} T(s)\alpha(s)e^{-\tau(s)}ds}{\int_0^{\infty} \alpha(s)e^{-\tau(s)}ds} \tag{3.3.17}$$

该辅助量可以从气候数据中准确估计。通过表面温度校正,可以将 T_{mr} 估计值计算为约 3 K 的特殊精度。使用下式:

$$\int_0^{\tau(\infty)} \alpha e^{-\tau} ds = 1 - e^{-\tau(\infty)} \tag{3.3.18}$$

在 $d\tau = \alpha ds$ 的情况下,辐射传递方程(3.3.10)可以写成

$$T_b = T_{cosmic} e^{-\tau(\infty)} + T_{mr}(1 - e^{-\tau(\infty)}) \tag{3.3.19}$$

反过来,可以将其重写为

$$\tau(\infty) = \ln\left(\frac{T_{mr} - T_{cosmic}}{T_{mr} - T_b}\right) \tag{3.3.20}$$

不透明度和亮度温度与水蒸气延迟具有相似的高度相关性。实际上,在低仰角下,不透明度与水蒸气延迟的相关性比亮度温度更好。

如果用户沿倾斜路径而非天向方向测量亮度温度,则必须使用式(3.3.16)将观测到的 T_b 转换为垂直方向以估算 ZWD。给定天向角 ϑ 处的倾斜 T_b 测量值和 T_{mr} 的估计值,可以使用简单的 $1/\cos\vartheta$ 映射函数计算出倾斜不透明度并将其转换为天向不透明度。等效天向 T_b 从式(3.3.19)开始。对于大于 15°的仰角,此转换非常准确。

对于特定站点,使用代表该站点的探空仪数据根据式(3.3.17)计算出 T_{mr}。T_{mr} 随倾斜角的变化对于低至约 20°的仰角变化很小。用于 WVR 校准和水汽回收的值可以是站点平均值(标准偏差通常约为 10 K),也可以针对季节进行调整以减小不确定性。如果可获得表面温度 T,则 T_{mr} 与 T 的相关性可以将 T_{mr} 的不确定性减小至大约 3 K。

3.3.4　WVR 的校准

由于大气微波发射的强度非常低,因此 WVR 校准很重要。微波辐射计从大气中接收大约十亿分之一瓦的微波能量。校准建立了辐射计读数和亮度温度之间的关系。在这里,我们简要讨论带有倾角曲线的校准。这种技术无须任何先验知识即可提供准确的亮度温度和仪器增益。

假设大气水平均匀,天空晴朗,不透明度与大气厚度成正比。显然,感知到的大气量随着天顶角的增加而增加。对于天顶角小于 60°的情况,可以考虑采用以下不透明度映射函数模型:

$$m_\tau(\vartheta) \equiv \frac{\tau(\vartheta)}{\tau(\vartheta=0)} = \frac{1}{\cos\vartheta} \tag{3.3.21}$$

图 3.3.5 显示了使用倾角的辐射计校准示例,绘制了不透明度与空气质量的关系图。垂直观测,可观测一个气团的不透明度;30°倾角观测,可观测到两个气团的不透明度等。由于不透明度的线性关系,我们可以外推到空气质量为零的气团。空气质量为零时,有 $m_\tau(\vartheta) = 0$,因为零气团没有不透明度。

校准从辐射计电压(噪声二极管,图 3.3.5 中标记为 ND)开始,读取内部参考物体的 N_{bb},并将其视为黑体。物体的物理温度是 T_{bb}。设 G 表示增益因子的初始估计值(辐射计计数读数的变化超过温度的变化)。通过倾斜天线测量不同天顶角的观测亮度温度,然后有

$$T(\vartheta) = T_{bb} - \frac{1}{G}(N_{bb} - N(\vartheta)) \tag{3.3.22}$$

将亮度温度代入式(3.3.20)得到不透明度。如果计算得出的不透明度的线性回归线未通过原点,则调整增益因子 G,直到通过原点。如果线性拟合的回归系数优于阈值(通常为

$r=0.99$),则接受尖端曲线校准。图 3.3.5 中的时间序列表示在各种微波频率下通过的尖端曲线校准时刻。

假设倾斜曲线校准微波宇宙背景亮度温度 $T_{cosmic}=2.7$ K。1978 年,罗伯特·威尔逊因发现宇宙辐射而获得诺贝尔物理学奖。在进行射电天文实验时,他们发现了一种与天线方向无关的残余辐射。

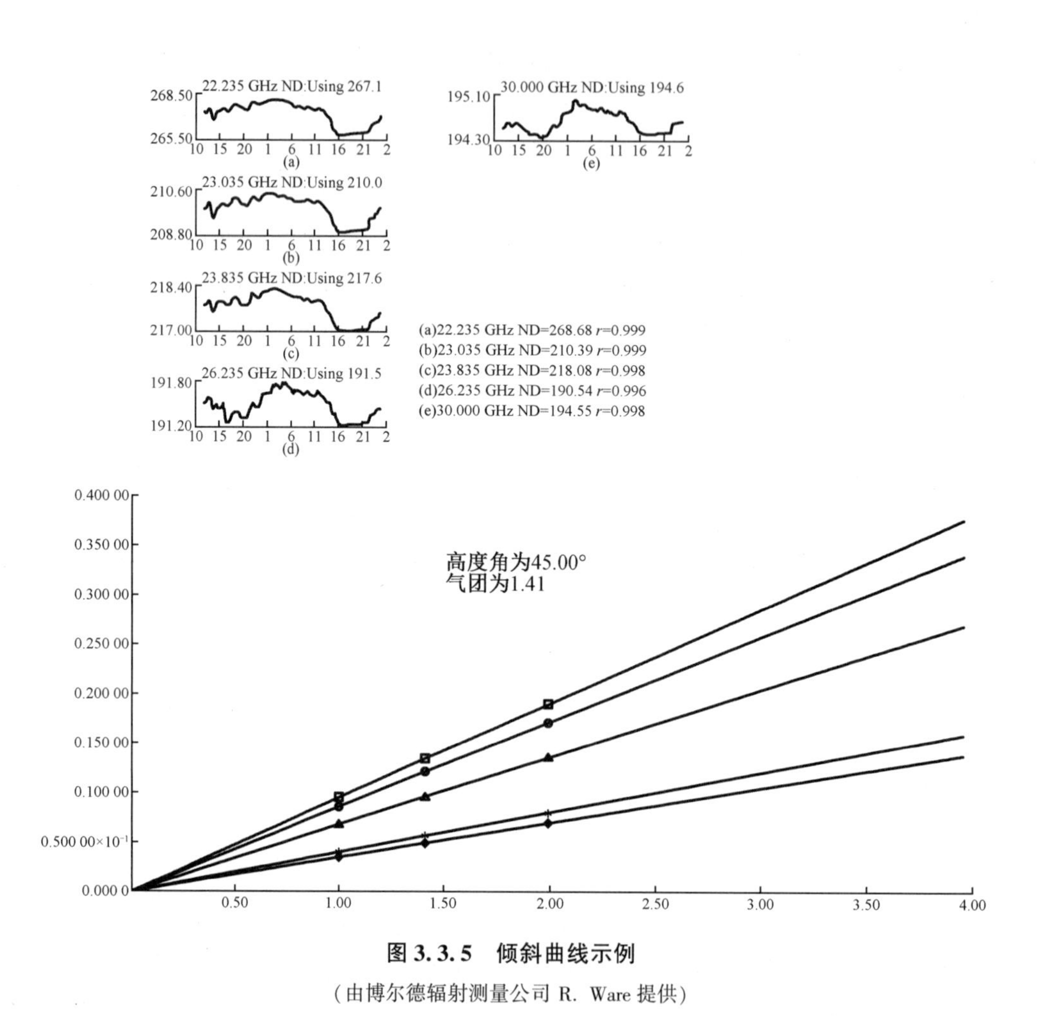

图 3.3.5　倾斜曲线示例

(由博尔德辐射测量公司 R. Ware 提供)

3.4　电离层折射

日冕物质抛射(CME)和极端紫外线(EUV)太阳辐射(太阳通量)是产生电离的主要原因(Webb et al. ,1994)。CME 是一种主要的太阳爆发。当它经过地球时,有时会引起突然出现的超大地磁暴,在电离层内产生对流运动,并增强局部电流。这种现象可以在 TEC 中产生较大的空间和时间变化,并使闪烁相位和振幅增加。更复杂的是日冕洞,它是一种低密度的路径,高速太阳风可以通过它逃逸太阳。日冕洞和CME是地球磁场活动的两个主要驱动力。超大的磁暴很少见,但随时可能发生。

太阳光通量在太阳的色球层高而在日冕洞低。即使是安静的太阳,也会以缓慢变化的强度,通过一个很宽的频谱发射无线电能量。EUV辐射被中性大气吸收,因此无法通过地面仪器精确测量。EUV通量的准确测定,需要在电离层上方的天基平台上进行观测。EUV辐射的一个常用替代测量方法是在2 800 MHz(10.7 cm)处广泛观测到的通量。这10.7 cm的通量有助于研究臭氧层和全球变暖。然而,Doherty等(2000)指出,利用太阳10.7 cm射电通量的日值来预测TEC是无用的,因为TEC和通量之间的相关性不规则,有时甚至很差。在任何给定的地点和时间TEC都不是太阳电离通量的简单函数。

从气体到电离气体(即等离子体)的转变是逐渐发生的。在这个过程中,分子气体首先解离成原子气体,随着温度的升高,原子间的碰撞使最外层的轨道电子断开,原子气体就会电离。由此产生的等离子体由中性粒子、正离子(失去一个或多个电子的原子或分子)和负电子的混合物组成。一旦产生,自由电子和离子趋向于重组,并建立了电子、离子产生和损失之间的平衡。自由电子的净浓度是影响电磁波穿过电离层的重要因素。为了使气体电离,必须吸收一定量的辐射能量。Havgreaves(1992)给出了电离各种气体所需辐射的最大波长。平均波长约为900 Å[①]。在上层大气中可以电离的主要气体是氧气、臭氧、氮气和一氧化二氮。

由于电离层含有带电粒子,能够产生电磁场并与电磁场相互作用,因此电离层中有许多现象是普通流体和固体中所不存在的。例如,电离度并不随离地球表面距离的增加而均匀增加。如上所述,历史上标记为D、E和F的电离区域,由于EUV吸收,使得存在的主要离子类型或电磁场产生的路径变化具有特殊的特征。电子密度在这样一个区域内不是恒定的,向另一个区域的过渡是连续的。尽管TEC确定伪距延迟和载波相位提前的数量,但是在一天中给定时间可以桥接的信号反射和距离方面,与无线电通信相关的是分层。在地球上空60~90 km最低D区,大气仍然稠密,分解成离子的原子迅速重组。电离水平与辐射直接相关,辐射从日出开始,在日落时消失,通常随太阳的仰角而变化。在当地午夜仍有一些残余的电离作用。E区的长度为90~150 km,峰值为105~110 km。在F区,由于低压,电子和离子重组缓慢。太阳辐射的可观测效应发展缓慢,正午以后达到峰值。白天该区域分为F1层和F2层。F2层(上层)是电子密度最高的区域。电离层的顶部可达1 000~1 500 km。电离层和外磁层之间没有真正的边界。

电离层对流是磁层与电离层耦合的主要结果。在低纬度地区,电离层等离子体与地球共同自转,而在高纬度地区,电离层等离子体在大尺度磁层电场的作用下进行对流。电子和质子沿着磁力线加速直到撞击大气层,不仅在高纬度地区产生极光的壮观光芒,而且还会造成额外的电离。电子密度的峰值也出现在磁赤道两侧的低纬度地区。电场和水平磁场在磁赤道处相互作用,使电离从磁赤道上升到更高的高度,并在该处沿着磁力线扩散到磁赤道两侧±15°~±20°的纬度。世界上最大的TEC值通常出现在这些所谓的赤道异常纬度上。

---

① 1 Å=0.1 nm。

电离层中存在电子密度的局部扰动。在小尺度上,几百米的不规则会引起 GPS 信号的振幅衰减和相位闪烁。几千米的较大扰动可以显著地影响 TEC。振幅衰减和闪烁会导致接收机失锁,或者接收机可能无法长时间保持锁定。GPS 频率上的闪烁在中纬度地区很少见,即使在地磁干扰的情况下,极光区的振幅闪烁通常也不大。然而,快速相位闪烁在赤道和极光区域都是一个问题,特别是对于半码 L2 GPS 接收机,因为这种接收机的带宽太窄而可能无法跟踪快速相位闪烁。赤道地区的强闪烁一般发生在日落后到当地午夜的时间段,或地磁平静期,但是在太阳活动频繁的年份,大部分发生在回归月。即使在强振幅闪烁期间,多颗 GPS 卫星同时发生深振幅衰落的可能性也很小。因此,尽管由于锁定的 GPS 卫星的“混合”不断变化,使得精度的几何稀释(GDOP)不断变化,一个观测所有卫星的现代 GPS 接收机仍然能够通过强闪烁持续运行。

太阳黑子被视为太阳盘中的黑暗区域。在黑暗中心,周围光球的温度从 5 700 K 下降到 3 700 K 左右。它们是磁场强度比地球磁场强数千倍的磁性区域。太阳黑子通常以两个点为一组出现,一个有正(北)磁场,另一个有负(南)磁场。太阳黑子的寿命大约为几天到一个月。对这些事件的系统记录始于 1849 年,当时瑞士天文学家 Johann Wolf 提出了太阳黑子数。这个数字记录了观测到的斑点总数、受干扰区域的数量以及观测仪器的灵敏度。Wolf 查阅了天文台的记录,把过去的太阳黑子活动制成表格。显然,他将这些活动追溯到 1610 年,也就是伽利略首次通过望远镜观测到太阳黑子的那一年(McKinnon,1987)。太阳黑子活动遵循周期性变化,主要周期为 11 年,如图 3.4.1 所示。循环通常是不对称的,从最小值到最大值的时间比从最大值到最小值的时间短。

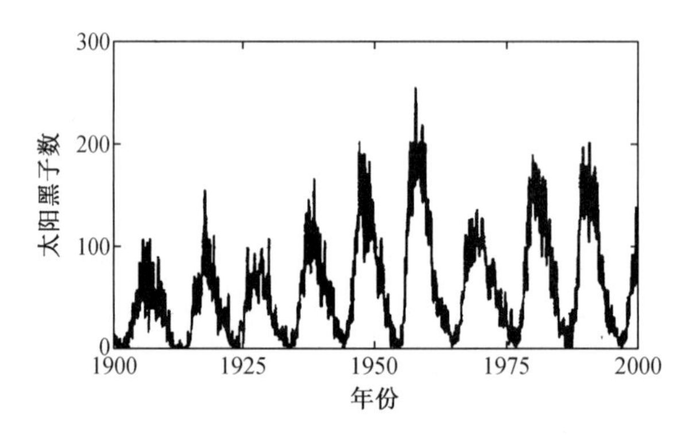

图 3.4.1 各年份太阳黑子数

太阳黑子是指示太阳活动的良好指标。尽管太阳黑子与 CME 和太阳通量有很高的相关性,但它们之间并没有严格的数学关系。即使在每日太阳黑子数量很低的情况下,GPS 也会受到不利影响。Kunches 等(2000)指出,在太阳周期的某些年份和这些年中的某些月份,GPS 的运行问题更大。在太阳活动最高峰时或之后的几年太阳风暴将会频发,而接近春分的月份将是太阳风暴天数最多的月份。观测太阳黑子有助于长期预测电离层状态。

3.4.1 电离层折射率

通常以 Appleton-Hartree 公式作为推导用于 GPS 频率范围的电离层折射率的起点。该公式适用于由电子和重正离子组成的均匀等离子体、均匀磁场和给定的电子碰撞频率。在 Davies(1990)之后,Appleton-Hartree 公式是

$$n^2=1-\frac{X}{1-iZ-\frac{Y_{\mathrm{T}}^2}{2(1-X-iZ)}\pm\sqrt{\frac{Y_{\mathrm{T}}^4}{4(1-X-iZ)^2}+Y_{\mathrm{L}}^2}} \tag{3.4.1}$$

由于目标是找到适用于 GNSS 频率 f 的电离层折射率,因此可以进行若干简化。分子 X 表示 f_{p} 和 f 的平方比,其中 f_{p} 是自由电子循环地磁场线的自然陀螺频率或等离子体频率,它是等离子体的一个基本常数(Davies, 1990)。我们可以写为

$$X=\frac{f_{\mathrm{p}}^2}{f^2}\quad f_{\mathrm{p}}^2=A_{\mathrm{p}}N_e\quad A_{\mathrm{p}}=\frac{e^2}{4\pi^2\varepsilon_0 m_e}=80.6 \tag{3.4.2}$$

式中,电子密度 N_e 通常以电子每立方米(el/m^3)为单位给出;$e=1.602\ 18\times10^{-19}$ C,表示电子电荷;$m_e=9.109\ 39\times10^{-31}$ kg,是电子质量;$\varepsilon=8.854\ 119\times10^{-12}$ F/m,为介电常数;$Z=\nu/f$,为电子碰撞频率 ν 与卫星频率 f 之比,这一项量化了吸收。我们之所以简单地设 $Z=0$,是因为它在 GNSS 频率下的电离层折射情况下可以忽略不计。由于这种简化,折射率的表达式不再复杂。符号 Y_{T} 和 Y_{L} 表示地磁场矢量 $\boldsymbol{B}$ 的横向和纵向分量。在实际计算中,国际地磁场参考场(Finlay et al. ,2010)可以作为准确表示地球磁场的数据来源。设 B 表示这个向量的模,则

$$Y_{\mathrm{T}}=Y\sin\theta\quad Y_{\mathrm{L}}=Y\cos\theta \tag{3.4.3}$$

$$Y=\frac{f_{\mathrm{g}}}{f}\quad f_{\mathrm{g}}=A_{\mathrm{g}}B\quad A_{\mathrm{g}}=\frac{e}{2\pi m_e} \tag{3.4.4}$$

在 θ 信号传播方向之间的角度和矢量 B。结合上述规范,Appleton-Hartree 方程(3.4.1)采用以下形式:

$$n^2=1-\frac{X}{1-\frac{Y^2\sin^2\theta}{2(1-X)}\pm\sqrt{\frac{Y^4\sin^2\theta}{4(1-X)^2}+Y^2\cos^2\theta}} \tag{3.4.5}$$

开发的下一步是在二项式级数中扩展式(3.4.5)并只保留相关的术语。这个扩展的细节在 Brunner 等(1991)或 Petrie 等(2011)的文献中给出。结果是

$$n=1-\frac{A_{\mathrm{p}}N_e}{2f^2}-\frac{A_{\mathrm{p}}N_eA_{\mathrm{g}}B|\cos\theta|}{2f^3}-\frac{A_{\mathrm{p}}^2N_e^2}{8f^4} \tag{3.4.6}$$

式(3.4.6)中的第二项是一阶项,后面是二阶和三阶项。请注意,分母中频率的幂随顺序增加。余弦函数的绝对值项需要处理全套 2π RHCP 信号。近似数值评价可以假定平均值如 $N_e=10^{12}$ el/m^3 和 $B=5\times10^{-5}$ T。在这个近似中,只有二阶项与地磁矢量有关。由于电离层是一种色散介质,相速度是其频率的函数,即载波相位和调制相位以不同的速度传播。因此,我们需要引入两种折射率。此后,以上处理的相位折射率处理用 n_Φ 表示,具体指的是 GNSS 载波相位。由于载波是由 C/A 码和 P 码等编码调制的,因此我们还需要一个单独的折射率来进行这些编码的传播,称为群折射率,用 n_{g} 表示。一般物理学把这两种折射率之间众所周知的关系解释为

$$n_g = n_\Phi + f\frac{\mathrm{d}n_\Phi}{\mathrm{d}f} \tag{3.4.7}$$

因此,我们只需要对频率微分式(3.4.6),乘以频率,加上折射率的相位指数,就得到

$$n_g = 1 + \frac{A_p N_e}{2f^2} + \frac{A_p N_e A_g B\,|\cos\theta|}{f^3} + \frac{3A_p^2 N_e^2}{8f^4} \tag{3.4.8}$$

比较式(3.4.6)和式(3.4.8),我们发现一阶项具有相同的大小但符号相反。高阶项也有符号相反,但分别相差因子 2 和 3。因 $N_e>0$,故得到 $n_\Phi<1$ 且 $n_g>1$。电离层的影响为

$$I_{\text{impact}} = \int (n(s) - 1)\,\mathrm{d}s \tag{3.4.9}$$

积分发生在信号的传播路径上,折射率随距离变化。对于载波相位和伪相位,碰撞的单位是米(m)。

$$I_{f,\Phi} = \int (n_\Phi - 1)\,\mathrm{d}s = -\frac{q}{f^2} - \frac{s}{2f^3} - \frac{r}{3f^4} + \cdots \tag{3.4.10}$$

$$I_{f,P} = \int (n_g - 1)\,\mathrm{d}s = \frac{q}{f^2} + \frac{s}{f^3} + \frac{r}{f^4} + \cdots \tag{3.4.11}$$

我们很容易看到,载波相位经历一个进步(因为 $n_\Phi<1$)和伪距经验延迟(因为 $n_g>1$),相对于真空度 $n_g=n_\Phi$,自折射率不依赖于频率。q、s 和 r 项遵循式(3.4.6)或式(3.4.8):

$$q = \frac{A_p}{2}\int N_e\,\mathrm{d}s = 40.3\int N_e\,\mathrm{d}s \tag{3.4.12}$$

$$s = A_p A_g \int N_e B\,|\cos\theta|\,\mathrm{d}s = 2.256\times 10^{12}\int N_e\,|\cos\theta|\,\mathrm{d}s \tag{3.4.13}$$

$$r = \frac{3}{8}A_p^2\int N_e^2\,\mathrm{d}s = 2\,437\int N_e^2\,\mathrm{d}s \tag{3.4.14}$$

以上所有表达式都被视为 $\int N_e \mathrm{d}s$ 的函数,表示从地球表面到电离层末端沿 1 m^2 柱的自由电子总数。把这个积分称为总电子含量(TEC)已经成为一种常见的做法。因此

$$\mathrm{TEC} = \int N_e\,\mathrm{d}s \tag{3.4.15}$$

通常 TEC 的范围在 $10^{16}\sim10^{18}$ el/m^2 之间。TEC 通常用 TECU 为单位来表示,1 TECU 表示每 1 m^2 柱 10^{16} 个电子。q、s 和 r 决定了给定 GNSS 频率的一阶、二阶和三阶电离层延迟的大小。为了近似地评估这些延迟,我们假设一个电离层 60 T,TEC 为 60 TECU。利用式(3.4.12),一阶电离层延迟为 $q/f^2\approx10$ m。利用地磁场 $B=5\times10^{-5}$ T 和式(3.4.13)得出二阶电离层延迟为 $s/f^3\approx1$ cm。为了计算式(3.4.14)中的 r,假设 N_e 均匀分布在 100 km 高度以上,三阶延迟为 $r/f^4\approx1$ mm。显然电离层延迟的二阶值在 1 cm 以下,三阶值在载波相位测量精度上。另一种判断大一级电离层项影响的方法是认识到 TEC 的 1.12%的变化会导致 L1 频段的单周期变化,假设最大 TEC 为 10^{18} 个电子。

在许多应用中,双频观测被用来消除电离层对信号的影响。考虑基本双频无电离层函数(1.1.39):

$$\Phi\mathrm{IF12}=\frac{f_1^2}{f_1^2-f_2^2}\Phi_1-\frac{f_2^2}{f_1^2-f_2^2}\Phi_2 \tag{3.4.16}$$

可以很容易地证实,大的一级电离层条件 q/f^2 在这个函数中消去了。然而,服从这个函数的二阶和三阶项表明它们都不抵消。因此,我们得到了一个重要的结论,即在流行的“无电离层函数”式(3.4.16)中,只有一阶电离层效应被抵消。二阶项的影响是

$$\frac{f_1^2}{f_1^2-f_2^2}\cdot\frac{-s}{2f_1^3}-\frac{f_2^2}{f_1^2-f_2^2}\cdot\frac{-s}{2f_2^3}=\frac{s}{2(f_1^2+f_2^2)f_1f_2} \tag{3.4.17}$$

采用与上述相同的 TEC 和 B 数值,二阶效应约为 0.003 7 m。类似的计算三阶项收益率≈0.000 8 m。

如果有三种频率的观测值,也可以计算函数 ΦIF13(简单地用 3 取代下标 2,见式(3.4.16))。然后可以验证该函数

$$\mathrm{IF}_2=\Phi\mathrm{IF12}-\Phi\mathrm{IF13}\,\frac{(f_1^2+f_3^2)f_3}{(f_1^2+f_2^2)f_2}\neq f(q,s) \tag{3.4.18}$$

由于 s 项消去,不依赖于一阶和二阶电离层效应。对于 GPS,ΦIF13 的系数是 0.724。在三次频率观测的情况下,计算三阶电离层延迟的方法见 Wang 等(2005)的文献。回到一阶电离层效应,式(3.4.11)和式(3.4.12)给出了已知的表达式

$$I_{f,\mathrm{P}}=\frac{40.30}{f^2}\mathrm{TEC} \tag{3.4.19}$$

如前所述,10^{18} 的 TEC 的电子含量在 1%左右或 1 TECU 左右的变化会引起一个 L1 波长范围的变化。两个频率上的一阶电离层缺陷为

$$I_{1,\mathrm{P}}=-I_{1,\Phi}=-\frac{c}{f_1}I_{1,\varphi} \tag{3.4.20}$$

$$I_{2,\mathrm{P}}=-I_{2,\Phi}=-\frac{c}{f_2}I_{2,\varphi} \tag{3.4.21}$$

$$\frac{I_{1,\mathrm{P}}}{I_{2,\mathrm{P}}}=\frac{f_2^2}{f_1^2} \tag{3.4.22}$$

$$\frac{I_{1,\varphi}}{I_{2,\varphi}}=\frac{f_2}{f_1} \tag{3.4.23}$$

在进行相位观察时,这些关系很有用。下标 P 和 Φ 指伪距和载波相位,数值以米(m)为线性单位给出。弧度的下标 φ 表示单位电离层相位超前。图 3.4.2 显示了不同 TEC 下电离层延迟随频率变化的对数图。

关于电离层延迟的文献非常丰富,大部分都可以在互联网上找到。阅读这些文献时你会注意到,大多数文献都提到了 Hartmann 等(1984)关于频率在 100 MHz 以上的信号对流层和电离层效应的开创性研究。高阶电离层效应 GPS 信号的细节已经在 Bassiri 等(1993)和 Datta-Barua 等(2006)的文献中发现。Petrie 等(2011)对这一课题进行了出色的综述,其中还包括大量的参考文献。后一篇文献还回顾了几种量化几何弯曲误差或超额路径长度的方法,这些误差是由接收卫星的几何距离和信号在电离层折射影响下的实际路径的差异

造成的。弯曲效应与三阶电离层延迟项具有相同的频率依赖性,且随仰角的减小增大。Garcia-Fernandez 等(2013)评估了计算二阶电离层修正的各种方法,如获取 TEC 的方法和电离层模型假设的变化,并就这些修正深入研究了网络解决方案与 PPP 之间的关系。一般来说,我们必须记住,电离层对 GNSS 信号的影响取决于 TEC,而 TEC 随时间和位置变化。

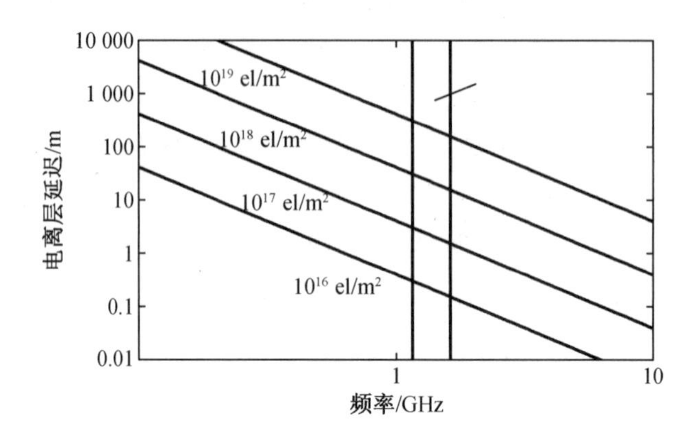

图 3.4.2　电离层距离修正

尽管相位推进和群延迟非常重要,但它们并不是电离层对信号传播的唯一表现。一些相位变化通过衍射转化为振幅变化。其结果可能是振幅和相位的不规则但快速变化,称为闪烁。信号会因为强度的下降而经历短期的衰减。闪烁偶尔会在接收器中引起锁相问题。接收机的带宽必须足够宽,这样不仅能适应几何多普勒频移的正常变化率(高达 1 Hz),而且还能适应由强振幅和相位闪烁引起的相位波动。在严重衰落和相位抖动条件下,这些闪烁效应通常需要至少 3 Hz 的最小接收机带宽。如果接收机带宽设置为 1 Hz 以处理几何多普勒频移的变化率,并且如果电离层导致额外的 1 Hz 偏移,则接收机可能会失去相位锁定。

3.4.2　电离层功能与周跳

双频观测可以通过形成常用的双频无电离层函数来消除一阶电离层效应。考虑无电离层函数(1.1.41)有

$$\frac{f_1^2}{f_1^2-f_2^2}\varphi_1-\frac{f_1f_2}{f_1^2-f_2^2}\varphi_2=\cdots\beta_{12}N_1-\delta_{12}N_2+\cdots \tag{3.4.24}$$

和电离层函数(1.1.44)有

$$\varphi_1-\frac{f_1}{f_2}\varphi_2=\cdots+N_1-\sqrt{\gamma_{12}}N_2-(1-\gamma_{12})I_{1,\varphi}+\cdots \tag{3.4.25}$$

式中,$\beta_{12}=f_1^2/(f_1^2-f_2^2)$,$\delta_{12}=f_1f_2/(f_1^2-f_2^2)$,平方比率如式(1.1.1)所定义的 $\gamma_{12}=f_1^2/f_2^2$。分析这些双频载波相位函数需要特别注意,因为 L1 和 L2 频段上的某些周跳组合产生几乎相同的效果。例如,考虑可观测到的无电离层相位式(3.4.24),模糊度不是以整数的形式输入这个函数的,而是以 $\beta_{12}N_1-\delta_{12}N_2$ 的组合形式输入的,从而在发生周跳时导致非整数变化。

表 3.4.1 列示了第 1 列和第 2 列中模糊度的小变化,并在第 3 列和第 4 列中显示了它们对无电离层和电离层相函数的影响。这两个整数的某些组合在无电离层的相位函数中

产生几乎相同的变化。例如,(-7,-9)的变化在无电离层函数中只引起 0.033 个周期的微小变化;(1,1)和(8,10)的变化导致 0.562 和 0.529 个周期的变化几乎无法区分。如果伪距定位足够精确,可以在 3 到 4 个周期内解决歧义,那么其中一些电离层对可以被识别出来。此外,分析电离层函数并不能确定所有的电离层对,因为有几对电离层在一个周期的零点几秒内产生相同的变化。

表 3.4.1　无电离层和电离层函数的小周跳

ΔN_1	ΔN_2	$\beta_{12}N_1-\delta_{12}N_2$	$\Delta N_1-\sqrt{\gamma_{12}}\Delta N_2$
±1	±1	±0.562	±0.283
±2	±2	±1.124	±0.567
±1	±2	±1.422	±0.567
±2	±3	±0.860	±1.850
±3	±4	±0.298	±2.133
±4	±5	±0.264	±2.417
±5	±6	±0.827	±2.700
±6	±7	±1.359	±2.983
±5	±7	±1.157	±3.983
±6	±8	±0.595	±4.267
±7	±9	±0.033	±4.500
±8	±10	±0.529	±4.833

表 3.4.2 显示了在一个周期的百分之几内对电离层功能有相同影响的整数对的排列。例如,组合(-2,-7)和(7,0)的影响仅相差 0.02 周期。这个量太小,无法在观测序列中发现,因为它接近相位测量精度的水平。

表 3.4.2　所选周跳对对电离层功能的类似影响

ΔN_1	ΔN_2	$\Delta N_1-\sqrt{\gamma_{12}}\Delta N_2$	ΔN_1	ΔN_2	$\Delta N_1-\sqrt{\gamma_{12}}\Delta N_2$
-2	-7	6.983	7	0	7.000
-2	-6	5.700	7	1	5.717
-2	-5	4.417	7	2	4.433
-2	-4	3.133	7	3	3.150
-2	-3	1.850	7	4	1.867
-2	-2	0.567	7	5	0.583
-2	-1	-0.718	7	6	-0.700
-2	0	-2.000	7	7	-1.983

表 3.4.2(续)

ΔN_1	ΔN_2	$\Delta N_1-\sqrt{\gamma_{12}}\Delta N_2$	ΔN_1	ΔN_2	$\Delta N_1-\sqrt{\gamma_{12}}\Delta N_2$
2	0	2.000	-7	-7	0.700
2	1	0.717	-7	-6	0.700
2	2	-0.567	-7	-5	-0.583
2	3	-1.850	-7	-4	-1.867
2	4	-3.133	-7	-3	-3.150
2	5	-4.417	-7	-2	-4.433
2	6	-5.700	-7	-1	-5.717
2	7	-6.983	-7	0	-7.000

3.4.3 单层电离层映射函数

虽然电离层的厚度随时间和位置的变化而变化,但人们常常将其建模为在地球以上某一高度上的一个无穷小的薄单层。通过简单的几何关系,导出了电离层映射函数,该函数将倾斜 TEC 和垂直电子含量(VTEC)作为卫星天顶角的函数。图 3.4.3 显示了电离层几何形状与地球半径 R 的球面近似。接收机位于 k 站,卫星出现在天顶角 z_k 处。接收卫星视线在电离层穿透点(IPP)与位于离地球上方 h 处的单一电离层相交。

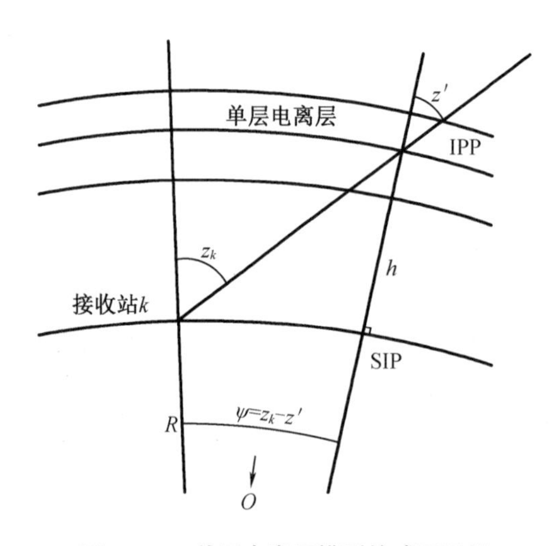

图 3.4.3 单层电离层模型的球面近似

卫星在 IPP 处的天顶角为 z'。简单的几何图形表明接收机和 IPP 的地心角是 $\psi=z_k-z'$。超生物圈点(SIP)位于球面与地心线通过 IPP 的交点上。

为了推导单层模型,现在让我们把电离层看作一个以无穷小的薄单层为中心的薄带。我们假设电子在这条窄带内均匀分布。由于电离层延迟与 TEC 成正比,它也与通过带的距离成正比。因此,我们可以将 VTEC 和 TEC 联系为

$$\mathrm{VETC}=\cos z'\cdot \mathrm{TEC} \tag{3.4.26}$$

请注意,在上一节中,我们还使用了这样一个简单的模型来关联倾斜和垂直不透明度。对三角形 O-k-IPP 应用平面三角函数求出 $\sin z'=R\sin z/(R+h)$,则电离层映射函数 $F(z_k)$ 可定义为

$$F(z_k)\equiv\frac{1}{\cos z'}=\left(1-\left(\frac{R\sin z_k}{R+h}\right)^2\right)^{-1/2} \tag{3.4.27}$$

将天顶角 z_k 处的斜面 TEC 和 VTEC 对应为

$$\text{TEC}=F(z_k)\cdot\text{VTEC} \tag{3.4.28}$$

在这个球面近似中应用球面三角学可以很容易地得到 SIP 的位置。用(φ_k,λ_k)表示已知的大地经度和纬度的接收机位置。我们可以构建一个球面三角形,其两个角为 $90°-\varphi_k$ 和 ψ,并附上方位 α_k^p。由三角形的正弦和余弦定律给出

$$\sin(\lambda_{\text{IPP}}-\lambda_k)=\sin\psi_k\sin\alpha_k^p/\cos\varphi_{\text{IPP}} \tag{3.4.29}$$

$$\sin\varphi_{\text{IPP}}=\sin\psi_k\cos\psi+\cos\psi_k\sin\psi\cos\alpha_k^p \tag{3.4.30}$$

它们决定了次电离层点的位置。还有其他方法可以计算这个位置。

3.4.4　地面观测 VTEC

电离层可用双频观测来估计。考虑电离层函数式(1.1.45)和式(1.1.46),有

$$I4(t)=\lambda_1N_1-\lambda_2N_2-(1-\gamma_{12})I_{1,\text{P}}-d_{12,\Phi}+D_{12,\Phi}+\varepsilon_\Phi \tag{3.4.31}$$

$$I5(t)=(1-\gamma_{12})I_{1,\text{P}}-d_{12,\text{P}}+D_{12,\text{P}}+\varepsilon_\text{P} \tag{3.4.32}$$

式中,$d_{12,\text{P}}$ 和 $D_{12,\text{P}}$ 分别表示频率间接收机硬件相位延迟和卫星硬件相位延迟,也称为跨频率硬件延迟。在第 1 章中,$d_{12,\text{P}}$ 和 $D_{12,\text{P}}$ 分别是硬件代码延迟,称为差分代码偏差(DCB)。参见 1.2.2.2 节中关于频率信号校正的讨论。应该针对这些偏差或校正对伪距进行校正。方程中省略了多路径项。让我们考虑一个连续的卫星观测曲线。在这样一段时间内,接收机和卫星硬件延迟可以认为是恒定的。作为第一步,需要修复所有的周跳,见式(3.4.31)。接下来我们计算偏移量

$$\Delta_k^p=\frac{1}{n}\sum_{i=1}^{n}(I5_k^p+I4_k^p)_i \tag{3.4.33}$$

这个总和经过这段弧的 n 个周期。也许有人会在式(3.4.33)中采用仰角相关的加权方案,以考虑测量精度随仰角的变化。计算出来的偏移量从式(3.4.31)中减去,然后可以建模为

$$I4_k^p(t)-\Delta_k^p=-(1-\gamma_{12})I_{k,1,\text{P}}^p(t)-d_k+D^p \tag{3.4.34}$$

清楚起见,我们增加了下标 k 表示接收器,上标 p 表示卫星。用 d_k 和 D^p 表示残余接收器和卫星硬件延迟,可以视为在电弧时间内的一个常数,但可能会使电离层的估计产生偏差。利用电离层映射函数(3.4.28)将接收机处的 STEC 与电离层交点处的 VTEC 关联,可得

$$I_{k,1,\text{P}}^p(\lambda,\varphi,t)=F(z_k)I_{k,1,\text{P}}(\lambda_{\text{IPP}},\varphi_{\text{IPP}},t) \tag{3.4.35}$$

可以使用映射函数(3.4.27),或表 3.4.3 中的映射函数,或基于现实电子密度剖面模型的映射函数,如 Coster 等(1992)的扩展平板密度模型。

表 3.4.3 电离层广播模式

φ_k,λ_k(地测量接收机的纬度和经度/SC) α_k^p,β_k^p(卫星的方位角和高度角/SC)	T=GPS 时间/s α_n,γ_n(广播系数)
$F_k^p=1+16(0.53-\beta_k^p)^3$ (a)	$\psi=\dfrac{0.0137}{\alpha_k^p+0.11}-0.022$ (b)
$\varphi_{\mathrm{IPP}}=\begin{cases}\varphi_k+\psi\cos\alpha_k^p & 如果\ \lvert\varphi_{\mathrm{IPP}}\rvert\leqslant 0.416\\ 0.416 & 如果\ \varphi_{\mathrm{IPP}}>0.416\\ -0.416 & 如果\ \varphi_{\mathrm{IPP}}<-0.416\end{cases}$ (c)	$\lambda_{\mathrm{IPP}}=\lambda_k+\dfrac{\psi\sin\alpha_k^p}{\cos\varphi_{\mathrm{IPP}}}$ (d)
$\phi=\varphi_{\mathrm{IPP}}+0.064\cos(\lambda_{\mathrm{IPP}}-1.617)$ (e)	
$t=\begin{cases}\lambda_{\mathrm{IPP}}4.32\times10^4+T & 如果\ 0\leqslant t<86\,400\\ \lambda_{\mathrm{IPP}}4.32\times10^4+T-86\,400 & 如果\ t\geqslant 86\,400\\ \lambda_{\mathrm{IPP}}4.32\times10^4+T+86\,400 & 如果\ t<0\end{cases}$ (f)	
$x=\dfrac{2\pi(t-50\,400)}{P}$ (g)	
$P=\begin{cases}\sum\limits_{n=0}^{3}\gamma_n\phi^n & 如果\ P\geqslant 72\,000\\ 72\,000 & 如果\ P<72\,000\end{cases}$ (h)	$A=\begin{cases}\sum\limits_{n=0}^{3}\alpha_n\phi^n & 如果\ A\geqslant 0\\ A=0 & 如果\ A<0\end{cases}$ (i)
$I_{k,1,\mathrm{P}}^p=\begin{cases}cF_k^p\left[5\times10^{-9}+A\left(1-\dfrac{x^2}{2}+\dfrac{x^4}{24}\right)\right] & 如果\ \lvert x\rvert<1.57\\ cF_k^p(5\times10^{-9})\end{cases}$ (j)	

注:1 SC=180°。

接下来,需要一个函数来表示垂直电离层延迟作为纬度和经度的函数。

$$\mathrm{VTEC}(\varphi,\Delta\lambda)=\sum_{n=0}^{n_{\max}}\sum_{m=0}^{n}(C_{nm}\cos m\Delta\lambda+S_{nm}\sin m\Delta\lambda)\overline{P}_{nm}(\sin\varphi_k) \qquad (3.4.36)$$

式中,(φ,λ)是需要 VTEC 的点,$\Delta\lambda=\lambda-\lambda_0$($\lambda_0$ 是平太阳时的经度),$\overline{P}_{nm}$ 是相关的勒让德函数。球谐系数(C_{nm},S_{nm})表示全局 VTEC 场的参数化。由于 TEC 随时间而变化,即使在以太阳为参照的参考系内,这些系数在必须更新之前只在一段时间内有效。还有其他可能的参数化。例如,Mannucci 等(1998)将地球表面划分为瓦片(三角形)并估算顶点处的垂直 TEC。假设 TEC 在三角形内线性变化,只使用落在三角形内的观察值来估计三角形顶点处的 TEC。IGS-GIM 在地理纬度和经度网格上可用于某些时代。计算某一特定位置和时间的 VTEC 需要时空插值。

球谐系数可按以下概念估算:将式(3.4.35)代入式(3.4.34),将观测值 $I4_k^p$ 表示为球谐系数的函数,用式(3.4.19)将垂直电离层延迟转换为 VTEC。实际上,人们更喜欢在地磁太阳固定框架中进行参数化,因为 TEC 值在该框架中对时间的依赖最小。

由于仪器偏差 d_k 和 D^p 几何无关,但电离层延迟取决于卫星的方位角和仰角,因此偏差和电离层参数是可估计的。但是接收机和卫星硬件延迟不能分开估计,除非引入接收机或卫星作为参考。或者可以施加约束 $\sum D=0$(零平均参考),或者遵循 Sardón 等(1994)没有结合电离层伪距和载波相位方程,而是将模糊度和硬件相位延迟集中在一起,并将硬件延迟的影响分布在其他项中。Mannucci 等(1998)通过结合 d_k 和 D^p 来避免奇异性,并只估计每个弧的一个常数,这些数据弧称为"相连接"。

3.4.5　全球电离层地图

全球电离层地图(GIM)是指一个数学表达式或一组数据文件,用于计算地球上任何地点在特定时刻的 VTEC 或垂直电离层延迟。方程式(3.4.36)就是一个例子。

1. IGS GIM

当想到全球电离层地图时,最有可能首先想到的是 IGS 产品。它们通常作为比较的标准,因为它们的准确性很高,而且是广泛国际合作的产物。位于世界各地的 IGS 关联中心独立地根据 GNSS 观测值计算全球 VTEC 分布,并与关联组合中心共享其解决方案和相关数据,以计算最终的 IGS GIM。为此特别设计的标准数据结构 IONEX(电离层交换格式)有助于数据传输。

2. 国际参考电离层

国际参考电离层(IRI)的诞生是空间与研究委员会(COPSAR)和国际无线电科学联合会(URSI)努力的结果。网站 http://iri.gsfc.nasa.gov/提供有关 IRI 的背景信息,允许用户输入数据并立即以数字或图形形式给出结果。它使用各种输入数据。除了电子密度的月平均值之外,IRI 还提供了电离层专家而不是测地学家感兴趣的电离层信息,例如电子温度、离子温度和 60~1 500 km 高度范围内的离子组成。然而,随着 GNSS 观测资料的同化,IRI 模型不仅变得更好,而且对短期现象也更敏感。另一方面,GNSS 社区利用 IRI 模型提供的丰富信息来研究单个电离层外壳的最佳高度,以关联 VTEC 和 STEC。IRI 模型是数据驱动的,即它是一个经验模型,目前的版本是 IRI-2011。为了了解更多关于这个模型的现状及其未来的发展,读者可以参考 Bilitza 等(2011)的文献。

3. GPS 广播电离层模型

为了支持单频定位,GPS 广播信息包含 8 个电离层模型系数,用于计算信号路径上的电离层群延迟。Klobuchar(1987)开发了相应的算法,在表 3.4.3 中列出,另见 IS-GPS-200G(2012)或 Klobuchar(1996)的相关文献。除了广播系数外,其他输入参数包括接收机的大地经纬度、从接收机观看卫星的方位角和仰角以及时间。注意,几个角度参数用半圆(SC)表示。表格中间部分的所有辅助工程量可以从顶部开始一次计算一个。表中第三部分的函数与光速相乘,以便直接得出以米为单位的斜群延迟。本节提出的算法补偿了实际群延迟的 50%到 60%。

Klobuchar 算法基于电离层的单层模型。如上所述,假设 TEC 在某个高度(例如,在本例中为 350 km)处集中在无限薄的球形层中。模型进一步假设最大电离层扰动发生在当地时间 14:00。映射函数 F 和其他表达式都是近似值,以降低计算复杂度,但仍然具有足够的精度来达到算法的目的。大部分符号的含义与上述相同,如电离层穿透点和接收器的大地纬度及经度分别为($\varphi_{\mathrm{IPP}}, \lambda_{\mathrm{IPP}}$)和($\varphi_k, \lambda_k$),地心接收器 IPP 角为 ψ,电离层穿透点的地磁纬

度为 ϕ,t 为当地时间,P 是以秒为单位的周期,x 是以弧度表示的相位,A 表示以秒为单位的振幅。

4. NeQuick 模型

NeQuick 模型(Radicella,2009)是一种三维时变全局电子密度模型。NeQuick 模型包含了电子密度垂直分布的解析表示法,具有连续的一阶导数。它考虑了不同电离层的特性,如位置和厚度。NeQuick 模型的输入是接收机和卫星的位置、时间及电离参数,如太阳 F107 指数或每月平滑的太阳黑子数。它计算了在接收卫星路径上不同位置的电子含量。STEC 来自数值积分。NeQuick 模型已被 Galileo 用于单频用户。对单频伽利略卫星导航系统用户采用高质量电离层模型的动机尤其充分,因为伽利略卫星导航系统将采用高精度的 E5 Alt-BOC 信号进行精确的码距测量。根据 OS-SIS-CD(2010),假设该模型修正了伽利略卫星导航系统频率范围内 70%的电离层延迟。作为导航信息的一部分,每颗卫星发送三个电离参数,用于计算有效电离水平参数,该参数代替太阳通量输入太阳 F107 指数。Schüler(2014)使用 NeQuick 模型试图推导出一种改进的映射函数,该函数在较低仰角下的性能优于标准单层映射函数。

5. 传输给用户

用户可以通过多种方法使用 VTEC 数据。使用 IGS 产品的用户可以通过互联网获取数据。在许多应用中,使用卫星广播导航信息中包含的电离层信息就足够了。例如,对于 GPS,是基于 Klobuchar 模型的流;对于 Galileo,则是基于 NeQuick 模型的流。每个 GNSS 卫星系统都广播这种数据。卫星增强系统(SBAS)的情况与此类似,例如美国的广域增强系统(WAAS)、欧洲对地静止重叠服务(EGNOS)和 GPS 辅助的 GEO 增强系统(GAGAN)。每个增强服务从一个参考站网络获取观测数据,在一个中心对其进行处理,通常将 VTEC 信息上传到地球静止卫星,以便向用户转播。

最后,如 1.1.2 节和 1.1.3 节所述,在利用载波相位观测和模糊度固定的短距离测量中,单频用户仍然依赖于通过交叉接收机或双差分消除电离层影响。

第 4 章 GNSS 接收机天线

接收机天线是信号转换链中的首个器件,它将卫星发射的信号转换为有用的数据。某些天线特征限制了当前可获得的定位精度。然而,传统的卫星大地测量课程省略了应用电磁学的基础知识。为了补充这点,本章前 6 节重点讲解了用于精确定位的天线所涉及的电磁场和天线理论的基本原理。

在 4.1 节中,讨论了不同类型极化的平面和球形电磁波,并引入了广泛使用的辐射参考源——a 赫兹和半波偶极子。这允许将任何实际天线的辐射视为赫兹偶极子辐射的干扰,并且实现了对任何天线都有效的统一的场表示。此外,本节还介绍了广泛使用的时间谐波信号和用 dB 标度的复数表示法。

4.2 节讨论了天线方向图和增益。关于天线模式的讨论补充了用于卫星定位的完备天线、基准站天线和流动站天线的示例。该示例结果表明,低仰角卫星的天线增益及天线抑制与这些低仰角卫星相关的多路径反射的能力之间存在矛盾,这是引起最大定位误差的原因。本部分最后估计了典型 GNSS 接收天线的有效面积。

4.3 节讨论了天线相位中心,介绍了相位中心变化和天线校准。通常,根据应用情况的不同可以定义不同天线相位中心。全球导航卫星系统惯例采用的“天线相位中心”一词,是指在很长的观测期内对位置偏差进行平均。这些偏差是由载波相位延迟和天线相位模式超前引入引起的。

4.4 节专门讨论了衍射和多路径效应。通常提到的多路径被认为是一种广域衍射现象的特定情况。在菲涅耳区的基础上,估计这种现象的空间扩散。使用半平面上的衍射作为示例,因为其允许完整的分析处理。本示例说明了卫星从自由视线到被障碍物遮挡时引起的误差类型。通过研究产生的左旋圆极化信号,本节讨论了来自不同种类土壤的多路径反射,引入了天线升降比,研究了定位测试时通常观测到有载波相位残差的典型多路径诱导行为。

4.5 节简要介绍了输电线路的理论和实践知识。通过本节的介绍,我们了解了与低频传输相比,为什么在 GNSS 频段的功率传输需要不同的方法。本节还介绍了线路的波阻抗、天线失配和电压驻波比(VSWR)等术语。

4.6 节首先总结了 GNSS 天线领域总体概况,然后分析了来自外太空的电磁噪声接收、噪声产生以及通过电子电路传播的信号和噪声。此外,还强调了低噪声放大器的作用。估计了通常在 GNSS 接收器输出端观测到的信噪比。

最后,4.7 节概述了实际的 GNSS 天线设计。我们从工程公式开始,估计常见的贴片天线性能,然后使用具有仿造金属基板的贴片天线的变体,这些基板可用于宽频带 GNSS 的应用,最后通常转向用于多路径缓解措施的地平面,包括平面金属、阻抗和半透明地平面。特别注意具有截止模式的天线,这种天线可以获得毫米级实时定位精度。讨论了天线样本和有关天线尺寸的相关限制。本节还介绍了阵列天线和天线制造项目。本节介绍的大多数天线样本基于 D. Tatarnikov 及其拓普康技术中心的同事所做的开发。本节内容为更广泛地了解 GNSS 天线技术提供了多种参考。

本章使用的符号在很多情况下与本书其他部分使用的符号不同。矢量由放在大写字母顶部的箭头表示,例如 $\vec{E}$、$\vec{H}$。这种符号在天线领域是典型的,有助于区分三维空间中的物理向量与其他章节中广泛使用的数学多维向量。单位矢量由小写字母和下标零表示,如 $\vec{x}_0$、$\vec{y}_0$。坐标系被用于某些电磁情况。在大多数情况下,坐标系与所考虑的天线相关联。框架是电磁问题的局部,与大地坐标系无关,正如本书其他部分通常所讨论的那样。

4.1 电磁场和电磁波的元素

本节讨论了描述电磁场的主要物理量和最重要的方程。我们的目标是了解到表征 GNSS 接收机天线特性所需的基础知识。对于工程电磁学的深入学习,读者可参考经典参考文献 Balanis(1989),也可以在 Lo 等(1993)的手册中找到对天线理论和天线参数的简要概述。

4.1.1 电磁场

通常,标量场是指在空间和时间上分布的标量。考虑用位于空间中不同点的多个传感器来测量一个物理量 u 是很方便的。引入笛卡儿坐标系(x,y,z)来标记传感器的位置,在时刻 t 观察到的标量场 u 记为

$$u=u(x,y,z,t) \tag{4.1.1}$$

标量场的一个常见例子是房间内的温度分布。温度在不同点可能有所不同,并且可能随时间变化。

矢量是具有大小和方向的量。风速是一个典型的例子,因为它随着时间和空间的不同点而变化。矢量场是空间坐标和时间的函数,记为

$$\vec{A}=\vec{A}(x,y,z,t) \tag{4.1.2}$$

为了描述矢量,可以将矢量投影到坐标系上。在笛卡儿坐标系中,矢量表示为

$$\vec{A}(x,y,z,t)=A(x,y,z,t)\vec{x}_0+A(x,y,z,t)\vec{y}_0+A(x,y,z,t)\vec{z}_0 \tag{4.1.3}$$

我们将笛卡儿坐标系的单位矢量标记为 $\vec{x}_0$、$\vec{y}_0$、$\vec{z}_0$。通常使用的其他坐标系有球坐标系或圆柱坐标系。式(4.1.3)表示投影的总和乘以相应的单位矢量。每个投影通常是空间坐标和时间的函数。

上面提到的例子与某些媒介或“物质”有关。电磁场并不需要任何“物质”。在今天的物理学中,电磁场被认为是物质的另一种形式。它能够以电磁波的形式在空间中传输能量。通常,电磁场是四个矢量场的叠加:电场强度 $\vec{E}$、电通密度 $\vec{D}$、磁场强度 $\vec{H}$ 和磁通密度 $\vec{B}$。本章采用国际单位制(SI)。SI 系统中的矢量单位是 $\vec{E}$(V/m)、$\vec{D}$(C/m^2)、$\vec{H}$(A/m)和 $\vec{B}$(T)。对于与天线领域相关的大多数媒介,矢量 $\vec{D}$ 与 $\vec{E}$ 严格成比例,$\vec{B}$ 与 $\vec{H}$ 成正比。自由

空间是没有物质的区域。对于自由空间中的矢量,可以记为

$$\vec{D}=\varepsilon_0\vec{E} \tag{4.1.4}$$

$$\vec{B}=\mu_0\vec{H} \tag{4.1.5}$$

参数 ε_0 和 μ_0 称为绝对介电常数和自由空间的磁导率。使用 SI 单位,有

$$\varepsilon_0=\frac{1}{36\pi}\times10^{-9}\quad \text{F/m} \tag{4.1.6}$$

$$\mu_0=4\pi\times10^{-7}\quad \text{H/m} \tag{4.1.7}$$

为了避免错误,要注意如上所述的“没有物质的”自由空间。将自由空间视为具有某种介电常数和磁导率是不正确的。参数 ε_0 和 μ_0 没有特定的物理意义,它们的出现和数值的确定缘于 SI 单位的使用。

介质的电磁学性能是以(自由空间的)介电常数 ε、相对磁导率 μ 和介质的电导率 σ 为特征的。电介质和磁性常数也分别用 ε 和 μ 表示。参数 ε 和 μ 是无量纲的,参数 σ 以 $1/(\Omega\cdot\text{m})$ 为单位测量。对于特定的介质,记为

$$\vec{D}=\varepsilon_0\varepsilon\vec{E} \tag{4.1.8}$$

$$\vec{B}=\mu_0\mu\vec{H} \tag{4.1.9}$$

电导率 σ 建立了电场强度 $\vec{E}$ 与介质中感应的传导电流之间的关系。这被称为欧姆定律的微分形式。我们不会在本章中以明确的形式使用这些材料,详细信息请参考 Balanis (1989)的文献。对于自由空间,有 $\varepsilon=\mu=1$ 且 $\sigma=0$。

GNSS 天线相关的电磁学,大多数介质是非磁性的,并且除了大气等离子体和铁素体之类的特殊材料外,在大多数情况下可以接受 $\mu=1$。表 4.1.1 列出了所选介质的 ε 和 σ 的典型值。该数据部分来自 Balanis(1989),部分来自 Nikolsky(1978)。人们注意到,介电常数 ε 的范围从 1 到几十不等。电导率 σ 从绝缘体的 10^{-17} 到金属的 10^7 个数量级,覆盖了 24 个数量级。表 4.1.1 中的第一行和最后一行表示两个有用的限制情况。第一个被称为具有无限大电导率的完美导体。对于 GNSS 频率下的大多数金属来说,这是一个合理的模型。最后一个是具有一定介电常数 ε 和零电导率的完美绝缘体。表 4.1.1 中的最后一列显示了称为介电损耗因数的量。该量将在 4.1.3 节中描述。

表 4.1.1　别选媒介的介电常数、电导率、损耗因子

材料	ε	$\sigma/(\Omega\cdot\text{m})^{-1}$	$\tan\Delta^e$
绝对导体	1	∞	∞
铜	1	5.8×10^7	7×10^8
金	1	4×10^7	4.8×10^8
铝	1	3.5×10^7	4.2×10^8
铁	1	1×10^7	1.2×10^8
海水	80	$1\sim4$	0.3
自然淡水	80	$1\times10^{-3}\sim2.4\times10^{-2}$	7.5×10^{-4}

表 4.1.1(续)

材料	ε	$\sigma/(\Omega\cdot\mathrm{m})^{-1}$	$\tan\Delta^{e}$
湿土壤	10~30	$3\times10^{-3}\sim3\times10^{-2}$	0.02
干土壤	3~6	$1\times10^{-5}\sim2\times10^{-3}$	5×10^{-4}
大理石	8	$1\times10^{-7}\sim1\times10^{-9}$	1.5×10^{-10}
石英	4	2	
空气	1.000 5	0	0
绝对绝缘体	ε	0	0

式(4.1.8)和式(4.1.9)在大多数 GNSS 天线相关因素考虑中,允许避免使用矢量 $\vec{D}$ 和 $\vec{B}$,并允许使用矢量 $\vec{E}$ 和 $\vec{H}$ 表征电磁场。电子晶体 $\vec{E}$ 和磁性晶体 $\vec{H}$ 的关系虽然在时间和空间上都不同,但是都是麦克斯韦尔方程组的内容。这个方程组是由詹姆斯·C.麦克斯韦尔在 19 世纪末给出的。这些方程式是描述我们身边世界知识的基石之一。目前我们正在寻找一个没有辐射源的区域,例如发射天线和接收天线之间的区域。对于具有参数 ε 和 μ 的均匀非导电介质,其麦克斯韦方程组为

$$\mathrm{rot}\ \vec{H}=\varepsilon_0\varepsilon\frac{\partial\vec{E}}{\partial t}\tag{4.1.10}$$

$$\mathrm{rot}\ \vec{E}=-\mu\mu_0\frac{\partial\vec{H}}{\partial t}\tag{4.1.11}$$

4.1.2 平面电磁波

平面电磁波是式(4.1.10)和式(4.1.11)最基本、最简单的解之一。在空间中让矢量 $\vec{E}$ 和 $\vec{D}$ 沿着一定的方向变化。将坐标系的 z 轴与这个方向对齐。假设在 x 轴和 y 轴方向上没有场变化。将介质视为 $\varepsilon=\mu=1$ 的无界自由空间。给出了在自由空间中 z 轴方向传播的线性极化平面电磁波的一般表达式:

$$\vec{E}=E_0u(ct-z)\vec{x}_0\tag{4.1.12}$$

$$\vec{H}=\frac{E_0}{\eta_0}u(ct-z)\vec{y}_0\tag{4.1.13}$$

这里

$$\eta_0=\sqrt{\frac{\mu_0}{\varepsilon_0}}=120\pi\quad\Omega\tag{4.1.14}$$

被称为自由空间的固有阻抗。

$$c=\frac{1}{\sqrt{\varepsilon_0\mu_0}}\approx3\times10^{8}\quad\mathrm{m/s}\tag{4.1.15}$$

是自由空间中的光速。式(4.1.12)和式(4.1.13)中 E_0 为常数,$u(\#)$为波廓线。两者都可以是任意的,并且都可以由源设置。为了证明式(4.1.12)和式(4.1.13)是式(4.1.10)和式(4.1.11)的一种替换,取 $\partial/\partial x=\partial/\partial y=0$,并利用关系式 $\partial u(ct-z)/\partial t=-c\partial u(ct-z)/\partial z$。

波的主要特征如图 4.1.1 所示。将 $t=0$ 时刻沿 z 轴的初始场分布在左侧面板上表示为实线。用粗箭头表示点 z_a 处的矢量场。在时间增量 Δt 内，这一分布沿 z 轴的移动距离为 $c\Delta t$。将由粗箭头表示的场定位到点 $z'=z_a+c\Delta t$ 处，由虚线和箭头表示。式(4.1.15)中的参数 c 是运动速度。简而言之，这是一个在空间中运动的矢量场分布。

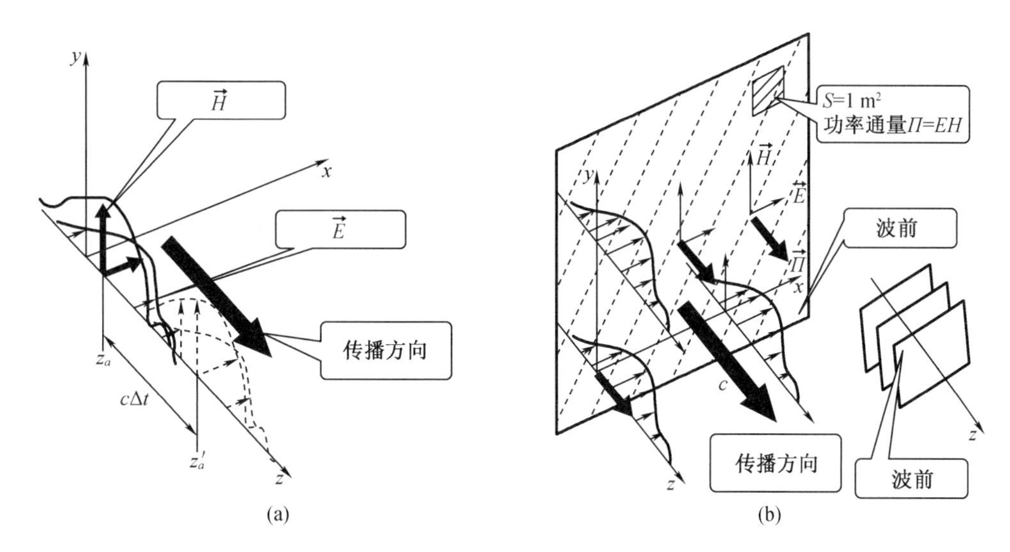

图 4.1.1　平面波场沿 z 轴的传播

此外，通过式(4.1.12)和式(4.1.13)，矢量 $\vec{E}$ 和 $\vec{H}$ 相互垂直，并且如果沿着运动方向看，从 $\vec{E}$ 到 $\vec{H}$ 的旋转为顺时针方向。也就是说，这些矢量构成了一个与波传播方向相关的右手空间坐标系。向量 $\vec{E}$ 和 $\vec{H}$ 在运动方向上没有投影。

这种波叫作横波。矢量 $\vec{E}$ 和 $\vec{H}$ 在大小上成正比，式(4.1.14)中的固有阻抗 η_0 为比例系数。在 SI 单位中，这种系数是以欧姆(Ω)为单位的。在这方面，我们注意到，对于波的传播，把固有阻抗作为一种“自由空间电阻率”是不正确的。类似于讨论 ε_0 和 μ_0，这里再一次说明，在自由空间中没有任何物质具有阻抗。自由空间固有阻抗值采用 SI 单位。

式(4.1.12)和式(4.1.13)表明场不依赖于前面提到的 x 轴和 y 轴坐标。因为这些表达式不能被认为是聚焦在 z 轴上的光线。相反，由式(4.1.12)和式(4.1.13)构成的电磁波是一种占据整个空间的场分布，沿 z 轴平行方向的分布都是相同的。

换句话说，在任何时候，垂直于 z 轴的平面上的每两个矢量具有相同的大小和方向。图 4.1.1(b)进一步说明了这一点。一般来说，所有矢量 $\vec{E}$(和 $\vec{H}$)相同的点所构成的表面称为波前。与式(4.1.12)和式(4.1.13)波相关的波前是平面，这就是为什么这样的波被称为平面波。人们可以把波的传播过程看作是多个波阵面以光速穿过空间。每个波前都有一个特定的矢量 $\vec{E}$ 和 $\vec{H}$ 与之关联。

电磁波能传输能量。垂直于波运动方向的 1 m^2 假想平面都有一定的功率通量，功率通量密度以波印亭矢量衡量

$$\vec{\Pi}=[\vec{E},\vec{H}] \quad W/m^2 \tag{4.1.16}$$

在本章中，两个矢量的叉乘用括号表示，如[·]。波印亭矢量的大小等于一个锋面

1 m^2 通过的功率。这个矢量的方向指向功率流的方向。对于平面波,它与波的传播方向一致。波印亭矢量在平面波前任意一点上是相同的。

最后,矢量 $\vec{E}$ 和 $\vec{H}$ 的方向相对于 $x-y$ 坐标系通常是任意的,但它们构成了一个与波传播方向相关的右手空间坐标系。下式中 $\vec{z}_0$ 点指向波运动的方向。

$$\vec{E}=\eta_0[\vec{H},\vec{z}_0] \tag{4.1.17}$$

当磁场显示出以赫兹(Hz)为单位的固定频率 f 的时间谐波变化时,平面波会出现一个特殊但重要的情况。频率与周期 T(单位为 s)有关。

$$f=\frac{1}{T} \tag{4.1.18}$$

除了频率 f,还有角频率 ω(也称为圆频率)。角频率以弧度每秒(rad/s)为单位,与 f 和 T 有关,如

$$\omega=2\pi f=\frac{2\pi}{T} \tag{4.1.19}$$

自由空间中的时谐平面波满足一般表达式(4.1.12)和式(4.1.13),但剖面 u 的形式为

$$u=\cos(\omega t-kz+\psi_0) \tag{4.1.20}$$

这里

$$k=\omega\sqrt{\varepsilon_0\mu_0} \tag{4.1.21}$$

称为波数或传播常数。式(4.1.20)中余弦函数的参数称为瞬时相位,有

$$\psi(z,t)=\omega t-kz+\psi_0 \tag{4.1.22}$$

ψ 是时间 $t=0$ 时点在 $z=0$ 处的初始相位。瞬时相位式(4.1.22)在任何平面上都有 $z=$ 常数,也就是说,在任何波前上都是常数。

图 4.1.2(a)显示了在 z 方向矢量 $\vec{E}$ 的波动过程。

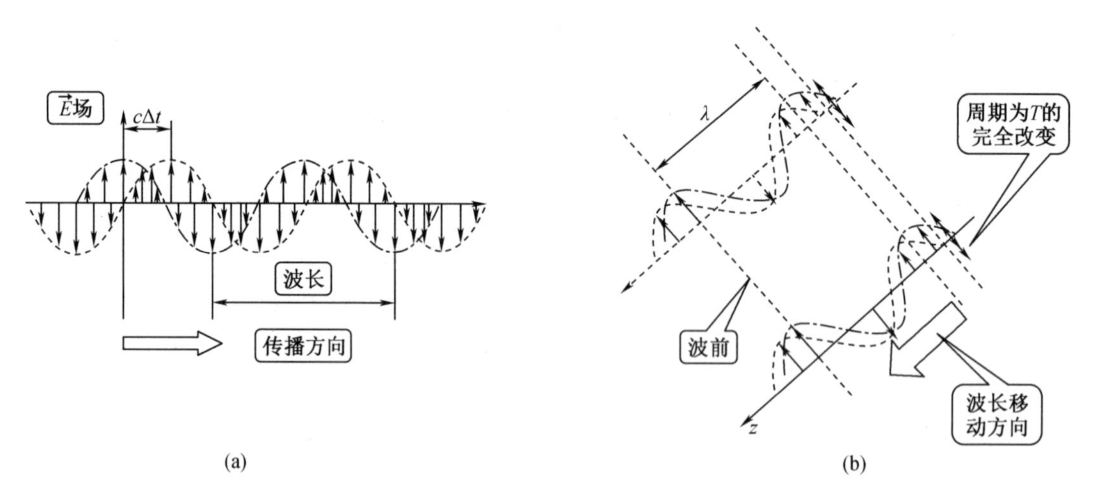

图 4.1.2　时谐平面波沿 Z 轴传播

矢量 $\vec{H}$ 的分布是相似并垂直于矢量 $\vec{E}$ 的。设 ψ_0 为零,然后在 $t=0$ 时刻,$z=0$ 处的瞬时相位也是零(见式(4.1.22))。随着时间增加 Δt,该值将移动到点 Δz,例如:

$$\omega\Delta t-k\Delta z=0 \tag{4.1.23}$$

这个运动的速度

$$v_{\mathrm{p}}=\frac{\Delta z}{\Delta t}=\frac{\omega}{k}=c=\frac{1}{\sqrt{\varepsilon_0\mu_0}} \tag{4.1.24}$$

称为相速度。对于自由空间,它等于光速。式(4.1.21)和式(4.1.24)可以将式(4.1.20)改写为

$$u=\cos\left(\omega\left(t-\frac{z}{v_{\mathrm{p}}}\right)+\psi_0\right) \tag{4.1.25}$$

该式表明,随着 z 轴的推进,波场的相位延迟等于 ω 和时间间隔 z/v_{p} 的乘积。后者需要在以速度 v_{p} 移动时覆盖距离 z。

如式(4.1.20)和图 4.1.2 所示,时间谐波平面波的场在时间和空间上都表现出周期性。空间周期 λ 被定义为沿波运动方向的距离,它对场强产生的相位延迟为 2π。因此

$$(\omega t-k(z+\lambda)+\psi_0)-(\omega t-kz+\psi_0)=-2\pi \tag{4.1.26}$$

得到了

$$\lambda=\frac{2\pi}{k} \tag{4.1.27}$$

这个距离 λ 叫作波长。利用式(4.1.21)、式(4.1.24)和式(4.1.19),可以写作

$$\lambda=v_{\mathrm{p}}T \tag{4.1.28}$$

这给出了波长的另一个定义。也就是说,波长是与某个特定的场值有关的波前的一个距离,它覆盖在一个时间间隔 T 内。波长的另一个有用的表达式是

$$\lambda=\frac{v_{\mathrm{p}}}{f} \tag{4.1.29}$$

在自由空间,可得

$$\lambda=\frac{c}{f} \tag{4.1.30}$$

或者

$$\lambda_{[\mathrm{cm}]}=\frac{30}{f_{[\mathrm{GHz}]}} \tag{4.1.31}$$

最后一个表达式给出了计算自由空间波长的简便法则。

在给定波长的情况下,可以方便地反转并写出

$$k=\frac{2\pi}{\lambda} \tag{4.1.32}$$

使用式(4.1.32),将式(4.1.20)改写为具有指导意义的形式:

$$u=\cos\left(2\pi\left(\frac{t}{T}-\frac{z}{\lambda}\right)+\psi_0\right) \tag{4.1.33}$$

这清楚地表明了在时间和空间上的周期性。图 4.1.2(b)说明了 $\vec{E}$ 场的空间分布。垂直于绘图平面的波前为虚线。值得一提的是,$\vec{H}$ 场的表现是与 $\vec{E}$ 场同步相同的交替。矢量 $\vec{H}$ 与垂直于绘图平面的 y 轴平行对齐。

坡印亭矢量的表达式也适用于时间谐波。它提供了空间任意点和任意时间点的功率通量密度的瞬时值。将式(4.1.16)与式(4.1.12)、式(4.1.13)和式(4.1.20)一起使用时,有

$$\vec{\Pi}=\frac{|E_0|^2}{\eta_0}\cos^2(\omega t-kz+\psi_0)\vec{z}_0=\frac{1}{2}\frac{|E_0|^2}{\eta_0}(1+\cos(2(\omega t-kz+\psi_0)))\vec{z}_0 \tag{4.1.34}$$

在大多数情况下,交替期间的平均功率通量是有意义的。T 期间内的平均收益率为

$$\widetilde{\vec{\Pi}}=\frac{1}{T}\int_0^T\vec{\Pi}\mathrm{d}t=\frac{1}{2}\frac{|E_0|^2}{\eta_0}\vec{z}_0 \tag{4.1.35}$$

这表明,与时间谐波平面波相关的时间平均功率通量密度在任何点和任何时刻都是相同的。

如果波不是在自由空间传播,而是在一些有参数的介质中传播,则式(4.1.12)、式(4.1.13)和式(4.1.20)为真,但 k 和 η_0 应使用

$$k_{\mathrm{m}}=\omega\sqrt{\varepsilon\mu\varepsilon_0\mu_0} \tag{4.1.36}$$

$$\eta_{\mathrm{m}}=\sqrt{\frac{\mu}{\varepsilon}}\eta_0 \tag{4.1.37}$$

我们用下标 m(medium,中等的)来区分这些具有自由空间的参数。根据式(4.1.24)的推导,可以得出相速度为

$$v_{\mathrm{p;m}}=\frac{c}{\sqrt{\varepsilon\mu}} \tag{4.1.38}$$

它是自由空间中光速的 $1/\sqrt{\varepsilon\mu}$。因此波长为

$$\lambda_{\mathrm{m}}=\frac{\lambda}{\sqrt{\varepsilon\mu}} \tag{4.1.39}$$

式(4.1.37)中的 η_{m} 称为介质的固有阻抗。它与自由空间的系数 $\sqrt{\mu/\varepsilon}$ 不同。关于这个术语,应做一个与自由空间阻抗相似的注释。目前,我们正在考虑一种非导电的无损介质,这种介质对波的传播有一种“阻力”的认识是不正确的。η_{m} 只是电场强度和磁场强度之间的比例系数。在 4.1.3 节中,我们将讨论穿过有损介质的波。

刚才讨论的时间谐波平面波是对实际电磁过程的理想化。这种波占据了整个空间,持续时间不受限制。首先,讨论实际源辐射的球形波时,在 4.1.4 节中使用平面波模型是合理的。对于后者,我们考虑引入一个群速度项。

任何限时信号都可以由多个时间谐波交替来表示。这是通过傅里叶变换完成的(Poularikas,2000)。让我们取两个频率接近 ω_1、ω_2 的谐波,使 $\omega_2-\omega_1=2\Delta\omega\ll\omega_{1,2}$。我们假设谐波振幅在这两个频率上是相同的。设 $k_{1,2}$ 为这两个波的波数,设 $\psi_{1,2}$ 为它们的初始相位。在空间和时间上的总电场分布为

$$\begin{aligned}E&=E_0(\cos(\omega_1 t-k_1 z+\psi_1)+\cos(\omega_2 t-k_2 z+\psi_2))\\&=2E_0\cos(\Delta\omega t-\Delta kz+\Delta\psi)\cos(\omega t-kz+\psi)\end{aligned} \tag{4.1.40}$$

这里 $\omega_{1,2}=\omega\pm\Delta\omega,k_{1,2}=k\pm\Delta k,\psi_{1,2}=\psi\pm\Delta\psi$。式(4.1.40)表明,总场可以看作是一个具有角频率 ω 和波数 k 的平面波。这种波称为载波,波的振幅在时间和空间上随着包络线

$\cos(\Delta\omega-\Delta kz-\Delta\psi)$缓慢变化。这个包络线沿 z 轴正向移动,移动速度为

$$v_g=\frac{\Delta\omega}{\Delta k} \tag{4.1.41}$$

这个速度被认为是包络线或信号速度,称为群速度。Balani(1989)证明了群速度也是功率的速度。取极限值 $\Delta\omega\to 0$,重写式(4.1.41):

$$v_g=\frac{d\omega}{dk} \tag{4.1.42}$$

对于自由空间,利用式(4.1.21)和式(4.1.24),有 $v_g=v_p=c$,群速度和相速度都等于光的速度。此外,在同行频率范围内,保持 ε、μ 恒定的介质具有非色散特性。从式(4.1.36)和式(4.1.38)可知,这样的介质满足 $v_g=v_p=c/\sqrt{\varepsilon\mu}$。非分散介质只会使速度降低为原来的 $1/\sqrt{\varepsilon\mu}$。最后,如果介质的介电常数或磁导率是频率的函数,则它被称为分散介质。对于分散介质,相速度和群速度是不同的。一个典型的例子是电离层等离子体。

我们用一句重要的话来结束这一节。从天线技术的角度来看,频谱上信号功率分布的细节并不重要,重要的是由每个信号频谱的上下频率定义的频带。绝对频带 Δf 是指上限频率 f_2 与下限频率 f_1 的差值,即

$$\Delta f=f_2-f_1 \tag{4.1.43}$$

然而,对于与天线面积和信号传播有关的电磁学,没有绝对的,而相对的带宽很重要。这是与频带 f_0 的中心频率相关的带宽。相对带宽通常用百分比表示,即

$$\delta f=\frac{\Delta f}{f_0}\times 100\% \tag{4.1.44}$$

其中

$$f_0=\frac{f_2+f_1}{2} \tag{4.1.45}$$

在电磁学中,相对带宽为百分之几的信号称为窄带。不要与通信术语混淆,在这里 GNSS 信号是由于其伪随机噪声结构被称为宽带的。

大多数与 GNSS 信号传播有关的介质,电磁特性在频率上没有表现出较大的变化。因此,指出窄带信号的原因是,假设信号是一个完全时间谐波,其固有频率等于式(4.1.45)或等于载波频率,则可以讨论信号传播和反射等问题。这大大简化了分析过程,并在本章中得到了广泛应用。

此外,认为天线设计具有与信号相同的频率通道的观点目前还是不实际的。相反,这些信号被分成两个子带:1 160~1 300 MHz 的较低 GNSS 频段和较高 GNSS 频段,包括如 Omnistar 等增强系统,频率为 1 545~1 610 MHz。低 GNSS 频段的相关带宽为 12%,高 GNSS 频段的相关带宽为 4%。整个 GNSS 频段的相对带宽为 32.5%。稍后在 4.7 节中,我们将看到这些值在很大程度上影响天线设计。

基于这一认识,GNSS 信号的自由空间波长在较低 GNSS 频段的波长为 25.9 cm,在较高 GNSS 频段的波长缩短至 18.6 cm。正如我们将看到的,波长构成了天线相关因素的自然尺度。为了快速估计,可以方便地记自由空间中 GNSS 信号的波长约为 20 cm。

4.1.3 有损介质中的复符号和平面波

式(4.1.12)、式(4.1.13)和式(4.1.20)仅给出了一个固定频率为 ω 的时间谐波场的实例。一般来说,伴随着时间谐波交替,矢量 $\vec{E}$ 和 $\vec{H}$ 的方向、振幅及相位在点与点间发生变化。在笛卡儿坐标系中,时间谐波场的最一般表示为

$$\vec{E}(x,y,z,t)=E_{0x}(x,y,z)\cos(\omega t+\psi_x(x,y,z))\vec{x}_0 n+E_{0y}(x,y,z)\cos(\omega t+\psi_y(x,y,z))\vec{y}_0 n+ E_{0z}(x,y,z)\cos(\omega t+\psi_z(x,y,z))\vec{z}_0 n \tag{4.1.46}$$

式中,$E_{0x,y,z}(x,y,z)$ 和 $\psi_{x,y,z}(x,y,z)$ 是相应投影的振幅和初始相位。它们是位置的函数。

式(4.1.46)的三角表示,以及求和、微分和积分等线性变换会改变函数。例如,考虑 $\mathrm{d}\sin(\omega t)/\mathrm{d}t=\omega\cos(\omega t)$。为了方便起见,通常使用指数形式。这里 i 是虚数单位。对于指数形式,微分和积分等价于乘法,即 $\mathrm{d}e^{i\omega t}/\mathrm{d}t=i\omega e^{i\omega t}$。让 $u(t)$ 为振幅为 U_0 和初始相位为 ψ_0 的时间谐波量,于是有

$$u(t)=U_0\cos(\omega t+\psi_0) \tag{4.1.47}$$

式(4.1.47)可代替为

$$\tilde{u}(t)=U_0 e^{i(\omega t+\psi_0)}=(U_0 e^{i\psi_0})e^{i\omega t} \tag{4.1.48}$$

暂时使用波浪符号表示一个复杂的时间谐波量。式(4.1.48)括号中的术语是复振幅,包含振幅和初始相位,不随时间变化。我们暂时用一个点来表示复振幅,也被称为相量,这个点位于量的顶部,然后记为

$$\dot{U}=U_0 e^{i\psi_0} \tag{4.1.49}$$

因此

$$\tilde{u}(t)=\dot{U}e^{i\omega t} \tag{4.1.50}$$

对同一角频率的时间谐波量之和应用复符号具有一定的指导意义。设振幅为 U_q 和初始相位为 ω 的时间谐波信号。这里的 $q=1,2,\cdots,Q$,表示信号,Q 表示信号的总数。对于这些信号的总和

$$\tilde{u}_{\sum}(t)=\sum_{q=1}^{Q}U_q e^{i(\omega t+\psi_q)}=e^{i\omega t}\left(\sum_{q=1}^{Q}U_q e^{i\psi_q}\right) \tag{4.1.51}$$

根据复代数法则,括号中的术语是振幅(模块) $U_{0\sum}$ 和相位 $\Psi_{\sum}$ 的复数量,如

$$\dot{U}_{\sum}=U_{0\sum}e^{i\Psi_{\sum}}=\sum_{q=1}^{Q}U_q e^{i\psi_q} \tag{4.1.52}$$

和

$$\tilde{u}_{\sum}(t)=\sum_{q=1}^{Q}U_q e^{i(\omega t+\psi_q)}=\dot{U}_{\sum}e^{i\omega t} \tag{4.1.53}$$

因此,总和也是相同频率的时间谐波。

与上述相似的矢量派生也是成立的。式(4.1.46)的复数形式为

$$\tilde{\vec{E}}(x,y,z,t)=E_{0x}(x,y,z)e^{i(\omega t+\psi_x(x,y,z))}\vec{x}_0+E_{0y}(x,y,z)e^{i(\omega t+\psi_y(x,y,z))}\vec{y}_0+ E_{0z}(x,y,z)e^{i(\omega t+\psi_z(x,y,z))}\vec{z}_0$$

$$=(E_{0x}(x,y,z)\mathrm{e}^{\mathrm{i}\psi_x(x,y,z)}\vec{x}_0+E_{0y}(x,y,z)\mathrm{e}^{\mathrm{i}\psi_y(x,y,z)}\vec{y}_0+E_{0z}(x,y,z)\mathrm{e}^{\mathrm{i}\psi_z(x,y,z)}\vec{z}_0)\mathrm{e}^{\mathrm{i}\omega t} \tag{4.1.54}$$

式(4.1.54)中的表达式是矢量的复幅值：

$$\dot{\vec{E}}(x,y,z)=(E_{0x}(x,y,z)\mathrm{e}^{\mathrm{i}\psi_x(x,y,z)}\vec{x}_0+E_{0y}(x,y,z)\mathrm{e}^{\mathrm{i}\psi_y(x,y,z)}\vec{y}_0+E_{0z}(x,y,z)\mathrm{e}^{\mathrm{i}\psi_z(x,y,z)}\vec{z}_0) \tag{4.1.55}$$

因此

$$\widetilde{\vec{E}}(x,y,z,t)=\vec{E}(x,y,z)\mathrm{e}^{\mathrm{i}\omega t} \tag{4.1.56}$$

可见,时间坐标与空间坐标的依赖关系是分离的。矢量的复振幅只包含位置相关的量。如果复振幅是已知的,人们总是可以通过与随时间变化的因子 $\mathrm{e}^{\mathrm{i}\omega t}$ 相乘并取实部来重建一个随时间变化的实量。例如,应用

$$u(t)=\mathrm{Re}\{\dot{U}\mathrm{e}^{\mathrm{i}\omega t}\} \tag{4.1.57}$$

得到式(4.1.47)和应用

$$\vec{E}(x,y,z,t)=\mathrm{Re}\{\dot{\vec{E}}(x,y,z)\mathrm{e}^{\mathrm{i}\omega t}\} \tag{4.1.58}$$

得到式(4.1.46)。

在电磁场处理中,复杂符号最重要的优点是分离时间和空间坐标的相关性(见式(4.1.54))。此外,因子 $\mathrm{e}^{\mathrm{i}\omega t}$ 与所有的方程都是相同的,并且可以独立出来。这样就实现了基本的简化。写出式(4.1.56)中的矢量 $\vec{E}$ 和 $\vec{H}$,代入式(4.1.10)得到

$$\mathrm{e}^{\mathrm{i}\omega t}\ \mathrm{rot}\ \dot{\vec{H}}=\mathrm{i}\omega\varepsilon\varepsilon_0\dot{\vec{E}}\mathrm{e}^{\mathrm{i}\omega t} \tag{4.1.59}$$

因此

$$\mathrm{rot}\ \dot{\vec{H}}=\mathrm{i}\omega\varepsilon\varepsilon_0\dot{\vec{E}} \tag{4.1.60}$$

我们可以用式(4.1.11)进行类似的处理。

复杂符号的另一个优点是介质的介电常数和导电率可以统一计算。这是通过引入复介电常数完成的。

$$\dot{\varepsilon}=\left(\varepsilon-i\frac{\sigma}{\omega\varepsilon_0}\right) \tag{4.1.61}$$

关于推导的详细信息,请参阅 Balanis(1989)的文献。这个复介电常数可以重新记为

$$\dot{\varepsilon}=\varepsilon(1-\mathrm{i}\tan\Delta^e) \tag{4.1.62}$$

在这里,$\tan\Delta^e$ 被称为电损耗正切。

$$\tan\Delta^e=\frac{\sigma}{\omega\varepsilon\varepsilon_0} \tag{4.1.63}$$

有时,在材料规格中,电损耗正切被称为“离吸系数”,原因是介电常数的虚部与介质中电磁能量的耗散有关。我们在表 4.1.1 的第三列中显示了 1.5 GHz 频率下的 $\tan\Delta^e$。

为了能够解释介质中的磁损耗,我们将磁导率写成与式(4.1.62)相似的复数形式。

$$\dot{\mu}=\mu(1-\mathrm{i}\tan\Delta^m) \tag{4.1.64}$$

这里 $\tan\Delta^m$ 是磁损耗正切值。无须详细讨论磁损耗正切这一主题,因为本章不明确使用它。

在随后的所有讨论中,为了书写简便,我们省略了所有复数的点。在本章中,假设时间谐波量用复振幅表示,除非是被特殊说明了。矢量 $\vec{E}$ 和 $\vec{H}$ 的复振幅的麦克斯韦方程形式为

$$\mathrm{rot}\ \vec{H}=\mathrm{i}\omega\varepsilon\varepsilon_0\vec{E} \tag{4.1.65}$$

$$\mathrm{rot}\ \vec{E}=-\mathrm{i}\omega\mu\mu_0\vec{H} \tag{4.1.66}$$

这些方程不以时间作为自变量。但是,我们应该始终记住式(4.1.58)中重建实际时间相关过程的规则。

现在我们来研究功率通量密度。假设矢量 $\vec{E}$ 和 $\vec{H}$ 的相位可能彼此不同,类似于式(4.1.35)在 T 期间取平均得到

$$\vec{\Pi}=1/2[\vec{E},\vec{H}^{*}] \tag{4.1.67}$$

上标 * 表示本章中的复共轭。在接下来的内容中,我们省略了式(4.1.35)中类似于波浪的内容,并始终使用由该式定义的时间平均值。坡印廷矢量一般是复数形式的。它的实部被称为有功功率通量密度,与电磁波携带的功率有关。虚部称为无功功率通量密度,与无功电磁功率有关,无功电磁功率在空间和辐射源之间不断地来回反弹,主要位于辐射源附近。4.1.4 节将提供更多关于该功率的信息。

用复数形式表示时谐平面波的表达式如下:

$$\vec{E}=E_0\mathrm{e}^{-\mathrm{i}k_\mathrm{m}z}\vec{x}_0 \tag{4.1.68}$$

$$\vec{H}=\frac{E_0}{\eta_\mathrm{m}}\mathrm{e}^{-\mathrm{i}k_\mathrm{m}z}\vec{y}_0 \tag{4.1.69}$$

可以通过将其替换为式(4.1.65)和式(4.1.66),并利用式(4.1.36)和式(4.1.37)来证明。对于复介电常数和磁导率,波数(式(4.1.36))和固有阻抗(式(4.1.37))变成了复数形式。将式(4.1.62)和式(4.1.64)代入式(4.1.36)得到

$$k_\mathrm{m}=\omega\sqrt{\varepsilon_0\mu_0\varepsilon\mu(1-\mathrm{i}\tan\Delta^{e})(1-\mathrm{i}\tan\Delta^{m})}=\beta-i\alpha \tag{4.1.70}$$

这里,$\beta>0$ 是波数的实部,$\alpha>0$ 是虚部。使用规则(4.1.58),可以得到式(4.1.68)的实时相关形式为

$$\vec{E}(z,t)=|E_0|\mathrm{e}^{-\alpha z}\cos(\omega t-\beta z+\psi_0)\vec{x}_0 \tag{4.1.71}$$

与式(4.1.69)类似。

波数的实部 β 称为相位常数或传播常数。与式(4.1.20)相比,可以看出 β 定义了相速度和波长。虚部称为衰减常数。式(4.1.71)表明波场现在沿传播方向衰减。这就是我们假设的,因为虚部 α 来自介质中的电磁能量损失。根据定义,集肤深度 δ 是与振幅衰减相关的距离,影响因子为 e。根据该定义,从式(4.1.71)开始为

$$\delta=1/\alpha \tag{4.1.72}$$

对于有损介质,平面波表现出明显不同的绝缘体和导体行为。良好的电介质也称为绝缘体,其特点是

$$\tan\Delta^{e}\ll 1 \tag{4.1.73}$$

由式(4.1.70),假设 $\tan\Delta^{e}=0$,则

$$\beta\approx\omega\sqrt{\varepsilon_0\mu_0\varepsilon\mu} \tag{4.1.74}$$

$$\alpha \approx \beta \frac{\tan \Delta^e}{2} \tag{4.1.75}$$

对比式(4.1.71)和式(4.1.36),我们可以发现相速度和波长与无损情况一致。由于式(4.1.73)中不等式 $\beta \gg \alpha$ 成立,因此有 $\delta \gg \lambda_m$。简而言之,可以说波通过良好的电介质传播,就像通过无损介质一样,其集肤深度在很大程度上超过了介质中的波长。这就是波在对流层传播时所发生的情况。

良好导体

$$\tan \Delta^e \gg 1 \tag{4.1.76}$$

由式(4.1.70)有

$$\beta \approx \alpha \approx \omega \sqrt{\varepsilon_0 \mu_0 \varepsilon \mu} \sqrt{\frac{\tan \Delta^e}{2}} \tag{4.1.77}$$

因此,与自由空间中的波长相比,导体中的波长因式(4.1.77)中的因子 $\sqrt{\frac{\tan \Delta^e}{2}}$ 按震级减少了几级。导体中的集肤深度为

$$\delta = \frac{\lambda_m}{2\pi} \tag{4.1.78}$$

这意味着穿过导体的波几乎在介质中波长分数的距离处消失。换句话说,电磁场和电流集中在导体表面附近的薄层中。

我们举两个例子。对于表 4.1.1 中的金,式(4.1.77)和式(4.1.78)给出了 GNSS 频率为 2×10^{-3} mm 的集肤深度。大多数电子元件,如印刷电路板和部分天线都镀上了一层薄薄的金,这是为了减少信号能量的损失,同时提供环境保护。另一个例子是海水,从表 4.1.1 可以得出 $\tan \Delta^e \approx 0.3$。$\tan \Delta^e$ 具有统一顺序的材料称为半导体。它们展示了导体和绝缘体的一些特性。在这种情况下,一种方法是使用一般表达式(4.1.70)找出 GNSS 频率下海水的集肤深度约为 2 cm。因此,在距离海面数厘米的深度处,GNSS 信号完全被水吸收。

4.1.4　辐射和球面波

最简单和广泛使用的辐射源模型是赫兹偶极子。它是指长度 $L \ll \lambda$ 的时间谐波电流丝形式的基本源。偶极子是 19 世纪末由海因里希·赫兹发明的最早的天线之一的合适模型。

假设介质是自由空间。我们使用球坐标系统(图 4.1.3(a))。偶极子位于原点,并与天顶轴平行。假设时间谐波辐射具有固定的频率 ω。偶极子辐射并在坐标点(r,θ,ϕ)观测到的场的复振幅为

$$\vec{H} = \vec{\phi}_0 IL \frac{1}{4\pi}\left(\frac{1}{r^2} + \frac{\mathrm{i}k}{r}\right) \mathrm{e}^{-\mathrm{i}kr} \sin \theta \tag{4.1.79}$$

$$\vec{E} = -IL \frac{1}{4\pi} \frac{\eta_0}{k} \left(\vec{r}_0 \frac{2}{r^2}\left(\frac{\mathrm{i}}{r} - k\right)\cos \theta + \vec{\theta}_0 \frac{1}{r}\left(\frac{\mathrm{i}}{r^2} - \frac{k}{r} - \mathrm{i}k^2\right)\sin \theta\right) \mathrm{e}^{-\mathrm{i}kr} \tag{4.1.80}$$

这里 I 是流过偶极子的电流,以安培(A)为单位。

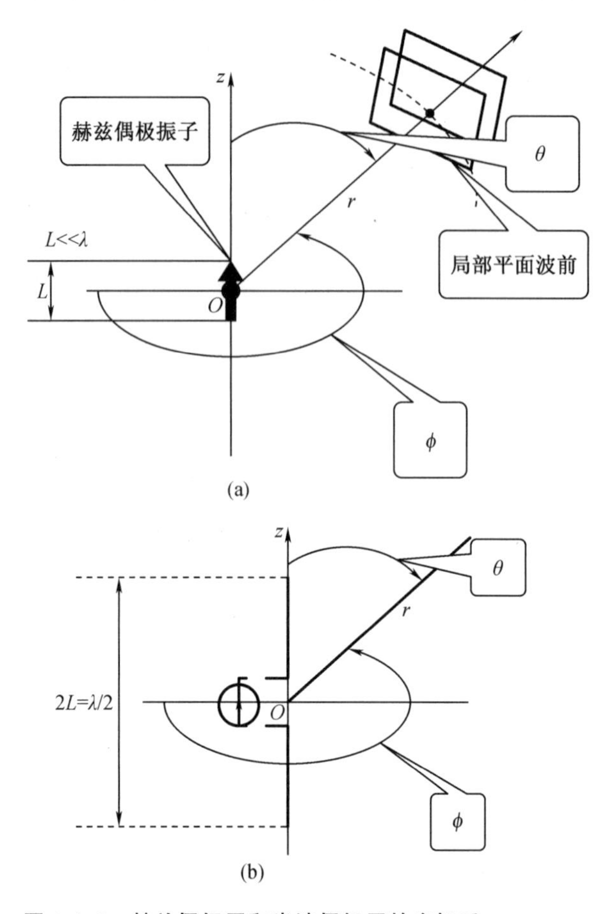

图 4.1.3　赫兹偶极子和半波偶极子的坐标系

通常将偶极子周围的空间细分为三个区域。第一个区域被称为反应近场区域,位于偶极子周围的 $r\ll\lambda$ 距离处。第三个区域是 $r\gg\lambda$ 的一个远场区域。第二个区域有时被称为辐射近场区域,它位于两者之间。我们从反应近场区域的场特征开始。

由于不等式 $r\ll\lambda$,在式(4.1.79)和式(4.1.80)中只保留了最高项 $1/r$。这些项提供了对这些区域的主要贡献。

这里也可以省略 $kr\ll1$ 和指数项。因此有

$$\vec{H}=\vec{\phi}_0IL\frac{1}{4\pi}\frac{1}{r^2}\sin\theta \tag{4.1.81}$$

$$\vec{E}=-\mathrm{i}IL\frac{1}{4\pi}\frac{\eta_0}{k}\frac{1}{r^3}(\vec{r}_02\cos\theta+\vec{\theta}_0\sin\theta) \tag{4.1.82}$$

我们看到电场和磁场强度的相移是 90°。电场的虚单位系数指向这里。其中一个结论是,对于式(4.1.81)和式(4.1.82),坡印亭矢量是纯虚的。可以说,在近场区,无功功率正在累积。这种能量不会辐射到空间,而是集中在离辐射源很近的地方。这不仅适用于偶极,也适用于任何天线。一般来说无功功率集中是不好的,但是又不可避免。这就是限制天线带宽的原因。更多关于无功功率对天线特性的影响将在 4.5.2 节中讨论。

在远场区域,在式(4.1.79)和式(4.1.80)中,省略的所有高阶项 $1/r$,得到

$$\vec{H}=\vec{\phi}_0 IL\frac{\mathrm{i}k}{4\pi}\frac{\mathrm{e}^{-\mathrm{i}kr}}{r}\sin\theta \tag{4.1.83}$$

$$\vec{E}=\vec{\theta}_0 IL\eta_0\frac{\mathrm{i}k}{4\pi}\frac{\mathrm{e}^{-\mathrm{i}kr}}{r}\sin\theta \tag{4.1.84}$$

电场和磁场现在是同步的,最后一个表达式可以另外写为

$$\vec{\Pi}=\vec{r}_0\frac{1}{2}|I|^2\eta_0\frac{(kL)^2}{(4\pi r)^2}\sin^2\theta \tag{4.1.85}$$

坡印亭矢量现在是实数。它只有一个投影,并且向外指向更大的距离 r。这表明能量流朝向更大的距离。

接下来,通过式(4.1.83)和式(4.1.84),电场和磁场强度随着 r 的增加而衰减为 r^{-1},功率通量密度衰减为 r^{-2}。我们要计算总辐射功率 $P_{\sum}$ 作为通过以偶极子为中心的半径为 r 的假想球体的功率通量。回想一下,随着 r 的增加,球体的表面积会增加 $4\pi r^2$。因此,总功率 $P_{\sum}$ 应独立于 r,有

$$P_{\sum}=\int_0^{\pi}\int_0^{2\pi}\frac{1}{2}|I|^2\eta_0\frac{(kL)^2}{(4\pi r)^2}\sin^3\theta r^2\mathrm{d}\phi\mathrm{d}\theta=\mathrm{const}(r) \tag{4.1.86}$$

换句话说,通过以偶极子为中心的每个虚球,总通量是相同的。这与能量守恒定律一致,因为在自由空间中,不需要吸收辐射能量。在这方面,在文献中,功率通量密度衰减为 r^{-2} 被称为辐射损失。这不应该令人困惑,因为总功率 $P_{\sum}$ 始终保持不变,只是分布在半径较大的假想球体上。

球的能量分布不均匀。磁场振幅与 $\sin\theta$ 成正比,功率通量密度与 $\sin^2\theta$ 成正比。赫兹偶极子具有一定的方向性。磁场和功率通量在垂直于电流方向上获得最大值($\theta=\frac{\pi}{2}$),在沿电流方向上为零($\theta=0;\pi$)。$\sin\theta$ 表示所谓的辐射模式或天线模式。更多关于天线模式的内容将在 4.2.1 节中讨论。

接下来,我们看到式(4.1.83)和式(4.1.84)的相位展现出一个与距离增长有关的延迟 $-kr$。使用式(4.1.32)、式(4.1.28)和式(4.1.24)记为

$$kr=2\pi\frac{r}{cT}=2\pi\frac{\tau_r}{T} \tag{4.1.87}$$

式中,τ_r 是以光速 c 行驶时覆盖距离 r 所需的时间间隔。$-kr$ 被称为路径延迟,在半径为 r 的球体上,此延迟是恒定的。回顾 4.1.2 节中波前的定义,我们说用式(4.1.83)和式(4.1.84)表示的波前是一个球体。这被称为球面波。球面波的常识性图示可参考由水面漂浮物引起的一个圆形波前。

最后,在波传播 $\vec{r}_0$ 方向上,场(4.1.83)和场(4.1.84)没有投影,它们构成了一个具有所述方向的右手三坐标轴,并且彼此成比例,η_0 是比例系数。这意味着,在观测点周围的一些小区域内,球面波与平面波的构造方式完全相同,如前几节所述。所述平面波的波前可以被视为在观测点处与所述球体相切的平面。图 4.1.3(a)示意性地显示了此类正面的示例。此属性对所有天线都是通用的。这就是我们在前几节讨论平面波的原因之一。

应该提到的是,GNSS 卫星距离地球表面约 20 000 km。地球表面的任何一个局部区域,比如一座建筑物,甚至整个城市,与这个距离相比都是微不足道的。这意味着在这些区域内,与 GNSS 信号相关的场可以被视为来自卫星的平面波。最后,利用辐射近场区域,观测到了近场向远场的转变。

现在我们来转向所谓的由多个偶极子辐射的波的干扰。这将为我们提供一种计算任意天线辐射场的方法。首先,我们以半波偶极子为例。

半波偶极子可能是可以被构造的最简单的天线。这根天线只有两条四分之一波长的直线细电线,如图 4.1.3(b)所示。信号通过如图所示的虚线通道传输到电线之间的窄间隙。输电线路基础将在 4.5 节讨论。沿偶极子的电流分布是半余弦波的形式,即利用图形的坐标框架:

$$I(z)=I_0\cos\left(\frac{\pi}{2L}z\right) \tag{4.1.88}$$

式中,$I(z)$是偶极子坐标 z 处的电流。I_0 是偶极子中心的电流。此值由源设置。L 是偶极子一个臂的长度,等于波长的四分之一。

我们计算了半波偶极子在空间 P 点的辐射场。为此,偶极子被细分为一组赫兹偶极子,每个偶极子具有无穷小的长度 Δz。图 4.1.4(a)中显示了两个这样的赫兹偶极子。

位于坐标 z'处的赫兹偶极子辐射的场 $\Delta\vec{E}$ 为

$$\Delta\vec{E}=-I(z')\frac{1}{4\pi}\frac{\eta_0}{k}\left(\vec{r}_0\frac{2}{(r(z'))^2}\left(\frac{\mathrm{i}}{r(z')}-k\right)\cos(\theta(z'))+\right.$$
$$\left.\vec{\theta}_0\frac{1}{r(z')}\left(\frac{i}{(r(z'))^2}-\frac{k}{r(z')}-\mathrm{i}k^2\right)\sin(\theta(z'))\right)\mathrm{e}^{-\mathrm{i}kr(z')}\Delta z' \tag{4.1.89}$$

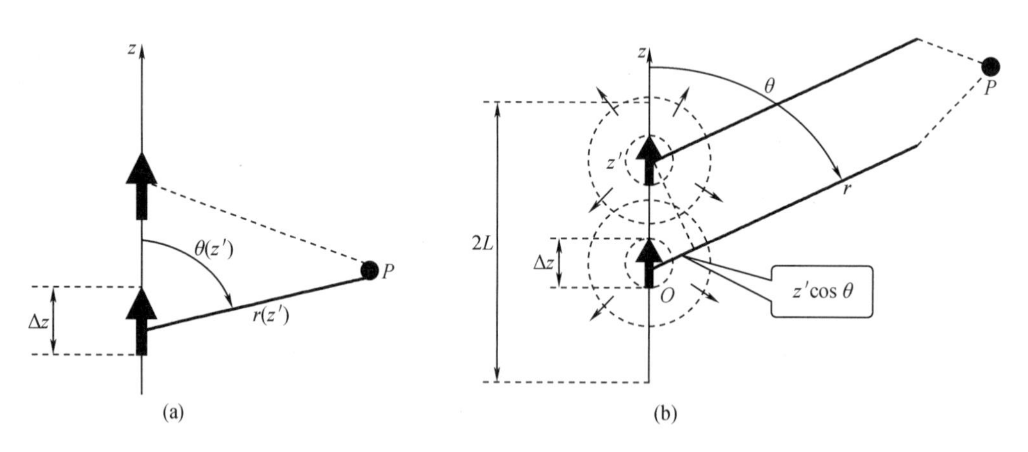

图 4.1.4　半波偶极子辐射场的计算

这里 $r(z')$是从赫兹偶极子到观测点 P 的距离,$\theta(z')$是从 z 轴计算对应的角度。两个量都是坐标 z'的函数。总场是沿半波偶极子的所有赫兹偶极子辐射的场之和(积分)。因此得

$$\vec{E}=-I_0\frac{1}{4\pi}\frac{\eta_0}{k}\int_{-L}^{L}\cos\left(\frac{\pi}{2L}z'\right)\left(\vec{r}_0\frac{2}{(r(z'))^2}\left(\frac{\mathrm{i}}{r(z')}-k\right)\cos(\theta(z'))+\right.$$
$$\left.\vec{\theta}_0\frac{1}{r(z')}\left(\frac{\mathrm{i}}{(r(z'))^2}-\frac{k}{r(z')}-\mathrm{i}k^2\right)\sin(\theta(z'))\right)\mathrm{e}^{-\mathrm{i}kr(z')}\mathrm{d}z' \tag{4.1.90}$$

在一般情况下,这个表达式不能简单化。这表明,在反应型近场区和辐射型近场区,场是相当复杂的。但对于远场区域,情况就不同了。

为了计算远场区的场强度,我们省略了所有类似于赫兹偶极子的远场导数 $1/r$ 高阶项。图 4.1.4(b)显示了半波偶极子远场区域的观测点 P。请注意,与偶极子长度 $2L$ 相比,到 P 的距离被假定为非常大。两个半径矢量从偶极子上的两个点到 P。一个是位于原点的偶极子中心,另一个是坐标为 z' 的点。半径矢量本质上是平行的,因为到 P 的距离非常大。换句话说,在式(4.1.90)的情况下,与原点重合的偶极子上的所有点的角度 θ 和距离 r 都是相同的。除指数之外,这点都成立。从显示为粗虚线的直角三角形开始,它满足

$$r(z') \approx r - z'\cos\theta \tag{4.1.91}$$

使用指数式(4.1.91)的原因是,与波长相比,路径差 $z'\cos\theta$ 是不可忽略的。因此,该路径差与指数式(4.1.32)中的波数 k 的乘积可提供与 2π 相当的贡献。在积分式(4.1.90)外,独立于 z' 的因子项得到

$$\vec{E} = \vec{\theta}_0 I_0 \eta_0 \frac{\mathrm{i}k}{4\pi} \frac{\mathrm{e}^{-\mathrm{i}kr}}{r} \sin\theta \int_{-L}^{L} \cos\left(\frac{\pi}{2L}z'\right) \mathrm{e}^{\mathrm{i}kz'\cos\theta} \mathrm{d}z' \tag{4.1.92}$$

式(4.1.42)表明,对于远场区域,我们得到了球面波形式的总场:振幅随距离衰减为 $1/r$,相位延迟等于 $-kr$。在式(4.1.92)中的积分告诉我们,场是赫兹偶极子辐射的部分球面波的和(积分)。这些在图 4.1.4 的右图中显示为虚线圆圈。每一个偏球面波的振幅对应的赫兹偶极子等于 $\cos(\pi z'/2L)$。部分波到达观测点 P 时,由于路径差的存在,会有额外的相位延迟或相位提前。这些延迟和提前是由角度设定的方向的函数。

我们现在可以考虑一个概括:任何天线上的电流都可以细分为一组基本的赫兹偶极子。这些偶极子将辐射出部分球面波。天线远场区的总波是这种部分波的干扰。对于任意天线,总波的表达式如下:

$$\vec{E}(r,\theta,\varphi) = \frac{\mathrm{e}^{-\mathrm{i}kr}}{r}\left(\vec{\theta}_0 U_\theta F_\theta(\theta,\phi)\mathrm{e}^{\mathrm{i}\Psi_\theta(\theta,\phi)} + \vec{\phi}_0 U_\phi F_\phi(\theta,\phi)\mathrm{e}^{\mathrm{i}\Psi_\phi(\theta,\phi)}\right) \tag{4.1.93}$$

$$\vec{H}(r,\theta,\phi) = \frac{1}{\eta_0}\left[\vec{r}_0, \vec{E}(r,\theta,\phi)\right] \tag{4.1.94}$$

场(4.1.93)和场(4.1.94)构成了一个从辐射器向各个方向传播的球面波。该波的主要特征与讨论的赫兹波和半波偶极子相同。也就是说,波振幅随距离衰减为 r^{-1},其相位为 $-kr$ 的渐进延迟。由于场 $\vec{E}$ 和 $\vec{H}$ 相互正交且成比例,固有阻抗为比例常数,在波的传播方向 $\vec{r}_0$ 上没有投影,并与所述方向构成一个右手三元组,因此波是局部平面波。

式(4.1.83)、式(4.1.84)、式(4.1.93)和式(4.1.94)之间的区别在于,一般来说,矢量 $\vec{E}$ 和 $\vec{H}$ 在两个基矢量 $\vec{\theta}_0$ 和 $\vec{\phi}_0$ 上都有投影。如果沿着某个半径为 r 的假想球体运动,那么这些投影在球体上就不是常数。这些投影的振幅是角 θ 和 ϕ 的函数。这些角度定义了朝向观察点的方向。函数 $F_\theta(\theta,\phi)$ 和 $F_\phi(\theta,\phi)$ 是实函数,峰值等于单位值。也就是说函数 $F_\theta(\theta,\phi)$ 和 $F_\phi(\theta,\phi)$ 将场强度表示为空间方向的函数,构成了源的辐射模式。一般来说,投影 θ 和 ϕ 的模式不同。而且,$F_\theta(\theta,\phi)$ 和 $F_\varphi(\theta,\phi)$ 达到峰值的方向通常是不同的。天线方向图是天线最重要的特性之一。4.2 节将详细讨论 GNSS 用户天线的天线方向图。

此外,式(4.1.93)的函数 $\psi_\theta(\theta,\phi)$ 和 $\psi_\phi(\theta,\phi)$ 表明,一般而言,在远场区域的虚球上,矢量投影的相位延迟不是恒定的。这意味着波前并非完全是球形的(更多的讨论见 4.3 节)。然而,通常将天线远场称为球面波。相位 $\psi_\theta(\theta,\phi)$ 和 $\psi_\phi(\theta,\phi)$ 是由角 θ 和 ϕ 确定的方向函数。这些功能称为天线相位模式。根据定义,天线相位模式将辐射场相位展示为空间中的方向函数。通常,投影 θ 和 ϕ 的相位模式不同。天线相位模式是 GNSS 应用的另一个重要特征。它定义了所谓的天线相位中心和相位中心变化(PCV)。

式(4.1.93)的常数 U_θ 和 U_ϕ 受天线结构和施加到天线输入端的信号源电压的影响。有时它们被称为规范化常数。这些常数通常是复杂的。

注意,对于给定的天线,模块 $|U_\theta|$ 和 $|U_\phi|$ 通过要求 $F_\theta(\theta,\phi)$ 和 $F_\phi(\theta,\phi)$ 的峰值等于单位 1 而定义。事实上,这些模是在辐射模式最大的方向上距离为 r 处相应投影的实场强度。相比之下,只有产生的 $e^{-ikr}U_\theta e^{i\psi_\theta(\theta,\phi)}$ 和 $e^{-ikr}U_\phi e^{i\psi_\phi(\theta,\phi)}$ 的相是 (r,θ,ϕ) 确定的实际场相位。这意味着相位模式 $\psi_\theta(\theta,\phi)$ 和 $\psi_\phi(\theta,\phi)$ 被定义为常数项:常数总是可以通过 U_θ 和 U_ϕ 的参数(相位)的适当变化被添加到 $\psi_\theta(\theta,\phi)$ 和 $\psi_\phi(\theta,\phi)$ 中。这将在 4.3 节中讨论,我们必须解释相位模式的这种不确定性。

综上所述,在球面坐标系中,点的位置由三个坐标表示:径向距离 r 和两个角 θ 及 ϕ。在远场区,所有天线的场强度对径向坐标的依赖性是相同的。区别一个天线和另一个天线的是场强度依赖于角 θ 和 ϕ 的不同。这体现在天线辐射方向图和相位方向图上。

4.1.5 接收方式

到目前为止,我们已经讨论了电磁波的辐射。然而 GNSS 用户天线基本上是接收类型的。天线工作的发射和接收模式之间的桥梁由互易定理建立(Balanis,1989)。

应用于天线方向图情况,互易定理表明发射和接收模式的方向图是相同的。如图 4.1.5 所示,考虑位于自由空间的两个天线。

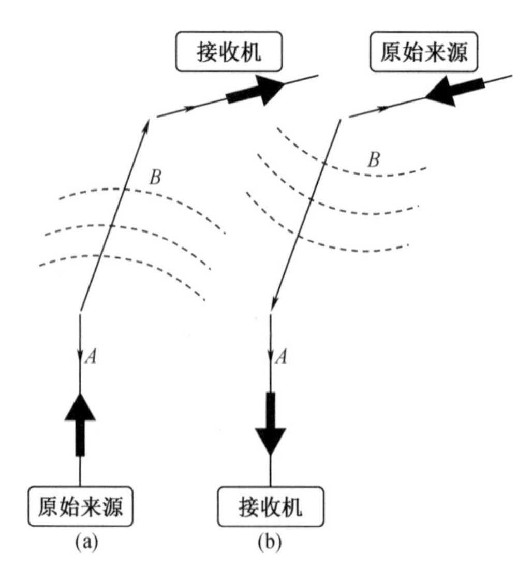

图 4.1.5 互易定理

在图 4.1.5(a)中,一个信号源连接到向空间发射能量的天线 A。电磁波到达天线 B 并在天线 B 的元件上感应电流。电流流过与天线 B 相连的接收器的输入端。图 4.1.5(b)显示了倒置的情况。这里,信号发生器连接到天线 B,接收器连接到天线 A。这种情况下的互易定理可以表述为:如果信号发生器在两种情况下都是相同的,那么接收器输入端的信号是相同的。从这一点开始,我们考虑图 4.1.6 所示的情况。

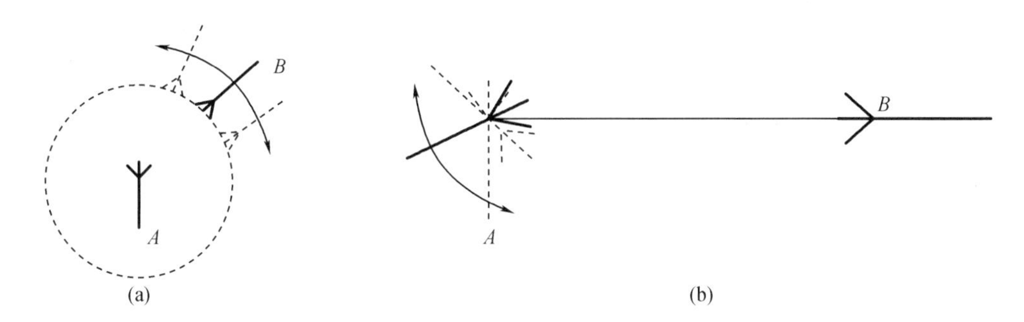

图 4.1.6　A 天线图测量

在图 4.1.6(a)中,固定天线 A 的位置和方向。天线 B 沿着以 A 为中心的球体移动,使得天线 B 相对于天线 A 到 B 的方向是固定的。两个天线都在对方的远场区。从互易定理可以看出,无论哪一个天线 A 或 B 正在发射或接收,接收器输入处的信号将与 A 的天线方向图成比例。图 4.1.6(b)显示了另一种情况。这里天线 B 是固定的,并且天线 A 相对于线 A 到 B 旋转。接收器输入处的信号与 A 的天线方向图成比例,而不管哪个天线正在发射或接收。

接收和发射模式的天线方向图的一致性在很大程度上简化了天线相关的考虑事项。在许多情况下,处理天线的发射模式比处理接收模式更为方便。这将贯穿本章。图 4.1.6 说明了天线方向图测量的实际方法。

4.1.6　电磁波的极化

我们考虑一个时谐电磁平面波,并将其写成随时间变化的形式:

$$\vec{E}_1=E_0\cos(\omega t-kz+\psi_0)\vec{x}_0 \tag{4.1.95}$$

$$\vec{H}_1=\frac{E_0}{\eta_0}\cos(\omega t-kz+\psi_0)\vec{y}_0 \tag{4.1.96}$$

在图 4.1.2 中,已经讨论了沿 z 轴的电场分布。现在我们取一些固定坐标,例如 $z=0$,绘制电场强度与时间的关系图,如图 4.1.7 所示。我们的结论是矢量 $\vec{E}$ 在空间和时间上的交替总是平行于某个固定方向,在我们的例子中是 x 轴。$\vec{H}$ 场具有相同的特性,总是平行于 y 轴。这种矢量 $\vec{E}$(和 $\vec{H}$)总是平行于某一方向的波称为线极化波。

现在,随着由式(4.1.95)和式(4.1.96)定义的平面波,我们又取一个波,与第二波的振幅 E_0 相同。第二波的矢量 $\vec{E}$ 和 $\vec{H}$ 在空间上旋转 90°,并且相对于第一波的相应矢量同相延迟 90°。可以写为

$$\vec{E}_2 = E_0\cos\left(\omega t - kz + \psi_0 - \frac{\pi}{2}\right)\vec{y}_0 \tag{4.1.97}$$

$$\vec{H}_2 = -\frac{E_0}{\eta_0}\cos\left(\omega t - kz + \psi_0 - \frac{\pi}{2}\right)\vec{x}_0 \tag{4.1.98}$$

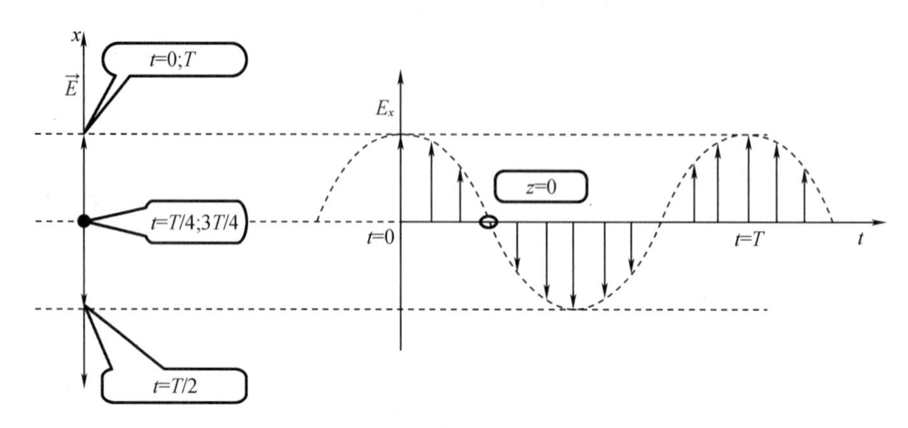

图 4.1.7　线极化波的电场强度随时间的变化

注意,式(4.1.98)中引入了减号,这是矢量 $\vec{E}$ 和 $\vec{H}$ 与移动方向(z 轴)构成右手三元组所需的。

接下来,我们关注一个波,它是波 1 和波 2 的总和。该波的电场强度表示为 $\vec{E}_\Sigma$,因此有

$$\vec{E}_\Sigma = \vec{E}_1 + \vec{E}_2 \tag{4.1.99}$$

$\vec{H}$ 场也有类似的表达式。对于空间中的任何指定点,例如,点 $z=0$,则有(为便于书写,省略初始阶段 ψ_0)

$$\vec{E}_1(z=0) = E_0\cos(\omega t)\vec{x}_0 \tag{4.1.100}$$

$$\vec{E}_2(z=0) = E_0\sin(\omega t)\vec{y}_0 \tag{4.1.101}$$

$$\vec{E}_\Sigma(z=0) = E_0\cos(\omega t)\vec{x}_0 + E_0\sin(\omega t)\vec{y}_0 \tag{4.1.102}$$

我们用时间来检验 $\vec{E}_\Sigma$ 的行为。图 4.1.8 显示了三个时间瞬间的快照,即 $t=0$ 、$t=T/8$ 和 $t=T/4$。

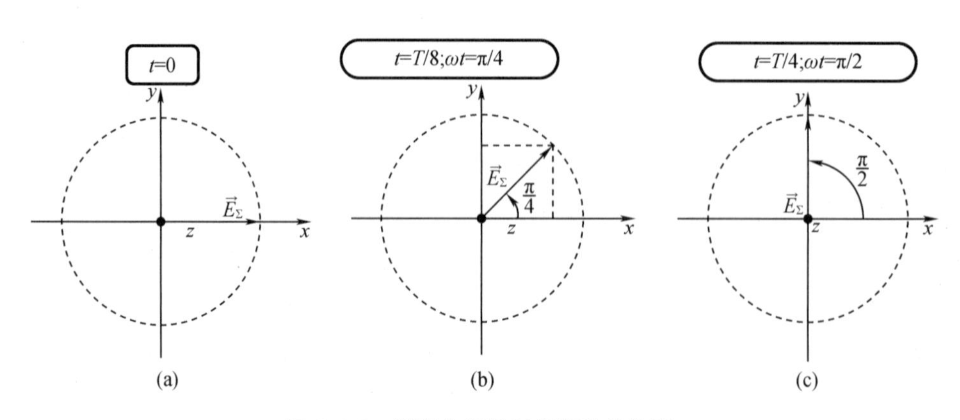

图 4.1.8　圆极化场随时间变化的快照

首先,我们注意到如式(4.1.102)所示,对于任何时刻,$\vec{E}_\Sigma$ 的绝对值(模)保持恒定,即 $|\vec{E}_\Sigma|=\sqrt{E_x^2+E_y^2}=|E_0|$。其次,对于 $t=0$,有 $\vec{E}_1(z=0)=E_0\vec{x}_0$,$\vec{E}_2(z=0)=0$,$\vec{E}_\Sigma(z=0)=E_0\vec{x}_0$。对于 $t=T/8$,相应的值为 $\vec{E}_1(z=0)=E_0\cos(\pi/4)\vec{x}_0$,$\vec{E}_2(z=0)=E_0\cos(\pi/4)\vec{y}_0$,$\vec{E}_\Sigma(z=0)=E_0\cos(\pi/4)\vec{x}_0+E_0\sin(\pi/4)\vec{y}_0$。最后,对于 $t=T/4$,有 $\vec{E}_1(z=0)=0$,$\vec{E}_2(z=0)=E_0\vec{y}_0$ 和 $\vec{E}_\Sigma(z=0)=E_0\vec{y}_0$。建议读者验证 $t=T$ 的场强与 $t=0$ 的场强一致。如果在空间中取了具有已知 z 坐标的另一个点,那么同样的分析也成立;所有矢量都将收到等于 $-kz$ 的相位延迟。我们得出结论,在空间的任何点上,矢量 $\vec{E}_\Sigma$ 随着时间的推移而旋转,同时始终保持大小不变。该矢量在一个周期 T 的时间间隔内形成一个完整的圆。在图 4.1.8 中,z 轴指向观察者。原点由一个粗点标记。如果从 $\vec{z}_0$ 的顶部观察矢量 $\vec{E}_\Sigma$ 的旋转,则旋转方向为逆时针方向。

以同样的方式,可以取任意时刻,例如 $t=0$,并分析矢量相对于空间坐标 z 的变化。记为

$$\vec{E}_1(t=0)=E_0\cos(-kz)\vec{x}_0 \tag{4.1.103}$$

$$\vec{E}_2(t=0)=E_0\sin(-kz)\vec{y}_0 \tag{4.1.104}$$

$$\vec{E}_\Sigma(t=0)=E_0\cos(-kz)\vec{x}_0+E_0\sin(-kz)\vec{y}_0 \tag{4.1.105}$$

建议读者沿 z 轴检查一组点,例如 $z=0$,$z=\lambda/8$,$z=\lambda/4$,可得出旋转与上述类似。我们的结论是,在任何时刻,矢量 $\vec{E}_\Sigma$ 在空间的分布始终是此种方式:如果从波传播方向(z 轴)的顶部观察,则矢量表现出逆时针方向的旋转。矢量 $\vec{E}_\Sigma$ 的大小总是恒定的,在一个波长的距离内形成一个完整的圆,如图 4.1.9 所示。波的矢量 $\vec{H}_\Sigma$ 表现出相同的行为,同时总是垂直于 $\vec{E}_\Sigma$。

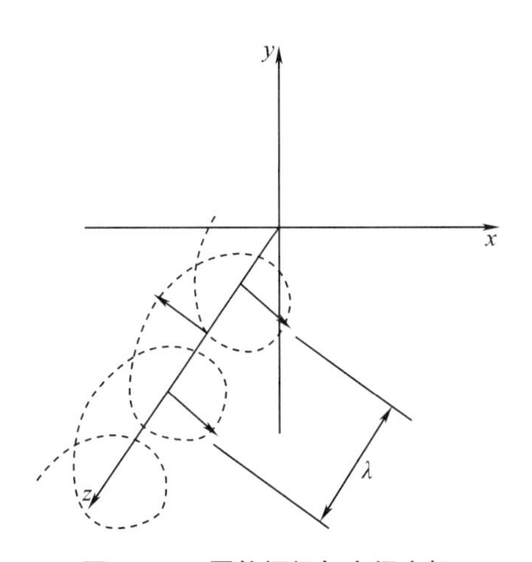

图 4.1.9　圆偏振场与空间坐标

一种矢量为 $\vec{E}$ 和 $\vec{H}$ 的波,当从波传播方向的顶部观察时,在时间和空间上呈现逆时针方向的旋转,其大小总是恒定的,并且在时间间隔等于交替周期和空间增量等于波长内形成一个完整的圆,称为右手圆极化(RHCP)。我们注意到,如果取 $\vec{E}_2$ 和 $\vec{H}_2$,相对于 $\vec{E}_1$ 和 $\vec{H}_1$,不是延迟而是提前 90°,则

$$\vec{E}_2 = E_0\cos\left(\omega t - kz + \psi_0 + \frac{\pi}{2}\right)\vec{y}_0 \quad (4.1.106)$$

$$\vec{H}_2 = -\frac{E_0}{\eta}\cos\left(\omega t - kz + \psi_0 + \frac{\pi}{2}\right)\vec{x}_0 \quad (4.1.107)$$

然后在顺时针方向观察相同的旋转。这种波称为左手圆极化波(LHCP)。

以上内容证明了陈述 A:圆极化波是两个线性极化波的和。波的矢量 $\vec{E}$(和 $\vec{H}$)具有相同的振幅,彼此在空间中旋转 90°,并且彼此在相位上移动 90°。如果从波传播方向的顶部观察到旋转是逆时针方向的,则称圆极化波为 RHCP;如果旋转方向相反,则称为 LHCP。

对于进一步的推导,使用复杂的振幅更方便。对于沿 z 轴正方向运动的 RHCP 和 LHCP,我们记为

$$\vec{E}_{\mathrm{RHCP}} = E_0 e^{-ikz}\frac{1}{\sqrt{2}}(\vec{x}_0 - i\vec{y}_0) \quad (4.1.108)$$

$$\vec{E}_{\mathrm{LHCP}} = E_0 e^{-ikz}\frac{1}{\sqrt{2}}(\vec{x}_0 + i\vec{y}_0) \quad (4.1.109)$$

$$\vec{H}_{\mathrm{RHCP(LHCP)}} = \frac{1}{\eta_0}[\vec{E}_{\mathrm{RHCP(LHCP)}}, \vec{z}_0] \quad (4.1.110)$$

式(4.1.108)和式(4.1.109)用于标准化。现在我们可以直接证明相反的陈述 B:线性极化波是两个等震级但旋转方向相反的圆极化波的总和。实际上,使用式(4.1.108)和式(4.1.109)并设置

$$\vec{E}_1 = \frac{1}{\sqrt{2}}(\vec{E}_{\mathrm{LHCP}} + \vec{E}_{\mathrm{RHCP}}) = E_0 e^{-ikz}\vec{x}_0 \quad (4.1.111)$$

$$\vec{E}_2 = \frac{1}{\sqrt{2}}\frac{1}{i}(\vec{E}_{\mathrm{LHCP}} - \vec{E}_{\mathrm{RHCP}}) = E_0 e^{-ikz}\vec{y}_0 \quad (4.1.112)$$

有两个线极化波。图 4.1.10 显示了矢量(4.1.112)在 $t=0$、$t=T/8$ 和 $t=T/4$ 时 $z=0$ 处的快照。要获得这些图,需要使用规则(4.1.58)将式(4.1.112)中的复振幅转换为实时相关量。

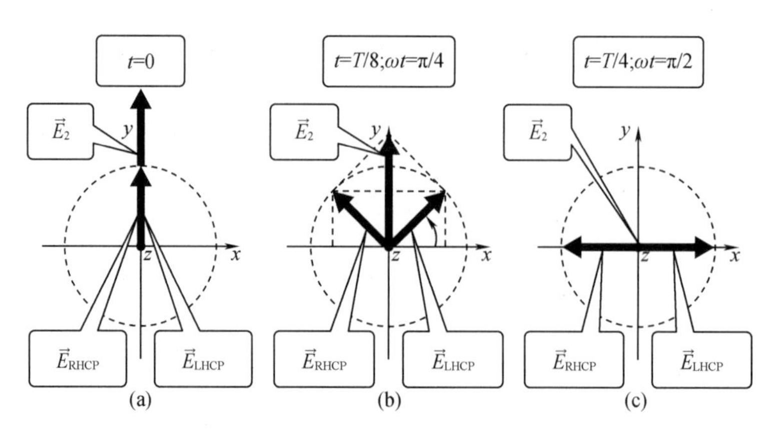

图 4.1.10 两圆偏振波之和的线偏振波

如 4.1.4 节所述,平面波可视为源辐射的实际球面波的局部表示。可以说,式(4.1.93)将

源的远场表示为两个线性极化球面波的和：矢量 $\vec{E}$ 具有 $\vec{\theta}$ 和 ϕ 投影。然而，可以用 RHCP 和 LHCP 组件来作为同一场的等价表示。为此，我们引入圆极化基矢量：

$$\vec{p}_0^{\text{RHCP}}=\frac{1}{\sqrt{2}}(\vec{\theta}_0-\mathrm{i}\vec{\phi}_0) \tag{4.1.113}$$

$$\vec{p}_0^{\text{LHCP}}=\frac{1}{\sqrt{2}}(\vec{\theta}_0+\mathrm{i}\vec{\phi}_0) \tag{4.1.114}$$

这些矢量具有单位长度（模块）：

$$|\vec{p}_0^{\text{RHCP}}|=|\vec{p}_0^{\text{LHCP}}|=1 \tag{4.1.115}$$

并且彼此正交，使得点积

$$\vec{p}_0^{\text{RHCP}}\vec{p}^{\text{LHCP}}*=0 \tag{4.1.116}$$

将式(4.1.113)和式(4.1.114)转换为实时相关形式可以清楚地看到，如果从球面坐标系的矢量的顶部观察，则矢量(4.1.113)以逆时针旋转，矢量(4.1.114)以顺时针旋转。矢量(4.1.113)和矢量(4.1.114)可被视为垂直于 $\vec{r}_0$ 的平面上的另一个基。这些矢量和($\vec{\theta}_0,\vec{\phi}_0$)是所谓偏振基的特殊情况。矢量(4.1.113)和矢量(4.1.114)为圆极化，而 $\vec{\theta}_0$ 和 $\vec{\phi}_0$ 为正交线性极化。

用基变换的正则程序实现了线性极化(4.1.93)到圆极化的场变换。根据式(4.1.113)和式(4.1.114)，转换矩阵为

$$\overline{\overline{A}}=\frac{1}{\sqrt{2}}\begin{bmatrix}1 & -i\\ 1 & i\end{bmatrix} \tag{4.1.117}$$

因此，我们有

$$\vec{E}(r,\theta,\phi)=\frac{\mathrm{e}^{-ikr}}{r}(\vec{p}_0^{\text{RHCP}}U_{\text{RHCP}}F_{\text{RHCP}}(\theta,\phi)\mathrm{e}^{\mathrm{i}\Psi_{\text{RHCP}}(\theta,\phi)}+\vec{p}_0^{\text{LHCP}}U_{\text{LHCP}}F_{\text{LHCP}}(\theta,\phi)\mathrm{e}^{\mathrm{i}\Psi_{\text{LHCP}}(\theta,\phi)}) \tag{4.1.118}$$

与

$$U_{\text{RHCP}}F_{\text{RHCP}}(\theta,\phi)\mathrm{e}^{\mathrm{i}\Psi_{\text{RHCP}}(\theta,\phi)}=\frac{1}{\sqrt{2}}(U_\theta F_\theta(\theta,\phi)\mathrm{e}^{\mathrm{i}\Psi_\theta(\theta,\phi)}+\mathrm{i}U_\phi F_\phi(\theta,\phi)\mathrm{e}^{\mathrm{i}\Psi_\phi(\theta,\phi)}) \tag{4.1.119}$$

$$U_{\text{LHCP}}F_{\text{LHCP}}(\theta,\phi)\mathrm{e}^{\mathrm{i}\Psi_{\text{LHCP}}(\theta,\phi)}=\frac{1}{\sqrt{2}}(U_\theta F_\theta(\theta,\phi)\mathrm{e}^{\mathrm{i}\Psi_\theta(\theta,\phi)}-iU_\phi F_\phi(\theta,\phi)\mathrm{e}^{\mathrm{i}\Psi_\phi(\theta,\phi)}) \tag{4.1.120}$$

这里的函数 $F_{\text{RHCP(LHCP)}}(\theta,\phi)$ 是实函数，峰值等于单位。这些函数是以 RHCP(LHCP)分量表示的天线方向图，$\Psi_{\text{RHCP(LHCP)}}(\theta,\phi)$ 是对应的相位模式，$U_{\text{RHCP(LHCP)}}$ 是复归一化常数。

由于磁场强度的表达式(4.1.94)与电场强度表达式(4.1.118)一致，因此这里将坡印亭矢量(4.1.67)写为以下形式：

$$\vec{\Pi}=\frac{1}{2}[\vec{E},\vec{H}^*]=\frac{1}{2\eta_0}\frac{1}{r^2}(|U_{\text{RHCP}}|^2(F_{\text{RHCP}}(\theta,\phi))^2+|U_{\text{LHCP}}|^2(F_{\text{LHCP}}(\theta,\phi))^2)\vec{r}_0 \tag{4.1.121}$$

此表达式显示总功率通量为 RHCP 和 LHCP 通量之和。

天线场中的一个简单规则是,发射天线和接收天线应在极化方面匹配。例如,如果一个天线发射线性极化波,且矢量 $\vec{E}$ 在某个方向上对齐,而另一个天线接收到辐射且线性极化但垂直于发射天线,则接收信号将为零。当发射天线为 RHCP 而接收天线为 LHCP 时,情况也是如此。这是 GNSS 信号选择圆极化的原因之一。

让我们暂时假设,GNSS 定位选择线性极化。让我们进一步假设,一颗卫星的天线发射某种线性极化信号,例如矢量平行于当地地平线的南北线。如果用户天线也是线性极化的,并在西-东方向对齐,则会完全失去信号。因此,要使这样一个系统能够工作,不仅需要所有卫星天线彼此平行,而且所有用户天线必须平行于同一直线或方向。这显然不切实际。圆极化信号可以避免这些问题。

然而,式(4.1.93)和式(4.1.118)表明,通常两个线性或两个圆极化组件被辐射。主极化或共极化是指矢量定向的期望类型行为。不需要的类型被指定为交叉极化。例如,对于式(4.1.93),如果需要具有电场强度的分量 θ 的线极化,那么这个分量将称为共极化,而 ϕ 称为交叉极化。在 GNSS 情况下,如果需要式(4.1.118)的 RHCP 分量,则将其称为共极化,而 LHCP 称为交叉极化。对于后一种情况,我们将式(4.1.118)重写为以下形式

$$\vec{E}(r,\theta,\phi)=\frac{\mathrm{e}^{-\mathrm{i}kr}}{r}U_{\mathrm{RHCP}}\left[F_{\mathrm{RHCP}}(\theta,\phi)\mathrm{e}^{\mathrm{i}\Psi_{\mathrm{RHCP}}(\theta,\phi)}\vec{p}_0^{\,\mathrm{RHCP}}+\alpha^{\mathrm{cross}}F_{\mathrm{LHCP}}(\theta,\phi)\mathrm{e}^{\mathrm{i}\Psi_{\mathrm{LHCP}}(\theta,\phi)}\vec{p}_0^{\,\mathrm{LHCP}}\right] \tag{4.1.122}$$

这里

$$\alpha^{\mathrm{cross}}=\frac{U_{\mathrm{LHCP}}}{U_{\mathrm{RHCP}}} \tag{4.1.123}$$

是一个关系到交叉极化图(LHCP)和主极化图(RHCP)的系数。采用适当的天线测量技术,可以很容易地得到这个系数,方法是测量某些固定方向(例如达到峰值的方向)的 LHCP 分量强度和 RHCP 分量强度。我们稍后将看到,GNSS 用户天线数据采用了式(4.1.122)形式的表示。系数 α^{cross} 与角度无关,有时被称为交叉极化分量的归一化常数。使用式(4.1.122),总功率通量式(4.1.121)将为

$$\vec{\Pi}=\frac{1}{2}[\vec{E},\vec{H}^*]=\frac{1}{2\eta_0}\frac{1}{r^2}|U_{\mathrm{RHCP}}|^2\left(F_{\mathrm{RHCP}}^2(\theta,\phi)+(\alpha^{\mathrm{cross}})^2F_{\mathrm{LHCP}}^2(\theta,\phi)\right)\vec{r}_0 \tag{4.1.124}$$

有时总功率模式很重要。这是(标准化)总功率通量密度,作为空间方向的函数:

$$F^2(\theta,\phi)=\frac{1}{F_{\max}^2(\theta,\phi)}\left(F_{\mathrm{RHCP}}^2(\theta,\phi)+(\alpha^{\mathrm{cross}})^2F_{\mathrm{LHCP}}^2(\theta,\phi)\right) \tag{4.1.125}$$

这里 $F_{\max}^2(\theta,\phi)$ 是最大值。注意,按照 4.1.4 节末尾所述,天线相位模式定义为常数项。在式(4.1.122)中,通过将恒定相位项与交叉极化分量(ψ_{LHCP})的相位模式相关联,可以方便地将 α^{cross} 取为正实数。

我们用最普遍的偏振类型,即椭圆偏振来结束这一部分。如图 4.1.11 所示。

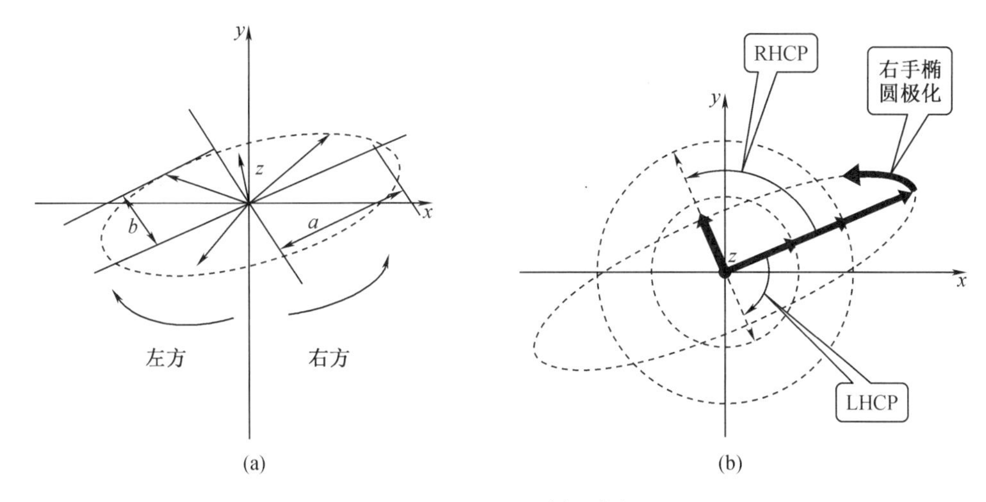

图 4.1.11　椭圆偏振

在图 4.1.11(a)中,显示了在空间中某个点上观察到的矢量 $\vec{E}$。矢量在周期 T 内旋转并形成一个完整的循环,矢量的末端跟踪一个椭圆。右侧和左侧椭圆偏振的定义方式与圆形偏振相同。通常用轴比来表征椭圆极化。根据定义,轴比 α_{ar} 是椭圆半轴的比值,即

$$\alpha_{ar}=\frac{b}{a} \tag{4.1.126}$$

线极化和圆极化是椭圆极化的特例,此时线极化 $\alpha_{ar}=0$ 和圆极化 $\alpha_{ar}=1$。

关于椭圆偏振态,以下声名成立。声明 C:如果违反陈述 A 中的至少一个条件,则椭圆极化波是两个线极化波的总和。声明 D:椭圆极化波是 RHCP 波和 LHCP 波的总和。它有右手或左手定则,这取决于哪个分量,RHCP 或 LHCP,在大小上占主导地位。我们省略了声明 C 和 D 的证明,但在图 4.1.11(b)说明了声明 D。椭圆的长轴出现在两个圆极化波的矢量 $\vec{E}$ 重合的时刻,而一个小的半轴出现在两个圆极化波的矢量 $\vec{E}$ 彼此相反的时刻。记为

$$\left.\begin{aligned}|\vec{E}_{\mathrm{RHCP}}|+|\vec{E}_{\mathrm{LHCP}}|=a\\|\vec{E}_{\mathrm{RHCP}}|-|\vec{E}_{\mathrm{LHCP}}|=b\end{aligned}\right\} \tag{4.1.127}$$

利用天线测量技术可以很容易地得到椭圆的轴比 α_{ar}。一旦 α_{ar} 已知,则通过倒转式(4.1.127)可以得到

$$\frac{|\vec{E}_{\mathrm{LHCP}}|}{|\vec{E}_{\mathrm{RHCP}}|}=\frac{1-\alpha_{ar}}{1+\alpha_{ar}} \tag{4.1.128}$$

这种关系可用于在已知轴比后估算 α^{cross}。GNSS 用户天线的极化特性在许多方面都很重要。这将在 4.2 节和 4.4 节中进一步讨论。

4.1.7　分贝标度

分贝(dB)是一种方便和常用的单位,用来比较显示出较大幅度范围的数量。如果系统响应不是与量成正比,而是与量的对数成正比,则用分贝来度量非常方便。最常见的例子是人耳对来自声音产生的气压做出的反应。这种压力在非常大的范围内变化。如果耳朵的反应与气压呈线性比例,并且调节到最佳接收正常人的语言音量,那么人类将对沙沙作

响的草地充耳不闻,可能无法在飞机的噪声中生存下来。事实上,耳朵的反应与气压的对数成正比。图 4.1.12 所示为对数函数。此函数强调小值而不显示大值。例如,如果一个量变化两个数量级,那么体现在对数上的变化就是 lg100=2 倍。

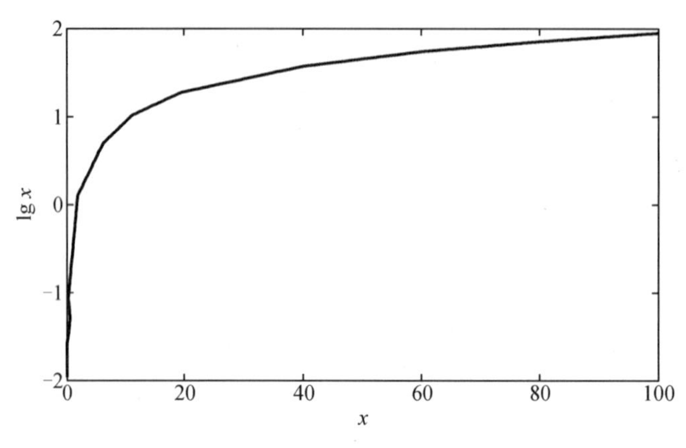

图 4.1.12　对数函数

在讨论 dB 标度之前,首先要做一个观察。从式(4.1.35)可以看出,功率通量与电场强度的平方成正比。另一个平方函数关系的例子是从初等物理中知道的。也就是说,直流电的功率 P 是电流 I 和电压 U 的乘积:

$$P=IU \tag{4.1.129}$$

通过应用欧姆定律,这可以改写为

$$P=I^2R=U^2\frac{1}{R} \tag{4.1.130}$$

式中,R 代表阻值,因此功率与电流或电压的平方成正比。这个规则可以推广。每当人们谈到一些量,如电流、电压或电场强度和磁场强度时,与量有关的功率都与量的平方成正比。设 Q 是这样一个量,P_Q 是相应的幂,Q_0 是某个固定的参考值。那么 Q/Q_0 被称为 Q 的相对值(与 Q_0 相关),或者 $P_Q/P_{Q_0}=Q^2/Q_0^2$ 被称为 Q 的相对幂。

根据定义,以 dB 为单位的相关量为

$$Q_{[\mathrm{dB}]}=20\lg\left(\frac{Q}{Q_0}\right)=10\lg\left(\frac{P_Q}{P_{Q_0}}\right) \tag{4.1.131}$$

这里的 dB 单位用括号中的下标 dB 标记。从 dB 到震级和功率的反向转换为

$$Q=Q_0 10^{Q}_{[\mathrm{dB}]}/20 \tag{4.1.132}$$

$$P_Q=P_{Q_0}10^{Q}_{[\mathrm{dB}]}/10 \tag{4.1.133}$$

首先要注意的是,此处的 Q 值对于相对大小和功率(4.1.131)是相同的。因此,在使用 dB 时,不必说明震级或幂是什么意思。需要记住的典型数值有:+3 dB 表示 2 倍功率或 $\sqrt{2}\approx1.4$ 量级,-3 dB 为半功率或 $1/\sqrt{2}\approx0.7$ 量级,+6 dB 为 2 倍量级或 4 倍功率,-6 dB 为半量级或 1/4 功率。

低噪声放大器(LNA)增益是使用与 GNSS 天线相关的 dB 刻度的一个很好的例子。正

如将在 4.6 节中讨论的,LNA 接在天线之后,并负责设置 GNSS 接收系统噪声数字。LNA 增益通常在技术文件中有规定,例如(30±2)dB 的标准是典型的。这意味着±2 dB 的增益变化不会影响系统性能。人们可能会注意到,30 dB 意味着 1 000 倍的功率放大,32 dB 意味着 1 585 倍的功率放大,28 dB 意味着 631 倍的功率放大。因此,在输出信号功率方面的差异是显著的。但是对于系统性能,±2 dB 的 LNA 增益通常不是那么重要。因此,在这种情况下,dB 标准提供了更适合这个问题的标准。

最后,使用 dB 标准的另一个原因是实用方便。许多公式看起来像是项的乘法,在这种情况下,只需在 dB 范围内添加数字。分贝比例尺通常用于电子工程,特别是全球导航卫星系统天线文件,并将在本章中频繁使用。

4.2　天线方向图和增益

天线方向图将天线的响应定义为信号辐射或到达的方向函数。天线方向图特性决定了在典型环境下,当前可达到的定位精度。在这一节中,按顺序讨论了天线方向图的主要特征。我们采用了常用的方法,即分析发射模式下的模式,并利用互易定理为接收模式搭建“桥梁”。本节最后给出了天线输出的卫星信号功率估计值。

4.2.1　接收 GNSS 天线方向图与参考站和月球车天线

在 4.1.4 节中已经说明天线的辐射强度在空间方向上表示为一个函数。图 4.1.6 讨论了测量天线方向图的实际方法。图 4.1.6(a)所示的方法实际上用于非常大的天线,如抛物面反射面天线或射电天文学或雷达天线阵列。天线 B 可以由直升机携带。典型的 GNSS 用户天线最多为米级。使用这种天线,室内测试可以在消声室中进行。消声室是一个有墙壁、天花板和地板的房间,地板上覆盖着特殊的电磁吸收材料,如图 4.2.1 所示。

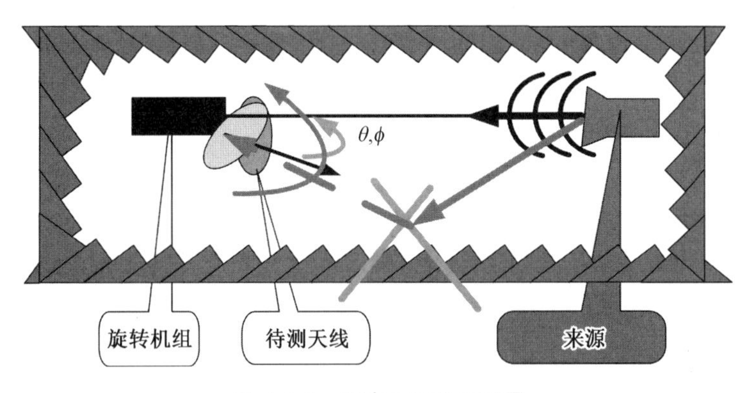

图 4.2.1　消声室天线图测量

电磁吸收材料吸收了冲击它的电磁波,从而阻止了电磁波的反射。消声室模拟了自由空间条件。对于消声室试验,通常使用图 4.1.6(b)所示的布置。被测天线(天线 A)旋转,

天线 B 的位置和方向是固定的。无论哪个天线正在发射或接收信号,接收到的信号都是旋转角的函数,并且与天线 A 的方向图成比例。

在本节中,我们省略了与极化相关的细节,将此讨论留在 4. 2. 3 节。首先,我们假设远场中只存在主极化分量。将天线模型表示为 $F(\theta,\phi)$,是角度 θ 的实函数,ϕ 以峰值等于单位的方式归一化。这可以通过计算或测量数据来完成。由于功率通量密度(坡印廷矢量)与场强的平方成正比,因此天线的功率方向图是 $F^2(\theta,\phi)$。

我们先从一些例子开始。由式(4. 1. 84)和式(4. 1. 85)可以看出,赫兹偶极子模式是

$$F(\theta,\phi)=\sin\theta \tag{4.2.1}$$

它是一个关于 θ 的函数,但与 ϕ 无关。偶极子相对于方位角的理想旋转具有对称性,这一点通过图 4. 1. 3 看得很清楚。

同样有趣的是 $F(\theta,\phi)=0,\theta=0$ 或 π,这意味着偶极子不会沿着它的轴辐射。接下来 $F(\theta,\phi)=0,\theta=\pi/2$,这意味着偶极电流主要沿垂直于其轴线的方向辐射。现在我们来看看半波偶极子。执行与式(4. 1. 92)的集成,并将模式规范化为统一的峰值,从而产生

$$F(\theta,\phi)=\frac{\cos\left(\dfrac{\pi}{2}\cos(\theta)\right)}{\sin\theta} \tag{4.2.2}$$

此模式的主要特征类似于式(4. 2. 1)。由于旋转对称,图案不依赖于 ϕ。半波偶极子不沿其轴辐射,但在垂直于其轴的方向上最大。

现在我们来看一种绘制天线方向图的常用方法。图 4. 2. 2(a)显示了两种模式的极坐标图,即赫兹偶极子(4. 2. 1)和半波偶极子(4. 2. 2)。

通常,一个天线图表示一个表面 F 作为两个变量 θ 和 ϕ 的函数。式(4. 2. 1)和式(4. 2. 2)是独立于 ϕ 的。与之相关的面是方位角均匀的环面。然而,习惯上使用简单的数字假设 θ 和 ϕ 为常数。值得注意的是,在球坐标下,角 θ 可能在 $0\leqslant\theta\leqslant\pi$ 范围内变化。然而,为便于说明,习惯上允许 θ 在 $-\pi\leqslant\theta\leqslant\pi$ 或 $-180°\sim+180°$ 范围内变化,从而形成一个完整的大圆截面(IEEE Standard, 2004)。由于像式(4. 2. 1)和式(4. 2. 2)这样的模式是独立于 ϕ 的,所以图 4. 2. 2 的图形对于任何 ϕ 都是有效的。图的生成采用极坐标图的常用规则,即角度从偶极轴开始计算,线段(虚线表示)的长度从原点开始计算。这个长度与模式读取成比例。

如图 4. 2. 2 所示,赫兹偶极子和半波偶极子具有几乎相同的形状。这说明如果当前段的长度与波长的一半(实际上,达到约一个波长)相比变小时,那么当前段的辐射模式大致相同(Lo et al. ,1993)。选择半波长尺寸不是因为天线方向图的优点,而是为了使天线与馈电电缆匹配。此类匹配条件将在 4. 5 节中进一步讨论。图 4. 2. 2(b)以 dB 为单位说明了相同的两种模式。单位的峰值是 0 dB,零读数是负无穷大,单位为 dB。另一种解释模式的方法是使用笛卡儿坐标,以相对单位(图 4. 2. 2(c))和 dB(图 4. 2. 2(d))显示了相同模式的示例。

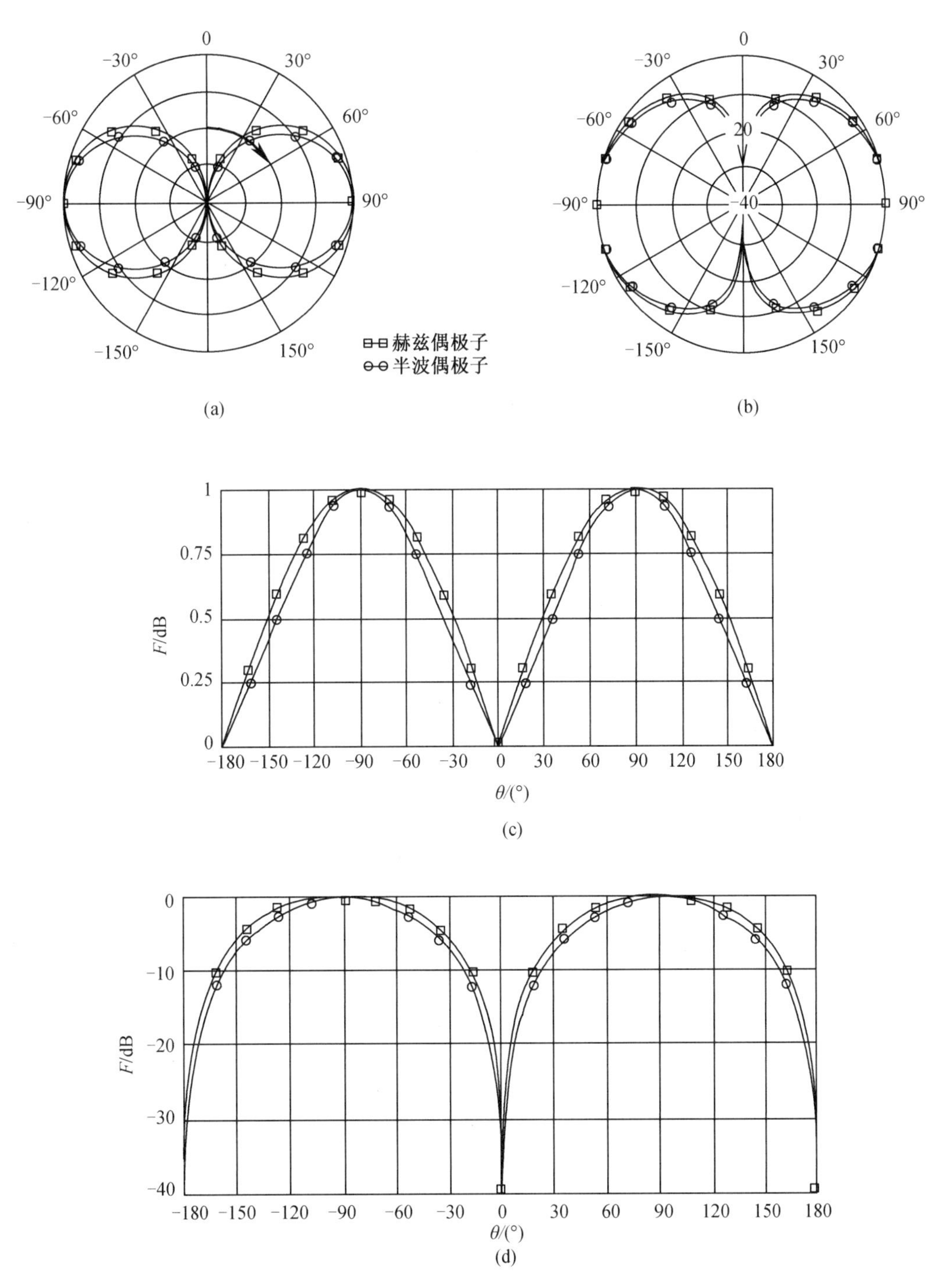

图 4.2.2　赫兹偶极子和半波偶极子的辐射模式

现在我们来看看 GNSS 用户天线。图 4.2.3 说明了一种典型情况。用户天线安装在离地面约 2 m 的空中。我们把坐标原点放在天线的某个地方。垂直轴指向天顶。角度 θ 被称为天顶角,即 $\theta=0$ 代表天顶方向,$\theta=\pi/2$ 代表地平线,$\theta=\pi$ 代表最低点。有时仰角 θ^e 也是有用的。这个角度是相对于当地地平线测量的。角度 ϕ 是局部方位角。

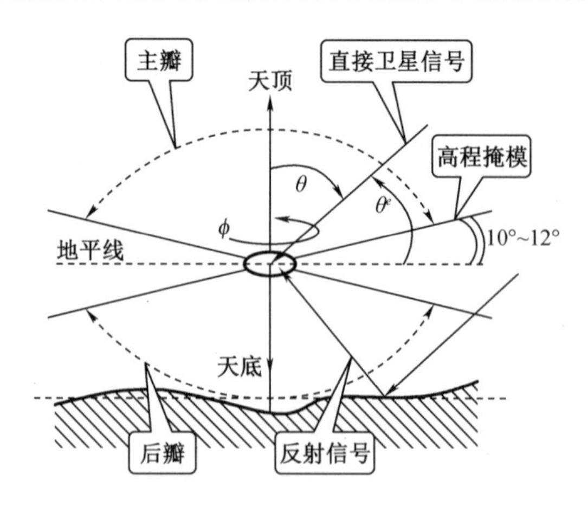

图 4.2.3 非延迟地形接收 GNSS 天线坐标系

首先,考虑一个完美的全球导航卫星系统接收天线。这种天线相对于天顶轴具有理想的旋转对称性。因此,天线图是独立于 ϕ 的。这样一种理想的天线将在水平面上提供一个无偏置的位置。尽管如此理想的天线仍然需要处理多路径问题,而多路径问题在当今高精度 GNSS 定位中被认为是一个重要的误差来源。对于好的 GNSS 站点选择来说,多路径的唯一来源是天线下方地形的反射。因此,为了完全抑制多路径信号,一个完美的天线必须在地平线以下的方向上有一个零的天线图案。为了对所有在望卫星具有相同的接收能力,天线在地平线以上的方向上必须具有恒定的模式。在标准化形式中,这个常数是单位一。因此,一个完美的 GNSS 用户天线应该具有从天顶到地平线方向统一的阶梯式模式,从地平线到最低点等于零(图 4.2.4(a))。图 4.2.4(b)显示了在 dB 尺度上的相同模式。其模式是使 RHCP 分量仅与卫星所辐射的极化类型相匹配。

在天线理论中,模式随角度变化的速度通常与天线的波长成正比。图 4.2.4 中的阶梯状图案需要一个无限大的天线(读者可能希望查阅 Lopez(1979)关于接近图 4.2.4 阶梯状图案所需的垂直阵列天线尺寸的详细讨论,更多讨论也在 4.4.4 节、4.7.4 节和 4.7.7 节中提供)。

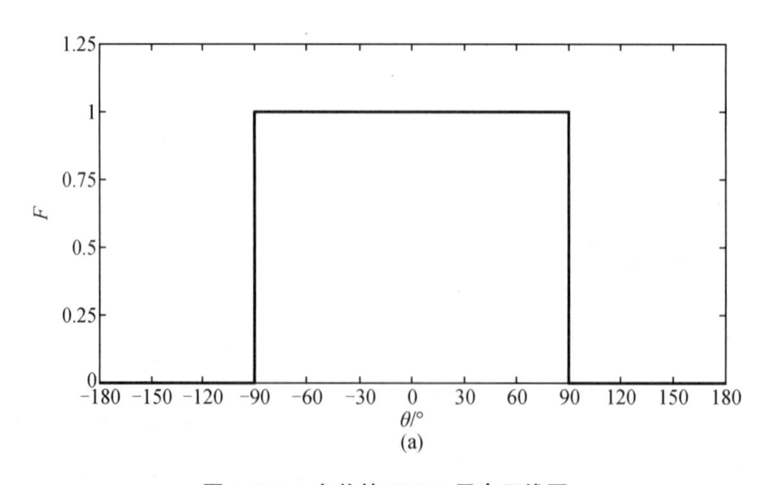

图 4.2.4 完美的 GNSS 用户天线图

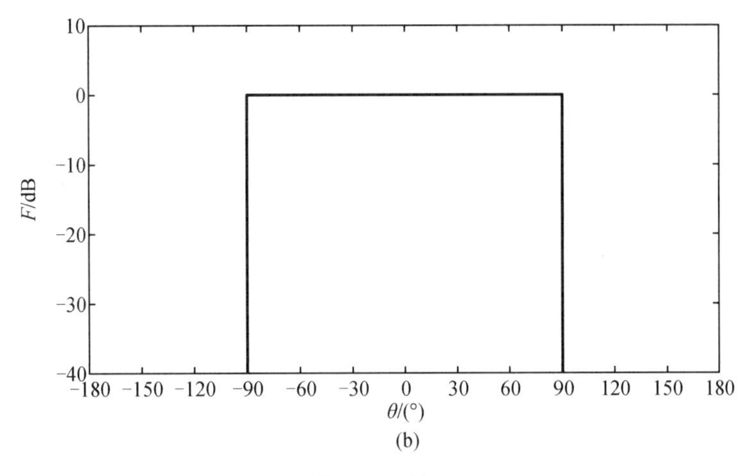

(b)

图 4.2.4(续)

我们现在回顾一个实际尺寸的全球导航卫星系统用户天线的模式。我们使用归一化功率通量(4.1.125)形式的模式,用 dB 标准表示该模式,并在图 4.2.5 中示意性地绘制出来。假设相对于垂直轴高度旋转对称,仅显示 $0 \leqslant \theta \leqslant \pi$ 的区域。

典型的接收天线图有一个最大值等于单位一(或 0 dB),通常在天顶方向,读数通常会随着 θ 增加而减少。通常在处理中使用截止高度角。一般情况下,截止高度角为 10°~12°。造成这种截止高度角的原因是,低于这些高度角的卫星信号很可能会被自然或人为的障碍所阻碍。同时,为了使 DOP 系数保持在最低水平,对低高度角的卫星的可靠跟踪是绝对必要的。这意味着这种模式读数对低高度角应该尽可能高(dB 标度的绝对值要尽可能小,带负号)。我们将图形读数 10°仰角记为 F_{+10}。这个读数决定了系统跟踪低高度角卫星的能力。在文献和特殊天线文件中,有时会提到另一种读数模式——地平线方向的读数。天线模式的读数在地平线相对天顶的方向通常被称为滚转。在典型的设计中,F_{+10} 略小于滚转。在 10°~12°俯仰角上部半球形内的区域是 GNSS 用户天线图形的一个主瓣。

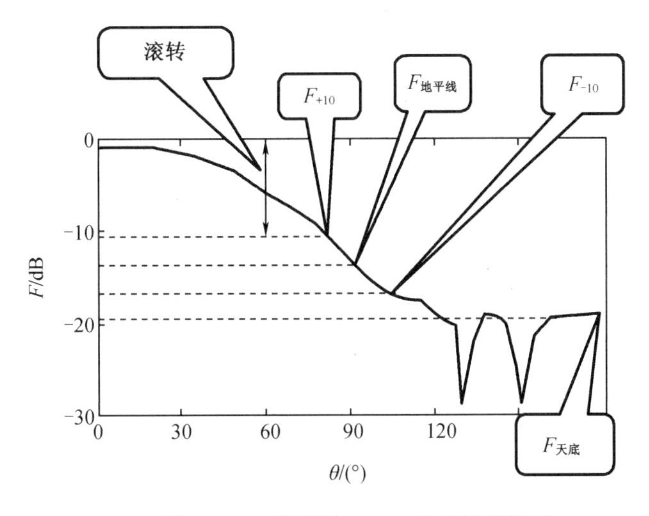

图 4.2.5　典型的 GNSS 用户天线模式

现在我们来讨论地平线以下的方向。在地平线 10°以下的部分记为 F_{-10}。这是因为鉴于对卫星高度角为 10°采用高光反射模型(见 4.4 节),并且地形的反射将在 10°以下及在地平线以下。因此,从多路径抑制的观点来看,F_{-10} 读数表明了一种最弱的情况。这种读取设置了最大的多路径错误占有。因此,读数要尽可能小(dB 的绝对值要尽可能大,还带负号)。到目前为止,对于典型的 GNSS 用户,天线 F_{-10} 比 F_{+10} 低 5~6 dB。随着水平以下的增加,模型值有减小的趋势。因此,与高高度角卫星相关的多路径误差通常比低高度角多路径误差小。这一关系将在 4.4 节中进行更详细的分析。可能有一些急剧的下降和局部最大的模型(这些被称为后叶)。最后我们记 $F_{天底}$ 为 $\theta=180°$,这个读数定义了与高高度角卫星相关的多路径抑制。

因此,在高精度 GNSS 中,天线的设计很大一部分要考虑相互冲突的限制。给定的天线尺寸一般是不可能同时实现高 F_{+10} 和低 F_{-10} 的。低空卫星跟踪和多路径保护之间的矛盾,同时保持接收 GNSS 天线的实际尺寸,是实现厘米级精度,而不是毫米级实时定位精度的主要原因。

目前实际使用的 GNSS 接收天线有两种截然不同的类型。第一种被称为参考站天线。这种天线通常约为 40 cm(两个波长)大小,安装在适当的开放天空地点。这些天线有最好的多路径保护,以确保获得最高质量的参考数据。标准是扼流圈地平面天线。扼流圈天线最初是由美国航空航天局的喷气推进实验室(JPL)开发的。该天线已经为大地测量界服务了 20 多年。该天线的一些设计考虑将在 4.7.4 节中讨论。图 4.2.6 为 Topcon 公司的 CR4 天线。这是一个原始喷气推进实验室扼流圈天线多恩和马戈林天线元件。图 4.2.7 以典型极坐标格式绘制了 GPS L1 和 L2 信号的天线图,实际采用的 RHCP 和 LHCP 以组件的模式分别给出。使用式(4.1.122)将 LHCP 模式与 RHCP 模式联系起来。对于地平线以上的方向,RHCP 分量是值得关注的。这里的 F_{+10} 读数是-14~-15 dB 的 L1 和 L2 信号。接近最低点,LHCP 部分占主导地位。这个天线的 $F_{天底}$ 是-25~-30 dB。

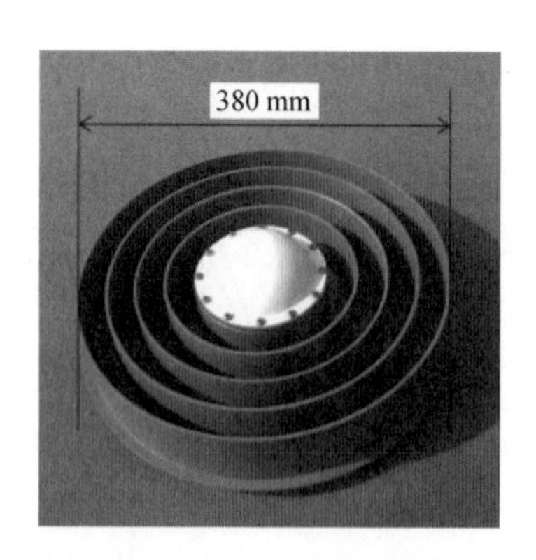

图 4.2.6 Topcon 公司的 CR4 天线(原始扼流圈天线多恩和马戈林天线元件)

第二种天线类型被称为漫游者天线。该天线可提供紧凑、轻便的设计和多路径保护,足以标准定位精度。对于漫游者天线,F_{+10} 的读数通常会稍高一些,以便接收器在艰难的条件下也能跟踪到低高度角的卫星。举例来说,图 4.2.8 为 Topcon 公司的漫游者天线

MGA8,可以看到相比于扼流圈天线,该天线体积小得多。该天线的 L1 和 L2 信号的 RHCP、LHCP 图分别如图 4.2.9 所示。F_{+10} 的读数为-7～-8 dB,而 $F_{天底}$大约为-20 dB。

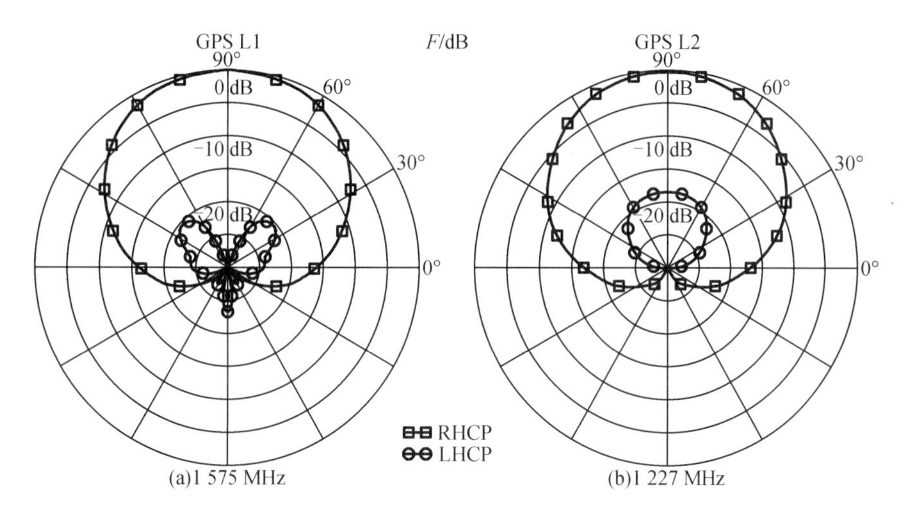

图 4.2.7　CR4 天线在 1 575 MHz 和 1 227 MHz 频率下的天线图

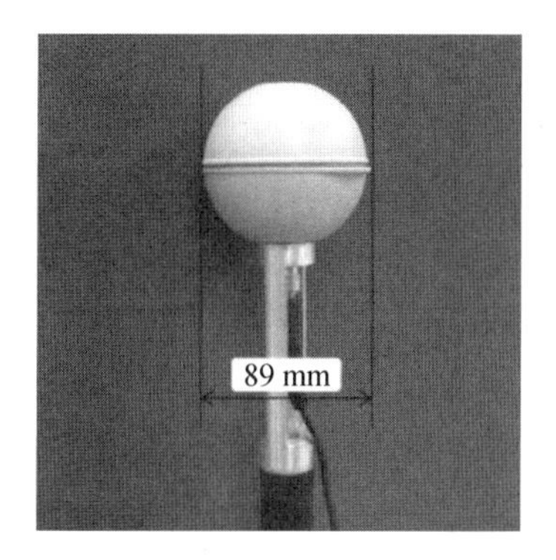

图 4.2.8　Topcon 公司双频漫游者天线 MGA8

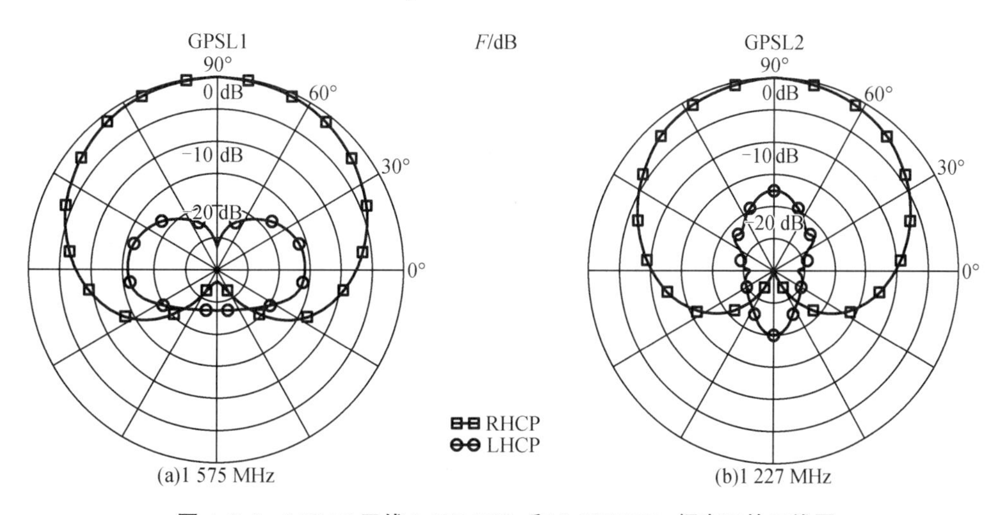

图 4.2.9　MGA8 天线 1 575 MHz 和 1 227 MHz 频率下的天线图

4.2.2 方向性

凭直觉和实践经验,人们知道,如果用一个更“定向”的天线来代替天线,信号强度可能会“更好”。我们将研究这种现象,并讨论在全球导航卫星系统应用中我们所说的“更好”是什么意思。再次,我们考虑天线的发射模式,并参考接收模式下天线方向图的相等性(4.1.5 节)。

理想的各向同性辐射体是一个在所有方向上具有相等辐射强度的天线。有时这种散热器被称为假设性的,因为可以证明在实践中不可能达到这样的性能。然而,这个假设的辐射体是一个方便的实际天线方向性的参考,因此它被广泛使用。

设 P_Σ 代表各向同性辐射器辐射的总功率。我们在远场区观察假想球体上的辐射。如果能量在所有方向上均匀分布,那么通过球体每个单元的通量就是总功率除以球体的总面积。后者为 $4\pi r^2$,其中球体的半径为 r,因此单位平方(坡印亭矢量的模)的功率通量为

$$\Pi_{\text{isotropic}}=\frac{P_\Sigma}{4\pi r^2} \tag{4.2.3}$$

在角 θ 和 ϕ 固定的任何方向上都是一样的。现在我们用方向图为 $F(\theta,\phi)$ 的实际天线代替各向同性辐射器。对方向图进行归一化,使其峰值等于单位。我们假设目前只有主极化分量被辐射。进一步假设总辐射功率 P_Σ 与理想各向同性辐射体的总辐射功率相同。然而,通过球体不同单元元素的功率通量将不再相同。磁通量取决于角度 θ 和 ϕ,并且与天线功率方向成比例,即

$$\Pi_{\text{actual}}(\theta,\phi)=\frac{P_\Sigma}{4\pi r^2}D_0F^2(\theta,\phi) \tag{4.2.4}$$

比例常数用 D_0 表示,这个常数称为天线方向性。它显示了在 $F(\theta,\phi)=1$ 的方向上相对于理想各向同性天线的功率通量增益。换句话说

$$\Pi_{\text{maxactual}}(\theta,\phi)=\frac{P_\Sigma}{4\pi r^2}D_0 \tag{4.2.5}$$

因此,方向性的精确定义如下:我们考虑实际天线发射峰值信号的空间方向。天线方向性表明,假设两个天线的总辐射功率相同,如果用实际天线代替理想的各向同性辐射体,则在这个方向上的功率通量密度将增长多少倍。

指向性的含义来源于对能源消耗规律的一般性考虑。理想的各向同性辐射体在所有方向上都以相等的强度辐射。由于实际天线具有一定的指向性,它在某些方向上的辐射比理想的各向同性天线要小。由于总功率守恒,它必须向其他方向辐射更多。在观测到峰值功率通量的方向上,表示功率通量密度增长的系数是方向性的。

我们要强调的是,天线本身就是所谓的无源元件。天线输入端不包含任何信号放大器。不要与低噪声放大器(LNA)混淆,低噪声放大器包含在用户 GNSS 天线外壳中,但实际上它在天线之后。所谓的天线方向性,就是从天线方向图特性出发,与各向同性源相比,天线能够在某些方向上发射更多的能量,因为它在其他方向上的辐射更小。

让我们看一些例子。首先,我们考虑在角度为 $\Delta\theta$(图 4.2.10)的非常窄的波束内辐射所有功率的天线。

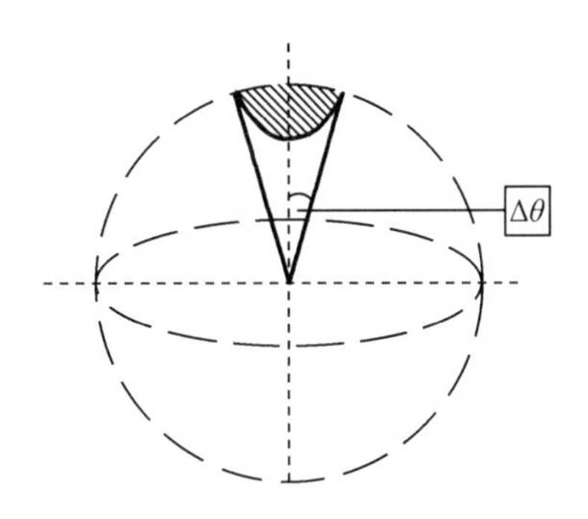

图 4.2.10　窄波束天线指向性计算

窄波束天线常用于雷达。对于半径为 r 的假想球体,光束内的球面面积为

$$S=r^2\pi\Delta\theta^2 \tag{4.2.6}$$

通过该区域的功率通量密度等于总辐射功率除以 S,即

$$\Pi=\frac{P_\Sigma}{r^2\pi\Delta\theta^2} \tag{4.2.7}$$

各向同性散热器的功率通量密度见式(4.2.2)。利用方向性 D_0 的定义,可以得到

$$D_0=\frac{\dfrac{P_\Sigma}{r^2\pi\Delta\theta^2}}{\dfrac{P_\Sigma}{4\pi r^2}}=\frac{4\pi}{\pi\Delta\theta^2} \tag{4.2.8}$$

因此,在这种情况下,方向性是立体角除以光束的立体角。窄波束天线可以大大增加功率流。雷达天线的指向性为 30 dB(或 1 000 倍)以上。

另一个例子是上一节中完美的 GNSS 接收机天线。在发射模式下,这种天线在地平线以上的半球内向所有方向均匀辐射,但在地平线以下的半球内则完全不辐射。视界以上假想半球的面积是整个半球面积的一半,因此

$$D_0=\frac{\dfrac{P_\Sigma}{2\pi r^2}}{\dfrac{P_\Sigma}{4\pi r^2}}=2\rightarrow+3\ \text{dB} \tag{4.2.9}$$

指向性等于 2,或者等于+3 dB。从卫星跟踪和多路径拒绝的角度来看,完美的 GNSS 天线就能做到这一点。

为了推导方向性的一般公式,必须注意的是,由于功率守恒定律,总辐射功率来自虚球上的功率通量密度,因此

$$P_\Sigma=\int_0^{2\pi}\int_0^{\pi}\Pi(r,\theta,\phi)r^2\sin(\theta)\,\mathrm{d}\theta\mathrm{d}\phi \tag{4.2.10}$$

式中,r 是球体的半径。代入式(4.2.4)得到

$$P_\Sigma=\int_0^{2\pi}\int_0^{\pi}\frac{P_\Sigma}{4\pi r^2}D_0F^2(\theta,\phi)r^2\sin(\theta)\,\mathrm{d}\theta\mathrm{d}\phi \tag{4.2.11}$$

以及

$$D_0 = \frac{4\pi}{\int_0^{2\pi}\int_0^{\pi} F^2(\theta,\phi)\sin(\theta)\,\mathrm{d}\theta\mathrm{d}\phi} \tag{4.2.12}$$

对于一个较好的垂直轴旋转对称 GNSS 用户天线,取 $F(\theta,\phi)=F(\theta)$,对其中的 ϕ 积分,可将表达式简化为

$$D_0 = \frac{2}{\int_0^{\pi} F^2(\theta,\phi)\sin(\theta)\,\mathrm{d}\theta} \tag{4.2.13}$$

最后,方向性模式是

$$D(\theta,\phi) = D_0 F^2(\theta,\phi) \tag{4.2.14}$$

这种模式显示了功率通量密度的增加或损失与各向同性辐射体在空间中的方向函数。相同数量的 dB 标准读数

$$D(\theta,\phi)_{[\mathrm{dB}]} = D_{0[\mathrm{dB}]} + F(\theta,\phi)_{[\mathrm{dB}]} \tag{4.2.15}$$

由于天线方向图小于或等于单位,$F(\theta,\phi)_{[\mathrm{dB}]} \leqslant 0$ 成立。因此式(4.2.15)显示了与最大值相关的特定方向的功率通量降低。

我们看更多的指向性例子。对于赫兹偶极子,将天线方向模型(4.2.1)代入式(4.2.13),得到

$$D_0 = \frac{2}{\int_0^{\pi} \sin^3(\theta)\,\mathrm{d}\theta} = 1.5 \to +\ 1.8\ \mathrm{dB} \tag{4.2.16}$$

对于采用式(4.2.2)的半波偶极子,有

$$D_0 = \frac{2}{\int_0^{\pi} \left(\frac{\cos\left(\frac{\pi}{2}\cos\theta\right)}{\sin\theta}\right)^2 \sin(\theta)\,\mathrm{d}\theta} = 1.64 \to +\ 2.15\ \mathrm{dB} \tag{4.2.17}$$

已经提到,与半波偶极子相比,赫兹偶极子的天线方向图要宽一些(图 4.2.2)。这导致赫兹偶极子的方向性略有下降。

最后,我们转向类似于典型的 GNSS 用户天线的方向性估计。从图 4.2.5 以功率的相对单位(图 4.2.11(a))开始。一个理想的 GNSS 用户天线功率图显示为虚线,以供比较。我们注意到,相对于天顶,相对功率单位标度下地平线方向的 12~18 dB 滚转意味着大约 1/10 或更小。与天顶相比,典型的模式后叶区域的-20 dB 电平为 0.01,如图 4.2.11 所示。

现在我们注意到方向性公式(4.2.13)中的分母。使用方位独立的版本。注意 90°后图的“尾”对积分没有任何重要的影响,因为 $F^2(\theta)$ 很小。因此,对于用户天线方向性计算,只允许在顶部半球上积分,即

$$D_0 \approx \frac{2}{\int_0^{\pi/2} F^2(\theta)\sin(\theta)\,\mathrm{d}\theta} \tag{4.2.18}$$

但是对于上半球的方向,典型的用户天线方向图是平滑的,可以用一个简单的函数来近似。

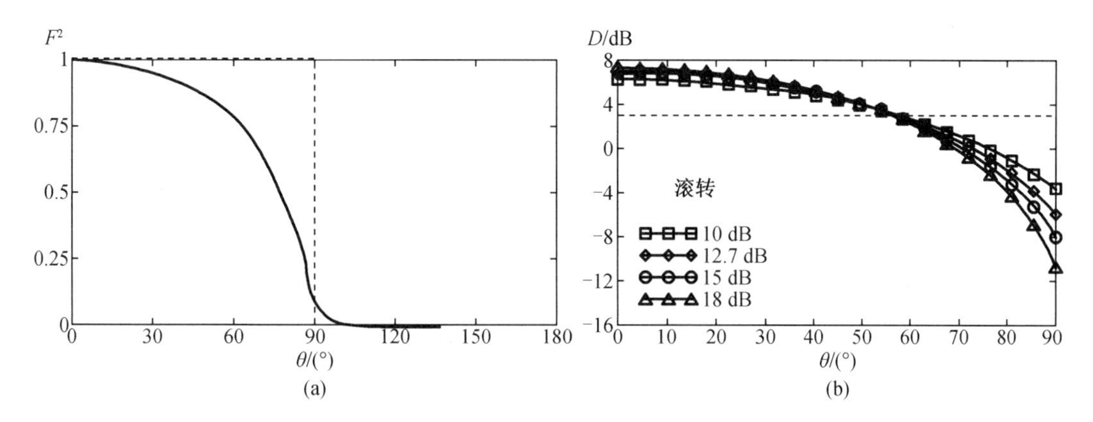

图 4. 2. 11　典型 GNSS 用户天线的指向性估计

我们选择一个自由度为 F_{horizon} 值的余弦函数。将模式近似为

$$F(\theta)=\frac{\Delta+\cos\theta}{\Delta+1} \tag{4.2.19}$$

这给出 $F(0)=1$,对于天顶方向,我们得到

$$F_{\text{horizon}}=F\left(\frac{\pi}{2}\right)=\frac{\Delta}{\Delta+1} \tag{4.2.20}$$

通过变换 Δ 可以近似一个实际的模型。例如,$\Delta=0.3$ 有一个 12. 7 dB 的滚转,这是一个典型的实际数字。将近似式(4. 2. 19)代入式(4. 2. 18),取 $\Delta=0.03$,得+6. 7 dB 指向性。这是一个典型的 GNSS 用户天线的数字。

接下来,我们研究信号功率与天顶角 θ 的关系。为此,我们考虑天线方向性模式(4. 2. 14)。对于给定的以 dB 为单位的滚转值,通过反转式(4. 2. 20)计算 Δ,即

$$\Delta=\frac{10^{F_{\text{horizon}}[\text{dB}]/20}}{1-10^{F_{\text{horizon}}[\text{dB}]/20}} \tag{4.2.21}$$

这个表达式被代入式(4. 2. 19),然后代入式(4. 2. 18)和式(4. 2. 14)。这样就得到了以滚转值 F_{horizon} 作为参数的指向性图。这在图 4. 2. 11(b)中以 dB 为单位绘制。虚线也显示了完美的 GNSS 天线指向性图,便于对比。该天线具有恒定的指向性图案,等于+3 dB。

我们看到,如果一个典型的用户天线有 12. 7 dB 的滚转,那么地平线的指向性大约比一个完美的天线低 4 dB。这意味着与完美的天线相比,典型的用户天线从低海拔卫星接收到的信号功率要少 4 dB。对于 18 dB 的滚转,损失约为 7 dB。之前已经指出,从信号跟踪的可靠性观点来看,低高度角卫星的信号功率很重要。实际上,由于 4. 2. 4 节中讨论的一些损失因素,完美天线的功率损失甚至会稍微大一些。此外,随着 dB 刻度的滚转增加,天顶的指向性略有增加。对于 12. 7 dB 的滚转,有 6. 7 dB 的天顶指向性,而对于 18 dB 的滚转,有 7. 2 dB 的指向性。这与主要的指向性特征是一致的:随着滚转的增加,图案变得有点窄,因此天顶 D_0 的指向性应该增加。

给定的估计值之所以重要,有两个原因。首先,需要注意的是,天顶方向性 D_0 的微小变化与低高度角卫星方向性的较大变化有关。从这个角度来看,有时在用户天线文档中显示的天顶方向性,并不是那么具有信息性。其次,天顶方向性 D_0 的增长与低高度角卫星信

号接收能力的下降有关。因此,较大的天顶指向性通常意味着更差的 GNSS 天线性能。值得一提的是,这种可能听起来有些自相矛盾的结果是建立在一般的能量守恒定律基础上的,任何工程师都无法克服这一点。我们的结论是,较好的 GNSS 用户天线在顶半球方向性较小的情况下具有更宽的方向图。然而,这并不影响多路径抑制能力。有关 GNSS 天线方向性的更详细的技术信息,请参阅 Rao 等(2013)的文献。

4.2.3 接收 GNSS 天线的极化特性

我们从一个实用的 GNSS 天线的例子开始。取一个圆形金属接地层,并在其上放置两个交叉的半波偶极子(图 4.2.12(a))。通过图中未示出的反馈网络,向两个偶极子提供高频电压,使两个电压具有相同的振幅和相对应的 90°相移。电压在偶极子上产生电流。电流示意性地显示为虚线箭头。电流的振幅相等,用 I_0 表示。y 偶极电流相对于 x 偶极电流相位延迟 90°。用-i 项表示 y 偶极电流。

工程电磁学的特殊性和特色体现在控制方程(4.1.10)和方程(4.1.11)以及解决这些方程的书籍库中。这既类似于基础物理学以紧凑的格式捕捉大面积区域主要特征的能力,也类似于从这些"简单"原理中得出实际相关结论的复杂工程。工程电磁学与许多其他工程分支类似,在大多数情况下有两种方法可供使用:或多或少是近似或启发式分析估计,或是使用特殊软件包进行精确的计算机模拟。我们将在本章中多次遇到这种情况。对于图 4.2.12(a)所示的天线,目前还没有"简单的"闭合形式的场解决方案,因为偶极子在地平面上诱导了复杂的电流分布。4.7 节将进一步讨论一些估计值和地平面设计指南。对于这种情况,在有限的没有接地层的情况下,可以导出有用的远场闭合表达式。这种设计并不实用,但它提供了圆极化天线极化特性的一般概述。让我们看一个新的例子。

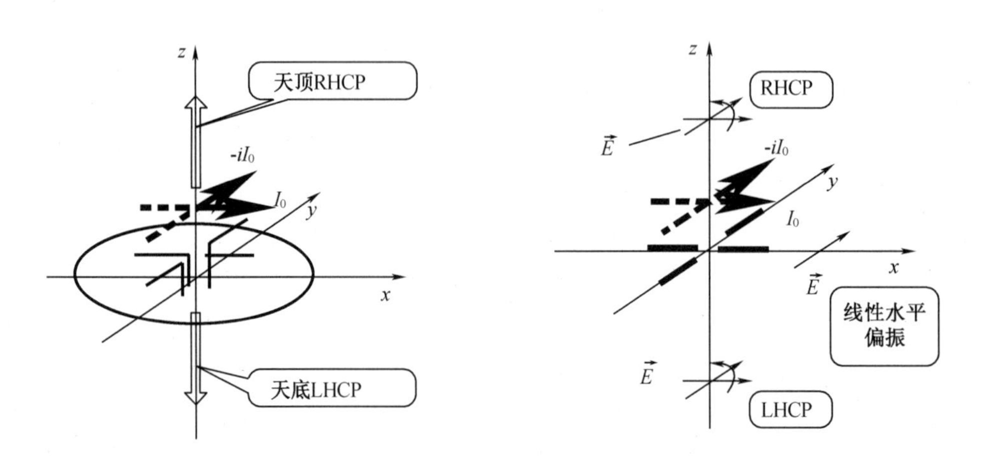

图 4.2.12 正交偶极子天线

考虑两个半波偶极子在自由空间中辐射(图 4.2.12(b)),并由上述电压激励。如 4.1.6 节所述,电磁场可以等效地表示为线极化波的总和或圆极化波的总和。基于线极化波,远场为

$$\vec{E}=-\mathrm{i}I_0\eta_0\frac{\mathrm{e}^{-\mathrm{i}kr}}{2\pi r}(F_\theta(\theta,\phi)\mathrm{e}^{\mathrm{i}\psi_\theta(\theta,\phi)}\vec{\theta}_0+F_\phi(\theta,\phi)\mathrm{e}^{\mathrm{i}\Psi_\phi(\theta,\phi)}\vec{\phi}_0) \tag{4.2.22}$$

在这里

$$F_\theta(\theta,\phi)\mathrm{e}^{\mathrm{i}\Psi_\theta(\theta,\phi)}=\cos\theta(f(n_x)\cos\phi-\mathrm{i}f(n_y)\sin\phi) \tag{4.2.23}$$

$$F_\phi(\theta,\phi)\mathrm{e}^{\mathrm{i}\Psi_\phi(\theta,\phi)}=-\mathrm{i}(f(n_y)\cos\phi-\mathrm{i}f(n_x)\sin\phi) \tag{4.2.24}$$

与

$$f(u)=\frac{\cos\left(\frac{\pi}{2}u\right)}{1-(u)^2} \tag{4.2.25}$$

对于圆偏振基,同样的场是

$$\vec{E}=-\mathrm{i}I_0\eta_0\frac{\mathrm{e}^{-\mathrm{i}kr}}{\sqrt{2}\pi r}(F_{\mathrm{RHCP}}(\theta,\phi)\mathrm{e}^{\mathrm{i}\Psi_{\mathrm{RHCP}}(\theta,\phi)}\vec{p}_0^{\mathrm{RHCP}}+F_{\mathrm{LHCP}}(\theta,\phi)\mathrm{e}^{\mathrm{i}\Psi_{\mathrm{LHCP}}(\theta,\phi)}\boldsymbol{p}_0^{\mathrm{LHCP}}) \tag{4.2.26}$$

这里

$$F_{\mathrm{RHCP}}(\theta,\phi)\mathrm{e}^{\mathrm{i}\Psi_{\mathrm{RHCP}}(\theta,\phi)}=\frac{1}{2}(\cos\theta(f(n_x)\cos\phi)-if(n_y)\sin\phi)+(f(n_y)\cos\phi)-if(n_x)\sin\phi)) \tag{4.2.27}$$

$$F_{\mathrm{LHCP}}(\theta,\phi)\mathrm{e}^{\mathrm{i}\Psi_{\mathrm{LHCP}}(\theta,\phi)}=\frac{1}{2}(\cos\theta(f(n_x)\cos\phi)-if(n_y)\sin\phi)-(f(n_y)\cos\phi-if(n_x)\sin\phi)) \tag{4.2.28}$$

我们首先考虑(天顶)$\theta=0$ 的情况。在式(4.2.26)、式(4.2.27)和式(4.2.28)中,$F_{\mathrm{RHCP}}=1$,$\Psi_{\mathrm{RHCP}}=-\phi$,$F_{\mathrm{LHCP}}=0$。这意味着对于天顶方向这样的交叉偶极天线辐射一个纯的 RHCP 场。相位模式相对于方位角是线性渐进的,这将在 4.3 节中进一步讨论。现在我们考虑水平方向。使用式(4.2.22)、式(4.2.23)和式(4.2.24)的矩的线偏振基更为方便。我们看到垂直分量(θ 分量)在这个方向上消失了,唯一剩下的是水平分量(ϕ 分量)。简言之,有人说,在水平方向上,无地平面交叉偶极子天线辐射水平线极化场。最后,我们取最低点方向 $\theta=\pi$。从式(4.2.26)、式(4.2.27)和式(4.2.28)中,我们可以立即得出 $F_{\mathrm{RHCP}}=0$ 和 $F_{\mathrm{LHCP}}=1$。因此,交叉偶极子天线辐射一个纯的 LHCP 场。

这一基本结果可以仅仅根据对称性来进行理解。如 4.1.4 节所述,在垂直于偶极子的方向上,偶极子产生与其轴线平行的电场。交叉偶极系统的电场在天顶方向上遵循偶极电流的振幅和相位关系。换言之,如果从 z 轴顶部观察电场,它将以逆时针方向旋转,表现为 RHCP。由于系统的对称性,在最低点方向的场行为是相同的。但是现在如果从 z 轴的负方向观察旋转,就会看到它是顺时针方向的,从而显示出 LHCP。

下一步,在空间中应该有一个方向,从右手旋转到左手旋转。由于对称性,这一定是局部视界。让我们用局部水平面确定 x 轴方向。平行于 x 轴的偶极子不会在 x 轴方向上辐射(4.1.4 节),相反 y 偶极子的辐射最大。因此,在局部视界的平面内,极化是线性水平的。

图 4.2.12(a)所示的接地层对这些结果有双重影响。地平面的作用就像一面镜子,使向上的辐射比向下的辐射大得多。因此,天顶方向的 RHCP 分量将比最低点的 LHCP 分量

大得多。这就是抑制来自天线下面的多路径反射所需要的。一般来说,带有接地层的天线在水平方向上不会有纯线性极化。相反,它将有一个椭圆极化,RHCP 分量占主导地位。

图 4.2.13 显示了更一般的情况,为 GNSS 天线极化特性的示意图。可以说,如果天线在天顶方向辐射一个纯的 RHCP 场,它将在天顶或最低点提供纯 LHCP 辐射。这源于上面讨论的基本对称性。但是,对于这些旋转特性,应该有一些过渡区域,在那里旋转会改变其方向。如 4.2.1 节所述,从天顶向下至 10°~12°的角区域可称为 GNSS 天线方向图的主瓣。在这个区域内,对于大多数 GNSS 天线来说,正常情况下几乎完全是右旋的。然后过渡到下一个角区域开始。在这个区域,极化越来越趋近椭圆,但仍然有右手旋转的方向。在水平面以下 10°~12°的角度范围内,极化变为线性的。之后,LHCP 组件占主导地位(图 4.2.7 和图 4.2.9,说明了扼流圈和 MGA8 天线的 RHCP 及 LHCP 模式)。

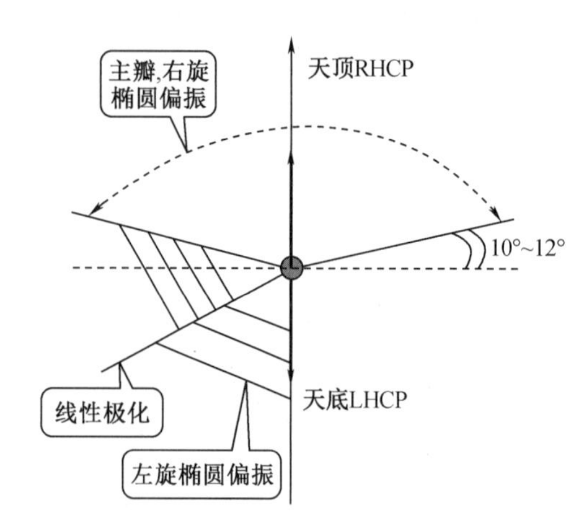

图 4.2.13　接收 GNSS 天线的极化特性(示意图)

我们通过讨论极化损耗项来完成这一分析。已经确定,在大多数方向上,一个典型的 GNSS 用户天线将有一个什么样的椭圆极化。这可以表示为纯 RHCP 和纯 LHCP 成分的总和。在 4.2.2 节中,我们讨论了方向性,假设只辐射主极化分量。现在考虑交叉极化分量。使用功率通量密度的形式(4.1.121)。总辐射功率为

$$P_{\Sigma}=P_{\text{RHCP}}+P_{\text{LHCP}} \tag{4.2.29}$$

这里与合并(RHCP)和交叉(LHCP)极化分量相关的功率是

$$P_{\text{RHCP(LHCP)}}=\frac{1}{2\eta_0}\left|U_{\text{RHCP(LHCP)}}\right|^2\int_0^{\pi}\int_0^{L\pi}(F_{\text{RHCP(LHCP)}}(\theta,\phi))^2\sin(\theta)\,\mathrm{d}\phi\mathrm{d}\theta \tag{4.2.30}$$

与交叉极化组件相关的功率是无用的。我们将 GNSS 用户天线的极化效率定义为

$$\chi_{\text{pol}}=\frac{P_{\text{RHCP}}}{P_{\text{RHCP}}+P_{\text{LHCP}}} \tag{4.2.31}$$

式中,χ_{pol} 是考虑天线增益的损耗因素之一(见 4.2.4 节)。让我们使用图 4.2.7 所示的模式来估计扼流圈天线的极化效率。首先,正如我们在 4.2.2 节中所做的,忽略了球体下半部分的辐射。在这一区域,LHCP 和 LHCP 的贡献都是存在的,因为 LHCP 只在这个区域提供小的方向性。现在有人注意到,在上半球的大多数方向上,相对于 RHCP 的 LHCP 分量约为

-15 dB 或更小。出于相关目的,我们高估了-10 dB 或者 0.1 倍的功率。这使得χ_{pol} = 0.9 dB 或-0.4 dB。

最后,根据图 4.2.7 和图 4.2.9 中所示的模式,可以估算出与关系相反的轴比项(4.1.128)。这个轴比是 θ 的函数。例如,对于扼流圈天线(图 4.2.7(b))的 L2 频率,我们将 LHCP 模式读数视为相对于 RHCP 的-18 dB,相对单位为 0.126。式(4.1.128)表示 $\alpha_{ar}=0.78$。对于地平线($\theta=\pi/2$)取-10 dB,LHCP 相对于 RHCP,有 $\alpha_{ar}=0.51$。我们看到轴比从天顶到地平线逐渐减小。如上所述,这对于所有 GNSS 用户天线都是常见的。在用户天线文档中通常 α_{ar} 指定为天顶方向。典型要求 α_{ar} 不小于 0.7 dB 或-3 dB。然而,限制的原因不仅仅是极化损耗。通常,天顶值 α_{ar} 的减小(以 dB 为单位的增长,带有负号)表明天线相对于方位角的旋转对称性丧失。如 4.3 节所述,这反过来导致天线相位中心偏离垂直轴,从而在水平面上提供偏置位置。

4.2.4　天线增益

天线增益表示理想各向同性辐射体在一定方向辐射的信号功率的实际增益或损失。在 4.2.2 节中,我们讨论了来自方向性的增益。现在我们考虑损失因素。这些损失通常是不可避免的。接下来,我们继续讨论天线功能的传输模式。

用传输线将信号发生器连接到天线上(图 4.2.14)。我们将在 4.5 节中讨论一些传输线基础知识。现在,只需注意到,发电机提供的功率 P_g 的一部分将不可避免地从天线输入反射回来。引起这种反射的物理现象称为失配。反射的能量将丢失。用χ_{ret} 表示回波损耗参数。这是由于反射而丢失的功率 P_g 的一部分,记为

$$P_a=(1-\chi_{ret})P_g \tag{4.2.32}$$

式中,P_a 是实际从发电机中获得的有用功率。接下来,部分 P_a 将被天线体吸收。天线和其他真实世界中的物体一样,能吸收电磁场能量。我们用χ_a 作为天线效率并记为

$$P_\Sigma=\chi_a P_a \tag{4.2.33}$$

式中,P_Σ 实际上是辐射到太空的能量。最后讨论了与前一个极化截面有关的辐射功率。这种功消失了。因此,最后有用功是

$$P_{useful}=\chi_{pol}\chi_a(1-\chi_{ret})P_g \tag{4.2.34}$$

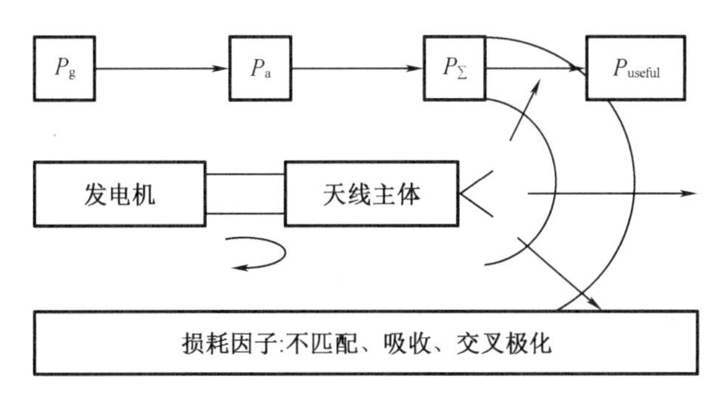

图 4.2.14　天线增益计算

根据定义,天线增益 G 是给定方向上的辐射强度与天线所能接收的功率各向同性辐射时所获得的辐射强度之比(IEEE 标准,2004)。引入天线增益的原因是它能够根据辐射功率通量显示一个天线相对于另一个天线的实际优缺点。实际增益可以通过将被测天线替换为另一个增益已知的天线来获得。与 4.2.2 节中的推导相比,我们可以这样记为

$$G_0=\chi_{pol}\chi_a(1-\chi_{ret})D_0 \tag{4.2.35}$$

这被称为最大增益或增益。接收 GNSS 天线的天线增益模式为

$$G(\theta,\phi)=G_0F_{RHCP}^2(\theta,\phi) \tag{4.2.36}$$

式中,$F_{RHCP}^2(\theta,\phi)$是 RHCP 组件的功率模式。

值得一提的是,对于天线的发射模式,与接收模式相比,引入的损耗因子稍微不那么重要。在发射模式下,可以通过增加信号发生器的功率来补偿损耗。相反,在接收模式下,天线是第一个具有从到达信号到获取有用数据的转换链的传感器。每一个损耗因子都会造成无法补偿的信号损坏。4.6 节将更详细地讨论在用户 GNSS 接收机输出处观测到的信噪比。高精度 GNSS 用户天线设计的要求是使所有损耗因子尽可能小。

我们要再次强调,天线是一个无源元件,这意味着不会出于信号放大的目的从其他来源消耗额外的功率。如式(4.2.35)所示,天线增益仅来自方向性特性。所有的损失因素都会导致收益的减少。

我们看一些相关的数字。上一节已经对极化效率χ_{pol} 进行了表征。通过精心设计和使用合适的材料,天线效率保持在最高水平。χ_a 的典型估计不超过-1 dB。稍后我们将看到回波损耗通常不超过-10 dB。

在本节的最后,我们将介绍一个用户在处理 GNSS 天线时可能遇到的问题,即从一个标准到另一个标准的增益转换。对于各向同性辐射体,天线的方向性是很容易评估和讨论的。然而,如前所述,各向同性辐射器在实践中是无法建造的。这就是为什么有时使用另一个天线作为评估增益的标准。其目的是获得与天线相关的增益。与新标准 $D_{0;\text{new standard}}$ 相关的方向性为

$$D_{0;\text{new standard}}=\frac{\Pi_{actual}}{\Pi_{\text{new standard}}}=\frac{\dfrac{\Pi_{actual}}{\Pi_{\text{isotropic}}}}{\dfrac{\Pi_{\text{new standard}}}{\Pi_{\text{isotropic}}}} \tag{4.2.37}$$

这里 Π 代表功率通量密度(坡印亭矢量的模)。由于半波偶极子天线易于构造和测试,因此常采用半波偶极子天线作为标准天线。同时,对半波偶极子的指向性有了准确的认识(见式(4.2.17))。在 dB 单位中

$$G_{[\text{dBd}]}=G_{[\text{dBic}]}-2.15 \tag{4.2.38}$$

这里给出了常用的特殊符号:dBd 表示与偶极子相关的增益,dBic 表示与各向同性辐射体相关的增益。

4.2.5 天线有效面积

我们的目标是利用所有上述推导来估计发送到用户 GNSS 天线输出的信号功率。下面

从天线有效面积项开始推导。

图 4.2.15 给出了从信号源到达天线的功率通量。对于 GNSS 应用,信号源是卫星。设 Π_{sat} 为来自卫星的功率通量密度。天线收集这些能量,并将其用于天线输出。功率通量密度以瓦每平方米(W/m^2)为单位。接收功率 $P_{received}$ 以瓦(W)为单位。接收到的功率与到达的磁通成正比。因此

$$P_{received}=\Pi_{sat}S_{eff} \tag{4.2.39}$$

比例常数 S_{eff} 应以平方米(m^2)为单位,指天线在信号方向上的有效面积。

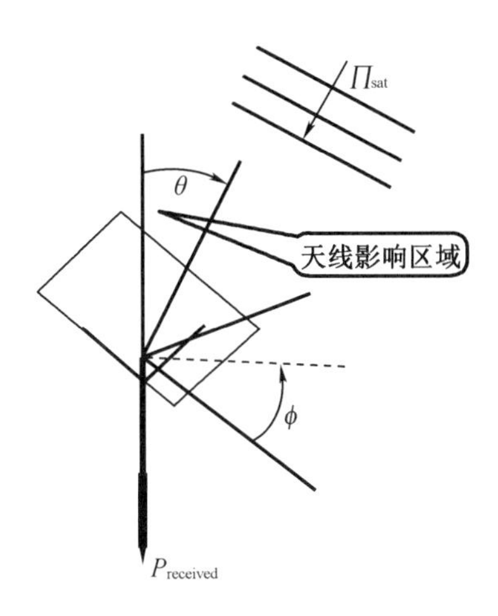

图 4.2.15　天线有效面积定义

首先要注意的是,通常有效面积与天线元件的实际表面积无关。例如,偶极子天线的有效面积不应被视为构成偶极子的导线表面积的总和。相反,人们可能认为接收天线收集了通过某个等效有效区域的所有功率通量。对于给定的天线,有效面积不是一个常数,而与天线的功率模式成正比。之所以如此,可以用 4.1.5 节中讨论的互易定理来解释。

有效面积与天线增益关系的关键表达式为

$$S_{eff}(\theta,\phi)=\frac{\lambda^2}{4\pi}G(\theta,\phi) \tag{4.2.40}$$

式中,$G(\theta,\phi)$ 是发射模式下的天线增益。这种关系构成了发射和接收模式天线功能之间的“桥”。要估计天线的接收特性,可利用该表达式并利用发射模式的增益导数。

将式(4.2.35)和式(4.2.26)代入式(4.2.40)可得到方向性和损失因子,即

$$S_{eff}(\theta,\phi)=\frac{\lambda^2}{4\pi}\chi_{pol}\chi_a(1-\chi_{ret})D_0F_{RHCP}^2(\theta,\phi) \tag{4.2.41}$$

则接收功率式(4.2.39)的显式形式为

$$P_{received}=P_{0sat}\chi_{pol}\chi_a(1-\chi_{ret})D_0F_{RHCP}^2(\theta,\phi) \tag{4.2.42}$$

式中,P_{0sat} 是用户天线接收单位增益的标准功率,该值由卫星开发人员指定,取值为 10^{-16} W。

在式(4.2.42)中,$P_{received}$ 通常以 dB 为单位标度,而不是用功率单位标度。为此,习惯

上不是使用 1 W,而是 1 mW 的功率作为参考。与 1 mW 有关的功率有一个特殊的名称“dBm”——读作“dB 到 mW”。用 dBm 标度的接收功率为

$$P_{\text{received[dBm]}} = -130 + D_{0[\text{dB}]} + F_{\text{RHCP[dB]}}(\theta,\phi) + \chi_{\text{pol[dB]}} + \chi_{\text{a[dB]}} + (1-\chi_{\text{ret}})_{[\text{dB}]} \quad (4.2.43)$$

我们注意到除了 $D_{0[\text{dB}]}$ 之外的所有项都是负的,从而降低了功率。从这个角度来看,从低高度角卫星接收到的能量是特别有意义的。如 4.2.1 节所讨论的,此功率在天顶以下 F_{+10} dB。实际上,由于卫星天线的方向性和路径传播损耗的增加等一些损失因素,这个功率甚至更小。方便起见,我们列出了所有其他损失因素:$\chi_{\text{pol[dB]}} = -0.4$ dB,$\chi_{\text{a[dB]}} = -1$ dB,$(1-\chi_{\text{ret}})_{[\text{dB}]} = -0.45$ dB。

值得指出的是,如果取 $D_0 = +6$ dB,即上面给出的损耗估计,并假设 GNSS 波长为 20 cm,式(4.2.41)给出了 $F^2_{\text{RHCP}}(\theta,\phi)$ 在达到一个单位(通常在天顶)方向上 $S_{\text{eff}} \approx 80\ \text{cm}^2$ 的天线有效面积。这与天线类型无关。

4.3 相位中心

天线相位中心位置和相位中心变化量是明确表征接收 GNSS 天线作为大地测量仪器的物理量。这些量的物理性质源于天线相位模式。

4.3.1 天线相位模式

天线相位模式已在 4.1.4 节中介绍。在接收模式下,相位模式显示由天线引起的载波相位延迟或超前,作为信号到达的方向的函数。假设一个 RHCP 信号被卫星辐射,我们只考虑接收天线方向图的主极化分量,即 RHCP。为了便于编写,我们将相位模式表示为 $\psi(\theta,\phi)$,并省略了 RHCP 名称。相位模式通常用弧度(rad)或度(°)来衡量。直接测量 $\psi(\theta,\phi)$ 的方法与图 4.2.1 所示天线方向图测量相同。被测天线和源位于彼此远场区的消声区域中。被测天线相对于某个固定的旋转中心旋转。信号相位延迟或提前作为角旋转的函数产生相位模式。

人们会立刻认识到两点。首先,天线相位模型精确到一个常数项,因为只要源和被测天线处于彼此的远场区域,它们之间的距离可以是任意的。读者可参考 4.1.4 节结尾的讨论。我们将在下一节看到,这个常数项的不确定性应该得到适当的考虑。其次,这样定义的天线相位图与所采用的旋转中心有关。我们将这个旋转中心称为天线参考点(ARP)。对于 4.2.1 节中关于天线方向图的讨论,旋转中心并不那么重要,重点是场的大小。让我们把旋转中心移到 ARP 上。如果位移比两个天线之间的距离小,则天线方向图读数不会受到影响。但如果位移在波长尺度方面不小,那么与 2π 相比,相应的路径延迟变化明显。

首先,我们研究了旋转中心改变时相位图的变化。首先是考虑图 4.3.1。

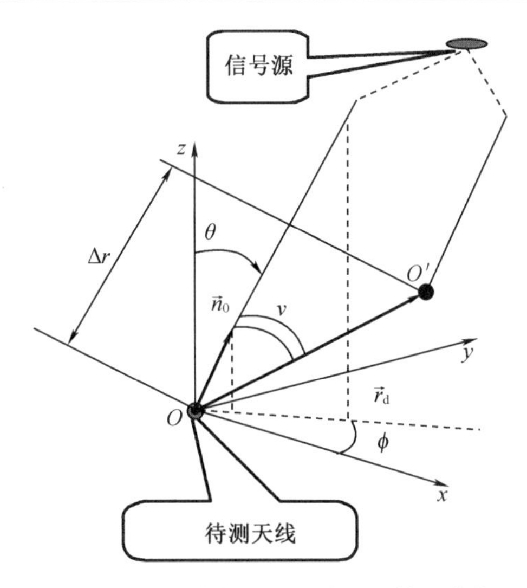

图 4.3.1　天线相位图随中心旋转而变换

我们更倾向于考虑图 4.1.6(a)所示的情况。也就是说,固定被测天线,旋转信号源。设初始旋转中心为 O,新中心为 O'。位移矢量 $\vec{r}_d$ 连接新旧中心。在与被测天线相关的坐标系中,角度 θ 和 ϕ 给出源的方向,$\vec{n}_0$ 是指向源的单位矢量。我们使用已经在 4.1.4 节中应用的逻辑:只要位移 $|\vec{r}_d|$ 比到震源的距离小,则从 O 和 O' 到震源的方向基本上是平行的。让"旧"阶段模式为 $\psi(\theta,\phi)$。这种"旧模式"是在源相对于中心 O 旋转的情况下测量的。当源相对于新的中心 O' 旋转时,由于传播路径的变化(图 4.3.1 所示的直角三角形)增加了一个因子 Δr,信号表现出额外的延迟或提前。

$$\Delta r = |\vec{r}_d|\cos\nu = \vec{r}_d \vec{n}_0 \tag{4.3.1}$$

式中,ν 是 $\vec{r}_d$ 和 $\vec{n}_0$ 之间的角度。笛卡儿投影为

$$\vec{r}_d = x_d\vec{x}_0 + y_d\vec{y}_0 + z_d\vec{z}_0 \tag{4.3.2}$$

并且 $\vec{n}_0$(方向余弦)

$$n_x = \sin\theta\cos\phi \tag{4.3.3}$$

$$n_y = \sin\theta\sin\phi \tag{4.3.4}$$

$$n_z = \cos\theta \tag{4.3.5}$$

把式(4.3.1)右边的点积写成

$$\Delta r = \vec{r}_d\vec{n}_0 = x_d\sin\theta\cos\phi + y_d\sin\theta\sin\phi + z_d\cos\theta \tag{4.3.6}$$

因此,载波相位延迟或提前

$$\Delta\Psi = k\Delta r \tag{4.3.7}$$

式中,k 是波数,见式(4.1.32),其中 λ 表示波长。场的总相位将被识别为与新原点 $\psi'(\theta,\phi)$ 相关的天线相位图,有

$$\psi'(\theta,\phi) = \psi(\theta,\phi) - \Delta\Psi \tag{4.3.8}$$

由式(4.3.6)、式(4.3.7)得

$$\psi'(\theta,\phi) = \psi(\theta,\phi) - \frac{2\pi}{\lambda}(x_d\sin\theta\cos\phi + y_d\sin\theta\sin\phi + z_d\cos\theta) \tag{4.3.9}$$

因此,由于旋转中心位移引起的相位图变化等于每个方向(θ,ϕ)的路径延迟变化,用角度单位表示。

圆极化天线和 GNSS 天线的一个重要特性已在 4.2.3 节中提到。也就是说,RHCP 天线的相位图可以写成

$$\psi(\theta,\phi)=-\phi+\psi_1(\theta,\phi) \tag{4.3.10}$$

式中,右边的第一项是线性递增相位延迟,即方位角。这个术语对于所有的 RHCP 天线都是通用的。第二项是剩余的相位模式。线性累进项产生所谓的收尾修正。

为了完成对天线相位图特征的概述,首先要注意天线相位模型显然是方位角 ϕ 随周期 2π 的周期函数。这种函数可以展开成相对于方位角的傅里叶级数。对于天顶角 θ 和方位角 ϕ 的函数,可以将其展开为球谐函数。一般来说,球谐函数在许多领域有着广泛的应用。关于场理论的基本处理,见 Morse 等(1953)的文献。Rothacher 等(1995)提出了一种球谐 GPS 天线相位图展开方法。球面谐波在定义为 $0\leqslant\theta\leqslant\pi$ 和 $0\leqslant\phi\leqslant2\pi$ 的函数空间中是正交的,因此构成了空间中的基。天线相位模型的相关展开为

$$\Psi_1(\theta,\phi)=\sum_{n=0}^{\infty}\sum_{m=0}^{n}(A_{mn}\cos(m\phi)+B_{mn}\sin(m\phi))P_n^m(\cos\theta) \tag{4.3.11}$$

式中,$P_n^m(\cos\theta)$是 Legendre 函数。这些函数和其他有用的公式的正交性条件可以在 Abramowitz 等(1972)或 Gradshteyn 等(1994)的文献中找到。利用正交性,可通过测量数据 $\Psi_1(\theta,\phi)$确定 A_{mn} 和 B_{mn} 系数。

4.3.2 相位中心偏移和变化

我们从定义开始。如果天线在式(4.3.10)中的相位函数 $\Psi_1(\theta,\phi)$是恒定的或可以通过变换式(4.3.9)使其恒定,则称天线具有理想的相位中心。对于第一种情况,相位中心的位置是指模式的旋转中心,因此与 ARP 一致。在第二种情况下,相位中心从旋转中心偏移矢 $\vec{r}_{\mathrm{d}}$。

这个定义在性质上是明确的。如果天线有一个理想的相位中心,它会引入一个额外的载波相位延迟且在所有方向上都是相同的。由于相位模式定义为常数项,所以这个额外的延迟或提前可以设置为零。在发射模式下,在远场区域,这种天线将被识别为发射理想球面波前的点。不幸的是,现实世界中没有一个理想的相位中心。此外,一般情况下,相位中心的定义取决于应用场景。

让我们先通过观察水面上浮动的浮子来看一个定性的例证。如果浮动具有完美的旋转对称,比如垂直于表面的圆柱体,那么浮动产生的波前将是完美的圆,如图 4.3.2(a)所示。然而,当浮子具有任意形状时,波前会受到干扰(图 4.3.2(b))。在观测点 A 附近,波前可以用粗虚线表示的圆弧来近似。设 A'为该弧的曲率中心。位于 A 附近的观测者将把波前识别为源于 A'的圆。类似地,B 点的观测者将识别出来自 B'的波前。点 A'和 B'被称为部分相位中心,但对于 GNSS 定位来说,这些不重要。

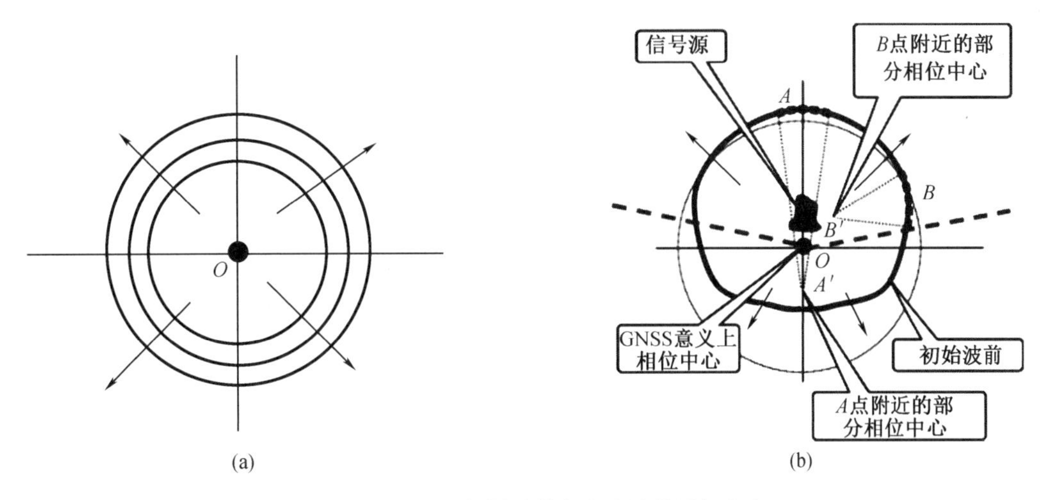

图 4.3.2　理想圆波前和真实波前及相中心

为了定义与接收 GNSS 天线相关的相位中心项，我们考虑了一个典型的差分卫星定位情况。图 4.3.3 显示了基准站和流动站天线。每个天线都有它的 ARP。实际上，ARP 通常固定在螺纹平面底部的天线轴上。我们假设基准站和流动站天线基座 $\psi^{base}(\theta,\phi)$ 和流动站 $\psi^{rover}(\theta,\phi)$ 的相位模式相对于相应的 ARP 是已知的。带有投影 (x,y,z) 的基线矢量 $\vec{r}$ 连接基地的 ARP 和月球车。卫星定位的目标是测量 $\vec{r}$，我们仔细研究这个过程。

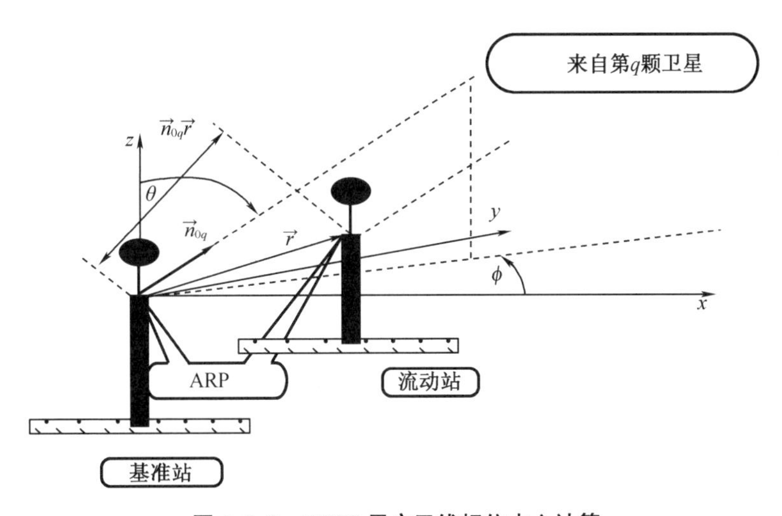

图 4.3.3　GNSS 用户天线相位中心计算

我们使用上一节的逻辑。假设基线长度比到卫星的距离小得多。因此，可以认为卫星与基地和月球车的方向基本上是平行的。假设在某个时刻，在角 θ_q、ϕ_q 处有一颗卫星 q。设 $\vec{n}_{0q}$ 是指向卫星 q 的单位矢量。$\vec{n}_{0q}$ 的笛卡儿投影是方向余弦：

$$
\begin{aligned}
n_{xq} &= \sin\,\theta_q \cos\,\phi_q \\
n_{yq} &= \sin\,\theta_q \sin\,\phi_q \\
n_{zq} &= \cos\,\theta_q
\end{aligned}
\tag{4.3.12}
$$

设 $\psi_q^{base(rover)}$ 为到达基地(月球车)的信号传播路径延迟(弧度)。我们对 ψ_q 感兴趣，这

是流动站和基地之间路径延迟的区别:

$$\psi_q = \psi_q^{\text{rover}} - \psi_q^{\text{base}} \tag{4.3.13}$$

让卫星 q 到基地(月球车)的距离为 $r_q^{\text{base(rover)}}$。与图 4.3.1 中的讨论类似,记为

$$\psi_q = -kr_q^{\text{rover}} - (-kr_q^{\text{base}}) = k\vec{n}_{0q}\vec{r} \tag{4.3.14}$$

式中,k 是波数(见式(4.1.32))。请注意,我们忽略了所有对流层和电离层的细节,因为它们在短基线差分时会被消除。

现在我们来看看描述实际观测情况的方程。我们引入 $\hat{\psi}_q$,这是可观测的 GNSS 信号(各自接收机的输出),可以记为

$$\hat{\psi}_q = \psi_q + \Delta\psi_q + \tau \tag{4.3.15}$$

式中,ψ_q 为精确值;$\Delta\psi_q$ 为与方向相关的误差项;τ 为常数误差项,与硬件延迟和初始时钟偏移有关。同样,设 $\hat{\vec{r}}$ 为精确基线 $\vec{r}$ 的 GNSS 估计值,其与精确值之间存在误差 $\Delta\vec{r}$:

$$\hat{\vec{r}} = \vec{r} + \Delta\vec{r} \tag{4.3.16}$$

那么,GNSS 观测方程为

$$\hat{\psi}_q = k\vec{n}_{0q}\hat{\vec{r}} \tag{4.3.17}$$

其中指出,GNSS 的可观测值与基线估计值的关系与精确载波相位差与精确基线的关系相同。

用式(4.3.17)减去式(4.3.14),再用式(4.3.16)得到误差方程:

$$k\vec{n}_{0q}\Delta\vec{r} = \Delta\psi_q + \tau \tag{4.3.18}$$

我们通过做一些假设来分析这个方程。第一个假设是:除了基地和探测器天线之外,没有其他的误差源导致额外的相位延迟或超前。这些延迟或超前是由这些天线的相位模型来表示的。

人们立即意识到,对于基准站和月球车之间的载波相位差,式(4.3.10)中的线性方位相关项将是两个相位模式的共同点,并将被取消。从现在起,我们将删除下标 1,剩余相位模式位于式(4.3.10)右侧,并始终考虑减去线性方位相关项的相位模式。因此

$$\Delta\psi_q = \Psi^{\text{rover}}(\theta_q, \phi_q) - \Psi^{\text{base}}(\theta_q, \phi_q) \tag{4.3.19}$$

如果基准站和月球车天线之间的距离 r 比到卫星的距离小,则该方程是有效的。否则,缠绕校正量将增大。

接下来,我们假设参考站天线在其参考点有一个理想的相位中心,并将其相位图定义为零。我们放弃了月球车与月球车天线相位模式的标识,以便于编写:

$$\Delta\psi_q = \Psi(\theta_q, \phi_q) \tag{4.3.20}$$

因此,我们将式(4.3.18)写成

$$k\vec{n}_{0q}\Delta\vec{r} = \Psi(\theta_q, \phi_q) + \tau \tag{4.3.21}$$

在给定的观测时段内,两个观测站同时观测到的角总数为 Q。因此,我们有 Q 个方程,它们共同构成了一个线性代数方程组:

$$k\vec{n}_{0q}\Delta\vec{r} - \tau = \Psi(\theta_q, \phi_q) \quad q = 1, 2, \cdots, Q \tag{4.3.22}$$

一共有四个未知数——$\Delta\vec{r}$ 的三个分量和角无关延迟项分量 τ。式(4.3.22)中的方程数远远大于四个。注意,这里的目标是通过相位模式来确定相位中心位置,假设在观测过程中除了移动站天线的相位模式之外没有其他误差源。这意味着一个共同的时钟将被使用。

根据定义,系统的最小二乘解式(4.3.22)将是相对于其 ARP 的月球车天线相位中心偏移 $\vec{r}_{\text{pc}}$ 的估计值:

$$\vec{r}_{\text{pc}}=\Delta\vec{r} \tag{4.3.23}$$

这个定义是非常合理的。如图 4.3.4 所示,偏移量 $\vec{r}_{\text{pc}}$ 是所做假设下基线估计与实际基线之间的差值。

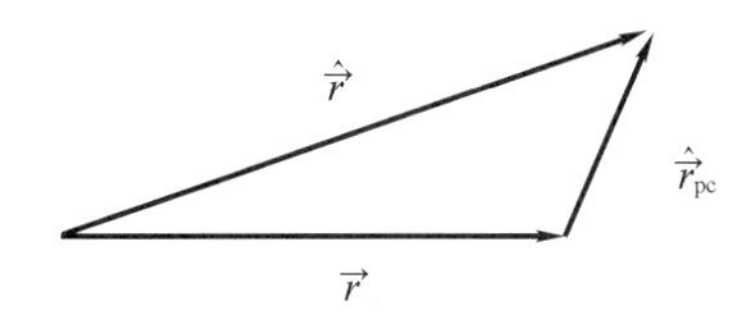

图 4.3.4　相位中心偏移

式(4.3.22)的最小二乘解为

$$S=\sum_{q=1}^{Q}\left(-k\vec{n}_{0q}\vec{r}_{\text{pc}}+\Psi(\theta_q,\phi_q)+\tau\right)^2\rightarrow\min \tag{4.3.24}$$

请注意,到目前为止,已经讨论了一个比较实际的程序。当然,基准站天线都设有一个理想的相位中心,总是有额外的误差来源,如多路径。稍后我们将进行某些校正,并在下一节讨论天线校准时返回到此步骤。

最后,我们意识到,如上所述,月球车天线相位中心偏移的估计有一个明显的缺点,它取决于观测会话的几何结构。也就是说,它取决于观测总数 Q 和各自的角度 θ_q、ϕ_q。为了避免这种不确定性,我们还假设在观测期间,卫星的运动方式使其路径连续均匀地覆盖整个上半球。然后我们从式(4.3.24)中的求和转换为积分,确切的公式是

$$S=\int_0^{2\pi}\int_0^{(\pi/2)\alpha}\left\{-\left(k\sin(\theta)\cos(\phi)x_{\text{pc}}+k\sin(\theta)\sin(\phi)y_{\text{pc}}+k\cos(\theta)z_{\text{pc}}\right)+\Psi(\theta,\phi)+\tau\right\}^2\cdot\sin(\theta)\,\mathrm{d}\theta\mathrm{d}\phi\rightarrow\min \tag{4.3.25}$$

式中,x_{pc}、y_{pc}、z_{pc} 是月球车天线相对于其参考点的精确相位中心偏移量。角度 α 是在观测过程中使用的高程遮罩,因为没有卫星被认为低于天顶角($\pi/2-\alpha$)。关于这个公式的一些评论如下。

首先,如前所述,相模式被定义为常数项。该常数是式(4.3.25)中常数项 τ 的一部分。因此,τ 包括相位图的不确定性、连接天线和接收器的电缆长度等硬件延迟以及初始时钟偏移。所有这些常数都不影响相位中心的位置。因此,天线相位模式总是可以通过减去一个常数项来标准化,例如,将天顶方向的读数设置为零。其次,天线相位中心的位置显然是仰角掩模的函数,在定位算法中应始终考虑到这一点。最后,让天线有一个理想的相位中心位于(x_{pc},y_{pc},z_{pc})。如式(4.3.9)所示,其相对于 ARP 的相位模式为

$$\Psi(\theta,\phi)=k\sin(\theta)\cos(\phi)x_{\text{pc}}+k\sin(\theta)\sin(\phi)y_{\text{pc}}+k\cos\theta z_{\text{pc}} \tag{4.3.26}$$

因此,式(4.3.25)提供了在哪里放置具有理想相位中心的假想天线的解决方案,该天线的相位图在最小二乘法意义下最适合实际的月球车天线相位模式。这种天线相位中心的定义是相当确定的。根据 IEEE 标准(2004),它被称为海拔掩模上方覆盖区域的平均相位中心。回到图 4.3.2(b),可以说 GNSS 意义上的相位中心在点 O 处。该点是圆的中心,最适合于以粗虚线表示的角扇形区域内方向的实际波前。

现在我们转向式(4.3.25)的解。在正则最小二乘法的基础上,未知数(x_{pc},y_{pc},z_{pc},τ)是线性代数方程组的解,即

$$\frac{\partial S}{\partial x_{pc}}=0 \quad \frac{\partial S}{\partial y_{pc}}=0 \quad \frac{\partial S}{\partial z_{pc}}=0 \quad \frac{\partial S}{\partial \tau}=0 \tag{4.3.27}$$

取被积函数的部分导数,进行积分并求解式(4.3.27)得到

$$x_{pc}=\frac{\lambda}{2\pi^2}\frac{\int_0^{2\pi}\int_0^{(\pi/2)-\alpha}\Psi(\theta,\phi)\sin(\theta^2)\cos(\phi)\,d\theta d\phi}{\int_0^{(\pi/2)-\alpha}\sin^3(\theta)\,d\theta} \tag{4.3.28}$$

$$y_{pc}=\frac{\lambda}{2\pi^2}\frac{\int_0^{2\pi}\int_0^{(\pi/2)-\alpha}\Psi(\theta,\phi)\sin(\theta^2)\cos(\phi)\,d\theta d\phi}{\int_0^{(\pi/2)-\alpha}\sin^3\theta\, d\theta} \tag{4.3.29}$$

$$z_{pc}=\frac{\lambda}{4\pi^2}\frac{\dfrac{\int_0^{2\pi}\int_0^{(\pi/2)-\alpha}\Psi(\theta,\phi)\cos(\theta)\sin(\phi)\,d\theta d\phi}{\int_0^{(\pi/2)-\alpha}\cos(\theta)\sin(\theta)\,d\theta}-\dfrac{\int_0^{2\pi}\int_0^{(\pi/2)-\alpha}\Psi(\theta,\phi)\sin(\theta)\,d\theta d\phi}{\int_0^{(\pi/2)-\alpha}\sin(\theta)\,d\theta}}{\dfrac{\int_0^{(\pi/2)-\alpha}\cos(\theta^2)\sin(\phi)\,d\theta d\phi}{\int_0^{(\pi/2)-\alpha}\cos(\theta)\sin(\phi)\,d\theta}-\dfrac{\int_0^{(\pi/2)-\alpha}\cos(\theta^2)\sin(\phi)\,d\theta d\phi}{\int_0^{(\pi/2)-\alpha}\cos(\theta)\sin(\phi)\,d\theta}} \tag{4.3.30}$$

我们看到,在所有三个坐标(x,y,z)中,相位中心通常与 ARP 偏移。因此,一般来说,用户天线应该相对于本地地平线定向。

如果天线相对于垂直轴具有旋转对称性,则存在一个重要的特殊情况。在这种情况下,它的相位模式只是仰角 θ 的函数:

$$\Psi(\theta,\phi)=\Psi(\theta) \tag{4.3.31}$$

从式(4.3.28)和式(4.3.29)可以看出

$$x_{pc}=y_{pc}=0 \tag{4.3.32}$$

实际上,这种天线有时被称为零中心。使用零中心天线的 GNSS 定位将与天线相对于垂直轴的旋转无关。

此外要注意,如果基地天线并不拥有一个理想的相位中心,则 ARP 的载波相位误差就像式(4.3.19)和错误定位 $\Delta\vec{r}$ 为

$$\Delta\vec{r}=\vec{r}_{pc}^{\text{rover}}-\vec{r}_{pc}^{\text{base}} \tag{4.3.33}$$

式中,$\vec{r}_{pc}^{\text{base(rover)}}$ 是基准站(月球车)天线的相位中心偏移量。

接下来我们将讨论在 GNSS 实践中使用的术语相位中心变化(PCV)。一旦确定了相位中心,就可以将天线的相位图从 ARP 传输到相位中心。这种新的相位模式具有特殊的名称 PCV。应用式(4.3.9),得

$$\mathrm{PCV}(\theta,\phi)=\Psi(\theta,\phi)-\frac{2\pi}{\lambda}(x_{\mathrm{pc}}\sin\theta\cos\phi+y_{\mathrm{pc}}\sin\theta\sin\phi+z_{\mathrm{pc}}\cos\theta) \tag{4.3.34}$$

简言之,PCV 是指与相位中心相关的天线相位图。通常 PCV 用长度单位表示,而不是用角度单位表示。因此,式(4.3.34)中的转换系数为 $\lambda/2\pi$,PCV 项的性质是明确的。在确定了相位中心之后,转换式(4.3.34)后的相位模式的剩余部分看起来像是轻微的相位中心变化,表示为角度 θ 和 ϕ 的函数。

我们以一句话总结:将式(4.3.11)代入式(4.3.28)和式(4.3.29),水平面上的相位中心偏移表示为式(4.3.11)的项贡献之和。可以注意到,除 $m=1$ 项外,展开式(4.3.11)中的所有项对水平面上的相位中心偏移没有贡献。因此,在水平面上零偏移意味着天线相位图(和 PCV)在方位角上不是严格恒定的,而是相对于方位角具有一定程度的旋转对称性,即 $m=1$ 消失。但是刚刚定义的相位中心是指在一个很长的观测周期内(严格地说,卫星轨道均匀地覆盖了整个半球顶部)的位置的平均值。如果 PCV 较大,用大约 10 颗卫星进行实时定位可能会出现明显的相位中心偏差。

4.3.3　天线校准

确定天线相位中心和 PCV 的实际步骤称为天线校准。天线校准分三个步骤:消声室校准、相对校准和绝对校准。

消声室校准已经讨论过。一旦通过消声室测量得知相位模式,则应用式(4.3.28)至式(4.3.30)和式(4.3.34)以获得相位中心偏移(PCO),然后获得 PCV。使用消声室作为天线专用仪器可以实现详细的天线特性分析。例如,相位中心运动与频率的关系是人们最感兴趣的(Schupler et al.,2000)。但使用消声室振动的困难是实际存在的。

GNSS 用户天线的典型精度要求为 1 mm。乘以 $2\pi/\lambda$ 作为波长,取 $\lambda=20$ cm,可接受的误差为 0.031 rad。我们将在后面的 4.4 节中看到,以弧度表示的相位误差约等于以相对单位表示的多路反射信号的大小。所以反射信号的幅度应该小于 0.031,或者说小于-30 dB。但并不是只有一个多路径信号,如图 4.2.1 所示来自地板的反射信号,还有来自墙壁和天花板的多路径,也有来自设备的暗示干扰。考虑到这些额外的误差源,我们就得到了消声室的消声特性低于-40 dB 的要求。这些是非常严格的要求。

近二十年来,相对天线校准一直是解决这一问题的实用方法。该相对校准技术已在美国国家大地测量局(NGS)运营的天线校准中心(Mader,1999)得到应用。

为了理解相对校准,我们再次回顾上一节的内容。抛弃基天线具有理想相位中心的假设,采用式(4.3.19)形式的载波相位延迟误差和式(4.3.33)的定位误差。然而,现在我们以相反的顺序使用这些方程。让我们假设基准和移动的 ARP 之间的基线是预先从直接测量中知道的,例如从光学仪器中得到。在图 4.3.5 中,点 A 和点 B 分别代表基准和移动 ARP。让基天线相位中心偏移由一些其他测量,例如从消声室校准先验地知道。然后进行

实际现场 GNSS 载波相位观测,确定一个基线 CD,即两个相位中心之间的基线 CD。然后,由矢量四边形得到漫游者相位中心偏移 DB。现在将相位中心偏移差式(4.3.33)代入式(4.3.22),计算该观测时段角度集合(θ_q,ϕ_q)的相位图差(见式(4.3.19))。这是一个实用的相对校准程序。

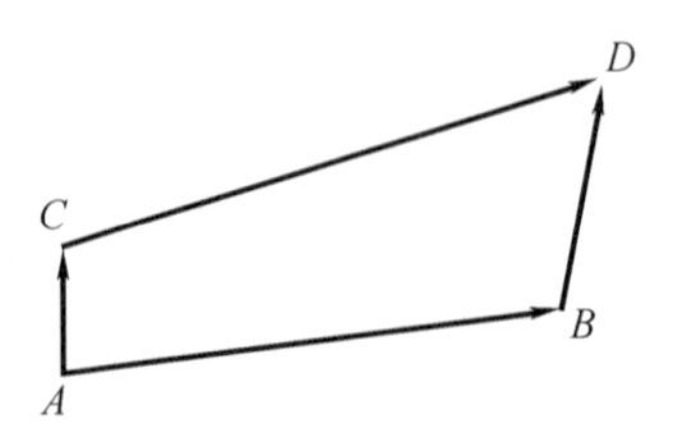

图 4.3.5 相对天线校准程序

显然,如果基准站的方向图未知,则此程序不允许用于确定流动站天线相位方向图。然而,这种方法的优点是,如果始终使用相同的基天线作为标准,则其相位模式实际上并不需要,它可以被设置为零。这是因为在任何使用单差或双差的高精度 GNSS 信号处理算法中,相关的是基线两端的两个天线相位图之间的差异。如果两种模式的误差都等于标准天线相位模式的误差,那么这种误差就可以作为一个共同的术语来抵消。

最后,我们讨论了由汉诺威大学和德国 GEO++公司开发的绝对天线校准技术(Wubbena et al.,1996,2000)。绝对校准直接给出天线相位图,类似于消声室校准。然而,对于绝对校准来说,不需要消声室校准。GNSS 卫星被用作信号源。

这种情况如图 4.3.6 所示。被测天线由一个特殊的机器人装置旋转,类似于电波暗室中的旋转。基准站天线保持在固定位置。卫星 q 处于角 θ_q、ϕ_q 所表示的方向上。在 t_1 时刻,月球车倾斜和旋转,使在月球车局部坐标系中卫星 q 对应于角度 $\theta_{1;q}$,对于这种情况,月球车和基地之间的载波相位延迟差将为

$$\Delta\psi_{1;q}=\Psi^{\text{rover}}(\theta_{1;q},\phi_{1;q})-\Psi^{\text{base}}(\theta_q,\phi_q)+\text{ARP path delay}_1 \tag{4.3.35}$$

在该方程中,第一项是角度为 $\theta_{1;q}$、$\phi_{1;q}$ 的月球车相位图读数,第二项是角度为 θ_q、ϕ_q 的基础天线相位图读数,第三项是两个天线参考点之间基线的路径延迟。后者是通过校准机器人精确得出的。在 t_2 时刻对应的方程为

$$\Delta\psi_{2;q}=\Psi^{\text{rover}}(\theta_{2;q},\phi_{2;q})-\Psi^{\text{base}}(\theta_q,\phi_q)+\text{ARP path delay}_2 \tag{4.3.36}$$

请注意,在后一时刻,月球车天线额外旋转和倾斜,使其“面向”卫星 q 的角度为 $\theta_{1;q}$,如果机器人能够足够快地旋转月球车天线,则在时间 t_1 至 t_2 内,卫星 q 没有明显移动。在相同的角度 θ_q 下,基天线仍然“看到”卫星 q,然后通过差分 $\Delta\psi_{2;q}$ 和 $\Delta\psi_{1;q}$,基天线的相位图取消。因此有

$$\Delta\Delta\psi_{21;q}=\Delta\psi_{2;q}-\Delta\psi_{1;q}=\Psi^{\text{rover}}(\theta_{2;q},\phi_{2;q})-\Psi^{\text{rover}}(\theta_{1;q},\phi_{q;1}) \tag{4.3.37}$$

左侧的术语被称为时差,即两个时间瞬间的载波相位延迟差。注:已知路径延迟应该从式(4.3.37)的右侧和左侧减去。

按照这一过程,我们可以得到月球车天线的相位图,并以角度差的形式递增。如果我们将天顶方向的相位延迟定义为零,则可以使用观测到的增量变化,按照如下所示的顺序

建立完整的月球车相位模式：

$$\left.\begin{aligned}&\Psi^{\text{rover}}(0,0)=0\\&\Psi^{\text{rover}}(\theta_{1;q},\phi_{1;q})=\Delta\Delta\psi_{10;q}\\&\Psi^{\text{rover}}(\theta_{2;q},\phi_{2;q})=\Delta\Delta\psi_{21;q}+\Delta\Delta\psi_{10;q}\end{aligned}\right\}\tag{4.3.38}$$

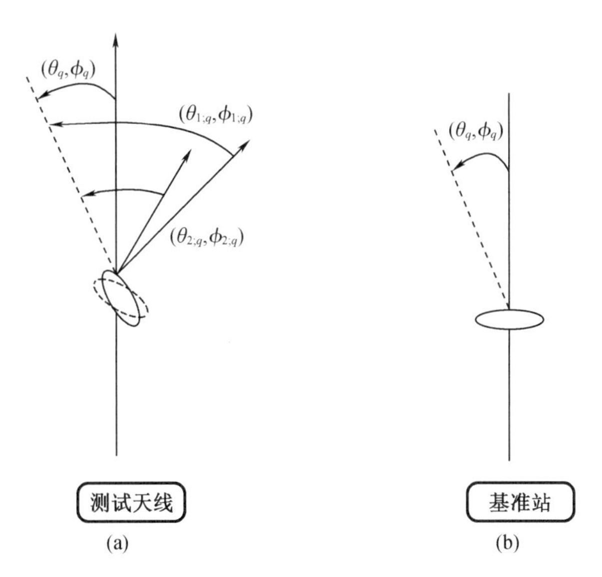

图 4.3.6　绝对天线校准

任何其他的 GNSS 观测都肯定存在多路径错误。在任何开放地点,都会有来自周围地形的多路径反射到达移动天线。为了从图案中消除这些反射,上面的程序是在所有可见的平行卫星中进行的,然后进行平均化。对刚才描述的关于卫星在空中运动的示意图的修正和其他程序细节可以在上面引用的参考资料中找到,或者在 GEO++公司的网站上找到。有关美国 NGS 绝对天线校准的细节,读者可参考 Bilich 等(2010)的文献。

4.3.4　群延迟模式

天线不仅会给载波相位带来延迟,还会给 GNSS 信号编码带来延迟。一般来说,“信号”传播中的延迟被称为以时间单位测量的群延迟。这个量是信号到达的方向的函数,它被指定为群延迟模式。

我们遵循式(4.1.40)的推导。对于在接近频率 1 和 2 处包含两个谐波的信号 $u(t)$,将式(4.1.40)改写为

$$u(t)=2u_0\cos(\Delta\omega(t-\tau_g)-\Delta kz)\cos(\omega t-kz-\psi)\tag{4.3.39}$$

这里,群延迟是

$$\tau_g=\frac{\Delta\psi}{\Delta\omega}\tag{4.3.40}$$

达到极限 $\Delta\omega\to0$,有

$$\tau_g=\frac{d\psi}{d\omega}\tag{4.3.41}$$

因此,群延迟模式是

$$\tau_g(\theta,\phi)=\frac{\mathrm{d}\Psi(\theta,\phi)}{\mathrm{d}\omega} \tag{4.3.42}$$

它等于相位图相对于载波角频率的导数。

原则上,可以引入群延迟中心和伪范围的变化,而不是载波相位,完全遵循前面部分的推导。然而,在实践中,这种方法并不常用。原因是通常用正确的天线设计,能够覆盖 GNSS 信号频段,使式(4.3.42)的结果足够光滑,这样模式导致的伪距差分技术的总误差可以忽略不计。欲了解更多关于天线群延迟的资料,请参阅 Lopez(2010)和 Rao 等(2013)的文献。

4.4　衍射和多路径效应

多路径效应是高精度定位中最常被提及的误差源之一。多路径效应是衍射现象的一种特殊情况;半平面上的衍射是半衰减情况的一个适当例子。这一节首先讨论衍射,在此基础上,讨论了接收天线下地形的多路径效应反射和天线上降比对误差的抑制作用。

4.4.1　衍射现象

在卫星到接收机的传播路径中,辐射信号遇到了障碍物。这些障碍物可能是自然的障碍,如树木,或者是人为的障碍,如建筑物。“衍射”一词一般指当波与障碍物相互作用时发生的现象。图 4.4.1 说明了这种情况,在图中入射波的电磁场由多个波阵面以实线表示。

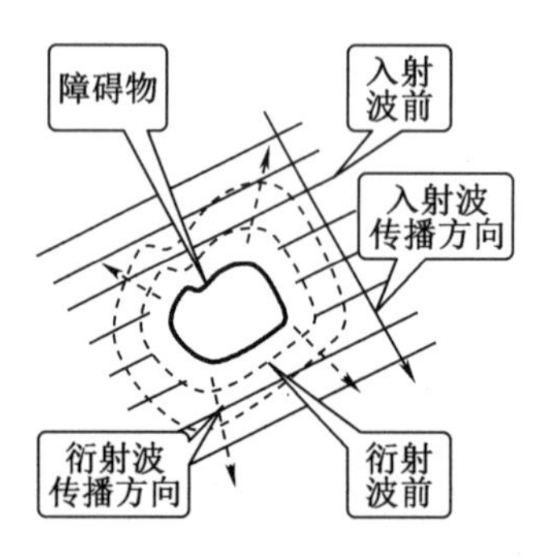

图 4.4.1　衍射现象

由于这种相互作用,产生了所谓的衍射场。衍射场影响入射场的振幅和相位分布。任何一种波都会产生衍射现象,如声波、电磁波或水面波。一个常见的例子是海浪与海湾中孤立的岩石相互作用形成的衍射。处理衍射现象的科学分支被称为波衍射理论。关于这个问题的参考书目非常多。在电磁学方面,莫尔斯和费什巴赫(1953)、费尔森和马库维茨(2003)、福克(1965)、凯勒(1962)、乌芬泽夫(2003)、库尤姆建和帕塔克(1974)、巴拉尼斯(1989)等人奠定了基础,本节便引用了他们的理论。首先要注意的是,所谓的严格解析或封闭形式的解决方案适用于数量非常有限的障碍模型,如球体、圆柱体或楔块。对于障碍物比波长小得多或大得多的情况,可用一组渐近方法。在更常见的情况下,可使用特殊软件包进行彻底的数值模拟。

回到 GNSS,我们注意到卫星信号的衍射取决于障碍物的结构和障碍物的组成。我们将在本节的后面看到,对于假定为反射表面的干土或湿土,使用镜面反射时,数值是不同的。GNSS 衍射也随时间变化。例如,汽车移动,树木在风的作用下弯曲,这些现象使得精确的模拟是不现实的。因此,在一般情况下,用足够高的精度来估计 GNSS 定位的潜在衍射相关误差是不现实的。我们的重点是研究这些现象的主要特性,以及在天线方面可以做些什么来减少误差。衍射问题的自然量是 λ。与前面的小节类似,我们取 $\lambda = 20$ cm 来进行估计。

我们已经注意到,卫星直达信号不像一束光,它的横截面小得可以忽略不计。在接近用户天线的地方,直达信号是一个分布在空间中的平面波。一般来说,如果在空间的任何一点干扰了电磁波的电磁场,那么接收天线上的信号也会受到干扰。我们目前的目标是估计一个没有障碍物的空间区域,这样就可以认为直接路径不受干扰。

空间中与发射(卫星)天线到接收(用户)天线的波传播有关的区域称菲涅耳区。一般情况下,菲涅耳区由无数同心的旋转椭球体组成,以发射天线和接收天线为焦点。椭球体在图 4.4.2(a)中以虚线表示。第 n 个椭球体半径 ρ 到发射器的距离 r_1 和到接收机 d 的距离 r_2,可表示为

$$\rho=\sqrt{n}\sqrt{\lambda\frac{r_1 r_2}{r_1+r_2}} \tag{4.4.1}$$

我们的主要研究对象为前几个椭球体中的区域。为了便于研究,取其中的三个区域。第三椭球体称为第三菲涅耳区,简称为菲涅耳区。在下面的例子中,卫星是发射器,取 $r_1 \gg r_2$,$n=3$,可得

$$\rho \approx \sqrt{3\lambda r_2} \tag{4.4.2}$$

举个例子,在 $r_2=10$ m 时,$\rho=2.45$ m。

现在简要地概述一下可能发生的几种情况,这取决于障碍物位于菲涅耳区域的位置。如果障碍物覆盖菲涅耳区域的一部分(图 4.4.2(a)),天线输出处的卫星信号仍然可能强到足以让用户接收机跟踪到它,但载波相位会受到影响,受影响的区域称为局部阴影。

另一个例子是“深层阴影”。这种情况发生在菲涅耳区完全被一个像高楼一样的大障碍物阻挡时(图 4.4.2(b))。深层阴影通常会导致用户接收机无法跟踪卫星信号。如果许多卫星的信号被阻挡,那么用户接收机就无法提供位置。这就是发生在自然峡谷或城市中的情况。

第三种情况是障碍物位于直接信号菲涅耳区以外。由障碍物引起的衍射波前称为反射。这种反射场可能恰好在用户天线的特性上很强。当来自一个或多个源的反射与直接信号同时到达天线时,产生的现象称为多路径效应(图 4.4.2(c))。由地形导致的多路径反射对用户天线来说是不可避免的。我们将在后面几节中重点介绍多路径效应。

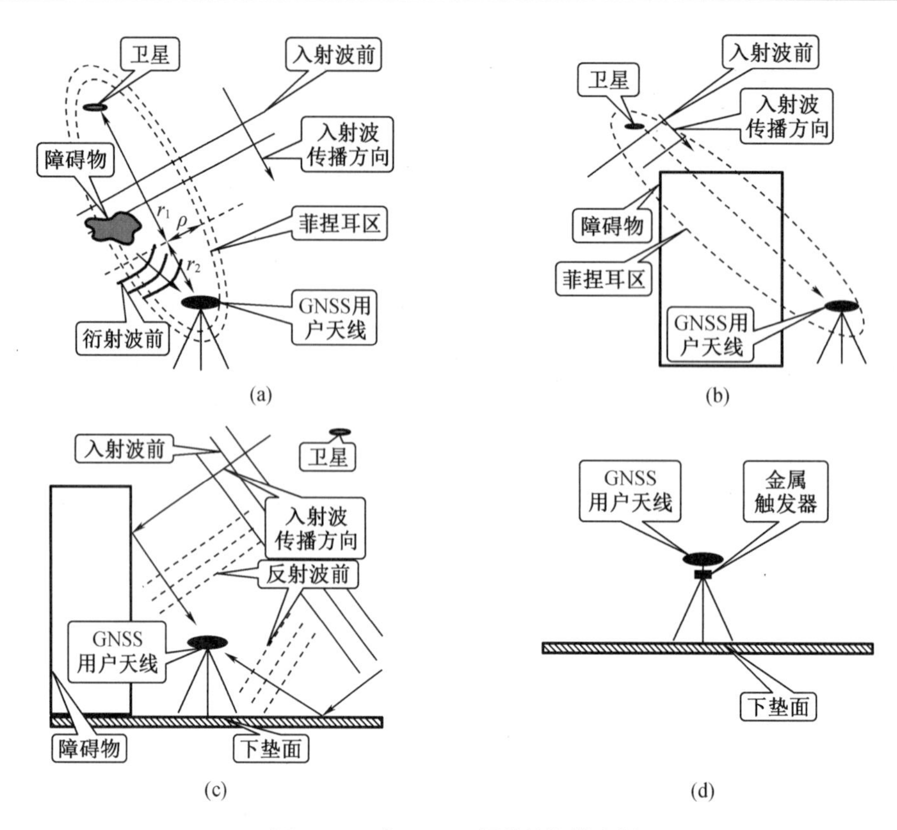

图 4.4.2　与 GNSS 相关的衍射案例

最后,第四种情况称为近场效应。有人指出,如果从天线到障碍物的距离比天线的尺寸和波长大,则入射波和障碍物的相互作用可以产生衍射波。否则,一个障碍物和一个天线被看作在彼此的近场区域内(近场区域讨论见 4.1.4 节)。严格地说,位于天线近场区域的物体应视为天线的一部分。这个物体会影响天线的大小、相位和频率响应。然而,在 GNSS 定位中,接收天线可能恰好安装在离该物体很近的地方,干扰相对较小;天线性能“几乎”正常。例如,如果一个物体位于天线下方,就会出现这种情况。正如 4.2.1 节所讨论的,天线在局部地平以下方向的增益相对于顶部半球面方向的增益较小。在天线发射模式下,位于下方的物体被相对较弱的磁场辐射,对天线特性影响较小。由于相似关系,接收模式也是如此。然而,由这样一个物体引入的定位错误可能是显而易见的(Dilssner et al., 2008)。在本例中,我们采用了 GNSS 文献中的术语,并将这种干扰称为近场多路径观测。一个典型的例子是通常与三脚架上的天线一起使用的金属触发器(图 4.4.2(d))。如果天线离触发器太近(如小于 20 cm),触发器在垂直坐标上产生的额外误差可能会达到大约 0.5 cm 的显著值。正如 Wubbena 等(2011)所讨论的,与“规则”多路径反射相比,近场效应表现出不同的特性,因此可以在信号处理中识别出来。

上述基于菲涅耳区的分析在各方面都是近似的。分析的目的是估计这些过程的空间分布。现在我们要更详细地说明波的衍射效应。特别地,我们研究了从局部阴影到深层阴影过渡过程中的现象。为此,我们给出一个允许进行完整分析处理的情况。

在图 4.4.3(a)中,半平面显示为一条粗实线。可以想象半平面是一座高楼。半平面是垂直的,在向下的方向和垂直于半平面的方向上是无限的。假设半平面是一个完美导体,其边缘位于原点(O 点),局部地平线为粗虚线。假设接收天线位于 A 点(用一个粗点表示)。我们的目标是计算波点受到来自卫星的平面波激发时的电场。

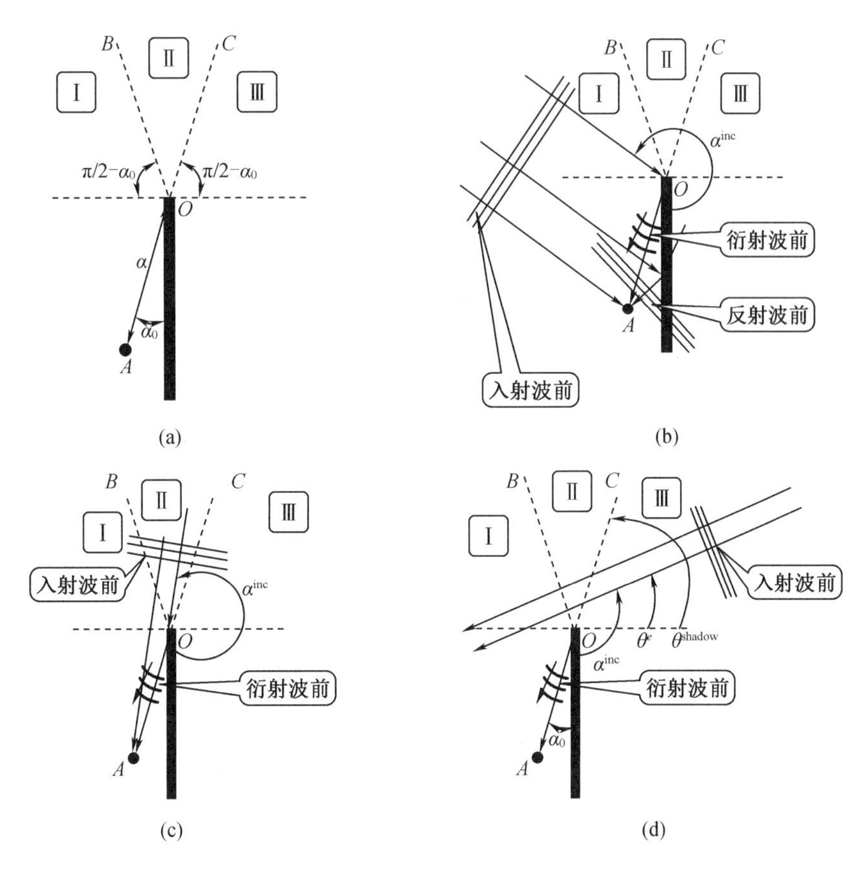

图 4.4.3　半平面上的衍射

我们假设 A 点到半平面边缘的距离 a 比波长大,A 点与半平面的方向夹角为 α_0(图 4.4.3(a))。将顶部的半球细分为三个扇形区。取 α^{inc} 为入射波(卫星发出)与半平面的夹角。如果波从Ⅰ扇区(图 4.4.3(b))内的方向入射,即 $\pi+\alpha_0 \leqslant \alpha^{inc} \leqslant 3\pi/2$,则接收机天线被三种波照亮(使用光学类比)。第一种是来自卫星的切凹波,第二种是被半平面反射的波,第三种是来自半平面边缘的衍射波。如果入射波从Ⅱ扇区(图 4.4.3(c))内的方向入射,即 $\pi-\alpha_0 \leqslant \alpha^{ine} \leqslant \pi+\alpha_0$,则接收机天线被入射波和衍射波照亮。最后,当入射波到达第三扇区(图 4.4.3(d))时,即 $\pi/2 \leqslant \alpha^{inc} \leqslant \pi-\alpha_0$,使得 A 点天线位于入射波的阴影区域内,且该区域没有反射波。该天线仅受衍射波照射。

上述入射波和反射波称为几何光学场。这些波属于 4.1.2 节和 4.1.3 节讨论的平面波类型。反射波显示了从顶部半球到达的所谓多路径效应。我们不妨检查 4.4.3 节的推导,以估计构成反射波场的半平面的面积。需要指出的是,在半平面的完全导电模型中,如果入射波是 RHCP,那么反射波就是 LHCP。

衍射波是一种所谓的圆柱形波。这种波起源于半平面边缘。该波的波前为圆柱体,以半平面边缘为轴。在远离原点的地方,柱面波局部为平面波,这意味着在观测点附近,矢量场的构造方法与平面波相同(与 4.1.4 节讨论的球面波相比)。与球面波的不同之处在于,随着 r 的增大,电场强度衰减为 $1/\sqrt{r}$,在这里,r 是到源(半平面边缘)的距离。

如果入射波的传播方向远离阴影边界,上述场的表示是有效的。图 4.4.3 中 OB 和 OC 分别为反射波和入射波的阴影边界。如果入射波的传播方向恰好在阴影边界附近的窄角扇区内,则该方法不成立,需使用更一般的菲涅耳积分形式。

对于Ⅰ扇区和Ⅱ扇区,与入射波(和反射波)相比,柱面波对总磁场的影响较小。然而,对于第三部分,柱面波是唯一的一项。我们来看下面的情况。

我们介绍角 θ^{shadow}(图 4.4.3(d))

$$2\pi-\alpha_0=\theta^{\text{shadow}}+3\pi/2 \tag{4.4.3}$$

卫星高度角 θ^{e} 为

$$\theta^{\text{e}}=\alpha^{\text{inc}}-\pi/2 \tag{4.4.4}$$

然后,在观测点 A,高度角 $\theta^{\text{e}}<\theta^{\text{shadow}}$ 的卫星被半平面遮挡。邻近的点 A 衍射区域是从原点 O 传播的平面波。天线对衍射场的响应将是关于从 θ^{shadow} 方向传来的平面波。

那么,在天线输出处的信号幅度 S^{d} 为

$$S^{\text{d}}=F(\theta^{\text{shadow}})D \tag{4.4.5}$$

式中,$F(\theta^{\text{shadow}})$ 为天线方向对 θ^{shadow} 的仰角;D 为衍射项

$$D=\frac{1}{2\sqrt{\pi}\sqrt{2ka}\sin\left(\dfrac{\theta^{\text{shadow}}-\theta^{\text{e}}}{2}\right)} \tag{4.4.6}$$

当 $\sqrt{2ka}\sin((\theta^{\text{shadow}}-\theta^{\text{e}})/2)>1$ 时,此式有效。同时,衍射信号的载波相位误差作为直接信号的函数(在没有半平面的情况下会发生),表示为

$$\Delta\psi^{\text{d}}=-ka(1-\cos(\theta^{\text{shadow}}-\theta^{\text{e}}))-\frac{4}{\pi} \tag{4.4.7}$$

接下来,我们考虑卫星高度略低于 θ^{shadow} 的情况。

在图 4.4.4 中,D 以 dB 为单位,用周期表示载波相位误差(在 2π 周期内)与卫星高度角 θ^{e} 的关系。取 $a=50\lambda$(等于 10 m,假设波长为 20 cm),$\theta^{\text{shadow}}=60°$。从曲线中可以看出,如果 $\theta^{\text{e}}=50°$,也就是说 θ^{shadow} 小 10°,误差式(4.4.7)接近一个周期。θ^{e} 的衍射系数(式(4.4.6))提供了一个额外的 18 dB 信号衰减 $F(\theta^{\text{shadow}})$。对于现在的灵敏接收器来说,这种信号强度足以被追踪。因此,对于这样一颗卫星,可能会出现误差的情况就不存在了。对于较小的 θ^{e},用户天线出现在更深的阴影则卫星信号可能会丢失。这些是由局部阴影向深层阴影过渡过程中出现的主要特征。

虽然对衍射相关效应的实时修正目前为止是不切实际的,但是提高计算能力可以对这些效应进行建模,即使对复杂的站点也是如此。这种仿真对接收机的设计和测试具有一定的参考价值。

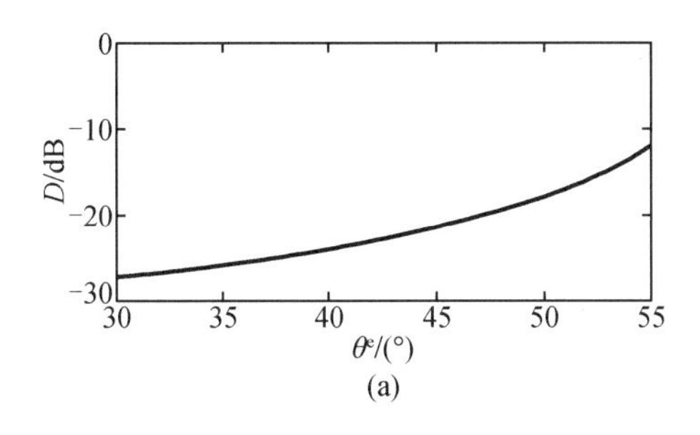

(a)

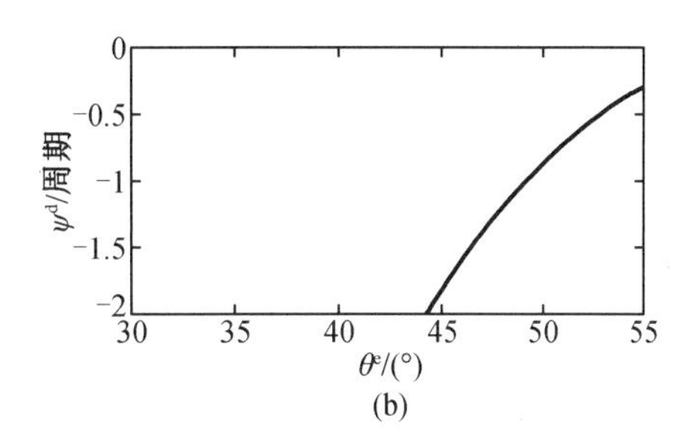

(b)

图 4.4.4　半平面遮挡直接卫星信号的幅度和载波相位误差

4.4.2　载波相位多路径效应的一般特性

在天线输出端，观测到幅值为 U_0^{direct}、相位为 ψ^{direct} 的直接信号和幅值为 $U_{0;q}$、相位为 ψ_q 的反射信号。其中，$q=1,2,\cdots,Q$，表示反射信号。根据 4.1.3 节式(4.1.52)，用一个振幅为 U_0^{reft}、相位为 ψ^{reft} 的总反射信号替换所有反射信号，可推导出

$$U_0^{\text{reft}} e^{i\psi^{\text{reft}}} = \sum_{q=1}^{Q} U_{0;q} e^{i\psi_q} \tag{4.4.8}$$

简而言之，称这个信号为反射信号。我们将反射信号和直接信号振幅的比值表示为 α^{reft}，即

$$\alpha^{\text{reft}} = \frac{U^{\text{reft}}}{U_0^{\text{direct}}} \tag{4.4.9}$$

将反射信号与直接信号的相位差表示为

$$\Delta\psi^{\text{reft}} = \psi^{\text{reft}} - \psi^{\text{direct}} \tag{4.4.10}$$

我们考虑了反射信号比直接信号弱的情况，即 $\alpha^{\text{reft}}<1$，对于天线的总输出信号，有

$$U^{\Sigma} e^{i\psi^{\Sigma}} = U_0^{\text{direct}} e^{i\psi^{\text{direct}}} + U_0^{\text{reft}} e^{i\psi^{\text{reft}}} = U_0^{\text{direct}} e^{i\psi^{\text{direct}}} (1+\alpha^{\text{reft}} e^{i\Delta\psi^{\text{direct}}}) \tag{4.4.11}$$

将括号中的表达式表示为

$$(1+\alpha^{\text{reft}} e^{i\Delta\psi^{\text{direct}}}) = \alpha^{\text{mult}} e^{i\psi^{\text{mult}}} \tag{4.4.12}$$

那么，总信号可以表示为

$$U_0^{\Sigma} e^{i\psi^{\Sigma}} = (U_0^{\text{direct}} \alpha^{\text{mult}}) e^{i(\psi^{\text{direct}}+\psi^{\text{mult}})} \tag{4.4.13}$$

该式表明，反射信号的存在导致多路径振幅误差 α^{mult} 和多路径载波相位误差 ψ^{mult}。

式(4.4.12)左侧括号中的表达式可以在复平面上分析(图 4.4.5)。这里我们感兴趣的是两个矢量的和。第一个矢量表示单位，第二个矢量相对于第一个矢量，表示 α^{reft} 和角度 $\Delta\psi^{\text{reft}}$ 的大小。两个矢量之和的模给出了振幅误差。

$$\alpha^{\text{mult}} = \left| 1+\alpha^{\text{reft}} e^{i\Delta\psi^{\text{reft}}} \right| = \sqrt{1+2\alpha^{\text{reft}}\cos(\Delta\psi^{\text{reft}})+(\alpha^{\text{reft}})^2} \tag{4.4.14}$$

载波相位误差为

$$\psi^{\text{mult}} = \arctan\frac{\alpha^{\text{reft}}\sin(\Delta\psi^{\text{reft}})}{1+\alpha^{\text{reft}}\cos(\Delta\psi^{\text{reft}})} \tag{4.4.15}$$

现在我们感兴趣的是这些 α^{reft} 和 $\Delta\psi^{\text{reft}}$ 误差函数，我们从振幅误差开始讨论。

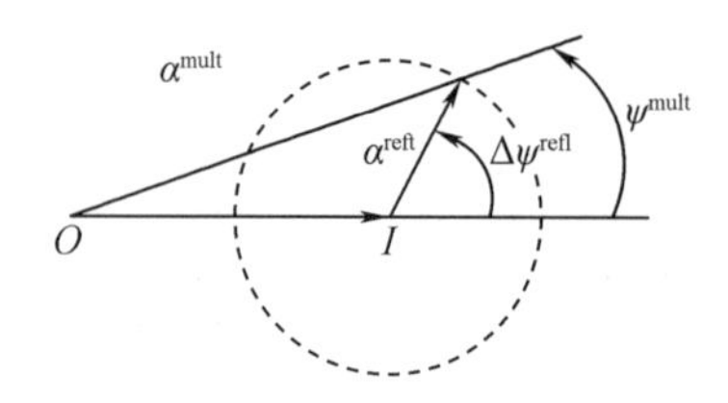

图 4.4.5　复平面上直接信号和反射信号的表示

从式(4.4.14)和图 4.4.5 可以看出,当 $\Delta\psi^{reft}=0$ 时,振幅误差 α^{mult} 达到最大值,为 $1+\alpha^{reft}$,当 $\Delta\psi^{reft}=\pm\pi$ 时,振幅误差达到最小值,为 $1-\alpha^{reft}$。对于任意 $\Delta\psi^{reft}$,以下不等式都成立:

$$1-\alpha^{reft}<\alpha^{mult}<1+\alpha^{reft} \tag{4.4.16}$$

在图 4.4.6(a)中,用 dB 单位来表示 α^{mult},作为 $\Delta\psi^{reft}$ 的函数,而反射信号 α^{reft} 具有不同的相对振幅。可以看出,除非 α^{reft} 趋于零,否则振幅误差 α^{mult} 都在几分贝的范围内变化。在低高度角卫星中,这可能不会对接收机造成影响。正如 4.2 节所讨论的,低高度角卫星天线输出的信号功率小于高高度角卫星。多路径信号功率的进一步降低可能导致接收机锁相环故障,即出现周跳。当 α^{reft} 趋于单位值时,大信号下降发生在 $\Delta\psi^{reft}\approx\pm\pi$ 处。在通信理论中,这被称为多路径诱导衰落。

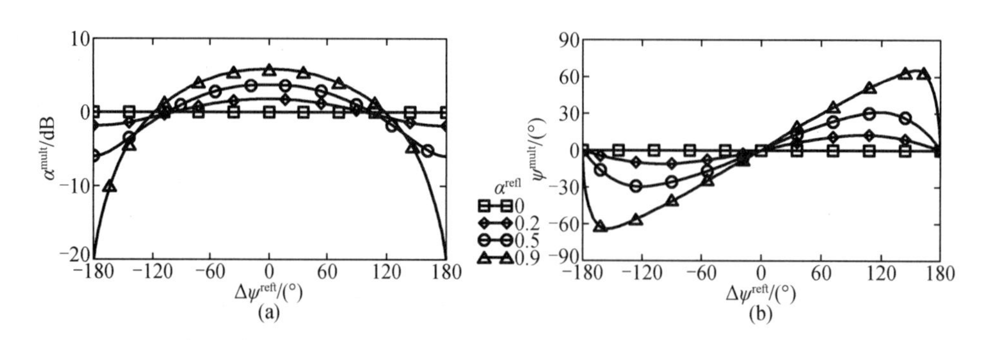

图 4.4.6　多路径引起的幅度和载波相位误差

现在我们讨论载波相位误差式(4.4.15)。对于一个弱多路径信号即 $\alpha^{reft}\ll1$,取 $\tan x\approx x$, $|x|\ll1$,可得

$$\psi^{mult}\approx\alpha^{reft}\sin(\Delta\psi^{reft}) \tag{4.4.17}$$

因此,相位误差 ψ^{mult} 随 $\Delta\psi^{reft}$ 振荡,α^{reft} 是这些振荡的振幅。简而言之,多路径相位误差为 $\pm\alpha^{reft}$。对于一个强多路径信号,当 $\alpha^{reft}=1$ 时,可得

$$\psi^{mult}=\arctan\frac{\sin(\Delta\psi^{mult})}{1+\cos(\Delta\psi^{mult})}=\arctan\frac{\sin\left(\dfrac{\Delta\psi^{mult}}{2}\right)}{\cos\left(\dfrac{\Delta\psi^{mult}}{2}\right)}=\frac{\Delta\psi^{mult}}{2} \tag{4.4.18}$$

假设 $-\pi<\Delta\psi^{mult}<\pi$,多路径载波相位误差最大值为 $|\psi^{mult}|_{max}=\pi/2$。我们将式(4.4.15)根据 $\Delta\psi^{reft}$ 和不同的 α^{reft} 进行绘图,如图 4.4.6(b)所示。

综上所述，如果总多路径信号振幅比和直接信号振幅比为 $\alpha^{\text{reft}} \leqslant 0.6, \cdots, 0.8$，那么振幅误差约为几分贝，载波相位误差最多为 60°。在这种情况下，不会出现信号跟踪丢失，而且接收机能够提供正确的故障解决方案。从这个角度来看，与阴影相比，多路径效应的破坏性更小。然而，多路径效应通常是不可避免的，因为地面反射低于用户天线的情况总是存在的。

4.4.3　镜面反射

镜面反射是多路径效应的一种主要情况。图 4.4.7 说明了卫星向大平面发射的直达波。目前，我们认为表面是一个理想的无界平面，表面下的介质是均匀的。这看起来可能不像一个实际相关的模型，但我们已经提到，我们的目标不是推导出精确的公式来解释多路径和多路径误差，而是讨论现象的主要特性。在本节的后面，我们将对无界平面模型的有效曲面应该有多大进行一些估计。在所做的假设下，波衍射问题允许一个封闭形式的解。我们将重点研究非延迟用户天线的地面产生反射时的情况。但同样的推导也适用于任何大平面，比如高层建筑的墙壁或峡谷。

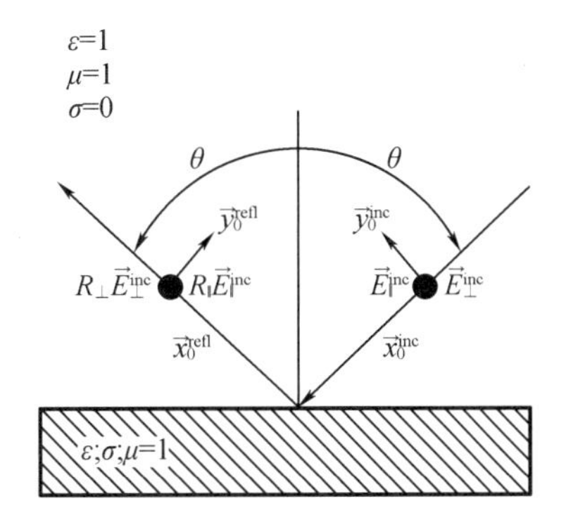

图 4.4.7　镜面反射菲涅耳系数的定义

图 4.4.7 还显示了反射波。反射波沿表面传播的角度和入射波的角度均为 θ，这种反射称为镜面反射。反射波的振幅不同于入射波的振幅，其反射系数称为菲涅耳系数，它是入射波的频率、角度 θ 和媒介的参数的函数。我们假设入射波在空气中传播，正如 4.1.1 节所讨论的，自由空间近似与这种情况有关。表面以下介质的特征由介电常数 ε 和电导率 σ 表示（见 4.1.1 节中的表 4.1.1）。我们假设这个媒介无磁性，因此其渗透率 $\mu=1$，也会有一个波在介质中传播，这个波叫作透射波（这种波我们不做考虑）。

为了计算反射系数，我们必须区分两种入射波偏振。第一种是垂直偏振。这是一个线性偏振，入射波的电场垂直于绘图平面。这个矢量由 $\vec{E}_\perp^{\text{inc}}$ 指定，并由图 4.4.7 中的一个点标记。另一种偏振称为平行偏振。矢量 $\vec{E}_\parallel^{\text{inc}}$ 在绘图平面上。值得一提的是，电场应该始终垂直于波的传播方向（见 4.1.2 节）。这两种偏振在垂直于波传播方向的平面上构成矢量基。反射波振幅为（Balanis，1989）

$$E_\perp^{\text{reft}} = R_\perp E_\perp^{\text{inc}} E_\perp^{\text{reft}} = R_\perp E_\perp^{\text{inc}} E_\perp^{\text{reft}} = R_\perp E_\perp^{\text{inc}} \tag{4.4.19}$$

$$E_{\parallel}^{\text{reft}}=R_{\parallel}E_{\parallel}^{\text{inc}} \tag{4.4.20}$$

相应地,垂直偏振和平行偏振的反射系数为

$$R_{\perp}=\frac{\eta'\cos\theta-\xi}{\eta'\cos\theta+\xi} \tag{4.4.21}$$

$$R_{\parallel}=\frac{\eta'\xi-\cos\theta}{\eta'\xi+\cos\theta} \tag{4.4.22}$$

在这里

$$\eta'=\frac{\eta_{\text{m}}}{\eta_0}=\frac{1}{\sqrt{\varepsilon(1-\text{i}\tan\Delta^{\text{e}})}} \tag{4.4.23}$$

介质的本征阻抗(见式(4.1.37))与自由空间的本征阻抗有关,$\tan\Delta^{\text{e}}$ 为损耗的正切(见式(4.1.63)),复折射角余弦为

$$\xi=\sqrt{1-\frac{\sin^2\theta}{\varepsilon(1-\text{i}\tan\Delta^{\text{e}})}} \tag{4.4.24}$$

需要注意的是,式(4.4.21)和式(4.4.22)给出了反射系数的复数形式。因此,这些表达式包含幅度(模)和相位。一种方法是固定式(4.4.23)、式(4.4.24)中复数的平方根的分支,负幂部分与式(4.1.70)类似。接下来我们讨论计算结果。

图 4.4.8 给出了几种介质反射系数的模态和相位作为角度 θ 的函数。$R_{\perp}$ 和 $R_{\parallel}$ 的模式显示在图(a)和(c)中。现在让我们来认识一个重要的性质。所有的介质在相对于表面的掠射方向均表现出完美的镜面特性。对于地面反射,角度 θ 从天顶算起,靠近 $\theta\approx90°$ 的低掠射角是相对于当地地平线的低海拔。在这个角度范围内,反射系数模块是一致的。

我们主要关注平行极化(图 4.4.8(a)(b))。在这里,除了理想的导体外,所有的介质都存在一个布鲁斯特角。对于这个角度,反射系数达到一个明显的最小值,几乎为零(图 4.4.8(a))。当入射波到达布鲁斯特角时,所有的能量都进入介质内部而不发生反射。最后的角度接近天顶 $\theta\approx0$,我们看到各种各样的反射。它们大多在 0.5 左右,这意味着半幅反射。对于低海拔地区,$R_{\parallel}$(图 4.4.8(b))的相位都在 180°左右,这表示反相反射。对于接近天顶的角,相位大约为零,这表示同相反射。快速的变化发生在布鲁斯特角的角度。

现在我们研究如何处理与 GNSS 应用相关的 RHCP 入射波。首先,我们在垂直于波传播方向的平面上引入一组单位矢量(图 4.4.7)。这是与入射波相关的基矢量($\vec{x}_0^{\text{inc}},\vec{y}_0^{\text{inc}}$)和与反射波相关的基矢量($\vec{x}_0^{\text{reft}},\vec{y}_0^{\text{reft}}$)。RHCP 入射波可以表示为

$$\vec{E}^{\text{inc}}=E_0^{\text{inc}}\frac{1}{\sqrt{2}}(\vec{x}_0^{\text{inc}}-i\vec{y}_0^{\text{inc}}) \tag{4.4.25}$$

式中,E_0^{inc} 表示振幅。反射波可以表示为

$$\vec{E}^{\text{reft}}=E_0^{\text{inc}}\frac{1}{\sqrt{2}}(R_{\perp}\vec{x}_0^{\text{reft}}-iR_{\parallel}\vec{y}_0^{\text{reft}}) \tag{4.4.26}$$

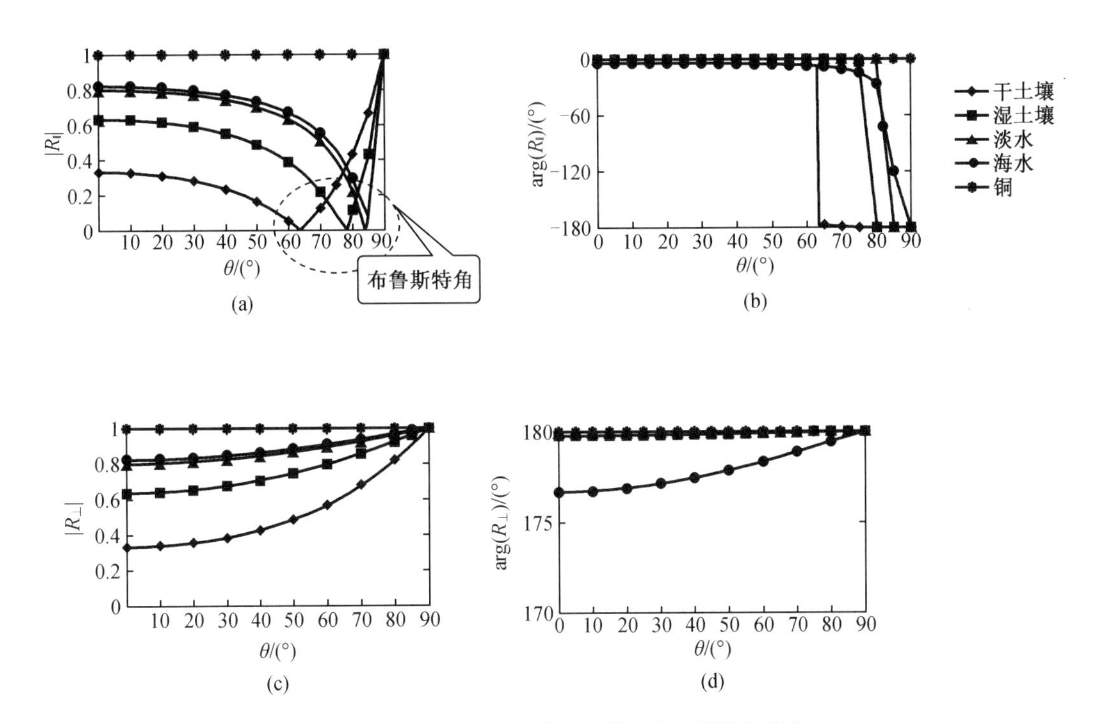

图 4.4.8　线偏振入射波的反射系数的模数和相位

与 4.1.6 节类似,现在我们介绍与反射波相关的圆极化基矢量:

$$\vec{p}_0^{\,\mathrm{RHCP}}=\frac{1}{\sqrt{2}}(\vec{x}_0^{\,\mathrm{reft}}-i\vec{y}_0^{\,\mathrm{reft}}) \tag{4.4.27}$$

$$\vec{p}_0^{\,\mathrm{LHCP}}=\frac{1}{\sqrt{2}}(\vec{x}_0^{\,\mathrm{reft}}+i\vec{y}_0^{\,\mathrm{reft}}) \tag{4.4.28}$$

接下来我们基于式(4.1.118)进行基变换,可得

$$\vec{E}^{\mathrm{reft}}=E_0^{\mathrm{inc}}\left\{\frac{R_\perp+R_\parallel}{2}\vec{p}_0^{\,\mathrm{RHCP}}+\frac{R_\perp-R_\parallel}{2}\vec{p}_0^{\,\mathrm{LHCP}}\right\} \tag{4.4.29}$$

表示为

$$R_{\mathrm{RHCP}}=\frac{R_\perp+R_\parallel}{2} \tag{4.4.30}$$

$$R_{\mathrm{LHCP}}=\frac{R_\perp-R_\parallel}{2} \tag{4.4.31}$$

我们可以得到如下结论:若 RHCP 波入射到平面上,则其反射系数为 RHCP 系数(见式(4.4.30));此外,还将生成 LHCP 组件,其系数如式(4.4.31)所示。我们把反射系数写成指数形式:

$$R_{\mathrm{RHCP(LHCP)}}=|R^{\mathrm{RHCP(LHCP)}}|\mathrm{e}^{\mathrm{i}\psi_{R;\mathrm{RHCP(LHCP)}}} \tag{4.4.32}$$

并在图 4.4.9 中绘制模块和阶段。对于大约 $|R^{\mathrm{RHCP}}|$ 的低海拔地区,模块 $\theta\approx90°$(图 4.4.9(a))等于 1。所以反射波几乎完全是 RHCP。但是对于天顶方向,它会减少到零,这意味着

反射波将完全是 LHCP。模块 $|R^{\mathrm{LHCP}}|$(图 4.4.9(c))对于大多数方向大约是一半,这意味着反射的 LHCP 场大小约是入射 RHCP 波大小的一半。只有在低海拔地区才会降到零,因为对于那些低海拔,RHCP 分量具有大约为 1 的相对振幅。RHCP 和 LHCP 组件的相位(图 4.4.9(b)(d))接近 180°。因此,大多数角度都会发生反相反射。

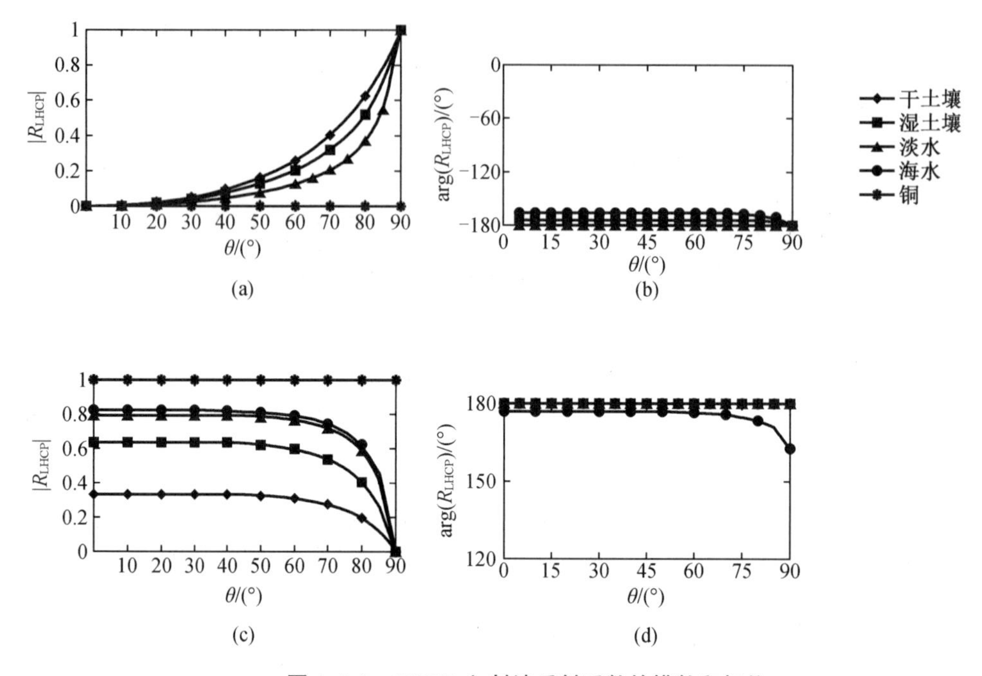

图 4.4.9 RHCP 入射波反射系数的模数和相位

现在需要再次检查图 4.2.13。如 4.2.3 节所述,GNSS 用户天线的左手圆极化方向接近最低点。然后极化变成椭圆形,这意味着天线对 RHCP 和 LHCP 分量都很敏感,最后对于接近地平线的方向,天线接近 RHCP。如图 4.4.9 所示,反射信号具有完全相同的特性。因此,任何 GNSS 用户天线几乎都可以通过极化与地面反射信号完美匹配。由于极化特性,天线不会过滤掉地面反射的信号。

为了完成讨论,我们将估计表面上的面积,该面积定义了用户天线附近的反射场强。入射场和反射场是空间过程。在图 4.4.10 中,我们显示了反射面,用户天线安装在反射面上方的高度 h 处。对于给定的 θ 从天线最低点到反射点的距离为

$$s = h\tan\theta \tag{4.4.33}$$

通过图像法可以将反射看作是由真实光源的图像产生的信号,这在图 4.4.10(b)中进行了说明。图(b)所示为用户天线位置处与地球表面相切的反射面。实际的光源是卫星,图像位于光源的对面,在反射平面下,与反射平面的距离相同。两个菲涅耳区用虚线表示:一个是直接卫星信号,另一个是图像产生的信号。现在我们回到图 4.4.10(a),反射信号的菲涅耳区在用户天线附近,显示为虚线。从 C 点到天线的波的传播距离是 $h/\cos\theta$,由式(4.4.2)到菲涅耳区的横截面是一个圆:

$$|AB| = 2\sqrt{3(\lambda h)}\,h/\cos\theta \tag{4.4.34}$$

因此,菲涅耳区在地球表面上的面积是一个椭圆,其短半轴(垂直于图)等于 $|AB|/2$,长半轴等于 $d/2$,其中

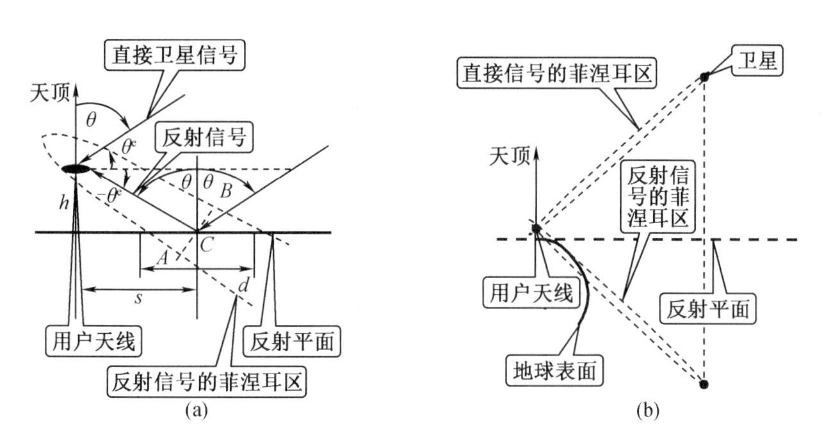

图 4.4.10　来自地球表面的镜面反射的反射区域

$$d = |AB|/\cos\theta = 2\sqrt{3(\lambda h)}/(\cos\theta)^{3/2} \tag{4.4.35}$$

我们把这个区域简称为反射区。例如 $h=2$ m 和 $\lambda=20$ cm,天顶方向 $\theta=0$ 的反射区域是一个以天线为中心半径约为 1 m 的圆,对于天顶角 $\theta=45°$,它是一个位于以 C 为圆点的长半轴为 $d/2\approx1.2$ m 的椭圆,C 点距离最低点 2 m,最低仰角为 10°($\theta=80°$),长半轴约 15 m,中心距离最低点 11 m。

综上所述,表面粗糙度和反射介质参数的不一致性肯定会改变反射系数的值,但不会改变现象的主要特征。因为反射面积比波长要大,所以对于低海拔地区尤其正确。这证明了基于镜面反射假设的多路径估计的广泛范围。为了更准确地估计表面粗糙度,读者可以参考 Beckman 等(1987)的文献。

4.4.4　天线升降比

如上所示,被平面反射的波的圆偏振分量的相对振幅约为 0.5。减少定位多路径误差的方法是使天线对来自地平线以下的信号不太敏感。这可以通过对天线方向图进行整形来实现。我们现在开始讨论这个问题。我们对剩余部分和后续部分的目标是估计载波相位多路径误差作为天线模式特征的函数。

考虑图 4.4.10 的情况,将 h 取为 2 m 左右。现在使用卫星仰角 θ^e 代替天顶角 θ 将更方便(角度指定见图 4.4.10(a))。仰角 θ^e 从局部水平面开始计算。使用镜面反射模型,反射信号将来自 $-\theta^e$ 方向。我们使用 4.2.5 节的方法,通过天线有效面积来表征天线输出端的信号。现在我们感兴趣的不是功率,而是复振幅。使用式(4.1.122)形式的天线方向图,它通过归一化系数 α^{cross} 将 LHCP 分量与 RHCP 相关联。对于天线输出端的直接卫星信号 U^{direct} 使用式(4.2.42)可以写作

$$U^{\text{direct}} = \sqrt{P_{0\text{sat}} D_0 \chi_{\text{pol}} \chi_{\text{a}} (1-\chi_{\text{ret}})}\, F_{\text{RHCP}}(\theta^e)\, e^{i\Psi_{\text{RHCP}}(\theta^e)}\, e^{i\psi^{\text{direct}}} \tag{4.4.36}$$

在这个表达式中,根号下的项是 RHCP 模式达到统一的方向上的总接收功率。对于 GNSS 用户天线,这个方向通常是天顶。然后我们证明直接信号与 RHCP 天线方向图分量成比例。这是因为卫星信号是 RHCP。我们假设用户天线方向图相对于方位角高度旋转对称。因此,天线方向图 $\psi_{RHCP}(\theta^e)$ 和相位方向图 $F_{RHCP}(\theta^e)$ 只是仰角的函数,而不是方位角的函数。最后,对于式(4.4.36),项 ψ^{direct} 是来自卫星的信号的载波相位路径延迟。

反射信号的类似表达式为

$$U^{refl}=\sqrt{P_{0sat}D_0\chi_{pol}\chi_a(1-\chi_{ret})}\times$$
$$(|R_{RHCP}|e^{i\psi_{R;RHCP}}F_{RHCP}(-\theta^e)e^{i\Psi_{RHCP}(-\theta^e)}+|R_{LHCP}|e^{i\Psi_{R;RHCP}}F_{RHCP}(-\theta^e)e^{i\Psi_{RHCP}(-\theta^e)})e^{-i(\psi^{direct}+\Delta\psi^{path})} \tag{4.4.37}$$

这里,天顶的总接收功率的平方根与式(4.4.36)相同。括号中显示了 RHCP 和 LHCP 反射信号的贡献总和。对于地平线以下的方向,每个贡献与相应的天线模式读数成比例。反射系数 $R_{RHCP(LHCP)}$ 的模和相位被明确地示出。最后,我们在反射信号的指数上增加了一个额外的路径延迟 $\Delta\psi^{path}$。

现在我们转到式(4.4.15)。它表明多路径载波相位误差是反射信号的相对幅度和相对于直接信号的额外相位延迟的函数。使用式(4.4.36)和式(4.4.37),可以写作

$$\alpha^{refl}=\frac{|U^{refl}|}{|U^{direct}|} \tag{4.4.38}$$

$$\Delta\psi^{refl}=\arg(U^{refl})-\arg(U^{direct}) \tag{4.4.39}$$

有人指出,即使假设成立,式(4.4.38)和式(4.4.39)中的未知数也太多了。这些是取决于土壤反射系数的术语。此外,可以为无限平坦表面模型指定路径延迟 $-\Delta\psi^{path}$。但是实际上,一个大的或小的平面会有一些不规则的地方,比如小山丘和缝隙。这些不规则性很容易达到厘米的数量级,这使得它们与波长相比足够大。因此,严格地说,天线在表面上方的高度在波长范围内变得不确定。这再次说明,估计多路径误差和消除载波相位误差的直接方法目前还不切实际。最好的办法是通过适当的天线设计来减少误差。为了完成估算的目的,可以考虑关于多路径信号强度的最坏情况。第一种方法是把表面当作完美的导体。应用 $\tan\Delta^e\to\infty$,前一节的结果为 $R_{RHCP}=0$,$|R_{LHCP}|=1$,$\psi_{R;RHCP}=\pi$,式(4.4.38)和式(4.4.39)可重新写作

$$\alpha^{refl}=\frac{|U^{refl}|}{|U^{direct}|}=\frac{\alpha^{cross}F_{LHCP}(-\theta^e)}{F_{RHCP}(\theta^e)} \tag{4.4.40}$$

$$\Delta\psi^{refl}=-\Delta\psi^{path}+\pi+\Psi_{LHCP}(-\theta^e)-\Psi_{RHCP}(\theta^e) \tag{4.4.41}$$

式(4.4.40)有一个简单的含义。它是地平线以下特定角度的天线方向图读数与地平线以上相同角度的读数之比。第一个是 LHCP 部分,第二个是 RHCP 部分。这个比值有时被称为天线的上下比值。简而言之,可以说与直接信号相关的天线输出处的反射信号幅度等于天线上下比。然而,式(4.4.40)有某些缺点。特别是从图 4.2.7 和 4.2.9 中可以看出,除了接近最低点的角度区域外,在地平线以下的大部分方向上,天线方向图的 RHCP 分量超过了 LHCP 分量。因此,式(4.4.40)低估了多路径误差,因为地平线以下的方向只考

虑了 LHCP。

估计 α^{reft} 和 $\Delta\psi^{\text{reft}}$ 的另一种方法是使用总功率方向图平方根形式的天线方向图 $F(\theta,\phi)$（见式(4.1.125)）。这意味着天线被认为在极化方面与直接和反射信号完全匹配，并且总的相对反射功率等于单位值。利用这种方法，我们将天线上下比 DU(θ^{e})表示为

$$\mathrm{DU}(\theta^{e})=\frac{F(-\theta^{e})}{F(\theta^{e})} \tag{4.4.42}$$

式(4.4.38)可以写作

$$\alpha^{\text{refl}}=\mathrm{DU}(\theta^{e}) \tag{4.4.43}$$

我们将在后面看到，$\Delta\psi^{\text{reft}}$ 作为仰角的函数快速变化，而相位模式稍微平滑。在所做的近似中，我们省略了天线相位图，并将式(4.4.41)简化为

$$\Delta\psi^{\text{reft}}=-\Delta\psi^{\text{path}}+\pi \tag{4.4.44}$$

最后两个表达式与式(4.4.15)一起定义了天线输出端的载波相位多路径误差。我们将在下一节进行详细讨论，并首先进行一些评估。

天线方向图作为一个整体，尤其是上下比取决于天线设计的许多特征。我们在这里不详细讨论，将一些问题留给 4.7 节。相反，我们将查看适用于高精度 GNSS 定位的大多数接收天线的典型数据。图 4.4.11 中显示了三条曲线。第一条（虚线）是典型的流动站天线。第二条（实线）用于带有扼流圈接地层的基准站天线（见 4.2.1 节）。上下比以 dB 为单位绘制成仰角的函数。我们看到对于水平方向，上下比等于 0 dB，这意味着两个天线都不能抑制来自水平方向的反射信号和直接信号。然后，对于来自地平线以下小角度的反射信号，直接信号应该来自地平线以上相同的小角度。GNSS 采用的天线尺寸无法区分来自几乎相同方向的两个信号。因此，非常小的高度的上下比值很小。随着卫星仰角的增加，直接信号和反射信号之间的角度差增加，并且绝对值的上下比增加，从而对反射信号提供更多的抑制。根据具体的天线类型，上下比随高度变化的方式可能相当复杂。我们只是用线性函数显示趋势。如 4.2.1 节所述，定位算法通常使用 10°高程掩膜。F_{-10}/F_{+10} 标高的自下而上读数是 4.2.1 节中引入的 10°读数的比率。对于典型的天线，带负号的上下读数约为几分贝。最后，对于高仰角，下向上达到一些典型值，对于流动天线大约为-15 dB，对于扼流圈天线大约为-30 dB。我们将在下一节看到，这种差异定义了这两种天线类型的实际定位精度。这就是 4.2.1 节中讨论的区分流动站天线和基准站天线的实际原因。

目前，我们使用图 4.4.11 中的数据来估计多路径载波相位误差。对于较小的相对幅度 α^{reft} 而言，以弧度表示的多路径载波相位误差不超过 α^{reft}（4.4.2 节）。α^{reft} 依次等于上下比率。对于流动站天线，我们将-15 dB 作为高海拔地区的良好估计值。这相当于 0.178 的相对单位。因此，载波相位误差不会超过 0.178 rad，对于高架卫星不会超过 10.2°。扼流圈天线取-30 dB 的上下比值，相对单位为 0.032，这就产生了 1.8°的多路径载波相位误差。

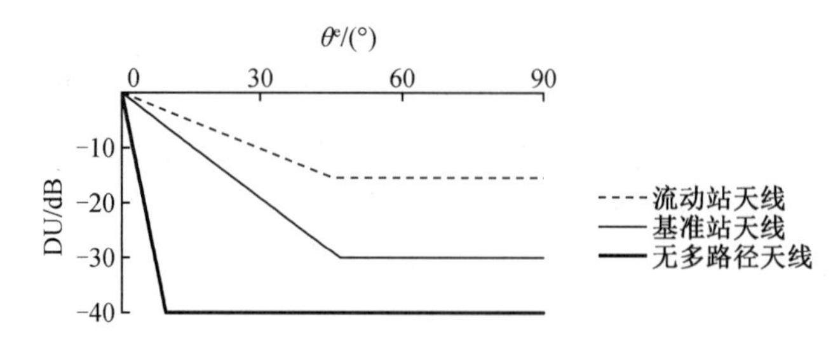

图 4.4.11 典型接收 GNSS 天线的上下比与卫星仰角的近似值

现在的问题是:我们实际上需要什么样的上下比?让我们以 1 mm 的实时定位误差为目标。假设卫星星座几何的多普勒因子为 3,我们将允许 0.33 mm 的多路径误差。从毫米转换为弧度,乘以 $2\pi/\lambda$,$\lambda=20$ cm。这给出了 0.01 rad 的误差,相当于-40 dB。因此,对于 1 mm 精度的 RTK 定位,在 10°角扇区内,上下曲线应具有从 0 到-40 dB 的快速下降。这在图 4.4.11 中由名为"无多路径天线"的曲线(粗实线)来说明。请参阅 Conseman(1999)中关于"无多路径天线"的更多介绍。这种行为意味着顶部半球的天线方向图从地平线开始迅速增加,而底部半球内的角度值迅速减小。正如在 4.2.1 节中提到的,为了实现这种性能,波长尺度上的天线尺寸应被关注。人们可能希望检查 Lopez (2008)、Lopez (2010)和 Thornberg 等(2003)的文献以了解总长度超过 2 m 的垂直阵列天线实际上实现了这种行为。Tatarnilov 等(2013,2014)提出了一个大型接地平面天线。参见 4.7.4 节和 4.7.7 节的附加讨论。

4.4.5 地面多路径引起的 PCV 和 PCO 误差

我们继续讨论地面反射。目前关注的是反射信号的载波相位路径延迟 $\Delta\psi^{\text{path}}$。为了估计 $\Delta\psi^{\text{path}}$,可以方便地将反射信号视为到达天线图像,而不是从反射表面反射回来。根据图 4.4.12 中的直角三角形,路径延迟 ΔL 为

$$\Delta L=2h\sin\theta^{e} \tag{4.4.45}$$

载波相位延迟 $\Delta\psi^{\text{path}}$ 为

$$\Delta\psi^{\text{path}}=k\Delta K \tag{4.4.46}$$

式(4.4.44)包括

$$\Delta\psi^{\text{refl}}=-2kh\sin\theta+\pi \tag{4.4.47}$$

在这里,k 是波数(见式(4.1.32))。利用式(4.4.43)可将载波相位延迟式(4.4.15)写作

$$\psi^{\text{mult}}=\arctan\frac{\text{DU}(\theta)\sin(\Delta\psi^{\text{refl}})}{1+\text{DU}(\theta)\cos(\Delta\psi^{\text{refl}})} \tag{4.4.48}$$

式中,$\Delta\psi^{\text{refl}}$ 由式(4.4.47)定义。

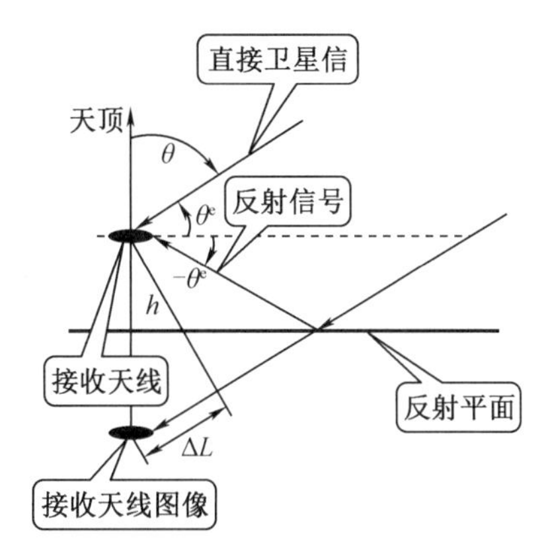

图 4.4.12　反射信号与直接信号的载波相位路径延迟差异

我们将 ψ^{mult} 的行为估计为 θ^e 的函数。考虑天线高于地面 2 m 的实际情况。假设波长为 20 cm，我们就有了 $2KH=40\pi$。在式(4.4.47)中，将 $\sin\theta^e$ 的微小变化乘以 2 kHz，会导致式(4.4.48)中三角函数参数很大的变化。因此，多路径误差 ψ^{mult} 作为仰角 θ^e 的函数而振荡。该误差以仰角增量 $\Delta\theta^e$ 结束一个周期，该增量为延迟(4.4.47)提供 2π 的增量。因此，可以写作

$$|\Delta\psi^{\text{refl}}| \approx \left|\frac{\mathrm{d}\psi^{\text{refl}}}{\mathrm{d}\theta^e}\right| \Delta\theta^e = 2kh\cos\theta^e\Delta\theta^e \tag{4.4.49}$$

如果 $\Delta\psi^{\text{reft}}=2\pi$，那么

$$\Delta\theta^e \approx \frac{\lambda}{2h\cos\theta^e} \tag{4.4.50}$$

式中，λ 是波长。我们看到多路径误差的周期(见式(4.4.48))与天线高度成反比，并随着卫星高度的增加而增加。对于高于地面 2 m 的天线高度和 20 cm 的波长，在标高 10°左右载波相位误差振荡周期为 3°，在标高 45°左右为 4°，在卫星仰角为 85°左右为 32°。

关于载波相位误差的大小，对于小仰角，天线上下比大约是单位值，这从式(4.4.48)可以得出，在这种情况下载波相位误差达到最大值。对于高仰角，天线向下向上的误差很小，载波相位误差与向下向上的值成正比。假设天线高度 $h=2$ m，多路径载波相位误差(式(4.4.48))如图 4.4.13 所示，作为图 4.4.11 向下曲线仰角的函数。关于称为“流动站天线”和“基准站天线”的曲线，可以注意到这种类型的行为通常在定位算法的载波相位残差中观察到。“无多路径天线”曲线显示 $\theta^e>10°$ 值的可能性几乎为零。

上面讨论的特征可以从另一个角度来看。式(4.4.44)是通过忽略天线相位方向图导出的。这相当于假设天线有一个理想的相位中心。式(4.4.48)可视为由天线和反射表面组成的系统的相位图。实际上，在发射模式下，一种是将到达的光线转换成离开的光线，如图 4.4.12 所示。然后，在远场区域，辐射场将是直接波和反射波的总和(干扰)，导致式(4.4.48)的相位模式。由于互易性，相同的相位模式将适用于接收模式。

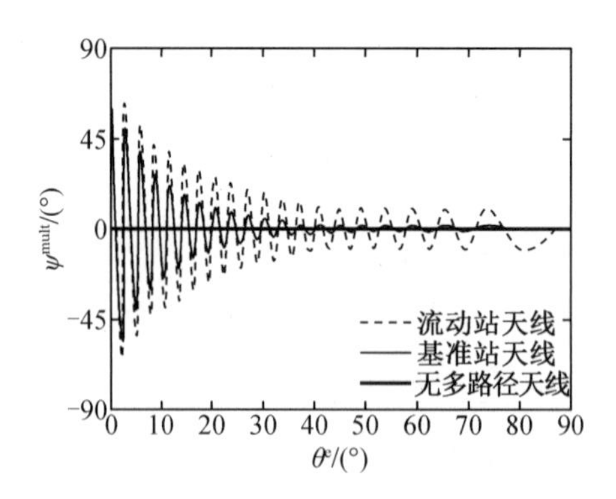

图 4.4.13　典型接收 GNSS 天线的载波相位多路径误差与卫星仰角的关系

由于这样定义的相位模式,估计相位中心的额外偏移是有意义的。可以写作

$$\Psi(\theta,\phi)=\psi^{mult}(\theta) \tag{4.4.51}$$

并将其代入式(4.3.28)至式(4.3.30)。请注意,我们使用式(4.4.51)中的天顶角 θ 代替仰角 $\theta^e=\pi/2-\theta$。人们认识到水平偏移式(4.3.28)和式(4.3.29)为零,这是由于反射表面相对于方位角的理想旋转对称的假设。垂直偏移在图 4.4.14 中绘制为天线离地高度 h 的函数。使用图 4.4.11 中的三条曲线进行计算。人们注意到,在大约 2 m 的实际范围内,流动站天线提供大约 2 mm 的垂直相位中心偏移不稳定性,而扼流圈基准站天线提供大约 1 mm 的不稳定性,无多路径天线将显示远小于 1 mm 的不稳定性。随着高度的增加,相位模式(4.4.51)将相对于 θ(见式(4.4.47))呈现更快的变化。这些变化将通过相位中心偏移计算进行平均。因此,随着高度的增加,上述不稳定性变得不太明显。然而,应该认识到,该数据仅表征平均相位中心偏移,实时变化要大得多,因为它们与图 4.4.13 中的峰值和多普勒因子成正比。

4.5　输 电 线 路

通常,天线通过同轴电缆连接到接收器,此时失配和信号损失是需要考虑的现象。我们在输电线路主题的更广泛框架中讨论这些现象。

4.5.1　传输线基础

我们首先说明低频连接和射频连接的区别。低频连接是指将计算机与墙上插座连接起来的两根电线。双线线路通常用于交流电源。对于房间或建筑物内的距离,通常不需要考虑线几何属性的一致性,例如线的直径、线之间的距离、线弯曲的半径等。唯一的要求是线路传输所需数量的交流电。然而,GNSS 天线使用了一种特别设计的电缆。这里的目标是不同的,即获得天线输出和接收器输入的匹配。

为了理解这种差异,我们研究了电线内发生的过程。让我们考虑一段传输线。许多不同类型的线路正在使用。下面的推导适用于其中的大多数。因为目标是观察 GNSS 用户天线和接收器之间的情况,所以同轴电缆是主要的关注点。我们假设直线的横截面总是相同的。同轴电缆由外导体(屏蔽)和内导体(导线)组成(图 4. 5. 1)。这两个导体由电介质填充物隔开。我们沿直线引入 z 坐标。

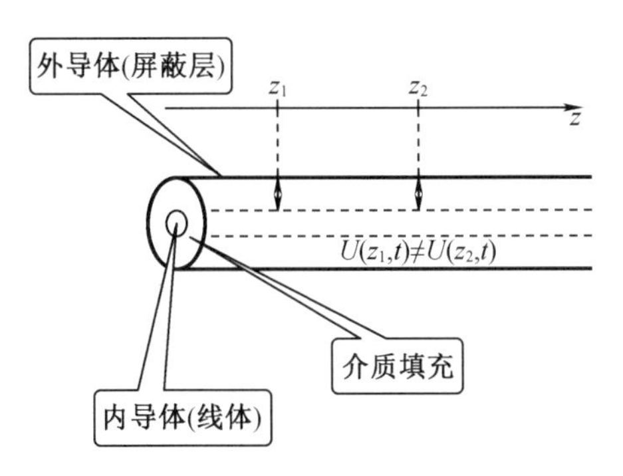

图 4.5.1　同轴电缆沿线的 z 坐标

假设 $U(z,t)$ 是在坐标为 z 的横截面上和在时刻 t 观察到的线路两端的信号电压。对于同轴电缆,$U(z,t)$ 是屏蔽层和导线之间的电压。请注意,如果将计算机连接到墙上的电源插座,那么毫无疑问,计算机输入端的电压与电源插座的电压相同。然而,总体来说这不是真的——沿线不同位置的电压有变化。在某一特定时刻,横截面 z_1 上的电压与横截面 z_2 上的电压不同。我们要强调的是,这种差异不是来自导体电阻率,也不是来自任何其他损耗,如线路辐射。目前,我们将讨论一条完美的无损耗线路。线路中的信号损耗将在 4. 5. 3 节中进一步讨论。

信号 $U(z,t)$ 以电磁波的形式沿直线传播。我们将该波以实时谐波形式(4. 1. 2 节)写成

$$U(z,t)=U_0\cos\left(2\pi\left(\frac{t}{-T}-\frac{z}{\Lambda}\right)\right) \tag{4. 5. 1}$$

式中,U_0 是以伏特(V)为单位的振幅;T 是以秒(s)为单位的电压交替周期。我们用 Λ 标记线中的波长,以区别于自由空间波长 λ。对于同轴电缆和双线线路,Λ 与式(4. 1. 39)一致,其中 ε 是填充线路的介质的介电常数,$\mu=1$。对于同轴电缆,典型值为 $\varepsilon=2,\cdots,4$。式(4. 5. 1)特别说明了为什么在交流电源和 GNSS 天线连接的情况下,传输线的工作方式如此不同。例如,欧洲交流电源的频率是 50 Hz。假设一条双线线路充满空气,那么就有 $\Lambda=$ 10~15 cm。电压从插座传到计算机的距离是 2~3 m。如果我们取 z 等于零或 3 m,波长为 6 000 km,那么根据式(4. 5. 1),电压源和接收端在任何时刻都是相同的。对于频率为 $f=1.5\times10^9$ Hz 的 GNSS 信号,有 $\Lambda=10\sim15$ cm。因此,电缆长度通常远大于线路中的波长。在任何时刻,人们可能会发现沿线完全不同的电压值。

我们引入一个参数

$$\beta=\frac{2\pi}{\Lambda} \tag{4. 5. 2}$$

称为线路中的传播常数。将式(4. 5. 1)重写为规范形式(见式(4. 1. 20)),如下所示:

$$U(z,t)=U_0\cos(\omega t-\beta z) \tag{4.5.3}$$

图 4.5.2 所示为通过线路传输信号的总体视图。有一个信号源(或发生器)和一个信号接收器(或负载),通过线路连接。请注意,z 轴从负载指向发电机,并假设负载连接到横截面 $z=0$ 的线。和时间谐波过程一样,我们最感兴趣的是线路不同点上电压变化的幅度和相位。为此,我们求助于复杂的符号。向负载传播的波称为入射波。我们把它写成复杂的形式:

$$U^{\mathrm{inc}}=U_0^{\mathrm{inc}}\mathrm{e}^{\mathrm{i}\beta z} \tag{4.5.4}$$

式中,U_0^{inc} 是包含振幅和初始相位的复振幅。请注意,该波的传播方向与 z 轴相反。这就是指数项中的符号为正的原因。一般来说,不可能使入射波功率完全被负载吸收。一部分入射波功率会被负载反射,并以反射波的形式传播回来。这种波的形式是

$$U^{\mathrm{refl}}=U_0^{\mathrm{refl}}\mathrm{e}^{-\mathrm{i}\beta z} \tag{4.5.5}$$

式中,U_0^{refl} 是一个复振幅。指数项中的负号表示波在正 z 方向传播。基本数量为

$$\Gamma=\frac{U_0^{\mathrm{refl}}}{U_0^{\mathrm{inc}}} \tag{4.5.6}$$

被称为负载的反射系数。该系数的值是特定线路和特定负载的特性的函数。反射系数是反射波相对于入射波的相对复振幅。从这个定义可以得出 $0<|\Gamma|<1$。请注意,这个数量是复杂的。一般来说,与入射波相比,反射波的振幅和初始相位有些不同。

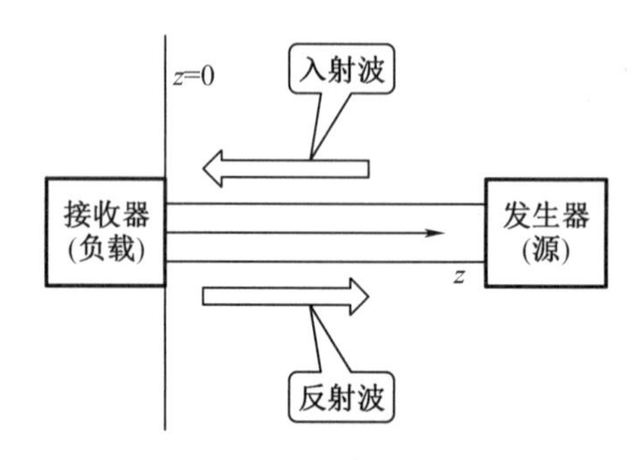

图 4.5.2　通过线路传输的一般示意图

我们来看看当入射波和反射波都传播时,沿线会出现什么样的振幅分布。我们引入总电压 U_Σ 作为入射和反射波电压之和,并写入

$$U_\Sigma U_0^{\mathrm{inc}}\mathrm{e}^{\mathrm{i}\beta z}+U_0^{\mathrm{refl}}\mathrm{e}^{-\mathrm{i}\beta z}=U_0^{\mathrm{inc}}\mathrm{e}^{\mathrm{i}\beta z}(1+|\Gamma|\mathrm{e}^{\mathrm{i}\psi_\Gamma}\mathrm{e}^{-\mathrm{i}2\beta z}) \tag{4.5.7}$$

这里,反射系数的模和相位被明确地示出。总电压 U_Σ 的模块显示了线路不同横截面上的电压幅度,即

$$|U_\Sigma|=|U_0^{\mathrm{inc}}\|1+|\Gamma||\mathrm{e}^{\mathrm{i}(\psi_\Gamma-2\beta z)}| \tag{4.5.8}$$

我们注意到,振幅不再与只有入射波传播时的情况相同。式(4.5.8)右侧的第二个因素表明,振幅沿直线存在时不变分布。第二个因素的分析方法与式(4.4.12)相同。

图 4.5.3 显示了复平面中的两个矢量。第一个矢量是单位,第二个矢量相对于第一个矢量的大小 $|\Gamma|$ 和角度 $(\psi_\Gamma-2\beta z)$ 随着坐标 z 的变化,第二个矢量通过旋转,在等于半个波长

Λ 的距离内形成一个完整的圆。我们首先考虑两种特殊情况。

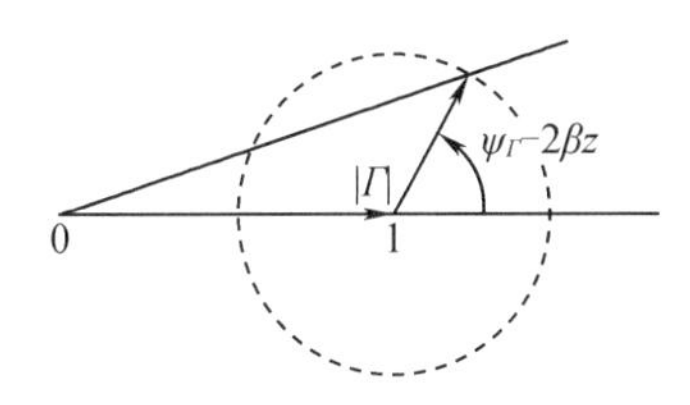

图 4.5.3　复平面上的入射、反射和总电压矢量

如果 $\Gamma=0$,则返回一个入射波传播。这里 $|U_{\Sigma}|=|U_0^{\mathrm{inc}}|$ 和电压交替的幅度沿直线是相同的,并且等于入射波的幅度(图 4.5.4(a))。这被称为传输线的行波模式,是最理想的操作模式。在纯行波模式下,所有入射波功率都被负载吸收。

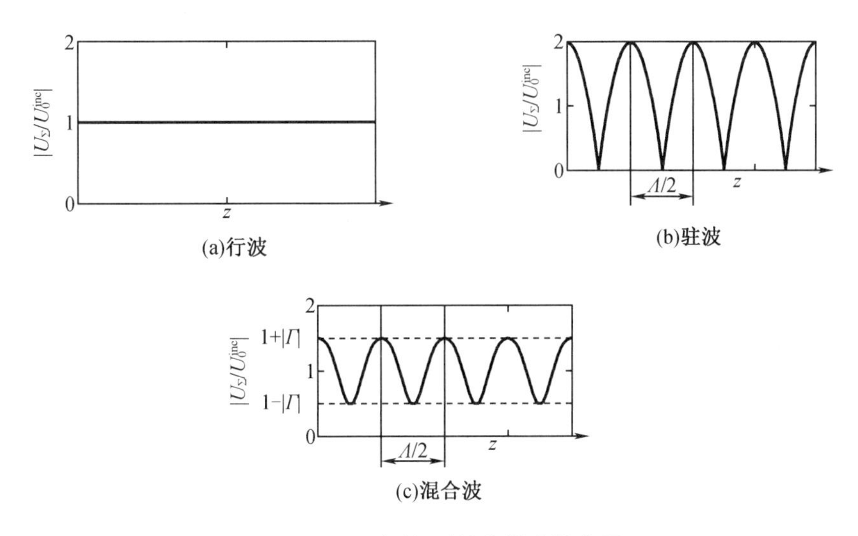

(a)行波　(b)驻波　(c)混合波

图 4.5.4　行波、驻波和混合波电压

现在我们令 $|\Gamma|=1$,这意味着入射波完全反射回发生器。根据式(4.5.8),电压在位于 z_n 坐标处的节点的横截面上达到零振幅,即

$$\psi_{\Gamma}-2\beta z_n=(2n+1)\pi \tag{4.5.9}$$

式中,n 为整数。有些截面的电压振幅达到最大值,等于 $2|U_0^{\mathrm{inc}}|$。这些截面被称为回路或波腹,它们位于坐标 z_n 处,可得

$$\psi_{\Gamma}-2\beta z_n=2n\pi \tag{4.5.10}$$

在所有其他点上,振幅在 0 和 $2|U_0^{\mathrm{inc}}|$ 之间(图 4.5.4(b)),这种模式被称为纯驻波,负载不吸收任何功率。如式(4.5.9)和式(4.5.10)所示,两个连续环路或两个节点之间的距离是线路波长的一半。类似地,环路和相邻节点之间的距离是波长的 1/4。值得一提的是,节点和循环系统不会随着时间的推移而移动。这就是此波被称为驻波的原因。

在一般情况下,有 $0<|\Gamma|<1$,并且出现最小和最大振幅系统。如图 4.5.4(c)所示,最小值 $|U_{\min}|$ 处的电压振幅为

$$|U_{\min}|=|U_0^{\mathrm{inc}}|(1-|\Gamma|) \tag{4.5.11}$$

最小值出现在 z 处,因此满足式(4.5.9)。最大电压振幅为

$$|U_{\max}| = |U_0^{\text{inc}}|(1+|\Gamma|) \tag{4.5.12}$$

最大值位于式(4.5.10)保持的位置。所描述的传输线操作模式有时被称为混合波模式。电力部分被负载吸收,部分被反射回发电机。根据定义,电压驻波比(VSWR)是最大值和最小值的电压交变幅度的比值。采用式(4.5.11)和式(4.5.12),有

$$\text{VSWR} = \frac{1+|\Gamma|}{1-|\Gamma|} \tag{4.5.13}$$

对于行波,VSWR=1;对于驻波,VSWR=+∞。VSWR 是 GNSS 天线规格中经常显示的参数。

行波模式通常被称为线路和负载的完全匹配,而纯驻波模式被称为线路和负载之间的完全不匹配。寻找尽可能低的 VSWR 的目的不仅仅是为了减少发电机的电能浪费。实际上,发电机也可能与线路不匹配。在这种情况下,波将在电缆内来回传播,就像光在两个反射镜之间一样,这种情况被称为谐振。此时线路响应作为信号频率的函数可能会发生快速变化。在 GNSS 用户天线的情况下,天线作为发生器,接收器作为信号接收器。为了正常工作,VSWR 应该限制在天线和接收器两侧。通常情况下,VSWR≤2 被认为是可接受的。

最后,我们看看需要什么来实现负载与传输线的完全匹配。传输线具有特征阻抗这一参数,波阻抗这个术语也在使用。该阻抗由构成线路的部件的尺寸和制造这些部件的材料来决定。对于同轴电缆,波阻抗为

$$W_{\text{cosx}} = \frac{60}{\sqrt{\varepsilon}} \ln \frac{D}{d} \quad \Omega \tag{4.5.14}$$

式中,D 是屏蔽的直径;d 是导线的直径;ε 是填充物的介电常数。对于 GNSS 用户设备,连接天线和接收器的电缆的标准波阻抗值为 50 Ω。在讨论介质的固有阻抗时,应注意类似于 4.1.2 节的内容。将波阻抗视为线路为信号传播提供的电阻率是错误的。到目前为止,我们一直在讨论无损耗电缆。线路的特性或波阻抗是行波电压和导体上流动的电流之间的比例系数。类似于式(4.1.35)的推导,可以认为如果行波电压幅值为 U_0,则波携带的功率 P 为

$$P = \frac{1}{2}|U_0|^2 W_{\text{coax}} \tag{4.5.15}$$

我们转向负载的特性。对于每个固定频率,负载可以用一个称为输入阻抗 Z_{load} 的参数来表征。该阻抗以欧姆(Ω)为单位测量。通常它是两个部分的总和:

$$Z_{\text{load}} = R_{\text{load}} + \text{i}X_{\text{load}} \tag{4.5.16}$$

阻抗 R_{load} 的实部表征负载吸收电能的能力,并将该电能用于负载最初预期的目的,这部分有时称为有源阻抗。阻抗 X_{load} 的虚部表征了在负载内部存储电能而不使用电能的能力,它被称为电抗阻抗。从基本物理学可以知道,吸收电能的元件是电阻,储存能量的元件是电容或电感。无论负载有多复杂,从输入阻抗的角度来看,在某个窄频带内,它相当于电阻、电容和电感的混合。

这说明负载输入阻抗、线路特性和反射系数之间关系的关键方程为

$$\Gamma=\frac{Z_{\text{load}}-W_{\text{line}}}{Z_{\text{load}}+W_{\text{line}}} \tag{4.5.17}$$

这个表达式不仅适用于同轴电缆,也适用于任何类型的线路。这就是为什么指定 W_{line} 被用于波阻抗而不是 W_{coax}。式(4.5.17)遵循欧姆定律。

从式(4.5.17)中可以看出所谓的匹配条件。我们看到,当且仅当以下两个条件成立时,$\Gamma=0$ 成立:

$$R_{\text{load}}=W_{\text{line}} \tag{4.5.18}$$

$$X_{\text{load}}=0 \tag{4.5.19}$$

简而言之,为了使负载与线路匹配,它应该具有等于线路特征阻抗的纯有源阻抗。在任何其他情况下,都会发生一些不匹配,如上所述,这将导致反射波。

从式(4.5.17)中可以看出,如果 Z_{load} 改变或 W_{line} 改变,就会发生反射。这证明了 GNSS 应用中使用高质量同轴电缆的要求是合理的,因为 W_{line} 在整个线路中应始终保持不变。从关于交流电力传输的初始示例中可以看出,如果线路的长度与线路中的波长相比可以忽略不计,则不必考虑 W_{line}。这就是通常用于交流电力传输的两根电线的直径或它们之间的距离并不重要的原因。

关于同轴电缆,从式(4.5.14)中我们可以看出,如果将 D 和 d 乘以相同的因子,那么特性阻抗不会改变。因此,从匹配条件的角度来看,可以说外径较大的粗电缆和非常细的电缆工作原理相同。然而,鉴于实际的电缆制造环境,一般来说,较厚的电缆会有较少的信号损失。4.5.3 节将进一步讨论电缆信号损耗。注意,与波长相比,D 和 d 都要小得多,否则高阶模式将在电缆内传播(Balanis,1989)。

4.5.2　天线响应频率

现在,我们将天线视为传输模式下的传输线负载。将使用互易定理来处理接收模式。

发射天线在周围空间产生电磁场。如 4.1.4 节所述,从电磁场特性的角度来看,空间有三个明显不同的区域。直接围绕天线的区域是近场区域,这里被认为是电磁能量主要储存区域。然后是辐射近场区,在这里电磁场从储存能量转变为辐射能量。远场区域是电磁波主要存在的区域,在这里电磁波将能量从天线传输到外层空间。关于上一节的交流电源示例,只需简单说明一下,波长为 6 000 km,整个城市都在交流电源网络的近场区域内。与网络中存储或消耗的功率相比,该区域的辐射功率可以忽略不计。这是事实,特别是因为构成网络的导线之间的距离与波长相比可以忽略不计。这些是人们通常不必考虑网络天线属性的原因。

对于尺寸与波长相当或超过波长的天线,近场区域的存储功率完全取决于天线设计和信号频率。这种储存的功率构成了所谓的天线输入阻抗的虚部,即输入电抗 $X_{\text{A}}(\omega)$。我们将它表示为频率的函数,以强调它强烈依赖频率的特性。辐射到远场区域的功率实际上取自信号源。因此,从这个角度来看,天线的工作方式就像一个从输入端吸收电能的电阻。这就形成了所谓的输入阻抗 $R_{\text{A}}(\omega)$ 的实部。这个数量也取决于频率。我们将总输入阻抗写成

$$Z_A(\omega)=R_A(\omega)+iX_A(\omega) \tag{4.5.20}$$

并应用于上一节的推导。

一种是由天线加载的传输线,其输入阻抗如式(4.5.20)所示。由于天线和线路之间的不匹配,向天线传播的入射波将被部分反射。反射系数 Γ 由式(4.5.17)给出,用 $Z_A(\omega)$ 代替 Z_{load}。匹配条件(4.5.18)和(4.5.19)采用以下形式

$$R_A(\omega)=W_{line} \tag{4.5.21}$$

$$X_A(\omega)=0 \tag{4.5.22}$$

显然,这些条件只适用于固定频率。但现在人们可能还记得,每个 GNSS 信号占用一个频带(见 4.1.2 节结尾的讨论)。在某个频率范围内不可能有常数 $R_A(\omega)$ 和 $X_A(\omega)$,例如 GNSS L1 或 L2。此外,第二个条件(4.5.22)被称为共振条件。它可以通过精确的天线调谐来实现,并且仅在可忽略的小频率范围内保持正确。这就是为什么正常情况下天线不会与整个信号频带的线路严格匹配。

为了克服这个困难,人们通常对期望频带内的天线失配提出一些实际要求。正常情况下,VSWR 从未达到统一。因此,与线的严格匹配永远不会发生。相反,VSWR 小于某个预先要求的水平,比如在天线频带内小于 2。在该频带之外,频率快速增长,即失配。参见图 4.7.20 中关于 TA-5 天线的实际数据。

我们转向一些数字。对于给定的反射系数 $|\Gamma|$,反射功率为 $|\Gamma|^2$。该功率在 4.2.4 节中被指定为回波损耗 χ_{ret},因此

$$\chi_{ret}=|\Gamma|^2 \tag{4.5.23}$$

对于 VSWR 的典型要求,应小于 2,式(4.5.13)的倒数给出了 $|\Gamma|<0.33$ 和 $\chi_{ret}\approx-10$ dB,如 4.2.4 节所述。在接收模式下,通过互易可以观察到相同的信号损耗。如前所述,有效接收功率与 $(1-\chi_{ret})$ 成正比,有效功率损失为 $10\lg(1-\chi_{ret})=-0.45$ dB。

我们用一个注释来结束这次讨论。如果在天线的可用空间方面没有限制,则可以在期望的频带内实现任何潜在的低 VSWR。然而,在如今的技术中,由于微电子技术的成功应用,使得接收天线成为设备中最大的部件之一。因此,自然趋势是天线尺寸缩小。在这一点上,存在基本的初值限制(Chu,1948)。该限制规定,假设在所需的频带内给定了 VSWR 和天线效率(4.2.4 节),则天线尺寸不能小于某个值。这个极限是无法克服的。从这个角度来看,天线设计的艺术是发展更紧凑的 GNSS 天线,使其接近初值限制。人们可能会提到,对于 4.7.1 节中讨论的普通微带贴片天线,仍有缩小尺寸的潜力。

4.5.3 电缆损耗

当沿电缆传播时,行波总是会损失一些能量,因为现实世界中的物体会对电流施加一些阻力。填充电缆的介质也存在损耗。为了解释所有这些损失,我们用与平面波通过有损耗介质(见式(4.1.71))传播相同的方式重写了方程(4.5.3):

$$U(z,t)=U_0e^{-\alpha z}\cos(\omega t-\beta z) \tag{4.5.24}$$

该方程表明,随着 z 的增加,行波电压随距离呈指数衰减。参数 α 称为衰减常数(见 4.1.3 节)。功率会随着电压的平方而衰减。所以有

$$P(z)=P_0e^{-2\alpha z} \tag{4.5.25}$$

式中,P_0 是源处的行波功率。式(4.5.25)的等效分贝为

$$10\lg\frac{P(L)}{P_0}[\mathrm{dB}]=-20\alpha L\lg(e) \tag{4.5.26}$$

我们看到长度为 L 的电缆输出端的功率损耗(单位为 dB)与长度成线性比例。因此,衰减常数通常以 dB/m 为单位。转换规则是

$$\alpha[\mathrm{dB/m}]=20\lg(e)\alpha \tag{4.5.27}$$

因此,长度为 L 的电缆内的电缆损耗$\chi_{\mathrm{cable[dB]}}$公式为

$$\chi_{\mathrm{cable[dB]}}=\alpha[\mathrm{dB/m}]L[\mathrm{m}] \tag{4.5.28}$$

$\alpha[\mathrm{dB/m}]$是电缆制造商规定的最重要参数之一。

作为一个实际例子,连接 GNSS 天线和接收器的中等质量电缆的损耗通常约为 0.5 dB/m。天线输出和接收器输入之间允许有 10 dB 的信号下降,因为这种下降不会影响信噪比(将在下一节讨论)。连接器损耗的一个很好的估计是 2 dB。事实上,这是一个过高的估计,但总是有一些额外的损耗量是合理的。剩下的 8 dB 电缆损耗对应的电缆长度为 16 m,这是一个实际数字。

4.6 信　噪　比

我们倾向于认为现实世界的数据有些“噪声”。所谓“噪声”,是指“自身”出现的随机信号,从而破坏有用的信号。根据经验,人们知道如果噪声与有用信号相比太大,就很难提取有用的信息。对于像 GNSS 用户设备这样的无线电接收系统,接收信号功率本身就很低。如果噪声过大,那么信号功率的缺乏将很容易通过信号放大来补偿。相反,最重要的是信号功率和噪声功率之间的比例。简而言之,这个比例通常被称为信噪比。事实上,任何信号放大都会同等地增加信号功率和“初始”噪声功率,保持信噪比不变。实际上,现实世界物体的一个不可避免的特性是它们吸收一些投射到其上的信号能量并产生额外的噪声。因此,需要采取特殊措施来防止信号处理降低初始信噪比。从这个角度来看,很明显,主要目标必须是在第一步,即天线,获得尽可能高的信噪比。在本节中,我们将讨论噪声产生以及信号和噪声通过用户天线的传播。我们将看到需要做些什么来避免天线后出现明显的信噪比下降。讨论中将包括与从天线到接收器的电缆相关的实际例子。我们使用在接收机输出端观察到的信噪比估计值来完成这一部分。

4.6.1 噪声温度

如图 4.6.1 所示,天线接收来自卫星的有用信号和来自太空的噪声。天线是真实世界的物体,因此会观察到一些信号损失和噪声增加。在第一步,信噪比会有一定的下降。之后可能会有一小段传输线(电缆),它会使信号衰减(4.5.3 节)和更多的噪声产生。因此,我们希望排除这段电缆,将第一级放大器移到天线旁边。这是第一步具有的一个特殊性

质。这种设计使得信噪比不会进一步下降。第一级放大器称为低噪声放大器(LNA)。图 4.6.1 中被圆圈包围的部分有时被称为有源 GNSS 天线。通常情况下,LNA 与天线安装在同一个外壳中。之后,有一根电缆将天线与接收器连接起来,最后与接收器电路连接。

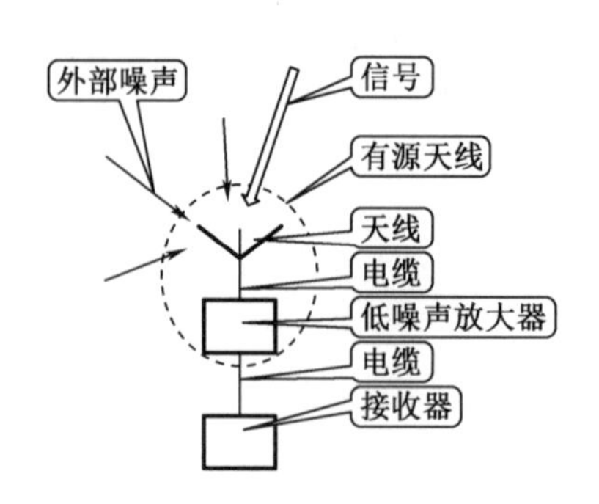

图 4.6.1　GNSS 接收系统的信噪分析框图

我们转向电磁噪声特性。根据基本物理定律,每个物体都会发出随机电磁能量,也就是我们所知的噪声。噪声功率分布在从非常低的频率到红外辐射的整个无线电频带上。在 GNSS 的频率范围内,可以认为噪声的功率在整个频谱上均匀分布。用 S_n 代表单位频带的噪声功率。频率范围 Δf 内的噪声功率 P_n 将为

$$P_n = S_n \Delta f \tag{4.6.1}$$

由于均匀的噪声功率谱密度,Δf 越大,噪声功率越大。这就是电子接收系统应该只在期望的频率范围内敏感,而拒绝所有其他频率的原因之一。这个期望的频率范围称为通带。该通带应尽可能接近所需的信号带宽。限制通带的另一个原因是抑制到达天线的所有其他信号,有用的信号除外。在 GNSS 中,这些其他信号包括手机信号、卫星通信链路等。

式(4.6.1)中的 S_n 值取决于材料、内部过程、大小和形状以及温度。我们考虑用绝对温度(单位 K)来表示测量的温度。绝对零度的物体不会发射任何能量。在任何高于绝对零度的温度下,物体都会发出一些电磁噪声。但是 S_n 对材料和大小的依赖性使得情况不确定并且不便于使用。克服这个困难的实际方法如下。如果一个物体吸收了所有到达它上面的电磁能量,它就被称为理想黑体。这种吸收的能量通常会导致物体温度升高。如果我们想让黑体与环境保持热平衡,根据基本的能量守恒定律,黑体应该发射出它所吸收的相同的电磁能量。因此,人们得出结论,黑体发射电磁能量的能力应该仅仅是环境实际温度的函数,而不是黑体结构细节的函数。在无线电频率下,以下表达式成立:

$$S_{n,\text{blackbody}} = k_B T_{\text{actual}} \tag{4.6.2}$$

式中,T_{actual} 是以绝对温度标度的环境实际温度;比例系数 $k_B = 1.38 \times 10^{-23}$ W/K,是通用玻尔兹曼常数。黑体在频带 Δf 内产生的噪声功率为

$$S_{n,\text{blackbody}} = k_B T_{\text{actual}} \Delta f \tag{4.6.3}$$

其他物体会发出与理想黑体不同的噪声功率。我们转向真实物体发出的噪声,并利用黑体方法。

真实物体发出的噪声功率谱密度通常写成

$$S_{\mathrm{n}}=k_{\mathrm{B}}T_{\mathrm{n}} \tag{4.6.4}$$

与式(4.6.2)相反,这里 T_{n} 指的是物体的等效噪声温度,它不是对实际温度的一种测量方法。取而代之的是,T_{n} 是一个理想黑体应该具有的温度,以便产生与所考虑的真实物体相同的噪声功率,因此黑体作为标准。与给定温度下的黑体相比,真实物体可能产生或多或少的噪声。因此,等效噪声温度 T_{n} 通常与环境的实际温度不一致。这种噪声被称为热噪声,因为理想黑体的噪声功率谱密度只是温度的函数。可能还有其他种类的噪声与电子电路有关,但这些噪声对我们的考虑不太重要,我们将忽略它们。

利用式(4.6.4),噪声功率为

$$P_{\mathrm{n}}=k_{\mathrm{B}}T_{\mathrm{n}}\Delta f \tag{4.6.5}$$

在这一点上有一个重要的注意事项,我们感兴趣的噪声称为白噪声。根据定义,白噪声是这样一种噪声:①功率谱密度在频率范围内是均匀的;②噪声分量是完全不相关的。白噪声的一个重要特性是来自几个不同源的总噪声功率是每个源的噪声功率之和,即

$$P_{\mathrm{n},\Sigma}=\sum_{q}P_{\mathrm{n},q} \tag{4.6.6}$$

式中,$P_{\mathrm{n},\Sigma}$ 是总噪声功率;$P_{\mathrm{n},q}$ 是第 q 个源的噪声功率。由于式(4.6.6)的可加性,可用于单独分析噪声源。

4.6.2　噪声源的表征

我们从外部噪声特性开始。主要的噪声来源是天空、星星、太阳、地面和人类活动。我们所说的天空噪声是指其源相对于用户天线以连续的方式分布在顶部半球的噪声。这些噪声源是由大气和银河噪声组成的气体。我们所说的恒星和太阳噪声,是指在局部地平线以上特定角度下看到的一组离散源。众所周知,某些恒星会放射出大量的噪声能量,但太阳是最大的噪声辐射源。对于地面噪声,指的是来自用户天线下方的所有噪声功率。构成下垫面的材料对噪声有很大影响。最后还有人为噪声,这种噪声来自人类活动,如工业噪声、交通噪声等。

根据对天线有效面积的考虑(4.2.5节),可以得出结论,天线对不同外部噪声源的响应通常取决于它们相对于天线方向图的角度位置。源的角度位置随时间变化。此外,天空和地面的物理温度随着时间和季节的变化而变化。所有这些都使得精确的外部噪声计算变得复杂,但我们稍后会看到,外部噪声的贡献很大,但不是最大的。因此,一些平均估计将是实用的。使用 Lo 等(1993)的材料,用户天线接收到的平均外部噪声温度 T_{ext} 可以取为

$$T_{\mathrm{ext}}=100\ \mathrm{K} \tag{4.6.7}$$

接下来,我们转向天线噪声。天线被视为无源电路或无源单元。这里的"无源"指的是不需要任何外部电源来运行的电路或单元。无源电路或单元通过理想地保持信号功率恒定来转换信号。天线和连接天线与接收器的同轴电缆就是无源电路的例子。由于对电流的阻抗,无源电路会给信号带来功率损耗,并产生一些噪声。用 χ 代表电路的效率。式(4.2.33)中已经引入了天线效率。通常,效率 χ 将电路输入端 P_{input} 的信号功率与输出端 $P_{\mathrm{output,signal}}$ 的信号功率联系起来,即

$$P_{output,signal} = \chi P_{input} \quad (4.6.8)$$

理想情况下,效率χ等于单位,而现实单位的效率总是小于单位值。

如前所述,信号功率吸收总是与噪声产生有关。效率χ和噪声功率P_n之间的关系由基本奈奎斯特定理给出(Lo et al.,1993)。对于我们的情况,可以这样表述:如果效率χ的单位与温度T_0的环境处于热力学平衡,那么在频带Δf内产生的噪声功率为

$$P_n = k_B T_0 (1-\chi) \Delta f \quad (4.6.9)$$

出于噪声估计的目的,T_0总是等于某个标准值,该值取为 20 ℃或大约 290 K。因此我们取

$$T_0 = 290 \text{ K} \quad (4.6.10)$$

将式(4.6.9)与式(4.6.4)进行比较,可以得出无源器件的等效噪声温度为

$$T_\chi = T_0 (1-\chi) \quad (4.6.11)$$

我们将此温度标记为T_χ,以强调噪声与机组效率有关。$\chi = 1$的极限情况已经被称为理想或无损耗电路,噪声功率为零。另一种限制情况是$\chi = 0$,有时这被称为完全匹配负载,因为这种电路完全吸收所有输入功率。该电路的结果将是等效噪声温度为式(4.6.10)所示的噪声。因此,完全匹配的负载产生的噪声功率等于标准温度下黑体的噪声功率。如 4.2.4 节所述,对于天线,我们将χ_a视为-1 dB 或 0.8 的相对单位。式(4.6.11)得出天线噪声温度T_a为

$$T_a = 58 \text{ K} \quad (4.6.12)$$

接下来,我们考虑连接天线和接收器的电缆损耗。对于具有$\alpha = 0.5$ dB/m 和$L = 20$ m 的电缆,用式(4.5.28)可以得到$\chi_{cable} = -10$ dB 或 0.1 的相对单位。这听起来可能令人惊讶,因为我们把一根只提供 10%输出信号功率的电缆视为典型电缆。但这实际上是一个典型的例子,正如 4.5.3 节所讨论的那样。稍后我们将看到为什么这种功能不会导致信号质量的损失。使用式(4.6.11),电缆的等效噪声温度为

$$T_{cable} = 261 \text{ K} \quad (4.6.13)$$

现在我们来看看有源电路。这里的“有源”指需要外部电源才能工作的电路。以放大器为例。放大器将信号功率增加一个增益系数G_{amp},且$G_{amp} > 1$。信号功率放大是以外部源的功耗为代价获得的。在大多数情况下,这是 DC 来源。放大器的信号功率转换如下

$$P_{output} = G_{amp} P_{input} \quad (4.6.14)$$

式中,P_{input}和P_{output}分别是输入和输出功率。放大器和无源电路被区别对待。放大器内部并行发生四个主要过程:DC 源功耗、输入功率放大、某些不可避免的输入功率吸收和噪声产生。现在让我们讨论一下处理放大器的常用方法。

让放大器噪声功率在放大器输入端产生,然后通过无噪声放大器。因此,使用放大器输入端P'_n的等效噪声功率代替放大器输出端的噪声功率P_n。这里P'_n与P_n的关系为

$$P'_n = \frac{P_n}{G_{amp}} \quad (4.6.15)$$

然后,有三个功率项一起通过无噪声放大器:信号功率P_{signal}、输入噪声功率$P_{n,inc}$和放大器的等效噪声功率P'_n。在放大器输出端,这三个信号都被增益因子放大。

要描述放大器的特性,必须知道 G_{amp} 和 P'_n。为了测量这些量,进行了两个实验。第一个实验可以称为“信号测量”,即在放大器输入端施加一个强信号源。它的功率 $P_{signal;1}$ 被认为是已知的,比噪声大得多。通过测量输出功率 $P_{output;1}$,可得

$$G_{amp}=\frac{P_{output;1}}{P_{signal;1}} \tag{4.6.16}$$

第二个实验是“噪声测量”,应用噪声标准 $P_{n,standard}$ 中的一些已知噪声功率测量输出功率 $P_{output;2}$。这个输出功率是

$$P_{output;2}=G_{amp}(P_{n,standard}+P'_n) \tag{4.6.17}$$

所以

$$P'_n=\frac{P_{output;2}}{G_{amp}}-P_{n,standard} \tag{4.6.18}$$

通常用放大器噪声系数来表征放大器,而不是用功率 P'_n,该参数通常显示在 GNSS 用户天线文档中。根据定义,

$$N=\frac{P'_n+P_{n,standard}}{P_{n,standard}} \tag{4.6.19}$$

因此,通过上述噪声测量实验可得

$$N=\frac{P_{output;2}}{G_{amp}P_{n,standard}} \tag{4.6.20}$$

实际上,完全匹配的负载被用作噪声标准。它的噪声功率等于黑体的噪声功率,因此

$$P_{n;standard}=k_B T_0 \Delta f \tag{4.6.21}$$

一旦 N 已知,根据式(4.6.18)、式(4.6.19)和式(4.6.21),可得

$$P'_n=k_B T_0(N-1)\Delta f \tag{4.6.22}$$

将此式与式(4.6.5)进行比较,可以发现放大器输入端的噪声温度相当于

$$T_{amp}=T_0(N-1) \tag{4.6.23}$$

如今的接收 GNSS 天线的良好低噪声放大器可做到 G_{amp} = 30 dB(1 000 的相对单位)和 N = 1.5 dB 或 1.41 dB。可以从式(4.6.23)中获得 LNA 的噪声温度

$$T_{LNA}=119\ \text{K} \tag{4.6.24}$$

因此,所有噪声源都是已知的,我们转向通过感兴趣的单元链传播的信号和噪声。我们的重点是了解 LNA 的作用。

4.6.3　信号和噪声通过电路链传播

首先,让我们考虑一个具有增益 G_1 和噪声系数 N_1 的放大器。设 P_s 为输入信号功率,$P_{n;inc}$ 为输入噪声功率。输入信号的信噪比为首要因素,让我们考虑一个具有增益和噪声系数的放大器。输入信号的信噪比为

$$SNR_{inc}=\frac{P_s}{P_{n;inc}} \tag{4.6.25}$$

在零点处(图 4.6.2(a)),我们将放大器 $P'_{n;1}$ 的等效噪声功率与噪声系数 N_1 相加,如式

(4.6.22)所示。然后,我们允许信号和总噪声通过无噪声放大器传播。在输出端(点 1),信噪比为

$$SNR_1=\frac{P_sG_1}{(P_{n;inc}+P'_{n;1})G_1}=\frac{P_s}{P_{n;inc}+P'_{n;1}} \tag{4.6.26}$$

由于放大器产生的噪声,与输入信号式(4.6.25)相比,该信噪比有所降低。

接下来,考虑一个由两个放大器组成的链(图 4.6.2(b))。让放大器的增益分别为 G_1、G_2。链的输入为点 0,第二个放大器的输入为点 1,链的输出为点 2。点 2 的总噪声功率为

$$P_{n;2}=G_2[G_1(P_{n;inc}+P'_{n;1})+P'_{n;2}] \tag{4.6.27}$$

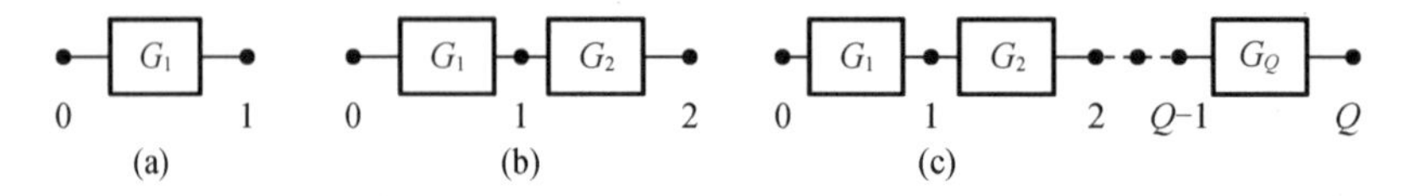

图 4.6.2　信号和噪声通过放大器链传播

我们将输入噪声功率与第一个放大器 $P'_{n;1}$ 的等效噪声功率相加,就可得到点 0 处的总噪声功率。然后,允许该噪声通过无噪声放大器以增益 G_1 传播。这仅仅意味着用括号中的两个幂的和乘以增益。因此,点 1 处的噪声功率来自第一个放大器。接下来,我们添加第二个放大器的等效噪声功率 $P'_{n;2}$。这给出了点 1 处的总噪声功率(见式(4.6.27)括号中的术语),然后我们将其乘以增益 G_2 并最终得到点 2 处的噪声功率。以直接的方式,在点 2 有信号功率,它是输入信号功率和两个增益的乘积,即

$$P_{s;2}=G_2G_1P_s \tag{4.6.28}$$

现在我们在输出端(点 2)构建信噪比:

$$SNR_2=\frac{P_{s;2}}{P_{n;2}}=\frac{G_2G_1P_{s;0}}{G_2[G_1(P_{n;0}+P'_{n;1})+P'_{n;2}]}=\frac{P_{s;0}}{(P_{n;0}+P'_{n;1})+\frac{1}{G_1}P'_{n;2}} \tag{4.6.29}$$

我们看到如果第一放大器的增益足够大,即

$$\frac{1}{G_1P'_{n;2}}\ll P_{n;0}+P'_{n;1} \tag{4.6.30}$$

那么链输出端的信噪比不取决于第二放大器,即

$$SNR_2\approx\frac{P_s}{P_{n;inc}+P'_{n;1}}=SNR_1 \tag{4.6.31}$$

该信噪比仅由输入信号和噪声功率以及第一放大器的噪声功率定义。

因此,为了使输入信噪比不显著下降,第一个放大器必须具有最大的增益和最小的噪声系数。这就是 LNA 的全部。已知特殊技术可以满足这两个要求。人们可以验证,对于增益约为 30 dB(或 1 000 倍相对单位)的 LNA,除非第二个放大器的噪声非常大,否则不等式(4.6.30)确实成立。现在,我们对 Q 放大器链进行同样的分析(图 4.6.2(c))。与上面类似,在输出端有总噪声功率

$$P_{n;Q}=G_Q[G_{Q-1}[\cdots G_2[G_1[P_{n;inc}+P'_{n;1}]+P'_{n;2}]+\cdots+P'_{n;Q-1}]+P'_{n;Q}] \tag{4.6.32}$$

式中，G_Q 和 $P'_{n;Q}$ 分别是第 Q 个放大器的增益和等效噪声功率。请注意，唯一乘以所有增益的噪声功率是输入噪声功率和第一个放大器的总和。输出端的总信号功率为

$$P_{s;Q}=G_Q G_{Q-1}\cdots G_2 G_1 P_s \tag{4.6.33}$$

对于输出端的信噪比，可以写作

$$\begin{aligned}(\mathrm{SNR}_Q)^{-1}&=\frac{G_Q G_{Q-1}\cdots G_2 G_1[P_{n;inc}+P'_{n;1}]+G_Q G_{Q-1}\cdots G_2 P'_{n;2}+\cdots+G_Q P'_{n;Q}}{G_Q G_{Q-1}\cdots G_2 G_1 P_s}\\&=\frac{P_{n;inc}+P'_{n;1}}{P_s}+\frac{P'_{n;2}}{G_1 P_s}+\frac{P'_{n;3}}{G_2 G_1 P_s}+\cdots+\frac{P'_{n;Q}}{G_{Q-1}\cdots G_2 G_1 P_s}\end{aligned} \tag{4.6.34}$$

如果 $G_1 \gg 1$，那么

$$\mathrm{SNR}_Q \approx \frac{P_s}{P_{n;inc}+P'_{n;1}}\mathrm{SNR}_1 \tag{4.6.35}$$

等于第一个放大器后观察到的信噪比。链条的噪声温度 T_{chain} 看起来像

$$T_{chain}=\left[(N_1-1)+\frac{N_2-1}{G_1}+\frac{N_3-1}{G_2 G_1}+\cdots+\frac{N_Q-1}{G_{Q-1}\cdots G_2 G_1}\right] \tag{4.6.36}$$

式中，N_Q 中 $Q=1,\cdots,Q$，是第 Q 个放大器的噪声系数。式(4.6.36)被称为弗里斯公式。在已经提到的条件下，我们忽略了式(4.6.36)中除第一个以外的所有括号中的术语，并可得

$$T_{chain}=T_1 \tag{4.6.37}$$

因此，链的噪声温度等于第一个放大器的噪声温度。

让我们来看一个与实际使用 GNSS 天线相关的例子。让 LNA 高效地连接到电缆(图 4.6.3(a))。我们的目标是找到链输出端信噪比与 LNA 输出端信噪比一致的条件。我们将链输出端的总噪声功率写成

$$P_{n;2}=\chi G_1(P_{n;inc}+P'_{n;1})+P_{n;\chi} \tag{4.6.38}$$

这里，输入噪声功率和第一放大器的等效噪声功率之和被增益因子 G_1 放大，然后被效率因子 χ 吸收。此外，还会产生效率为 χ 的电路噪声。链输出端的信号功率为

$$P_{s;2}=\chi G_1 P_s \tag{4.6.39}$$

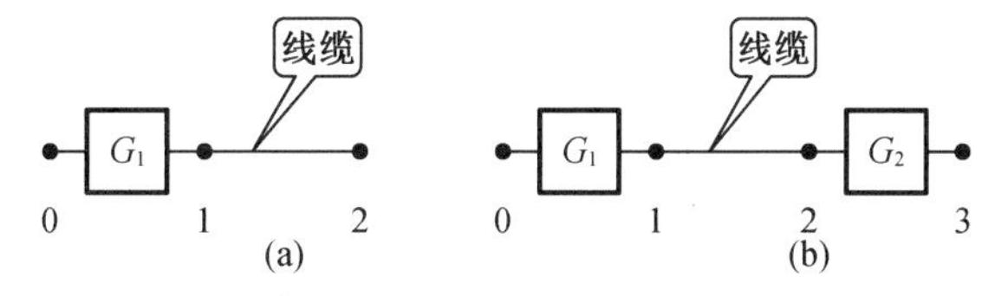

图 4.6.3　信号和噪声通过带放大器插件的电缆传播

只有输入信号功率先被放大，然后被部分吸收。输出端的信噪比为

$$\mathrm{SNR}_2=\frac{P_{s;2}}{P_{n;2}}=\frac{\chi G_1 P_s}{\chi G_1(P_{n;inc}+P'_{n;1})+P_{n;\chi}}=\frac{\chi P_s}{\chi(P_{n;inc}+P'_{n;1})+\frac{1}{G}P_{n;\chi}} \tag{4.6.40}$$

然后，类似于上面的推导，如果增益 G_1 足够大，可以忽略分母中的第二项，取消公共因子 χ。因此，电缆“消失”，并且 SNR_2 将采用式(4.6.31)的形式，并且不取决于电缆的属性。

然而,人们注意到式(4.6.40)中忽略分母第二项的实际情况是

$$\chi G_1(P_{n;inc}+P'_{n;1})\gg k_B T_0(1-\chi)\Delta f \tag{4.6.41}$$

这里,我们从式(4.6.9)中引入了电缆的噪声功率。因此,如果电缆太长,那么$\chi\to 0$和式(4.6.41)中的左侧会减小,无论增益G_1有多大。电缆将作为完全匹配的负载工作,输出端的信噪比趋于零。这种情况可能发生在GNSS参考网络天线装置中常见的长电缆上。

为了克服这个困难,可以考虑图4.6.3(b)所示的链。这里第一个放大器LNA通过电缆连接到第二个。在链的输出端(点3),有

$$\begin{aligned}\mathrm{SNR}_3&=\frac{P_{s;3}}{P_{n;3}}=\frac{G_2\chi G_1 P_{s;0}}{G_2\chi G_1(P_{n;0}+P'_{n;1})+G_2(P_{n;\chi}+P'_{n;2})}\\&=\frac{P_{s;0}}{(P_{n;0}+P'_{n;1})+\dfrac{1}{\chi G_1}(P_{n;\chi}+P'_{n;2})}\end{aligned} \tag{4.6.42}$$

该信噪比等同于式(4.6.31),如果

$$P_{n;0}+P'_{n;1}\gg\frac{1}{\chi G_1}(P_{n;\chi}+P'_{n;2}) \tag{4.6.43}$$

从信噪比的角度来看,第二个放大器随电缆一起“消失”。输出端(点3)的噪声功率将为

$$P_{n;3}\approx G_2\chi G_1(P_{n;0}+P'_{n;1}) \tag{4.6.44}$$

它现在与增益G_2(以及信号)成正比。因此,可以使用线路放大器插件继续电缆敷设,前提是G_2放大的初始噪声远大于下一步的噪声贡献。当然,需要注意的是,要补偿的损耗越大,放大器的增益越大,噪声系数越小。

为了结束这个讨论,我们需要提到的是,无源电路的效率χ可以用等效增益G来代替,这样

$$G=\chi<1 \tag{4.6.45}$$

还有噪声因素

$$N=\frac{1}{\chi} \tag{4.6.46}$$

文献中采用了这种方法,即采用弗里斯公式(4.6.36)和信噪比(4.6.34),以统一的格式分析有源和无源电路链。然而,我们不这样做,而是保持无源电路的效率χ。

4.6.4 GNSS 接收系统信噪比

我们结合所有的推导来估计通常在接收机输入端观察到的信噪比。为了获得相应的函数,我们再次参考图4.6.1,假设天线和LNA之间没有电缆,对天线输出端的信号功率取式(4.2.42),忽略极化损耗和失配。接收器输入端的$\mathrm{SNR}_{r,input}$表达式如下:

$$\mathrm{SNR}_{r,input}=\frac{10^{-16}D_0F^2(\theta,\phi)\chi_a G_{LNA}\chi_{cable}}{\Delta f k_B[(T_{ext}\chi_a+T_0(1-\chi_0)+T_0(N_{LNA}-1))G_{LNA}\chi_{cable}+T_0(1-\chi_{cable})]} \tag{4.6.47}$$

在分子中,我们有天线接收到的功率,通过LNA增益G_{LNA}放大,然后由于电缆中的衰减而部分损失。在分母中,我们通过等效噪声温度来表示噪声功率。排除了公共k_B和频率

带宽 Δf 项。中括号中的内容实际上是链的整体噪声温度:第一项是外部噪声,温度 T_{ext} 衰减了天线效率χ_a 的一个因子,第二项是天线因效率χ_a 而产生的噪声,第三项是 LNA 噪声。这三项通过因子 G_{LNA} 被 LNA 放大,然后被电缆衰减。考虑了效率χ_{cable},最后一项是电缆噪声。

我们引入 T_Σ 作为有源天线的噪声温度,它由外部噪声、天线噪声和 LNA 噪声组成。可得

$$T_\Sigma = T_{ext}\chi_a + T_0(1-\chi_a) + T_0(N_{LNA}-1) \tag{4.6.48}$$

这个表达的所有术语都已经讨论过了。现在我们总结一下计算数值。我们取式(4.6.7)、式(4.6.12)和式(4.6.24),得到

$$T_\Sigma = 257\ \text{K} \tag{4.6.49}$$

假设 LNA 增益为 30 dB 或 1 000 倍相对单位,我们得到 $T_\Sigma G_{LNA}\chi_{cable} = 25\ 700$ K。与该数值相比,由式(4.6.13)表示的电缆产生的噪声大约是它的 1/100。这个结果是意料之中的。在这方面起主要作用的是 LNA 的巨大收益。一旦我们忽略了式(4.6.47)分母中的电缆噪声,可立即得出

$$\text{SNR}_{\text{R. input}} = \frac{10^{-16} D_0 F^2(\theta,\phi)\chi_a}{\Delta f k_B [T_{ext}\chi_a + T_0(1-\chi_a) + T_0(N_{LNA}-1)]} = \text{SNR}_{\text{A. output}} \tag{4.6.50}$$

式中,$\text{SNR}_{\text{R. input}}$ 代表有源天线输出端的信噪比。

首先,我们总结已经提到的内容:即使在相当困难的条件下,电缆效率为 0.1(90%的功率损耗),大的 LNA 增益也能保持信噪比不变。然后我们看到信噪比实际上并不取决于 LNA 增益 G_{LNA};增益必须很大。回想一下 4.1.7 节中的初步讨论:就绝对功率而言,2 dB 看起来是相对较大的变化,但对于信噪比来说并不重要。

我们现在讨论最后一点。除了使用功率方面的信噪比,还经常使用一些其他的量。如

$$S_\Sigma = k_B T_\Sigma \tag{4.6.51}$$

表示有源天线噪声的功率谱密度。考虑以 dB · Hz 为单位的信噪比的形式为

$$\text{SNR} = 10\lg\left(\frac{10^{-16} D_0 F^2(\theta,\phi)\chi_a}{S_\Sigma}\right) \tag{4.6.52}$$

该比值被用作天线输出端的信号质量指标。根据前一节的推导,我们可以说,如果系统设计得当,这个值在整个信号转换过程中应该保持不变。对天线使用 6 dB 方向性(4 个相对单位)并收集上述所有数字,式(4.6.52)得出天顶方向的信噪比约为 50 dB · Hz。这是 GNSS 接收器通常报告的典型数字。

4.7　天 线 类 型

本节概述了当前 GNSS 接收技术采用的天线类型。关于电磁仪器的基础知识,读者可以再次参考 Balanis(1989)的文献。

4.7.1 平面天线

微带贴片天线由于其紧凑的外形和简单的制造工序,仍然是 GNSS 测量中最常见的天线类型之一。三十多年来,这些天线一直是天线开发商关注的焦点。关于这些天线的理论和设计的指导,读者可以参考 Waterhouse (2003)、Pozar 等(1995)、Garg 等(2001)以及 Kumar 等(2003)的文献。电磁学软件的精确计算机模拟在设计者中广泛使用。然而,与 GNSS 应用相关的贴片天线性能的主要特征可以用一种称为单腔模式近似的简化方法来说明。下面选择了这种方法。在讨论的范围内,单模近似的主要缺点是天线带宽似乎比实际可达到的带宽大 2 倍。在 Garg 等(2001)的文献中可以找到更准确的估计天线 Q 因子的公式。

我们从线性极化天线开始。它由电介质基板 1、金属贴片 2 和接地层 3(图 4.7.1(a))组成。贴片连接到探针 4,探针 4 又通过接地平面中的孔连接到同轴馈电 5 的内导体。另一种选择是探针 4 连接到微带线 6(图 4.7.1(b))。对于圆极化天线,通常选择矩形或圆形的贴片。我们选择矩形贴片,因为它更容易分析和实现。圆形贴片功能的主要特征与矩形贴片相似。图 4.7.1 中显示了天线结构参数的名称。这里,a_x 是沿着探针所在对称轴(x 轴)的贴片尺寸,a_y 是沿着垂直于 x 轴的 y 轴的贴片尺寸,ε 是衬底的介电常数,h 是衬底厚度,x_{pr} 是探针偏离对称中心的距离,r_{pr} 是探针半径。衬底厚度 h 通常是自由空间波长的百分之几,并且衬底介电常数 ε 通常取 3~4,在紧凑设计中达到大约 30。

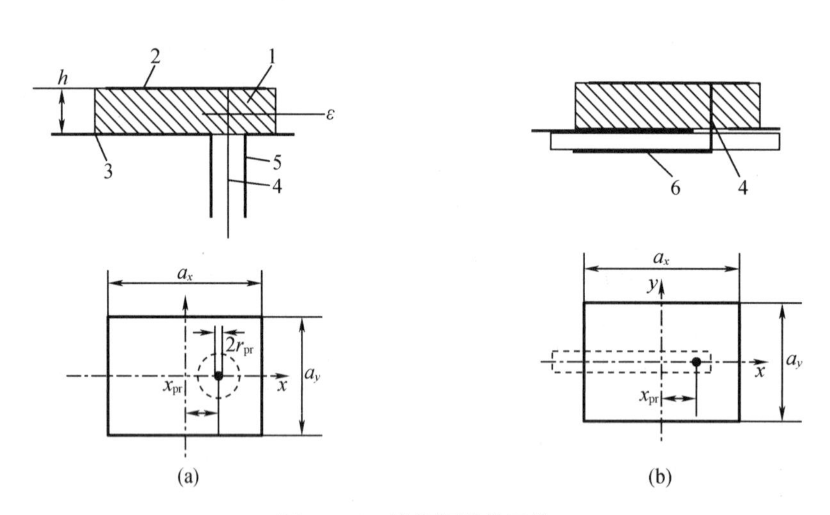

图 4.7.1 线偏振微带天线

微带贴片天线是谐振型的。在其经典实现中,它在谐振频率附近的窄频带内工作。在这个频带内,贴片周围的空间中的 $\vec{E}$ 和 $\vec{H}$ 分布采取某种特殊形式,称为 TM_{10} 模式。图 4.7.2(a)示意性地显示了 $\vec{E}$ 场的空间分布。在贴片和地平面之间的空间中,矢量 $\vec{E}$ 垂直于两个表面。共振发生在

$$a_x \approx \frac{\lambda_0}{2\sqrt{\varepsilon}} \tag{4.7.1}$$

式中,λ_0 是谐振频率下的自由空间波长。同样,如前所述,我们考虑天线的发射模式。在发射模式下,天线通过平行于 y 轴的缝隙向自由空间辐射功率。这些插槽由贴片边缘和接地层形成,在图 4.7.2(a)上方图中标记为 7 和 7′。沿着所述槽的电场分布是均匀的(图 4.7.2(a)下方图)。沿着平行于 x 轴的贴片边缘和接地平面形成的缝隙的电场分布是反相的(图 4.7.2(a)上方图中的虚线)。通过这些槽的功率辐射被忽略。图 4.7.2(b)显示了与谐振模式相关联并在贴片上流动的电流 $\vec{j}$。这个电流相对于 x 轴是均匀的,并且相对于 x 轴呈半个余弦波的形式。辐射场具有平行于 x 轴的矢量 $\vec{E}$ 的主要分量。

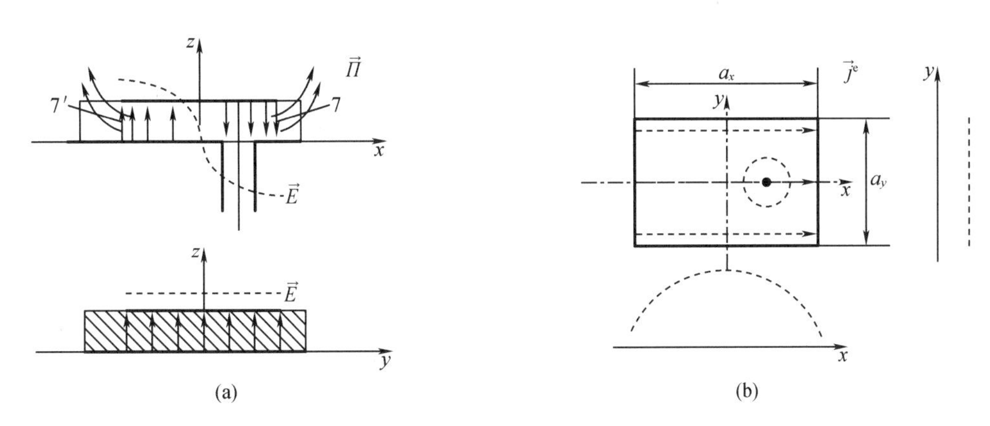

图 4.7.2　贴片天线的 TM_{10} 腔体模式

天线的输入阻抗为

$$Z_{\text{inp}}=\frac{1}{G+\mathrm{i}B}+\mathrm{i}X_L \tag{4.7.2}$$

其中

$$G=\frac{2G_\Sigma}{\sin^2\left(\dfrac{\pi}{a_x}x_{\text{pr}}\right)} \tag{4.7.3}$$

$$B=\frac{2\left\{B_\Sigma+\dfrac{a_xa_y}{\eta_0 4kh}\left[k^2\varepsilon-\left(\dfrac{\pi}{a_x}\right)^2\right]\right\}}{\sin^2\left(\dfrac{\pi}{a_x}x_{\text{pr}}\right)} \tag{4.7.4}$$

在这些表达式中,k 是自由空间波数(见式(4.1.32));η_0 是自由空间固有阻抗(见式(4.1.14)),并且有

$$Y_\Sigma=G_\Sigma+\mathrm{i}B_\Sigma \tag{4.7.5}$$

$$G_\Sigma=\frac{1}{2}\frac{ka_y}{\eta_0}\left(1-\frac{(kh)^2}{24}\right) \tag{4.7.6}$$

$$B_\Sigma=\frac{1}{2\pi}\frac{ka_y}{\eta_0}(3.135-2\lg(kh)) \tag{4.7.7}$$

式(4.7.2)中的最后一项是探头的电感

$$X_L=\frac{1}{2\pi}\eta_0 kh(0.115\,9-\ln(k\sqrt{\varepsilon}r_{pr})) \tag{4.7.8}$$

式(4.7.2)表明,输入阻抗表现出类似于并联谐振电路的频率响应。在谐振频率 f_0 下使式(4.7.4)的值等于零,并求解 a_x:

$$a_x=\frac{\lambda_0}{2\sqrt{\varepsilon}}\left[\sqrt{1+\left(\frac{2}{\pi\sqrt{\varepsilon}}\frac{h}{\lambda_0}\left(3.135-2\lg\left(\frac{2\pi h}{\lambda_0}\right)\right)\right)^2}-\frac{2}{\pi\sqrt{\varepsilon}}\frac{h}{\lambda_0}\left(3.135-2\lg\left(\frac{2\pi h}{\lambda_0}\right)\right)\right] \tag{4.7.9}$$

该式表明,电容式(4.7.7)与式(4.7.1)相比,谐振尺寸略小。衬底厚度 $h\ll\lambda_0$,在谐振频率下达到的最大有源阻抗为

$$R_{\text{inp max}[\Omega]}=G_\Sigma^{-1}\approx 60\frac{\lambda_0}{a_y}\sin^2\left(\frac{\pi}{a_x}x_{pr}\right) \tag{4.7.10}$$

该表达式定义了探头位移 x_{pr},这是匹配天线和馈线所必需的。天线 Q 因数由频率带宽 Δf 定义,其中有源阻抗超过 $1/2R_{\text{inp max}}$。该带宽由下式给出:

$$\frac{\Delta f}{f_{0[\%]}}=\frac{1}{Q}100=\frac{4h}{\lambda_0\sqrt{\varepsilon}}100 \tag{4.7.11}$$

因此,带宽由衬底参数设置。对于典型的 GNSS 应用,假设 $\lambda_0=20$ cm,$h=5$ cm,$\varepsilon=4$,式(4.7.11)给出 5%的带宽。实际上,具有这种参数的天线的带宽略低于 3%。

就 θ_{th} 和 ϕ_{th} 分量而言,非标准化天线方向图为

$$F_\theta=N_x\cos\theta\cos\phi+N_y\cos\phi\sin\phi-N_z\sin\theta \tag{4.7.12}$$

$$F_\phi=N_x\sin\phi-N_y\cos\phi \tag{4.7.13}$$

这里 θ 是天顶角,而 ϕ 是从 x 轴算起的方位角,如图 4.7.3 所示。可表示为

$$N_x=-I\frac{4a_y}{kh\eta_0\sin\left(\frac{\pi}{a_x}x_{pr}\right)(G+iB)}\frac{\cos u}{1-\left(\frac{2u}{\pi}\right)^2}\frac{\sin v}{v}\sin w \tag{4.7.14}$$

$$N_y=0 \tag{4.7.15}$$

$$N_z=I\left[2he^{ikx_{pr}\sin\theta\cos\phi}+\frac{8(\varepsilon-1)ka_xa_y}{\eta_0\pi^2\sin\left(\frac{\pi}{a_x}x_{pr}\right)(G+iB)}\frac{u\cos u}{1-\left(\frac{2u}{\pi}\right)^2}\frac{\sin v}{v}\right]\frac{\sin w}{w} \tag{4.7.16}$$

式中,I 表示探测电流,并且

$$u=\frac{ka_x}{2}\sin\theta\cos\phi \tag{4.7.17}$$

$$v=\frac{ka_y}{2}\sin\theta\sin\phi \tag{4.7.18}$$

$$w=kh\cos\theta \tag{4.7.19}$$

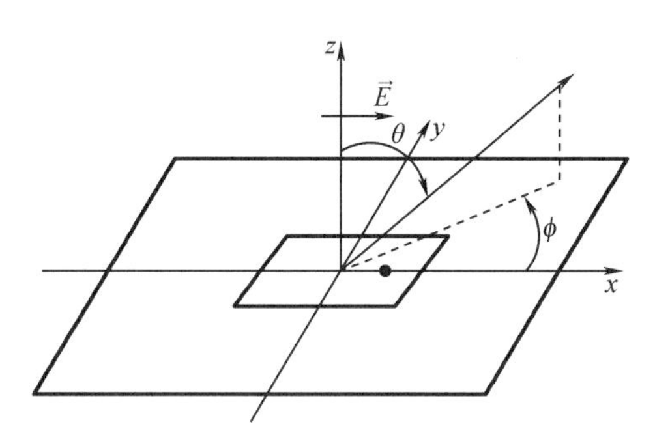

图 4.7.3　用于计算贴片天线远场的坐标系

从式(4.7.12)到式(4.7.19)可以看出,在平面 $\phi=0$ 或 π 时,分量 F_ϕ 等于零,唯一剩余的分量是 F_θ。该分量属于平面,在方向 $\theta=0$ 上,该分量平行于探头所在的 x 轴。这是主要的极化成分。这个平面上没有交叉极化分量 F_ϕ。一般来说,用线性极化天线来区分对称的 E 平面和 H 平面是很常见的。E 平面是包含矢量 $\vec{E}$ 的主偏振分量的平面。关于 $\vec{H}$ 的 H 平面也是如此。对于当前情况,由 $\phi=0,\phi=\pi$ 定义的平面是天线的 E 平面,而由 $\phi=\pi/2,\phi=3\pi/2$ 定义的是 H 平面。在后一个平面中,电场的主偏振分量是 ϕ,这个分量平行于 x 轴。然而,在那个平面内,我们通常有 θ,这是交叉极化分量。在关于方位角 ϕ 的其他平面中,还观察到主偏振分量和交叉偏振分量。

图 4.7.4 显示了使用上述表达式计算的三个天线的 E 平面方向图。这些天线因基底介电常数不同而不同。如果取 $\lambda_0=20$ cm 的话,基底厚度 h 为 $0.025\lambda_0$ 或 5 mm。假设贴片为正方形,尺寸 $a_x=a_y$,由式(4.7.9)给出。这些值分别为 $0.464\lambda_0$、$0.24\lambda_0$ 和 $0.163\lambda_0$。在每种情况下,探头位置由式(4.7.10)选择,以匹配 50 Ω 馈线。从图 4.7.4 中可以看出,E 平面图案(图 4.7.4(a))相对于天顶方向 $\theta=0$ 不对称。这是由于探针的辐射偏离了对称中心。与其他天线相比,空气基底 $\varepsilon=1$ 的天线具有更窄的图案;这种天线的方向图明显不对称,并且有很大的落差。尽管根据式(4.7.11)具有最大的带宽,但是这种特性以及这种天线的大尺寸限制了它在 GNSS 中的使用。随着介电常数 ε 的增加,贴片尺寸减小,探针接近对称中心,图案变得更平滑、更宽。值得注意的是刚刚提到的变化伴随着天线带宽的降低。

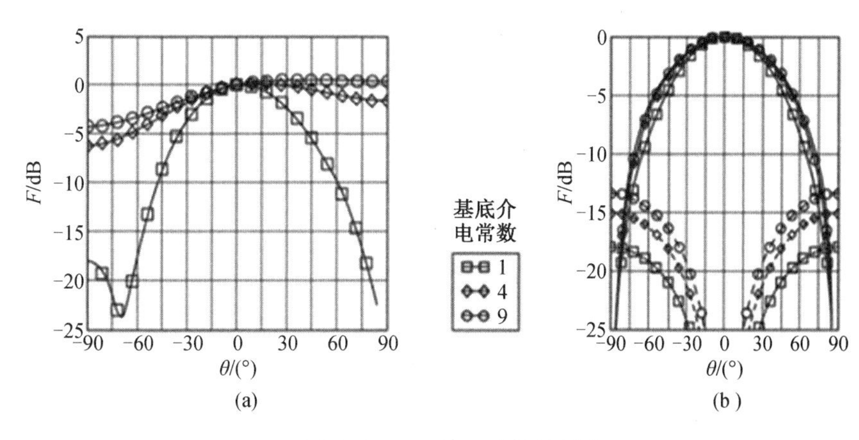

图 4.7.4　贴片天线辐射图案

图 4.7.4(b)显示了 H 平面的相同模式。主要偏振分量用实线表示,交叉偏振分量用虚线表示。如前所述,天顶方向的交叉极化分量等于零。然而,这一部分正在向更接近地平线的方向发展($\theta=90°$)。随着衬底介电常数的增加,交叉极化分量的强度也增加。

为了正确解释刚才描述的天线方向图,需要注意的是,式(4.7.14)至式(4.7.16)是使用天线接地面近似作为无界平面导出的。对于有限尺寸的接地层,在接近地平线($\theta=90°$)的方向上,E 平面中的模式读数额外减少 6 dB。这将在 4.7.3 节中进一步解释。

为了实现圆偏振,必须激发相对于 x 和 y 对称轴的两个相似的空腔模态(TM_{10} 和 TM_{01})。这两种模式被认为是正交的,因为这些模式的功率平衡彼此独立。实现两种模式激励的一种可能方式是使用一个位于矩形贴片对角线附近的探头(图 4.7.5(a))。然后选择贴片尺寸 a_x 和 a_y。

$$a_{x,y}=a(1\mp\Delta f/(2f_0)) \tag{4.7.20}$$

式中,a 是给定 λ_0 的谐振尺寸,而 $\Delta f/f_0$ 为相对带宽。与这两种谐振模式相关的贴片电流在图 4.7.5(a)中示意性地显示为方框箭头。正如对 TM_{01} 模式所做的那样,可以确保在条件(4.7.20)下,平行于 y 轴的贴片电流与平行于 x 轴的贴片电流相比相位延迟 90°。通过选择探针 x_{pr} 和 y_{pr} 的适当位移,与这些电流相关的电场分量的大小在天顶方向上彼此相等。因此,RHCP 场是在天顶实现的。然而,这种天线的带宽不受失配的限制,而是受极化特性的限制。轴向比大于 0.7 的频率带宽约为式(4.7.11)的一半。此外,这种天线在水平面上具有相位中心偏移,这是由于探头相对于垂直轴的位移。

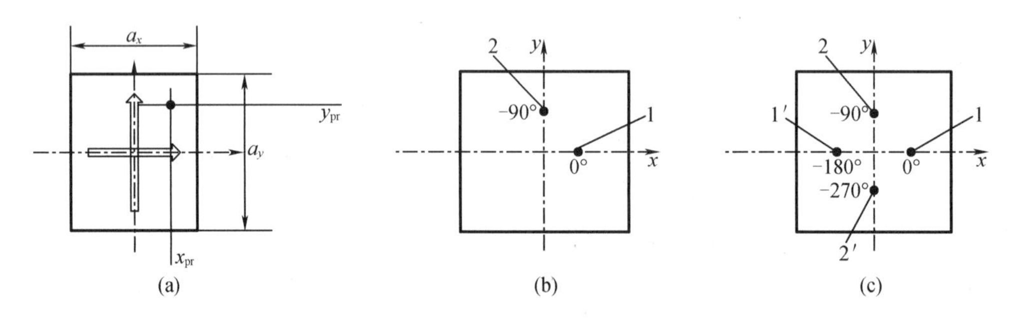

图 4.7.5　带有 1 个、2 个、4 个探针激励的圆极化贴片天线

实现圆偏振的另一种方法是使用尺寸由式(4.7.9)定义的正方形贴片,其中 2 个(图 4.7.5(b))或 4 个(图 4.7.5(c))激发探针位于对称轴上。探头与中心的偏移量相等。图(b)中的探头 1 和 2 激发相对于 x 轴和 y 轴的两个正交共振模式。图(c)中的探针对 1、1′和 2、2′也是如此。探针的电流幅度应彼此相等。图(b)中的探头 2 相对于探头 1 是 90°相位延迟的。这是通过使用连接到探针的馈电网络来实现的。在 4 个探头激励下,探头电流将具有 90°渐进相位延迟。双探针版本的缺点是,如已经讨论过的图案相对于垂直轴不是完全对称的。这与水平面上的相位中心偏移有关,而在 4 个探针激励下,天线具有精确的旋转对称性。

如果忽略天线方向图对称性的考虑,然后可对该模式进行一个有用的简化估计。如上所述,对于线性极化模式,主辐射来自图 4.7.2 中的槽 7、7′。这些槽可以被建模,作为放置

在接地层上的等效磁电流段(图 4.7.6)。在 E 平面中,这些电流的辐射模式为

$$F(\theta)=\cos\left(k\frac{a_x}{2}\sin\theta\right) \tag{4.7.21}$$

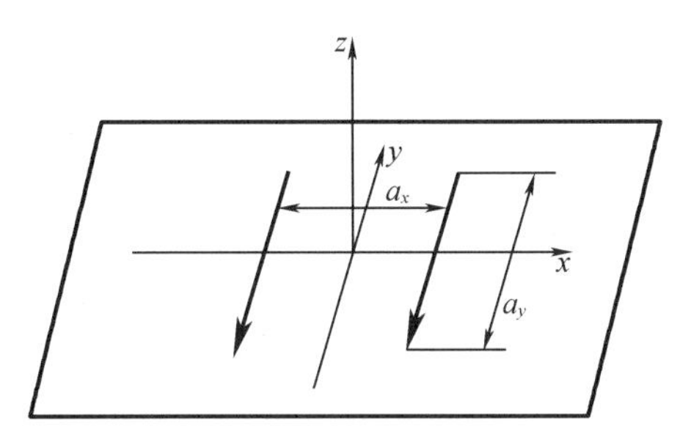

图 4.7.6　两个磁性电流段作为贴片天线辐射的模型

这里,假设地平面近似为无界平面,因此该表达式对 $-\pi/2\leqslant\theta\leqslant\pi/2$ 有效。例如,使期望的模式从天顶滚至地平线为 10 dB。然后,正如已经提到的无界地平面模型,滚转小于 6 dB,使它等于 4 dB。式(4.7.21)给出了天线贴片的尺寸 $a_x\approx\lambda$ 和从式(4.7.1)得到的基板的介电常数 $\varepsilon\approx4$。这些是 GNSS 用户天线的典型数值。

如前所述,贴片天线是窄带的。在现实应用中,它们不具备实时定位所需的双频 L1/L2 功能。解决这个问题的方法是以平面同心格式排列 L1 和 L2 天线单元。例如,图 4.7.7 显示了双频 Legant 天线板。这种天线是在 20 世纪 90 年代中期由维·菲利波夫领导的贾瓦德定位系统公司设计的,塔塔尔尼科夫是该公司的高级科学家。天线直径为 150 mm,内部短路的圆形贴片用于 L1 全球定位系统/GLONASS 信号,带有内部短路壁的外圈用于 L2 信号。这种天线已被日本电力公司注册为 Legant,后来又被拓普康公司注册为 Legant。该板还与 Regant 和 CR3 扼流圈天线一起使用。Bocciaet 等(2007)和 Basilio 等(2007)提出了双频同心贴片天线应用于 GNSS 定位的其他考虑因素。

图 4.7.7　Legant 天线的双频同心贴片天线板

随着对减小用于现场的紧凑集成单元的尺寸的需求日益增加,堆叠多频贴片天线成为技术热点。各种设计方法是众所周知的,并且具备可行性。相关讨论可见 Kumar 等(2003)、Rao 等(2013)、Gao 等(2014)和 Chen 等(2012)的文献。图 4.7.8 给出了拓普康公司的 PGA1 天线堆叠的实例。顶部和底部贴片天线分别用于全球定位系统/GLONASS L1

和 L2 频率。底部天线的贴片同时充当顶部天线的接地层。两种贴片天线都是用 5 mm 厚的陶瓷基板制成的。LNA 板位于堆叠的正下方。该板还包含微带馈电网络。底部的占地面积为 90 mm×90 mm。这种叠层已经制造了十多年。

随着伽利略和北斗以及全球定位系统和 GLONASS 的 L5、L3 信号频率带宽的扩展,贴片天线的基底厚度 h 将会增加。如式(4.7.11)所示,假设 ε 相对带宽为 10%,波长 λ 为 20 cm,则 $h=1$ cm。事实上,如前所述,这个值被低估了。为了覆盖 GNSS 较低频带的 12%(见 4.1.2 节结尾的讨论),基底厚度增加到 2 cm。如此厚的基底会增加天线的质量并导致制造复杂化。作为替代,可以考虑模拟介电特性的轻质金属结构。这种结构被称为人工电介质。与 GNSS 应用相关的设计已获得专利。

图 4.7.8 拓普康公司的 PGA1 天线堆叠

举个例子,图 4.7.9 说明了覆盖整个 GNSS 频带的顶部围栏天线。这种天线有时被称为全波天线。该天线是两个贴片天线的堆叠。叠层的总高度为 22 mm,人造衬底的等效介电常数约为 4。这一叠层的质量是 150 g。

图 4.7.9 Topcon Corp 的全波 GNSS 围栏天线

4.7.2 其他天线类型

人们已经为 GNSS 定位的不同应用开发了各种天线。读者可以在 Rao 等(2013)、Chen 等(2012)的文献中找到这些天线的详细讨论。然而,对于卫星勘测来说,由于在尺寸和质量方面有严格的限制,迄今为止只采用了有限数量的天线类型。同时,如前所述,在给定频率带宽的情况下,缩小天线尺寸时,损耗因子通常显得过于严重。与天线噪声温度升高相关的信噪比下降对于实时传输算法来说是不可取的,因为它会导致周跳和模糊修复问题。对于低高度角卫星尤其如此。因此,可以说对于测量应用来说,天线设计者的艺术是创造紧凑的低损耗天线。最后同样重要的是,成本也是一个关键因素。

4.7.3　平面金属接地层

通常,接地层的目的是降低地平线以下方向的天线增益,从而抑制来自下方的多条路径。下面将讨论 GNSS 接收天线设计中采用的不同类型的接地层。为了避免混淆,使用了以下术语:安装在接地层上的天线称为天线元件,天线元件和接地层的组合称为天线系统。

平面金属接地层是 GNSS 用户天线设计中最常见的配置。根据天线元件的类型,接地层功能的细节可能有很大不同。我们从低剖面天线元件开始,例如贴片元件。

从图 4.7.10 中的二维模型可以得出对接地层性能的有用估计。它以尺寸(宽度)为 L 的条形显示接地平面。该条形在垂直于附图的方向上是无限的。接地层由位于中心(图 4.7.10(a))的磁力线电流激励。这种电流被称为电源。如果没有接地层,信号源在 x-z 平面上具有全向模式。接地层被认为是完全导电的。

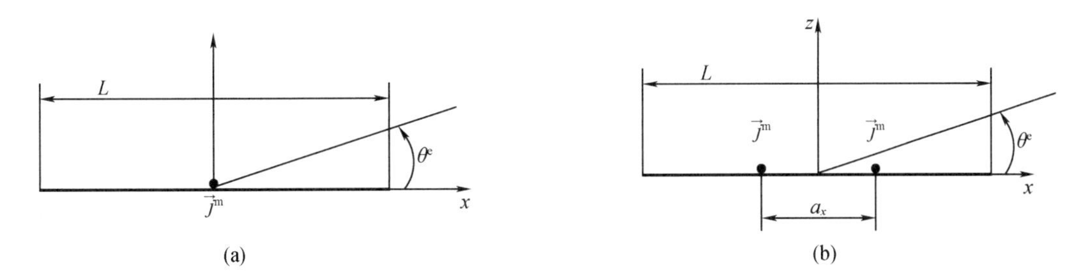

图 4.7.10　一个平坦的金属地平面的二维模型

这样定义的问题是电磁波衍射理论的典型问题。我们将以简化的形式使用 Ufimtsev (1962,2003)的边缘波方法。按照他的方法,我们可以考虑由电源在地平面表面感应的电流。该电流是两个项的总和:物理光学电流和边缘波电流。如果接地层是一个完整的无界平面,则物理光学电流是电流的一部分,边缘波电流由接地层边缘激发。然而,Tatarnikov (2008c)的估计表明,当接地层的数量级为半个波长或更大时,边缘波电流提供了相对较小的校正。对于这个模型,我们忽略了边缘波的电流作用。当前物理光学电流 $\vec{j}^{e}$ 有一个明确的格式:

$$\vec{j}^{e}=U^{m}\frac{k}{4\eta_0}2H_0^{(2)}(k|x|)\vec{x}_0 \tag{4.7.22}$$

式中,U^m 是源振幅;$H_0^{(2)}(s)$是第二类零阶汉克尔函数。用汉克尔函数渐近形式的第一项作为参数,可以看出电流在离源很远的地方衰减为$(k|x|)^{-1/2}$。这是需要记住的重要一点。总辐射场是自由空间中源的辐射和电流的总和。后一种辐射可以表示为流经无界平面的电流的辐射减去位于$|x|>L$的尾部辐射。利用渐近形式,可以得到辐射图的表达式为

$$F(\theta^e)=\left\{\begin{pmatrix}2\\0\end{pmatrix}-\frac{2}{\sqrt{\pi}}e^{i(\pi/4)}\left(\sin\frac{\theta^e}{2}\int_{\sqrt{k(L/2)(1+\cos\theta^e)}}^{\infty}e^{-it^2}dt+\begin{pmatrix}+1\\-1\end{pmatrix}\sin\frac{\theta^e}{2}\int_{\sqrt{k(L/2)(1+\cos\theta^e)}}^{\infty}e^{-it^2}dt\right)\right\}$$

$$\begin{pmatrix} 0 < \theta^{e} \leqslant \pi \\ -\pi \leqslant \theta^{e} < 0 \end{pmatrix} \tag{4.7.23}$$

这种模式被标准化为自由空间辐射源的模式。

对于不太靠近掠地平面($\theta^{e}=0,\pi$)的方向,例如当$k(L/2)(1\mp\cos\theta^{e})$不太小时,保持在式(4.7.23)菲涅耳积分的渐近展开的第一项中,可以得到以下表达式

$$F(\theta^{e})=\left\{\begin{pmatrix}2\\0\end{pmatrix}-\frac{1}{\sqrt{\pi}}\frac{e^{-i[k(L/2)+(\pi/4)]}}{\sqrt{kL}}\left(e^{-ik(L/2)\cos\theta^{e}}\tan\frac{\theta^{e}}{2}+e^{ik(L/2)\cos\theta^{e}}\cot\frac{\theta^{e}}{2}\right)\right\}\quad\begin{pmatrix}0<\theta^{e}\leqslant\pi\\-\pi\leqslant\theta^{e}<0\end{pmatrix} \tag{4.7.24}$$

这个表达式表明,对于顶部半球($\theta^{e}>0$)的方向,辐射几乎是源的自由空间辐射的 2 倍。因此,对于足够高的仰角,地平面几乎像一面完美的镜子。接下来,有两个衍射波起源于地平面边缘。这些波的振幅大约是$(kL)^{-1/2}$。对于地平面以上的方向($\theta^{e}>0$),这些衍射波有助于图案“波动”。对于地平面($\theta^{e}<0$)以下的方向,辐射模式由这两种波定义。

对于$\theta^{e}=0$,一种方法是用式(4.7.23)来发现$F(0)=1$成立。换句话说,在掠地平面的方向上的辐射是 1/2 数量级(-6 dB),与地平面无界时所观察到的情况有关。这已经在 4.7.1 节中提到。

现在我们转到两个磁力线电流形式的贴片天线单元模型(图 4.7.6)。我们现在称这些电流为源头。相应的二维模型如图 4.7.10(b)所示。方便起见,我们使用仰角θ^{e}改写了源的辐射模式的表达式(4.7.21):

$$F^{\infty}(\theta^{e})=\cos\left(k\frac{a_{x}}{2}\cos\theta^{e}\right) \tag{4.7.25}$$

我们现在将这个模式表示为$F^{\infty}(\theta^{e})$,这个模式适用于无界平面形式的地平面模型。对于有限大小L的接地层,假设磁力线电流不太靠近接地层边缘,类似于式(4.7.23)的推导表明

$$F^{\infty}(\theta^{e})=\left\{\begin{pmatrix}2\\0\end{pmatrix}F^{\infty}(\theta^{e})-F^{\infty}(0)\frac{2}{\sqrt{\pi}}e^{i(\pi/4)}\left(\sin\frac{\theta^{e}}{2}\int_{\sqrt{k(L/2)(1+\cos\theta^{e})}}^{\infty}e^{-it^{2}}dt+\begin{pmatrix}+1\\-1\end{pmatrix}\cos\frac{\theta^{e}}{2}\int_{\sqrt{k(L/2)(1+\cos\theta^{e})}}^{\infty}e^{-it^{2}}dt\right)\right\} \tag{4.7.26}$$

式中,$0<\theta^{e}\leqslant\pi/2$和$-\pi/2\leqslant\theta^{e}<0$。因此,下半空间$-\pi\leqslant\theta^{e}<0$中的辐射与掠地平面方向上的源模式成正比(式(4.7.26)中的$F^{\infty}(0)$)项。这说明了 4.2.1 节中提到的碰撞,即在给定地平面尺寸的情况下,为降低地平线以下方向的天线增益,一种方法是降低$F^{\infty}(0)$,从低高度角卫星跟踪的角度来看是不允许的。

式(4.7.26)和上下比的模式在图 4.7.11 中针对具有不同长度的多个接地层进行了说明。上下比定义为

$$DU(\theta^{e})=\frac{F(-\theta^{e})}{F(\theta^{e})} \tag{4.7.27}$$

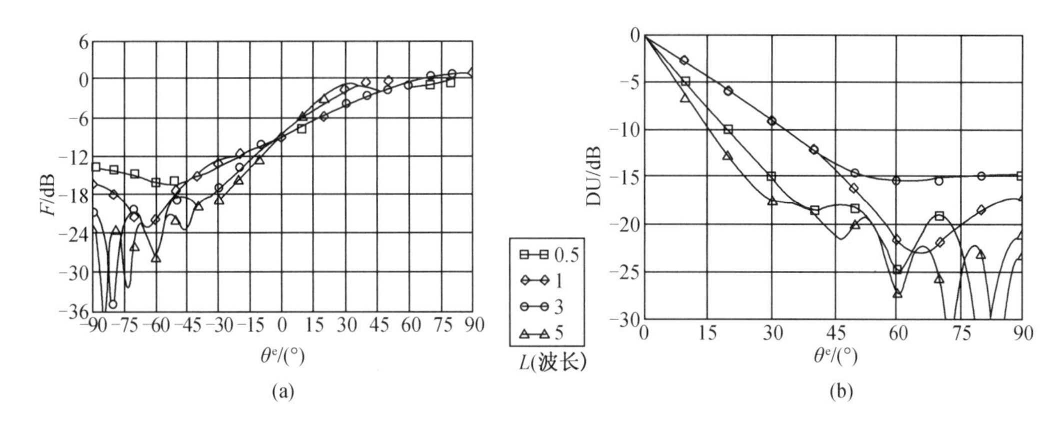

图4.7.11　平板金属地面上贴片天线元件的辐射图案和下行-上行比例

式(4.7.25)中使用了贴片长度轴 α_x 等于0.25个波长。可以提及的是,0.5和1波长的接地层尺寸的上下比几乎相同。因此,从大约0.5到1波长的接地面尺寸的增加不会在多路径保护方面提供显著的优势。随着尺寸 L 的增大,上下比的绝对值也随之增大,从而得到改善。然而,下半空间中的场随着 $(kL)^{-1/2}$ 相对于 L 而减小。因此,这种自下而上的相对于 L 的改善并不是那么快。从这个角度来看,有时建议将接地层尺寸大幅增加至1 m或更大,但这并不能显著改善多路径保护。另一方面,对边缘波贡献的更精确的估计表明,当接地面的尺寸小于1/2波长时,上下比随着长度的减小而迅速下降(Tatarnikov,2008c)。具有如此小的平坦金属接地面的天线系统通常不能满足GNSS定位精度的常规要求。

需要注意的是,在物理光学电流的近似范围内,式(4.7.26)给出了真实三维接地面(圆盘)图形的正确近似。这为上述考虑提供了价值,并且除了接近最低点方向的窄角度扇形外,都是正确的。产生差异的原因是,对于二维模型,式(4.7.22)中的电流对接地层边缘的激励随着 $(kL)^{-1/2}$ 的增加而衰减。这导致在最低点方向上的场具有与 L 的函数相同的数量级。另外,电流将随着远场区域中的场强度的降低而衰减为 ρ^{-1}。这里,ρ 是源的距离,但是接地面的周长将与接地面半径成比例增长。因此,对于足够大的地平面,在最低点方向的边缘上衍射的场的贡献将在物理光学近似内保持不变。该贡献将与天线元件对接地平面边缘的照明成比例,或者换句话说,与在掠接地平面方向上的天线元件图案读数成比例。这再次说明,在实际合理的范围内,大幅增加平坦金属接地层的尺寸可能不是改善多路径保护的实用解决方案。

这表明实际上合理的接地面尺寸在0.5至1波长范围内。如图4.7.11所示,对于中高海拔卫星,要达到-15 dB的上下比,大约半波长大小的地平面就足够了。GNSS的最低频率为13~14 Hz。

一是要注意,为了减小低仰角增益和多路径保护之间的冲突,已经提出了不同种类的接地层“终端”。这种终端是围绕接地层边缘的一种框架。该框架的目的是减少在天线下方方向的边缘上衍射的功率量。参见Popugaev等(2014)、Li等(2005)、Timoshin等(2000)、Westfall等(1999)和Maqsood等(2013)研究的更多细节。

现在我们来看另一种被称为交叉偶极子的天线单元类型。首先,考虑赫兹偶极子在无限金属平面上上升了一段距离 h(图 4.7.12)。引入图像并使用式(4.1.79),可以将接地平面表面的总磁场强度写成 $r=\sqrt{h^2+x^2}$。因此,对于 $x\gg h$,$H_y\sim x^{-2}$ 成立。可以得出结论,对于足够大的距离 x,在接地平面表面感应的电流衰减为 x^{-2}。对于垂直于绘图平面放置的偶极子,同样的推导成立。交叉偶极天线元件通常安装在接地层上方高度 $h=\lambda/4$ 处。因此,接地层感应的电流将衰减为 ρ^{-2},距离 ρ 从交叉偶极覆盖区算起。这比低剖面天线要快。这说明在足够大的平坦金属接地层上使用交叉偶极天线元件可以获得多路径保护的潜在优势。

$$H_y=2IL\frac{1}{4\pi}\left(\frac{1}{r^2}+\frac{\mathrm{i}k}{r}\right)\frac{h}{r}\mathrm{e}^{-\mathrm{i}kr} \tag{4.7.28}$$

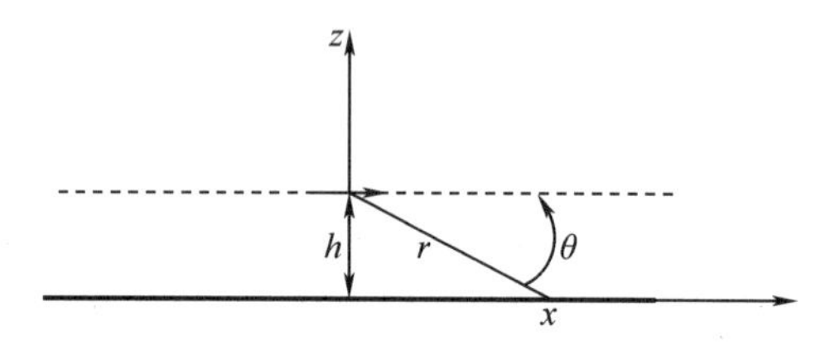

图 4.7.12　平板金属地面上的赫兹偶极子

4.7.4　接地层阻抗

我们考虑了图 4.7.10 的二维问题,但是现在假设条带宽度 L 支持阻抗边界条件。我们说该条带形成了一个阻抗表面。假设在条带下面有某种结构产生表面阻抗 Z_s。下面给出了关于这些类型结构的更多信息。

目前,我们取极限 $L\to\infty$,从而转向一个无限阻抗平面。然后,图 4.7.10(b)所示的激励问题通过将入射场展开成平面波谱来解决。自德国物理学家索末菲的第一部作品以来,推导技术就为人所知,并以他的名字命名。费尔森和马库维茨(2003)对该技术进行了全面的论述。我们正在寻找这样的情况,当 Z_s 是纯虚数时,有负(电容性)虚数部分。结果是

$$E_\tau\approx-\frac{U^{\mathrm{m}}}{\sqrt{2\pi}}k\mathrm{e}^{\mathrm{i}(3\pi/4)}\frac{\eta_0}{Z_s}\frac{\mathrm{e}^{-\mathrm{i}kx}}{(kx)^{3/2}} \tag{4.7.29}$$

$$F^\infty(\theta^{\mathrm{e}})=\left(1+\frac{Z_s}{\eta_0}\right)\frac{\sin\theta^{\mathrm{e}}}{\sin\theta^{\mathrm{e}}+\frac{Z_s}{\eta_0}} \tag{4.7.30}$$

式中,E_τ 表示在距离源 x 处与地平面相切的电场分量,因此 $kx\gg1$ 和 $F^\infty(\theta^{\mathrm{e}})$ 是归一化辐射图。该案例的详细推导和相关讨论可以在 Tatarnikov 等(2005)的文献中找到。我们注意到,场强衰减为$(kx)^{-3/2}$,这比表面是理想导体的情况要快。人们可能会说,阻抗表面"迫使"辐射随着与辐射源的距离而更快地离开,这比表面是平坦的导电表面的情况要快。因此,对于有限尺寸的接地层,到达接地层边缘的功率会更小,并在它们下面的方向衍射。这表明,与扁平金属系统相比,具有容性阻抗接地层的天线系统具有更好的多路保护。接下来,如式(4.7.29)所示,为了进一步减小磁场,需要使阻抗 Z_s 的绝对值变高。有人说,接地层是为了实现高容性阻抗表面(HCIS)。最后,如式(4.7.30)所示,这种方法的自然缺点是

HCIS 通常有助于缩小辐射图。在无限平面的限制下,初始全向源在掠地平面($\theta^e=0$)的方向上将有一个零点。这种收窄是不可取的,因为它可能导致低仰角卫星跟踪的困难。

这些事实在天线领域是众所周知的。HCIS 用于许多天线。在当前的文献中,人工磁导体(AMC)和完美磁导体(PMC)被用作 HCIS 的替代物。然而,一个有点过时的 HCIS 现在似乎更适合用来表明我们在讨论容性阻抗,并与 PMC 进行区分,后者在极限 $Z_s\to\infty$ 下是严格有效的。

类似于平坦的导电接地层,天线设计的艺术是在低仰角下建立多路径抑制能力和天线增益之间的最佳比例。通常已知和采用的是扼流圈接地层。这种卓越天线设计的细节可以在 Tranquilla 等(1994)的文献中找到,关于图像和辐射模式,如图 4.2.6 和图 4.2.7 所示。对于扼流圈接地层,阻抗表面穿过扼流圈凹槽开口(图 4.7.13(a)中的虚线)。为了形成电容表面阻抗,凹槽深度略大于波长的 1/4。Z_s 的虚部的频率响应示意性地显示在图 4.7.13(b)中。频率 f_c 被称为截止频率。在 f_c 以下的频率,所谓的表面波沿着阻抗表面传播,破坏了接地层的功能。在接近 f_c 的频率下,观察到天线性能特性有很大变化。在实际设计中,f_c 略低于 GNSS L5 频率。另一方面,阻抗 Z_s 的绝对值必须很大。天线的工作频带在 1 160~1 610 MHz 之间。接近 1 610 MHz(GNSS 频带上限,见 4.1.2 节)阻抗通常会下降。为了在 GNSS 频段内提供更一致的表面阻抗,日本喷气推进实验室公司开发了一种双深度扼流圈(Ashjaee et al. ,2001)。在这种设计中,在凹槽中插入一个光阑,使得它对较低 GNSS 频段的信号是透明的,而对较高频段是短路的。

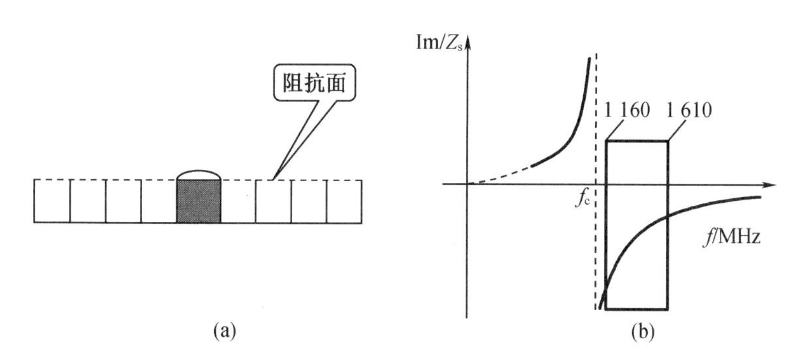

图 4.7.13　Choke grooves 的阻抗结构和频率响应示意图

另一种提供电容性阻抗的结构有时被称为蘑菇(Sievenpiper et al. ,1999)。这种结构如图 4.7.14(a)所示,是一个密集的金属板网格(贴片),通过垂直支架与接地板短路。正常情况下,支架将通过采用印刷电路板技术的电镀过孔形成。这些板在接地板上的高度大约是波长的 1/10。McKinzie 等(2002)、Baracco 等(2008)、Bao 等(2006)、Baggen 等(2008)以及 Rao 等(2011)介绍了带有蘑菇形接地面的 GNSS 接收天线。

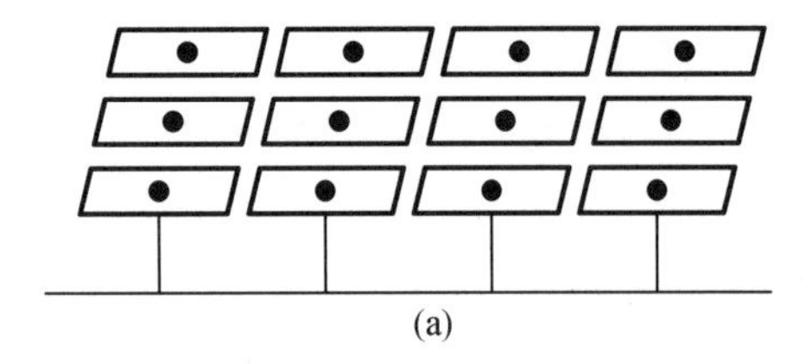

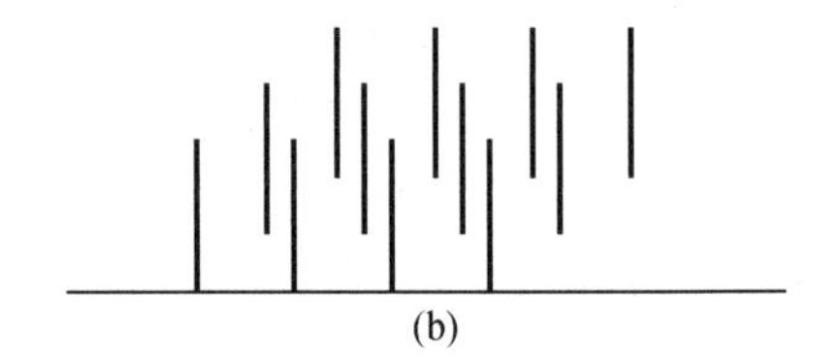

图 4.7.14 蘑菇形和直线形的阻抗结构

King 等(1983)和 Tatarnikov 等(2011a)讨论了一种易于制造的宽带响应结构,它由直引脚组成。引脚长度将略微超过自由空间波长 λ 的 1/4。引脚排列成规则网格,间距为 0.1λ 至 0.2λ(图 4.7.14(b))。

为了保持 HCIS 接地层在多路径保护方面的优势,同时增加接近地平线方向的天线系统增益,考虑了非平面 HCIS 接地层。最初的进展发表在 Kunysz(2003)的文章中。这些发展推动了诺华泰尔和徕卡地理系统公司的锥形扼流环圈线。详情见 Rao 等(2013)的文献。在 Topcon 莫斯科中心的实验室中,凸形阻抗结构已经被分析。其主要特点可以表述如下。如图 4.7.15(a)所示,直观地说,很明显如果 HCIS 曲率的半径 R 足够小,那么天线系统方向图往往是没有地平面的天线元件,在顶部半球中具有广泛的方向覆盖,但是具有弱的多路径保护。另一方面,随着半径 R 的增加,方向图将趋向于平面 HCIS,具有潜在的良好的多路径保护,但低仰角卫星的增益降低。然而,随着信噪比的增加,天线系统在低仰角时的增益下降缓慢,在实际合理的信噪比范围内几乎保持不变。同时,信噪比迅速提高。这在图 4.7.15(b)中进行了说明。为了简化估算,假设 HCIS 是一个完整的球体。由于上面提到的 HCIS 的"强迫"效应,只有一小部分辐射功率到达该区域,所以球体的底部没有提供显著的贡献。

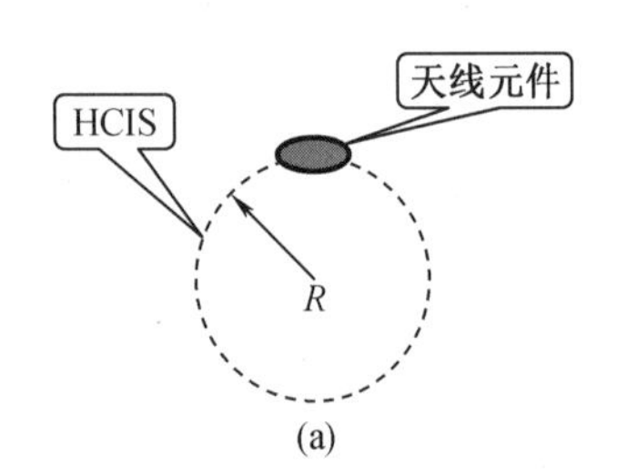

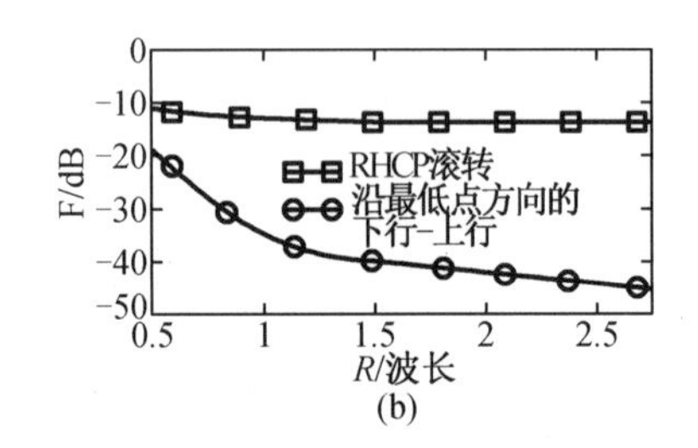

图 4.7.15 凸起阻抗地平面的示意图和性能特征

因此,与通常采用的值相比,这种设计既能提高低仰角卫星的增益,又能改善多路径保护。作为一个例子,图 4.7.16 显示了拓普康公司的 PN-A5 天线。上述引脚结构用于形成 HCIS。接地面为半球形,其外径选择为适合 IGS 推荐的常用天线罩。在图 4.7.17 中,显示了 PN-A5 天线的方向图。人们可以将这种模式与图 4.2.7 所示的传统节流环进行比较。图 4.7.18 说明了凸形设计提供的信号强度改进类型。这些图显示了大地测量接收器报告的信噪比值与卫星高度的关系。与 CR4 扼流圈天线相比,对于 GNSS C/A 码(图 4.7.18(a)),低海拔地区的信噪比增加约 4 dB,对于 P2 码(图 4.7.18(b)),信噪比增加高达 10 dB。人们可能会注意到,在 PN-A5 天线的情况下,高海拔地区的信噪比下降。这与 4.2 节中讨论的主要天线增益特性一致:随着天线方向图变宽,天顶增益降低,前提是所有损耗因子保持不变。天顶增益的这种降低不会影响卫星的跟踪能力,因为在这个方向上信号功率很高。

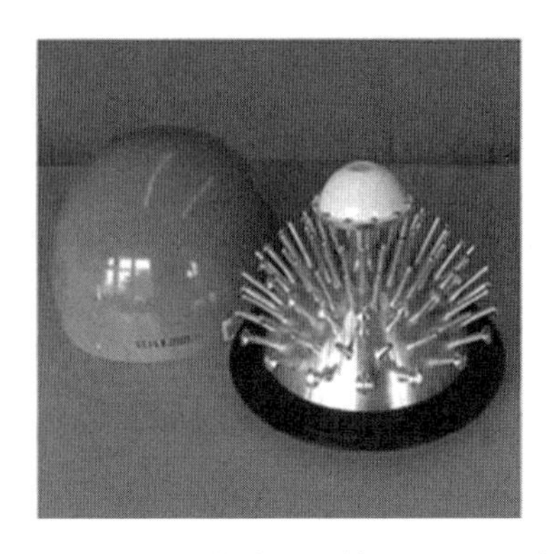

图 4.7.16　拓普康公司的 PN-A5 天线

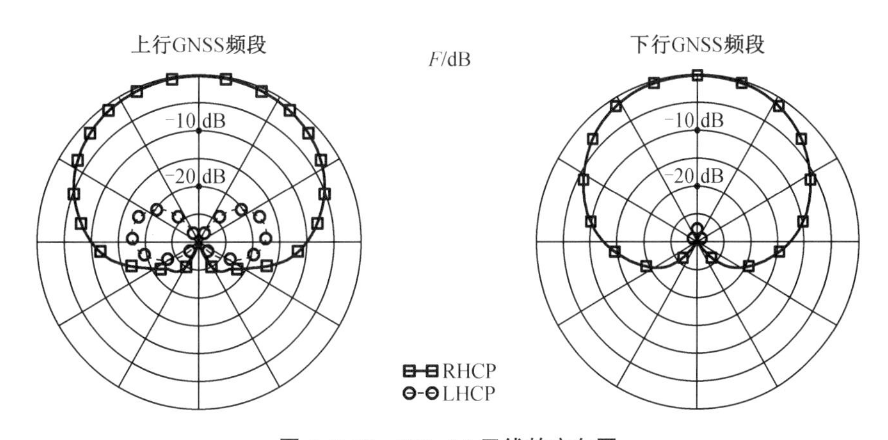

图 4.7.17　PN-A5 天线的方向图

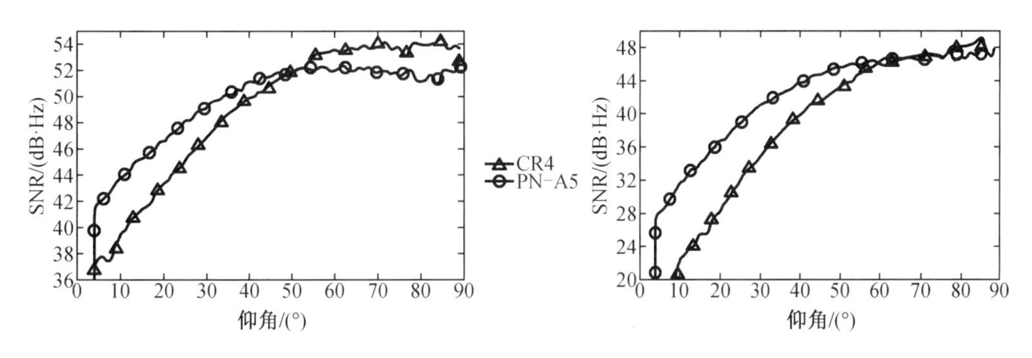

图 4.7.18　PN-A5 天线与标准噪声天线 CR4 相比的信噪比与卫星仰角的关系

关于这种设计,要提到的另一个特征是作为频率函数的垂直坐标中的相位中心稳定性。图 4.7.19 显示了与拓普康扼流圈天线相比的测量数据。拓普康扼流圈天线是原始 JPL 设计的一个版本。可以看出,普通扼流圈天线的截止频率略低于 GNSS 频带的最低频率,即 1 160 MHz。参见关于图 4.7.13 的相关讨论。接近截止频率时,扼流圈天线的相位中心位移约为厘米级。另一方面,在整个 GNSS 范围内,PN-A5 的相位中心位移小于 5 mm。应该提到的是,IGS 型天线罩有助于半厘米级的额外位移与频率的关系。天线罩的这一特性很可能会随着进一步的发展而得到解决。

一个特别设计的天线元件与 PN-A5 一起使用。该天线元件是拓普康公司的 TA-5。该元件延续了最初由 Dorne 和 Margolin 天线代表的体积低损耗的测量天线设计路线。TA-5 元件是杯形的,包括一系列凸形贴片(图 4.7.20,Tatarnikov et al.,2013c)。Tatarnikov 等(2009a)提供的电磁背景的主要特征总结在文献的附录Ⅰ中。图 4.7.20 中的激励单元 3 与贴片阵列 2 电磁耦合。在激励单元的两个线性极化通道之一的输入端观察到的 VSWR 显示在图 4.7.20(b)中。这里,在超过 40%的频率范围内,VSWR≤2。

引脚 HCIS 是一种轻质宽带结构,允许考虑大阻抗接地层天线。使用这种天线,上下比接近 4.4.4 节中称为“无多路径天线”的曲线(图 4.4.11)。因此,可以实现实时定位的毫米精度。

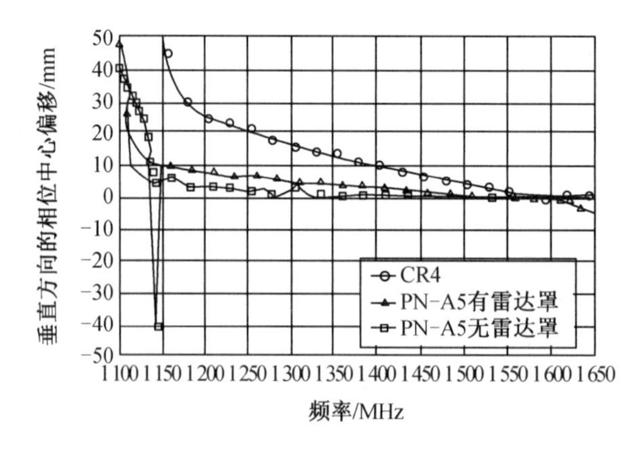

图 4.7.19 与 CR4 扼圈环相比,PN-5A 天线在垂直坐标上的相位中心偏移与频率的关系

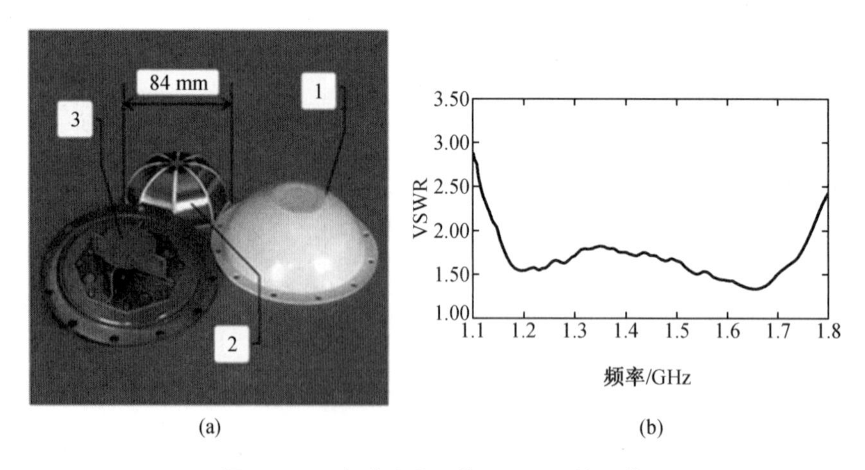

(a) (b)

图 4.7.20 拓普康公司的 TA-5 天线元件

如上所述,由于天线方向图变窄,将天线元件直接放置在足够大尺寸的平面 HCIS 上并不可行。另一方面,从几何光学的角度来看,可以清楚地看到,通过将天线元件提升到地平

面之上(图 4.7.21),通常会增加地平线以下空间的照明。这样做会降低接地层的多路径抑制能力。然而,正如在 Tatarnikov 等(2013)文献中所讨论的,对于高度为 h 的足够大尺寸的接地层,天线系统向低海拔的增益增长(提高)很快,而多路径抑制能力(上下比)几乎保持不变。这是考虑大型接地层的理由。高度的增加可能伴随着顶部半球的天线方向图干扰。参考文献中已经表明,如果天线单元在最低点方向上具有-12~-15 dB 或更好的上下比,则干扰很小。图 4.7.22(a)所示为一个工作在 5 700 MHz 的比例模型。这里的 HCIS 是由引脚组成的。接地平面的直径约为 71 cm(13.5λ),具有局部平坦地平面的微条补丁天线作为天线元件。这种天线元件在朝向阻抗表面的方向上具有-15 dB 的上下比。图 4.7.22(b)所示为该系统的测量辐射图。12°的天线方向图读数约为-9 dB,12°仰角处的上下比读数优于 20 dB,并且相对于天顶,天底方向的天线方向图读数小于 40 dB。实现这一原理的 GNSS 接收天线系统如图 4.7.23 所示。该天线系统包括一个总直径为 3 m 的直销接地面和一个安装在 7~8 cm 高度的天线元件。可以说,用于大地测量和勘测的大多数商用 GNSS 天线都满足上述天线元件的要求。不同类型的天线已经作为天线元件进行了测试,得到了相同的结果。图中显示的是扼流圈天线元件。

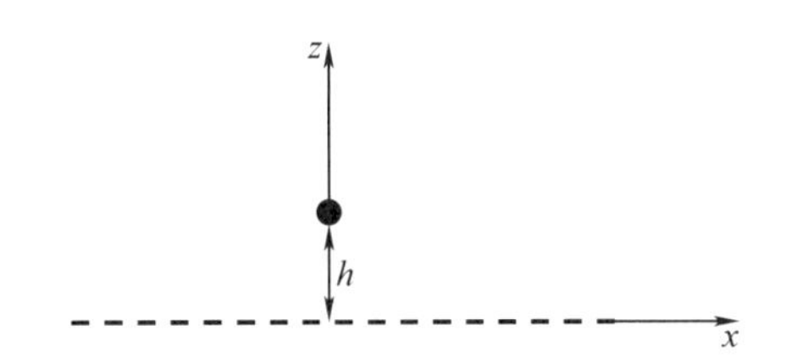

图 4.7.21　天线元件相对 HCIS 接地平面凸起示意图

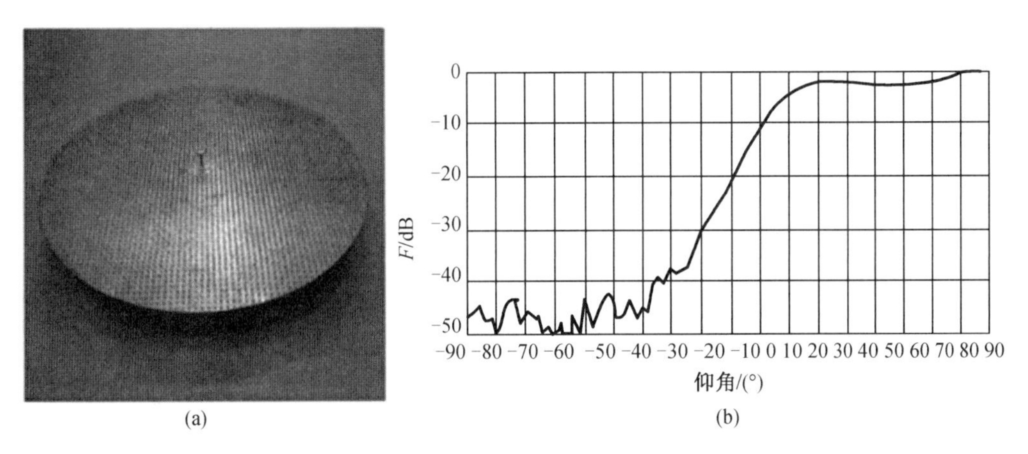

图 4.7.22　工作频率为 5 700 MHz 的大阻抗接地平面天线系统的模型和辐射方向图

图 4.7.23　具有大阻抗接地板的 GNSS 接收天线

在露天试验场进行的试验说明了 GNSS 实时定位的实际精度。涉及三个长度约为 30 m 的短基线:①两个标准扼流圈天线之间作为基地和流动站;②两个大阻抗接地平面天线之间,如图 4.7.23 所示;③零基线。在第二种情况下,两个大地测量级 GNSS 接收器通过一个分离器连接到一个天线。零基线没有多路径误差并能说明系统噪声水平。这三种情况下垂直坐标的实时误差如图 4.7.24 所示。在每个图中,10 个样本的移动窗口产生的系统噪声平滑结果由一条粗线说明。对于大阻抗接地层天线,剩余的多路径误差低于系统噪声,估计为 1.5~2 mm。关于这种天线系统性能的更多详情,可参见 Tatarnikov 等(2014)、Mader 等(2014)的文献。

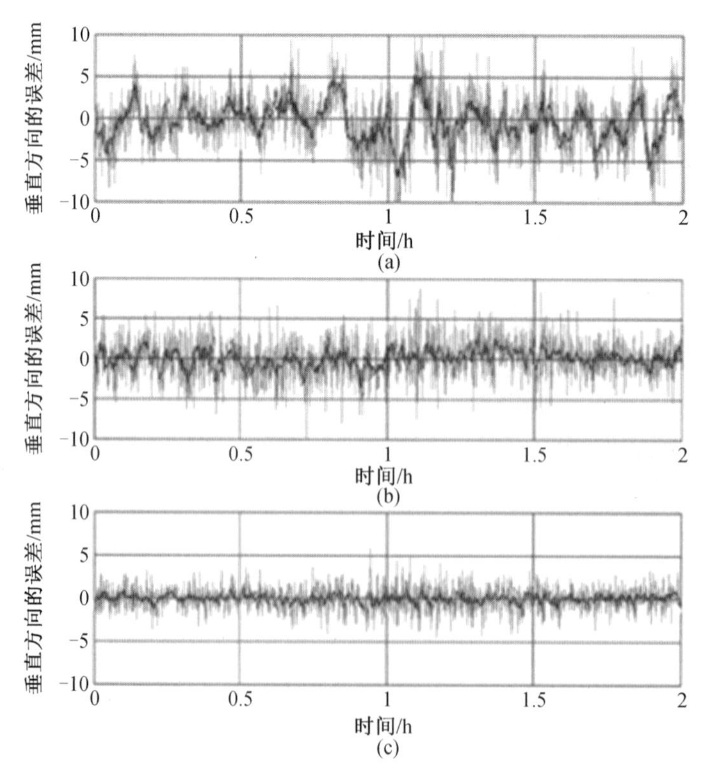

图 4.7.24　具有大阻抗接地面的天线(b)与标准扼流圈(a)和零基线(c)相比的垂直坐标实时误差

上述设计采用了形成电容性阻抗的表面和结构。对于感应阻抗的情况,如前所述,可以激发表面波。然而,也可以考虑由支持表面波传播的结构组成的接地面。

4.7.5　垂直扼流圈和小型漫游天线

不讨论平面格式排列的扼流圈沟槽,可以考虑在垂直堆叠中排列的凹槽。这就是Li等(2004)讨论的垂直扼流圈天线。Soutiaguine等(2004)也应用了类似的考虑,得出了另一种设计方案。

图4.7.25方框中显示了垂直于绘图平面的两条磁力线电流的阵列。如果与波长相比,电流之间的距离d很小,则电流幅值U_1和U_2的关系如下:

$$U_2 = U_1 e^{i(\pi - kd)} \tag{4.7.31}$$

那么辐射模式是典型的心形

$$f(\theta) = \frac{1+\cos\theta}{2} \tag{4.7.32}$$

从图4.7.25中可以看出,最低点方向($\theta \approx \pi$)的辐射被抑制。图4.7.26(a)显示了两个贴片天线的堆叠。在接收GNSS的情况下,贴片1处于活动状态并连接到LNA。贴片1下面的扼流槽填充有电介质。为了形成电容性阻抗,凹槽深度稍微超过介质填充物中波长的1/4。因此,该凹槽以贴片天线2的形式实现,其总尺寸接近谐振式(4.7.1)。在Soutiaguine等(2004)和Tatarnikov等(2005)的文献中,这种安排被称为反天线。贴片天线2是无源的。它由贴片1通过电磁耦合激发。该系统的调谐方式使得式(4.7.32)的心形模式接近。

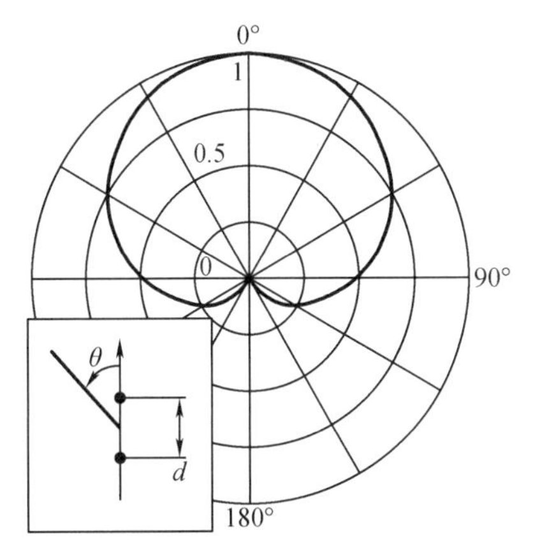

图4.7.25　垂直堆叠排列的两个全向源的心形图案

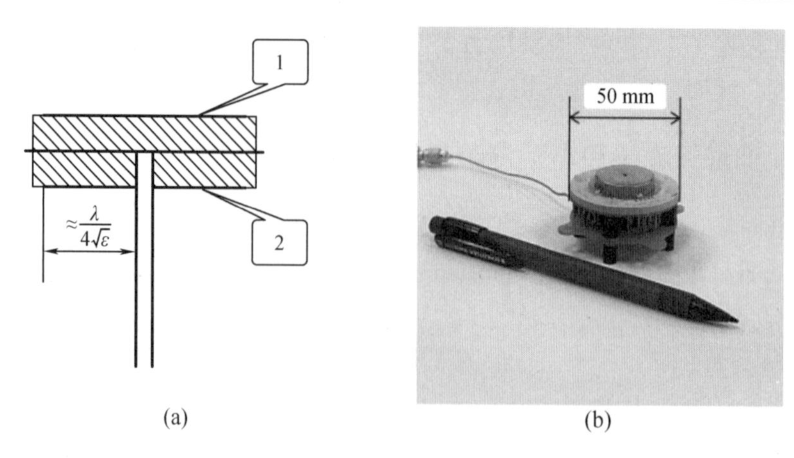

图 4.7.26　采用反天线方法的单频天线堆栈

这种方法可以克服 4.7.3 节中提到的限制。也就是说,最小允许的接地面尺寸大约是波长的一半。取代接地层的天线是$\sqrt{\varepsilon}$的 1/2。这里 ε 是介质填充贴片天线 2 的介电常数。因此,可以考虑使用小型多路径保护的流动站天线。例如,图 4.7.26(b)显示了一个由拓普康公司生产的单频 L1 天线。该天线是在 21 世纪初开发的,旨在用于地理信息系统的编码差分技术。为了给 GNSS/GLONASS 功能提供足够的带宽,根据 Tatarnikov 等(2008a)的理论(见 4.7.1 节),抗天线基底由金属梳板制成,天线不需要任何接地层。

为了提供双频功能,已经开发了四贴片结构。在图 4.7.27(a)中,贴片 1 和 2 是主动的,贴片 1′和 2′是被动的。该方法的实际示例在图 4.7.27(b)中进行了说明。4.2.1 节中的 MGA8 天线采用了这种四贴片系统。在这种结构下,采用 4.7.1 节中讨论的电容基片。这个结构被刻成一个直径为 8.5 cm 的球体。结合图 4.2.9,该天线在接近最低点的方向上提供了大约 20 dB 的多路径抑制。与具有平坦金属接地层的典型贴片天线相比,该天线的尺寸约小 40%。最后两种设计中使用的人造衬底的介电常数为 4~6。

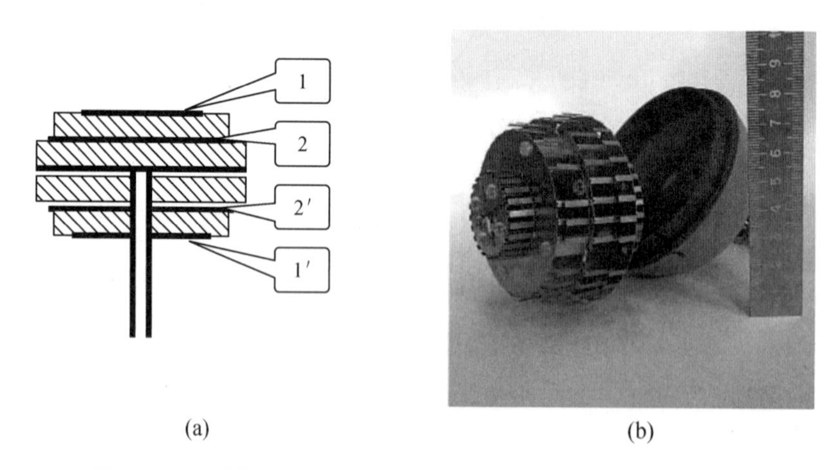

图 4.7.27　采用反天线方法的拓普康公司的 MGA8 双频天线堆栈

4.7.6　半透明接地面

如上所述,具有平面接地面的 GNSS 天线存在冲突——必须将低海拔地区的天线增益保持在可接受的水平,这导致用相对强的场照射接地面边缘,反过来又增加了地平线以下方向上的辐射。在接收模式下,表现为多路径误差。解决这一冲突的潜在方法是使用带有接地层的薄层电阻材料。直观地说,如果材料具有一定的电阻率,那么向边缘传播的波将被部分吸收。这种薄电阻片被称为电阻卡。Rojas 等(1995)提出了与在接地层设计中使用电阻卡相关的电磁学。Westfall(1997)获得了 GNSS 天线接地层的优化结构专利。Trimble Navigation 的 Zephyr 天线已由 Krantz 等(2001)提出。

在其他发展中,人们考虑阻抗为 Z 的导体网格嵌入网格(图 4.7.28)。如果网格很密集,就像当一个单元比波长小时的情况一样,网格的表现就像一个均匀的薄片。一般来说,Z 可以是任意复数。用纯电阻 Z 实现了一个电阻片。

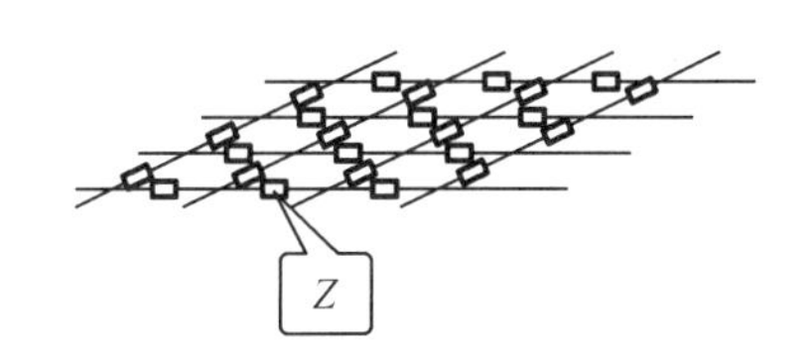

图 4.7.28　具有嵌入式阻抗的网状薄片

密集网格可以用 Kontorovich 等(1987)提出的平均边界条件进行分析,得到以下结果:

$$\vec{E}_{\tau}^{+}=\vec{E}_{\tau}^{-}=\vec{E}_{t} \tag{4.7.33}$$

$$\hat{Z}_{g}[\vec{n}_{0},\vec{H}_{\tau}^{+}-\vec{H}_{\tau}^{-}]=\hat{Z}_{g}\vec{j}_{S}^{e}=\vec{E}_{\tau} \tag{4.7.34}$$

式中,上标+/-表示薄板顶部和底部接近网格的场强;τ 表示与薄板相切的场分量;$\vec{j}_{S}^{e}$ 是薄板感应的电流;$\hat{Z}_{g}$ 称为网格阻抗,是一般情况下的张量算子(详见 Tretyakov,2003)。波与这种材料相互作用的机制可以称为半透明性。也就是说,源辐射的波部分被薄板反射,部分穿透薄板。Tatarnikov(2008d)初步讨论了具有纯虚部或复杂嵌入阻抗 Z 的半透明接地层的潜在性能,Tatarnikov(2012)对此进行了进一步总结。对于图 4.7.10(a)中的二维模型,半透明地平面,平均电流的物理光学电流近似值为

$$\vec{j}_{S}^{e}\approx\vec{x}_{0}U^{m}\frac{k}{4\eta_{0}}2H_{0}^{(2)}(kx)Q(q) \tag{4.7.35}$$

其中

$$q=\sqrt{2}\,e^{-i(\pi/4)}\frac{Z_{g}}{W_{0}}\sqrt{kx} \tag{4.7.36}$$

$$Q(q)=1-iqe^{-q^{2}}\sqrt{\pi}\,(1\mp\Phi(\pm iq))\,;\quad \mathrm{Im}(q)>/<0 \tag{4.7.37}$$

以及

$$\Phi(q)=\frac{2}{\sqrt{\pi}}\int_{0}^{q}e^{-t^{2}}dt \tag{4.7.38}$$

这是概率积分。这些表达式表明,对于 $Z_g \leqslant 0$ 来说,电流衰减为$(kx)^{-3/2}$,比完全导电的情况要快。对于 $Z_g \geqslant 0$,由于初始表面波的形成,电流增加,然后迅速消失。因此,在电流控制方面,复杂 Z_g 可能提供更大的灵活性。Tatarnikov(2012)提供了与 GNSS 天线设计相关的更多细节和实施示例。

4.7.7 阵列天线

阵列天线由一组天线组成,为同时工作的天线单元。图 4.7.29 显示了 $2N+1$ 个天线单元,用粗点表示,沿着 x 轴放置在增量 d 处。简单起见,我们将元素的总数视为奇数。使用偶数个元素的情况被类似地处理。假设所有的天线元件都是同一类型,$f(\theta)$是一个天线元件的辐射方向图,并且假设所有的天线元件都被施加到它们的输入端的复合电压 $U_q(q=-N,\cdots,N)$所激励。考虑由角度 θ 确定的空间方向,我们现在采用 4.1.4 节中已经讨论过的方法。考虑天线远场区域的观测点。在这种情况下,传播到天线单元的波的方向基本上是平行的。来自第 q 个天线单元的信号将以等于 $kqd\sin\theta$ 的相位延迟或相位提前到达,其中 k 是波数。因此,来自阵列的总信号为

$$F(\theta)=f(\theta)\sum_{q=-N}^{N}U_q\mathrm{e}^{\mathrm{i}kqd\sin\theta} \tag{4.7.39}$$

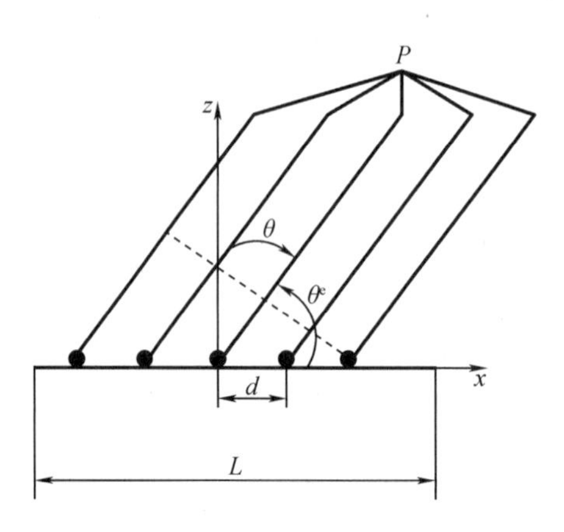

图 4.7.29 线性阵列天线

式(4.7.29)被称为模式乘法定理。它表明阵列方向图是两个项的乘积:天线单元的辐射方向图和阵列因子。我们将数组因子指定为 $S(\theta)$并写为

$$S(\theta)=\sum_{q=N}^{N}U_q\mathrm{e}^{\mathrm{i}kqd\sin\theta} \tag{4.7.40}$$

为了说明阵列因子,使所有的天线元件以相同的振幅和线性渐进的相移来激发天线元件在阵列内的位置,使得

$$U_q=\mathrm{e}^{-\mathrm{i}q\psi} \quad \psi=\mathrm{const} \tag{4.7.41}$$

将此表达式代入式(4.7.40)并对几何级数求和得到

$$S(\theta)=\frac{\sin\left((2N+1)\frac{kd\sin\theta-\Psi}{2}\right)}{\sin\left(\frac{kd\sin\theta-\Psi}{2}\right)} \tag{4.7.42}$$

我们取不同天线单元的路径延迟通过相移 ψ 补偿的空间方向，这样可得

$$\psi=kd\sin\theta_0 \tag{4.7.43}$$

在该方向上，阵列因子(4.7.42)达到等于元素 $2N+1$ 的数量的最大值。这被称为阵列的主光束。相移 ψ 由阵列馈电系统控制。根据式(4.7.43)，通过改变 ψ，主光束作为 θ 的函数移动。这被称为波束控制。

图 4.7.29 显示了阵列的波束控制能力，有三个 θ_0 值。阵列因子(4.7.42)由粗虚线绘制。我们采用了 $2N+1=11$ 个元素和 $d=0.5\lambda$ 的整数间距。使用仰角 θ^e 代替天顶角 θ。注意，如果阵列在宽边方向 $\theta_0=0$(顶部面板)形成波束，则波束 $\Delta\theta_0$ 的宽度与阵列的总长度成反比。从式(4.7.42)中可以看出(详情请见 Mailloux (2005)和 Van Trees(2002)的文献)：

$$\Delta\theta_0\approx 51^{\circ}\frac{\lambda}{(2N+1)d} \tag{4.7.44}$$

当光束偏离宽边方向时，光束宽度通常会增加。这是由阵列总长度在主光束方向上的投影大小决定的(图 4.7.29 和图 4.7.30(b))，因此光束宽度服从

$$\Delta\theta_0\approx\frac{\Delta\theta_0}{\cos\theta} \tag{4.7.45}$$

主波束被局部最大值包围，被称为旁瓣。采用阵列因子(4.7.42)，最大旁瓣电平约为 −13 dB。

然而，除了光束加宽之外，光束转向还会出现另一种现象。如果对于主光束 θ_0 的给定方向，整数 p 可以表示为 $\left|\sin\theta_0+p\frac{\lambda}{d}\right|\leqslant 1$，那么另一个光束将在方向 θ_p 上形成，使得

$$\sin\theta_p=\sin\theta_0+p\frac{\lambda}{d} \tag{4.7.46}$$

这个光束被称为光栅波瓣。令 $d=0.5\lambda$，如果主光束转向 $\theta=90^{\circ}$，则在 $\theta=-90^{\circ}$ 处观察到光栅波瓣。图 4.7.30(c)显示了主波束相对于阵列转向 10°的情况。可以看到 $\theta^e=180^{\circ}$ 方向的栅瓣形成。

上面的阵列被称为线性阵列，因为所有元素都在一个方向上对齐。为了在半球内提供波束控制，使用了平面阵列。平面阵列的阵列因子推导非常简单。读者可以参考 Mailloux (2005)和 Van Trees (2002)的文献了解详情。

然而，要注意的是，利用模式倍增定理，天线元件的电磁耦合被完全忽略。这种耦合表现为天线元件与馈线的不匹配，这种不匹配是主波束方向和天线元件在阵列中的位置的函数。由于这种耦合，天线单元的辐射图作为单元位置的函数而变化。此外，当主光束或光栅波瓣朝向接近掠射阵列的方向时，通常观察到阵列元件与馈线的巨大失配。这就是所谓

的扫描失明。考虑到所有这些影响的基本指导是可用的。读者可以参考 Hansen(2009)、Amitay 等(1972)和 Mailloux (2005)的文献。乘法定理被广泛用作一阶估计。

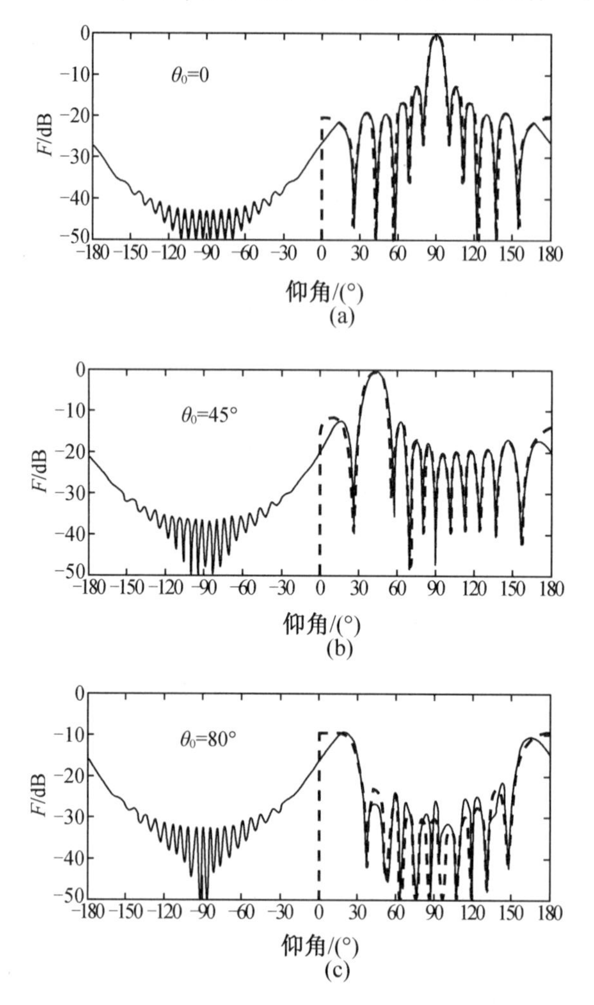

图 4.7.30　11 元素线性阵列的辐射图

关于 GNSS 接收天线,检查阵列抑制来自地面下的多路径信号的能力是令人感兴趣的。我们返回到图 4.7.29,但是现在将阵列元件视为排列在尺寸为 L 的地平面上的磁力线电流。根据 4.7.3 节的推导,我们得到了元件的辐射图的表达式,该元件从原点偏移了一个因子 qd。

$$F_q(\theta^e) = e^{ikqd\cos\theta^e} \times \left\{ \begin{pmatrix} 2 \\ 0 \end{pmatrix} - \frac{2}{\sqrt{\pi}} e^{i(\pi/4)} \left(\sin\frac{\theta^e}{2} \int_{\sqrt{k[(L/2)+qd](1+\cos\theta^e)}}^{\infty} e^{-it^2} dt + \begin{pmatrix} +1 \\ -1 \end{pmatrix} \cos\frac{\theta^e}{2} \int_{\sqrt{k[(L/2)-qd](1-\cos\theta^e)}}^{\infty} e^{-it^2} dt \right) \right\} \tag{4.7.47}$$

式中,$0<\theta^e\leqslant\pi$,$-\pi<\theta^e\leqslant 0$。我们看到,这种模式是元件到接地层边缘距离的函数。因此,严格地说,模式乘法定理(4.7.39)不适用于这种情况。为了计算阵列模式,需要将模式(4.7.47)乘以激励电压 U_q(见式(4.7.41)、式(4.7.43))并对所有模式求和。这样,就获得了图 4.7.30

中的实心细曲线。假设大小为 L 的接地面等于六个波长。可以说,地平面边缘对顶半球的模式贡献很小。然而,地平面边缘的激发定义了阵列下方方向上的模式读数。在这点上,当主光束转向低仰角时,阵列边缘的照明增加。如图 4.7.30(c)所示,10°的上下比大约为几分贝。因此,与单个元件相比,该阵列在多路径保护方面没有显著优势。

波束控制只是被称为波束形成的更广泛的阵列技术的一个特殊情况。读者可以参考 Van Trees(2002)的文献。通过适当选择式(4.7.39)中的激励电压,一个阵列可以形成几个独立的波束,或者执行零控制而不是波束控制。后者对 GNSS 的应用特别重要。

零操纵指的是阵列模式在非期望信号的方向上表现出深度下降或空的情况。因此,有意或无意的干扰可以随着来自上半球方向的多路径到达而减轻。一般来说,平面阵列能够形成几个独立的零点。如果不希望的信号到达的方向是已知的,那么可以使用被称为传统波束形成器的确定性过程之一来合成相应的模式。然而,通常情况并非如此。

对于未知的到达方向,估计并使用期望信号和实际信号的时间序列的相关性。这样做的潜在好处是不仅可以估计到达的方向,还可以帮助解决近距离到达的问题。相应的技术被称为自适应处理、最佳处理或空时自适应处理。对该方法的完整处理超出了本讨论的范围。读者可以参考 Van Trees(2002)、Gupta 等(2001)和 Rao 等(2013)的更多细节。

回到减轻地面反射,是高精度定位的最大误差源,值得注意的是,使用垂直阵列而不是水平阵列已经获得了显著的优势。图 4.7.31 方框中显示了插入的 5 个元素的垂直数组。这些元素应该是全方位的,元素间距是波长的 1/4。假设激励电压为

$$U_q = \mathrm{e}^{-\mathrm{i}kqd}\cos\left(\pi\,\frac{q}{5}\right)\quad q=-2,\cdots,2 \tag{4.7.48}$$

这意味着元素被向上传播的波激发。抑制第一个和最后一个元素的激发。图 4.7.31 中显示的相应辐射图覆盖了整个顶部半球,在穿过地平线时有一个急剧下降,即截止点。如前所述,这是接近"无多路径天线"所需要的。Counselman (1999)提出了这种阵列的更精确的合成。

然而,如前所述,阵列因子估计受到"缺少电磁"的影响,电磁计算机模拟软件的发展和优化成就了 Lopez(2010)的卓越的垂直阵列天线。该阵列略高于 2 m,超过 10 个波长,直径约 10 cm。它从地平线以下 5°处开始提供大约 40 dB 的地面多路径抑制。

作为进一步的发展,可以考虑球形阵列而不是垂直阵列。球形阵列潜在地提供了一个优点,即具有对来自地面以下的多路径信号的良好抑制,以及相对于方位角的波束成形或零操纵能力。因此,来自顶部半球的多路径误差也可以得到缓解。Tatarnikov 等(2012)进行了相关讨论。例如,图 4.7.32 显示了这种阵列天线的一个子午环的图像,测量模式如图(b)所示。从 10°开始,多路径抑制为 20 dB 环的直径是 65 cm。

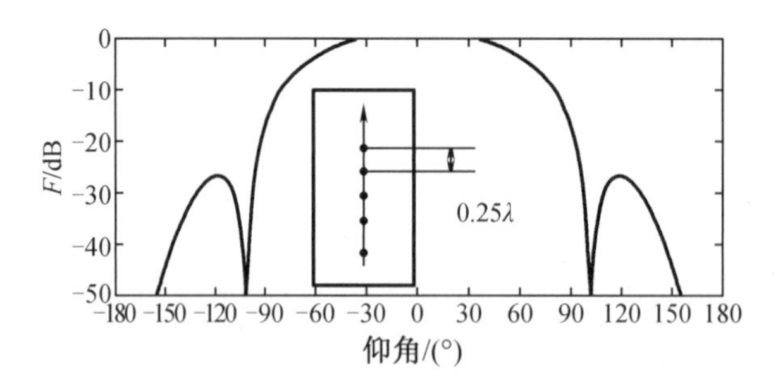

图 4.7.31　垂直 5 元素阵列的辐射方向图

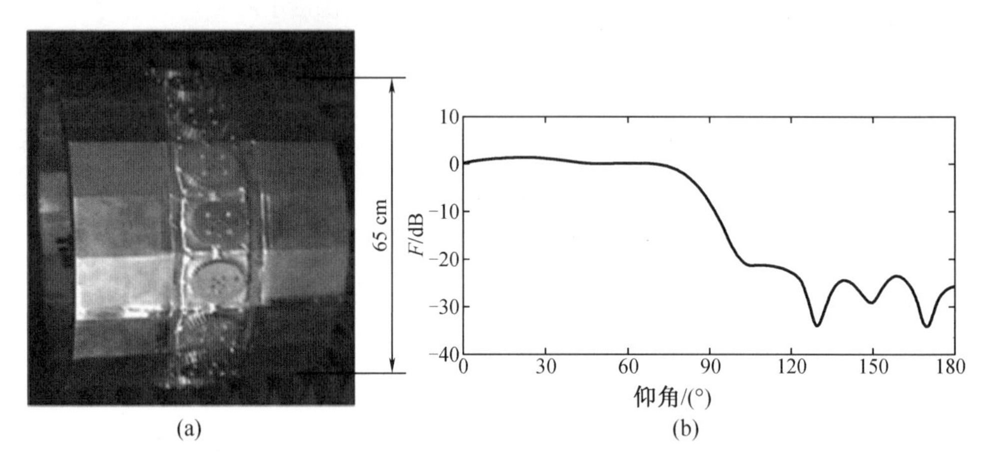

图 4.7.32　球面阵列子午环的实验样品和辐射方向图

4.7.8　天线制造问题

在制造用于高精度定位的天线时，主要关注的是天线校准数据的一致性和可靠性。如图 4.7.9 和图 4.7.16 所示，当天线由小部件组成时，尤其如此，例如电容极板或引脚结构。实践经验表明，最敏感的指标之一是天线相位中心在水平面上的稳定性。

确保制造一致性的一个方便使用的工具是 Wubbena 等(1996,2000)描述的绝对天线校准程序。为了测量水平平面中的相位中心偏移，他们使用了相对于垂直轴旋转被测天线的机器人。图 4.7.33 显示了安装在天线制造厂屋顶上的机器人。将单轴限制应用于刚刚提到的程序，可以在几次旋转内实现水平相位中心偏移 0.3~0.4 mm 的测量精度。Topcon 中心的 I. Soutiaguine 已经开发了相应的软件。

图 4.7.33　安装在旋转机器人上的 PN-A5 天线

附录 A　统　计　学

在附录中,我们简要总结了统计学方面的内容,这些内容足以使读者理解统计学在平差中的常规应用,特别是 $\boldsymbol{v}^{\mathrm{T}}\boldsymbol{P}\boldsymbol{v}$ 分布的推导和平差有效性的基本检验方法;讨论了一维分布、假设检验、随机变量的简单函数分布、多元正态分布和方差-协方差传播。读者可以参考标准统计文献来深入研究统计学。

首先,让我们回顾一些基本术语:观测量(或统计事件)是统计实验的结果,如掷骰子、测量角度或距离。随机变量是事件的结果,用波浪号表示。因此,$\tilde{x}$ 是一个随机变量,$\tilde{\boldsymbol{x}}$ 是一个随机向量。然而,当表示随机变量的符号明确时,我们通常为简化符号而不使用波浪号。总体是所有事件的总和,它包含随机变量具有的所有可能值。总体由一组有限的参数描述,称为总体参数。正态分布(例如描述一个总体)完全是由均值和方差说明的。样本是总体的子集。例如,如果相同的距离被测量了 10 次,那么这 10 次测量就是所有可能测量值的样本。统计学表示对总体参数或参数函数的估计,它是从一个样本计算出来的。例如,相同距离的 10 个测量值可以用来估计正态分布的均值和方差。概率与特定事件发生的频率有关,随机变量的每个值都有一个相关的概率。概率密度函数将概率与随机变量的可能值联系起来。

A.1　一 维 分 布

此处列出了卡方分布、正态分布、t 分布和 F 分布。当然,这些是最基本的分布,只是为了方便学生学习而列出。此外,我们还介绍了均值和方差。

概率密度和累积概率:如果 $f(x)$ 表示概率密度函数,则

$$P(a \leqslant \tilde{x} \leqslant b) = \int_a^b f(x)\,\mathrm{d}x \tag{A.1.1}$$

是随机变量 $\tilde{x}$ 假定值在区间 $[a,b]$ 的概率。$f(x)$ 是一个随机变量 $\tilde{x}$ 的概率函数,它必须满足某些条件。首先,$f(x)$ 必须是非负函数,因为实验总是有结果的,即观测值可以是正的、负的,甚至是零。其次,样本(观测量)所有可能结果的概率之和为 1。因此,密度函数 $f(x)$ 必须满足以下条件:

$$f(x) \geqslant 0 \tag{A.1.2}$$

$$\int_{-\infty}^{\infty} f(x)\,\mathrm{d}x = 1 \tag{A.1.3}$$

对随机变量的整个范围(总体)进行积分。条件(A.1.2)和(A.1.3)表明密度函数在负

无穷大和正无穷大处为零。概率

$$P(\tilde{x} \leqslant x) = F(x) = \int_{-\infty}^{x} f(t)\,\mathrm{d}t \tag{A.1.4}$$

称为累积分布函数。根据条件(A.1.2),它是一个非递减函数。

均值:均值也称为连续分布随机变量的期望值,被定义为

$$\mu_x = E(\tilde{x}) = \int_{-\infty}^{\infty} x f(x)\,\mathrm{d}x \tag{A.1.5}$$

均值是随机变量密度函数的函数。该积分法可扩展到总体。方程类似于离散分布情况下的加权平均值。

方差:方差定义为

$$\sigma_x^2 = E(\tilde{x} - \mu_x)^2 = \int_{-\infty}^{\infty} (x - \mu_x)^2 f(x)\,\mathrm{d}x \tag{A.1.6}$$

方差衡量的是概率密度的分布,它给出了距离均值的平方偏差的期望值。因此,小的方差表明大多数概率密度位于均值附近。

卡方分布:卡方密度函数为

$$f(x) = \begin{cases} \dfrac{1}{2^{\frac{r}{2}}\Gamma\left(\dfrac{r}{2}\right)} x^{\frac{r}{2}-1} \mathrm{e}^{-\frac{x}{2}} & x>0 \\ 0 & x \leqslant 0 \end{cases} \tag{A.1.7}$$

式中,符号 r 表示一个正整数,称为自由度。均值(也叫期望值)等于 r,方差等于 $2r$。自由度足以完全描述卡方分布。符号 Γ 表示著名的 γ 函数,在高等微积分的书中被写成

$$\Gamma(g) = (g-1)! \tag{A.1.8}$$

$$\Gamma\left(g+\frac{1}{2}\right) = \frac{\sqrt{\pi}}{2^{2g}} \frac{\Gamma(2g)}{\Gamma(g)} \tag{A.1.9}$$

式中,g 为正整数。图 A.1.1 给出了小自由度卡方分布的例子。随机变量 $\tilde{x}$ 小于 w_α 的概率为

$$P(\tilde{x} < w_\alpha) = \int_0^{w_\alpha} f(x)\,\mathrm{d}x = 1 - \alpha \tag{A.1.10}$$

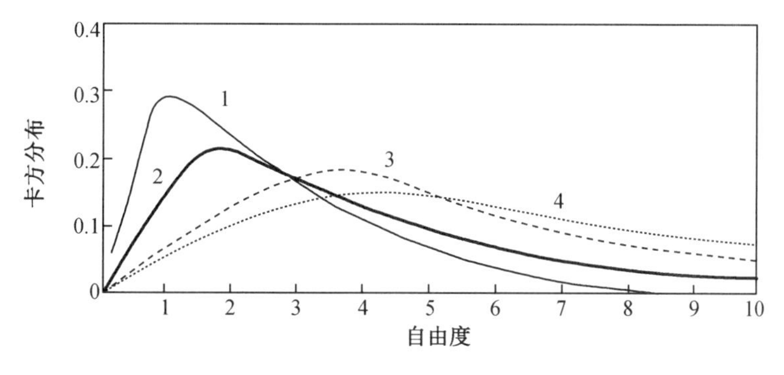

图 A.1.1　不同自由度的卡方分布

关于符号,方程(A.1.10)意味着 w_α 的右边的概率为 α;从 w_α 到无穷的积分为 α。如果随机变量 $\tilde{x}$ 为 r 自由度的卡方分布,那么我们用符号 $\tilde{x} \sim \chi_r^2$ 表示。

分布(A.1.7)更加精确地表述为中心卡方分布。非中心卡方分布是这种分布的推广。密度函数没有简单的闭环形式;它由无穷项的和组成。如果 $\tilde{x}$ 非中心卡方分布,通常使用 $\tilde{x} \sim \chi_{r,\lambda}^2$ 表示,λ 表示非中心参数。其均值为

$$E(\tilde{x}) = r+\lambda \tag{A.1.11}$$

而不是中心卡方分布的 r。

正态分布:正态分布的密度函数为

$$f(x) = \frac{1}{\sigma\sqrt{2\pi}} e^{-(x-\mu)^2/2\sigma^2} \quad -\infty < x < \infty \tag{A.1.12}$$

式中,μ 和 σ^2 分别表示均值和方差,通常使用符号 $\tilde{x} \sim n(\mu,\sigma^2)$ 表示。两个参数 μ 和 σ^2 能够完全描述正态分布,如图 A.1.2 所示。

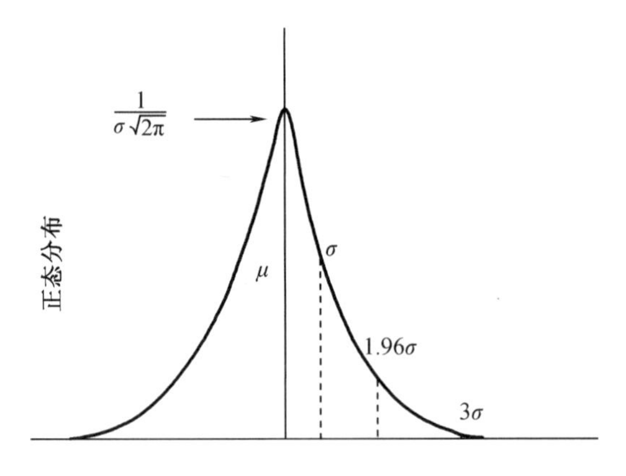

图 A.1.2　正态密度函数

正态分布具有以下特点:

(1)分布是关于均值对称的;

(2)最大密度在均值处;

(3)方差小的情况与方差大的相比,最大密度更大,斜率更陡;

(4)拐点在 $x=\mu\pm\sigma$ 处。

如果 $x \sim n(\mu,\sigma^2)$,那么转换变量得到零均值和单位方差的标准正态分布为

$$\tilde{w} = \frac{\tilde{x}-\mu}{\sigma} \sim n(0,1) \tag{A.1.13}$$

随机变量 $\tilde{w}$ 服从标准正态分布。$\tilde{w}$ 的密度函数是

$$f(w) = \frac{1}{\sqrt{2\pi}} e^{-w^2/2} \quad -\infty < w < \infty \tag{A.1.14}$$

随机变量 $\tilde{x}$ 小于 w_α 的概率为

$$P(\tilde{x} < w_\alpha) = \int_0^{w_\alpha} f(w)\,\mathrm{d}w \tag{A.1.15}$$

表 A.1.1 列出了经常引用的选定值。对于正态分布,68%的观测量落在离均值一个标准差范围内,并且仅 370 次观测量偏离平均值超过 3σ。因此,3σ 值有时被视为随机误差的极限。与平均值相比的任何较大偏差通常都被视为错误。从统计学上看,大的错误是无法避免的,但它们的发生概率较低。3σ 标准并不一定适用于最小二乘平差,因为平差后的随机变量是多元分布的,并且是相关的。

表 A.1.1　正态分布常用选定值

x	σ	2σ	3σ	0.674σ	1.645σ	1.960σ
$N(x)-N(-x)$	0.682 7	0.954 4	0.997 3	0.5	0.90	0.95

***t* 分布**:假设 $\tilde{w}\sim n(0,1)$,$\tilde{v}\sim\chi^2$ 分别为服从单位正态分布和卡方分布的两个独立的随机变量,则随机变量 t 服从自由度为 r 的 t 分布。

$$\tilde{t} = \frac{\tilde{w}}{\sqrt{\tilde{v}/r}} \tag{A.1.16}$$

分布函数为

$$f(t_r) = \frac{\Gamma[(r+1)/2]}{\sqrt{\pi r}\,\Gamma(r/2)}\left[1+\frac{t^2}{r}\right]^{-(r+1)/2} \quad -\infty < t < \infty \tag{A.1.17}$$

密度函数关于 $t=0$ 是对称的,如图 A.1.3 所示。

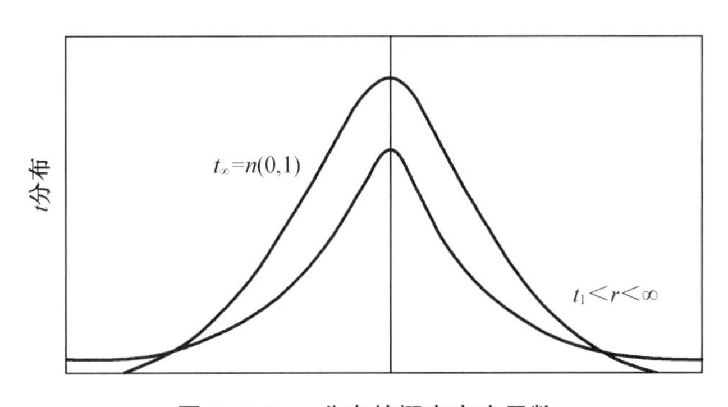

图 A.1.3　*t* 分布的概率密度函数

此外,如果 $r=\infty$,则 t 分布与标准正态分布相同,即

$$t_\infty = n(0,1) \tag{A.1.18}$$

均值(0)附近的密度小于标准正态分布,而在分布两端则相反。t 分布会迅速收敛于正态分布。如果随机变量 $\tilde{w}\sim n(\delta,1)$ 服从方差为 1、均值不为零的分布,那么函数为具有自由度 r 和非中心参数 δ 的非中心 t 分布。

***F* 分布**:假设两个独立的随机变量分别服从自由度为 r_1 和 r_2 的卡方分布,即 $\tilde{u}\sim\chi^2_{r_1}$,$\tilde{v}\sim\chi^2_{r_2}$,

那么随机变量

$$\widetilde{F}=\frac{\widetilde{u}/r_1}{\widetilde{v}/r_2} \tag{A.1.19}$$

的密度函数为

$$f(F_{r_1,r_2})=\frac{\Gamma[(r_1+r_2)/2](r_1/r_2)^{r_1/2}}{\Gamma(r_1/2)\Gamma(r_2/2)}\frac{F^{(r_1/2)-1}}{(1+r_1F/r_2)^{(r_1+r_2)/2}}\quad 0<F<\infty \tag{A.1.20}$$

F 分布有 r_1 和 r_2 两个自由度。当 $r_2>2$ 时,其平均值(或者期望)为

$$E(F_{r_1,r_2})=\frac{r_2}{r_2-2} \tag{A.1.21}$$

由于密度函数在这些变量中是不对称的,因此应该始终注意需要正确地识别自由度序列,如图 A.1.4 所示。

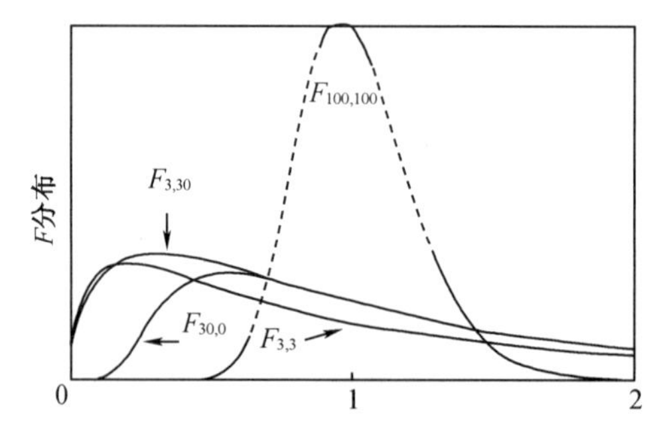

图 A.1.4　F 分布

F 分布具有如下的关系:

$$F_{r_1,r_2,\alpha}=\frac{1}{F_{r_2,r_1,1-\alpha}} \tag{A.1.22}$$

F 分布与 t 分布和卡方分布的关系如下:

$$t_r^2\sim F_{1,r} \tag{A.1.23}$$

$$\frac{\chi_r^2}{r}\sim F_r^{\infty} \tag{A.1.24}$$

如果 $\widetilde{u}\sim\chi^2_{r_1,\lambda}$ 服从自由度为 r_1 和非中心参数为 λ 的非中心卡方分布,那么函数服从自由度为 r_1 和 r_2、非中心参数为 λ 的非中心 F 分布。如果非中心分布均值 $\widetilde{u}\sim\chi^2_{r_1,\lambda}$ 服从自由度为 r_1 和非中心参数为 λ 的非中心卡方分布,那么函数服从自由度为 r_1 和 r_2、非中心参数为 λ 的非中心 F 分布。非中心分布均值为

$$E(F_{r_1,r_2,\lambda})=\frac{r_2}{r_2-2}\left(1+\frac{\lambda}{r_1}\right) \tag{A.1.25}$$

A.2　简单函数分布

有些随机变量函数在最小二乘估计中是有用的。假设$(\tilde{x}_1,\tilde{x}_2,\cdots,\tilde{x}_n)$是 n 维独立的随机变量，每个变量服从不同均值 μ_i 和方差 σ_i^2 的正态分布，那么线性函数

$$\tilde{y}=k_1\tilde{x}_1+k_2\tilde{x}_2+\cdots+k_n\tilde{x}_n \tag{A.2.1}$$

服从分布

$$\tilde{y}\sim n\left(\sum_i^n k_i\mu_i,\sum_i^n k_i^2\sigma_i^2\right) \tag{A.2.2}$$

如果随机变量 $\tilde{w}$ 服从标准正态分布 $\tilde{w}\sim n(0,1)$，那么标准正态分布的平方

$$\tilde{v}=\tilde{w}^2\sim\chi_1^2 \tag{A.2.3}$$

服从自由度为 1 的卡方分布。

假设$(\tilde{x}_1,\tilde{x}_2,\cdots,\tilde{x}_n)$是 n 维独立的随机变量，每个变量服从不同自由度 r_i 的卡方分布，那么随机变量

$$\tilde{y}=k_1\tilde{x}_1+k_2\tilde{x}_2+\cdots+k_n\tilde{x}_n \tag{A.2.4}$$

服从分布

$$\tilde{y}\sim\chi^2_{\sum r_i} \tag{A.2.5}$$

其自由度等于各自由度之和。

假设$(\tilde{x}_1,\tilde{x}_2,\cdots,\tilde{x}_n)$是 n 维独立的随机变量，每个变量均服从正态分布，均值非零，那么

$$\tilde{y}\sim\sum\tilde{w}^2=\sum^n\left(\frac{\tilde{x}_i-\mu_i}{\sigma_i}\right)^2\sim\chi_n^2 \tag{A.2.6}$$

假设$(\tilde{x}_1,\tilde{x}_2,\cdots,\tilde{x}_n)$是拥有不同均值 μ_i 和方差 σ_i^2 的 n 维独立的随机变量，那么它们的平方和服从非中心卡方分布：

$$\tilde{y}=\sum\tilde{x}_i^2\sim\chi^2_{n,\lambda} \tag{A.2.7}$$

其自由度为 n，非中心参数 λ 为

$$\lambda=\sum\frac{\mu_i^2}{\sigma_i^2} \tag{A.2.8}$$

A.3 假设检验

假设是关于分布参数的一种陈述。假设检验是根据样本值决定是否接受原假设的规则。检验统计量是由样本值(观测量)和原假设的规范计算得到的。如果检验统计量落在一个临界区域内,则拒绝原假设。例如,$\widetilde{\boldsymbol{v}}^{\mathrm{T}}\boldsymbol{P}\widetilde{\boldsymbol{v}}$ 是一个具有卡方分布的检验统计量。计算检验统计量是 $\hat{\boldsymbol{v}}^{\mathrm{T}}\boldsymbol{P}\boldsymbol{v}$。原假设说明单位权重的后验方差和先验方差是相同的。

如果原假设 H_0 为真,因为样本统计量是根据样本值(观测量)计算的,所以计算值可能落在临界区域内,发生的概率为 α。如果假设 H_0 是正确的,但是假设 H_0 被拒绝,那么就会发生Ⅰ类错误;Ⅰ类错误发生的概率是 α(α 是检验的显著性水平)。然而,当 H_0 为假(因此 H_1 为真)时,样本统计量有可能落在临界区域,它发生的概率为 $1-\beta$,并且用密度函数 $f(t|H_1)$ 从 t_α 到∞下的面积表示,如图 A.3.1 所示。如果备择假设 H_1 为真且样本统计量不位于临界区域,则会错误地接受 H_0 并发生Ⅱ类错误。Ⅱ类错误发生的概率为 β。

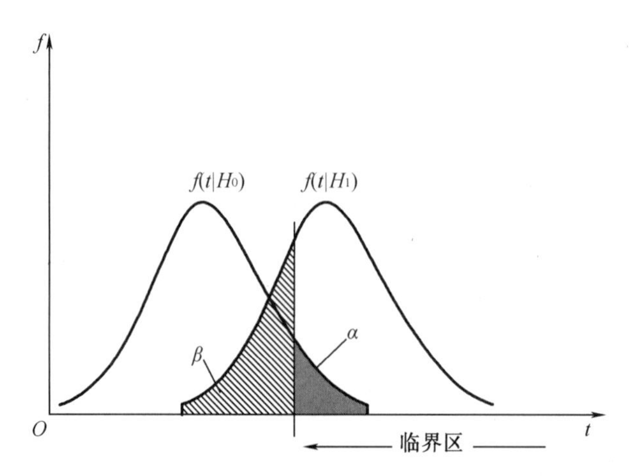

图 A.3.1 检验统计量与临界区域概率分布的例子

图 A.3.1 为检验统计量在原假设 H_0 和备择假设 H_1 规范下的概率密度函数。图中还显示了拒绝原假设的临界区域,如果计算的样本统计量 t 落在该区域,则接受备择假设。因此,如果

$$t>t_\alpha \tag{A.3.1}$$

则拒绝 H_0。

备择假设下检验统计量密度函数的形状和位置取决于备择假设的规模。因此,Ⅱ类错误的概率 β 取决于 H_1 的规范。在检验统计中,最理想的方法是将这两种错误的概率降到最低。然而,这是不实际的,因为一般来说备择假设的分布是非中心类型的,因此不得不计算Ⅱ类错误的概率。图 A.3.1 显示概率 β 随 α 减少。常见的过程是固定Ⅰ类错误的概率,假设 $\alpha=0.05$,而不是计算 β。

条件(A.3.1)是分布上端的单尾检验。根据情况,可能需要采用双尾检验。在这种情

况下,如果

$$|t|>t_{\alpha/2} \tag{A.3.2}$$

那么原假设被拒绝,并且 H_0 下的分布是对称的。如果

$$t>t_{\alpha/2} \tag{A.3.3}$$

$$t<t_{1-\alpha/2} \tag{A.3.4}$$

那么假设被拒绝,并且分布不对称。临界区位于分布的两个尾部,每个尾部覆盖 $\alpha/2$ 的概率面积。

然而,更多学者努力地去研究如何控制 β 的大小(Baarda,1968)。首先,犯Ⅱ类错误意味着即使备择假设为真,也要接受原假设。例如,它意味着即使实际发生了变形也可能得出没有发生变形的结论。在许多方面这样的错误可能会付出代价。

拟合优度检验是统计检验的一个简单而有用的例子。假设我们希望检验一系列观察量,以确定它们是否来自具有特定分布的总体。我们将观察序列细分为 n 个区间,设 n_i 表示区间 i 中观察量的个数,划分应该使 $n_i \geqslant 5$。根据假设的分布计算每个区间的观测量 d_i。可以证明

$$\chi^2 = \sum_{i=1}^{n} \frac{(n_i - d_i)^2}{d_i} \tag{A.3.5}$$

近似服从 χ^2_{n-1} 分布。零假设表明样本来自指定的分布。如果

$$\chi^2>\chi^2_{n-1,\alpha} \tag{A.3.6}$$

那么在显著性水平 $100\alpha\%$ 拒绝 H_0。这个检验可以用来验证归一化残差是否服从 $n(0,1)$ 分布。

A.4　多元分布

倘若

$$f(x_1,x_2,\cdots,x_n) \geqslant 0 \tag{A.4.1}$$

$$\int_{-\infty}^{\infty} \cdots \int_{-\infty}^{\infty} f(x_1,x_2,\cdots,x_n)\,\mathrm{d}x_1 \cdots \mathrm{d}x_n = 1 \tag{A.4.2}$$

那么任何关于 n 维连续变量 $\tilde{x}_i$ 的函数 $f(x_1,x_2,\cdots,x_n)$ 为多元联合密度函数。将式(A.1.4)扩展为

$$P(\tilde{x}_1 < a_1,\cdots,\tilde{x}_n < a_n) = \int_{-\infty}^{\infty} \cdots \int_{-\infty}^{\infty} f(x_1,x_2,\cdots,x_n)\,\mathrm{d}x_1 \cdots \mathrm{d}x_n \tag{A.4.3}$$

随机变量子集 $(x_1,x_2,\cdots,x_p)$ 的边缘密度是

$$g(\tilde{x}_1 < a_1,\cdots,\tilde{x}_n < a_p) = \int_{-\infty}^{\infty} \cdots \int_{-\infty}^{\infty} f(x_1,x_2,\cdots,x_n)\,\mathrm{d}x_{p+1}\mathrm{d}x_{p+2} \cdots \mathrm{d}x_n \tag{A.4.4}$$

随机独立性:在处理多元分布时,需要随机独立的概念。如果两组随机变量 $(\tilde{x}_1,\cdots,\tilde{x}_p)$,$(\tilde{x}_p,\cdots,\tilde{x}_{p+1})$ 的联合密度函数可以写成两个边缘密度函数的乘积,那么这两组随机变量

是随机独立的。例如:

$$f(x_1,x_2,\cdots,x_n)=g_1(x_1,x_2,\cdots,x_p)g_2(x_{p+1},x_{p+2},\cdots,x_n) \tag{A.4.5}$$

向量期望:单个参数 x_i 的期望值为

$$\mu_{x_i}=E(\tilde{x}_i)=\int_{-\infty}^{\infty}\cdots\int_{-\infty}^{\infty}x_i f(x_1,x_2,\cdots,x_n)\mathrm{d}x_1\cdots\mathrm{d}x_n \tag{A.4.6}$$

在向量表示法中,所有参数的期望值为

$$E(\tilde{\boldsymbol{x}})=[E(\tilde{x}_1)\quad\cdots\quad E(\tilde{x}_n)]^{\mathrm{T}} \tag{A.4.7}$$

方差:单个参数的方差为

$$\sigma_{x_i}^2=E(\tilde{x}_i-\mu_{x_i})^2=\int_{-\infty}^{\infty}\cdots\int_{-\infty}^{\infty}(x_i-u_{x_i})^2 f(x_1,x_2,\cdots,x_n)\mathrm{d}x_1\cdots\mathrm{d}x_n \tag{A.4.8}$$

协方差:对于多元分布来说,协方差十分重要,它描述了两个随机变量之间的统计关系。协方差为

$$\begin{aligned}\sigma_{x_i,x_j}&=E[(x_i-\mu_{x_i})(x_j-\mu_{x_j})]\\&=\int_{-\infty}^{\infty}\cdots\int_{-\infty}^{\infty}(x_i-u_{x_i})(x_j-\mu_{x_j})f(x_1,x_2,\cdots,x_n)\mathrm{d}x_1\cdots\mathrm{d}x_n\end{aligned} \tag{A.4.9}$$

方差总是非负的,而协方差可以是负的、正的,甚至是零。

相关系数:两个随机变量的相关系数定义为

$$\rho_{x_i,x_j}=\frac{E[(\tilde{x}_i-\mu_{x_i})(\tilde{x}_j-\mu_{x_j})]}{\sigma_{x_i}\sigma_{x_j}}=\frac{\sigma_{x_i,x_j}}{\sigma_{x_i}\sigma_{x_j}} \tag{A.4.10}$$

因此,相关系数等于协方差除以各自的标准差。相关系数的一个重要性质为

$$-1\leqslant\rho_{x_i,x_j}\leqslant 1 \tag{A.4.11}$$

如果两个随机变量是随机独立的,那么协方差(即相关系数)为零。利用独立随机变量的密度函数,我们可以将式(A.4.9)写为

$$\begin{aligned}\sigma_{x_i,x_j}&=\int_{-\infty}^{\infty}\cdots\int_{-\infty}^{\infty}(x_i-u_{x_i})(x_j-\mu_{x_j})g_i(x_i)g_j(x_j)\mathrm{d}x_i\mathrm{d}x_j\\&=\int_{-\infty}^{\infty}(x_i-u_{x_i})g_i(x_i)\mathrm{d}x_i\int_{-\infty}^{\infty}(x_j-\mu_{x_j})g_j(x_j)\mathrm{d}x_j\end{aligned} \tag{A.4.12}$$

根据均值的定义,这些积分是零。反过来,也就是说:零相关,意味着随机无关只对多元正态分布有效。

方差-协方差阵:式(A.4.6)、式(A.4.9)和式(A.4.10)可以用来表示方差、协方差和随机向量 $\tilde{\boldsymbol{x}}$ 中所有分量的相关性。随机向量

$$\tilde{\boldsymbol{x}}-\boldsymbol{\mu}_x=[\tilde{x}_1-\mu_{x_1}\quad\cdots\quad\tilde{x}_n-\mu_{x_n}]^{\mathrm{T}} \tag{A.4.13}$$

那么$(n\times n)$的方差-协方差矩阵 $\boldsymbol{\Sigma}_x$ 和相关矩阵 $\boldsymbol{C}$ 为

$$\boldsymbol{\Sigma}_x=E[(\tilde{\boldsymbol{x}}-\boldsymbol{\mu}_x)(\tilde{\boldsymbol{x}}-\boldsymbol{\mu}_x)^{\mathrm{T}}]=E(\tilde{\boldsymbol{x}}\tilde{\boldsymbol{x}}^{\mathrm{T}}-\boldsymbol{\mu}_x\boldsymbol{\mu}_x^{\mathrm{T}}) \tag{A.4.14}$$

$$\boldsymbol{\Sigma}_x = \begin{bmatrix} \sigma_{x_1}^2 & \sigma_{x_1,x_2} & \cdots & \sigma_{x_1,x_n} \\ & & \cdots & \sigma_{x_2,x_n} \\ & & \ddots & \vdots \\ \text{sym} & & & \sigma_{x_n}^2 \end{bmatrix}$$

$$\boldsymbol{C} = \begin{bmatrix} 1 & \rho_{x_1,x_2} & \cdots & \rho_{x_1,x_n} \\ & & \cdots & \rho_{x_2,x_n} \\ & & \ddots & \vdots \\ \text{sym} & & & 1 \end{bmatrix} \tag{A.4.15}$$

方差-协方差矩阵是对称的,因为在式(A.4.9)中切换下标只会切换因子。期望算子 E 应用于每个矩阵元素。简洁起见,方差-协方差矩阵通常简称为协方差矩阵。相关矩阵也是对称的,对角元素等于 1,非对角元素的范围从-1 到+1。

A.5　方差-协方差传播定律

方差-协方差传播的目的是计算随机变量线性函数的方差和协方差。非线性函数必须先线性化。方差-协方差传播适用于单随机变量或随机变量的向量。

传播定律:通常我们对随机变量的线性函数比对随机变量本身更感兴趣。典型的例子是用于计算距离和角度的调整坐标。根据均值的定义,对于常数 c

$$E(c) = c\int_{-\infty}^{\infty} f(x)\,\mathrm{d}x = c \tag{A.5.1}$$

$$E(c\tilde{x}) = cE(\tilde{x}) \tag{A.5.2}$$

常数的期望值(平均值)等于常数。因为均值是常数,那么

$$E[E(\tilde{x})] = \mu_x \tag{A.5.3}$$

由式(A.4.6)可以看出,多元密度函数对式(A.5.1)和式(A.5.2)也成立。设 $\tilde{y}=\tilde{x}_1+\tilde{x}_2$ 是一个随机变量的线性函数,那么

$$\begin{aligned} E(\tilde{x}_1 + \tilde{x}_2) &= \int_{-\infty}^{\infty}\int_{-\infty}^{\infty} (x_1 + x_2) f(x_1, x_2)\,\mathrm{d}x_1\mathrm{d}x_2 \\ &= \int_{-\infty}^{\infty}\int_{-\infty}^{\infty} x_1 f(x_1, x_2)\,\mathrm{d}x_1\mathrm{d}x_2 + \int_{-\infty}^{\infty}\int_{-\infty}^{\infty} x_2 f(x_1, x_2)\,\mathrm{d}x_1\mathrm{d}x_2 \\ &= E(\tilde{x}_1) + E(\tilde{x}_2) \end{aligned} \tag{A.5.4}$$

因此,两个随机变量之和的期望值等于单个期望值之和。通过结合式(A.5.1)和式(A.5.4),我们可以计算随机变量的一般线性函数的期望值。因此,如果 $n\times u$ 维矩阵 $\boldsymbol{A}$ 和向量 $\boldsymbol{a}_0$ 的元素是常数,并且

$$\tilde{\boldsymbol{y}} = \boldsymbol{a}_0 + \boldsymbol{A}\tilde{\boldsymbol{x}} \tag{A.5.5}$$

那么,期望为

$$E(\tilde{\boldsymbol{y}})=\boldsymbol{a}_0+\boldsymbol{A}E(\tilde{\boldsymbol{y}}) \tag{A.5.6}$$

这是均值传播定律。方差-协方差传播定律如下:

$$\begin{aligned}\boldsymbol{\Sigma}_y &\equiv E[(\tilde{\boldsymbol{y}}-\boldsymbol{\mu}_y)(\tilde{\boldsymbol{y}}-\boldsymbol{\mu}_y)^{\mathrm{T}}]\\ &=E\{[\tilde{\boldsymbol{y}}-E(\tilde{\boldsymbol{y}})][\tilde{\boldsymbol{y}}-E(\tilde{\boldsymbol{y}})]^{\mathrm{T}}\}\\ &=E\{[\tilde{\boldsymbol{y}}-\boldsymbol{a}_0-\boldsymbol{A}E(\tilde{\boldsymbol{y}})][\tilde{\boldsymbol{y}}-\boldsymbol{a}_0-\boldsymbol{A}E(\tilde{\boldsymbol{y}})]^{\mathrm{T}}\}\\ &=E\{[\boldsymbol{A}\tilde{\boldsymbol{x}}-\boldsymbol{A}E(\tilde{\boldsymbol{x}})][\boldsymbol{A}\tilde{\boldsymbol{x}}-\boldsymbol{A}E(\tilde{\boldsymbol{x}})]^{\mathrm{T}}\}\\ &=\boldsymbol{A}E\{[\tilde{\boldsymbol{x}}-E(\tilde{\boldsymbol{x}})][\tilde{\boldsymbol{x}}-E(\tilde{\boldsymbol{x}})]^{\mathrm{T}}\}\boldsymbol{A}^{\mathrm{T}}\\ &=\boldsymbol{\Sigma}\boldsymbol{A}_x\boldsymbol{A}^{\mathrm{T}}\end{aligned}$$

表达式第一行是根据定义的随机变量$\tilde{\boldsymbol{y}}$ 的方差-协方差矩阵的一般表达式(A.4.14);$\boldsymbol{\mu}_y$ 是$\tilde{\boldsymbol{y}}$ 的期望值。第三行是用式(A.5.5)代替$\tilde{\boldsymbol{y}}$ 的期望值。方程在第三行中替换了$\tilde{\boldsymbol{y}}$。最后,$\boldsymbol{A}$ 矩阵被分解。因此,随机变量$\tilde{\boldsymbol{y}}$ 的方差-协方差矩阵是通过系数矩阵 $\boldsymbol{A}$ 及其转置的原始随机变量$\tilde{\boldsymbol{x}}$ 的方差-协方差矩阵的预乘和后乘法获得的。常数项$\boldsymbol{a}_0$ 消掉了。这是随机变量线性函数的方差-协方差传播定律。协方差矩阵 $\boldsymbol{\Sigma}_y$ 是一个完整的矩阵。

A.6 多元正态分布

本节将详细讨论多元正态分布。多元正态分布非常独特,因为由多元正态分布导出的边缘分布也是正态分布。对这一分布的广泛处理再次出现在标准统计文献中。为了简化符号,不再用波浪号识别随机变量。变量的随机性很容易从上下文推断出来。

设 $\boldsymbol{x}$ 是含有 n 个随机分量的向量,其均值和协方差矩阵为

$$E(\boldsymbol{x})=\boldsymbol{\mu} \tag{A.6.1}$$

$$E[(\boldsymbol{x}-\boldsymbol{\mu})(\boldsymbol{x}-\boldsymbol{\mu})^{\mathrm{T}}]={}_n\boldsymbol{\Sigma}_n \tag{A.6.2}$$

如果 $\boldsymbol{x}$ 是一个多元正态分布函数,那么多元密度函数为

$$f(x_1,x_2,\cdots,x_n)=\frac{1}{(2\pi)^{n/2}|\boldsymbol{\Sigma}|^{1/2}}\mathrm{e}^{-(\boldsymbol{x}-\boldsymbol{\mu})^{\mathrm{T}}\boldsymbol{\Sigma}^{-1}(\boldsymbol{x}-\boldsymbol{\mu})/2} \tag{A.6.3}$$

均值和协方差矩阵完全描述了多元正态分布。使用符号

$${}_n\boldsymbol{x}_1\sim N_n({}_n\boldsymbol{\mu}_1,{}_n\boldsymbol{\Sigma}_n) \tag{A.6.4}$$

表示。维数为 n。

下面给出了一些关于多元正态分布的定理,但没有证明。这些定理对于推导$\boldsymbol{v}^{\mathrm{T}}\boldsymbol{P}\boldsymbol{v}$ 的分布以及最小二乘平差中的一些基本统计检验是有用的。如果 $\boldsymbol{x}$ 是多元正态的,即

$$\boldsymbol{x}\sim N(\boldsymbol{\mu},\boldsymbol{\Sigma}) \tag{A.6.5}$$

并且

$$\boldsymbol{x} = {}_m\boldsymbol{D}_n\boldsymbol{x} \tag{A.6.6}$$

为随机变量的线性函数,其中 $\boldsymbol{D}$ 为秩 $m \leqslant n$ 的 $m \times n$ 维矩阵,那么有定理 1:

$$z \sim N_m(\boldsymbol{D\mu}, \boldsymbol{D\Sigma D}^{\mathrm{T}}) \tag{A.6.7}$$

为 m 维的多元正态分布。随机变量 $\boldsymbol{z}$ 的均值和方差遵循均值和方差-协方差的传播规律。

如果 $\boldsymbol{x}$ 服从多元正态分布 $\boldsymbol{x} \sim N(\boldsymbol{\mu}, \boldsymbol{\Sigma})$,那么有定理 2:$\boldsymbol{x}$ 的任何组分的边缘分布均服从多元正态分布,其中通过取 $\boldsymbol{\mu}$ 和 $\boldsymbol{\Sigma}$ 的适当分量获得均值和方差-协方差。例如:如果

$$\boldsymbol{x} = \begin{bmatrix} \boldsymbol{x}_1 \\ \boldsymbol{x}_2 \end{bmatrix} \sim N\left(\begin{bmatrix} \boldsymbol{\mu}_1 \\ \boldsymbol{\mu}_2 \end{bmatrix}, \begin{bmatrix} \boldsymbol{\Sigma}_{11} & \boldsymbol{\Sigma}_{12} \\ \boldsymbol{\Sigma}_{21} & \boldsymbol{\Sigma}_{22} \end{bmatrix}\right) \tag{A.6.8}$$

那么 $\boldsymbol{x}_2$ 的边缘分布为

$$\boldsymbol{x}_2 \sim N(\boldsymbol{\mu}_2, \boldsymbol{\Sigma}_{22}) \tag{A.6.9}$$

当然,如果集合只包含一个分量(比如 x_i),同样的定律也成立。x_i 的边缘分布为

$$\boldsymbol{x}_i \sim n(\boldsymbol{\mu}_i, \boldsymbol{\Sigma}_i^2) \tag{A.6.10}$$

如果 $\boldsymbol{x}$ 是多元法向量,有定理 3:随机变量的两个子集随机独立的充要条件是协方差为零。例如:如果

$$\begin{bmatrix} \boldsymbol{x}_1 \\ \boldsymbol{x}_2 \end{bmatrix} \sim N\left(\begin{bmatrix} \boldsymbol{\mu}_1 \\ \boldsymbol{\mu}_2 \end{bmatrix}, \begin{bmatrix} \boldsymbol{\Sigma}_{11} & \boldsymbol{0} \\ \boldsymbol{0} & \boldsymbol{\Sigma}_{22} \end{bmatrix}\right) \tag{A.6.11}$$

那么,$\boldsymbol{x}_1$ 和$\boldsymbol{x}_2$ 是随机独立的。如果一组正态分布随机变量与其余变量不相关,则两组随机变量是独立的。由于密度函数的特殊形式,密度函数可以写成 $f_1(\boldsymbol{x}_1)$ 和 $f_2(\boldsymbol{x}_2)$ 的乘积,从而证明了上述定理。

附录 B　椭　球　体

椭球体是一种用于数学公式和计算的几何结构。例如,3D 大地测量模型的观测量包括椭球法线和大地水准面,而椭球模型的观测量包括测地线与椭球面上测地线长度之间的夹角。在保形映射模型中,椭球面是保形映射的。因为椭球体作为计算参考、位置坐标的表示方法是非常重要的,所以本附录对椭球体及其几何形状进行了总结。由于在实际大地测量中只采用了旋转椭球体,而三轴椭球体只局限于理论研究,简洁起见,我们将用椭球体来表示旋转椭球体。当围绕短半轴旋转椭圆体时,会生成这样的椭球体。

在椭球体表面和保形映射平面上进行计算的表达式与微分几何紧密相关。工作表达式通常使用级数展开,该级数展开通过截断不重要的项来简化(在位置精度和面积方面有特定的应用)。得到工作表达所必需的代数运算量相当大,对于新手来说不是显而易见的。在引入电子计算机之前,人们对生成计算效率高的表达式有浓厚的兴趣。这些表达式在大地测量学文献中有广泛的记载,尽管其中一些文献现在已经过时,甚至已经绝版。

数学文献提供了许多关于微分几何的优秀文章。当然,微分几何一般涉及曲面。虽然本附录主要讨论椭球体,但有时会强调表达式的通用性。如果希望对微分几何进行比本附录“量身定制”的方法更精确、更全面的微分几何解释,建议读者查阅相关数学文献。

B.1　大地纬度、经度和高度

在 3D 空间中指定位置的一种常用方法是借助大地纬度、大地经度和大地高度。可以肯定的是,这些量通常称为椭球纬度、椭球经度和椭球高度。无论如何称呼它们,重要的是要认识到它们指的是椭球体而不是球体,因此它们在概念和数值上均与球的纬度、经度和高度不同。另一种在空间中给出位置的流行方法是笛卡儿坐标。由此可见,大地坐标系和笛卡儿坐标系的三坐标在数学上是相关的。

图 B.1.1 显示椭圆长半轴 a 和短半轴 b。在(ξ,η)坐标系中,椭圆的方程有如下形式:

$$\frac{\xi^2}{a^2}+\frac{\eta^2}{b^2}=1 \tag{B.1.1}$$

两个参数足以定义椭圆。通常使用长半轴 a 和扁率 f 或偏心率 e 来定义椭圆。这些辅助量由下式给出:

$$f=\frac{a-b}{a} \tag{B.1.2}$$

$$e^2=2f-f^2 \tag{B.1.3}$$

图 B.1.1 还显示了在点 A 处的椭圆切线。此切线的法线在点 C 处与短半轴相交。用符号 N 表示线段 $\overline{AC}$。角度 φ 是大地纬度,为法线和长半轴之间的角度。很容易得出结论:

$$\xi=N\cos\varphi \tag{B.1.4}$$

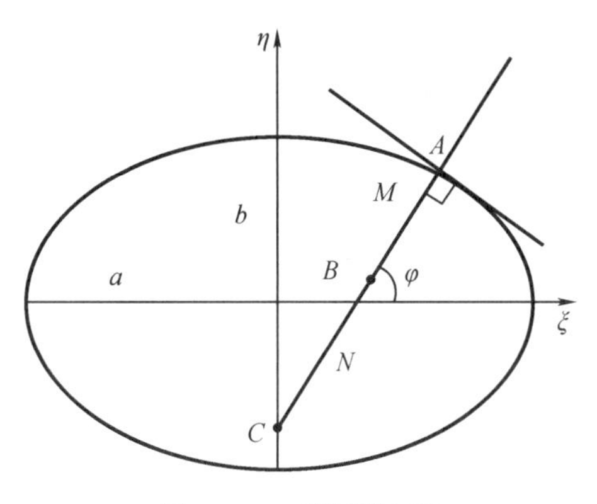

图 B.1.1　椭圆的元素

深入研究椭圆的几何形状后发现

$$\eta=N(1-e^2)\sin\varphi \tag{B.1.5}$$

和

$$N=\frac{a}{(1-e^2\sin^2\varphi)^{1/2}} \tag{B.1.6}$$

下文将对 N 做进一步解释。图 B.1.1 中的符号 M 表示沿法线截取的线段 $\overline{AB}$ 即切线的垂线。M 等于椭圆在点 A 处的曲率半径。再次深入研究椭圆的几何形状,我们发现曲率半径可以表示为

$$M=\frac{a(1-e^2)}{(1-e^2\sin^2\varphi)^{3/2}} \tag{B.1.7}$$

注意式(B.1.4)到式(B.1.7)中的变量是大地纬度。

图 B.1.1 的椭圆绕 η 轴旋转会生成旋转椭球体,简称为椭球体。图 B.1.2 所示为椭球体以及相关的笛卡儿坐标和大地坐标。直角坐标系$(x)=(x,y,z)$的原点位于椭球体的中心,z 轴与短半轴重合,x 轴和 y 轴位于椭球体的赤道面上。x 轴和 z 轴的方向以及椭球体的中心通常由约定决定。由于椭球体的旋转对称性,经过空间点 P(即物理地球表面上的点)的椭球法线与 z 轴相交;但是,由于椭球面是扁的,它不能经过笛卡儿坐标系的原点。从点 P 到椭球体的椭球法线长度为大地测量高度 h。按照前面给出的定义,椭圆法线与赤道平面之间的夹角为大地纬度 φ。

根据椭球体的构造,椭球体[E]与包含 z 轴的平面的任何交集都会生成一个称为大地子午线[m]的椭圆。然后将大地经度 λ 定义为两个大地子午线平面之间的角度,并取 x 轴向东为正。因此,大地坐标(φ,λ,h)完全描述了点在空间中的位置。

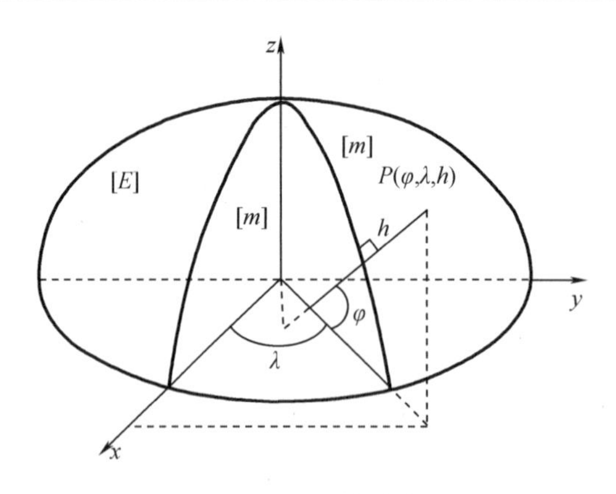

图 B.1.2　旋转椭球体

与点 P 的椭球法线垂直的空间点 P 上的平面定义了大地水准面。这是 3D 大地测量模型中主要的水平参考面。注意本书中其他地方介绍的当地大地水准面与当地天文水准面之间的区别(后者与 P 处的铅垂线垂直)。

恒定的大地纬度和经度描绘了表面[E]上熟悉的子午线和平行线。在微分几何中,此类线称为曲线[φ]和[λ],而(φ,λ)称为曲线坐标。曲线是指一般的曲面,而不仅仅是指椭球体。包含表面法线(在本例中为椭圆表面法线)的平面称为法线平面。法线平面与曲面(椭球面)的交点为法线截面。

使用此术语:大地子午线[λ]就是由包含 z 轴的法线平面生成的法线截面。考虑特殊情况下,在 P 处的法线平面相对于子午线平面旋转了 90°。这称为基本垂直法线平面。它还沿法线截面与椭圆相交,用[pv]表示。式(B.1.6)中的 N 值是该法线截面的曲率半径[pv]。实际上,学习微分几何的学生会认识到是著名的梅尼埃定理的应用,该定理与曲率半径相关,当两条曲线具有相同的切线时,一般曲面的曲率半径与法线截面的曲率半径成正比。在这种情况下,一般曲面曲线是平行线[φ]。

根据对子午线曲率半径和基本垂直法线截面的几何解释,好奇的学生可能怀疑存在另一个重要的关系,就是欧拉方程,将法线截面在大体方向 α 上的曲率半径 R 与子午线和主要垂直法线截面的曲率半径关联为

$$\frac{1}{R}=\frac{\cos^2\alpha}{M}+\frac{\sin^2\alpha}{N} \tag{B.1.8}$$

符号 α 表示大地方位角,即两个共同的椭圆法线在 P 处的法线平面之间的夹角。这正是 3D 大地测量模型中使用的方位角。方程(B.1.6)、方程(B.1.7)和方程(B.1.8)意味着 $M\leqslant R\leqslant N$。对微分几何的更深入研究表明,子午线和本初子午线的方向属于特殊方向组,线彼此垂直并且曲率(曲率半径的倒数)取最大值和最小值。这些是主要的方向。

图 B.1.3 给出了各种交叉点。椭圆表面[E]在 $P(\varphi,\lambda,h=0)$处的切平面[T]被子午线[λ]和平行线[φ]的切向量$\boldsymbol{r}_\varphi$ 和$\boldsymbol{r}_\lambda$ 所覆盖。非法线部分[φ]和法线部分[pv] 的切线$\boldsymbol{r}_\lambda$ 相同。大体法线截面[r]的方位角是各个法线平面之间的角度,或者等价于$\boldsymbol{r}_\varphi$ 和$\boldsymbol{r}_\lambda$ 之间的切线平面的角度。因为$\boldsymbol{r}_\varphi$ 和$\boldsymbol{r}_\lambda$ 代表主方向,所以它们之间的角度为 90°。

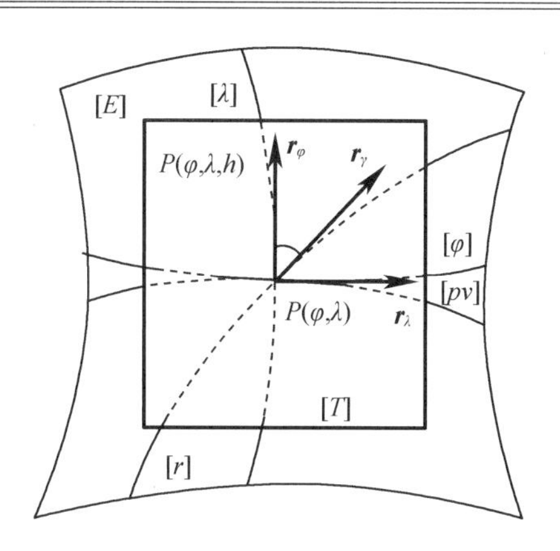

图 B.1.3 椭球体截面

可以使用式(B.1.4)和式(B.1.5)将笛卡儿坐标$(x)=(x,y,z)$表示为大地坐标(φ,λ,h)的函数,并且几何图形如图 B.1.2 所示,如下:

$$x=(N+h)\cos\varphi\cos\lambda \tag{B.1.9}$$

$$y=(N+h)\cos\varphi\sin\lambda \tag{B.1.10}$$

$$z=[N(1-e^2)+h]\sin\varphi \tag{B.1.11}$$

逆解,即将(φ,λ,h)表示为(x,y,z)的函数涉及一个非线性数学关系。经度可以直接得出

$$\tan\lambda=\frac{y}{x} \tag{B.1.12}$$

需要注意经度λ的象限。在大地测量中,经度通常从x轴开始为正东,从 0°到 360° 计数,即$0°\leqslant\lambda\leqslant360°$。其他的则分别给出$0°\leqslant\lambda(E)\leqslant180°$或$0°\leqslant\lambda(W)\leqslant180°$,或在$-180°\leqslant\lambda\leqslant0°$区域中给出负值。使用某种迭代技术可以从非线性方程中得出大地纬度。为此,将式(B.1.11)重写为

$$\tan\varphi=\frac{z}{\sqrt{x^2+y^2}}\left(1+\frac{e^2N\sin\varphi}{z}\right) \tag{B.1.13}$$

并且使用

$$\varphi_{\text{initial}}=\tan^{-1}\left[\frac{z}{(1-e^2)\sqrt{x^2+y^2}}\right] \tag{B.1.14}$$

在式(B.1.13)的右侧开始迭代。连续地求解在大地纬度的变化可忽略不计之后,停止迭代。收敛后,大地高度为

$$h=\frac{\sqrt{x^2+y^2}}{\cos\varphi}-N \tag{B.1.15}$$

笛卡儿坐标与大地坐标之间的微分关系为

$$\begin{bmatrix}\mathrm{d}x\\\mathrm{d}y\\\mathrm{d}z\end{bmatrix}=\boldsymbol{J}(\varphi,\lambda,h)\begin{bmatrix}\mathrm{d}\varphi\\\mathrm{d}\lambda\\\mathrm{d}h\end{bmatrix} \tag{B.1.16}$$

变换矩阵$\boldsymbol{J}(\varphi,\lambda,h)$为

$$\boldsymbol{J}(\varphi,\lambda,h)=\begin{bmatrix} -(M+h)\cos\lambda\sin\varphi & -(M+h)\cos\varphi\sin\lambda & \cos\varphi\cos\lambda \\ -(M+h)\sin\lambda\sin\varphi & (M+h)\cos\varphi\cos\lambda & \cos\varphi\sin\lambda \\ (M+h)\cos\varphi & 0 & \sin\varphi \end{bmatrix} \tag{B.1.17}$$

获得紧凑形式的偏导数需要一些代数工作。对于以后要开发的其他紧凑形式,以下偏导数是有帮助的:

$$\frac{\partial(N\cos\varphi)}{\partial\varphi}=-M\sin\varphi \tag{B.1.18}$$

$$\frac{\partial(N\sin\varphi)}{\partial\varphi}=\frac{M\cos\varphi}{1-e^2} \tag{B.1.19}$$

$$\frac{\partial(M\sin\varphi)}{\partial\varphi}=\frac{M}{N\cos\varphi}[(2N-3M)\sin^2\varphi+N] \tag{B.1.20}$$

$$\frac{\partial(M\cos\varphi)}{\partial\varphi}=\frac{M}{N}(2N-3M)\sin\varphi \tag{B.1.21}$$

令人欣慰的是,上面给出的是处理三维大地模型所需要的全部公式。曲率是唯一远离微分几何学领域的元素。测地线保形映射的元素尚未被要求。这些事实说明了 3D 大地测量模型在数学上的相对简单性。

表 B.1.1 列出了目前使用的或与历史有关的椭球体样例的尺寸。椭球体的大小通常用名称来表示。如果确定了椭球体的大小及其相对于地球的位置,就可以称其为基准面。一个典型的地球椭球体的半轴差约 $a-b=21$ km。如果把椭球面缩放到 1 m,这个差值就是 3 mm。

表 B.1.1　重要椭球体的尺寸

基准面	椭球体名称	a/m	$1/f$
NAD27	Clarke 1866	6 378 206.4	294.978 698 2
WGS72	WGS72	6 378 135.0	298.26
NAD83	GRS80	6 378 137.0	298.257 222 101
WGS84	WGS84	6 378 137.0	298.257 223 563

B.2　椭球面的计算

二维椭球和保形映射模型需要椭球面上的测地线和测地线三角形(其边为测地线的三角形)的解。由于相应表达式是基于微分几何的,本节将对相关材料进行简要总结。本节给出了几个一般形式的表达式,它们对于二阶导数存在且连续的光滑曲面是有效的。虽然(φ,λ)仍代表椭球体的大地经度和纬度,但可以很容易地将它们普遍解读为其他曲面上的曲线坐标。

B.2.1 基本系数

椭球面的方程(B.1.9)到方程(B.1.11)可以写成紧凑的、一般的形式,即

$$\boldsymbol{r}(\varphi,\lambda)=[x(\varphi,\lambda)\quad y(\varphi,\lambda)\quad z(\varphi,\lambda)]^{\mathrm{T}} \tag{B.2.1}$$

实际上,我们可以将其视为二阶导数存在且连续的一般曲面方程。曲线 λ 的切线向量为

$$\boldsymbol{r}_{\varphi}=\frac{\partial\boldsymbol{r}(\varphi,\lambda)}{\partial\varphi}=\left[\frac{\partial x(\varphi,\lambda)}{\partial\varphi}\quad\frac{\partial y(\varphi,\lambda)}{\partial\varphi}\quad\frac{\partial z(\varphi,\lambda)}{\partial\varphi}\right]^{\mathrm{T}} \tag{B.2.2}$$

同样,曲线 φ 的切线向量为

$$\boldsymbol{r}_{\lambda}=\frac{\partial\boldsymbol{r}(\varphi,\lambda)}{\partial\lambda} \tag{B.2.3}$$

可以将表达式(B.2.1)泰勒展开。设展开点为 $\boldsymbol{r}(\varphi,\lambda)$,微分增量记为 $\mathrm{d}\varphi$ 和 $\mathrm{d}\lambda$。展开到二阶项可以得到

$$\boldsymbol{r}(\varphi+\mathrm{d}\varphi,\lambda+\mathrm{d}\lambda)=\boldsymbol{r}(\varphi,\lambda)+\boldsymbol{r}_{\varphi}\mathrm{d}\varphi+\boldsymbol{r}_{\lambda}\mathrm{d}\lambda+\frac{1}{2}(\boldsymbol{r}_{\varphi\varphi}\mathrm{d}\varphi^{2}+2\boldsymbol{r}_{\varphi\lambda}\mathrm{d}\varphi\mathrm{d}\lambda+\boldsymbol{r}_{\lambda\lambda}\mathrm{d}\lambda^{2})+\cdots \tag{B.2.4}$$

可以很容易看出这个表达式的第一部分代表切线平面[T]:

$$\boldsymbol{t}(\varphi,\lambda)=\boldsymbol{r}(\varphi,\lambda)+\boldsymbol{r}_{\varphi}\mathrm{d}\varphi+\boldsymbol{r}_{\lambda}\mathrm{d}\lambda \tag{B.2.5}$$

该平面位于 $\boldsymbol{r}(\varphi,\lambda)$ 处,并被向量 $\boldsymbol{r}_{\varphi}$ 和 $\boldsymbol{r}_{\lambda}$ 跨越。全微分

$$\mathrm{d}\boldsymbol{r}=\boldsymbol{r}_{\varphi}\mathrm{d}\varphi+\boldsymbol{r}_{\lambda}\mathrm{d}\lambda \tag{B.2.6}$$

是一个向量的切平面,代表了从 $P(\varphi,\lambda)$ 到 $P(\varphi+\mathrm{d}\varphi,\lambda+\lambda)$ 的线性化表面距离[E],如图B.2.1所示。全微分长度的平方为

$$\begin{aligned}\mathrm{d}s^{2}&=\mathrm{d}\boldsymbol{r}\cdot\mathrm{d}\boldsymbol{r}\\&=\boldsymbol{r}_{\varphi}\cdot\boldsymbol{r}_{\varphi}\mathrm{d}\varphi^{2}+2\boldsymbol{r}_{\varphi}\boldsymbol{r}_{\lambda}\mathrm{d}\varphi\mathrm{d}\lambda+\boldsymbol{r}_{\lambda}\cdot\boldsymbol{r}_{\lambda}\mathrm{d}\lambda^{2}\\&=E\mathrm{d}\varphi^{2}+2F\mathrm{d}\varphi\mathrm{d}\lambda+G\mathrm{d}\lambda^{2}\end{aligned} \tag{B.2.7}$$

这是第一种基本形式。E、F、G 被称为第一基本系数。可以表示为第一基本系数的函数的曲面性质称为固有性质。曲面固有性质的总和称为曲面的固有几何。使用向量恒等式,可以验证

$$\begin{aligned}EG-F^{2}&=(\boldsymbol{r}_{\varphi}\cdot\boldsymbol{r}_{\varphi})(\boldsymbol{r}_{\lambda}\cdot\boldsymbol{r}_{\lambda})-(\boldsymbol{r}_{\varphi}\cdot\boldsymbol{r}_{\lambda})^{2}\\&=(\boldsymbol{r}_{\varphi}\times\boldsymbol{r}_{\lambda})\cdot(\boldsymbol{r}_{\varphi}\times\boldsymbol{r}_{\lambda})\\&=\|\boldsymbol{r}_{\varphi}\times\boldsymbol{r}_{\lambda}\|>0\end{aligned} \tag{B.2.8}$$

并且 $E>0$ 且 $G>0$。对于正交曲线,由于 $\boldsymbol{r}_{\varphi}\cdot\boldsymbol{r}_{\varphi}=0$,所以 $F=0$。椭球面的基本系数[E]计算如下:

$$E=M^{2} \tag{B.2.9}$$

$$F=0 \tag{B.2.10}$$

$$G=N^{2}\cos^{2}\varphi \tag{B.2.11}$$

$$\mathrm{d}s^{2}=M^{2}\mathrm{d}\varphi^{2}+N^{2}\cos^{2}\varphi\mathrm{d}\lambda^{2} \tag{B.2.12}$$

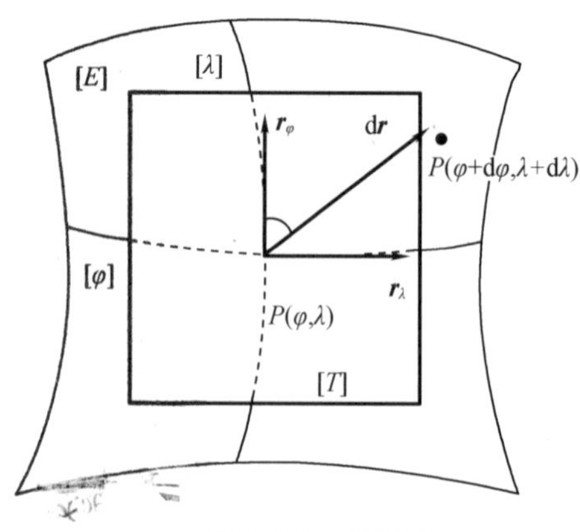

图 B.2.1　全微分

式(B.2.4)中的最后一项

$$\boldsymbol{p}=\frac{1}{2}(\boldsymbol{r}_{\varphi\varphi}\mathrm{d}\varphi^2+2\boldsymbol{r}_{\varphi\lambda}\mathrm{d}\varphi\mathrm{d}\lambda+\boldsymbol{r}_{\lambda\lambda}\mathrm{d}\lambda^2) \tag{B.2.13}$$

表示二阶曲面近似值与切平面的偏差。向量 $\boldsymbol{r}_{\varphi\varphi}$ 和 $\boldsymbol{r}_{\lambda\lambda}$ 包含各自的二阶导数 λ 和 φ,$\boldsymbol{r}_{\varphi\lambda}$ 包含混合的导数。引入表面法线 $\boldsymbol{e}$ 为

$$\boldsymbol{e}=\frac{\boldsymbol{r}_\varphi\times\boldsymbol{r}_\lambda}{\|\boldsymbol{r}_\varphi\times\boldsymbol{r}_\lambda\|}=\frac{\boldsymbol{r}_\varphi\times\boldsymbol{r}_\lambda}{\sqrt{EG-F^2}} \tag{B.2.14}$$

那么二阶近似值与切平面的正交距离为

$$\begin{aligned}d&=-\boldsymbol{e}\cdot\boldsymbol{p}\\&=\frac{1}{2}(-\boldsymbol{e}\cdot\boldsymbol{r}_{\varphi\varphi}\mathrm{d}\varphi^2-2\boldsymbol{e}\cdot\boldsymbol{r}_{\varphi\lambda}\mathrm{d}\varphi\mathrm{d}\lambda-\boldsymbol{e}\cdot\boldsymbol{r}_{\lambda\lambda}\mathrm{d}\lambda^2)\\&=\frac{1}{2}(D\mathrm{d}\varphi^2+2D'\mathrm{d}\varphi\mathrm{d}\lambda+D''\mathrm{d}\lambda^2)\end{aligned} \tag{B.2.15}$$

表达式(B.2.15)是第二基本形式,元素(D,D',D'')称为第二基本系数。对于椭球体,这些系数具有简单形式,即

$$D=N\cos^2\varphi \tag{B.2.16}$$

$$D'=0 \tag{B.2.17}$$

$$D''=M \tag{B.2.18}$$

偏导数(B.1.18)至偏导数(B.1.21)有助于验证这种简单形式。

B.2.2　高斯曲率

在光滑表面的每一点上都有两个垂直的方向,曲率沿着这两个方向分别达到最大值和最小值。这些是主要方向。分别用 R_1 和 R_2 表示各自的曲率半径,对微分几何的更深入研究表明

$$K\equiv\frac{1}{R_1R_2}=\frac{DD'-D'^2}{EG-F^2}=\frac{1}{MN} \tag{B.2.19}$$

式中,K 为高斯曲率。(B.2.19)的后半部分表示椭球体的 K 值。通常,如果曲线也恰巧与

主方向重合,则 $D'=0$。可以看出,分子 $DD''-D'^2$ 可以表示为第一基本系数及其偏导数的函数。

由于式(B.2.19)中的分母始终为正,因此分子决定 K 的符号。如果 $K>0$,则称为椭圆。在椭圆附近,曲面位于切线平面的一侧。如果 $K<0$,则称为双曲线。在双曲线附近,曲面位于切线平面的两侧。如果 $K=0$,则是抛物线,在这种情况下,曲面可以位于切线平面的任意一侧。

对于 $K=0$,R_1 和 R_2 中的一个值必定是无穷大,如式(B.2.19)所示。如果这发生在曲面任意一点,则一个主方向族必须是直线,例如圆柱或圆锥。这样的表面称为可展开面,可以在不拉伸和无撕裂的情况下重塑成一个平面。

B.2.3 椭圆弧线

如果 s 表示距赤道的椭圆弧的长度,或称为黄道弧,则

$$s=\int_0^{\varphi}\sqrt{E}\,\mathrm{d}\varphi=\int_0^{\varphi}M\mathrm{d}\varphi \tag{B.2.20}$$

中的积分没有闭合表达式。经常使用以下系列扩展(Snyder,1979):

$$s=a\left[\left(1-\frac{e^2}{4}-\frac{3e^4}{64}-\frac{5e^6}{256}\right)\varphi-\left(\frac{3e^2}{8}+\frac{3e^4}{32}+\frac{45e^6}{1\,024}\right)+\left(\frac{15e^4}{256}+\frac{45e^6}{1\,024}\right)\sin 4\varphi\right] \tag{B.2.21}$$

逆解,即给出了相对于赤道的椭圆弧线并计算大地纬度,可从初值开始迭代得

$$\varphi_{\text{initial}}=\frac{s}{a} \tag{B.2.22}$$

B.2.4 角

两条切线之间的夹角定义为平面上的角。因此,角是切平面上的一个度量。图 B.2.2 展示了表面上的两条曲线 f_1 和 f_2。

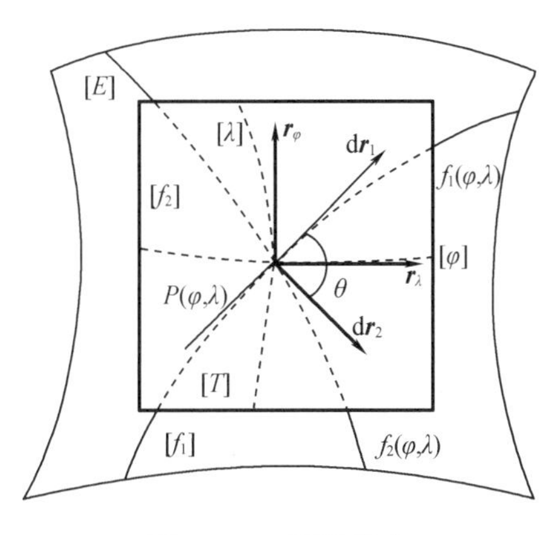

图 B.2.2 面角定义

曲线可以隐式定义为 $f_1(\varphi,\lambda)=0$ 和 $f_2(\varphi,\lambda)=0$,通过这两个函数的微分($\mathrm{d}\varphi_1$,$\mathrm{d}\lambda_1$)和($\mathrm{d}\varphi_2$,$\mathrm{d}\lambda_2$)确定切向量为

$$\mathrm{d}\boldsymbol{r}_1=\boldsymbol{r}_\varphi\mathrm{d}\varphi_1+\boldsymbol{r}_\lambda\mathrm{d}\lambda_1 \tag{B.2.23}$$

$$\mathrm{d}\boldsymbol{r}_2=\boldsymbol{r}_\varphi\mathrm{d}\varphi_2+\boldsymbol{r}_\lambda\mathrm{d}\lambda_2 \tag{B.2.24}$$

于是角的表达式变成

$$\begin{aligned}\cos\theta&=\frac{\mathrm{d}r_1\cdot\mathrm{d}r_2}{\|\mathrm{d}r_1\|\|\mathrm{d}r_2\|}\\&=\frac{E\mathrm{d}\varphi_1\mathrm{d}\varphi_2+F(\mathrm{d}\varphi_1\mathrm{d}\lambda_2+\mathrm{d}\varphi_2\mathrm{d}\lambda_1)+G\mathrm{d}\lambda_1\mathrm{d}\lambda_2}{\sqrt{E\mathrm{d}\varphi_1^2+2F\mathrm{d}\varphi_1\mathrm{d}\lambda_1+G\mathrm{d}\lambda_1^2}\sqrt{E\mathrm{d}\varphi_2^2+2F\mathrm{d}\varphi_2\mathrm{d}\lambda_2+G\mathrm{d}\lambda_2^2}}\end{aligned} \tag{B.2.25}$$

式(B.2.25)可用于验证映射的保形性质。

B.2.5 等距纬度

第一个基本形式涉及曲线坐标在一阶近似内对相应表面距离的微分变化。不难设想,在赤道上 φ 或 λ 的变化分别为大致相同距离的 1 rad · s 迹线。由于子午线收敛,情况并非如此。考虑一个新的曲线参数 q,它由微分关系定义:

$$\mathrm{d}q\neq\frac{M}{N\cos\varphi}\mathrm{d}\varphi \tag{B.2.26}$$

将式(B.2.26)替换为第一基本形式得出

$$\mathrm{d}s^2=N^2\cos^2\varphi(\mathrm{d}q^2+\mathrm{d}\lambda^2) \tag{B.2.27}$$

式(B.2.27)清楚地表明,$\mathrm{d}q$ 和 $\mathrm{d}\lambda$ 的相同变化在给定点会引起 $\mathrm{d}s$ 的相同变化。积分式(B.2.26)给出

$$q=\ln\left[\tan\left(45°+\frac{\varphi}{2}\right)\left(\frac{1-e\sin\varphi}{1+e\sin\varphi}\right)^{e/2}\right] \tag{B.2.28}$$

新参数 q 称为等距纬度。它是大地纬度的函数,并且在极点处达到无穷大,如图 B.2.3 所示。因为当 φ 恒定时 q 恒定,所以 q=常数,在椭球上是平行的。越接近极点,相等增量的 q 平行线的间隔越近。q 和 λ 被称为等距曲线坐标,它们分别跟踪在椭球体上的等距曲线网格[q]和[λ]。

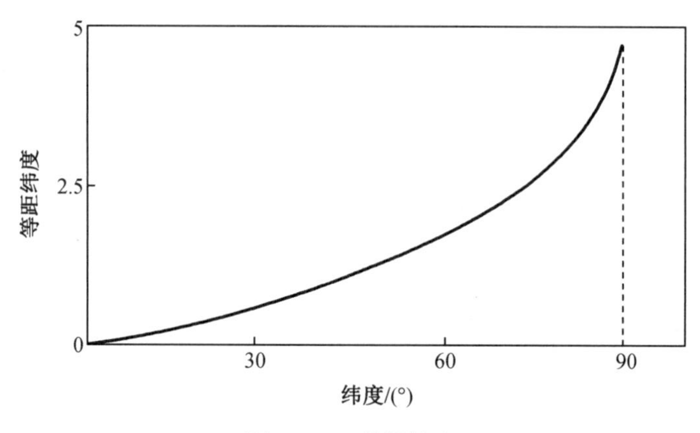

图 B.2.3 等距纬度

给定等距纬度 q 和大地纬度 φ,通过迭代来求解逆解。公式(B.2.28)可表示为

$$\tan\left(45°+\frac{\varphi}{2}\right)=\varepsilon^{q}\left(\frac{1+e\sin\varphi}{1-e\sin\varphi}\right)^{e/2} \tag{B.2.29}$$

式中,符号 ε 表示自然对数的底数($\varepsilon=2.71828\cdots$)。不要把它和椭球体的偏心率混淆,本书中,椭球体的偏心率用 e 表示。迭代从式(B.2.29)右侧取 $e=0$ 开始,给出

$$\varphi_{\text{initial}}=2\tan^{-1}(\varepsilon^{q})-\frac{\pi}{2} \tag{B.2.30}$$

B.2.6 测地线微分方程

测地线最著名的属性是其表示曲面上两点之间的最短曲面线。此属性确定了测地线的微分方程。微分几何提供了测地线的其他等价定义。图B.2.4所示为点 $P(\varphi,\lambda)$ 处的普通曲面[S]、切平面[T]和曲面法线 $\boldsymbol{e}$。令[S]上的一条曲线[g]经过点 $P(\varphi,\lambda)$。该空间曲线上的切线用 $\boldsymbol{t}$ 表示。

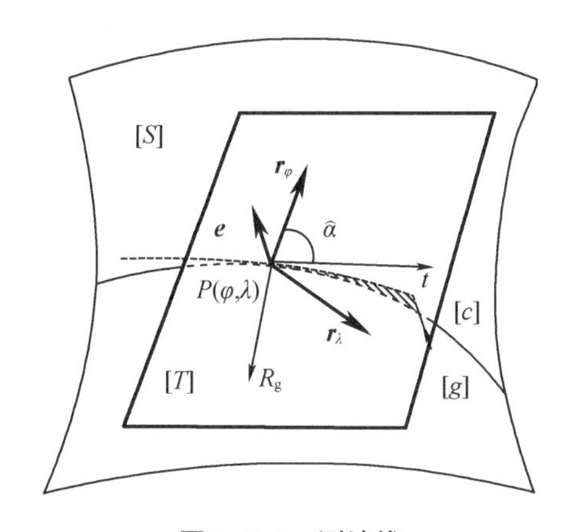

图 B.2.4 测地线

该切线位于由 $\boldsymbol{r}_{\varphi}$ 和 $\boldsymbol{r}_{\lambda}$ 跨越的切平面中。接下来,曲线[g]正交投影到 $P(\varphi,\lambda)$ 微分邻域中的切线平面上,生成一条曲线[c],该曲线[c]位于切平面内,并且切线 $\boldsymbol{t}$ 与[g]相同。像任何平面曲线一样,曲线[c]在点 $P(\varphi,\lambda)$ 处具有曲率,此处用 κ_{g} 表示。这就是测地线曲率。它与测地线曲率半径 R_{g} 有关,即

$$\kappa_{\mathrm{g}}=\frac{1}{R_{\mathrm{g}}} \tag{B.2.31}$$

它表明,测地线曲率 κ_{g} 是第一基本系数及其导数的函数。

可以在概念上针对曲线[g]的每个点重复上述和图B.2.4中针对 $P(\varphi,\lambda)$ 描绘的情况,即对于每个点都可以在相切点的微分邻域中看到[g]的切平面和正交投影。如果测地曲率在这些点处均为零或者等效,测地曲率的半径为无限大,则曲线[g]为测地线。由于测地线的曲率半径是无限的,因此测地线在切平面上的投影是 $P(\varphi,\lambda)$ 微分邻域中的一条直线。测地线的这种几何定义也足以确定[g]的微分方程。

微分几何提供了另一种常被提及的测地线的定义。假设[g]的三个笛卡儿坐标的表达式是某个自由参数 s 的函数。关于 s 对每个分量进行一次微分,得到切线向量 $\boldsymbol{t}$;两次微分

得到另一个向量,称为曲线的主法线[g]。可以看出,曲线的切向量和主法线是垂直的。其次,曲线[g]和[c]可以看作是垂直于切平面的一般圆柱上的曲线。这样看,曲线[c]和[g]代表圆柱上的法向截面和一般截面,它们有公切线 $\boldsymbol{t}$。各自的曲率半径由梅尼埃定理联系起来。在这种观点中,法向截面[c]的曲率半径是 R_g。若 R_g 趋于无穷,则梅尼埃定理表明[g]的主法线与曲面法线 $\boldsymbol{e}$ 重合。

测地线的定义并不局限于平面曲线。事实上,测地线一般有曲率和挠率。然而,这个定义本身也可以用来解释“直线性”。考虑一个在椭球面上操作虚拟经纬仪的虚拟测量员。操作实际的经纬仪的第一步是将其置于水平位置,即使垂直轴与铅垂线对齐。在本例中,虚拟测量员将使垂直轴与表面法线对齐。然后,他的任务是利用近距离瞄准来放出一条直线。他将在初始(第一个)点开始设置仪器,使用方位角 $\widehat{\alpha}$ 放第二点,他将在第二点设置后回到第一点,然后旋转 180°放第三点,依此类推。在虚拟测量员的心中,他正在画一条直线,而他实际上是在用不同的近距离瞄准来放测地线。

令 $\widehat{\alpha}$ 表示测地线的方位角,即曲线上的切线与测地线的切线之间的角度,如图 B.2.5 所示,用 $\widehat{s}$ 表示测地线在[S]上的长度。使用上面给出的测地线的定义,可以将一般表面上的测地线的微分方程变为

$$\frac{\mathrm{d}\varphi}{\mathrm{d}\widehat{s}}=\frac{\sin\widehat{\alpha}}{\sqrt{E}} \tag{B.2.32}$$

$$\frac{\mathrm{d}\lambda}{\mathrm{d}\widehat{s}}=\frac{\sin\widehat{\alpha}}{\sqrt{G}} \tag{B.2.33}$$

$$\frac{\mathrm{d}\widehat{\alpha}}{\mathrm{d}\widehat{s}}=\frac{1}{\sqrt{EG}}\left(\frac{\partial\sqrt{G}}{\partial\varphi}\cos\widehat{\alpha}-\frac{\partial\sqrt{E}}{\partial\varphi}\sin\widehat{\alpha}\right) \tag{B.2.34}$$

如果是椭球体[E],则各个方程为

$$\frac{\mathrm{d}\varphi}{\mathrm{d}\widehat{s}}=\frac{\cos\widehat{\alpha}}{M} \tag{B.2.35}$$

$$\frac{\mathrm{d}\lambda}{\mathrm{d}\widehat{s}}=\frac{\cos\widehat{\alpha}}{N\cos\varphi} \tag{B.2.36}$$

$$\frac{\mathrm{d}\lambda}{\mathrm{d}\widehat{s}}=\frac{1}{N}\tan\varphi\cos\widehat{\alpha} \tag{B.2.37}$$

图 B.2.5 显示了一个测地线三角形,其角由极点 $P(\varphi=90°)$ 和点 $P_1(\varphi_1,\lambda_1)$、$P_2(\varphi_2,\lambda_2)$ 组成。这个三角形的边是子午线。

可以很容易地确定从 P_1 到 P_2 的测地线。椭球面计算的核心是所谓的直接和逆问题。对于直接问题,已知一个站点的大地纬度和经度,例如 $P_1(\varphi_1,\lambda_1)$,到另一个点的测地方位角和距离($\widehat{\alpha}_1,\widehat{s}$),需要知道大地纬度 φ_2、经度 λ_2 和后方位角 α_2。直接解写为

$$\begin{bmatrix}\varphi_2\\ \lambda_2\\ \widehat{\alpha}_2\end{bmatrix}=\begin{bmatrix}d_1(\varphi_1,\lambda_1,\widehat{\alpha}_1,\widehat{s})\\ d_2(\varphi_1,\lambda_1,\widehat{\alpha}_1,\widehat{s})\\ d_3(\varphi_1,\lambda_1,\widehat{\alpha}_1,\widehat{s})\end{bmatrix} \tag{B.2.38}$$

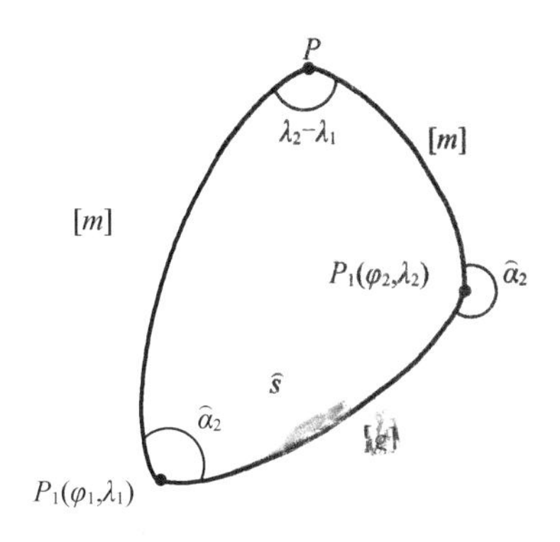

图 B.2.5 测地线三角形

对于逆问题,给出了 $P_1(\varphi_1,\lambda_1)$ 和 $P_2(\varphi_2,\lambda_2)$ 的大地纬度及经度,需要知道前后方位角和测地线的长度,即

$$\begin{bmatrix}\hat{s}_2\\ \hat{\alpha}_1\\ \hat{\alpha}_2\end{bmatrix}=\begin{bmatrix}i_1(\varphi_1,\lambda_1,\varphi_2,\lambda_2)\\ i_2(\varphi_1,\lambda_1,\varphi_2,\lambda_2)\\ i_3(\varphi_1,\lambda_1,\varphi_2,\lambda_2)\end{bmatrix} \tag{B.2.39}$$

从式(B.2.35)到式(B.2.37)的大多数解决方案都依赖于广泛的级数展开和小项的间歇性截断。已经实施了各种创新方法使重要术语的数量保持较小,同时实现准确的解决方案。有些解仅适用于短线,而另一些解则适用于中间的长线,甚至适用于围绕椭球的线。

B.2.7 高斯中纬度解

表 B.2.1 总结了高斯中纬度解。术语中纬度表明系列展开的重点是 $P_1(\varphi_1,\lambda_1)$ 和 $P_2(\varphi_2,\lambda_2)$ 之间的平均纬度和/或经度。逆解首先计算表第一部分中显示的辅助表达式,然后是第二部分中的表达式。直接解的第一步需要计算出站点 $P_2(\varphi_2,\lambda_2)$ 的近似大地纬度和经度,如第三部分所述。这些初始坐标用于评估第一部分的辅助量,而辅助量又用于根据第三部分的其余表达式来计算 P_2 的改进坐标。迭代直接解直到收敛为止。

表 B.2.1 高斯中纬度解

辅助术语:$\Delta\varphi=\varphi_2-\varphi_1$;$\Delta\lambda=\lambda_2-\lambda_1$
$\varphi=\dfrac{\varphi_1+\varphi_2}{2}$;$t=\tan\varphi$;$\eta^2=\dfrac{e^2}{1-e^2}\cos^2\varphi$;$V^2=1+\eta^2$;$f_1=1/M$;$f_2=1/N$ $f_3=\dfrac{1}{24}$;$f_4=\dfrac{1+\eta^2-9\eta^2t^2}{24V^4}$;$f_5=\dfrac{1-2\eta^2}{24}$;$f_6=\dfrac{\eta^2(1-t^2)}{8V^4}$;$f_7=\dfrac{1+\eta^2}{12}$;$f_8=\dfrac{3+8\eta^2}{24V^4}$
给出逆解 $(\varphi_1,\lambda_1,\varphi_2,\lambda_2)$,计算 $(\hat{s},\hat{\alpha}_1,\hat{\alpha}_2)$
$\hat{s}\sin\hat{\alpha}=\dfrac{1}{f_2}\Delta\lambda\cos\varphi[1-f_3(\Delta\lambda\sin\varphi)^2+f_4\Delta\varphi^2]$ (a)

表 B.2.1(续)

公式	编号
$\hat{s}\cos\hat{\alpha}=\frac{1}{f_1}\Delta\varphi\cos\frac{\Delta\lambda}{2}[1-f_5(\Delta\lambda\sin\varphi)^2+f_6\Delta\varphi^2]$	(b)
$\Delta\hat{\alpha}=\Delta\lambda\sin\varphi[1+f_7(\Delta\lambda\cos\varphi)^2+f_8\Delta\varphi^2]$	(c)
$\hat{s}=\sqrt{(\hat{s}\sin\hat{\alpha})^2+(\hat{s}\cos\hat{\alpha})^2}$	(d)
$\hat{\alpha}=\tan^{-1}\left(\frac{\hat{s}\cos\hat{\alpha}}{\hat{s}\sin\hat{\alpha}}\right)$	(e)
$\hat{\alpha}_1=\hat{\alpha}-\frac{\Delta\hat{\alpha}}{2}$	(f)
$\hat{\alpha}_2=\hat{\alpha}+\frac{\Delta\hat{\alpha}}{2}\pm\pi$	(g)
给出直接解 $(\varphi_1,\lambda_1,\hat{s},\hat{\alpha}_1)$,计算 $(\varphi_2,\lambda_2,\hat{\alpha}_2)$	
$\lambda_2\approx\lambda_1+\frac{\hat{s}\sin\hat{\alpha}_1}{N_1\cos\varphi_1}$	(h)
$\varphi_2\approx\varphi_1+\frac{\hat{s}\cos\hat{\alpha}_1}{M}$	(i)
迭代 $(\varphi_1,\lambda_1,\varphi_2,\lambda_2)$:重新评估辅助术语	
$\Delta\hat{\alpha}=\Delta\lambda\sin\varphi[1+f_7(\Delta\lambda\cos\varphi)^2+f_8\Delta\varphi^2]$	(j)
$\hat{\alpha}=\hat{\alpha}_1+\frac{\Delta\hat{\alpha}}{2}$	(k)
$\hat{\alpha}_2=\hat{\alpha}+\frac{\Delta\hat{\alpha}}{2}\pm\pi$	(l)
$\lambda_2=\lambda_1+f_2\frac{\hat{s}\sin\hat{\alpha}}{\cos\varphi}[1+f_3(\Delta\lambda\sin\varphi)^2-f_4\Delta\varphi^2]$	(m)
$\varphi_2=\varphi_1+f_1\frac{\hat{s}\cos\hat{\alpha}}{\cos(\Delta\lambda/2)}[1-f_5(\Delta\lambda\cos\varphi)^2-f_6\Delta\varphi^2]$	(n)

在计算(调整)椭球面上的网络时,逆解的线性化形式很重要。中偏导数的截短表达式列于表 B.2.2 中。

$$d\hat{s}=\frac{\partial i_1}{\partial\varphi_1}d\varphi_1+\frac{\partial i_1}{\partial\lambda_1}d\lambda_1+\frac{\partial i_1}{\partial\varphi_2}d\varphi_2+\frac{\partial i_1}{\partial\lambda_2}d\lambda_2 \tag{B.2.40}$$

$$d\hat{\alpha}_1=\frac{\partial i_2}{\partial\varphi_1}d\varphi_1+\frac{\partial i_2}{\partial\lambda_1}d\lambda_1+\frac{\partial i_2}{\partial\varphi_2}d\varphi_2+\frac{\partial i_2}{\partial\lambda_2}d\lambda_2 \tag{B.2.41}$$

表 B.2.2 测地线在椭球面上的偏导数

	$d\varphi_1$	$d\lambda_1$	$d\varphi_2$	$d\lambda_2$
$d\widehat{s}$	$-M_1\cos\widehat{\alpha}_1$	$N_2\cos\varphi_2\sin\widehat{\alpha}_2$	$-M_2\cos\widehat{\alpha}_2$	$-N_2\cos\varphi_2\sin\widehat{\alpha}_2$
$d\widehat{\alpha}_1$	$\dfrac{M_1\sin\widehat{\alpha}_2}{\widehat{s}}$	$\dfrac{N_2\cos\varphi_2\sin\widehat{\alpha}_2}{\widehat{s}}$	$\dfrac{M_2\cos\widehat{\alpha}_2}{\widehat{s}}$	$-\dfrac{N_2\cos\varphi_2\sin\widehat{\alpha}_2}{\widehat{s}}$

B.2.8 角盈

微分几何的 Gauss-Bonnet 定理提供了一个表达式,表面上的一般多边形(连续曲率)的内角和为

$$\sum_{i=1}^{v}\widehat{\delta}_i=(v-2)\cdot\pi+\int_C\kappa_g ds+\iint_{area}KdA \qquad (B.2.42)$$

对于测地线三角形内角的和,很容易得到

$$\widehat{\delta}_1+\widehat{\delta}_2+\widehat{\delta}_3=\pi+\varepsilon \qquad (B.2.43)$$

$$\varepsilon=\iint_{area}KdA \qquad (B.2.44)$$

因为 $\kappa_g=0$。测地线三角形的角度之和与 π 相差一个三角形高斯曲率的二重积分。测地线三角形的内角之和大于、小于或等于 π,具体取决于高斯曲率是正、负还是零。由于 $K>0$,椭球体上的测地线三角形存在角盈。在单位球面上,角度测量的余量称为球面余量。因为在单位球面上 $K=1$,球面余量等于三角形的面积,即 $\varepsilon=A$。

B.2.9 小区域的变换

以下是椭球体上所谓的"相似性变换"的示例。考虑一个站点的群集 $i=1,\cdots,m$,每个站点在同一椭球体上具有两组坐标$(\varphi_{o,i},\lambda_{o,i})$和$(\varphi_{n,i},\lambda_{n,i})$。下标 o 和 n 可以解释为"旧"和"新"。我们的目标是在坐标之间建立一个简单的转换。

二维转换是使用本附录中开发的工具完成的。首先,我们分别通过简单的平均纬度和经度来计算 n 个集合站点的图形中心(φ_c,λ_c)。接下来,考虑将图形中(φ_c,λ_c)与位置$(\varphi_{n,i},\lambda_{n,i})$连接起来的测地线。差异$(\varphi_{o,i}-\varphi_{n,i})$和$(\lambda_{o,i}-\lambda_{n,i})$承担观察的作用,使用最小二乘法计算转换参数。我们定义了四个转换参数,如下所示:图形中心的平移$(d\varphi_c,d\lambda_c)$、图形中心处的共同方位角旋转 $d\widehat{\alpha}_c$,以及从图形中心到坐标系的所有测地线的公共比例因子 $1-\Delta$。从而有

$$\boldsymbol{x}=[d\lambda_c\quad d\varphi_c\quad \Delta\quad d\widehat{\alpha}_c]^T \qquad (B.2.45)$$

由于差异$(\varphi_{o,i}-\varphi_{n,i})$和$(\lambda_{o,i}-\lambda_{n,i})$很小,因此表 B.2.2 中列出的系数代表调节的线性数学模型。混合平差模型的观测方程为

$$\Delta\widehat{s}_{ci}=-M_i\cos\widehat{\alpha}_{ci}(\varphi_{o,i}-\varphi_{n,i})-M_c\cos\widehat{\alpha}_{ci}d\varphi_c-N_i\cos\varphi_i\sin\widehat{\alpha}_{ci}(\lambda_{o,i}-\lambda_{n,i})-N_i\cos\varphi_i\sin\widehat{\alpha}_{ci}d\lambda_c \qquad (B.2.46)$$

$$d\hat{\alpha}_{ci}=\frac{M_c}{\hat{s}_{ci}}\sin\hat{\alpha}_{ci}d\varphi_c+\frac{M_i}{\hat{s}_{ci}}\sin\hat{\alpha}_{ci}(\varphi_{o,i}-\varphi_{n,i})-\frac{N_c}{\hat{s}_{ci}}\cos\varphi_c\cos\hat{\alpha}_{ci}(\lambda_{o,i}-\lambda_{n,i})+\frac{N_i}{\hat{s}_{ci}}\cos\varphi_c\cos\hat{\alpha}_{ci}d\lambda_c \tag{B.2.47}$$

工作站 i 的 $\boldsymbol{B}$、$\boldsymbol{A}$ 和 $\boldsymbol{w}$ 的各个子矩阵为

$$\begin{matrix} \varphi_{n,i} & \lambda_{n,i} & \varphi_{o,i} & \lambda_{o,i} \end{matrix}$$

$$\boldsymbol{B}=\begin{bmatrix} M_i\cos\hat{\alpha}_{ic} & N_i\cos\varphi_i\sin\hat{\alpha}_{ic} & -M_i\cos\hat{\alpha}_{ic} & -N_i\cos\varphi_i\sin\hat{\alpha}_{ic} \\ -\frac{M_i}{\hat{s}_{ci}}\sin\hat{\alpha}_{ic} & \frac{N_i}{\hat{s}_{ci}}\cos\varphi_i\cos\hat{\alpha}_{ic} & \frac{M_i}{\hat{s}_{ci}}\sin\hat{\alpha}_{ic} & -\frac{N_i}{\hat{s}_{ci}}\cos\varphi_i\sin\hat{\alpha}_{ic} \end{bmatrix} \tag{B.2.48}$$

$$\begin{matrix} \varphi_{n,i} & \lambda_{n,i} & \Delta & \lambda_{o,i} \end{matrix}$$

$$\boldsymbol{A}=\begin{bmatrix} M_i\cos\hat{\alpha}_{ic} & N_i\cos\varphi_i\sin\hat{\alpha}_{ic} & -\hat{s}_{ci} & 0 \\ -\frac{M_i}{\hat{s}_{ci}}\sin\hat{\alpha}_{ic} & \frac{N_i}{\hat{s}_{ci}}\cos\varphi_i\cos\hat{\alpha}_{ic} & 0 & -1 \end{bmatrix} \tag{B.2.49}$$

$$\boldsymbol{w}=\begin{bmatrix} -M_i\cos\hat{\alpha}_{ic}(\varphi_{o,i}-\varphi_{n,i}) & -N_i\cos\varphi_i\sin\hat{\alpha}_{ic}(\lambda_{o,i}-\lambda_{n,i}) \\ \frac{M_i}{\hat{s}_{ci}}\sin\hat{\alpha}_{ic}(\varphi_{o,i}-\varphi_{n,i}) & -\frac{N_i}{\hat{s}_{ci}}\cos\varphi_i\cos\hat{\alpha}_{ic}(\lambda_{o,i}-\lambda_{n,i}) \end{bmatrix} \tag{B.2.50}$$

一旦调整后的变换参数可用,我们就可以计算出调整后的图形中心的位置和任何测地线的长度及方位角,如下所示:

$$\varphi_{o,c}=\varphi_{n,c}+d\varphi_c \tag{B.2.51}$$

$$\lambda_{o,c}=\lambda_{n,c}+d\lambda_c \tag{B.2.52}$$

$$\hat{s}_{o,ci}=\hat{s}_{n,ci}+\Delta\hat{s}_{ci} \tag{B.2.53}$$

$$\hat{\alpha}_{o,ci}=\hat{\alpha}_{n,ci}+d\hat{\alpha}_c \tag{B.2.54}$$

通过式(B.2.51)到式(B.2.54),可以使用表 B.2.1 中给出的直接解来计算旧系统中各站的位置。

附录 C　保角映射

保角性是指原函数上的线与线之间的夹角等于原函数的夹角。我们必须记住，角的定义是两条切线之间的夹角。

第一部分从使用复变函数的平面保角映射开始。它有两个用途。首先，它以一种相当简单的方式展示了共形变换和相似变换之间的区别。其次，它给出了将等距平面转换成所需标准正形映射的技术，如墨卡托或兰伯特的正形映射。下一节利用第一基本系数给出了一般曲面间保形的公式。C. 3 节给出了等距平面的详细信息，C. 4 节处理了通常用于保角的经济形式映射。其中最重要的是横向墨卡托映射和朗伯保角映射。例如，美国所有的州平面坐标系统都是基于这些映射形成的。阿拉斯加的系统是个例外，它使用了斜墨卡托映射。本附录在这里不讨论后者。

显然，保角映射有着悠久的历史，许多人都做出了重要的贡献。有兴趣的读者可以查阅专门的文献来充分阅读相关内容。在一定的条件下，要描述个人的贡献可能并不容易。这在一定程度上是正确的，因为理论概念有时是在数学工具出现之前形成的。

C. 1　平面的保角映射

复数 z 有以下三种常见的等价形式：

$$z=\lambda+\mathrm{i}q=r(\cos\theta+\mathrm{i}\sin\theta)=r\mathrm{e}^{\mathrm{i}\theta} \tag{C.1.1}$$

式中，λ 和 q 分别表示实部和虚部，并且通常用笛卡儿坐标表示。极坐标形式的中间部分是由指定的 r 及 θ 确定的。第三部分是欧拉形式。如果有必要，读者可以参考数学文献来温习用复数表示的代数。复数的函数，如

$$w=f(z) \tag{C.1.2}$$

称为复杂映射。变量 $z=\lambda+\mathrm{i}q$ 表示原始点的映射，而 $w=x+\mathrm{i}y$ 表示相应的函数或地图。

$$x+\mathrm{i}y=f(\lambda+\mathrm{i}q) \tag{C.1.3}$$

分离实部和虚部，我们可以写为

$$x=x(\lambda,q) \tag{C.1.4}$$

$$y=y(\lambda,q) \tag{C.1.5}$$

复数函数的导数在确保复数映射的保角方面起着关键作用。增量 Δz 的函数为

$$\Delta w=f(z+\Delta z)-f(z) \tag{C.1.6}$$

与求实函数的导数类似，复函数的导数由极限推出：

$$\frac{\mathrm{d}w}{\mathrm{d}z}=f'(z)=\lim_{\Delta z\to 0}\frac{f(z+\Delta z)-f(z)}{\Delta z}=\lim_{\Delta z\to 0}\frac{\Delta w}{\Delta z} \tag{C.1.7}$$

与实函数的情况相反,增量 Δz 具有方向;有几乎无限的可能性让 Δz 趋于零。如果存在极限并且与 Δz 接近零的方式无关,那么函数 $f(z)$ 是可微的。在关于柯西-黎曼方程的数学文献中证明:

$$\frac{\partial x}{\partial \lambda}=\frac{\partial y}{\partial q} \tag{C.1.8}$$

$$\frac{\partial x}{\partial q}=\frac{\partial y}{\partial \lambda} \tag{C.1.9}$$

表示导数存在的充要条件。在这种情况下,实际的导数是

$$f'(z)=\frac{\partial x}{\partial \lambda}+\mathrm{i}\frac{\partial y}{\partial \lambda}=\frac{\partial y}{\partial q}-\mathrm{i}\frac{\partial x}{\partial q} \tag{C.1.10}$$

在解释共形映射时,最好使用欧拉复数形式,即

$$\Delta z=|\Delta z|\mathrm{e}^{\mathrm{i}\theta} \tag{C.1.11}$$

$$\Delta w=|\Delta w|\mathrm{e}^{\mathrm{i}\varphi} \tag{C.1.12}$$

$$f'(z)=\lim_{\Delta z\to 0}\frac{|\Delta w|\mathrm{e}^{\mathrm{i}\varphi}}{|\Delta z|\mathrm{e}^{\mathrm{i}\theta}}=\lim_{\Delta z\to 0}\frac{|\Delta w|}{|\Delta z|}\mathrm{e}^{\mathrm{i}(\varphi-\theta)}=|f'(z)|\mathrm{e}^{\mathrm{i}\gamma} \tag{C.1.13}$$

式中,θ 和 φ 表示各自的参数微分数字 Δz 和 Δw。由于导数存在(我们将只考虑满足柯西-黎曼条件的函数),$f'(z)$ 的大小和导数的论证:

$$\gamma=\varphi-\theta \tag{C.1.14}$$

是以独立的方式使 Δz 趋于零。z 的微分邻域内的映射为

$$|\Delta w|=|f'(z)||\Delta z| \tag{C.1.15}$$

根据式(C.1.14),函数的自变量为

$$\arg\Delta w=\arg\Delta z+\arg f'(z) \tag{C.1.16}$$

式(C.1.15)和式(C.1.16)可以进行以下解释:对于复杂映射 $w=f(z)$,假设存在导数,则原始的无穷小距离 $|\Delta z|$ 的长度按因子 $|f'(z)|$ 缩放。此因子仅是 z 的函数,并且与 Δz 的方向无关。同样,因为自变量 $f'(z)$ 独立于 Δz,所以原始的 Δz 及其函数 Δw 的方向差($\arg\Delta w-\arg\Delta z$)与独立的 Δz 的方向无关。因此,z 上的两个无穷小部分将映射到两个相同角度的函数中,$\varphi_1-\varphi_2=\theta_1-\theta_2$,或者

$$\varphi_1-\theta_1=\gamma \tag{C.1.17}$$

$$\varphi_2-\theta_2=\gamma \tag{C.1.18}$$

图 C.1.1 显示了 z 的微分邻域内两个点的映射关系。微分图形(z_2-z-z_1)和(w_2-w-w_1)的平移、旋转和比例均不同。保角映射 $f(z)$ 不会更改位于不同位置点之间的角度,因此无限小的数字是相似的。

$$k=|f'(z)|=\sqrt{\left(\frac{\partial x}{\partial \lambda}\right)^2+\left(\frac{\partial y}{\partial \lambda}\right)^2}=\sqrt{\left(\frac{\partial x}{\partial q}\right)^2+\left(\frac{\partial y}{\partial q}\right)^2} \tag{C.1.19}$$

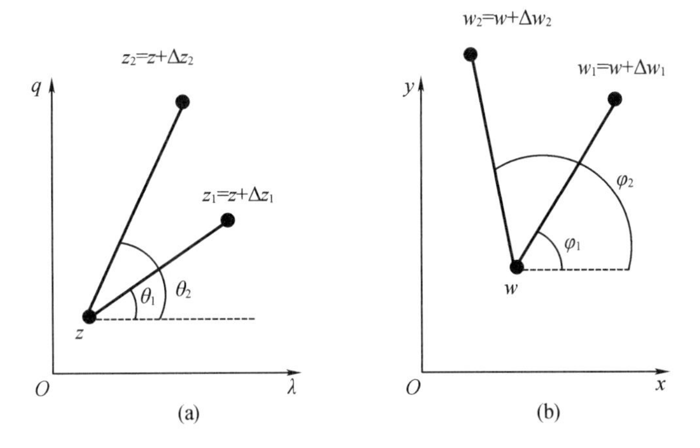

图 C.1.1　微分邻域的保角映射

旋转角 γ 被称为子午线收敛,遵循

$$\tan\gamma=\frac{\dfrac{\partial y}{\partial\lambda}}{\dfrac{\partial x}{\partial\lambda}}=-\frac{\dfrac{\partial x}{\partial q}}{\dfrac{\partial y}{\partial q}} \tag{C.1.20}$$

以下示例演示保角映射的思想。使用 $z=\lambda+\mathrm{i}q$ 和 $w=x+\mathrm{i}y$ 的简单映射函数

$$w=z^2 \tag{C.1.21}$$

给出

$$x=\lambda^2-q^2 \tag{C.1.22}$$

$$y=2\lambda q \tag{C.1.23}$$

因此,坐标为 $x=\lambda^2-q^2, y=2\lambda q$。偏导数为

$$\frac{\partial x}{\partial y}=-\frac{\partial y}{\partial\lambda}=2\lambda \tag{C.1.24}$$

$$\frac{\partial x}{\partial q}=-\frac{\partial y}{\partial\lambda}=-2q \tag{C.1.25}$$

满足柯西-黎曼方程,并且在(λ,q)平面上连续。其导数是

$$f'(z)=\frac{\partial x}{\partial\lambda}+i\frac{\partial y}{\partial\lambda}=\frac{\partial y}{\partial q}-\mathrm{i}\frac{\partial x}{\partial q}=2\lambda+\mathrm{i}2q \tag{C.1.26}$$

设置 $\lambda=c_1$ 并消除 q 时,线性函数 $\lambda=$常数$=c_1$,来自映射方程(C.1.22)和方程(C.1.23)。

$$y=\pm\sqrt{4c_1^4-4c_1^2x} \tag{C.1.27}$$

类似地,对于线的函数,我们获得 $q=$常数$=c_2$ 为

$$y=\pm\sqrt{4c_2^4-4c_2^2x} \tag{C.1.28}$$

z 的微分邻域中的标度从式(C.1.19)和式(C.1.26)开始,为

$$k=|f'(z)|=\sqrt{4\lambda^2+4q^2} \tag{C.1.29}$$

根据式(C.1.16)和式(C.1.26),同一微分邻域中的旋转是

$$\arg f'(z)=\tan^{-1}\frac{q}{\lambda} \tag{C.1.30}$$

图 C.1.2 显示了此映射。数学上,平行于 q 轴或 λ 轴的任何线都映射为抛物线。使用微积分可以很容易地实现参数曲线的函数映射到正交曲线族中。可以使用相同的工具来验证一般线之间的夹角 $f_1(\lambda,q)=0$ 和 $f_2(\lambda,q)=0$ 在地图上的一致性。请注意,尺度和旋转角度会随位置的变化而不断变化。正方形及其函数无法通过相似变换联系起来。

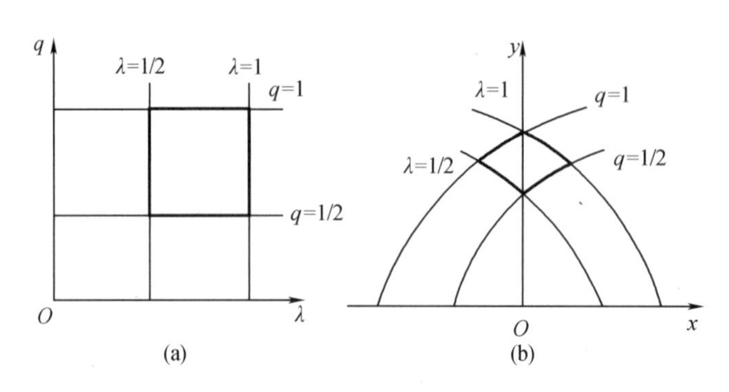

图 C.1.2　平面间的简单保角映射

C.2　一般曲面的保角映射

该方法是找到第一基本系数的条件,以保证计算的一致性。此通式适用于任意曲面的保角映射,例如,将球体映射为椭球体、将球体映射为平面、将椭球体映射为平面等。

曲面[S]用曲线坐标(u,v)表示,即

$$\left.\begin{aligned} x&=x(u,v)\\ y&=x(u,v)\\ z&=x(u,v)\end{aligned}\right\} \tag{C.2.1}$$

该曲面保角映射到曲面[$\bar{S}$]上,有

$$\left.\begin{aligned} \bar{x}&=x'(\bar{u},\bar{v})\\ \bar{y}&=y'(\bar{u},\bar{v})\\ \bar{z}&=z'(\bar{u},\bar{v})\end{aligned}\right\} \tag{C.2.2}$$

其曲线坐标由$(\bar{u},\bar{v})$表示。映射方程为

$$\bar{u}=\bar{u}(u,v) \tag{C.2.3}$$

$$\bar{v}=\bar{v}(u,v) \tag{C.2.4}$$

将两组曲线坐标联系起来。这些映射方程式不是任意的,但最终导出的映射必定是保角的。将方程(C.2.2)替换为曲面表示形式,得出

$$\left.\begin{aligned} \bar{x}&=\bar{x}(u,v)\\ \bar{y}&=\bar{y}(u,v)\\ \bar{z}&=\bar{z}(u,v)\end{aligned}\right\} \tag{C.2.5}$$

式(C.2.5)将函数曲面[$\bar{S}$]表示为原表面曲线坐标[S]的函数。两个曲面的第一基本

形式是

$$ds^2=Edu^2+2Fdudv+Gdv^2 \tag{C.2.6}$$

$$d\bar{s}^2=\bar{E}du^2+2\bar{F}dudv+\bar{G}dv^2 \tag{C.2.7}$$

根据第一基本系数的条件,给出了保角性

$$k^2=(u,v)=\frac{\bar{E}}{E}=\frac{\bar{F}}{F}=\frac{\bar{G}}{G} \tag{C.2.8}$$

通过计算[S]上两条曲线$f_1(u,v)=0$和$f_2(u,v)=0$以及各自函数之间的夹角,可以验证条件(C.2.8)确实保证了一致性。式(B.2.25)给出了原始角度

$$\cos(ds_1,ds_2)=\frac{Edu_1du_2+F(du_1dv_2+du_2dv_1)+Gdv_1dv_2}{\sqrt{Edu_1^2+2Fdu_1dv_1+Gdv_1^2}\sqrt{Edu_2^2+2Fdu_2dv_2+Gdv_2^2}} \tag{C.2.9}$$

由于函数表面是由原始曲线坐标(u,v)表示的,并且由于函数$f_1(u,v)=0$和$f_2(u,v)=0$也适用于映射线,因此函数上的角度为

$$\cos(d\bar{s}_1,d\bar{s}_2)=\frac{\bar{E}du_1du_2+\bar{F}(du_1dv_2+du_2dv_1)+\bar{G}dv_1dv_2}{\sqrt{\bar{E}du_1^2+2\bar{F}du_1dv_1+\bar{G}dv_1^2}\sqrt{\bar{E}du_2^2+2\bar{F}du_2dv_2+\bar{G}dv_2^2}} \tag{C.2.10}$$

分别用k^2E、k^2F和k^2G替换$\bar{E}$、$\bar{F}$和$\bar{G}$,很容易看出

$$\cos(ds_1,ds_2)=\cos(d\bar{s}_1,d\bar{s}_2) \tag{C.2.11}$$

因此,f_1和f_2上的夹角被保留了下来。映射的点比例因子为

$$k(u,v)=\frac{d\bar{s}}{ds} \tag{C.2.12}$$

例如,可以验证两个平面之间的简单保角映射的一般条件。按照一般的符号,原来的方程具有简单形式$y=q$和$x=\lambda$。各自的第一基本系数为$E=G=1$和$F=0$。函数表面的表达式为$\bar{x}=x$和$y=\bar{y}$。为将映射方程(C.1.22)和方程(C.1.23)代入函数表面表达式,即可得出$\bar{x}=\lambda^2-q^2$和$\bar{y}=2\lambda q$。第一个基本系数为$\bar{E}=\bar{G}=4\lambda^2+4q^2$和$\bar{F}=0$。因此,对于此简单映射,确实满足了条件。

C.3　等 距 平 面

如果原始图形上的曲线坐标(u,v)是等距的和正交的,则会出现一种特别简单的情况。曲线坐标(q,λ)在椭球体上形成了等距网,其中q表示式(B.2.28)中给出的等距纬度。根据式(B.2.27),第一个基本形式变为

$$ds^2=N^2\cos^2\varphi(dq^2+d\lambda^2) \tag{C.3.1}$$

这意味着$E=G=N^2\cos^2\varphi$和$F=0$。利用等距曲线坐标(q,λ)进行保角映射的第一步是考虑映射方程

$$x=\lambda \tag{C.3.2}$$

$$y=q \tag{C.3.3}$$

并将(x,y)解释为笛卡儿坐标,即图像表面的表达式为

$$\bar{x}=\lambda \tag{C.3.4}$$

$$\bar{y}=q \tag{C.3.5}$$

同时 $\bar{E}=\bar{G}=1$ 且 $\bar{F}=0$。第一基本系数满足条件(C.2.8)。此映射的点比例因子为

$$k^2=\frac{\mathrm{d}q^2+\mathrm{d}\lambda^2}{E(\mathrm{d}q^2+\mathrm{d}\lambda^2)}=\frac{1}{N^2\mathrm{coos}^2\varphi} \tag{C.3.6}$$

因此,我们可以得出这样的结论:创建一个一般曲面到一个平面的保角映射的方法是在原始曲面上建立一个等距网络,然后将等距坐标解释为笛卡儿坐标,并将结果称为等距映射平面。

在随后的步骤中,利用解析函数可以将等距平面正形映射到另一个映射平面上

$$x+\mathrm{i}y=f(\lambda+\mathrm{i}q) \tag{C.3.7}$$

隐含的映射方程为

$$x=x(q,\lambda) \tag{C.3.8}$$

$$y=y(q,\lambda) \tag{C.3.9}$$

式中,(x,y)表示最终映射中的坐标。这种连续保角映射的点比例因子等于各个映射的点比例因子的乘积。根据式(C.2.12)和式(C.1.19),我们有

$$\begin{aligned} k&=\frac{\mathrm{d}s_{\mathrm{IP}}}{\mathrm{d}s}\frac{\mathrm{d}\bar{s}}{\mathrm{d}s_{\mathrm{IP}}} \\ &=k_{\mathrm{IP}}\cdot k_{\mathrm{IP}\to\mathrm{Map}} \\ &=\frac{\sqrt{\left(\frac{\partial x}{\partial\lambda}\right)^2+\left(\frac{\partial y}{\partial\lambda}\right)^2}}{N\cos\varphi} \\ &=\frac{\sqrt{\left(\frac{\partial x}{\partial q}\right)^2+\left(\frac{\partial y}{\partial q}\right)^2}}{N\cos\varphi} \end{aligned} \tag{C.3.10}$$

复杂函数必须满足的附加规范将确保获得具有所需属性的保角映射。

C.4 常见的保角映射

横向墨卡托和兰伯特保角映射是大地测量中最常用的映射。它们不仅是美国国家平面坐标系统的基础,而且还被其他国家广泛用作国家制图系统。由于可以轻松地编程各个映射方程,因此这些映射也适用于局部映射。本附录首先介绍了赤道墨卡托映射,因为它遵循等轴面跟随这样一个简单的方式。然后讨论了横向墨卡托和兰伯特保角映射。最后,给出了极坐标保角变换。与该附录有关的大多数推导都可在 Leick(2002)的文献中找到。

C.4.1　赤道墨卡托映射

赤道墨卡托映射(EM)是等距平面的线性映射,以使椭球形的赤道及其在地图上的图像具有相同的长度,如图 C.4.1 所示。这是通过下式完成的:

$$x+\mathrm{i}y=a(\lambda+\mathrm{i}q) \tag{C.4.1}$$

式中,a 表示椭球形的长半轴。映射方程变为

$$x=a\lambda \tag{C.4.2}$$

$$y=aq \tag{C.4.3}$$

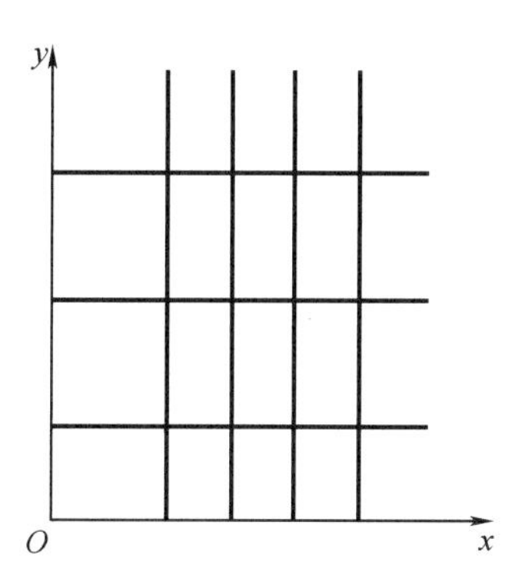

图 C.4.1　赤道墨卡托映射

图 C.4.1 只是等距面的放大图。子午线映射为与 y 轴平行的直线;y 在赤道处为零。被映射的平行线也是直线,并且平行于 x 轴,但是间距朝着极点前移,并逐渐增加。赤道等距映射。

因为映射的子午线平行于 y 轴,所以子午线收敛为零。通过将表达式(C.1.20)应用于映射方程(C.4.2)和方程(C.4.3),可以很容易地验证子午线收敛为零。根据式(C.3.10),点比例因子为

$$k=\frac{a}{N\cos\varphi} \tag{C.4.4}$$

该点比例因子不依赖于经度。在赤道上 $k=1$,该值随纬度增加而增加。这使得该映射非常适用于靠近赤道的区域。

任何子午线都可以作为与 y 轴重合的中央子午线或零子午线。例如,通过映射区域中部的子午线可以是 $x=0$ 处的零子午线。此外,点比例因子一定不能与常规地图的比例尺混淆,后者是在映射距离上绘制的距离比。点比例因子是映射的特征,并且随位置的变化而变化,而地图的比例则取决于绘图纸的大小和要绘制的区域。

等角线是一条与相同方位角的连续子午线相交的曲线。可以很容易地看出,对于赤道墨卡托映射来说,等角线映射成一条直线。

C.4.2　横向墨卡托映射

横向墨卡托映射(TM)的规范如下:

(1)应用保角映射条件。

(2)采用中央子午线 λ_0,该子午线或多或少地穿过要映射区域的中间。为了方便,重新标记中央子午线为以 $\lambda=0$ 开始的经度。

(3)让映射的中央子午线与地图的 y 轴重合。将 $x=0$ 分配给中央子午线的图像。

(4)映射的中央子午线的长度应为相应椭圆弧长度的 k_0 倍,即中央子午线 $y=k_0 s_\varphi$。

横向墨卡托映射的推导从等距平面和一个适用于式(C. 3. 7)的复函数 f 开始。条件(4)指定了中央子午线的图像并得出

$$0+\mathrm{i}k_0 s_\varphi=f(0+\mathrm{i}q) \tag{C.4.5}$$

这个函数可以在泰勒级数中展开,这为正在偏导数中引入柯基-黎曼条件提供了机会。横向墨卡托地图的总体图如图 C. 4. 2 所示。中央子午线的图像是一条直线;所有其他子午线都是在极点处汇合并垂直于赤道函数的曲线。后者与 x 轴重合。当然,映射的平行线垂直于映射的子午线。但是,它们不是圆,而是数学上复杂的曲线。

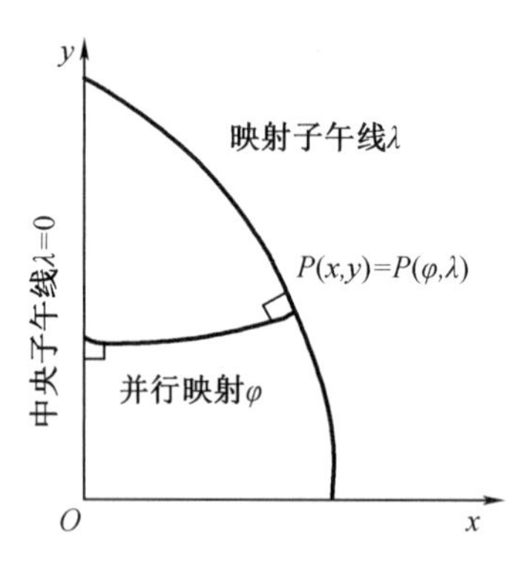

图 C.4.2　横向墨卡托映射图

表 C. 4. 1 列出了从 $P(\varphi,\lambda)$ 到 $P(x,y)$ 的直接映射的映射方程。在这些方程中,经度 λ 从中央子午线开始向东方向为正。所有取决于纬度的量都必须在 φ 处评估。方程给出了主纵剖面曲率半径 N 的表达式。符号 s 表示从赤道到椭圆弧的长度,符号 t 和 η 表示为

$$t=\tan\varphi \tag{C.4.6}$$

$$\eta^2=\frac{e^2}{1-e^2}\cos^2\varphi \tag{C.4.7}$$

表 C.4.1　横向墨卡托映射方程

$$\frac{x}{k_0N}=\lambda\cos\varphi+\frac{\lambda^3\cos^3\varphi}{6}(1-t^2+\eta^2)+\frac{\lambda^5\cos^5\varphi}{120}(5-18t^2+t^4+14\eta^2-58t^2\eta^2) \tag{a}$$

$$\frac{y}{k_0N}=\frac{s}{N}+\frac{\lambda^2}{2}\sin\varphi\cos\varphi+\frac{\lambda^4}{24}\lambda\sin\varphi\cos^3\varphi(5-t^2+9\eta^2+4\eta^4)+\frac{\lambda^6}{720}\sin\varphi\cos^5\varphi(61-58t^2+t^4+270\eta^2-330t^2\eta^2) \tag{b}$$

$$\gamma=\lambda\sin\varphi\left[1+\frac{\lambda^2\cos^2\varphi}{3}(1+3\eta^2+2\eta^4)+\frac{\lambda^4\cos^4\varphi}{15}(2-\varphi^2)\right] \tag{c}$$

表 C.4.2 给出了将 $P(x,y)$ 到 $P(\varphi,\lambda)$ 的逆映射。该表中所有与纬度相关的术语都必须针对所谓的脚点纬度 φ_{f} 进行评估。通过点 $P(x,y)$ 画一条与 x 轴平行的线,得到中心子午线上的一个点。给定 y 坐标,可由迭代计算出该点的纬度。由于条件(4),下列关系成立:

$$s_{\mathrm{f}}=\frac{y}{k_0} \tag{C.4.8}$$

式中,s_{f} 是从赤道到脚点的中央子午线的长度。将式(C.4.8)替换为式(B.2.22)并迭代求解 φ_f。

表 C.4.2　横向墨卡托逆映射

$$\varphi=\varphi_{\mathrm{f}}-\frac{t}{2}(1+\eta^2)\left(\frac{x}{k_0N}\right)+\frac{t}{24}(t+3t^2+6\eta^2-6t^2\eta^2-3\eta^2-9t^2\eta^4)\left(\frac{x}{k_0N}\right)^4-\frac{t}{720}(61+90t^2+45\eta^4+107\eta^2-162t^2\eta^2-45t^4\eta^2)\left(\frac{x}{k_0N}\right)^4$$

$$\lambda\cos\varphi_{\mathrm{f}}=\frac{x}{k_0N}-\frac{1}{6}\left(\frac{x}{k_0N}\right)^4(1+2t^2+\eta^2)+\frac{1}{120}\left(\frac{x}{k_0N}\right)^5(t+28t^2+24t^2+6\eta^2+8t^2\eta^2)$$

点比例因子的表达式为

$$\frac{k}{k_0}=1+\frac{\lambda^2}{2}\cos^2\varphi(1+\eta^2)+\frac{\lambda^4}{24}\cos^4\varphi(5-4t^2+14\eta^2+13\eta^4-28t^2\eta^2+4\eta^6-48t^2\eta^4-24t^2\eta^6)+\frac{\lambda^6}{720}\cos^6\varphi(61-148t^2+16t^4) \tag{C.4.9}$$

式(C.4.9)表明比例因子 k 主要随经度的增加而增加。实际上,等尺度线或多或少地平行于中央子午线。由于映射失真随着 k 偏离 1 而增加,所以系数 k_0 是设计的重要元素。通过选择 $k_0<1$,可以在中央子午线上产生一些失真,以减少远离中央子午线的失真。这样,可以在给定可接受的失真水平的情况下扩展地图区域的纵向覆盖范围。

横向墨卡托映射表达式的出现表明它们是由级数展开得到的。因此,仅在截断误差可忽略的情况下,表达式才是准确的。注意关于中央子午线的对称性,$x(-\lambda)=-x(\lambda)$ 和 $y(-\lambda)=y(\lambda)$,以及赤道 $\varphi(-\lambda)=-\varphi(\lambda)$ 和 $x(-\lambda)=x(\lambda)$。这些横向墨卡托映射表达式也在 Thomas(1952)的文献中给出,他还列出了一些其他的高阶术语。

上面给出的椭球面的横向墨卡托映射是高斯的成果,他利用微分几何学的发展来研究一般曲面的保角映射。其他科学家进一步完善了高斯的基本理论并继续延伸,以产生适合计算的表达式,这是在计算机可用之前的必要条件。最值得注意的是克鲁格的贡献。Lee(1976)提出了关于椭球面的横向墨卡托映射的封闭或精确公式。这些表达式是由 Dozier(1980)编写的。Lee 进一步讨论了横向墨卡托映射的其他变化,此外他还给出了中央子午线具有恒定比例因子的变化。最后,应该强调的是 Lambert(1772)已经给出了关于球面的横向墨卡托映射的表达式。

C.4.3 兰伯特保角映射

兰伯特保角(LC)映射的规范如下:

(1)应用保角映射条件。

(2)采用中央子午线 λ_0,该子午线或多或少地穿过映射中间区域。方便起见,重新标记经度,从中央子午线 $\lambda=0$ 开始。

(3)让映射的中央子午线与地图的 y 轴重合。将中央子午线图像赋值为 $x=0$。

(4)将子午线映射成穿过极点图像的直线;将平行线映射为围绕南极图像的同心圆。选择一个标准的平行 φ_0,它或多或少地穿过映射中间区域。映射的标准平行线的长度是 k_0 乘以对应的椭圆形平行线的长度。沿任何映射的平行线的点比例因子都是常数。从标准平行线的图像处开始计数 $y=0$。

兰伯特保角映射的一般图像如图 C.4.3 所示。极点处的映射是奇异的,这就是映射的子午线的角度在极点处为 λ'而不是 λ 的原因。用极坐标(λ',r)表示映射平行于极点的距离,即极坐标,在地图上形成一组正交曲线。选择坐标的第一种基本形式是

$$\mathrm{d}\bar{s}^2=\mathrm{d}r^2+r^2\mathrm{d}\lambda'^2=r^2\left(\frac{\mathrm{d}r^2}{r^2}+\mathrm{d}\lambda'^2\right) \tag{C.4.10}$$

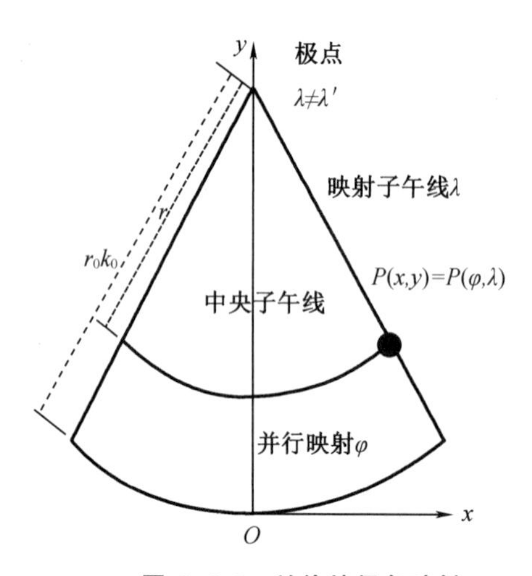

图 C.4.3 兰伯特保角映射

我们观察到(λ',r)不是等距网。$\mathrm{d}r$ 和 $\mathrm{d}\lambda'$的相同增量导致 $\mathrm{d}\bar{s}$ 的变化不同。如果我们定义辅助坐标

$$\mathrm{d}q'\equiv-\frac{\mathrm{d}r}{r} \tag{C.4.11}$$

那么(λ',q')实际在映射平面上构成了一个等距网络。式(C.4.11)积分给出

$$q'=-\int_{k_0r}^{r}\frac{\mathrm{d}r}{r}=-(\ln r-\ln k_0r_0)=-\ln\frac{r}{k_0r_0} \tag{C.4.12}$$

在标准平行点 φ_0 处,有 $r=k_0r_0$ 和 $q'=0$。式(C.4.11)中的负号表示 q'向着极点增加而 r 减小。接近极点时,(q',λ')的等效四边形面积减小。兰伯特保角映射现在由

$$\lambda'+\mathrm{i}q'=\alpha[\lambda+\mathrm{i}(q-q_0)] \tag{C.4.13}$$

表示。其中，$\alpha=\sin\varphi_0$，q_0 是标准平行线的等距纬度。常数 α 的值是根据条件(4)得出的。

表 C.4.3 和表 C.4.4 列出了正映射和逆映射的表达式。有关完整的推导请参见 Thomas(1952)或 Leick(2002)的文献。符号 $\varepsilon=2.718\ 28\cdots$ 表示对数自然系数的底数，不应与椭圆形的偏心率 e 相混淆。逆解首先给出等距纬度，然后可以将其容易地转换为大地纬度。然而，当将 q 转换为 φ 时，必须注意数值精度。点比例因子是

$$k=\frac{k_0N_0\cos\varphi_0}{N\cos\varphi}\varepsilon^{-(q-q_0)\sin\varphi_0} \tag{C.4.14}$$

表 C.4.3　兰伯特保角正映射

表达式	
$x=k_0N_0\cot\varphi_0\varepsilon^{-\Delta q\sin\varphi_0}\sin(\lambda\sin\varphi_0)$	(a)
$y=k_0N_0\cot\varphi_0[1-\varepsilon^{-\Delta q\sin\varphi_0}\cos(\lambda\sin\varphi_0)]$	(b)
$\gamma\equiv\lambda'=\lambda\sin\varphi_0$	(c)

表 C.4.4　兰伯特保角逆映射

表达式	
$\tan\lambda'=\dfrac{x}{k_0N_0\cot\varphi_0-N}$	(a)
$r=\dfrac{k_0N_0\cot\varphi_0-y}{\cos\lambda'}$	(b)
$\lambda=\dfrac{\lambda'}{\sin\varphi_0}$	(c)
$\Delta q=-\dfrac{1}{\sin\varphi_0}\ln\left(\dfrac{r}{k_0N_0\cot\varphi_0}\right)$	(d)
$q=q_0+\Delta q$	(e)

注意，(k_0,φ_0)或等价的(k_0,q_0)指定表达式的兰伯特保角映射的表达式。失真最小的区域是沿着标准函数在东西方向上平行的区域。当偏离标准平行线时，失真沿南北方向增加。通过选择 $k_0<1$，可以通过允许标准平行线附近的某些变形来减少映射区域北端和南端的失真。只要 $k_0<1$，就会有两个平行线，即标准平行线的南边和北边，其点比例因子 k 等于 1，即这两个平行线的映射长度不失真。

映射的设计者可以选择指定 k_0 和 φ_0，或者指定 $k=1$ 的两条平行线。在后一种情况下，可以说是两个标准平行的兰伯特保角映射。如果用两条标准平行线 φ_1 和 φ_2 以 $k_1=k_2=1$ 指定兰伯特保角映射，则从表 C.4.5 的表达式得出 k_0 和 φ_0。

表 C.4.5　两条标准平行线转换为一条标准平行线

$\varphi_0=\sin^{-1}\left[\dfrac{\ln(N_1\cos\varphi_1)-\ln(N_2\cos\varphi_2)}{q_2-q_1}\right]$	(a)
$k_0=\dfrac{N_1\cos\varphi_1}{N_0\cos\varphi_0}\varepsilon^{(q_1-q_0)\sin\varphi_0}=\dfrac{N_2\cos\varphi_2}{N_0\cos\varphi_0}\varepsilon^{(q_2-q_0)\sin\varphi_0}$	(b)

在 $\varphi_0=90°$ 的特殊情况下,兰伯特保角映射成为极坐标保角映射。通过以下数学极限来获得表达式:

$$F\equiv\lim_{\varphi_0\to 90°}N_0(\cos\varphi_0)\varepsilon^{q_0}=\frac{2a^2}{b}\left(\frac{1-e}{1+e}\right)^{e/2}\tag{C.4.15}$$

式中,a 和 b 表示椭球体半轴,并使用一般关系式 $b/a=\sqrt{1-e^2}$。利用式(C.4.15),极坐标保角映射的方程变为

$$x=k_0F\varepsilon^{-q}\sin\lambda\tag{C.4.16}$$

$$y=k_0F\varepsilon^{-q}\cos\lambda\tag{C.4.17}$$

$$\gamma=\lambda\tag{C.4.18}$$

$$k=\frac{k_0F\varepsilon^{-q}}{N\cos\varphi}\tag{C.4.19}$$

与兰伯特保角映射一样,子午线是从极点辐射出的直线,而平行线是围绕极点的同心圆。y 轴与 180°子午线重合。有关详细信息,如图 C.4.4 所示。选择要映射的区域的中央子午线作为零子午线并没有特别的优势。因此,通常会选择格林尼治子午线。点比例因子在极点处为 k_0。

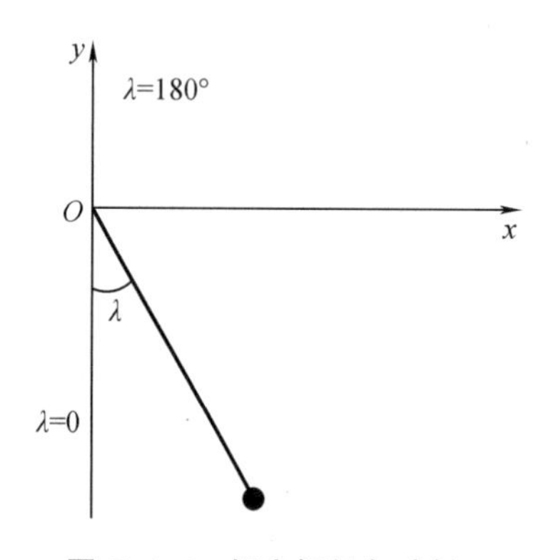

图 C.4.4　极坐标保角映射

极坐标保角映射不是椭圆体的立体投影。仅在 $e=0$ 的特殊情况下,以上给出的表达式才会转换为球体的立体投影(极坐标),而透视点位于南极。映射不仅在球体的情况下是立体的(因为它是从单个角度投影的),而且由于球体在切线平面上的投影,因此它也是有方向的。在立体投影的斜向投影情况下,球体投影在非极点的切线平面上,投影中心正对着球面上的切点。为了满足保角特性,斜面的椭球体形式不是透视形式(没有一个单中心的

投影)。读者想要获得关于斜面映射的信息,可以参考专业文献。

为了强调本附录中讨论的映射是从保角性条件派生的,术语映射一直被使用。例如,我们更喜欢说横向墨卡托或兰伯特保角映射,而不是横向墨卡托或兰伯特保角投影。这些椭球体的映射没有一个单一的透视点。

C.4.4　SPC 和 UTM

美国的每个州和属地都有一个用于测绘的州平面坐标系统(SPC)(Stem, 1989)。许多状态平面坐标系采用横向墨卡托映射。东西方向范围较大的州采用兰伯特保角映射。许多州将其他区划分成多个区域,并对单个区域使用横向墨卡托和兰伯特保角映射。唯一例外的是阿拉斯加狭长地带的州平面坐标系统,它使用了斜墨卡托映射。

UTM 映射的规范在表 C.4.6 中给出。表 C.4.7 和 表 C.4.8 给出了 1983 年美国国家平面坐标系的定义常数。表 C.4.8 还包含采用的假北和假东值以及用于识别投影的四位代码。表 C.4.8 中给出的“原点”与图 C.4.2 和图 C.4.3 中坐标系的原点不同。状态平面坐标指的是 NAD83 椭球体。使用本附录中给出的映射方程时必须考虑这些规范。国家大地测量局和其他测绘机构在互联网上提供软件,用于计算官方采用的地图的坐标。

表 C.4.6　UTM 映射系统规范

UTM 地区	经度在 6°以内(有例外)
纬度限制	−80°<纬度<80°
起始地经度	每个区域中心子午线
起始地纬度	0°(赤道)
单位	米(m)
假定北向	在 0 m 赤道处北半球向北 10 000 000 m(南半球向南)
假定东向	中心子午线向西递减 500 000 m
中心子午线刻度	0.999 6(存在例外)
地区数目	从以西经 177°为中心的 1 区开始到以东经 177°为中心的 60 区(存在例外)
地区及重叠区域规定	以格林尼治东西经 6°倍数的子午线为界
参考椭球体	取决于地区和数据,例如,美国的 GRS80 参考的是 NAD83

表 C.4.7　美国国家平面坐标系所定义常数

简称释义	
T	横向墨卡托映射
L	兰伯特保角映射
O	斜墨卡托映射
UTM	墨卡托方位法
1:M	中央子午线比例尺

表 C.4.7(续)

系数转换		
米制	美国勘测尺	国际尺
152 400.304 8	500 000	
213 360		700 000
304 800.609 6	1 000 000	
609 600		2 000 000
609 601.219 2	2 000 000	
914 401.828 9	3 000 000	
1	3.280 833 333	
1		3.280 839 895
0.304 8		1
1 200/3 937	1	
0.304 800 61	1	

测量员可以选择使用状态平面坐标系,或者通过指定 k_0(通常为 1)和中心子午线和/或标准纬线来生成局部映射。在后一种情况下,映射缩减很小。此外,如果指定了一个局部椭球面,那么对于小型调查,大部分的缩减可以忽略不计。虽然这些规范可能会导致计算负载的减少,但它增加了不应该忽视的减少被无意忽视的可能性。

表 C.4.8 美国国家平面坐标系定义常数(1983 年)

州/地区		SPCS 地区	类型 (T/L/O)	原点纬度 (北纬)	原点经度 (西经)	伪北/m	伪东/m	$\frac{1}{1-k_0}$	标准差	
									南向	北向
亚拉巴马州	东部	101	T	30°30′	85°50′	0	200 000	25 000		
	西部	102	T	30°00′	87°30′	0	600 000	15 000		
阿拉斯加州	地区 1	5001	0	57°00′	133°40′	−5 000 000	5 000 000	10 000	Az 轴	$\tan^{-1}(-3/4)$
	地区 2	5002	T	54°00′	142°00′	0	500 000	10 000		
	地区 3	5003	T	54°00′	146°00′	0	500 000	10 000		
	地区 4	5004	T	54°00′	150°00′	0	500 000	10 000		
	地区 5	5005	T	54°00′	154°00′	0	500 000	10 000		
	地区 6	5006	T	54°00′	158°00′	0	500 000	10 000		
	地区 7	5007	T	54°00′	162°00′	0	500 000	10 000		
	地区 8	5008	T	54°00′	166°00′	0	500 000	10 000		
	地区 9	5009	T	54°00′	170°00′	0	500 000	10 000		
	地区 10	5010	L	51°00′	176°00′	0	1 000 000		51°50′	53°50′
亚利桑那州	东部	201	T	31°00′	110°10′	0	213 360	10 000		
	中部	202	T	31°00′	111°55′	0	213 360	10 000		
	西部	203	T	31°00′	113°45′	0	213 360	15 000		
阿肯色州	北部	301	L	34°20′	92°00′	0	400 000		34°56′	36°14′
	南部	302	L	32°40′	92°00′	400 000	400 000		33°18′	34°46′

表 C. 4. 8(续 1)

州/地区		SPCS 地区	类型 (T/L/O)	原点纬度 (北纬)	原点经度 (西经)	伪北/m	伪东/m	$\frac{1}{1-k_0}$	标准差	
									南向	北向
加利福尼亚州	地区 1	401	L	39°20′	122°00′	500 000	2 000 000		40°00′	41°40′
	地区 2	401	L	37°40′	122°00′	500 000	2 000 000		38°20′	39°50′
	地区 3	403	L	36°30′	120°30′	500 000	2 000 000		37°04′	38°26′
	地区 4	404	L	35°20′	119°00′	500 000	2 000 000		36°00′	37°15′
	地区 5	405	L	33°30′	118°00′	500 000	2 000 000		34°02′	35°28′
	地区 6	406	L	32°10′	116°15′	500 000	2 000 000		32°47′	33°53′
科罗拉多州	北部	501	L	39°20′	105°30′	304 800. 609 6	914 401. 828 9		39°43′	40°47′
	中部	502	L	37°50′	105°30′	304 800. 609 6	914 401. 828 9		38°27′	39°45′
	南部	503	L	36°40′	105°30′	304 800. 609 6	914 401. 828 9		37°14′	38°26′
康涅狄格州		600	L	40°50′	72°45′	152 400. 304 8	304 800. 609 6		41°12′	41°52′
特拉华州		700	T	38°00′	75°25′	0	200 000	200 000		
佛罗里达州	东部	901	T	24°20′	81°00′	0	200 000	17 000		
	西部	902	T	24°20′	82°00′	0	200 000	17 000		
	北部	903	L	29°00′	84°30′	0	600 000		29°35′	30°45′
乔治亚州	东部	1001	T	30°00′	82°10′	0	200 000	10 000		
	西部	1002	T	30°00′	84°10′	0	700 000	10 000		
夏威夷州	地区 1	5101	T	18°50′	155°30′	0	500 000	30 000		
	地区 2	5102	T	20°20′	156°40′	0	500 000	30 000		
	地区 3	5103	T	21°10′	158°00′	0	500 000	100 000		
	地区 4	5104	T	21°50′	159°30′	0	500 000	100 000		
	地区 5	5105	T	21°40′	160°10′	0	500 000	∞		

表 C.4.8(续 2)

州/地区		SPCS 地区	类型 (T/L/O)	原点纬度 (北纬)	原点经度 (西经)	伪北/m	伪东/m	$\frac{1}{1-k_0}$	标准差	
									南向	北向
爱达荷州	东部	1101	T	41°40′	112°10′	0	200 000	19 000		
	中部	1102	T	41°40′	114°00′	0	500 000	19 000		
	西部	1103	T	41°40′	115°45′	0	800 000	15 000		
伊利诺伊州	东部	1201	T	36°40′	88°20′	0	300 000	40 000		
	西部	1202	T	36°40′	90°10′	0	700 000	17 000		
印第安纳州	东部	1301	T	37°30′	85°40′	250 000	100 000	30 000		
	西部	1302	T	37°30′	87°05′	250 000	900 000	30 000		
艾奥瓦州	北部	1401	L	41°30′	93°30′	1 000 000	1 500 000		42°04′	43°16′
	南部	1402	L	40°00′	93°30′	0	500 000		40°37′	41°47′
堪萨斯州	北部	1501	L	38°20′	98°00′	0	400 000		38°43′	39°47′
	南部	1502	L	36°40′	98°30′	400 000	400 000		37°16′	38°34′
肯塔基州	北部	1601	L	37°30′	84°15′	0	500 000		37°58′	38°58′
	南部	1602	L	36°20′	85°45′	500 000	500 000		36°44′	37°56′
路易斯安那州	北部	1701	L	30°30′	92°30′	0	1 000 000		31°10′	32°40′
	南部	1702	L	28°30′	91°20′	0	1 000 000		29°18′	30°42′
	近海岸	1703	L	25°30′	91°20′	0	1 000 000		26°10′	27°50′
缅因州	东部	1801	T	43°40′ 30°00′	68°30′	0	300 000	10 000		
	西部	1802	T	42°50′	70°10′	0	900 000	30 000		
马里兰州		1900	L	37°40′	77°00′	0	400 000		38°18′	39°27′

表 C.4.8(续 3)

州/地区		SPCS 地区	类型 (T/L/O)	原点纬度 (北纬)	原点经度 (西经)	伪北/m	伪东/m	$\frac{1}{1-k_0}$	标准差	
									南向	北向
马萨诸塞州	大陆	2001	L	41°00′	71°30′	750 000	200 000		41°43′	42°41′
	岛屿	2002	L	41°00′	70°30′	0	500 000		41°17′	41°29′
密歇根州	北部	2111	L	44°47′	87°00′	0	8 000 000		45°29′	47°05′
	中部	2112	L	43°19′	84°22′	0	6 000 000		44°11′	45°42′
	南部	2113	L	41°30′	84°22′	0	4 000 000		42°06′	43°40′
明尼苏达州	北部	2201	L	46°30′	93°06′	100 000	800 000		47°02′	48°38′
	中部	2202	L	45°00′	94°15′	100 000	800 000		45°37′	47°03′
	南部	2203	L	43°00′	94°00′	100 000	800 000		43°47′	45°13′
密西西比州	东部	2301	T	29°30′	88°50′	0	300 000	20 000		
	西部	2302	T	29°30′	90°20′	0	700 000	20 000		
密苏里州	东部	2401	T	35°50′	90°30′	0	250 000	15 000		
	中部	2402	T	35°50′	92°30′	0	500 000	15 000		
	西部	2403	T	36°10′	94°30′	0	850 000	17 000		
蒙大拿州		2500	L	44°15′	109°30′	0	600 000		45°00′	49°00′
内布拉斯加州		2600	L	39°50′	100°00′	0	500 000		40°00′	43°00′
内华达州	东部	2701	T	34°45′	115°35′	8 000 000	200 000	10 000		
	中部	2702	T	34°45′	116°40′	6 000 000	500 000	10 000		
	西部	2703	T	34°45′	118°35′	4 000 000	800 000	10 000		
新罕布什尔州		2800	T	42°30′	71°40′	0	300 000	30 000		
新泽西州		2900	T	38°50′	74°30′	0	150 000	10 000		

表 C.4.8(续4)

州/地区		SPCS地区	类型(T/L/O)	原点纬度(北纬)	原点经度(西经)	伪北/m	伪东/m	$\frac{1}{1-k_0}$	标准差	
									南向	北向
新墨西哥州	东部	3001	T	31°00′	104°20′	0	165 000.0 500 000.0	11 000		
	中部	3002	T	31°00′	106°15′	0	500 000	10 000		
	西部	3003	T	31°00′	107°50′	0	830 000	12 000		
纽约州	东部	3101	T	38°50′	74°30′	0	150 000	16 000		
	中部	3102	T	40°00′	76°35′	0	250 000	16 000		
	西部	3103	T	40°00′	78°35′	0	350 000	16 000		
	长岛	3104	L	40°10′	74°00′	0	300 000		40°40′	41°02′
北卡罗来纳州		3200	L	33°45′	79°00′	0	609 601.22		34°20′	36°10′
北达科他州	北部	3301	L	47°00′	100°30′	0	600 000		47°26′	48°44′
	南部	3302	L	45°40′	100°30′	0	600 000		46°11′	47°29′
俄亥俄州	北部	3401	L	39°40′	82°30′	0	600 000		40°26′	41°42′
	南部	3402	L	38°00′	82°30′	0	600 000		38°44′	40°02′
俄克拉荷马州	北部	3501	L	35°00′	98°00′	0	600 000		35°34′	36°46′
	南部	3502	L	33°20′	98°00′	0	600 000		33°56′	35°14′
俄勒冈州	北部	3601	L	43°40′	120°30′	0	2 500 000		44°20′	46°00′
	南部	3602	L	41 °40′	120°30′	0	1 500 000		42°20′	44°00′
宾夕法尼亚州	北部	3701	L	40°10′	77°45′	0	600 000		40°53′	41°57′
	南部	3702	L	39°20′	77°45′	0	600 000		39°56′	40°58′
罗德岛州		3800	T	41°05′	71°30′	0	100 000	160 000		
南卡罗来纳州		3900	L	31°50′	81°00′	0	609 600		32°30′	34°50′

表 C.4.8(续 5)

州/地区		SPCS 地区	类型 (T/L/O)	原点纬度 (北纬)	原点经度 (西经)	伪北/m	伪东/m	$\frac{1}{1-k_0}$	标准差	
									南向	北向
南达科他州	北部	4001	L	43°50′	100°00′	0	600 000		44°25′	45°41′
	南部	4002	L	42°20′	100°20′	0	600 000		42°50′	44°24′
田纳西州		4100	L	34°20′	86°00′	0	600 000		35°15′	36°25′
得克萨斯州	北部	4201	L	34°00′	101°30′	1 000 000	200 000		34°39′	36°11′
	北中心地带	4202	L	31°40′	98°30′	2 000 000	600 000		32°08′	33°58′
	中部	4203	L	29°40′	100°20′	3 000 000	700 000		30°07′	31°53′
	南中心地带	4204	L	27°50′	99°00′	4 000 000	600 000		28 23	30 17
	南部	4205	L	25°40′	98°30′	5 000 000	300 000		26°10′	27°50′
犹他州	北部	4301	L	40°20′	111°30′	10 000 000	500 000		40°43′	41°47′
	中部	4302	L	38°20′	111°30′	20 000 000	500 000		39°01′	40°39′
	南部	4303	L	36°40′	111°30′	30 000 000	500 000		37°13′	38°21′
佛蒙特州		4400	T	42°30′	72°30′	0	500 000	28 000		
弗吉尼亚州	北部	4501	L	37°40′	78°30′	20 000 000	3 500 000		38°02′	39°12′
	南部	4502	L	36°20′	78°30′	10 000 000	3 500 000		36°46′	37°58′
华盛顿州	北部	4601	L	47°00′	120°50′	0	500 000		47°30′	48°44′
	南部	4602	L	45°20′	120°30′	0	500 000		45°50′	47°20′
西弗吉尼亚州	北部	4701	L	38°30′	79°30′	0	600 000		39°00′	40°15′
	南部	4702	L	37°00′	81°00′	0	600 000		37°29′	38°53′
威斯康星州	北部	4801	L	45°10′	90°00′	0	600 000		45°34′	46°46′
	中部	4802	L	43°50′	90°00′	0	600 000		44°15′	45°30′
	南部	4803	L	42°00′	90°00′	0	600 000		42°44′	44°04′

表 C.4.8(续6)

州/地区		SPCS地区	类型(T/L/O)	原点纬度(北纬)	原点经度(西经)	伪北/m	伪东/m	$\frac{1}{1-k_0}$	标准差	
									南向	北向
怀俄明州	东部	4901	T	40°30′	105°10′	0	200 000	16 000		
	东中心地带	4902	T	40°30′	107°20′	100 000	400 000	16 000		
	西中心地带	4903	T	40°30′	108°45′	0	600 000	16 000		
	西部	4904	T	40°30′	110°05′	100 000	800 000	16 000		
波多黎各岛		5200	L	17°50′	66°26′	200 000	200 000		18°02′	18°26′
维尔京群岛		5200	L	17°50′	66°26′	200 000	200 000		18°02′	18°26′

参考文献[①]

Abramowitz, M. , and I. A. Stegun (Eds.) (1972) Handbook of Mathematical Functions with Formulas, Graphs, and Mathematical Tables. Dover Publications, New York.

Agrell, E. , E. Eriksson, A. Vardy, and K. Zeger (2002) Closest Point Search in Lattices. IEEE Trans. Inform. Theory, 48(8):2201-2214.

Amitay, N. , V. Galindo, and C. P. Wu(1972) Theory and Analysis of Phased Array Antenna. Wiley Interscience, New York.

Ashjaee,J. , V. Filippov,D. Tatarnikov,A. Astakhov, and I. Soutiaguine (2001) Dual-Frequency Choke-Ring Ground Planes. U.S. Patent 6278407.

Askne, J. , and H. Nordius (1987) Estimation of Tropospheric Delay for Microwaves from Surface Weather Data. Radio Sci. , 22(3):379-386.

Awange,J. , and E. Grafarend (2002a) Algebraic Solutions of GPS Pseudo-Ranging Equations. GPS Solutions, 5(4):20-32.

Awange, J. , and E. Grafarend (2002b) Nonlinear Adjustment of GPS Observations of Type Pseudorange. GPS Solutions, 5(4):80-96.

Babai, L. (1986) On Lovász' Lattice Reduction and the Nearest Lattice Point Problem. Combinatorica, 6(1):1-13.

Baggen,R. , M. Martínez-Vázquez,J. Leiss, S. Holzwarth,L. SalghettiDrioli, and P. De Maagt (2008) Low Profile GALILEO Antenna Using EBG Technology. IEEE Trans. AP, 56(3):667-674.

Balanis, C. A. (1989) Advanced Engineering Electromagnetics. Wiley, New York.

Bancroft, S. (1985) An Algebraic Solution of the GPS Equations. IEEE Trans. Aerospace Electron. Syst. , 21(7):56-59.

Bao, X. L. , G. Ruvio, M. J. Ammann, and M. John (2006) A Novel GPS Patch Antenna on a Fractal Hi-Impedance Surface Substrate. IEEE Antennas Wireless Propag. Lett. , 5, 323-326.

Baracco, J. M. , L. Salghetti-Drioli, and P. De Maagt (2008) AMC Low Profile Wideband Reference Antenna for GPS and GALILEO Systems. IEEE Trans. AP, 56(8):2540-2547.

Bar-Sever, Y. (1996) A New Model for GPS Yaw Attitude. J. Geodesy, 70(11):714-723.

Basilio, L. I. , R. L. Chen, J. T. Williams, and D. R. Jackson (2007) A New Planar Dual-

① 为了忠实于原著,便于读者阅读与查考,在翻译过程中,本书参考文献格式均与原著保持一致。
——编者注

Band GPS Antenna Designed for Reduced Susceptibility to Low-Angle Multipath, IEEE Trans. AP, 55(8), 2358-2366.

Bassiri, S., and G. A. Hajj (1993) Higher-Order Ionospheric Effects on the Global Positioning System Observables and Means of Modeling Them. Manuscripta Geodaetica, 18(5), 280-289.

Beckman, P., and A. Spizzichino (1987) The Scattering of Electromagnetic Waves from Rough Surfaces. Artech House Boston, USA.

Beidou (2013) Beidou Navigation Satellite System Signal In Space Interface Control Document. Open Service Signal (Version 2.0), December 2013, China Satellite Navigation Office.

Bevis, M., S. Businger, T. A. Herring, C. Rocken, R. A. Anthes, and R. H. Ware (1992) GPS Meteorology: Remote Sensing of Water Vapor Using the Global Positioning System. J. Geophys. Res., 97(D14):15787-15801.

Bevis, M., S. Businger, S. Chriswell, T. Herring, R. Anthes, C. Rocken, and R. Ware (1994) GPS Meteorology: Mapping Zenith Wet Delay onto Perceivable Water. J. Appl. Meteorol., 33(3):379-386.

Bilich, A., and G. L. Mader (2010) GNSS Absolute Antenna Calibration at the National Geodetic Survey. Proc. ION-GNSS-2010. Institute of Navigation, Portland, OR, pp. 1369-1377.

Bilitza, D., L. A. McKinnell, B. Reinisch, and T. Fuller-Rowell (2011) The International Reference Ionosphere Today and in the Future. J. Geod., 85(12):909-920.

Blewitt, G. (1989) Carrier-Phase Ambiguity Resolution for the Global Positioning System Applied to Geodetic Baselines up to 2000 km. J. Geophys. Res., 94(B8):10187-10203.

Blomenhofer, H., G. Hein, and D. Walsh (1993) On-the-Fly Phase Ambiguity Resolution for Precise Aircraft Landing. Proc. ION GPS 1993. Institute of Navigation, 2:821-830.

Boccia, L., G. Amendola, and G. Di Massa (2007) Performance Evaluation of Shorted Annular Patch Antennas for High-Precision GPS Systems. IET Microw. Antennas Propag., 1(2): 465-471.

Bock, Y., R. I. Abbot, C. C. Counselman, S. A. Gourevitch, and R. W. King (1985) Establish- Ment of Three-Dimensional Geodetic Control by Interferometry with The Global Positioning System. JGR, 90(B9):7689-7703.

Boehm, J., and H. Schuh (2004) Vienna Mapping Functions in VLBI Analyses. Geophys. Res. Lett., 31, L01603.

Boehm, J., B. Werl, and H. Schuh (2006) Troposphere Mapping Functions for GPS and Very Long Baseline Interferometry from European Center for Medium-Range Weather Forecasts Operational Analysis Data. Geophys. Res. Lett., 111, B02406.

Brunner, F. K., and M. Gu (1991) An Improved Model for the Dual Frequency Ionospheric Correction of GPS Observations. Manuscripta Geodaetica, 16:205-214.

Brown, A. (1989) Extended Differential GPS. Navigation, 36(3):265-285.

Buchheim, C., A. Caprara, and A. Lodi (2010) An Effective Branch-and-Bound Algorithm for

Convex Quadratic Integer Programming. Eisenbrand, F. and Shepherd, B. (Eds.), IPCO 2010: The 14th Conference on Integer Programming and Combinatorial Optimization, pp. 285-298. http://dl. acm. org.

Bust, G. S., and C. N. Mitchell (2008) History, Current State, and Future Directions of Iono-Spheric Imaging. Rev. Geophys., 46, RG1003.

Byun, S., G. A. Hajj, and L. E. Young (2002) Development and Application of GPS Signal Multipath Simulator. Radio Sci., 37(6):1-23.

Cai, T., and L. Wang (2011) Orthogonal Matching Pursuit for Sparse Signal Recovery with Noise. IEEE Trans. Inform. Theory, 57(7):4680-4688.

Candez, E., and T. Tao (2005) Decoding by Linear Programming. IEEE Trans. Inform. Theory, 57(12):4203-4215.

Candez, E., M. Rudelson, and T. Tao (2005) Error Correction via Linear Programming. Proc. 46th Annual IEEE Symposium on Foundations of Computer Science. FOCS 2005 Pittsburg, PA, pp. 668-681. http://dl. acm. org.

Cao, W., K. O'Keefe, and M. E. Cannon (2007) Partial Ambiguity Fixing within Multiple Frequencies and Systems. Proc. ION-GNSS-2006. Institute of Navigation, Fort Worth, TX, pp. 312-323.

Chaffee, J., and J. Abel (1994) On the Exact Solutions of Pseudorange Equations. IEEE Trans. Aerospace Electron. Syst., 30(4):1021-1030.

Chen, A., A. Chabory, A. C. Escher, and C. Macabiau (2009) Development of a GPS Deterministic Multipath Simulator for an Efficient Computation of the Positioning Errors. Proc. ION GNSS 2009, September. Institute of Navigation, Savannah, GA, pp. 2378-2390.

Chen, X., C. G. Parini, B. Collins, Y. Yao, and M. U. Rehman (2012) Antennas for Global Navigation Satellite Systems, Wiley.

Chen, D., and G. Lachapelle (1995) A Comparison of the FASF and Least Squares Search Algorithms for Ambiguity Resolution on the Fly. Navigation, 42(2):371-390.

Chu, L. J. (1948) Physical Limitations of Omni-Directional Antennas. J. Appl. Phys., 19(12):1163-1175.

Cocard, M., S. Bourgon, O. Kamali, and P. Collins (2008) A Systematic Investigation of Optimal Carrier Phase Combinations for Modernized Triple-Frequency GPS. J. Geod., 82:555-564.

Collins, P. (2008) Isolating and Estimating Undifferenced GPS Integer Ambiguities. Proc. ION NTM 2008. Institute of Navigation, San Diego, CA, pp. 720-732.

Coster, A. J., E. M. Gaposchkin, and L. E. Thornton (1992) Real-Time Ionospheric Monitoring System Using the GPS. Navigation, 39(2):191-204.

Counselman, C. C. (1999) Multipath-Rejecting GPS Antenna. Proc. IEEE, 87(1):86-91.

Counselman, C. C., and S. A. Gourevitch (1981) Miniature Interferometer Terminals for Earth

Surveying: Ambiguity and Multipath with Global Positioning System. IEEE Trans. Geosci. Remote Sens., GE-19(4):244-252.

Counselman, C. C., and D. H. Steinbrecher (1987) Circularly Polarized Antenna for Satellite Positioning Systems Patent US 4,647,942.

Dai, Z., S. Knedlik, and O. Loffeld (2008) Real-Time Cycle-Slip Detection and Determination for Multiple Frequency GNSS. Proc. 5th Workshop on Positioning, Navigation and Communication. IEEE Xplore Digital Library, pp. 37-43.

Datta-Barua, S., W. T. Todd, J. Blanch, and P. Enge (2006) Bounding Higher Order Ionosphere Errors for the Dual Frequency GPS User. Proc. ION GNSS 2006, September. Institute of Navigation, Fort Worth, TX, 1377-1392.

Davies, K. (1990) Ionospheric Radio. IEE Electromagnetic Waves Series 31. Peter Peregrinus, London.

Davis, J. L., T. A. Herring, I. I. Shapiro, A. E. E. Roger, and G. Elgered (1985) Geodesy by Radio Interferometry: Effects of Atmospheric Modeling Errors on Estimates of Baseline Length. Radio Sci., 20(6):1593-1607.

Dee, D. P., et al. (2011) The ERA-Interim Reanalysis: Configuration and Performance of the Data Assimilation System. Q. J. R. Meteorol. Soc., 137:553-597.

Van Dierendonck, A. J., P. C. Fenton, and T. J. Ford (1992) Theory and Performance of Narrow Correlator Spacing in a GPS Receiver. Navigation, 39(3):265-283.

Dilssner, F., G. Seeber, G. Wübbena, and M. Schmitz (2008) Impact of Near-Field Effects on the GNSS Position Solution. Proc. ION GNSS 2008, September. Institute of Navigation, Savannah, GA, pp. 612-624.

Doherty, P. H., J. A. Klobuchar, and J. M. Kunches (2000) The Correlation between Solar 10.7 cm Radio Flux and Ionospheric Range Delay. GPS Solutions, 3(4): 75-79.

Dong, D., and Y. Bock (1989) Global Positioning System Network Analysis with Phase Ambiguity Resolution Applied to Crustal Deformation Studies in California. J. Geophys. Res., 94 (B4):3949-3966.

Elósegui, P., J. L. Davis, R. T. K. Jaldehag, J. M. Johansson, A. E. Niell, and I. I. Shapiro (1995) "Geodesy Using the Global Positioning System: The Effects of Signal Scattering on Estimates of Site Position," J. Geophys. Res., vol. 100, no. B7, pp. 9921-9934, June 10, 1995.

Euler, H. J., and H. Landau (1992) Fast Ambiguity Resolution On-the-Fly for Real-Time Appli-Cations. Proc. 6th International Geodetic Symposium on Satellite Positioning. DMA and OSU, Columbus, OH, pp. 650-658.

Euler, H. J., and B. Schaffrin (1990) On a Measure for the Discernibility between Different Ambiguity Solutions in the Static-Kinematic GPS Mode. Proc. Kinematic Systems in Geodesy, Surveying, and Remote Sensing. Calgary, Alberta, Canada. Springer Verlag, Heidelberg,

Germany, pp. 285-295.

Euler, H. J., C. R. Keenan, B. E. Zebhauser, and G. Wübbena (2001) Study of a Simplified Approach in Utilizing Information from Permanent Reference Station Arrays. Proc. ION GPS 2001. Institute of Navigation, Salt Lake City, UT, pp. 379-391.

Feess, W., J. Cox, E. Howard, and K. Kovach (2013) GPS Inter-Signal Corrections (ISCs) Study. Proc. ION GNSS 2013. Nashville, TN, pp. 951-958.

Felsen, L., and N. Marcuvitz (2003) Radiation and Scattering of Waves. Wiley, Hoboken, NJ.

Feng, Y. (2008) GNSS Three Carrier Ambiguity Resolution Using Ionosphere-Reduced Virtual Signals. J. Geod., 82:847-862.

Fenton, P. C., W. H. Falkenberg, T. J. Ford, K. K. Ng, and A. J. van Dierendonck (1991) NovA- tel's GPS Receiver: The High Performance OEM Sensor of the Future. Proc. ION GPS 1991. Institute of Navigation, Albuquerque, NM, pp. 49-58.

Fincke, U., and M. Pohst (1985) Improved Methods for Calculating Vectors of Shortest Length in a Lattice, Including a Complexity Analysis. Math. Computat., 44(April):463-471.

Finlay, C. C., et al. (2010) International Geomagnetic Reference Field: The Eleventh Generation. Geophys. J. Int., 183:1216-1230.

Fliegel, H. F., W. A. Fees, W. C. Layton, and N. W. Rhodus (1985) The GPS Radiation Force Model. Proc. Positioning with GPS-1985. NGS, Rockville, MD, pp. 113-119.

Fliegel, H. F., T. E. Gallini, and E. R. Swift (1992) Global Positioning System Radiation Force Model for Geodetic Applications. J. Geophys. Res., 97(B1):559-568.

Fock, V. A. (1965) Electromagnetic Diffraction and Propagation Problems. International Series of Monographs on Electromagnetic Waves, Volume 1, Pergamon Press.

Frei, E., and G. Beutler (1990) Rapid Static Positioning Based on the Fast Ambiguity Resolution Approach "FARA." Theory and First Results. Manuscripta Geodaetica, 15(6):325-356.

Fu, Z., A. Hornbostel, J. Hammesfahr, and A. Konovaltsev (2003) Suppression of Multipath and Jamming Signals by Digital Beamforming for GNSS/Galileo Applications. GPS Solutions, 6(4):257-264.

Galileo (2010) European GNSS (Galileo) Open Service Signal in Space Interface Control Document (OS SIS ICD, Issue 1.1). Available online.

Gao, S., Q Luo, F. Zhu (2014) Circularly Polarized Antennas, Wiley Online Library.

Garcia-Fernandez, M., S. D. Desai, M. D. Butala, and A. Komjathy (2013) Evaluation of Different Approaches to Modelling the Second-Order Ionospheric Delay on GPS Measurements. JGR: Space Phys., 118, 7864-7873.

Garg, R., P. Bhartia, I. Bahl, and A. Ittipiboon (2001) Microstrip Antenna Design Handbook. Artech House Norwood, MA.

Ge, M., G. Gendt, M. Rothacher, C. Shi, and J. Liu (2008) Resolution of GPS Carrier-phase Ambiguities in Precise Point Positioning (PPP) with Daily Observations. J Geod 82(7):389-399.

Geng, J., X. Meng, A. H. Dodson, and F. N. Teferle (2010) Integer Ambiguity Resolution in Precise Point Positioning: Method Comparison. J Geod 84:569-581.

Georgiadou, Y. and A. Kleusberg (1988) On Carrier Signal Multipath Effects in Relative GPS Positioning. Manuscripta Geodaetica, 13(3):172-179.

Gill, P., W. Murrey, and M. Wright (1982) Practical Optimization. Emerald Group Publishing Emerald Group Publishing Limited, Howard House, Wagon Lane, Bingley, UK.

GLONASS (2008) GLONASS Inteface Control Document, Edition5. 1. Russia Institute of Space Device Engineering. Available: ftp://ftp. kiam1. rssi. ru/pub/gps/lib/icd/IKD- redakcia%205. 1%20ENG. pdf.

Goad, C. C. (1985) Precise Relative Position Determination Using Global Positioning System Carrier Phase Measurements in a Nondifference Mode. Proc. Positioning with GPS-1985. NGS, Rockville, MD, pp. 347-356.

Goad, C. C. (1998) Single-Site GPS Models. P. J. G. Teunissen and A. Kleusberg., (Eds.), GPS for Geodesy. Springer Verlag, Wien, pp. 446-449.

Goad, C. C. (1990) Optimal Filtering of Pseudoranges and Phases from Single-Frequency GPS Receivers. Navigation, 37(3):191-204.

Goad, C. C., and A. Mueller (1988) An Automated Procedure for Generating an Optimum Set of Independent Double Difference Observables Using Global Positioning System Carrier Phase Measurements, Manuscripta Geodaetica, 13(6):365-369.

Golub, G. H., and C. F. van Loan (1996) Matrix Computations Johns, 3rd ed. John Hopkins University Press, Baltimore, MD.

Gourevitch, S. A., S. Sila-Novitsky, and F. van Diggelen (1996) The GG24 Combined GPS+GLONASS Receiver. Proc. ION GPS 1996. Institute of Navigation, Kansas City, MO, pp. 141-145.

Gradshteyn, I. S., and I. M. Ryzhik (1994) Table of Integrals, Series and Products. Academic Press, New York.

Grafarend, E. (2000) Mixed Integer-Real Valued Adjustment (IRA) Problems. GPS Solutions, 4(1):31-45.

Grafarend, E. (2006) Linear and Nonlinear Models: Fixed Effects, Random Effects, and Mixed Models. Berlin, Germany.

Grafarend, E., and J. Shan (2002) GPS Solutions: Closed Forms, Critical and Special Configurations of P4P. GPS Solutions, 5(3):29-41.

Gupta, I. J. and T. D. Moore (2001) Space-Frequency Adaptive Processing (SFAP) for Interference Suppression in GPS Receivers Proc. ION NTM 2001. Institute of Navigation, Long Beach, CA, pp. 377-385.

Hansen, R. B. (2009) Phased Array Antennas, 2nd Ed. Wiley.

Hargreaves, J. K. (1992) The Solar-Terrestrial Environment. Cambridge University Press, Cambridge.

Hartmann, G. K., and R. Leitinger (1984) Range Errors Due to Ionospheric and Tropospheric Effects for Signal Frequencies above 100 MHz. Bull. Geodes., 58:109-136.

Hatch, R. R. (1982) The Synergism of GPS Code and Carrier Measurements. Proc. Third International Geodetic Symposium on Satellite Doppler Positioning, Las Cruces, New Mexico. Defense Mapping Agency (now NIA - National Intelligence Agency), Springfield, VA, pp. 1213-1232.

Hatch, R. R. (1990) Instantaneous Ambiguity Resolution. Proc. Kinematic Systems in Geodesy, Surveying and Remote Sensing. IAG Symposium 107. Springer Verlag, Heidelberg, Germany, pp. 299-308.

Hatch, R. R. (2006) A New Three-Frequency, Geometry-Free, Technique for Ambiguity Resolution. Proc. ION GNSS 2006. Institute of Navigation, Fort Worth, TX, pp. 309-316.

Hatch, R. R., R. Keegan, and T. A. Stansell (1992) Kinematic Receiver Technology from Magnavox. Proc. 6th Intern. Geodetic Symp. on Sat. Pos., 174-181, DMA (now NIA), Spring- field, VA.

Hegarty, C. J., E. D. Powers, and B. Fonvile (2005) Accounting for Timing Biases between GPS, Modernized GPS, and Galileo Systems. Proc. ION GNSS 2005, Institude of Navigation, Long Beach, CA, September, 2401-2407.

Hilla, S., and M. Jackson (2000) GPS Toolbox: Spanning Trees. GPS Solutions, 3(3):65-68.

Hobiger, T., R. Ichikawa, T. Takasu, Y. Koyama, and T. Kondo (2008a) Ray-Traced Troposphere Slant Delay for Precision Point Positioning. Earth Science Space, 60, e1-e4.

Hobiger, T., R. Ichikawa, Y. Koyama, and T. Kondo (2008b) Fast and Accurate Ray-Tracing Algorithms for Real-Time Space Geodetic Applications using Numerical Weather Models. J. Geophys. Res., 113, D20302.

Hopfield, H. S. (1969) Two-Quartic Tropospheric Refractivity Profile for Correcting Satellite Data. J. Geophys. R., 74(18):4487-4499.

Institute of Electrical, and Electronics Engineers (IEEE) (2004) Definitions of Terms for Antennas. IEEE Std. 145-1993.

International Earth Rotation Service (IERS) (2002) www.iers.org.

International GNSS Service (IGS) (2014) http://igs.org.

IS-GPS-200G (2012) Navstar GPS Space Segment/Navigation User Interface. Available online. www.gps.gov.

IS-GPS-705C (2012) Navstar GPS Space Segment/User Segment L5 Interfaces. Available online. www.gps.gov.

IS-GPS-800C (2012) Navstar GPS Space Segment/User Segment L1C Interface. Available online. www. gps. gov.

Janssen, M. A. (Ed.) (1993) Atmospheric Remote Sensing by Microwave Radiometry. Wiley, New York.

De Jonge, P. J., and C. C. J. M. Tiberius (1996) The LAMBDA Method for Integer Ambiguity Estimation: Implementation Aspects. Delft Geodetic Computing Center LGR Series, No. 12.

Kannan, R. (1983) Improved Algorithms for Integer Programming and Related Lattice Problems. Proc. 15th ACM Symposium on Theory of Computing April. Boston, MA, pp. 193-206.

Kannan, R. (1987) Minkovski's Convex Body Theorem and Integer Programming. Math. Oper. Res., 12(April):415-440.

Kaplan, E. D. (Ed.) (1996) Understanding GPS Principles and Applications. Artech House, Norwood, MA.

Keller, J. B. (1962) Geometrical Theory of Diffraction, J. Opt. Soc., 52(2): 116-130.

King, R. J., D. V. Thiel, and K. S. Park (1983) The Synthesis of Surface Reactance Using an Artificial Dielectric. IEEE Trans. Antennas and Propagation., 31:471-476.

Klobuchar, J. A. (1987) Ionospheric Time-Delay Algorithm for Single-Frequency GPS Users. IEEE Trans. Aerospace Electron. Syst., AES-23(3):325-331.

Klobuchar, J. A. (1996) Ionospheric Effects on GPS. In Global Positioning System: Theory and Applications, Vol. I, Parkinson, B. W., J. J. Spilker, P. Axelrad and P. Enge (Eds.), American Institute of Aeronautics and Astronautics, Inc., Washington DC, pp. 513-514.

Koch, K. R. (1988) Parameter Estimation and Hypothesis Testing in Linear Models. Springer Verlag, New York.

Kontorovich, M. I., M. I. Astrakhan, V. P. Akimov, and G. A. Fersman (1987) Electromag-Netics of Mesh Structures (Electrodinamica Setchatuh Struktur). Raio I Sviaz, Moscow, (in Russian).

Korkine, A., and G. Zolotareff (1873) Surles Formes Quadratiques, Mathematische Annalen, 6:366-389.

Kouyoumjian, R. G., and P. H. Pathak (1974) A Uniform Geometrical Theory of Diffraction for an Edge in a Perfectly Conducting Surface, Proc. IEEE, 62(10):1448-1461.

Kozlov, D., and M. Tkachenko (1998) Instant RTK cm with Low Cost GPS and GLONASS C/A Receivers. Navigation, 45(2):137-147.

Krantz, E., S. Riley, and P. Large (2001) The Design and Performance of the Zephyr Geodetic Antenna. Proc. ION GPS 2001. Institute of Navigation, Salt Lake City, UT, pp. 1942-1951.

Kumar, G., and K. P. Ray (2003) Broadband Microstrip Antennas. Artech House, Norwood, MA.

Kunches, J. M., and J. A. Klobuchar (2000) Some Aspects of the Variability of Geomagnetic Storms. GPS Solutions, 4(1):77-78.

Kunysz, W. (2000) High Performance GPS Pinwheel Antenna. Proc. IONGNSS 2000, Institute of Navigation, September, Salt Lake City, UT, pp. 2506-2511.

Kunysz, W. (2003) A Three Dimensional Choke Ring Ground Plane Antenna. Proc. IONGNSS 2003. Institute of Navigation, Portland, OR, pp. 1883-1888.

Kursinski, E. R., G. A. Hajj, J. T. Schofield, R. P. Linfield, and K. R. Hardy (1997) Observing the Earth's Atmosphere with Radio Occultation Measurements Using the Global Positioning System. J. Geophys. Res., 102(D19):23429-23465.

Lachapelle, G., H. Sun, M. E. Cannon, and G. Lu (1994) Precise Aircraft-to-Aircraft Positioning Using a Multiple Receiver Configuration. Proc. ION NTM 1994. Institute of Navigation, San Diego, CA, pp. 793-799.

Lagler, K., M. Schindelegger, J. Boehm, H. Krásná, and T. Nilsson (2013) GPT2: Empirical Slant Delay Model for Radio Space Geodetic Techniques. Geophys. Res. Lett., 40:1069-1073.

Lambert, J. H. (1772) Notes and Comments on the Composition of Terrestrial and Celestial Maps. Michigan Geographical Publication No. 8. Translated by W. R. Tobler, 1972. University of Michigan, Ann Arbor, MI.

Land, A., and A. Doig (1960) An Automatic Method of Solving Discrete Programming Problems. Econometrica, 28(3):497-520.

Lannes, A. (2013) On the Theoretical Link between LLL-Reduction and LAMBDA- Decorrelation. J. Geodesy, 87:323-335.

Laurichesse, D., and F. Mercier (2007) Integer Ambiguity Resolution on Undifferenced GPS Phase Measurements and Its Application to PPP. Proc. ION GNSS 2007. Institute of Navigation, Fort Worth, TX, pp. 839-848.

Lee, Y., M. Kirchner, S. Ganguly, and S. Suman (2004) Multiband L5 Capable GPS Antenna with Reduced Backlobes. Proc. ION GNSS 2004. Long Beach, CA, Institute of Navigation, pp. 1523-1530.

Leick, A., and M. Emmons (1994) Quality Control with Reliability for Large GPS Networks. Surv. Eng., 120(1):26-41.

Leick, A., and B. H. W. van Gelder (1975) On Similarity Transformations and Geodetic Network Distortions Based on Doppler Satellite Observations. OSUR 235. Department of Geodetic Science, Ohio State University, Columbus, OH.

Leick, A., J. Li, J. Beser, and G. Mader (1995) Processing GLONASS Carrier Phase Observations—Theory and First Experience. Proc. of ION GPS 1995. Institute of Navigation, Palm Springs, CA, pp. 1041-1047.

Leick, A., J. Beser, P. Rosenboom, and B. Wiley (1998) Assessing GLONASS Observation. Proc. ION GPS 1998. Institute of Navigation, Nashville, TN, pp. 1605-1612.

Lenstra, A. K., H. W. Lenstra Jr., and L. Lovász (1982) Factoring Polynomials with Rational Coefficients. Math. Ann., 261:515-534.

Li, B., Y. Feng, and Y. Shen (2010) Three Carrier Ambiguity Resolution: Distance- Independent Performance Demonstrated Using Semi-Generated Triple Frequency GPS Signals. GPS Solutions, 14(2):177-184.

Li, R. L., G. DeJean, M. M. Tentzenis, J. Papapolymerou, and J. Laskar (2005) Radiation-Pattern Improvement of Patch Antennas on a Large-Size Substrate Using a Com- pact Soft-Surface Structure and Its Realization on LTCC Multilayer Technology. IEEE Trans. AP, 53(1):200-208.

Lichten, S. M. and J. S. Border (1987) Strategies for High Precision GPS Orbit Determination. JGR, 92,(B12):12751-12762.

Lier, E., and K. Jakobsen (1983) Rectangular Microstrip Patch Antennas with Infinite and Finite Ground Plane Dimensions. IEEE Trans. AP, 31(6):978-984.

Liou, Y. A., A. G. Pavelyev, S. Matugov, O. I. Yakovlev, and J. Wickert (2010) Radio Occultation Method for Remote Sensing of the Atmosphere and Ionosphere. InTech.

Lo, Y. T., and S. W. Lee (1993) (Eds.) Antenna Handbook, Vol. 1, Fundaments and Mathematical Techniques. Chapman & Hall, New York.

Lopez, A. R. (1979) Sharp Cutoff Radiation Patterns. IEEE Trans. AP, 27(6):820-824.

Lopez, A. R. (2008) LAAS/GBAS Ground Reference Antenna with Enhanced Mitigation of Ground Multipath. Proc. ION NTM 2008. Institute of Navigation, San Diego, CA, pp. 389-393.

Lopez, A. R. (2010) GPS Landing System Reference Antenna. IEEE Antennas Propagat. Mag., 52(1):104-113.

Loyer, S., F. Perosanz, F. Mercier, H. Capdeville, and J. C. Marty (2012) Zero-Difference GPS Ambiguity Resolution at CNES-CLS IGS Analysis Center. J. Geod. 86(11):991-1003.

Lustig, I. J., R. E. Marsten, and D. F. Shanno (1994) Interior Point Methods for Linear Programming: Computational State of the Art. ORSA J. Comput., 6(2):1-14.

Mader, G. L. (1986) Dynamic Positioning Using GPS Carrier Phase Measurements. Manuscripta Geodaetica, 11(4):272-277.

Mader, G. L. (1999) GPS Antenna Calibration at the National Geodetic Survey. GPS Solutions, 3(1):50-58.

Mader, G. L., and F. Czopek (2001) Calibrating the L1 and L2 Phase Centers of a Block IIA Antenna. Proc. ION-GPS-2001. Institute of Navigation, Salt Lake City, UT, pp. 1979-1984.

Mader, G. L., A. Bilich, and D. Tatarnikov (2014) BigAnt Engineering and Experimental Results, IGS Workshop, Pasadena, CA, available online, www.ngs.noaa.gov.

Maqsood, M., S. Gao, T. W. C. Brown, M. Unwin, R. Van Steenwijk, and J. D. Xu (2013) A Compact Multipath Mitigating Ground Plane for Multiband GNSS Antennas. IEEE Trans. AP, 61(5), 2775-2782.

McKinnon, J. A. (1987) Sunspot Numbers: 1610-1985 Based on the Sunspot Activity in the Years 1620-1960. Report UAG-95. National Academy of Sciences, Washington, DC.

McKinzie, Ⅲ W. E., R. Hurtado, and W. Klimczak (2002) Artificial Magnetic Conductor Technology Reduces Size and Weight for Precision GPS Antennas. Proc. ION NTM 2002. Institute of Navigation, San Diego, CA, pp. 448-459.

Meehan, T. K., and L. E. Young (1992) On-Receiver Signal Processing for GPS Multipath Reduction. Proc. 6th International Geodetic Symposium on Satellite Positioning. DMA and OSU, Columbus, OH, pp. 200-208.

Melbourne, W. G. (1985) The Case for Ranging in GPS-Based Geodetic Systems. Proc. Positioning with GPS-1985. NGS, Rockville, MD, pp. 373-386.

Mendes, V. B. (1999) Modeling the Neutral-Atmosphere Propagation Delay in Radiometric Space Techniques. Ph. D. Dissertation. Department of Geodesy and Geomatics Engineering Technical Report No. 199. University of New Brunswick, Fredericton, Canada.

Mendes, V. B., and R. B. Langley (1999) Tropospheric Zenith Delay Prediction Accuracy for High-Precision GPS Positioning and Navigation. Navigation, 46(1):25-34.

Montenbruck, O., A. Hauschild, P. Steigenberger, U. Hugentobler, P. Teunissen, and S. Nakamura (2013) Initial Assessment of the COMPASS/Beidou-2 Regional Navigation Satellite System. GPS Solutions, 17(2):211-222.

Morse, P., and H. Feshbach (1953) Methods of Theoretical Physics, Part I. McGraw Hill, New York.

Mueller, I. I. (1964) Introduction to Satellite Geodesy. F. Ungar, New York.

Mueller, I. I. (1969) Spherical and Practical Astronomy as Applied to Geodesy. F. Ungar, New York.

Niell, A. E. (1996) Global Mapping Functions for the Atmospheric Delay at Radio Wavelengths. J. Geophys. Res., 101(B2):3227-3246.

Niell, A. E. (2000) Improved Atmospheric Mapping Functions for VLBI and GPS. Earth Planets Space, 52(10):699-702.

Niell, A. E. (2001) Preliminary Evaluation of Atmospheric Mapping Functions on Numerical Weather Models. Phys. Chem. Earth (A), 26(6-8):475-480.

Nikolsky, V. V. (1978) Electromagnetics and Radio Waves Propagation (Electrodinamika I Rasprostranenie Radiovoln). Nauka, Moscow (in Russian).

OS-SIS-CD (2010) Open Service Signal in Space Interface Control Document. European Union. Petrie, E. J., M. Hernández-Pajares, P. Spalla, P. Moore, and M. A. King (2011) A Review of Higher Order Ionospheric Refraction Effects on Dual Frequency GPS. Surv. Geophys., 32:197-253.

Pohst, M. (1981) On the Computation of Lattice Vectors of Minimal Length, Successive Minima and Reduced Basis with Applications. ACM SIGSAM Bull., 15:37-44.

Popugaev, A., and R. Wansch (2014) Antenna Device for Transmitting and Receiving Electromagnetic Signals. Patent. U.S. 8624792 B2.

Poularikas, A. D. (2000) (Ed.) The Transforms and Applications Handbook, 2nd ed. CRC Press, Boca Raton, FL.

Povalyaev, A. (1997) Using Single Differences for Relative Positioning in GLONASS. Proc. ION GPS 1997. Institute of Navigation, Kansas City, MO, pp. 929-934.

Pozar, D. M., and D. H. Schaubert (Eds.) (1995) Microstip Antennas. IEEE, Wiley, New York.

Pratt, M., B. Burke, and P. Misra (1997) Single Epoch Integer Ambiguity Resolution with GPS-GLONASS L1 Data. Proc. 53rd Annual Meeting of the Institute of Navigation. Albuquerque, NM, pp. 691-699.

QZSS (2013) Japan Aerospace Exploration Agency. Quasi-Zenith Satellite System Navigation Service. Interface Specification for QZSS (IS-QZSS), V1.5, March. Available online. www.qzss.jaxa.jp.

Raby, P., and P. Daly (1993) Using the GLONASS System for Geodetic Surveys. Proc. ION GPS 1993. Salt Lake City, UT, pp. 1129-1138.

Radicella, S. M. (2009) The NeQuick Model Genesis, Uses and Evolution. Ann. Geophys., 52(3):417-422.

Rao, B. R., and E. N. Rosario (2011) Electro-Textile Ground Planes for Multipath and Interference Mitigation in GNSS Antennas Covering 1.1 to 1.6 GHz. Proc. ION GNSS 2011. Institute of Navigation, Portland, OR, pp. 732-745.

Rao, B. R., W. Kunysz, P. Fante, and K. McDonald (2013) GPS/GNSS Antennas, Artech House, Norwood, MA.

Rapoport, L. (1997) General-Purpose Kinematic/Static GPS/GLONASS Post-Processing Engine. Proc. ION GPS 1997. Kansas City, MO, pp. 1757-1772.

Remondi, B. W. (1984) Using the Global Positioning System (GPS) Phase Observable for Relative Geodesy: Modeling, Processing, and Results. NOAA, Reprint of Doctoral Dissertation. Center for Space Research, University of Texas at Austin, Austin, TX.

Remondi, B. W. (1985) Performing Centimeter-Level Surveys in Seconds with GPS Carrier Phase: Initial Results. Navigation, 32(4):386-400.

Rigden, G. J., and J. R. Elliott (2006) 3dM—A GPS Receiver Antenna Site Evaluation Tool. Proc. ION NTM 2006. Institute of Navigation, Monterey, CA, pp. 554-563.

Rojas, R. G., D. Colak, M. F. Otero, and W. D. Burnside (1995) Synthesis of Tapered Resistive Ground Plane for a Microstrip Antenna. Antennas and Propagation Society International Symposium, AP-S. Digest, pp. 1224-1227.

Rosenkranz, P. W. (1998) Water Vapor Microwave Continuum Absorption: A Comparison of Measurement and Models. Radio Science, 33(4):919-928.

Roßbach, U. (2001) Positioning and Navigation Using the Russian Satellite System GLONASS. Publication 70. University FAF Munich, Section Geodesy and Geo Information, Munich.

Rothacher, M., S. Schaer, L. Mervart, G. Beutler (1995) Determination of Antenna Phase Cen-ter Variations Using GPS Data. IGS Workshop, May 15-17, Potsdam, Germany. Available online. http://igscb.jpl.nasa.gov.

Saastamoinen, J. (1972) Atmospheric Correction for the Troposphere and Stratosphere in Radio Ranging of Satellites. Geophysical Monograph 15. Use of Artificial Satellites for Geodesy. American Geophysical Union, Washington, DC, pp. 247-251.

Sardón, E., A. Rius, and N. Zarraoa (1994) Estimation of the Transmitter and Receiver Differential Biases and the Ionospheric Total Electron Content from Global Positioning System Observations. Radio Sci., 29(3):577-586.

Schmitz, M., G. Wübbena, and G. Boettcher. (2002) Test of Phase Center Variations of Various GPS Antennas and Some Results. GPS Solutions, 6(1,2):18-27.

Schnorr, C. (1987) A Hierarchy of Polynomial Time Lattice Reduction Algorithms. Theor. Comput. Sci. 53(2-3):201-224.

Schnorr, C., and M. Euchner (1994) Lattice Basis Reduction: Improved Practical Algorithms and Solving Subset Sum Problems. Math. Program, 66:181-191.

Schrijver, A. (1986) Theory of Linear and Integer Programming. Wiley, New York.

Schüler, T. (2001) On Ground-Based GPS Tropospheric Delay Estimation. Schriftenreihe, Vol. 73. Studiengang Geodäsie und Geoinformation, Univeristät der Bundeswehr München.

Schüler, T. (2014) Single-Frequency Single-Site VTEC Retrieval Using the NeQuick Ray Tracer of Obliquity Factor Determination. GPS Solutions, 18(1):115-122.

Schupler, B. R., and T. A. Clark (2000) High Accuracy Characterization of Geodetic GPS Antennas Using Anechoic Chamber and Field Tests. Proc. ION GPS 2000. Institute of Navigation, Salt Lake City, UT, pp. 2499-2505.

SDCM (2012) SDCM Interface Control Document, Radiosignals and Digital Data Structure of GLONASS Wide Area Augmentation System, System of Differential Correction and Monitoring, Edition 1. Available: www.sdcm.ru.

Sievenpiper, D., L. Zhang, R. F. J. Broas, N. G. Alexopoulos, and E. Yablonovitch (1999) High-Impedance Electromagnetic Surfaces with a Forbidden Frequency Band. IEEE Trans. MTT, 47(11):2059-2074.

Simsky, A. (2006) Three's the Charm. Triple-Frequency Combinations in Future GNSS. Inside GNSS, July/August:38-41.

Singer, R. A. (1970) Estimating Optimal Tracking Filter Performance for Manned Maneuvering Targets. IEEE Trans. Aerospace Electron. Syst., AES-6(4):473-483.

Sokolovskiy, S. V., W. S. Schreiner, Z. Zeng, D. C. Hunt, Y. H. Kuo, T. K. Meehan, T. W. Stecheson, A. J. Mannucci, and C. O. Ao (2013) Use of the L2C Signal for Inversions of GPS Radio Occultation Data in the Neutral Atmosphere. GPS Solutions, doi:10. 1007/ s10291-013-0340-x.

Solheim, F. S. (1993) Use of Pointed Water Vapor Radiometer Observations to Improve Vertical GPS Surveying Accuracy. Doctoral thesis, University of Colorado.

Soutiaguine, I. , D. Tatarnikov, A. Astakhov, V. Filippov, A. Stepanenko (2004) Antenna Structures for Reducing the Effects of Multipath Radio Signals. Patent U. S. 6,836, 247 B2.

Spilker, J. J. (1996) Tropospheric Effects on GPS. GPS Theory Appl. 1:517-546.

Springer, T. A. , G. Beutler, and M. Rothacher (1999) A New Solar Radiation Pressure Model for GPS Satellites. GPS Solutions, 2(3):50-62.

SPS (2008) Global Positioning System Standard Positioning Service Performance Standard, 4th ed. Available www. gps. gov online.

Tatarnikov, D. , I. Soutiaguine, V. Filippov, A. Astakhov, A. Stepanenko, and P. Shamatulsky (2005) Multipath Mitigation by Conventional Antennas with Ground Planes and Passive Vertical Structures, GPS Solutions, 9(3):194-201.

Tatarnikov, D. , A. Astakhov, P. Shamatulsky, I. Soutiaguine, and A. Stepanenko (2008a) Patch Antenna with Comb Substrate. EP Patent 1684381 B1. U. S. Patent 7,710,324 B2.

Tatarnikov, D. (2008b) Patch Antennas with Artificial Dielectric Substrates, Antennas, 1(128):35-45, Radiotechnika, Moscow, (in Russian).

Tatarnikov, D. (2008c) Ground Planes of Antennas for High Precision Satellite Positioning. Part 1. Flat Conductive and Impedance Ground Planes. Antennas, 4 (131):6-19, Radiotechnika, Moscow, (in Russian).

Tatarnikov, D. (2008d). Ground Planes of Antennas for High Precision Satellite Positioning. Part 2. Semi-Transparent Ground Planes. Antennas, 6(131):3-13, Radiotechnika, Moscow, (in Russian).

Tatarnikov, D. (2009) Enhanced Bandwidth Patch Antennas with Artificial Dielectrics Substrates for High Precision Satellite Positioning. IWAT IEEE International Workshop on Antenna Technology Small Antennas and Novel Metamaterials, March, Santa Monica, CA.

Tatarnikov, D. , A. Astakhov, and A. Stepanenko (2009a) Broadband Volumetric Patch Antennas. Antennas, 3:52-58, Radiotechnika, Moscow, (in Russian).

Tatarnikov, D. , A. Astakhov, A. Stepanenko, P. Shamatulsky, S. Yemelianov, and I. Soutiaguine (2009b) Topcon Full Wave RTK Antennas Based on Artificial Dielectric Technology. Proc. ION GNSS 2009. Institute of Navigation, Savannah, GA, pp. 420-424.

Tatarnikov, D. , A. Astakhov, and A. Stepanenko (2011a) Broadband Convex Impedance Ground Planes for Multi-System GNSS Reference Station Antennas. GPS Solutions, 15(2): 101-108.

Tatarnikov, D. , A. Astakhov, and A. Stepanenko (2011b) GNSS Reference Station Antenna with Convex Impedance Ground Plane: Basics of Design and Performance Characterization

Proc. ION ITM 2011. Institute of Navigation, San Diego, CA, pp. 1240-1245.

Tatarnikov, D. (2012) Semi-Transparent Ground Planes Excited by Magnetic Line Current. IEEE Trans. AP, 60(6):2843-2852.

Tatarnikov, D., and A. Astakhov (2012) Spherical Array Antenna with Ⅱ-shaped Pattern and Reduced Fields Intensities in Shadow Region. Proc. VI Russian National Conf. "Radars and Communication Systems." IRE RAN, Moscow, November 3-6, (in Russian).

Tatarnikov, D., and A. Astakhov (2013) Large Impedance Ground Plane Antennas for mm-Accuracy of GNSS Positioning in Real Time. Progress in Electromagnetics Research Symposium, August, Stockholm, Sweden, Proc. PIERS, pp. 1825-1829.

Tatarnikov, D., and A. Astakhov (2014) Approaching Millimeter Accuracy of GNSS Positioning in Real Time with Large Impedance Ground Plane Antennas. Proc. ION ITM 2014. Institute of Navigation, San Diego, CA, pp. 844-848.

Tatarnikov, D., A. Astakhov, and A. Stepanenko (2013a) Broadband Convex Ground Planes for Multipath Rejection. U. S. Patent 8,441,409 B2.

Tatarnikov, D., A. Astakhov, A. Stepanenko, and P. Shamatulsky (2013b) Patch Antenna with Capacitive Elements. U. S. Patent 8,446,322 B2.

Tatarnikov, D., A. Stepanenko, A. Astakhov, and V. Filippov (2013c) Compact Circular Polarized Antenna with Expanded Frequency Bandwidth. EP Patent 2335316 B1.

Tetewsky, A. K., and F. E. Mullen (1997) Carrier Phase Wrapup Induced by Rotating GPS Antennas. GPS World, 8(2):51-57.

Tetewsky, A., J. Ross, A. Soltz, N. Vaughn, J. Anszperger, C. O'Brian, D. Graham D. Craig, and J. Lozow (2009) Making Sense of Inter-Signal Corrections. InsideGNSS, July/August:37-47.

Teunissen, P. J. G. (1993) Least Squares Estimation of Integer GPS Ambiguities. Invited Lecture, Section IV Theory and Methodology. IAG General Meeting, Beijing, China, August 1993. Available online: http://pages. citg. tudelft. nl/fileadmin/Faculteit/CiTG/Over_de_faculteit/Afdelingen/Afdeling_Geoscience_and_Remote_Sensing/pubs/PT_BEIJING93. PDF.

Teunissen, P. J. G. (1994) A New Method for Fast Carrier Phase Ambiguity Resolution. Proc. IEEE Position, Location and Navigation Symposium PLANS'94, pp. 662-673. avail- able online at http://www. academia. edu/661699/_1994Anew_method_for_fast_carrier_ phase_ambiguity_estimation a general URL might be www. IEEE. org, but I could not find anything there.

Teunissen, P. J. G. (1997) On the Widelane and Its Decorrelating Property. J. Geodesy, 71(9):577-587.

Teunissen, P. J. G. (1998) Success Probability of Integer GPS Ambiguity Rounding and Bootstrapping. J. Geodesy, 72(10):606-612.

Teunissen, P. J. G. (1999) An Optimality Property of the Integer Least-Squares Estimator. J.

Geodesy, 73(5):587-593.

Teunissen, P. J. G. (2003) Integer Aperture GNSS Ambiguity Resolution. Artif. Satellites, 38(3):79-88.

Teunissen, P. J. G., and S. Verhagen (2007) On GNSS Ambiguity Acceptance Tests. Proc. IGNSS Symposium 2, University of New South Wales, Sydney, Australia, December 4-6.

Teunissen, P. J. G, O. Odijk, and B. Zhang (2010) PPP-RTK: Results of CORS Network-Based PPP with Integer Ambiguity Resolution. Journal of Aeronautics, Astronautics and Aviation. Series A, 42(4):223-230.

Thayer, G. D. (1974) An Improved Equation for Radio Refractive Index of Air. Radio Sci., 9(10):803-807.

Thornberg, D. B., D. S. Thornberg, M. F. Dibenedetto, M. S. Braasch, F. van Graas, and C. Bartone (2003) LAAS Integrated Multipath-Limiting Antenna, Navigation, 50(2): 117-130.

Timoshin, V. G., and A. M. Soloviev (2000) Microstrip Antenna with an Edge Ground Structure. U. S. Patent 6049309.

Tranquilla, J. M., J. P. Carr, and H. M. Al-Rizzo (1994) Analysis of a Choke Ring Ground Plane for Multipath Control in Global Positioning System (GPS) Applications, IEEE Proc. AP, 42(7):905-911.

Tretyakov, S. (2003) Analytical Modeling in Applied Electromagnetics. Artech House, Norwood, MA.

Van Trees, H. L. (2002) Optimum Array Processing: Part Ⅳ of Detection, Estimation, and Modulation Theory. Wiley, Hoboken, NJ.

Ufimtsev, P. Ya. (2003) Theory of Edge Diffraction in Electromagnetics. Tech. Science Press, Encino, CA.

Ufimtsev, P. Ya. (1962) Method of Edge Waves in the Physical Theory of Diffraction. Foreign Technology Division, Wright-Patterson AFB, OH.

Vanderbei, R. J. (2008) Linear Programming: Foundations and Extensions, 3rd ed. International Series in Operations Research & Management Science, Vol. 114. Springer Verlag. Heidelberg, Germany.

Veitsel, V. A., A. V. Zhdanov, and M. I. Zhodzishsky (1998) The Mitigation of Multipath Errors by Strobe Correlators in GPS/GLONASS Receivers. GPS Solutions, 2(2):38-45.

Verhagen, S. (2004) Integer Ambiguity Validation: An Open Problem? GPS Solutions, 8(1): 36-43.

Verhagen, S., and P. J. G. Teunissen (2006a) On the Probablility Density Function of the GNSS Ambiguity Residuals. GPS Solutions, 10(1):21-28.

Verhagen, S., and P. J. G. Teunissen (2006b) New Global Navigation Satellite System Ambiguity Resolution Method Compared to Existing Approaches. J. Guidance Control Dyn., 29(4):981-991.

Vollath, U. , S. Birnbach, H. Landau, J. M. Fraile-Ordonez, and M. Martin-Neira (1998) Analysis of Three-Carrier Ambiguity Resolution (TCAR) Technique for Precise Relative Positioning in GNSS-2. Proc. ION GPS 1998. Nashville, TN, pp. 417-426.

Vollath, U. , A. Buecherl, H. Landau, C. Pagels, and B. Wagner (2000) Multi-Base RTK Positioning Using Virtual Reference Stations. Proc. ION GPS 2000. Salt Lake City, UT, pp. 123-131.

Wang, J. , Y. Feng, and C. Wang (2010) A Modified Inverse Integer Cholesky Decorrelation Method and Performance on Ambiguity Resolution. J. Global Position. Syst. , 9(2):156-165.

Wang, J. , C. Rizos, M. P. Stewart, and A. Leick (2001) GPS and GLONASS Integration: Modeling and Ambiguity Resolution Issues. GPS Solutions, 5(1):55-64.

Wang, J. , M. P. Stewart, and M. Tsakiri (1998) A Discrimination Test Procedure for Ambiguity Resolution On-the-Fly. J. Geodesy, 72(11):644-653.

Wang, Z. , Y. Wu, K. Zhang, and Y. Meng (2005) Triple-Frequency Method for High-Order Ionospheric Refractive Error Modelling in GPS Modernization. J. Global Position. Syst. 4(1): 291-295.

Wanninger, L. (1997) Real-Time Differential GPS Error Modeling in Regional Reference Station Networks. Proc. IAG Scientific Assembly, Rio de Janeiro, September. IAG Symposia 118, Springer Verlag, 86-92.

Waterhouse, R. B. (2003) Microstrip Patch Antennas: A Designers Guide. Springer Science. Kluwer Academic Publishers, Norwell, MA.

Webb, D. F. , and R. A. Howard (1994) The Solar Cycle Variation of Coronal Mass Ejections and the Solar Wind Mass Flux. J. Geophys. Res. , 99(A4):4201-4220.

Weiss, J. P. , P. Axelrad, and S. Anderson (2008) A GNSS Code Multipath Model for Semi-Urban, Aircraft, and Ship Environments. Navigation, 54(4):293-307.

Westfall, B. G. (1997) Antenna with R-Card Ground Plane. U. S. Patent 5,694,136.

Westfall, B. G. , and K. B. Stephenson (1999) Antenna with Ground Plane Having Cutouts, U. S. Patent 5,986,615.

Westwater, E. R. (1978) The Accuracy of Water Vapor and Cloud Liquid Determination by Dual-Frequency Ground-Based Microwave Radiometry. Radio Sci. , 13(4):677-685.

Wolf, H. (1963) Die Grundgleichungen der dreidimensionalen Geodäsie in elementarer Darstellung. Zeitschrift für Vermessungswesen, 88(6):225-233.

Wolf, H. (1978) The Helmert Block Method—Its Origin and Development. Proc. Second International Symposium on Problems Related to the Redefinition of the North American Geodetic Networks, April 24-28. NOAA, Rockville, MD, pp. 319-326.

Wu, J. T. , S. C. Wu, G. A. Hajj, W. I. Bertiger, and S. M. Lichen (1993) Effects of Antenna Orientation on GPS Carrier Phase. Manuscripta Geodaetica, 18(2):91-98.

Wu, Y. , S. G. Jin, Z. M. Wang, and J. B. Liu (2010) Cycle Slip Detection Using Multi-

Frequency GPS Carrier Phase Observations: A Simulation Study. Adv. Space Res., 46:144-149.

Wübben, W., D. Seethaler, J. Jaldén, and G. Matz (2011) Lattice Reduction: A Survey with Applications in Wireless Communications. IEEE Signal Process. Maga., 28(3):70-91.

Wübbena, G. (1990) Zur Modellierung von GPS-Beobachtungen für die Hochgenaue Positionsbestimmung. Dissertation, Universität Hannover.

Wübbena, G. (1985) Software Developments for Geodetic Positioning with GPS Using TI-4100 Code and Carrier Measurements. Proc. Precise Positioning with GPS. Rockville, MD, National Geodetic Survey (NGS), pp. 402-412.

Wübbena, G., F. Menge, M. Schmitz, G. Seeber, and C. Völksen (1996) A New Approach for Field Calibration of Absolute Antenna Phase Center Variations. Proc. ION GPS 1996. Institute of Navigation, Kansas City, MO, pp. 1205-1214.

Wübbena, G., M. Schmitz, F. Menge, V. Böder, and G. Seeber (2000) Automated Absolute Field Calibration of GPS Antennas in Real Time. Proc. ION GPS 2000. Institute of Navi- gation, Salt Lake City, UT, pp. 2512-2522.

Wübbena, G., M. Schmitz, and A. Prüllage (2011) On GNSS Station Calibration of Near-Field Multipath in RTK Networks Int. Symp. on GNSS, Space-Based and Ground-Based Augmentation Systems and Applications, October, Berlin, Germany http://www.geopp.de/media/docs/pdf/gpp_gnss11_conf_i.pdf.

Zhao, Q., Z. Dai, Z. Hu, B. Sun, C. Shi and J. Liu (2014) Three-Carrier Ambiguity Resolution Using the Modified TCAR Method. GPS Solutions. Available online. www.SpringerLink.com.

Zebhauser, B. E., H. J. Euler, and C. R. Keenan (2002) A Novel Approach for the Use of Information from Reference Station Networks Conforming to RTCM V2.3 and Future V3.0. Proc. ION NTM 2002. Institute of Navigation, San Diego, CA, pp. 863-876.

Zhdanov, A. V., M. I. Zhodzishsky, V. A. Veitsel, and J. Ashjaee (2001) Evolution of Multipath Error Reduction with GPS Signal Processing. GPS Solutions, 5(1):19-28.

Zhou, Y., and Z. He (2013) Variance Reduction of GNSS Ambiguity in (Inverse) Paired Cholesky Decorrelation Transformation. GPS Solutions. Available online. 18(4):509-517.

Zumberge, J. F. (1998) Automated GPS Data Analysis Service. GPS Solutions, 2(3):76-78.

Zumberge, J. F., M. B. Heflin, D. C. Jefferson, M. M. Watkins, and F. H. Webb (1998a) Precise

Zumberge, J. F., M. M. Watkins, and F. H. Webb (1998b) Characteristics and Application of Precise GPS Clock Solutions Every 30 Seconds. Navigation, 44(4):449-456.